普通高等教育材料类系列教材

新工科·普通高等教育机械类系列教材

工程材料与先进成形技术基础

吴玉程　主编

机械工业出版社

本书全面系统地阐述了金属材料、高分子材料、陶瓷材料和复合材料及其成形工艺的基本原理、基础知识和工程应用。本书包含工程材料的基础理论、常用工程材料、工程材料成形技术和工程材料失效分析与材料选用四篇，既注重体现材料科学的基础理论和知识，也重点阐述了材料加工新技术的发展与应用，以及工程材料在航空航天、机械车辆、海洋工程装备等产业中的应用，加强理论联系实际，增强对学生基础理论素养和实际工程技术能力的培养，符合新工科的要求。本书可作为高等学校机械类、近机械类及工科相关专业本科生的教材，也可供相关工程技术人员参考。

图书在版编目（CIP）数据

工程材料与先进成形技术基础/吴玉程主编 . —北京：机械工业出版社，2022. 1

普通高等教育材料类系列教材

ISBN 978-7-111- 69834-0

Ⅰ.①工⋯　Ⅱ.①吴⋯　Ⅲ.①工程材料—成型—高等学校—教材 Ⅳ.①TB3

中国版本图书馆 CIP 数据核字（2021）第 252252 号

机械工业出版社（北京市百万庄大街 22 号　邮政编码 100037）
策划编辑：丁昕祯　责任编辑：丁昕祯
责任校对：张　征　王明欣　封面设计：张　静
责任印制：张　博
北京玥实印刷有限公司印刷
2022 年 3 月第 1 版第 1 次印刷
184mm×260mm · 26.75 印张 · 661 千字
标准书号：ISBN 978-7-111-69834-0
定价：85.00 元

电话服务　　　　　　　　网络服务
客服电话：010-88361066　机　工　官　网：www.cmpbook.com
　　　　　010-88379833　机　工　官　博：weibo.com/cmp1952
　　　　　010-68326294　金　书　网：www.golden-book.com
封底无防伪标均为盗版　机工教育服务网：www.cmpedu.com

　　2015 年 5 月，制造强国战略被提出。智能制造、工业互联网发展突飞猛进，着眼于应对产业的大变革，围绕先进制造和高端装备制造，抢占未来竞争制高点，在高档数控机床和工业机器人、航空航天和海洋工程装备、能源技术与新能源汽车等重点领域急需突破。中国从制造大国向制造强国迈进的过程中，机械制造与材料加工学科专业在人才培养、科学研究和产教融合等方面发挥着重要的作用。2017 年 2 月，教育部提出建设"新工科"，旨在满足制造业进步和经济发展需要，进行工程教育改革，进一步培养学生的创新能力和实践能力，也为新时期的专业教育与教学改革指明了方向。

　　本书依据教育部制定的《普通高等学校本科机械类教学质量国家标准》《高等学校工程材料及机械制造基础课程教学基本要求》《高等学校教学指导委员会对教材建设的要求》等文件的最新要求编写而成。工程材料与先进成形技术基础课程是新工科建设非常重要的专业技术基础课程，在新理念、新路径引领下开展教学改革，以适应新时代提出的新要求。本书坚持问题导向，以学生为中心，以面向未来和国际先进水平为目标，通过多学科与工程领域交叉融合，达到培养学生创新能力和实践能力的目标；以基本规律为主线，系统阐述材料成分、组织结构与性能的影响规律，以及有关工艺技术理论及相互之间的关联性，结合航空航天、新能源汽车、海洋工程装备等国家战略性新型产业，增加新材料、新工艺、新技术等内容，具有新颖性和应用性。

　　全书共 4 篇 15 章，每章后都附有一定量的思考与练习题。第 1 篇为工程材料的基础理论，包括工程材料的结构与性能、金属材料的凝固、金属材料的热处理与表面改性；第 2 篇为常用工程材料，包括金属材料、高分子材料、陶瓷材料、复合材料、功能材料和纳米材料；第 3 篇为工程材料成形技术，包括铸造技术、塑性加工技术、焊接技术和特种加工技术；第 4 篇为工程材料失效分析与材料选用，包括零件的失效与强韧化、工程材料及其成形工艺的选用、工程材料及成形工艺在高端装备上的应用。本书按照材料的成分、结构、性能、工艺及实际应用进行章节编排，以材料的基本结构、基本相图、结晶过程、变形机理、强化机制等基本原理和基础知识作为切入点，逐章推进，有重点地、清晰地阐释了热处理、铸造、塑性加工、焊接等加工工艺、组织结构与性能之间的关系，以及常用工程材料的结构、性能及应用，同时增加了新材料、新工艺和 3D 打印等特种加工技术，其目的是使学生通过课程学习，在掌握工程材料基本理论和基础知识的原则上，了解和掌握常用铸造、塑性加工、焊接的基本原理和结构工艺性，具备根据零件的使用条件和性能要求合理选择材料和制定零件加工工艺、热处理工艺的基本能力，并能够对零件的失效原因进行初步分析。本书既注重体现材料科学的基本理论，也重点表述了材料加工新技术的发展与应用以及工程材料在航空航天、机械车辆、海洋工程装备等产业中的应用，加强理论联系实际，增强对学生基本理论素养和实际工程技术能力的培养，符合新工科要求。

本书结合作者多年教学实践经验，融合山西省精品课程《金属工艺学》与合肥工业大学国家精品课程《机械工程材料》教学成果与特色编写而成。吴玉程教授任主编，并编写第1章~第3章，杨永珍教授和吴玉程教授共同编写第4章~第8章，韩建超副教授编写第9章，王涛教授编写第10章，刘元铭副教授编写第11章，刘江林副教授编写第12章，刘燕萍和熊晓燕教授共同编写第13章和第14章，张东光副教授编写第15章。此外，合肥工业大学杜晓东教授、王岩副教授，太原理工大学田林海教授、林乃明副教授在本书编写过程中都提供了帮助。

在编写过程中，作者参考了国内外出版的有关教材和大量文献资料，在此一并表示衷心的感谢。本书可作为高等工科院校机械类及近机械类本科生的专业教材，也可供相关工程技术人员参考。教学使用过程中，可结合专业的具体情况进行调整，有些内容可供学生自学。

由于作者水平有限，书中缺点和错误在所难免，恳请广大读者批评指正。

作者

目 录

前言

第1篇　工程材料的基础理论

第1章　工程材料的结构与性能 ………… 2
1.1　材料的主要性能 ……………………… 2
　1.1.1　材料的力学性能 ……………… 2
　1.1.2　材料的物理性能 ……………… 8
　1.1.3　材料的化学性能 ……………… 9
1.2　材料的键合方式 …………………… 11
　1.2.1　离子键 …………………………… 11
　1.2.2　共价键 …………………………… 12
　1.2.3　金属键 …………………………… 12
　1.2.4　分子间作用力 ………………… 13
　1.2.5　氢键 ……………………………… 14
1.3　金属材料的晶体结构 …………… 14
　1.3.1　晶体的概念 …………………… 14
　1.3.2　晶体的主要类型 …………… 18
　1.3.3　纯金属的晶体结构 ………… 18
　1.3.4　实际金属的晶体结构 …… 20
　1.3.5　合金的相结构 ……………… 22
1.4　高分子材料的结构与性能 …… 24
　1.4.1　高分子化合物的基本概念 … 24
　1.4.2　高分子化合物的结构 …… 25
　1.4.3　高分子材料的性能 ………… 28
1.5　陶瓷材料的组织结构与性能 … 29
　1.5.1　陶瓷的概念 …………………… 29
　1.5.2　陶瓷的组织结构 …………… 29
　1.5.3　陶瓷的性能 …………………… 32
1.6　复合材料的结构与性能 ……… 32
　1.6.1　复合材料的基本概念 …… 32
　1.6.2　复合材料的组织结构 …… 34
　1.6.3　复合材料的性能 …………… 34
思考与练习 ……………………………………… 36

第2章　金属材料的凝固 ………………… 37
2.1　纯金属的结晶 ……………………… 37
　2.1.1　凝固的基本概念 …………… 37
　2.1.2　纯金属的结晶过程 ………… 38

　2.1.3　铸锭的凝固 …………………… 41
2.2　二元合金相图 ……………………… 44
　2.2.1　二元合金相图的建立 …… 44
　2.2.2　匀晶相图 ……………………… 46
　2.2.3　共晶相图 ……………………… 48
　2.2.4　共析相图 ……………………… 52
2.3　铁碳合金相图 ……………………… 52
　2.3.1　纯铁 ……………………………… 53
　2.3.2　铁碳合金的基本相和组织 … 53
　2.3.3　铁碳合金相图分析 ………… 54
　2.3.4　铁碳合金成分、组织与性能的
　　　　关系 …………………………………… 65
　2.3.5　铁碳合金相图的应用 …… 69
思考与练习 ……………………………………… 70

第3章　金属材料的热处理与表面
　　　　改性 …………………………………… 71
3.1　热处理基本原理 …………………… 71
　3.1.1　钢在加热时的转变 ………… 71
　3.1.2　钢在冷却时的转变 ………… 75
　3.1.3　钢的过冷奥氏体转变图 … 82
3.2　热处理工艺方法 …………………… 85
　3.2.1　退火 ……………………………… 85
　3.2.2　正火 ……………………………… 86
　3.2.3　淬火 ……………………………… 87
　3.2.4　回火 ……………………………… 90
　3.2.5　表面淬火和化学热处理 … 93
3.3　热处理零件结构工艺性及技术条件
　　　标注 …………………………………………… 94
　3.3.1　热处理零件结构工艺性 … 94
　3.3.2　热处理技术条件的标注 … 96
3.4　表面改性技术 ……………………… 97
　3.4.1　表面改性-转化膜处理 … 98
　3.4.2　表面改性-涂（镀）层沉积 ……… 99
3.5　热处理技术的新进展 …………… 102

V

3.5.1 锻造余热强化处理 ·········· 102
3.5.2 超细强化热处理 ·········· 103
3.5.3 计算机辅助热处理 ·········· 104
思考与练习 ·········· 105

第2篇 常用工程材料

第4章 金属材料 ·········· 107
4.1 工业用钢 ·········· 107
4.1.1 钢的分类与编号 ·········· 107
4.1.2 结构钢 ·········· 110
4.1.3 工具钢 ·········· 123
4.2 铸铁 ·········· 146
4.2.1 铸铁的分类及性能 ·········· 147
4.2.2 铸铁的石墨化及其影响因素 ·········· 147
4.2.3 常用铸铁 ·········· 149
4.3 非铁金属及其合金 ·········· 155
4.3.1 铝及其合金 ·········· 155
4.3.2 镁及镁合金 ·········· 161
4.3.3 铜及其合金 ·········· 165
4.3.4 钛及钛合金 ·········· 169
4.3.5 轴承合金 ·········· 171
思考与练习 ·········· 173

第5章 高分子材料 ·········· 176
5.1 工程塑料 ·········· 176
5.1.1 塑料的组成及分类 ·········· 176
5.1.2 塑料制品的成型与加工 ·········· 178
5.1.3 常用工程塑料 ·········· 180
5.2 橡胶与合成纤维 ·········· 185
5.2.1 橡胶 ·········· 185
5.2.2 合成纤维 ·········· 187
5.3 合成胶粘剂和涂料 ·········· 188
5.3.1 合成胶粘剂 ·········· 188
5.3.2 涂料 ·········· 190
思考与练习 ·········· 192

第6章 陶瓷材料 ·········· 193

6.1 概述 ·········· 193
6.1.1 陶瓷的分类 ·········· 193
6.1.2 陶瓷的制造工艺 ·········· 196
6.2 常用工程结构陶瓷材料 ·········· 198
6.2.1 普通陶瓷 ·········· 198
6.2.2 特种陶瓷 ·········· 198
思考与练习 ·········· 204

第7章 复合材料 ·········· 205
7.1 复合材料增强理论简介 ·········· 205
7.1.1 纳米粒子增强复合理论 ·········· 205
7.1.2 纤维增强复合理论 ·········· 206
7.2 复合材料的分类 ·········· 206
7.2.1 金属基复合材料 ·········· 206
7.2.2 陶瓷基复合材料 ·········· 208
7.2.3 树脂基复合材料 ·········· 211
7.2.4 碳/碳复合材料 ·········· 213
思考与练习 ·········· 215

第8章 功能材料和纳米材料 ·········· 216
8.1 功能材料 ·········· 216
8.1.1 发光材料 ·········· 216
8.1.2 电池材料 ·········· 219
8.1.3 储氢材料 ·········· 222
8.1.4 生物医用材料 ·········· 225
8.1.5 智能材料 ·········· 227
8.2 纳米材料 ·········· 229
8.2.1 纳米材料的基本效应 ·········· 229
8.2.2 纳米材料的性能 ·········· 230
8.2.3 纳米材料的应用 ·········· 233
思考与练习 ·········· 235

第3篇 工程材料成形技术

第9章 铸造技术 ·········· 238
9.1 铸造工艺基础 ·········· 238
9.1.1 液态合金的充型 ·········· 238
9.1.2 铸件的凝固与收缩 ·········· 241
9.1.3 铸造缺陷分析 ·········· 243
9.1.4 铸件质量分析 ·········· 250
9.2 砂型铸造 ·········· 251

9.2.1 造型方法的选择 ·········· 251
9.2.2 浇注位置和分型面的选择 ·········· 253
9.2.3 工艺参数的选择 ·········· 255
9.2.4 综合分析举例 ·········· 256
9.3 特种铸造 ·········· 258
9.3.1 熔模铸造 ·········· 258
9.3.2 金属型铸造 ·········· 260

9.3.3　压力铸造 ……………… 262
9.4　铸件结构的工艺性 ………… 264
　　9.4.1　铸造工艺对铸件结构的要求 … 264
　　9.4.2　铸造性能对铸件结构的要求 … 265
9.5　铸造技术的新进展 ………… 268
　　9.5.1　定向凝固技术 …………… 268
　　9.5.2　数字化无模铸造精密成形技术 … 270
　　9.5.3　快速成形技术及其应用 … 272
思考与练习 …………………… 276

第 10 章　塑性加工技术 ……… 278
10.1　塑性加工基础 …………… 278
　　10.1.1　金属塑性变形的实质 …… 278
　　10.1.2　塑性变形对金属组织和性能的
　　　　　影响 ……………………… 280
　　10.1.3　金属的可锻性 ………… 282
10.2　锻造 ……………………… 284
　　10.2.1　自由锻 ………………… 285
　　10.2.2　模锻 …………………… 289
10.3　板料冲压 ………………… 292
　　10.3.1　分离工序 ……………… 293
　　10.3.2　变形工序 ……………… 296
　　10.3.3　冲压模具 ……………… 300
10.4　塑性加工件结构工艺性 … 301
　　10.4.1　锻件结构工艺性 ……… 301
　　10.4.2　冲压件结构工艺性 …… 304
10.5　塑性加工技术的新进展 … 307
　　10.5.1　特种塑性加工 ………… 307
　　10.5.2　计算机在塑性加工中的应用 … 311
思考与练习 …………………… 312

第 11 章　焊接技术 …………… 314
11.1　焊接工艺基础 …………… 315
　　11.1.1　焊接电弧 ……………… 315
　　11.1.2　焊接冶金过程 ………… 316
　　11.1.3　焊接接头的组织与性能 … 317

11.1.4　焊接应力与变形 ……… 318
　　11.1.5　常用工程材料的焊接 … 321
11.2　常用焊接工艺方法 ……… 326
　　11.2.1　熔焊 …………………… 326
　　11.2.2　压焊 …………………… 334
　　11.2.3　钎焊 …………………… 337
11.3　焊接件结构工艺性 ……… 338
　　11.3.1　焊接结构材料和工艺的选择 … 338
　　11.3.2　焊接接头的选择和设计 … 339
　　11.3.3　焊缝的设计 …………… 341
11.4　焊接件质量检验 ………… 344
　　11.4.1　焊接件缺陷 …………… 344
　　11.4.2　焊接件质量检验方法 … 345
11.5　焊接技术的新进展 ……… 346
　　11.5.1　熔焊工艺新技术 ……… 346
　　11.5.2　计算机数值模拟技术 … 347
　　11.5.3　焊接机器人和智能化 … 348
思考与练习 …………………… 348

第 12 章　特种加工技术 ……… 350
12.1　电解加工 ………………… 352
　　12.1.1　电解加工的基本原理 … 352
　　12.1.2　电解加工的设备及工艺特点 … 353
　　12.1.3　电解加工的应用 ……… 354
12.2　电子束加工 ……………… 355
　　12.2.1　电子束加工的分类和基本
　　　　　原理 ……………………… 355
　　12.2.2　电子束加工的设备及工艺
　　　　　特点 ……………………… 356
　　12.2.3　电子束加工的应用 …… 358
12.3　3D 打印 ………………… 361
　　12.3.1　3D 打印的基本原理 …… 361
　　12.3.2　3D 打印技术分类及成形特点 … 361
　　12.3.3　3D 打印的应用 ……… 365
思考与练习 …………………… 366

第 4 篇　工程材料失效分析与材料选用

第 13 章　零件的失效与强韧化 … 368
13.1　零件的失效 ……………… 368
　　13.1.1　零件失效形式 ………… 369
　　13.1.2　零件失效原因 ………… 370
　　13.1.3　零件失效分析方法 …… 372
13.2　工程材料的强韧化 ……… 375

13.2.1　金属材料的强韧化 …… 375
　　13.2.2　高分子材料的强韧化 … 377
　　13.2.3　陶瓷材料的强韧化 …… 378
思考与练习 …………………… 379

**第 14 章　工程材料及其成形工艺的
　　　　　选用** ………………… 380

14.1　工程材料及其成形工艺的选用
　　　原则 ···························· 380
　14.1.1　使用性能原则 ············· 380
　14.1.2　工艺性能原则 ············· 381
　14.1.3　经济性原则 ··············· 383
　14.1.4　可持续发展原则 ··········· 385
14.2　典型零件选材及成形工艺路线 ······· 386
　14.2.1　齿轮类零件 ··············· 386
　14.2.2　轴类零件 ················· 388
　14.2.3　刀具类零件 ··············· 389
思考与练习 ························· 392

第15章　工程材料及成形工艺在高端
　　　　装备上的应用 ············· 393
　15.1　汽车工业领域的应用 ··········· 393

15.1.1　新能源汽车用材特点 ········· 393
15.1.2　新能源汽车用材典型成形
　　　　工艺 ······················ 398
15.2　航空航天领域的应用 ··········· 401
　15.2.1　航空航天器用材特点 ······· 401
　15.2.2　航空航天器用材典型成形
　　　　　工艺 ···················· 405
15.3　海洋工程领域的应用 ··········· 407
　15.3.1　海洋工程装备用材特点 ····· 407
　15.3.2　海洋工程装备用材典型成形
　　　　　工艺 ···················· 411
思考与练习 ························· 414

参考文献 ··························· 415

第1篇

工程材料的基础理论

第1章

工程材料的结构与性能

工程材料的成分和处理工艺会影响其组织结构，而材料的组织结构决定其性能。工程材料的性能是加工制造、工程建造选用的重要考量，也会影响零部件产品或装备、建造工程的质量和寿命。本章重点介绍工程材料的主要性能指标和决定其性能的材料结构及变化，了解和掌握工程材料的结构与性能，这对于工程对象的设计、制（建）造与材料选用具有指导作用。

1.1 材料的主要性能

材料的性能主要包括使用性能和工艺性能。使用性能是指材料在服役过程中，承受载荷、温度、腐蚀、磨损等条件所表现出的力学、物理和化学行为的可量化指标；工艺性能是指材料加工过程中反映出的材料与结构属性，如焊接性、可切削性和铸造性等。在工程设计和材料选用过程中，既要选择满足需求的材料性能等级，也要考虑在后续加工流程中的可加工性。

1.1.1 材料的力学性能

材料的力学性能是指材料在载荷或/和环境介质作用下表现的力学行为特征。零部件或工程构件在一定载荷或环境条件下承受抗力时，发生变形或断裂。如果力学性能指标不能胜任或局部承受不起，服役过程中会引起材料失效，所以选用材料与设计结构时，力学性能指标是一个重要的选择依据。材料的失效形式有过度变形、腐蚀、磨损和断裂，对应的材料力学性能主要有强度、塑性、韧性、硬度、耐磨性和耐蚀性等。

1. 强度

材料受到载荷作用可发生形状和尺寸变化，包括弹性变形、塑性变形和断裂三个阶段。强度是指材料在载荷作用下抵抗变形和断裂的能力，通常用低碳钢拉伸的应力-应变关系描述，其大小用应力值表示，单位为 MPa，如图 1-1 所示。根据材

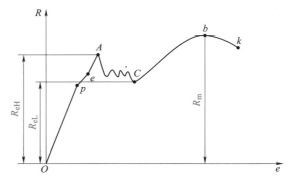

图 1-1 低碳钢拉伸时的应力-应变曲线

料的负载形式和变形特点，强度分为屈服强度、抗拉强度和断裂强度等（GB/T 228.1—2010）。

（1）屈服强度　从低碳钢的拉伸曲线可以看出，在应力不超过 p 点时，应力-应变呈线性关系，材料只发生弹性变形；当应力超过 p 点而低于 e 点，材料发生极微量的塑性变形（0.001%～0.005%），还属于弹性变形阶段。拉伸过程中当应力超过 A 点后，应力-应变曲线会出现一个锯齿状平台，称为屈服平台，这种发生明显塑性变形现象称为屈服现象，说明其进入塑性变形阶段。点 A 称为上屈服点，对应于点 A 的应力称为上屈服强度，用 R_{eH} 表示；点 C 称为下屈服点，对应于点 C 的应力称为下屈服强度，用 R_{eL} 表示。由于上屈服强度对试验条件变化敏感，试验结果相当分散，而下屈服强度再现性较好。因此，通常取下屈服强度作为材料的屈服强度，也称为屈服极限。对于无明显屈服平台出现的材料，一般采用规定延伸强度。工程上规定塑性伸长率为 0.2% 时的应力，用 $R_{p0.2}$ 表示；规定残余伸长率为 0.2% 时的应力，用 $R_{r0.2}$ 表示。

（2）抗拉强度　抗拉强度又称强度极限，用 R_m 表示，是材料发生均匀塑性变形的最大抗力或断裂前的最大应力。当外加应力超过屈服极限后，材料进入均匀塑性变形阶段，随着应力增加，应变量不断增加，当应力达到 R_m 后，均匀变形结束，应力超过 R_m，则试样某一部位截面面积急剧减小，产生颈缩现象，应力值会逐渐降低，材料即进入非均匀塑性变形阶段。

（3）断裂强度　材料进入断裂阶段后并不立即分离，而当试样进一步被拉长，应力到达 k 点时，才发生分离，此时的应力值称为断裂强度。实际断裂强度表征了材料发生拉伸断裂破坏的抗力。脆性材料一般不发生颈缩，拉断前最大载荷就是断裂时的载荷，故抗拉强度就是断裂强度。

2. 硬度

硬度是反映材料力学性能的指标之一，对材料的内部组织不敏感，是指材料抵抗局部塑性变形的能力，往往与材料表层一定范围内的组织结构和受力状态相关。对于大多数金属材料，硬度和强度之间存在明显的对应关系，可以从硬度值粗略估算出其抗拉强度。硬度指标以材料抵抗局部压入或刻划能力大小来衡量，其测试方法简便、迅速，不需要专门的试样，也无需破坏零件，测试设备比较简单。因此，生产中往往简单地把硬度作为零件质量检验的直观标准。常用的硬度试验方法有以下几种：

（1）布氏硬度（符号 HBW）布氏硬度测试时是将规定直径（10.5mm 和 2.5mm）的硬质合金球在载荷 P 的作用下，压入所测试样表面（图 1-2a），保持规定时间后卸载，测量卸载后表面压痕的面积 A，载荷 P 除以压痕面积 A 即为布氏硬度值。布氏硬度值可由布氏硬度机上直接读出，无单位。

（2）洛氏硬度（符号 HR）　洛氏硬度测试时是把金刚石圆锥体或

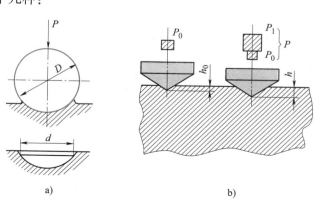

图 1-2　硬度试验法示意图

淬火钢球压入金属表面（图 1-2b）。在加主载荷之前，先加 100 N 的预载荷，对应的压痕深度为 h_0，加主载荷，保持一段时间后卸载，对应的压痕深度是 h。对硬材料如淬火后的钢件，用金刚石圆锥体压头；对较软的金属则用淬火钢球。通过测量压痕深度（$h-h_0$）换算后得到洛氏硬度值。

洛氏硬度分为 HRC、HRA、HRB、HRF 等，其应用范围见表 1-1。

表 1-1　洛氏硬度分类及应用

洛氏硬度	压头	总试验力/N	测量范围	应用
HRC	120°金刚石圆锥头	1500	20~67HRC	淬火钢等高硬工件
HRA	120°金刚石圆锥头	600	70HRA 以上	渗碳层、表面淬硬层及硬质合金等
HRB	直径 1.588mm 钢球	1000		软钢、铜合金等
HRF	直径 1.588mm 钢球	600	15~100HRF	铝合金、镁合金等

3. 塑性

如果施加的应力大于弹性极限，发生的变形包括弹性变形和塑性变形两部分，屈服之后的形变是永久性的，不能恢复到原始状态。塑性是指金属材料断裂前在载荷作用下产生永久变形的能力。评定材料塑性好坏的指标通常有断后伸长率（A）和断面收缩率（Z）。

（1）断后伸长率　断后伸长率是指标准拉伸试样断裂后标距的伸长与原始标距的百分比。可用下式确定：

$$A = \frac{(L_u - L_0)}{L_0} \times 100\%$$

式中，L_0 为试样拉伸前的标距长度；L_u 为拉断后试样的标距长度。

（2）断面收缩率　断面收缩率是指标准拉伸试样拉伸前和断裂后的截面积之差与拉伸前原始截面积之比。断面收缩率用下式确定：

$$Z = \frac{(S_0 - S_u)}{S_0} \times 100\%$$

式中，S_0 为试样拉伸前的原始截面积；S_u 为试样断裂处的最小横截面积。

A 和 Z 都可以反映材料产生塑性变形的能力。其中，A 与材料的冶金因素和试样几何尺寸有关，Z 则不受试样标距长度影响，与试样尺寸无关，只决定于材料性质，因此能更可靠地反映材料的塑性。但塑性指标不可直接用于机械零件的设计计算，只能根据经验来选定材料的塑性。一般来说，A 达 5% 或 Z 达 10% 的材料，即可满足绝大多数零件的要求。对必须进行强烈塑性变形的材料，需要有较高的塑性指标，以保证其具有良好的冷变形成型性。此外，重要的受力零件也要求具有一定塑性，这样可以在瞬间超载时产生变形强化，防止断裂发生。

对于各种具体形状、尺寸和应力集中系数的零件，塑性并不是越大越好，否则不能发挥材料强度的潜力，造成产品体积裕量过大，浪费材料，甚至影响使用寿命。

4. 韧性

材料在断裂前吸收变形能量的能力称为韧性。根据受载方式不同，韧性指标有冲击韧度和断裂韧度两种。

（1）冲击韧度 金属材料在冲击载荷作用下的情况与在静载荷作用下的情况完全不同。因此，前面所述力学性能指标不能反映材料受突然载荷，即冲击载荷时的性能。

机器零件在工作过程中往往受到冲击载荷的作用，如在机器起动或速度改变时，零部件或装备会承受一定的动能。而材料在冲击载荷作用下的情况同在静载荷作用下的情况表现出完全不同的力学行为，因此有必要分析、掌握材料在受冲击载荷时的性能。

材料承受冲击载荷的性能用冲击韧度表示。在冲击载荷下，标准试样被冲断时，单位横截面上吸收的冲击功大小，即为冲击韧度值，其大小用于衡量材料冲击韧度的高低。

目前普遍采用一次摆锤冲击试验机测量材料的冲击韧度，如图 1-3a 所示。常用的标准冲击试样一般采用缺口试样，如图 1-3b 所示，冲击韧度低的脆性材料可以采用无缺口试样。试验时试样放在试验机的机座上，落下摆锤从试样槽口背面冲击试样。在刻度盘上读出摆锤打断试样所消耗的能量，此能量称为吸收能量（冲击吸收功），以 K 表示，单位为 J。冲击韧度值用 a_K 表示，其大小表示材料韧性的高低。

$$a_K = \frac{K}{S_0}(\mathrm{J/cm^2})$$

式中，S_0 为试样横截面面积（$\mathrm{cm^2}$）。

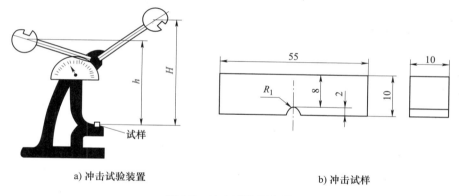

a) 冲击试验装置　　　　　　　　　　　　　b) 冲击试样

图 1-3　冲击试验示意图

a_K 值不仅与材料的成分及内部组织有关，而且和试验条件（试样尺寸及测试时温度等）有关。同一材料，如果试样尺寸、缺口形状、缺口深度不同，或试验时环境温度不同，a_K 值会有较大的变化。冲击试验对材料内部组织及缺陷比其他试验方法更为敏感，即使内部组织结构存在微小差异也能反映出来。实际应用 a_K 值表达冲击韧度时，要考虑这些影响因素。

（2）断裂韧度 理论上上屈服强度 R_{eL} 是材料发生塑性变形前所能承受的最大应力，只要构件的工作应力不超过 R_{eL}，就能保证构件在使用过程中不发生塑性变形，更不会断裂。然而，高强度材料的零件有时会在应力远低于屈服强度 R_{eL} 的状态下发生脆性断裂，中、低强度材料的重型及大型结构也有这种断裂发生。因此，在零件设计时不但要参考材料的 R_{eL} 值，还要充分考虑到许多因素可能会引发这种低应力脆性断裂潜在危险。

在冶炼、轧制、热处理等制造过程中，可能在材料内部产生某种显微裂纹，这些小裂纹在外力作用下发生扩展，当裂纹扩展到大于临界尺寸时，虽然应力水平低，裂纹会自动扩展（失稳扩展），零件便突然断裂。所以，低应力脆性断裂是由材料中存在的裂纹扩展而引起的。

材料抵抗裂纹失稳扩展的能力称为断裂韧度。其大小实际反映了试样断裂前所吸收的能量大小，常用 K_{IC} 表示，称为临界应力场强度因子。K_{IC} 可由断裂韧度试验测定，试样如图 1-4 所示。

通常，材料的强度与塑性、韧性是矛盾的，如果提高单方面指标，都会损害另一方，高强度必然会引起脆性大，塑性、韧性下降。所以选择合适的材料组织与工艺，保证具有较高水平的强度和塑性、韧性平衡，强韧化是金属材料加工的一个重要方向，如细化晶粒或细化组织都能使材料同时处于较高的强度与韧性水平。

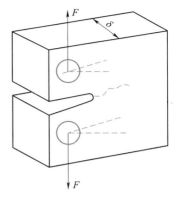

图 1-4　断裂韧度试验试样

5. 疲劳强度

一些零部件，如曲轴、弹簧等零件工作时会受到交变应力的作用，此时，材料可能会在较低的应力水平下就发生断裂，这种断裂称为疲劳断裂。材料的疲劳抗力大小常用疲劳极限（或疲劳强度）来表示，对于中、低强度钢，当 $R_m < 1400 MPa^2$ 时，如能经受住 10^7 次旋转弯曲而不发生疲劳断裂，就可凭经验认为永不断裂，相应的不发生断裂的最高应力称为疲劳极限。高强度钢和非铁金属一般以 10^8 周次时不发生断裂的最大应力作为疲劳极限。

根据疲劳的特点和总的循环次数，可以分为高周疲劳（$N \geqslant 10^4$）和低周疲劳（$N \leqslant 10^4$）。高周疲劳时，重要的性能是疲劳极限。如果零件的工作应力低于材料的疲劳极限，则在理论上不会发生疲劳断裂。而低周疲劳时，材料的疲劳抗力不仅与强度有关，而且与塑性有关，即材料应有良好的强韧性配合。

材料的疲劳断裂是交变应力造成微裂纹（尤其是表面裂纹）的低应力扩展引起的，因此，零件的疲劳强度除了决定于材料的成分及其内部组织，零件的表面状态及其形状也有很大的影响，表面应力集中（划伤、损伤、腐蚀坑、微裂纹等）会使疲劳极限大大减低，零件设计和加工时应注意避免这些因素。

对承受交变受力状态的工程设计，应首先考虑材料的疲劳强度，而不是屈服强度，疲劳强度有时比屈服强度低得多。在金属材料的零件失效中，大约 80% 是脆性断裂，常常造成严重事故，因此，疲劳破坏具有很大的危险性。

陶瓷材料和高分子材料的疲劳强度都很低，金属材料的疲劳强度较高，特别是钛合金和高强度钢，故要求耐疲劳的构件几乎都是用金属材料制成的。

6. 磨损性能

材料摩擦表面相对运动，表面不断发生损耗或产生塑性变形，使材料表面状态和尺寸发生改变的现象称为磨损。在磨损过程中，由于磨屑的形成也是材料发生变形和断裂的结果，所以静强度基本理论基本适用于磨损过程解析。不同的是，磨损是仅发生在材料表面的局部变形与断裂，这种变形与断裂是反复进行的，一旦磨屑形成，就转入下一个循环过程，而且材料表层组织经过每次循环后总要改变到新的状态，所以材料耐磨性是动态的，也是相对的。

材料的磨损并非单一的力学过程，引起磨损的原因既有力学作用，也有物理和化学作用，在整个过程中材料还将发生一系列物理、化学状态的变化。例如，因表面材料的塑性变形引起的形变硬化及应力分布的改变，因摩擦热可能引起二次淬火、回火及回复再结晶，因外部介质产生的吸附和腐蚀作用等都将影响材料的耐磨性能。

　　磨损是一个复杂的系统过程，受到摩擦副材料、润滑条件、加载方式和大小、相对运动特性（方式和速度）以及环境工作温度、湿度等因素影响，在机械的正常运转中，磨损过程大致可分为三个阶段，如图1-5所示。

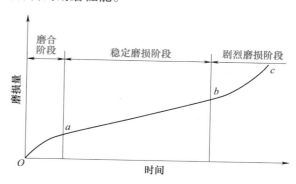

图1-5　金属磨损特性曲线

　　磨损是材料同固体、液体或气体接触并进行相对运动时，由于摩擦的机械作用引起表层材料的剥离而造成材料表面以至基体的损伤。磨损可看作是材料表面及相邻基体的一种特殊断裂过程，它包括塑性应变积累、裂纹形核、裂纹扩展及最终与基体脱离的过程。

　　按照磨损机理和磨损系统中材料与磨料、材料与材料之间的作用方式划分，磨损的主要类型有磨料磨损、黏着磨损、腐蚀磨损和疲劳磨损（接触疲劳）四种基本类型。但磨损过程十分复杂，有许多实际表现出来的磨损现象并不能简单地归化为某一种磨损类型，往往是基本类型的复合或派生，如气蚀磨损、冲蚀磨损和微动磨损等。

　　在不同的条件下，磨损类型可以发生转化，由一种损伤机制变成另一种损伤机制，如图1-6所示。随着滑动速度加快，磨损类型由氧化磨损转化为粘着磨损，又从粘着磨损转化为氧化磨损，最终恢复为粘着磨损，磨损量也由小增大直至材料表面失效、零部件损坏。诊断实际磨损问题时，要分析参与磨损过程的条件特性，确定主导磨损类型，才能采取有效的措施，减少磨损。

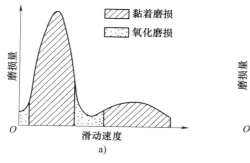
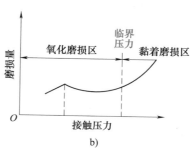

图1-6　磨损量与滑动速度和载荷的关系

材料磨损的表征有两类：

① 常用磨损直接表示法：磨损量、相对磨损量、耐磨性、相对耐磨性和磨损率等。

② 常用磨损间接表示法：耐磨寿命、总使用寿命和工件数寿命等。

1.1.2 材料的物理性能

材料的物理性能是指在重力、电磁场、热力（温度）等物理因素作用下，材料所表现的性能或固有属性。金属的物理性能包括密度、熔点、电性能、热性能和磁性能等。

1. 密度

密度是指在一定温度下单位体积物质的质量，用符号 ρ 表示，密度表达式如下：

$$\rho = m/V$$

式中，ρ 为物质的密度（g/cm³）；m 为物质的质量（g）；V 为物质的体积（cm³）。

密度的大小很大程度上决定了工件的自重，对于要求质轻的工件宜采用密度较小的材料（如铝、钛、塑料、复合材料等）；根据密度的大小，可将金属分为轻金属（密度<4.5）和重金属（密度>4.5）。铝、镁等及其合金属于轻金属；铋、铅、铼等及其合金属于重金属。

2. 熔点

材料在缓慢加热时由固态转变为液态并有一定潜热吸收或放出时的转变温度，称为熔点。金属等晶体材料一般具有固定的熔点，而高分子材料等非晶体材料一般没有固定的熔点，而在一个温度范围熔化。合金的熔点取决于它的成分。例如，铁碳合金，碳含量不同，熔点也不同。对于金属和合金的冶炼、铸造和焊接等，熔点都是很重要的参数。

金属熔点是热加工的重要工艺参数，对选材有影响，不同熔点的金属具有不同的应用。高熔点金属（如钨、钼等）可用于制造耐高温的零件（如火箭、导弹、燃气轮机零件，电火花加工、焊接电极等），低熔点金属（如铅、铋、锡等）可用于制造熔丝、焊接钎料等。

3. 电性能和电导率

材料的导电性是指在电场作用下，材料中的带电粒子发生定向移动而形成宏观电流的现象。材料的导电性能是材料重要的物理性能之一。电阻率是设计导电材料和绝缘材料的主要依据。材料的电阻率 ρ 越小，导电性能越好。金属中银的导电性最好，铜与铝次之。通常金属的纯度越高，其导电性越好，合金的导电性比纯金属差，高分子材料和陶瓷一般都是绝缘体。导电器材常选用导电性良好的材料，以减少损耗；而加热元件、电阻丝则选用导电性差的材料制作，以提高功率。

根据电阻率的不同，将材料划分为导体、半导体和绝缘体：导体的电阻率 $\rho < 10^{-3}\Omega \cdot m$，绝缘体的电阻率 $\rho > 10^{9}\Omega \cdot m$，半导体的电阻率 $\rho = 10^{10}\Omega \cdot m$。

4. 热学性能和热导率

由于材料及其制品都是在一定的温度环境下使用的，在使用过程中，将对不同的温度作出反映，表现出不同的热物理性能，这些热物理性能称为材料的热学性能。材料热学性能主要有热容、热膨胀、热传导等。

（1）热容　不发生相变和化学反应时，材料温度升高 1K 所需要的热量称为材料的热容 C。

不同种类的材料，热容量不同。单位质量材料的热容又称之为比热容或质量热容，单位为 J/(kg·K)；1 mol 材料的热容则称为摩尔热容，单位为 J/(mol·K)。同一种材料在不同温度时的比热容也往往不同。比热容是一个过程量，与热过程有关。

（2）热膨胀　物体的体积或长度随温度的升高而增大的现象称为热膨胀。可用线膨胀系数 α_l、体膨胀系数 α_V 来表示。线（体）膨胀系数是指温度升高 1K 时，物体的长度（体积）的相对增加量。实际上固体材料的 α_l 和 α_V 值并不是一个常数，而是随温度变化，通常随温度升高而加大。材料的线膨胀系数一般用平均线膨胀系数表征。无机非金属材料的线膨胀系数一般较小，约为 $10^{-5} \sim 10^{-6} K^{-1}$。各种金属和合金在 $0 \sim 100$℃ 的线膨胀系数也为 $10^{-5} \sim 10^{-6} K^{-1}$，钢的线膨胀系数多为 $(10 \sim 20) \times 10^{-6} K^{-1}$。热膨胀系数是固体材料的一个重要的性能参数。在多晶、多相固体材料以及复合材料中，由于各相及各个方向的 α_l 值不同所引起的热应力问题需要关注，材料的热膨胀系数大小直接与热稳定性有关。

（3）热传导　当固体材料一端的温度比另一端高时，热量就会从热端自动地传向冷端，这个现象就称为热传导。主要指标为热导率 λ。有些材料是极为优良的绝热材料，有些又是热的良导体，不同的材料在导热性能上有很大差别。

5. 光学性能

材料与光的相互作用产生了光学（工程）技术，为科技发展和产业技术提供了许多精密、快速、直观的检测、探测手段，反过来促进了光学材料与相关技术的进步。光学性能主要包括线性光学性能（反射、折射、散射、色散、吸收）和非线性光学性能。

（1）线性光学性能　光在介质中传播时会发生一系列的现象，例如，当光从一种介质进入另一种介质时，如从空气进入固体中，一部分透过介质，一部分被吸收，一部分在两种介质的界面上被反射，还有一部分被散射。

1）反射与折射。光在两种透明介质的平整界面上反射和折射时传播方向会发生变化。当光线入射到界面时，一部分光从界面上反射，形成反射线。入射光线除了部分被反射外，其余部分将进入第二种介质，形成折射线。材料的结构、晶型、离子半径以及材料内部的内应力都会对材料的折射率产生影响。

2）吸收与色散。一束平行光照射各向同性均质的材料时，除可能发生反射和折射而改变传播方向外，进入材料之后还会发生两种变化：①当光束通过介质时，一部分光的能量被材料吸收，其强度将被减弱，即为光吸收；②材料的折射率随入射光的波长而变化，这种现象称为光的色散。材料的折射率随入射光频率的减小（或波长的增加）而减小的性质，称为折射率的色散。

3）散射。光在通过气体、液体、固体等介质时，遇到烟尘、微粒、悬浮液滴或者结构成分不均匀的微小区域时，都会有一部分能量偏离原来的传播方向而向四面八方弥散，这种现象称为光的散射。发生散射时，光的强度被减弱。散射系数 S 与散射质点的大小、数量以及散射质点与基体的相对折射率等因素有关。

（2）非线性光学性能　由于光波通过介质时极化率的非线性响应，产生了对于光波的反作用，产生了和频、差频等谐波，这种与光强有关，不同于线性光学现象的效应称作非线性光学效应。此时，两束光波在相遇时，不再满足线性叠加原理，而要发生强的相互作用，并由此使光波的频率发生变化。具有非线性光学效应的晶体，称为非线性光学晶体。产生非线性光学性能的条件是入射光为强光，晶体的对称性要求与位相匹配。

1.1.3　材料的化学性能

材料的化学性能是指材料对外界环境与介质接触的耐受性，即化学稳定性。主要包括耐蚀性和高温抗氧化性等。

1. 耐蚀性

金属材料在常温下抵抗周围介质（氧、水及其他化学物质）侵蚀的能力称为耐蚀性，其腐蚀形式有两种：化学腐蚀和电化学腐蚀。化学腐蚀是金属直接与周围介质（干燥气体及非电解质溶液中）发生纯化学作用，腐蚀时没有电流产生；电化学腐蚀是在酸、碱、盐等电介质溶液中由于原电池的作用而引起的腐蚀，腐蚀时有微电流产生。

根据介质侵蚀能力的强弱，对不同介质中工作的金属材料的耐蚀性要求也不相同。例如，海洋设备及船舶用钢，须耐海水及海洋大气腐蚀；而贮存和运输酸类的容器、管道等，则应具有较高的耐酸性能。一种金属材料在某种介质、某种条件下是耐蚀的，而在另一种介质或条件下就不一定耐蚀。例如，镍铬不锈钢在稀酸中耐蚀，而在盐酸中则不耐蚀；铜及其合金在大气中耐蚀，但在氨水中却不耐蚀。金属的腐蚀既造成表面金属光泽的缺失和材料的损失，也造成一些隐蔽性和突发性的事故。提高金属材料耐腐蚀性的方法很多，包括阴极保护法、阳极保护法、表面处理（耐蚀性涂层、隔离金属和腐蚀介质）以及通过调控腐蚀介质的腐蚀性能来改善金属材料的耐蚀性能。

当腐蚀电池两极在外电路接通的瞬间，可观察到一个很大的起始电流，但随着通电时间的延长，电流又很快减小并稳定下来，此现象称为极化现象。通过电流时原电池两极间电位差减小，并引起电池工作电流降低的现象，称为原电池的极化作用。通过电流时，阳极电位向正方向移动的现象，称为阳极极化；阴极电位向负方向移动的现象称为阴极极化。原电池放电时，从外电路看，电流是从阴极流出、再流入阳极，前者为阴极极化电流，后者为阳极极化电流。显然，在同一个原电池中，阴极极化电流与阳极极化电流大小相等方向相反。消除或减弱阳极极化和阴极化作用的过程称为去极化作用。能消除或减弱极化作用的物质，称为去极化剂。表示电极电位与极化电流或电流密度之间关系的曲线称为极化曲线（图1-7）。

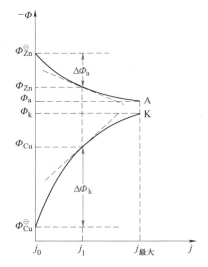

图1-7 铜和锌的极化曲线

$\varPhi_{Cu}$ 和 $\varPhi_{Zn}$ 分别为铜电极和锌电极的开路电极电位。$\varPhi_{Zn}^{\ominus}$-A 是阳极极化曲线，$\varPhi_{Cu}^{\ominus}$-K 是阴极极化曲线。随着电流密度的增大，阳极电位向正的方向移动，而阴极电位向负的方向移动。电位对于电流密度的导数 $\mathrm{d}\varPhi_a/\mathrm{d}j_a$ 和 $\mathrm{d}\varPhi_k/\mathrm{d}j_k$ 分别称为阳极和阴极在该电流密度（j_1）时的真实极化率，它们分别等于极化曲线上该点切线的斜率。极化率的倒数 $\mathrm{d}j/\mathrm{d}\varPhi$ 称为在该电位下电极反应过程的真实效率。$\Delta\varPhi_a$ 和 $\Delta\varPhi_k$ 分别是阳极和阴极在极化电流密度为 j_1 时的极化值。$\Delta\varPhi_a/\Delta j_a$ 和 $\Delta\varPhi_k/\Delta j_k$ 分别为在该电流密度区间（$j_0 \sim j_1$）内阳极和阴极的平均极化率。

从极化曲线的形状可以看出电极极化程度，从而可判断电极反应过程的难易。若极化曲线较陡，则表明电极的极化率较大，电极反应的阻力也较大；而极化曲线平缓，则表明电极的极化率较小，电极反应的阻力也较小，因而反应就容易进行。极化曲线可用于解释金属腐蚀的基本规律，揭示金属腐蚀机理及探讨控制腐蚀措施。

对于无机非金属材料，主要的腐蚀性能包括耐酸、耐碱腐蚀性能。金属材料和无机非金属材料有较强的耐有机溶剂腐蚀的性能。对于高分子材料，则需要考虑材料的耐有机溶剂及耐老化性能。

2. 高温抗氧化性能

金属氧化是指金属与氧化性介质反应生成氧化物的过程。在高温下与环境中的气相或凝聚相物质发生化学反应使材料变质或破坏，即为金属高温氧化。在高温下金属材料易与氧结合，形成氧化皮，不仅影响材料的加工和使用性能，还造成金属的损耗和浪费，因此高温下使用的零部件，都要求材料具有高温抗氧化的能力（热稳定性）。如各种加热炉、锅炉、电站设备等，内燃机中的零件也要选用抗氧化性良好的材料。

高温氧化所涉及的高温是相对的，与材料的熔点和活性有关。一般金属在某一温度下发生了明显的氧化反应，那么这一温度对这种金属材料的氧化而言属于高温。高温氧化过程是首先发生氧在金属表面的吸附，其后发生氧化物形核，晶核沿横向生长形成连续的薄氧化膜，氧化膜沿垂直于表面的方向生长使其厚度增加。

其中，氧化物晶粒长大是由正、负离子持续不断通过已形成氧化物的扩散进行的，受很多因素控制。内在因素如金属成分、金属微观结构、表面处理状态等，外在因素有温度、气体成分、压力、流速等都会影响这一过程。各种金属的氧化行为有很大差异，通过热力学分析可判断氧化反应的可能性，通过动力学测量可确定反应的速率。

1.2　材料的键合方式

材料的最基本结构单元是原子（离子为带电的原子）。材料中的原子依照某种组合排列且存在强烈的相互作用。原子之间的结合力，也称结合键。原子靠结合键构成分子或聚结成固体，分子之间也靠结合键聚结成固体状态。键的实质是一种力，又称键力。

结合键可分为化学键和物理键两大类。化学上把材料中原子间（有时原子得失电子转变成离子）的强烈作用力称作化学键。化学键为主价键，它包括金属键、离子键和共价键；物理键为次价键，包括范德华力和氢键。每种键的性质决定了材料原子的相互作用与分子结构。

1.2.1　离子键

离子键是由电子转移（失去电子者为阳离子，获得电子者为阴离子）形成的，即正离子和负离子之间由于静电引力所形成的化学键。大多数盐类、碱类和金属氧化物主要以离子键的方式结合。

金属原子将自己最外层的价电子给予非金属原子，成为带正电的正离子；而非金属原子得到价电子后成为带负电的负离子，这样，正负离子依靠它们之间的静电引力而结合，是以离子而不是以原子为结合单元。离子键要求正负离子作相间排列，并使异号离子之间吸引力达到最大，而同号离子间的斥力为最小，如图 1-8 所示。离子既可以是单离子，如 Na^+、Cl^-；也可以由原子团形成，如 SO_4^{2-}，NO_3^- 等。

离子键的作用力强，无饱和性，无方向性。离子键形成的物质总是以离子晶体的形式存在，其熔点和硬度均较高。此外，在离子晶体中很难产生自由运动的电子，所以它们都是良好的电绝缘体。但当处于高温熔融状态时，正负离子在外电场作用下可以自由运动，即呈现离子导电性。决定离子晶体结构的因素是正负离子的电荷及几何因素。

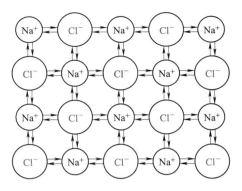

图 1-8　NaCl 离子示意图

1.2.2　共价键

共价键是由两个或多个电负性相差不大的原子间通过共用电子对而形成的化学键。其形成是相邻两个原子之间自旋方向相反的电子相互配对，此时原子轨道相互重叠，两核间的电子云密度相对地增大，从而增加对两核的引力。共价键的作用力很强，有饱和性与方向性。因为只有自旋方向相反的电子才能配对成键，所以共价键有饱和性；另外，原子轨道互相重叠时，必须满足对称和最大重叠条件，所以共价键有方向性。根据共用电子对在两成键原子之间是否偏离或偏近某一个原子，共价键又可分为三种：

① 非极性共价键。形成共价键的电子云正好位于键合的两个原子正中间，如金刚石的 C-C 键。

② 极性共价键。形成共价键的电子云偏于对电子引力较大的一个原子，如 Pb-S 键，电子云偏于 S 一侧，可表示为 Pb→S。

③ 配价键。共享的电子对只有一个原子单独提供，如 Zn-S 键，共享的电子对由锌提供。

共价键可以形成两类晶体，即原子晶体与分子晶体。原子晶体的晶格结点上排列着原子，原子之间由共价键联系。在分子晶体的晶格结点上排列着分子（极性分子或非极性分子），在分子之间有分子间力作用着，在某些晶体中还存在着氢键。

共价键晶体中各个键之间都有确定的方位，配位数比较小。共价键的结合极为牢固，故共价晶体具有结构稳定、熔点高、质硬脆等特点。由于束缚在相邻原子间的"共用电子对"不能自由地运动，共价结合形成的材料通常是绝缘体，其导电能力较差。

1.2.3　金属键

金属原子的构造特点是围绕原子核运动的最外层电子（称为价电子）数很少，通常只有 1~2 个，且与原子核的结合力较弱，容易失去。当原子聚集在一起成为固体金属时，每个原子的外层电子为全体原子共有，共有化的电子（也称自由电子）在金属中自由运动，构成电子云，原子失去电子后变成正离子。这些共有化的自由电子和金属正离子之间的相互作用就构成了金属原子间的结合力，即金属键。如图 1-9 所示。

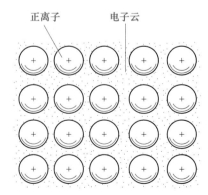

图 1-9　金属键模型

由于金属主要是由金属键结合在一起的，因此表现出许多不同于离子键晶体和共价键晶体的宏观特性。因为金属中的自由电子可以在一定的电位差下作定向运动，所以金属具有优良的导电性；这种定向运动同时也可以传递热能，使得金属热量的传递能力比单纯依靠金属离子的振动要强得多，所以金属具有良好的导热性；可见光的能量容易被金属中的自由电子吸收，不能穿过金属，使金属不透明；吸收了可见光能量的自由电子被激发到较高的能级，当它跃迁回原来低能级时，把吸收的可见光又重新辐射出来，所以金属有光泽。

在外电场作用下，加速运动的自由电子与偏离平衡位置的金属正离子发生碰撞，使电子运动速度降低，宏观上就表现为电阻。当金属温度升高时，正离子热运动加剧，使碰撞几率增大，表现出金属的电阻随温度的升高而增大，因而金属具有正电阻温度系数。当金属原子作相对位移时，金属正离子（或原子）仍始终沉浸在电子云中，正离子和电子仍然保持结合，因而金属可以变形而不破坏，具有塑性。

1.2.4　分子间作用力

上述三种化学键是指分子或晶体内部原子或离子间的强烈作用力，而没有包括所有其他可能的作用力。例如，氯气、氨气和二氧化碳气在一定的条件下都可以液化或凝固成液氯、液氨和干冰（二氧化碳的晶体），说明在分子之间还有一种作用力存在，这种作用力称为分子间力（范德华力），有的称为分子键。

分子间力与分子的极性有关，尽管原先每个原子或分子都是独立的单元，但有时会由于近邻原子的相互作用引起电荷位移而形成偶极子。因此，分子有极性分子和非极性分子之分，其根据是分子中的正负电荷中心是否重合，重合者为非极性分子，不重合者为极性分子。分子间力是借助极性分子这种微弱的、瞬时的电偶极矩的感应作用，将原来具有稳定的原子结构的原子或分子结合为一体的，如图 1-10 所示。

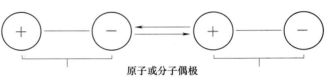

原子或分子偶极

图 1-10　极性分子作用力示意图

分子间力包括三种作用力，即色散力、诱导力和取向力。

① 当非极性分子相互靠近时，由于电子的不断运动和原子核的不断振动，要使每一瞬间正、负电荷中心都重合是不可能的，在某一瞬间总会有一个偶极存在，这种偶极称为瞬时偶极。由于同极相斥、异极相吸，瞬时偶极之间产生的分子间力称为色散力。任何分子（不论极性或非极性）互相靠近时，都存在色散力。

② 当极性分子和非极性分子靠近时，除了存在色散力作用外，由于非极性分子受极性分子电场的影响产生诱导偶极，这种诱导偶极和极性分子的固有偶极之间所产生的吸引力称为诱导力。同时诱导偶极又作用于极性分子，使其偶极长度增加，从而进一步加强了它们间的吸引。

③ 当极性分子相互靠近时，色散力也起着作用。此外，由于它们之间固有偶极之间的同极相斥、异极相吸，两个分子在空间就按异极相邻的状态取向，由于固有偶极之间的取向而引起的分子间力称为取向力。由于取向力的存在，使极性分子更加靠近，在相邻分子的固有偶极作用下，使每个分子的正、负电荷中心更加分开，产生了诱导偶极，因此极性分子之间还存在着诱导力。

总之，非极性分子之间只存在色散力，在极性分子和非极性分子之间存在色散力和诱导力，在极性分子之间存在色散力、诱导力和取向力。色散力、诱导力和取向力的总和称为分子间力。分子间力没有方向性与饱和性，键力较弱。

1.2.5 氢键

氢键的形成是由于氢原子和电负性较大的 X 原子（如 F、O、N 原子）以共价键结合后，共用电子对强烈地偏向 X 原子，使氢核几乎"裸露"出来。这种"裸露"的氢核由于体积很小，又不带内层电子，不易被其他原子的电子云所排斥，所以它还能吸引另一个电负性较大的 Y 原子（如 F、O、N 原子）中的独对电子云而形成氢键。表示成：X—HY，其中，连线表示氢键。X、Y 可以是同种元素，也可以是不同种元素。

除了 HF、H_2O、NH_3 三种氢化物能形成氢键外，在无机含氧酸、羟酸、醇、胺以及蛋白质等许多类物质中都存在氢键。一些矿物晶格中，如高岭土也局部存在氢键。

各种结合键主要特点的比较见表 1-2。

表 1-2　各种结合键主要特点的比较

类型	作用力来源	键合强弱	形成晶体的特点
离子键	原子得、失电子后形成负、正离子，正、负离子间的库仑引力	最强	无方向性键，高配位数、高熔点、高强度、高硬度、低膨胀系数，塑性较差，固态不导电、熔态离子导电
共价键	相邻原子价电子各处于相反的自旋状态，原子核间的库仑引力	强	有方向性键，低配位数、高熔点、高强度、高硬度、低膨胀系数，塑性较差，即使在熔态也不导电
金属键	自由电子云与正离子之间的库仑引力	较强	无方向性键，结构密堆、配位数高、塑性较好，有光泽，良好的导热、导电性
分子键	原子间瞬时电偶极矩的感应作用	最弱	无方向性键，结构密堆、高熔点、绝缘
氢键	氢原子核与极性分子间的库仑引力	弱	有方向性和饱和性

1.3　金属材料的晶体结构

1.3.1 晶体的概念

固态物质按其内部原子（或分子）聚集状态不同而分为晶体和非晶体两大类，除少数自然界中的固体物质（如普通玻璃、松香等）外，绝大多数都是晶体。

晶体是指内部质点（原子、离子或分子）在三维空间按一定规律进行周期性重复排列的固体。而非晶体中的质点在长程三维空间中的排列杂乱无序，至多在局部区域呈短程规则排列。晶体与非晶体的根本区别在于内部质点排列的规律性不同，即结构不同。两者之间可以发生转变，使其性能发生极大的变化，性能上的差异表现在：

（1）晶体有一定的熔点，而非晶体则没有　在熔点以上为非晶体状态的液体，临界温度以下液体转变为晶体，对于一定的晶体，熔点是个恒定值，即晶体的固态向液态转变具有突变。非晶体的固态与液态之间的转变则是逐渐过渡的，没有明显的熔点，熔化时在由固态变为液态的过程中，存在一个软化的温度范围。

（2）晶体具有各向异性，而非晶体是各向同性的　即沿晶体不同方向测得的性能（如导电性、导热性、弹性、强度以及外表面的化学性质等）并不相同，这种现象就是各向异性。而非晶体的性能不因方向而异，这称为各向同性。

晶体可以有规则外形，也可以有不规则外形，晶体与非晶体的本质区别在于内部质点排列是否有规律而非其外形。尽管晶体与非晶体有上述区别，但在一定条件下，晶体与非晶体可以相互转化。例如，在极快速冷却条件下（冷却速度>10^6 K/s），液态金属的原子没有充分时间形成规则排列，就会凝固成非晶态的固体金属（又称金属玻璃）；而作为典型非晶体的玻璃经长时间高温加热后，原子可以在三维空间中呈规则排列，即形成所谓的晶态玻璃。

1. 晶格与晶胞

假设晶体中的质点都是固定不动的钢球，那么可以形象地认为晶体就由这些钢球占据不同位置堆垛而成，如图 1-11a 所示，称为钢球堆垛模型。

钢球堆垛模型非常直观，但是据此无法清楚了解晶体内部的质点排列规律，如原子与原子之间的距离，原子列与原子列之间的夹角等都不易确定，不便于晶体结构及特征的描述。因此，用一个几何点替代钢球，即将晶体内部的堆垛质点抽象为几何点，几何点构成了空间构架，这种空间构架就称为空间点阵或晶格，如图 1-11b 所示，用来代替质点的几何点则称为阵点或结点。阵点可以是原子或离子本身的位置，也可以是彼此相同的原子群或离子群中心，其主要特征是每个阵点周围空间的环境相同。

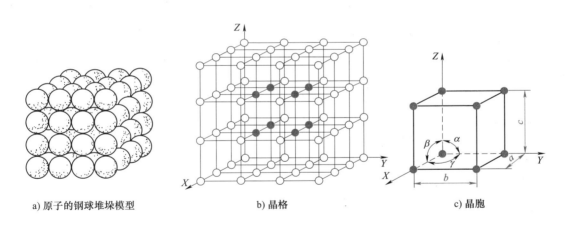

a) 原子的钢球堆垛模型　　　　b) 晶格　　　　c) 晶胞

图 1-11　晶体中原子排列示意图

由于晶体中的质点呈长程排列规则，反映出在三维空间中原子排列具有周期性。因此，晶格可以看作是由许多基本单元堆砌而成。完全能够反映点阵特征的最小几何单元称为晶胞（图 1-11c）。通过描述晶胞的结构就可以描述整个晶格的晶体结构。晶胞的大小和形状用三条棱边的长度 a、b、c 及棱边的夹角 α、β、γ 六个参数来表示。晶胞棱边长度称为点阵常数或晶格常数，棱边的夹角称为轴间夹角。

根据晶格常数和轴间夹角的特征，即晶胞的六个参数中，a、b、c 是否相等，α、β、γ 是否相等，α、β、γ 是否成直角，而不涉及晶胞中阵点的具体排列，可将所有晶格归为七种晶系，见表 1-3。若考虑同一晶系中的阵点排列，又将七种晶系分为 14 种空间点阵，如图 1-12 所示。

表 1-3　空间点阵和晶系

晶系	特征	空间点阵	空间点阵特征
三斜	$a \neq b \neq c$，$\alpha \neq \beta \neq \gamma \neq 90°$	简单三斜点阵	
单斜	$a \neq b \neq c$，$\alpha = \beta = 90° \neq \gamma$	简单单斜点阵	
		底心单斜点阵	晶胞上下底面中心各有一个原子
正交	$a \neq b \neq c$，$\alpha = \beta = \gamma = 90°$	简单正交点阵	
		底心正交点阵	晶胞上下底面中心各有一个原子
		体心正交点阵	晶胞中心有一个原子
		面心正交点阵	晶胞六个侧面中心各有一个原子
正方	$a = b \neq c$，$\alpha = \beta = \gamma = 90°$	简单正方点阵	
		体心正方点阵	晶胞中心有一个原子
菱方	$a = b = c$，$\alpha = \beta = \gamma \neq 90°$	简单菱方点阵	
六方	$a = b \neq c$，$\alpha = \beta = 90°$，$\gamma = 120°$	简单六方点阵	
立方	$a = b = c$，$\alpha = \beta = \gamma = 90°$	简单立方点阵	
		体心立方点阵	立方体晶胞中心有一个原子
		面心立方点阵	立方体晶胞六个侧面中心各有一个原子

2. 晶向指数与晶面指数

研究晶体的过程中，经常需要确定某些原子组成的平面或列的相对位置。为了方便起见，通常将晶体中由质点构成的平面称为晶面，任意两个质点的连线方向称为晶向，并且分别用晶向指数和晶面指数作为标号来区分不同的晶面和晶向。

（1）晶向指数　立方晶系的晶向指数用 $[uvw]$ 来表示。如图 1-13 所示，AB 晶向的晶向指数是 $[210]$，其具体确定步骤如下：

1）建立坐标系。以晶胞中某一顶点为原点，以晶胞的三条棱边为坐标轴 X、Y、Z，以点阵常数 a、b、c 为长度单位。

2）过原点引一平行于待定晶向 $\boldsymbol{AB}$ 的直线 $\boldsymbol{OC}$，在其上任找一点（如 C 点），求出该点在三个坐标轴上的坐标值。C 点的坐标值分别为 1、$\frac{1}{2}$、0。

3）将三个坐标值按比例化为最小简单整数，加上方括号，即为晶向指数 $[uvw]$。C 点的坐标值化为最小简单整数即为：2，1，0，写入方括号中，即得到晶向指数 $[210]$。

4）如果坐标值中有负值，则将负数符号加到该指数上方，如 $[-110]$ 记作 $[\bar{1}10]$。

根据晶向指数的标定方法可知，晶向指数 $[uvw]$ 不是特指某一个晶向，而是表示所有相互平行、方向一致的晶向。而相互平行、方向相反的两个晶向相差一个负号。例如，$[111]$ 和 $[\bar{1}\bar{1}\bar{1}]$ 即为相互平行、方向相反的两个晶向。

晶体中原子排列方式相同而空间位向不同的所有晶向可归并为一个晶向族，用 $<uvw>$ 表示。立方晶系中，只要晶向指数的数字相同（正负符号与排列次序可以不同），就属同一个晶向族。例如，$[100]$、$[010]$、$[001]$、$[00\bar{1}]$、$[0\bar{1}0]$、$[\bar{0}01]$ 就同属于 $<100>$ 晶向族。

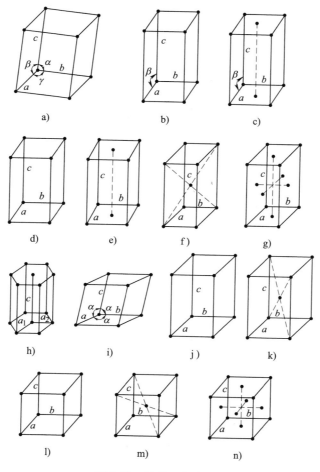

图 1-12 14 种空间点阵

（2）晶面指数 立方晶系的晶面指数用（hkl）来表示。如图 1-14 所示，ABC 晶面的晶面指数是（238），其具体确定步骤如下：

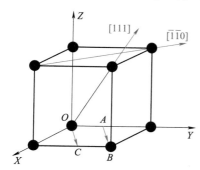

图 1-13 晶向指数的标定

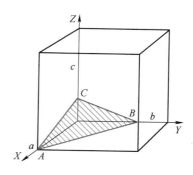

图 1-14 晶面指数的标定

1）建立坐标系，方法与标定晶向指数时相同。但是注意不要把坐标原点取在待定晶面上，否则会出现截距为零的情况，在第三步取倒数时为∞。

2）以点阵常数 a、b、c 为单位长度，求出待定晶面在三个坐标轴上的截距。

3）求出三个截距的倒数，并化为最小的简单整数，再用圆括号括起来，即为该晶面的晶面指数。

如图 1-14 所示的晶面 ABC，在 X、Y、Z 轴上的截距分别为 1、$\frac{2}{3}$、$\frac{1}{4}$，取倒数后为 1、$\frac{3}{2}$、4，化为最小简单整数为 2，3，8，放入圆括号内即为（238），即晶面 ABC 的晶面指数为（238）。

根据上述标定方法可知，晶面指数（hkl）表示了一组相互平行的晶面，而相互平行的晶面的晶面指数相同或相差一个负号。

晶体中原子排列方式相同而空间位向不同的所有晶面可归并为一个晶面族，用 $\{hkl\}$ 表示。例如，在立方晶体中，（111）、（11$\bar{1}$）、（1$\bar{1}$1）、（$\bar{1}$11）、（1$\bar{1}$$\bar{1}$）、（$\bar{1}1\bar{1}$）、（$\bar{1}$$\bar{1}$1）和（$\bar{1}$$\bar{1}$$\bar{1}$）八个（组）晶面上原子排列完全相同，属于 $\{111\}$ 晶面族。

1.3.2 晶体的主要类型

1. 金属晶体

晶格阵点上排列金属原子（离子）时所构成的晶体称为金属晶体。金属中的原子（离子）和电子通过金属键而结合。为了增加晶体的稳定性，金属都是密堆积程度高、对称性高、配位数高的晶体结构。

2. 离子晶体

由阴、阳离子以离子键结合构成的晶体为离子晶体。几乎所有的盐类和大部分金属氧化物的晶体都是离子晶体。形成这类晶体的条件是：①在化学成分上，阴、阳离子数之比要满足定比定律，才能保持电荷中性。②每一类离子的周围有尽可能多的异类离子，这样使结合键数较多、内能较低，则晶体稳定。如 $NaCl$、TiO_2 等。

3. 共价晶体

由具有方向性的共价键结合构成的晶体为共价晶体。这类晶体遵循（8-N）规律，N 为族序。元素晶体中的最大配位数，即键数为（8-N）。如 SiC、SiN 等。

1.3.3 纯金属的晶体结构

1. 金属的典型晶体结构

虽然金属在固态时都是晶体，但各种金属的晶体结构并不完全相同。金属中最常见晶格有三种（图 1-15~图 1-17），即体心立方（bcc）、面心立方（fcc）和密排六方（hcp）。

（1）体心立方晶格　如图 1-15 所示，除晶胞的八个角上各有一个原子外，立方体中心还有一个原子。属于

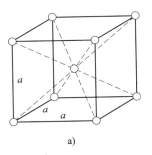

a)　　　　　　　　b)

图 1-15　体心立方晶格

体心立方晶格的金属有 α-Fe、Cr、Mo、Nb、W、V、β-Ti 等。上述具有体心立方晶格的不同金属元素原子的排列方式是一样的，只是晶格常数各不相同，故其性能不同。

（2）面心立方晶格 如图 1-16 所示，除晶胞八个角上各有一个原子外，在立方体的每个面中心还有一个原子。属于面心立方晶格的金属有 γ-Fe、Al、Cu、Ni、Au、Ag、Co 等。

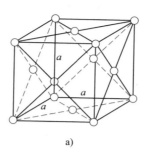
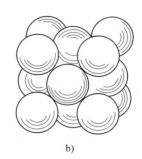

a)　　　　　　　　　　　b)

图 1-16　面心立方晶格

（3）密排六方晶格 如图 1-17 所示，水平截面为正六边形，晶胞正六棱柱体的十二个顶角和上下底面中心各有一个原子，晶胞的中间还有 3 个原子。密排六方晶格晶胞的晶格常数常用 a 和 c 来表示。具有这种晶格的金属有 Mg、Zn、Be、α-Ti、Cd 等。

2. 金属晶体的结构特征

（1）晶胞原子数 一个晶胞中所含原子数称为晶胞原子数。在计算晶胞原子数时，要注意晶胞顶角和周面上的原子并

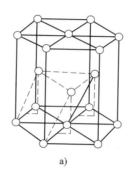

a)　　　　　　　　　　　b)

图 1-17　密排六方晶格

不是一个晶胞独有，而是相邻晶胞共享。面心立方晶胞每个顶角上的原子都是相邻 8 个晶胞共享，在计算晶胞原子数时只能按 1/8 个原子计。6 个侧面中心上的原子为相邻的 2 个晶胞共享，在计算晶胞原子数时只能按 1/2 个原子计。则晶胞原子数 n 可计算如下：

体心立方晶胞：

$$n = 8 \times \frac{1}{8} + 1 = 2$$

面心立方晶胞：

$$n = 8 \times \frac{1}{8} + 6 \times \frac{1}{2} = 4$$

密排六方晶胞：

$$n = 12 \times \frac{1}{6} + 2 \times \frac{1}{2} + 3 = 6$$

（2）致密度 钢球堆垛模型的晶胞中原子所占的体积与晶胞体积之比称为致密度，三种晶体结构晶胞的致密度是：体心立方晶胞 0.68，面心立方晶胞 0.74，密排六方晶胞 0.74，可见，三种晶格中原子堆垛的紧密程度不同。

3. 金属晶体的多晶型性

绝大多数纯金属晶体结构可用上述三种晶胞中的一种描述。但有些金属在不同温度或压力下具有两种或多种晶体结构，即具有多晶型性，如铁、钴、锰、铬等。当条件变化时，晶

体会由一种结构变为另一种结构，这种转变称为多晶型转变（或同素异构转变）。例如，纯铁随着温度变化晶型发生转变，在 912 ℃ 以下时是体心立方结构，称作 α-Fe，在 912 ~ 1394℃时具有面心立方结构，称作 γ-Fe，在 1394℃~熔点之间是体心立方的 δ-Fe。

1.3.4 实际金属的晶体结构

金属晶体结构的上述介绍是基于一个前提，即整个晶体中原子排列都非常有序，这是一种理想状态。但实际晶体并非如此，具体体现为：实际晶体多为多晶体且存在晶体缺陷。

1. 单晶体与多晶体

整个晶体内部的原子排列大体上整齐一致，可称其为单晶体。但实际金属都不是单晶体，而是由许多很小的单晶体组成，称其为多晶体。在多晶体中，其中的单晶体称为晶粒，晶粒与晶粒之间的界面称为晶界；每个晶粒中的原子排列都是整齐一致的，但相邻的晶粒原子排列的位向不一致，以界面隔开，即一个晶粒中原子排列的规律性不能延续到相邻的晶粒中，如图 1-18 所示。

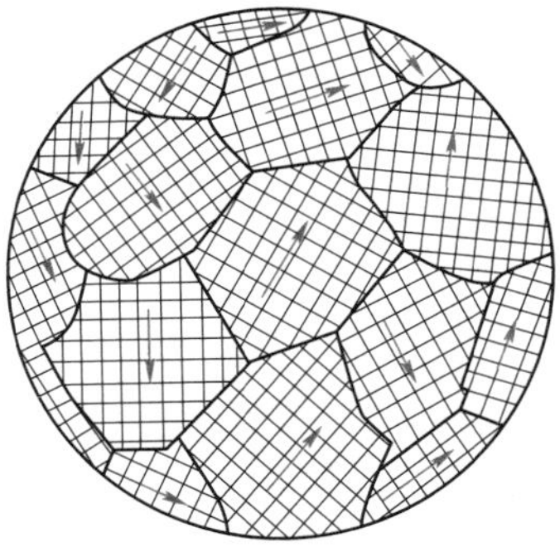

2. 晶体缺陷

实际金属晶体中，总有一些原子会在外在因素的作用下偏离其平衡位置，破坏了晶体中原子排列的规律性、完整性，形成微小的不完整规则区域，这种偏离理想结构的区域，称为晶体缺陷。

图 1-18 多晶体位向示意图

实际金属晶体的结构还是接近完整的，在金属中偏离平衡位置的原子数目很少，一般远低于原子总数的1/1000。尽管数量少，但是这些晶体缺陷和变化却对金属的固态相变、扩散行为和性能，如塑性、强度和导电性等产生重大影响。

根据几何形状特征不同，可将晶体缺陷分为点缺陷、线缺陷和面缺陷三类。

（1）点缺陷 点缺陷主要有空位、间隙原子和置换原子。其特征是在三维空间中三个方向上尺寸均很小，缺陷的影响区域是晶格畸变区，尺寸大约只有几个原子间距，如图 1-19 所示。

1）空位。空位是指晶格阵点未被原子占据，产生空阵点，其周围原子向空阵点位置偏移所形成的原子偏离平衡位置的区域。在一定温度下，晶体中的原子总是以平衡位置为中心作高频热振动，不同原子在某一瞬间的振动能量不完全相同，有些原子能量较高，振幅就较大。当某一个原子在某瞬间具有足够大的能量时，就可能因振动而脱离其平衡位置，并迁移到别处，使晶体结

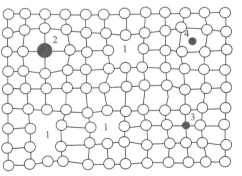

图 1-19 晶体中的点缺陷
1—空位　2—大的置换原子　3—小的置换原子
4—间隙原子

构中形成空阵点，即形成了空位。空位的形成与原子的热振动有关。因此，空位是一种热平衡缺陷，一定温度下，空位有一定的平衡浓度，温度越高，空位浓度就越高。

2）间隙原子。晶体中原子堆垛在一起，之间存在间隙，但间隙尺寸很小，当某些体积

较小的原子进入到晶格的间隙中时，会使其周围原子偏离平衡位置，产生了膨胀或收缩而引起所谓的晶格畸变，这些进入晶格间隙的原子即称为间隙原子。

3）置换原子。当外来原子进入晶格，并占据了晶格阵点位置，即称为置换原子。

（2）线缺陷　线缺陷是在三维空间的一个方向上的尺寸很大（晶粒数量级），另外两个方向上的尺寸很小（原子尺寸大小）的晶体缺陷。具体形式是晶体中的位错。位错是指由于晶体中的原子发生错排形成的线状晶格畸变区。包括刃型位错和螺型位错。图 1-20 所示为刃型位错，晶体上部比下部多了一个垂直纸面的原子面，造成交界处沿垂直纸面方向形成一个管状的晶格畸变区。

位错的特点是易动，其本身具有较高的能量，周围存在应力场，相互之间会产生交互作用，因此对金属的塑性变形过程，对强度、塑性、相变、扩散等特性都有很大的影响。

晶体中的位错密度用单位体积中位错线的总长度或晶体中单位面积上位错线的根数来度量。充分退火后的多晶体金属的位错密度为 $10^6 \sim 10^8 \text{cm}^{-2}$，而强烈冷变形后，位错密度可增至 10^{12}cm^{-2}。金属晶体中的位错密度可用 X 射线或透射电镜测定。

（3）面缺陷　面缺陷包括晶体的外表面、晶界、亚晶界、孪晶界和堆垛层错等，是面状的晶格畸变区，其特征是一个方向上尺寸很小，而另两个方向尺寸较大。

1）晶界。晶界可以被看成是两个相邻晶粒间具有几个至几十个原子间距宽度的过渡区。在该区间，原子多偏离其平衡位置，排列不规则，原子错配引起晶格畸变，处于较高能量状态，原子致密度也较低，因此晶界处的性能与晶内有较大区别，对多晶体的性能有很大的影响。根据晶界两侧晶粒的位向差大小，晶界可以分成两类：两相邻晶粒位向差<10°，称其间的晶界为小角度晶界，反之称为大角度晶界。图 1-21 所示为小角度晶界的位错模型，它是由一系列刃型位错排列而成。多晶体金属材料中，各晶粒之间晶界大都属于大角度晶界，其位向差一般为 30°~40°。

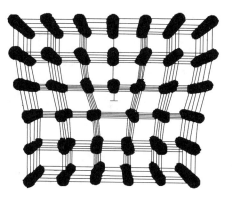

图 1-20　刃型位错示意图

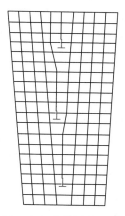

图 1-21　小角度晶界的位错模型

2）亚晶界。在晶体的各个晶粒中，原子排列总体上是很有规律的，但在电子显微镜下观察，可发现晶粒内部不同区域原子排列的位向有微小的差别，即晶粒实际是由许多尺寸很小、位相差很小的小晶块堆砌而成，称这些小晶块为亚晶。在亚晶内部，原子排列位向一致。

如图 1-22 所示，由位错组成的小角度晶界即为一种亚晶界，其两侧原子排列有很小的位相差。亚晶界有与晶界相类似的特性，对材料强度、塑性等都有一定的影响，细化亚晶粒可以显著提高金属的强度和硬度。

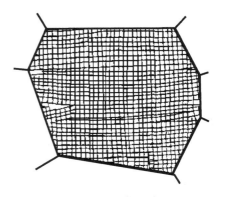

图 1-22 亚晶粒示意图

1.3.5 合金的相结构

1. 合金和相的概念

纯金属由于力学性能差，工业应用很少，使用的金属材料主要是合金。所谓合金是指两种或两种以上的金属元素（或金属元素与非金属元素）组成的，具有金属特性的物质。组成合金的元素称为组元。例如，碳钢和铸铁的主要组元是 Fe 和 C 元素。由两个组元组成的合金称为二元合金，由三个组元组成的合金称为三元合金，由三个以上组元组成的合金称为多元合金。

合金是由"相"组成的，即合金组元以不同的方式组成不同的相，进而组成合金。碳素钢在退火态下是由铁素体和渗碳体这两种相组成，这两种相都是由 Fe 和 C 元素以不同的方式组合而成，所以钢为 Fe-C 合金。

相是合金中具有同一聚集状态、同一结构、同一性质，并与其他部分有明确界面分开的均匀组成部分。相中原子的具体排列方式称为相结构。由于合金不像纯金属只有一种原子，而是由不同组元的原子组成，故相结构远比纯金属的晶体结构复杂。合金在固态下通常是由两个、三个甚至多个相组成，由一个相组成的合金称为单相合金，由两个、三个甚至多个相组成的合金分别称为两相合金、三相合金和多相合金。

2. 合金中的相结构类型

合金中的相种类非常多，但根据其结构特点，可以将合金中的相分为两类：固溶体和金属间化合物。

（1）固溶体　溶质原子溶入固态金属溶剂中所形成的均一的、且保持溶剂晶体结构的合金相称为固溶体。根据溶质原子在溶剂晶格中所处位置不同，固溶体分为两类，即间隙固溶体和置换固溶体。

1）间隙固溶体。它是指溶质原子进入溶剂晶格的某些间隙位置所形成

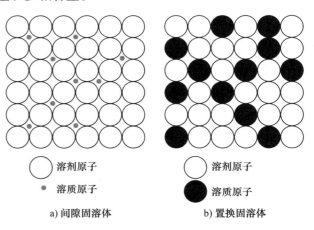

○ 溶剂原子
· 溶质原子

a) 间隙固溶体

○ 溶剂原子
● 溶质原子

b) 置换固溶体

图 1-23 固溶体的晶体结构

的固溶体，如图 1-23a 所示。形成间隙固溶体的溶质原子通常是一些原子半径很小（< 0.1nm）的非金属元素，如 C、H、O、N、B 等，而溶剂元素则多是过渡族元素。当溶质原子与溶剂原子的半径比值 $d_{溶质}/d_{溶剂} \leqslant 0.59$ 时，才有可能形成间隙固溶体。间隙固溶体的固溶度不仅与溶质原子大小有关，还与金属溶剂的晶格类型有关。例如，C 在体心立方的 α-Fe 中的最大溶解度是 0.0218%（质量分数），而在面心立方 γ-Fe 中的最大溶解度是 2.11%，

两者相差接近 100 倍，其原因在于两者晶体结构不同导致间隙大小和形状不同。

2）置换固溶体。它是指溶质原子占据了溶剂晶格的某些阵点位置所形成的固溶体，如图 1-23b 所示。置换固溶体溶质原子半径与溶剂原子半径的比值 $d_{溶质}/d_{溶剂}>0.59$，金属原子与金属原子之间由于原子半径相差较小，形成的固溶体通常为置换固溶体。

（2）固溶体的性能　在固溶体中，随着溶质原子的溶入，固溶体的晶格常数将发生变化。形成置换固溶体时，若溶质原子直径比溶剂原子直径大，则溶质原子的溶入会挤开阵点周围的原子（图 1-24a），使其偏离平衡位置，固溶体晶格常数将增大；溶质原子直径比较溶剂原子直径小，则晶格常数减小（图 1-24b）。形成间隙固溶体时，由于溶质原子尺寸一般远大于溶剂晶格间隙尺寸，所以间隙固溶体的晶格常数总是增大的，其晶格畸变比置换固溶体大得多。

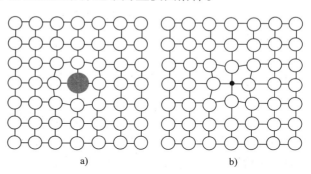

图 1-24　固溶体中的溶质原子引起的晶格畸变

由于固溶体中的晶格畸变区会与位错产生交互作用，阻碍位错运动，从而使合金的强度有所提高，塑性及韧性有所下降。通常称这种强化方式为固溶强化。

固溶强化是金属材料一种重要的强化手段，几乎对综合力学性能要求较高（强度、韧性和塑性之间有较好的配合）的材料都是以固溶体作为最基本的相组成物。但是通过单纯的固溶强化所达到的强度指标仍然有限，因而不得不在固溶强化的基础上再附加其他强化方法。

固溶体除力学性能的变化之外，其物理性能比纯金属也有所变化，其中对电阻的影响较大，随着溶质原子的溶入，电阻增加，电阻温度系数减小。因此，固溶体合金可以用作电热材料，如 Ni-Cr 合金电炉丝、Fe-Cr-Al 合金电炉丝等。

（3）金属间化合物　当 A、B 两种元素组成合金，除形成以 A 为基或以 B 为基的固溶体外，当合金的成分超出固溶体的最大溶解度时，便可能形成新相，与 A、B 两组元晶格类型均不相同，这种新生相称为金属间化合物，也称为中间相。这些化合物一般可以用化学式 A_mB_n 表示其组成。但它往往与普通化合物不同，主要是采用金属键结合，不一定遵循化合价的规律，并在一定程度上具有金属的性质（如导电性等）。

合金中金属间化合物的出现，一般会使合金的硬度增大而使韧性降低。金属间化合物种类很多，常见的有以下三种。

1）正常价化合物。这类化合物符合正常的原子价规律，即具有一定的化学成分，并可用化学分子式来表示。通常金属性强的元素与非金属或类金属能形成这种类型化合物，如 Mg_2Si、Mg_2Sn 等。正常价化合物具有高的硬度和脆性。在合金中，当它在固溶体内细小而均匀分布时，可在一定程度上强化合金。

2）电子化合物。这类化合物的化学式并不符合化合价规律，但符合一定的电子浓度比值（价电子数/原子数）规律，即其形成与电子浓度有关，故称为电子化合物。例如，铜锌合金，当电子浓度比值为 21/12 时形成 $CuZn_3$ 电子化合物，当电子浓度为 21/13 时形成 Cu_5Zn_3 电子化合物。电子化合物虽然可用化学式表示，但其成分可在一定范围内变化，即可以在电子化合物中溶入其他组元，形成以化合物为溶剂的固溶体。电子化合物也是硬度高、脆性大的相，和正常价的化合物一样，一般只能作为强化相而存在于合金中。

3）间隙化合物。由原子半径较大的过渡族金属元素（Fe、Cr、Mo、W、V 等）和原子半径较小的非金属元素（C、H、N、B 等）组成的金属间化合物称为间隙化合物。

1.4 高分子材料的结构与性能

对于低分子化合物，每一分子中只有几个到几十个原子，在比较复杂的有机化合物分子中也不过含有几百个原子，相对分子质量仅 1000 多一点。高分子化合物则是一种由许多原子通过共价键结合而成的分子量很大的化合物，其分子量一般为 $10^4 \sim 10^7$，甚至更大，即高分子化合物是指相对分子质量特别大的化合物，具有高强度、高弹性和高耐蚀性等特点。

1.4.1 高分子化合物的基本概念

组成高分子化合物的每个大分子都是由一种或几种较简单的低分子化合物（称为单体）聚合而成，故又称为高聚物或聚合物。

1. 高分子化合物的组成

组成高分子的单元结构称为链节，一个高聚物所具有的链节数称为聚合度（n）。聚合度决定了大分子的相对分子质量及大分子链的长短。整个高分子链就相当于由 n 个链节按一定方式重复连接起来的一条细长链条。因此，高分子的分子量=n×链节分子量。例如，聚氯乙烯就是由氯乙烯聚合而成。

$$n\mathrm{CH_2=CH} \longrightarrow \underset{\underset{\mathrm{Cl}}{|}}{\left[\mathrm{CH_2-CH}\right]_n}$$
$$\phantom{n\mathrm{CH_2=CH}}\underset{\mathrm{Cl}}{|}$$

2. 高分子化合物的分类及命名

高分子化合物的种类繁多，有各种各样的分类方法，常用的几种分类方法如下：

1）按工艺性质分。可分为塑料、橡胶、纤维、油漆和胶黏剂等。

2）按主链化学组成分。可分为碳链高分子、杂链高分子、元素有机高分子和无机高分子。

3）按聚合物反应类别分。可分为加聚高分子、缩聚高分子。高聚物、聚合物、高分子、高分子化合物甚至"树脂"等名词往往通用。

高分子的命名一般有三种形式。

1）简单高分子的命名常根据原料（单体）的名称，在前面加上"聚"字，例如，聚苯乙烯、聚乙烯。

2）有些缩聚高分子在其原料名称之后加上"树脂"二字，如苯酚和甲醛的缩聚物，称酚醛树脂。

3）有一些结构复杂的高分子，往往采用商品牌号，如聚酯纤维名为"涤纶"，聚酰胺名为"尼龙"。

3. 高分子材料的合成方法

从最基本的化学反应来说，高分子化合物的合成方法有两大类，即加聚反应和缩聚反应。

（1）加聚反应 加聚反应又分均聚和共聚。均聚反应是由同一单体聚合而成，通过加热或引发剂将单体的双链或环打开，使单体结合成足够大的分子链。如氯乙烯单体通过加聚反应制成聚氯乙烯。单体重复连接而形成的链称为分子链，其反应如下：

$$n\text{CH}_2\!=\!\text{CH} \longrightarrow \underset{|}{(\text{CH}_2\text{CH}\!-\!\text{CH})}_n$$
$$\underset{\text{Cl}}{|} \qquad\qquad \underset{\text{Cl}}{|}$$

均聚反应获得的产物称为均聚物。均聚物应用很广泛，产量很大，但其性能有些局限和不足。为了克服这些缺点，可采用由两种或两种以上单体聚合而成的共聚物。

两种以上单体的聚合反应称共聚反应，很多性能优良的高分子化合物都是共聚生成。如丁苯橡胶是苯乙烯和丁二烯的共聚物，ABS 工程塑料是丙烯腈（A）、丁二烯（B）和苯乙烯（S）三种单体的共聚物。

（2）缩聚反应 缩聚是将具有两个或两个以上官能团（如—OH、—NH 等）的低分子化合物，通过官能团间相互缩合，在分子间生成新化学链，从而使低分子化合物逐步合成高分子化合物。如由己二酸、己二胺单体经缩聚反应生成聚己二酸己二胺（尼龙 66）的反应：

$$n\text{NH}_2(\text{CH}_2)_6 + n\text{HOOC}(\text{CH}_2)_4\text{COOH} \longrightarrow \text{[NH}(\text{CH}_2)_6\text{NH}\!-\!\text{CO}(\text{CH}_2)_4\text{CO]}_n + 2n\text{H}_2\text{O}$$

这种反应的特点是随着反应的进行，不断析出低分子化合物（如水、氨、醇等），如尼龙、电木（酚醛树脂）、的确良（涤纶树脂）均为缩聚物。

1.4.2 高分子化合物的结构

1. 高分子链的结构

高分子化合物的结构比常见低分子物质更为复杂，是由许多长链大分子组成。大分子的结构、形态及聚集态有很大的差异。

（1）高分子链的几何形态 按大分子链几何形态不同，高分子链可分为线型结构、支链型结构和体型（网状）结构三种。

1）线型。由大分子的基本结构单元（链节）相连成一条线型长链，如图 1-25a 所示。由成千上万链节组成的长链长径比可达 1000 以上，通常为蜷曲状，受拉时可以伸展为直线。乙烯类高分子化合物，如高密度聚乙烯、聚氯乙烯、聚苯乙烯等高分子化合物一般具有线型结构。这类高分子化合物具有较好的弹性、塑性，硬度低，可以反复加工使用，可溶解在一定的溶剂中，升温时可以软化及流动，具有可溶性和可熔性，通常称为热塑性高分子化合物。

2）支链型。由一条很长的主链和许多较短的支链相互连接成若干分支链，如图 1-25b 所示。在大分子主链上带有一些或长或短的支链，整个分子呈枝状，如高压聚乙烯和耐冲击型聚苯乙烯。它们一般也能溶解在一定溶剂中，加热也能熔化，但由于分子不易整齐排列，分子间作用力较弱，因而对溶液性质有一定的影响。这类高分子化合物的性能和加工在支链较少时，接近线型结构高分子化合物。

3）体型（网状）。在长链大分子之间有若干支链，借助强的化学键交联在一起，形成三维网状结构，如图1-25c所示。由于整个体型结构聚合物是一个由化学键连接起来的不规则网状大分子，所以非常稳定。热压成型后，再加热时不熔融和溶解，成型后不可逆变，称为热固性。这种热固性聚合物只能在形成交联结构之前热模压，一次成型，材料不能反复使用。具有这种结构的有硫化橡胶、酚醛树脂、尿醛树脂等。

a) 线型　　　　　　　　b) 支链型　　　　　　　　c) 体型

图 1-25　高分子链的结构示意图

（2）高分子链结构单元的连接方式

1）均聚物。均聚物在加聚过程中，单体的键接形式可以有所不同。对于单烯类，如氯乙烯聚合，其单体单元在分子链中可以有三种不同的连接方式：

头-尾连接

$$-CH_2-CH-CH_2-CH-CH_2-CH-CH_2-CH-$$
$$\quad\quad\quad | \quad\quad\quad\quad | \quad\quad\quad\quad | \quad\quad\quad\quad |$$
$$\quad\quad\quad Cl \quad\quad\quad Cl \quad\quad\quad Cl \quad\quad\quad Cl$$

头-头或尾-尾连接

$$-CH_2-CH-CH-CH_2-CH_2-CH-CH-CH_2-$$
$$\quad\quad\quad | \quad | \quad\quad\quad\quad\quad\quad | \quad |$$
$$\quad\quad\quad Cl \quad Cl \quad\quad\quad\quad\quad Cl \quad Cl$$

无规连接

$$-CH_2-CH-CH-CH_2-CH-CH_2-CH-CH_2-$$
$$\quad\quad\quad | \quad | \quad\quad\quad | \quad\quad\quad | $$
$$\quad\quad\quad Cl \quad Cl \quad\quad Cl \quad\quad Cl$$

分子链中单体单元的连接方式往往对聚合物的性能有明显的影响，例如，用来作为纤维的聚合物，一般都要求排列规整，以使聚合物结晶性能较好，强度高，便于抽丝和拉伸。

2）共聚物。以A、B两种单体共聚为例，键接方式可分为：

无规共聚

$$—ABBABBABAABAA—$$

交替共聚

$$—ABABABABABAB—$$

嵌段共聚

$$—AAAA—BB—AAAA—BB—$$

接枝共聚

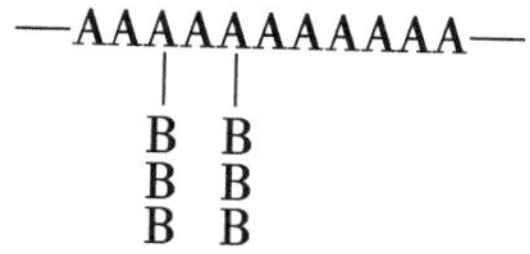

—AAAAAAAAAA—
　　 B　B
　　 B　B
　　 B　B

各种共聚物一般不只是依靠某一种共聚方式链接，很可能是多种方式共同作用。

（3）高分子链的构型　构型是指组成高分子链的原子在化学键键合作用下，在空间中的几何排列方式。这种排列是稳定的，要改变分子的这种排列必须使化学键断裂。

例如，乙烯类高分子化合物中的取代基 R 可以有三种不同的排列方式，如图 1-26 所示，图 1-26a 所示为全同立构：取代基 R 全部分布在主链一侧；图 1-26b 所示为无规立构：取代基 R 无规则地分布在主链两侧；图 1-26c 所示为间同立构：取代基 R 相间地分布在主链的两侧。

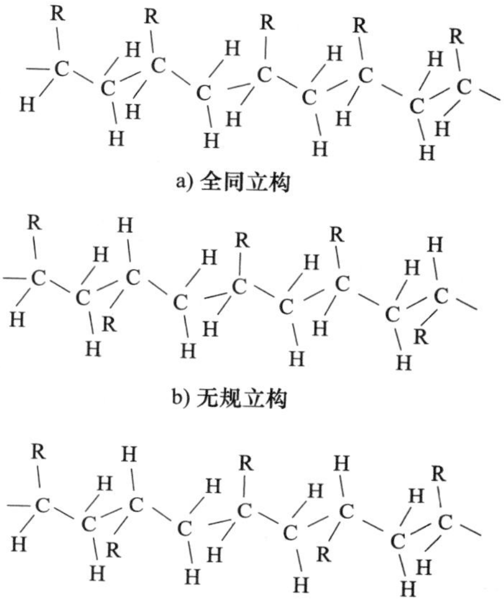

全同立构结构比较规整，可结晶，如全同立构的聚苯乙烯，其熔点为 240℃；无规立构结构不规整，为无定形态，如无规立构的聚苯乙烯，无固定熔点，软化温度为 80℃；间同立构结构则处于两者之间，如间同立构的聚丙烯，易结晶，可以纺丝做成纤维，而无规立构的聚丙烯则是一种橡胶状弹性体。

a）全同立构

b）无规立构

c）间同立构

图 1-26　乙烯类高分子化合物的三种构型

2. 聚集态结构

以上所述是单个大分子的结构与形态，而高分子材料是高分子化合物的大分子聚集态。即高分子化合物的结构是由分子间的相互作用使高分子能彼此聚集在一起，组成一种微观结构。这种聚集态结构是加工成型过程中形成的，材料的许多性能与高分子化合物的聚集态结构密切相关。

高分子之间的作用力通常包括范德华力（取向力，诱导力，色散力）和氢键，使高分子聚集而成高分子的固态和液态形式。

按大分子排列是否有序，高分子化合物可分为晶态和非晶态两类。结晶型高分子排列规则有序，非晶态高分子排列杂乱无序。具有网络结构的高分子化合物都是非晶态。

由于高分子化合物的长链结构很难达到完全排列有序，总有一部分非结晶部分存在，因而高分子化合物是两相结构。结晶聚合物中，大分子规则排列的区域称为晶区，无规则排列区域称为非晶区。在高分子化合物中既有晶区，又有非晶区，而且每个区域都比整个大分子链要小，所以每一个聚合物分子都可能同时穿过多个晶区和非晶区，如图 1-27 所示。晶区在整个高分子化合物中所占的比例称为结晶度。一般高分子化合物分

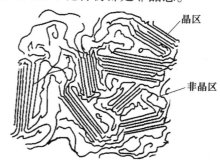

晶区

非晶区

图 1-27　高分子化合物的晶区和非晶区示意图

子结构越简单，对称性越高，则结晶度越高。聚合物的结晶度一般为 30%~90%。

高分子化合物的聚集结构决定了它的性能，结晶度对性能影响十分明显。结晶度越高则分子间的作用力越强，其强度、硬度、刚度、熔点、耐热性和化学稳定性越高，而冲击强度、弹性、伸长率、韧性降低。

1.4.3 高分子材料的性能

高分子材料的强度比金属材料要低得多。其强度主要取决于物理状态、微观结构形态及均匀性等，在加工和使用过程中会产生大量缺陷和微裂纹。

1. 高分子材料的力学性能

（1）强度与塑韧性　高分子材料的拉伸强度较低，一般只有 100MPa 左右。形变速度对脆性高分子材料的破坏影响不大，但对韧性高分子材料，拉伸速度快时，分子来不及伸展，链来不及充分受力，因而强度高，伸长率小；慢速拉伸时则韧性更好。

（2）弹性　高分子材料具有高弹性。储能模量非常小，其中橡胶储能模量仅为金属材料的 $1/10^6$ 或蚕丝的 $1/10^4$，塑料在玻璃态时储能模量也仅为金属材料的 1/10。储能模量随温度上升而增大，与钢材相反；弹性变形率大，达 100%~1000%。

（3）黏弹性　理想弹性材料的应变与应力同步发生，即应变与应力的平衡可瞬时达到，与时间无关。而理想黏性材料受力后的形变与受力时间呈线性关系，即时间增加，应变线性增加。高分子材料一般介于两者之间，受力后的形变与受力时间呈非线性关系，形变会随时间的增加而增加，但有滞后。因此，高分子材料可被称为黏弹性材料。

（4）摩擦磨损性能　高分子材料的硬度比金属材料低，抗磨能力比金属材料弱。但有些高分子材料具有很低的摩擦系数，如聚四氟乙烯的摩擦系数仅 0.04，几乎是固体中最低的，因此具有很好的耐磨性。而诸如橡胶等高韧性的高分子材料，耐磨性也非常好，同时由于其摩擦系数大，适合制造汽车轮胎等耐磨件。

2. 高分子材料的物理性能

（1）电绝缘性　高分子材料大多有良好的电绝缘性能，并且电击穿强度很高，常作为绝缘和电解质材料。聚乙烯、聚苯乙烯的电阻率为 10^{16}~10^{18} W·cm。其高的电绝缘性能是因为高分子化合物中化学键都是共价键，不能电离，不易形成电子的定向运动。

（2）耐热性　高分子材料一般不能在较高温度下长时间使用，其耐热性不如金属材料和无机材料。受热后，高分子链链段或整个分子容易发生移动，导致材料软化或熔化，造成力学性能下降，所以耐热性低。例如，常用于耐热场合的聚砜、聚苯醚等高分子材料的热变形温度都在 200℃ 以下。

（3）线膨胀性　高分子材料的线膨胀系数大，为金属的 3~10 倍。这是由于受热后分子间缠绕程度降低，分子间结合力减小，使材料产生明显的体积和尺寸变化。

3. 高分子材料的化学性能

（1）耐蚀性　高分子材料具有很好的耐蚀性，一般的酸、碱、盐类对其没有腐蚀性。对于低分子化合物，只要某一化学试剂与分子中的某一基团起化学反应，则低分子化合物在这种试剂的作用下，就要发生化学反应。而高分子化合物的分子链是纠缠在一起的，许多分子链的基团被包裹在里面，即使与某些试剂接触，也只是暴露在外面的基团与试剂作用，而里面能与试剂起反应的基团不容易发生反应，因而高分子化合物的耐蚀性较好。

（2）老化性能　高分子材料易发生老化。高分子化合物在长期使用过程中，由于受到某些物理因素（热、光、电、辐射、机械力）或化学因素（氧、酸、碱、水及微生物）的作用，逐渐失去弹性，出现龟裂、变硬、发脆、变色，以致丧失高分子材料的物理、力学性能的现象，称为聚合物的老化。目前防老化的方法主要有对高分子材料的结构进行改性，添加防老化剂、紫外线吸收剂和表面处理等。

1.5　陶瓷材料的组织结构与性能

陶瓷材料由于具有高硬度、高耐磨性、高耐蚀性、高绝缘性及其他特殊的性能而得到广泛应用。

1.5.1　陶瓷的概念

陶瓷是由金属（类金属）和非金属元素形成的化合物，主要结合键是离子键或共价键，是无机非金属材料中的一种，是一种使用天然或人工合成的粉状原料，经高温烧结而形成的固体物质。陶瓷种类繁多，应用广泛，按照习惯可将其分为两类，即传统陶瓷和特种陶瓷。

（1）传统陶瓷　传统陶瓷以黏土、长石、石英等天然原料为主，经粉碎，成型、烧结工艺制成制品。可分为日用陶瓷、建筑卫生陶瓷、电器绝缘陶瓷，化工陶瓷、多孔陶瓷等。

（2）特种陶瓷　特种陶瓷是用化工合成原料制成具有某些特殊性能的陶瓷，包括氧化物、氮化物、碳化物、硅化物、硼化物和氟化物制成的陶瓷。按性能和应用可分为电容器陶瓷、工具陶瓷、耐热陶瓷和压电陶瓷等。

如果按所具有的性能来分，陶瓷可分为工程结构陶瓷和功能陶瓷。

1.5.2　陶瓷的组织结构

陶瓷的组织结构比金属要复杂得多，内部有晶体相、玻璃相和气相，它们的数量、形状和分布对陶瓷的性能有很大的影响。

1. 晶体相

晶体相是陶瓷的主要组成相，决定了陶瓷的主要性能。晶体相是由离子键构成的离子晶体（如 Al_2O_3、MgO 等）或共价键构成的共价晶体（如 Si_3N_4、SiC 等），一般是两种晶体都存在。与金属类似，陶瓷一般也是多晶体，也存在晶粒或晶界。细化晶粒及亚晶可以提高陶瓷的强度和影响其他性能。但由于陶瓷晶体相是由多种金属元素和非金属元素的化合物组成，其组织结构和性能间的关系不像单纯金属或非金属材料那样容易概括，要考虑更多的因素。

晶体相是由离子键或共价键为主要结合键组成的晶体，根据主要结合键的种类，其结构主要有三种类型。

（1）离子晶体陶瓷结构　离子晶体陶瓷结构的结合键是离子键。离子晶体陶瓷的种类很多。常见的晶体结构如下：

1）NaCl 型结构（称 AX 型）。有几百种化合物属于 NaCl 型结构，如 MgO、NiO、FeO、CaO 等都具有这种结构。如图 1-28a、b 所示，阴离子与阳离子位于各个六面体的角上和面中心位置，形成面心立方晶格。

2）CaF₂ 型结构（称 AX₂ 型）。如 CaF₂、ZrO₂、VO₂、ThO₂ 等属于 CaF₂ 结构。如图 1-28c 所示，其中，Zr^{4+} 离子占据正常的面心立方结构阵点位置，O^{2-} 处于四面体间隙位置，即（1/4，1/4，1/4）位置。

3）刚玉结构（称 A₂X₃ 型）。Al_2O_3、Cr_2O_3 等具有这种结构，如图 1-28d 所示。氧原子占密排六方结构的阵点位置，铝离子占据氧离子组成的八面体间隙中，但只占满 2/3。每三个相邻的八面体间隙就有一个有规律地空着。每个晶胞中有六个氧离子，四个铝离子。

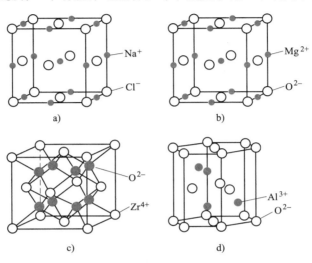

图 1-28　离子键陶瓷结构

4）钙钛矿型结构（称 ABX₃ 型）。$CaTiO_3$、$BaTiO_3$，$PbTiO_3$ 等具有钙钛矿型结构，如图 1-29 所示。原子半径较大的钙离子与氧离子作立方最密堆积，半径较小的钛离于位于氧八面体间隙中，构成钛氧八面体 [TiO_6]。钛离子只占全部八面体间隙的 1/4，每个晶胞中有一个钛离子、一个钙离子和三个氧离子。

（2）共价晶体陶瓷结构　共价晶体陶瓷多属于金刚石结构（如 SiC）或其派生结构（如 SiO_2）。SiC 的晶体结构属于面心立方点阵，如图 1-30 所示，每个晶胞中有四个碳原子和四个硅原子，四个碳原子位于四面体间隙位置。

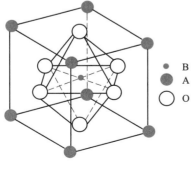

图 1-29　钙钛矿型结构

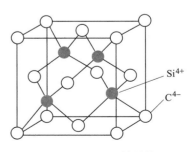

图 1-30　SiC 晶体结构

SiO$_2$ 也属于面心立方点阵, 如图 1-31 所示, 每个硅原子被四个氧原子包围, 形成 [SiO$_4$] 四面体, 四面体之间又都以共有顶点的氧原子互相连接。若四面体长程有序, 则形成晶态 SiO$_2$。该晶胞中有 24 个原子, 其中 8 个硅原子、16 个氧原子。

（3）硅酸盐结构 许多陶瓷是用硅酸盐矿物原料制作的, 应用最多的是高岭土、长石、滑石等。硅和氧的结合很简单, 由它们组成硅酸盐骨架, 构成硅酸盐的复合结合体。

硅酸盐的基本结构是 Si-O 四面体, 如图 1-32 所示, 其中 Si^{4+} 离子周围有四个 O^{2-} 离子, 形成四面体, 带有 4e$^-$ 电荷, 称为 SiO$_4$ 四面体。这个四面体中的原子结合既有离子键又有共价键, 结合力很强。

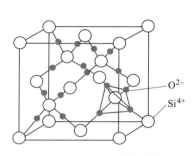

图 1-31 SiO$_2$ 晶体结构

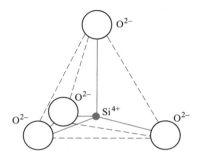

图 1-32 Si-O 四面体结构

对于没有金属离子存在的纯 SiO$_2$, 当四面体长程有序排列时, 则为晶态 SiO$_2$, 在常压下以石英、磷石英、方石英三种稳定的状态存在, 结构如图 1-33 所示。在高温下则以磷石英、方石英形式存在; 如四面体为短程有序排列则为玻璃的结构。当温度、压力发生变化, 这些结构之间能够相互转化, 即发生同素异构转变。

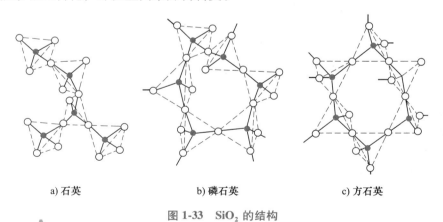

a) 石英   b) 磷石英   c) 方石英

图 1-33 SiO$_2$ 的结构

2. 玻璃相

玻璃相是陶瓷烧结时, 由各组成物和杂质通过一系列物理化学作用形成的非晶态物质。玻璃相熔点较低, 其主要作用是把分散的晶相粘在一起。此外, 还可降低烧结温度、抑制晶体长大, 并填充气孔空隙, 但会降低抗热性和绝缘性。玻璃相在陶瓷组成中所占体积百分比常限制在 20% ~ 40%。玻璃相主要由 Se、S 等元素, B$_2$O$_3$、SiO$_2$、GeO$_2$、P$_2$O$_5$ 等氧化物, 硫化物、氯化物、卤化物等形成。

在实用玻璃中，硅酸盐类的玻璃使用最广泛，硼酸盐玻璃、磷酸盐玻璃也有应用。硅酸盐玻璃的结构如前所述为 SiO_4 四面体呈短程有序排列。纯 SiO_2 玻璃即使在液态时，其黏度也很大，成型困难。如果加入一些 Na_2O、CaO 等，引入金属离子，氧离子从金属中获得电子成为搭桥离子，打断了玻璃态的网状结构，使玻璃在高温时成为热塑性，可提高其成型性能。

3. 气相

气相是在陶瓷气孔中存在的气体，常以孤立状态分布在玻璃相、晶界或晶内。如果气孔表面开口，会使陶瓷质量下降。如果闭孔存于陶瓷内部，不易被发现，这种隐患常是产生裂纹的原因，使陶瓷的力学性能大大下降，会引起应力集中、强度降低和抗电击穿能力下降。普通陶瓷的气孔率一般应控制在 5%～10%，特种陶瓷在 5% 以下，金属陶瓷要求 0.5% 以下。

1.5.3 陶瓷的性能

陶瓷为先成型后烧结的产品，其工艺流程一般为：配料＋压制成型＋烧结。在烧结过程中发生一系列复杂的物理和化学变化，使其具有一些独特的性能。

陶瓷的性能由两种结构因素决定，第一是物质结构，主要是化学键性质和晶体结构。它们决定着材料的本身性能，如材料是否适合作导体、半导体、铁电体、耐高温材料。第二是显微结构，包括相分布、晶粒大小和形状、气孔大小和分布等，其对材料力学性能影响极大。

（1）力学性能　陶瓷的弹性模量比金属要高，但在外力作用下几乎不产生塑性变形而呈脆性断裂。陶瓷硬度高于一般金属，抗压强度也很高。但普通陶瓷含有较多气孔，因此抗拉强度低，实际强度与理论强度的比值远低于金属。以氧化铝陶瓷为例，理论强度为 $5×10^4$ MPa，普通烧结氧化铝强度仅 240MPa 左右，为理论强度的 1/200。而奥氏体不锈钢这一比值为 5～6。

（2）热性能　陶瓷的熔点高，耐热性好，抗氧化性好，是工业上常用的耐热材料，在 1000℃ 以上的温度下仍能保持室温性能。陶瓷的主要缺点是抗热冲击差，热膨胀系数和热导率低于金属。

（3）电性能　陶瓷中一般无自由电子，电绝缘性优良，是传统的绝缘材料。部分陶瓷具有半导体性质。

（4）化学性能　陶瓷的组织结构非常稳定，对酸、碱、盐及熔融的非铁金属等具有优良的耐蚀性。

1.6 复合材料的结构与性能

1.6.1 复合材料的基本概念

复合材料是将不同的材料以组合、集合、混合等不同形式合起来，从而具有不同于单一材料的结构和性能。复合材料具有很多优点，比强度和刚度高，耐疲劳，质量轻，同等强度条件下，它比铝合金轻 1/3 左右。采用复合材料结构是提高飞行器性能的有效途径之一，在航空航天、汽车、船舶、军工领域和土木工程等应用的比例日益增大。

复合材料的种类见表 1-4。在复合材料中，占体积分数或质量分数多的称为基体，另外部分称为添加（分散）相或第二相。根据基体材料属性分，有金属基复合材料、陶瓷（无机非金属）基复合材料、高分子基复合材料。根据添加（第二）相形态或复合材料结构特点分：①纤维增强复合材料，将各种纤维增强体置于基体材料内复合而成；②夹层复合材料，由性质不同的表面材料和芯材组合而成，通常面材强度高、薄，芯材质轻、强度低，但具有一定刚度和厚度，分为实心夹层和蜂窝夹层两种；③颗粒复合材料，将硬质细粒均匀分布于基体中，如弥散强化合金、金属陶瓷等；④混杂复合材料，按照添加（第二）相的功能不同，可分为增强复合材料、减摩复合材料、导电复合材料。按照纤维类型不同，可分为金属纤维复合材料、玻璃纤维复合材料、陶瓷纤维复合材料、碳纤维复合材料、树脂复合材料等。按照复合组成是否同质分，有同质复合材料和异质复合材料。按其组成分为金属与金属复合材料、非金属与金属复合材料、非金属与非金属复合材料等。

表 1-4　复合材料的组成

添加（分散）相		基体（连续）相		
		金属材料	无机非金属材料	有机高分子材料
金属材料	金属纤维（丝）	纤维/金属复合材料	钢筋/水泥复合材料	钢丝/橡胶复合材料
	金属晶须	晶须/金属复合材料	晶须/陶瓷复合材料	—
	金属粉体（颗粒）	颗粒/金属复合材料	纳米颗粒/玻璃复合材料	—
	金属片（箔）材	层状复合材料		金属/塑料复合材料
无机非金属材料	陶瓷 纤维	纤维/金属复合材料	纤维/陶瓷复合材料	
	陶瓷 晶须	晶须/金属复合材料	晶须/陶瓷复合材料	
	陶瓷 颗粒	弥（分）散复合材料	—	颗粒填充塑料
	玻璃 纤维	—		纤维/树脂复合材料
	玻璃 颗粒			
	碳 纤维	纤维/金属复合材料		碳纤维/树脂复合材料
	碳 颗粒	颗粒/金属复合材料		颗粒橡胶复合材料
	矿物质 颗粒	颗粒/金属复合材料		颗粒树脂管材
	矿物质 层片		插层复合材料	
	矿物质 纤维	—	纤维复合材料	树脂复合材料
有机高分子材料	有机纤维			纤维/树脂复合材料
	塑料		金属/塑料	
	橡胶			

现代复合材料多是以金属、陶瓷、树脂为基体制造的各种材料，尤其以纤维增强复合材料性能更为突出，其中碳纤维、SiC 纤维作为增强体在性能上超过了常用的玻璃纤维，能够满足航空航天、工业交通和工程结构等领域所使用的材料对高模量、高强度、抗振、防腐、耐蚀等方面的要求。同时，以材料的功能如热、光、电、电磁、阻尼、润滑和生物等为复合目的的复合材料也促进了其发展。

1.6.2 复合材料的组织结构

复合材料的组织结构由其组成（基体+添加相）决定，与其成形加工方法和是否发生冶金、化学反应有关，彼此保留原组分材料的主要特征。因此，复合材料本身是非均质的、各向异性，复合材料不仅是材料，更确切地说是结构。

从基体相+分散相的几何结构来看，可以形成：①无规则分散（包括颗粒、晶须和短纤维）结构；②连续长纤维单向增强结构；③层合（板）结构（二维织布或连续纤维铺层）；④三维编织体增强结构；⑤夹层结构（蜂窝夹层等）；⑥其他混杂结构。根据两（多）相的维度与分散复合状态，即相互的连通性，复合材料的结构如图1-34所示。添加（分散、析出）相在块体基体中的弥散分布，为0-3型结构；在块体基体中加入准一维（晶须、纤维）材料，结构为1-3型；层状与层状材料复合，结构为2-2型；类似平面（片、层）二维材料复合在块体中，结构为2-3型；三维块体材料之间的复合，定义的结构为3-3型。

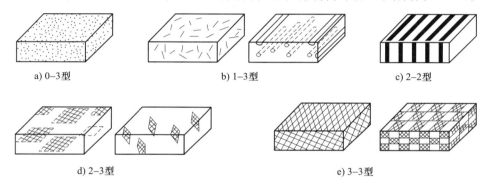

a) 0-3型　　　　　　　　b) 1-3型　　　　　　　　c) 2-2型

d) 2-3型　　　　　　　　　　　　e) 3-3型

图 1-34　复合材料结构示意图

采用不同的成形加工方法，如通过机械铆接、连接、层状复合或焊接等形成的机械复合结构（材料），基本保持原来材料的结构，如汽车车门铆接的复合结构，提高了安全性；依靠离心铸造形成的尼龙复合材料管，可以具有强度并且耐腐蚀。

单一材料经过热加工或热处理后，其内部沉淀析出新的相，如在钢或铜中含有铝组分，经过内部氧化，形成弥散分布的氧化铝，增强了钢或铜的性能，这就是所谓的氧化物增强钢或增强铜，也是一类金属基复合材料。

在加工过程中，两种或两种以上材料发生冶金或化学反应，也可形成新的复合材料（结构），如在向 SiO_2 包覆的 SiC 中加入高温 Al 液体，形成一种互相连通的网络结构复合材料。

1.6.3 复合材料的性能

复合材料由不同结构组成，性能取决于组成相的结构和性质，不仅保持了各组分材料性能的优点，而且通过各组分性能的互补和关联可以获得单一组成材料所不能达到的综合性能。

1. 复合材料的性能特点

（1）复合材料的比强度和比刚度较高　这两个参量是衡量材料承载能力的重要指标。

比强度和比刚度较高说明材料质量轻，而强度和刚度大。相对于其他材料，碳纤维质量轻且承载能力高，这对减轻结构质量、发挥材料效率是非常有利的。碳纤维复合材料的比强度可达钢的 14 倍，是铝的 10 倍，而比模量则超过钢和铝的 3 倍，碳纤维复合材料这一特性使材料的利用效率大为提高。

（2）复合材料的抗疲劳性能良好　一般金属的疲劳强度为抗拉强度的 40%~50%，而有些复合材料可高达 70%~80%。复合材料的疲劳断裂是从基体开始，逐渐扩展到纤维和基体的界面上，没有突发性的变化。层压的复合材料对疲劳裂纹扩张有"止扩"作用，当裂纹由表面向内层扩展时，到达某一纤维取向不同的层面时，使得裂纹扩展的断裂能在该层面内发散，这种特性使复合材料的疲劳强度大为提高。钢和铝的疲劳强度是静力强度的 50%，而复合材料可达 90%，因此，用复合材料制成的直升机旋翼，其疲劳寿命比金属旋翼要长数倍。合材料在破坏前有预兆，可以探伤检查和修复补救。

（3）复合材料的减振性能良好　纤维复合材料的纤维和基体界面的阻尼较大，因此具有较好的减振性能。用同形状和同大小的两种梁分别作振动实验，碳纤维复合材料梁的振动衰减时间比轻金属梁要短得多。

（4）复合材料通常都能耐高温　在高温下，用碳或硼纤维增强的金属，其强度和刚度都比原金属的强度和刚度要高很多。普通铝合金在 400℃ 时，弹性模量大幅度下降，强度也下降；而在同一温度下，用碳纤维或硼纤维增强的铝合金的强度和弹性模量基本不变。复合材料的热导率一般都小，因而它的瞬时耐超高温性能比较好。

（5）复合材料的安全性好　在纤维增强复合材料的基体中有成千上万根独立的纤维，当用这种材料制成的构件超载，并有少量纤维断裂时，载荷会迅速重新分配并传递到未破坏的纤维上，因此整个构件不至于在短时间内丧失承载能力。复合材料的成型工艺简单。纤维增强复合材料一般适合于整体成型，因而减少了零部件的数目，从而可减少设计计算工作量，并有利于提高计算的准确性。另外，制作纤维增强复合材料部件的步骤是把纤维和基体粘结在一起，先用模具成型，而后加温固化，在制作过程中基体由流体变为固体，不易在材料中造成微小裂纹，而且固化后残余应力很小。

（6）良好的抗腐蚀性　若复合材料的表面是一层环氧树脂或其他树脂塑料，则其具有良好的耐酸、耐碱及耐其他化学腐蚀性介质的性能，该优点使复合材料在未来的电动汽车或其他有抗腐蚀要求的应用领域具有强大的竞争力。玻璃钢有很好的抗微生物作用和耐酸、碱、有机溶剂及海水腐蚀作用的能力，特别适用于化工建筑、地下建筑及水工建筑等工程。

除上述典型优点外，复合材料还具有优异的减摩耐磨、自润滑性能，良好的化学稳定性、隔热性、烧蚀性以及特殊的电、光、磁等性能。

2. 影响复合材料性能的因素

对于复合材料，不同于单一材料的结构特点，就在于存在界面。所谓界面是指组成相之间化学成分有显著变化、构成彼此结合的接合区域或地带。既可能是组成相之间原始机械接触面，也可能是二者的扩散层区域，还可能是二者接触产生的反应产物等。界面的组分和结构是复杂的，也是杂质元素易于吸附、聚集的场所，对于复合材料的性能甚至失效影响很大。为了保证复合材料性能的发挥，基体相与添加相须有一个牢固的界面，确保它们浸润而真正复合，实际工艺中对这些添加物（颗粒、纤维）需进行表面处理，以改善或增强界面结合。

复合材料的性能取决于组成相的性能、所占比例（份量）、结构以及它们相互牵扯的界面因素。为了进一步发挥复合效应，改善基体与添加相的界面结合状态，往往对添加相和基体进行表面处理。如金属和碳纤维在复合前，根据复合对象预先进行表面金属化，在纤维表面化学沉积 Ni-P 合金、电镀铜等，由此可以与铜、铝等基体表面浸润而复合。

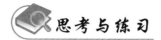 思考与练习

1-1 名词解释：强度，硬度，塑性，韧性，抗拉强度，疲劳断裂。

1-2 试述 A、Z 两种塑性指标评定金属材料塑性的优缺点。

1-3 如何用材料的应力-应变曲线判断材料的韧性？

1-4 说明力学性能指标的含义：

1）R_{eL} 和 $R_{p0.2}$。

2）A 和 Z。

3）HBW 和 HRC。

1-5 简述材料腐蚀的分类。

1-6 磨损的类型有哪些？请简要介绍。

1-7 表示材料的物理性能和化学性能的参数有哪些？请简要介绍。

1-8 从原子结合的观点来看，金属、陶瓷和高分子材料有何主要区别？在性能上有何表现？

1-9 从原子结构上说明晶体与非晶体的区别。

1-10 立方晶系中指数相同的晶面和晶向有什么关系？

1-11 求密排六方晶格的致密度。

1-12 合金一定是单相的吗？固溶体一定是单相的吗？

1-13 简述高分子材料、陶瓷材料和复合材料的基本概念、结构和性能。

第②章

金属材料的凝固

　　金属材料或制品是将不同的矿石按照配比经高温冶炼，然后去渣、浇注成坯，经过轧制、锻造等工艺过程，形成板、箔、棒、线等型材或制品，经历一个从高温流体状态、半熔融状态到固态的过程，即金属材料发生凝固。本章介绍金属凝固的基本原理和钢（Fe-C 合金）在凝固过程中的组织结构变化，为金属材料设计选用与加工工艺制定奠定基础。

2.1　纯金属的结晶

　　由于液态金属凝固后一般都为晶体，所以液态金属到固态金属的过程称为结晶。绝大多数金属材料都是冶炼后浇注成型，即其原始组织为铸态组织。了解金属结晶过程，对于了解铸件组织的形成，以及对它锻造性能和零件最终使用性能的影响是非常必要的。此外，掌握纯金属的结晶规律，对于理解合金的结晶过程及其固态相变也有很大的帮助。

2.1.1　凝固的基本概念

1. 液态金属的结构

　　当温度略高于熔点时，液态金属的结构具有以下特点：①其为短程有序长程无序结构，如图 2-1 所示；②存在能量起伏和结构起伏。

2. 结晶过程的宏观现象

　　热分析法是研究液态金属结晶最常用、最简单的方法。它是将金属放入坩埚中，加热熔化后断电，用热电偶测量液态金属温度与时间的关系曲线，即冷却曲线或热分析曲线（图 2-2）。由该曲线出现的拐点和平台可看出，液态金属的结晶过程存在两个重要的宏观现象。

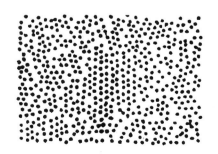

图 2-1　液态金属结构示意图

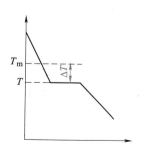

图 2-2　液态金属的冷却曲线

（1）过冷现象　实际结晶温度 T 总是低于理论结晶温度 T_m 的现象，称为过冷现象，它们的温度差称为过冷度，用 ΔT 表示，$\Delta T = T_m - T$，纯金属结晶时的 ΔT 大小与其本性、纯度和冷却速度等有关。实验发现，液态金属的纯度越低，冷却速度越慢，ΔT 就越小，反之相反。

（2）结晶过程伴随潜热释放　由纯金属的冷却曲线可以看出它是在恒温下结晶的，即随时间的延长液态金属的温度不降低。这是因为在结晶时液态金属放出结晶潜热，补偿了液态金属向外界散失的热量，从而维持在恒温下结晶。当结晶结束时随时间的延长其温度将继续降低。

3. 金属结晶的微观过程

由于金属不透明，所以无法直接观察其结晶的微观过程，但通过对透明有机物结晶过程的观察，发现结晶的微观过程是原子由液态时的短程有序原子集团逐渐向固态的长程有序结构转变。当液态金属过冷到其 T_m 以下时，其尺寸最大的短程有序的原子集团，通过结晶潜热的释放，排列成长程有序的小晶体，该小晶体称为晶核，该过程称为形核。晶核一旦形成就可不断地长大，同时其他尺寸较大的短程有序的原子集团又可形成新的晶核。因此纯金属的结晶过程是晶核不断形成和长大交替重叠进行的过程，其示意图如图 2-3 所示。所以晶体结晶后为多晶体，若在结晶时控制条件只让一个晶核形成和长大，即可得到单晶体。

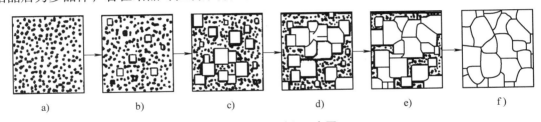

图 2-3　结晶过程示意图

4. 金属结晶的热力学条件

由热力学第二定律可知，物质遵循能量最小原理，即物质总是自发地向着能量降低的方向转化。图 2-4 所示为在等压条件下液、固态金属的自由能与温度的关系曲线，都是单调递减的上凸曲线，并且两者斜率不同，由热力学表达式可知，液相的斜率大于固相，因为液态时原子排列的混乱程度大，$S_{液} > S_{固}$。两曲线交点的温度为金属的理论结晶温度，即熔点 T_m，这时液、固两相的自由能相等，液、固两相处于动态平衡状态，可以长期共存。①当 $T = T_m$ 时，$G_{液} = G_{固}$，两相共存；②当 $T > T_m$ 时，$G_{液} < G_{固}$，金属熔化成液体；③当 $T < T_m$ 时，$G_{液} > G_{固}$，金属结晶成固体，而 $\Delta G = G_{固} - G_{液} < 0$，为结晶的驱动力，由此可知过冷是结晶的必要条件，$\Delta T$ 越大，结晶驱动力越大，结晶速度越快。

2.1.2　纯金属的结晶过程

由上述介绍可知纯金属的结晶过程都是通过形核和长大来完成的。

1. 形核

液态金属在结晶时，一般认为其形核方式主要有两种：即均质形核（也称均匀形核）和异质形核（也称非均匀形核或非均质形核）。

（1）均质形核　均质形核是指纯净的过冷液态金属依靠自身原子的规则排列形成晶核的过程。它形成的具体过程是液态金属过冷到某一温度时，其内部尺寸较大的短程有序原子集团达到某一临界尺寸后成为晶核。

虽然过冷提供了结晶的驱动力，但晶核形成后会产生新的液固界面，使体系自由能升高，所以并不是一有过冷就能形核，而是要达到一定的过冷度后，才能形核。形核速度的快慢用形核率 N 表示，即单位时间内单位体积中形成的晶核数目，它与过冷度即结晶驱动力大小有关，还与原子的活动能力（扩散迁移能力）有关。

N 受两个相互制约的因素控制。ΔT 大，结晶驱动力大，但温度低，原子活动能力小，所以 N-ΔT 曲线为正态分布。但因金属结晶倾向很大，实验中，当测到曲线的前半部时，金属已经结晶完毕，如图 2-5 所示。由于均质形核阻力较大，当 $\Delta T \approx 0.2T_{\mathrm{m}}$ 时才能有效形核。

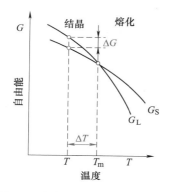

图 2-4　金属固、液态自由能 G 与
温度 T 的关系 $\dfrac{\mathrm{d}G}{\mathrm{d}T} = -S$

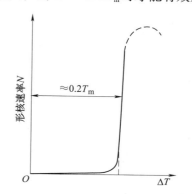

图 2-5　均质形核速率与过冷度关系

（2）异质形核　异质形核是指液态金属原子依附于模壁或液相中的未熔固相质点表面，优先形成晶核的过程。异质形核所需过冷度小，当 $\Delta T \approx 0.2T_{\mathrm{m}}$ 时即可有效形核。因为异质形核是依附在已有固体表面形核（该固体表面称为形核基底或衬底），所以新增液固界面面积小，界面能低，结晶阻力小。另外，实际液态金属中总是或多或少地存在未熔固体杂质，而且在浇注时液态金属总是与模壁接触，因此其结晶时，首先以异质形核方式形核。但应该注意的是，并不是任何固体表面都能促进异质形核，只有晶核与基底之间的界面能较小时，这样的基底才能促进异质形核。

由形核的讨论可知，过冷是结晶的必要条件，但过冷后还需通过能量起伏和结构起伏，使短程有序的原子集团达到某一临界尺寸后才能形成晶核。

2. 晶体的长大

晶核形成后会立刻长大，晶核长大的实质就是液态金属原子向晶核表面堆砌的过程，也是固液界面向液体迁移的过程。它也需要过冷度，即动态过冷度 ΔT_{k}，一般很小难以测定。

研究发现，晶体的生长方式主要与固液界面的微观结构有关，而晶体的生长形态主要与固液界面前沿的温度梯度有关。

（1）固液界面的微观结构和晶体长大机制　研究发现固液界面的微观结构主要有两类，即光滑界面和粗糙界面。

1）光滑界面。液固界面是截然分开的，95%或5%的位置被固相原子占据。它由原子密排面组成，故也称为小平面界面，如图2-6a所示。

2）粗糙界面。液固界面不是截然分开的，50%的位置被固相原子占据，还有50%空着，故也称为非小平面界面，如图2-6b所示。

界面的微观结构不同，则其接纳液相中迁移过来原子的能力也不同，因此在晶体长大时将有不同的机制。

1）粗糙界面的长大机制——连续垂直长大机制。液相原子不断地向空着的结晶位置上堆砌，并且在堆砌过程中固液界面上的台阶始终不会消失，使界面垂直向液相中推进，故其长大速度快。金属及合金的固液界面多为粗糙界面，多以这种长大机制进行生长。

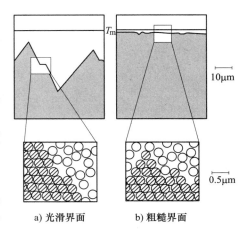

图2-6 光滑界面和粗糙界面的界面形状

2）光滑界面的长大机制——侧向长大机制。对于完全光滑的固液界面多以二维晶核机制长大，而有缺陷的光滑界面，多以晶体缺陷生长机制长大。

① 二维晶核机制。由于固液界面是完全光滑的，单个液相原子很难在其上堆砌（增加界面面积，界面能高），所以它先以均质形核方式形成一个二维晶核，堆砌到原固液界面上，为液相原子的堆砌提供台阶，从而侧向长大。长满一层后，晶体生长中断，等新的二维晶核形成后再继续长大。因此它是不连续侧向生长，长大速度很慢，与实际情况相差较大，如图2-7a所示。

② 晶体缺陷生长机制。在光滑界面上有露头的螺型位错，为液相原子的堆砌提供了台阶（靠背），液相原子可连续堆砌，使固液界面进行螺旋状连续侧向生长，其长大速度较快，并与实际情况比较接近。非金属和金属化合物多为光滑界面，它们多以这种机制进行生长，如图2-7b所示。

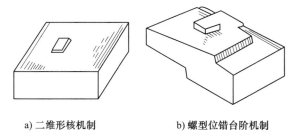

a) 二维形核机制   b) 螺型位错台阶机制

图2-7 小平面界面的两种生长机制

（2）固液界面前沿的温度梯度与纯金属晶体的生长形态 除固液界面的微观结构对晶体长大有重大影响外，固液界面前沿液体中的温度梯度也是影响晶体长大的一个重要因素，主要有正温度梯度和负温度梯度。

由于液态金属在铸型中冷却时热量主要通过型壁散出，故结晶首先从型壁开始，液态金属的热量和结晶潜热都通过型壁和已结晶固相散出，因此固液界面前沿的温度随距离 x 的增加而升高，即 ΔT 随距离的增加而减小。若金属在坩埚中加热熔化后，随坩埚一起降温冷却，当液态金属处于过冷状态时，其内部某些区域会首先结晶，这样放出的结晶潜热使固液界面温度升高，因此固液界面前沿的温度随距离 x 的增加而降低。

晶体的形态不仅与生长机制有关，而且还与界面的微观结构、界面前沿的温度分布及生长动力学规律等因素有关，从微观角度说纯金属的固液界面是粗糙界面，它的生长形态主要受界面前沿的温度梯度影响。

3. 结晶晶粒的大小及控制

晶粒的大小称为晶粒度，通常用晶粒的平均面积或平均直径来表示。

（1）晶粒大小对金属性能的影响　金属结晶后，在常温下晶粒越细小，其强度、硬度、塑性、韧性越好，即细晶强化。如纯铁晶粒平均直径从 9.7mm 减小到 2.5mm，抗拉强度 R_m 从 165MPa 上升到 211MPa，伸长率 A 从 28.8% 上升到 39.5%。细晶强化的最大优点是能同时提高金属材料的强度、硬度、塑性、韧性，而其他各种强化方法，都是通过牺牲材料塑性、韧性来提高材料的强度、硬度。

（2）细化晶粒的方法　细化晶粒主要有两个途径：增大形核率 N 和降低长大速度。主要方法如下：

1）增大液态金属的过冷度。因为增大 ΔT，形核率 N 增大，长大速度也增大，但前者效果大于后者，故可使晶粒细化。具体方法是对薄壁铸件用加快冷却速度的方法，来增大 ΔT。例如，采用金属型代替砂型，在金属型外通循环水冷却，降低浇注温度（提高形核率）等方法。

随着快速凝固（$v_{冷} > 104K/s$）技术的发展，已能得到尺寸为 $0.1 \sim 1.0\mu m$ 的超细晶粒金属材料，其不仅强度、韧性高，而且具有超塑性、优异的耐蚀性、抗晶粒长大性、抗辐照性等，成为具有高性能的新型金属材料。

2）孕育（变质）处理。对于厚壁铸件，用激冷的方法难以使其内部晶粒细化，并且冷速过快易使铸件变形开裂。在液态金属浇注前向其中加入少量孕育剂或变质剂，可起到提高异质形核率或阻碍晶粒长大的作用，从而使大型铸件从外到里均能得到细小的晶粒。不同的材料加入的孕育剂或变质剂不同，如碳钢加钒、钛（形成 TiN、TiC、VN、VC 促进异质形核）；铸铁加硅铁、硅钙（促进石墨细化）；铝硅合金加钠盐（阻碍晶粒长大）。

2.1.3　铸锭的凝固

实际生产中，在铸模或铸型中获得的铸锭，由于受到型腔壁、冷却条件（冷却速度、方式）和杂质等因素的影响，其结晶过程虽然和纯金属一样，但是铸态组织包括晶粒大小、形状取向和成分分布等，以及铸造缺陷（缩孔、气孔、偏析等）都有很大变化，不仅影响到它的加工性能，还影响到最终制（产）品的性能。

1. 典型铸锭的组织

铸锭的宏观组织通常由外表层的细晶区、中间的柱状晶区和心部的等轴晶区组成，如图 2-8 所示。从结晶过程的散热情况看，表面散热最快，过冷度最大，所以晶粒细小；心部各个方向上的热量散失速度基本相同，故为等轴晶粒；在这两个晶区之间，热量沿垂直于铸型壁的方向散失最快，所以晶粒为柱状晶粒。

（1）细晶区　当高温熔融的金属液体浇入铸型后，热量通过铸型散发，温度较低的型腔壁强烈地吸热和散热，接近壁的薄层液体产生极大的过冷，结晶首先开始，型壁具有促进产生异质形核基底的作用，产生大量晶核并同时向各个方向生长。由于形核点和晶核数目多，邻近的晶核很快相遇，不能继续生长而长大，便在靠近型壁附近形成很薄一层的细小晶粒区。

细晶粒区的晶粒十分细小，组织致密，力学性能好。其厚薄与铸型的表面温度、热传导

工程材料与先进成形技术 基础

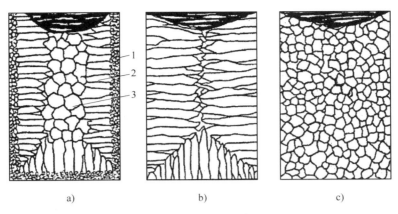

a) b) c)

图 2-8　铸锭组织示意图

1—细晶区　2—柱状晶区　3—等轴晶区

能力以及浇注温度等因素有关。

（2）柱状晶区　柱状晶区由垂直于型壁的粗大柱状晶构成。在表层细晶粒区形成的同时，一方面型壁被液态金属加热而使温度迅速上升，另一方面金属凝固后发生收缩，细晶粒区与型壁脱离，形成一个空气区延缓热传导，液态金属继续散热受阻。此外，细晶区的形成释放大量的结晶潜热，也促使型壁的温度升高。上述各种原因导致液态金属冷却减慢，温度梯度变得平缓，开始形成柱状晶区。形成原因为：由于细晶粒区的形成，结晶前沿液体过冷度 ΔT 减小，虽然无法形核，但是可以促进靠近液体的某些小晶粒继续长大，而远离界面处的液态金属仍处于过热之中，不具备形核条件，结晶只能依靠那些小晶粒继续长大；此外，垂直于型壁方向散热最快，只有那些平行散热方向的晶体生长最快，而其他方向生长的晶粒被抑制或挤掉，从而择优生长形成了垂直于型壁的柱状晶。

柱状晶区的形成在于晶体生长各向异性，而且与传热的方向有关，同时受到已凝固部分的温度梯度和液体部分的温度梯度影响，固相的温度梯度越大或液相的温度梯度越小，柱状晶的生长速度越快。

（3）等轴晶区　随着柱状晶的生长延伸，冷却速度逐渐减慢，温度梯度越趋平缓，柱状晶的长大速度变慢，柱状晶的晶枝展开区互相阻碍，限制了溶质原子的扩散，晶枝的生长会逐步萎缩，碎裂的晶枝重新回到金属液体中，充当了形核的质点；另外，柱状晶不断长大，结晶前沿液体中的成分过冷区逐渐加大，柱状晶前沿重新形核，这些都利于心部的形核长大。由于此时心部剩余液体温度大致均匀，每个晶粒长大方向也大致接近，因此形成了等轴晶粒。直到晶粒长大与柱状晶相遇，剩余液体全部凝固完成，形成等轴晶区心部。

2. 铸锭组织的控制

一般情况下，金属铸锭的宏观组织有三个晶区。根据浇注条件不同，铸锭中各晶区所占比例及相对厚度可以改变。但也不是所有铸锭或铸件的宏观组织均由三个晶区所组成，受凝固条件的影响与控制，在某些情况下有的纯金属铸锭只有柱状晶区，有的只有等轴晶区。

由于不同晶区具有不同的性能，因此可以控制结晶条件，使性能好的晶区所占比例尽可能大，而使不希望得到的晶区所占比例尽量减少，以至完全消失。例如，柱状晶的特点是组织致密，性能具有方向性，但是晶粒与晶粒之间的界面比较平直，彼此之间结合不强，如果

42

界面上再存在少量不溶杂质，会进一步削弱结合，使相互垂直的柱状晶的交界面更为脆弱。这些缺点会形成弱面，轧制加工时容易沿弱面开裂。但是这一缺点可以通过改变铸型结构，如将断面的直角连接改为圆弧连接来解决。塑性好的铝、铜等铸锭都希望得到尽可能多的致密的柱状晶；对于钢铁等许多材料的铸锭和大部分铸件来说，一般都希望得到尽可能多的等轴晶，可以通过提高液态金属的形核率，限制柱状晶的发展，细化晶粒等，改善铸造组织，从而提高铸件性能。

柱状晶区的发展受心部等轴晶区出现的影响，通常可通过控制心部等轴晶区的形成来控制柱状晶的长大。影响不同晶区生长的因素主要有以下几点：

（1）铸型冷却能力　铸型及刚结晶的固体的导热能力越大，可以把热量较快地传导出去，保证液体保持正的温度梯度，越有利于柱状晶的生成。快速散热使柱状晶迅速生长，使心部等轴晶区晶粒细化和宽度减小，甚至可能形成没有等轴晶区的穿晶组织。生产上经常采用导热性好与热容量大的铸型材料、增大铸型的厚度及降低铸型温度等方法，以增大柱状晶区。但是对于较小尺寸的铸件，如果铸型的冷却能力很大，使整个铸件都在很大的过冷度下结晶，形核率增大，这时不但不能得到较大的柱状晶区，反而会促进等轴晶区的发展，如采用水冷结晶器进行连续结晶时，就可以使铸锭全部获得细小的等轴晶粒。

（2）浇注温度与浇注速度　柱状晶长度随浇注温度的提高而增加，使液体较长时间保持正温度梯度，同时使液体中非自发核心减少，利于柱状晶生长。当浇注温度达到一定值时，可以获得完全的柱状晶区。这是由于浇注温度或者浇注速度的提高，都将使温度梯度增大，因而利于柱状晶区的发展。

（3）熔化温度　熔化温度提高，液态金属的过热度越大，非金属夹杂物溶解和晶枝的碎片越多，异质形核数目越少，可以减少柱状晶前沿液体中形核的可能性，有利于柱状晶区的发展。

（4）液体的流动能力　搅拌、振动有利于等轴晶生长。例如，采用电磁搅拌、机械振动、加压铸造和离心浇注等手段，促进温度均匀和柱状晶局部冲断，导致等轴晶区增宽和晶粒细化。

（5）加入形核剂　通过加入各种形核剂，进行所谓的孕育（变质）处理，提高异质形核率和阻碍晶粒长大，促进等轴晶生长。

通过单向散热使整个铸件获得全部柱状晶的技术称为定向凝固，该技术通过控制冷却速度使铸件从一端开始凝固，按一定方向逐步向另一端结晶。沿柱状晶轴向的性能比其他方向的性能优越，例如，喷气发动机的涡轮叶片工作条件要求沿柱状晶轴向承受最大负荷，具有等轴晶组织的涡轮叶片容易沿横向晶界失效，利用定向凝固技术生产的涡轮叶片，使柱状晶的一次晶轴方向与最大负荷方向一致，从而提高涡轮叶片在高温下对塑性变形和断裂的抗力。

利用超出数倍正常冷却速度的方式冷却，称为急冷凝固，俗称快凝。在快凝条件下，高温金属熔体被分割成长度很小的液滴，大大增加了散热面积，经过高强度冷却，熔体在短时间内以粉体、薄片或丝线形态凝固，其组织、结构和性能不同于常规冷却获得的材料。较快的冷却速度产生较大的过冷度，会使材料来不及发生结晶或完全结晶，可制备出非晶态合金、微晶、纳米晶合金等特殊材料，具有高强度、高硬度、较高的耐磨性和耐蚀性等。

3. 铸锭缺陷

铸锭在成型过程中，经历了温度的变化和溶质原子的扩散等，使各部分凝固速度及先后顺序不同，以及各区域的成分差异，从而形成一些铸造缺陷，常见的有缩孔、气孔和偏析等，详见9.1.3节。

2.2 二元合金相图

合金相图是表示合金系中各合金在平衡状态（在极缓慢冷却条件下，各相成分和相质量比不随时间变化）下，在不同温度时，合金具有的状态和组成相关系的图解，所以也称它为合金状态图或平衡图。相图直观图解了合金的结晶过程，反映了不同成分的合金，在不同温度时的组织状态（如熔化温度、结晶温度、组织转变临界点等），通过相图可以定性了解合金的性能，是制定铸造、锻造和热处理工艺的重要依据。

2.2.1 二元合金相图的建立

1. 二元相图表示方法

二元合金的结晶过程也可以用热分析法，通过测定它的冷却曲线来表示。不同的是二元合金由两个组元组成，它的成分是变化的，所以必须用两个坐标轴表示（合金结晶是在常压下进行，无压力变化），如图2-9所示。纵坐标表示温度，横坐标表示成分（质量分数），由A、B两组元组成的合金系，A点表示合金含A组元100%、B组元0%，由纯A组元构成；B点表示合金含B组元100%、A组元0%，由纯B组元构成；C点表示合金含60%A组元、40%B组元；

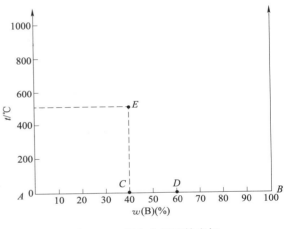

图2-9 二元合金相图的坐标

D点表示合金含40%A组元，60%B组元；E点表示合金含60%A组元，40%B组元，并处于500℃。

2. 相图的测定

以往一般都是通过实验获得大量数据进行合金相图测定，目前可借助计算机，应用已有的数据通过理论计算（各相的自由能）绘制简单的相图。

建立相图的过程实际上是测定各成分合金相变温度，即临界点的过程。合金在相转变时伴随某些物理化学性质的突变，如潜热、膨胀系数、电阻和磁性、硬度等的变化。测定合金临界点的方法有热分析法、硬度法、金相法、膨胀法、电阻法、磁性法、X射线结构分析法等。要想测定一张精确的相图，需要使用上述几种方法互相补充佐证。

通常测定相图最基本、最常用的方法是热分析法，下面以Cu-Ni合金为例，介绍用热分析法测定相图的基本步骤，了解该合金的相变过程。

①将给定组元配制成一系列不同成分的合金，分别熔化后测出它们的冷却曲线（配制

的合金越多，数据量越大，测出的相图越精确）。

②找出各冷却曲线上的临界点温度（即相变温度，是冷却曲线上的转折点和停歇点）。

③将各临界点标在温度-成分坐标中相应的合金成分垂线上。

④连接各相同意义的临界点，得到相应的曲线，曲线将相图分隔为若干相区。

⑤用组织分析法测出各相区所含的相，将它们的名称填入相应的相区中，即得所测相图。

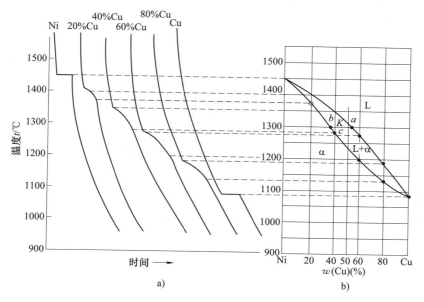

图 2-10　Cu-Ni 二元合金相图的建立

如图 2-10a 所示，将图中测得的各配制合金的冷却曲线上出现的停歇点和转折点（因放出结晶潜热而产生），按上述方法标注在温度-成分坐标中，即可得到所测相图。如图 2-10b 所示，连接各合金开始结晶点可构成液相线，连接各合金的结晶终止点可构成固相线，液、固相线将相图分为单相区和两相区。

3. 二元合金相图的使用

（1）确定合金的状态　如图 2-10b 所示，以含 Ni 50%、Cu 50%合金为例，1200℃时为单相的 α 固相，1250℃时为液相和 α 固相两相共存，1350℃时为单相的液相，可以看出该合金在不同温度时所处的状态不同。

（2）确定给定合金的相变温度　一般是沿给定合金作成分垂线，该垂线与相图中各曲线的交点，即为该合金的相变温度。如图 2-10b 所示，含 Ni 50%合金的结晶开始温度为1320℃，结晶终止温度为1240℃，温度范围为80℃。

（3）确定合金两相平衡时的成分和相对量　要确定合金在某一温度时两平衡相的成分，只需在该温度作成分横坐标的平行线，该平行线与相图中各曲线的交点所对应的成分即为两平衡相的成分，如图 2-10b 所示，含 Ni 50%合金，在 1300℃液、固两平衡相的成分为 a、b 点对应的成分坐标值，这时液、固两相的相对量可应用杠杆定律计算。

杠杆定律是指在两相平衡区时，利用相图确定合金两平衡相的成分和相对量的方法。

K 合金在 1300℃ 时为液、固两相平衡，两平衡相的成分点分别为 a、b，而合金成分点用 k 点表示，用 W_L、W_α、W_K 分别表示液相、α 相和合金的质量。如图 2-11 所示，就像力学中的杠杆定律，可得出：

$$w(L) = \frac{W_L}{W_K} \times 100\% = \frac{bk}{ba} \times 100\%$$

$$w(\alpha) = \frac{W_\alpha}{W_K} \times 100\% = \frac{ka}{ba} \times 100\%$$

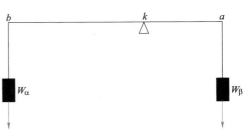

图 2-11　杠杆定律的力学示意图

即以 k 点为支点，a、k、b 为杠杆，则在杠杆两端挂重物的相对量比，与两者的杠杆长度成反比，$W_\alpha / W_K = ka/ba$。

2.2.2　匀晶相图

匀晶相图是两组元在液态和固态下均能无限互溶，在结晶时发生匀晶转变的相图，如 Cu-Ni、Au-Ag、Cr-Mo、Cd-Mg 等合金系均可形成匀晶系。

1. 相图分析

利用相图分析合金的结晶过程和组织，必须首先了解相图中的点、线、相区代表的金属学含义。以图 2-12 所示的 Cu-Ni 相图为例进行分析。

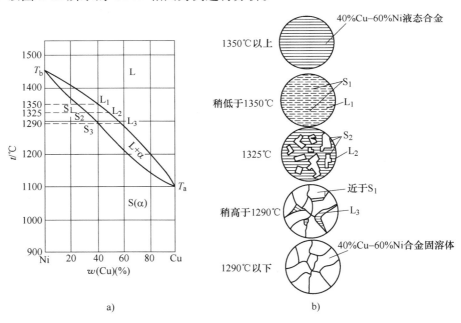

图 2-12　Cu-Ni 合金结晶过程

点：T_a、T_b 点分别代表纯组元铜、镍的熔点（T_a 为 1083℃，T_b 为 1452℃）。

线：$T_a T_b$ 凸曲线为液相线，是匀晶转变的开始线 $L \rightarrow \alpha$。合金加热到该线以上时，全部转变为液体，而冷却到该线时，开始结晶出 α 固溶体。

T_aT_b 凹曲线为固相线,是匀晶转变的终止线 L→α。合金加热到该线时开始熔化,冷却到该线时,全部转变为 α 固溶体。

相区:①单相区有 L、α 两个,液相 L 在液相线以上,α 固相在固相线以下;②两相区有 L+α 一个,在液、固相线之间。

2. 合金的结晶过程分析

为了分析说明合金的结晶过程,选择冷却速度无限缓慢的理想状态,但实际结晶过程并非如此,所以存在平衡结晶和不平衡结晶,需要注意因冷却速度变化带来的差异。

(1) 平衡结晶　平衡结晶是指合金在结晶过程中冷却速度无限缓慢,原子扩散能够充分进行的结晶过程,所以转变没有滞后,所标注点、线都是理想状态的数据结果。

以图 2-12 中所示含 Cu 40% 的合金为例,进行平衡结晶过程分析。由图可以看出该合金在 1350~1290℃时发生匀晶转变,从液相中结晶出 α 固溶体(L→α),该结晶过程实际上是合金随温度的降低,建立了一系列的相平衡过程,如 $L_1 \xrightarrow{t_1} S_1$、$L_2 \xrightarrow{t_2} S_2$、$L_3 \xrightarrow{t_3} S_3$(实际上每个相平衡的温度间隔很小),当温度降低一个间隔时,上个相平衡时的液、固相成分,均能通过扩散与第二个相平衡时的液、固相成分均匀一致。如温度从 t_1 降到 t_2 时,$L_1 \xrightarrow{变为} L_2$、$S_1 \xrightarrow{变为} S_2$,每个相平衡时,液相转变出的固相的量是一定的,如果温度不降低,固相的量不会再增加。各温度时的液、固两相的相对量,可用杠杆定律计算(与线段长度成反比关系),当冷却到 t_3 时最后一滴液相的成分为 L_3,α 固相的成分为 S_3,1290℃以下时,液相消失,得到成分均匀含 $w(Cu)$ = 40% 的单相 α 固溶体,温度继续降低 α 相成分不变,温度降低,其冷却曲线和结晶过程如图 2-12b 所示。

总结固溶体平衡结晶的结晶过程,存在下列特点:①是变温结晶(在一个温度范围内进行,纯金属是恒温结晶,在固定温度结晶);②是选分结晶(先结晶出的固相含高熔点组元多,后结晶出的固相含低熔点组元多);③结晶也是通过形核和长大完成;④形核不仅需要能量起伏、结构起伏,还需要成分起伏;⑤发生结晶时,液相成分沿液相线变化 $w(L)$ 而变少,固相的成分沿固相线变化 $w(\alpha)$ 而上升,最后得到成分均匀的 α 固溶体。

(2) 不平衡结晶过程　不平衡结晶是指合金结晶时,冷却速度较快,原子扩散不充分的结晶过程。如铸造时合金液体在铸型中的结晶就是不平衡结晶。

以图 2-13 为例进行不平衡结晶过程分析。由于冷却速度较快,合金在冷却到与液相线相交时,并不开始结晶,而是过冷到 t_1 时结晶出成分为 α_1' 的固溶体,继续冷却到 t_2 时从液体中结晶出成分为 α_2 的固溶体;因冷却速度较快,t_1 时结晶出的 α_1' 来不及通过原子充分扩散,使其成分变到 α_2;因 α_1' 先结晶含高熔点组元 A 比 α_2 多,这时合金固相的平均成分介于 α_1' 和 α_2 之间,为 α_2';当合金冷却到 t_4 时(已与固相线相交),由于固相的平均成分(α_4)没有达到原合金成分,所以结晶还没有结束,只有冷却到 t_5 时,固相的平均成分达到原合金的成分,结晶才结束。将 α_1'、α_2'、α_3'、α_4'、α_5' 连成的线称为固溶体不平衡结晶时的平均成分线,它偏离平衡结晶时的固相线,而且随冷却速度的增大,偏离程度加大。

由此可知,合金在不平衡结晶后,得到的固溶体成分是不均匀的,在一个晶粒中先结晶的部分(晶粒中心)含高熔点组元 A 多,后结晶部分(晶粒边缘)含低熔点组元 B 多。这种晶粒内部化学成分不均匀的现象称为晶内偏析。由于固溶体结晶时一般按树枝状方式生长,先结晶的枝杆和后结晶的枝间成分也不相同,通常称为枝晶偏析。如图 2-14 所示,黑色为先结晶的枝杆含 Ni 多，白色为后结晶的枝间含 Cu 多。

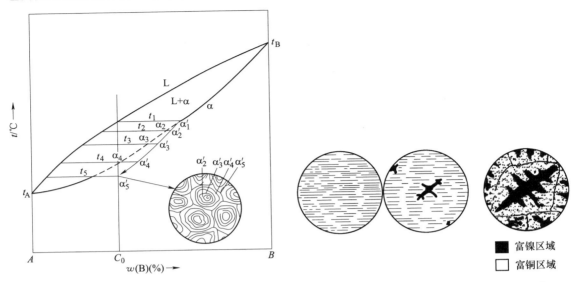

图 2-13　固溶体合金的不平衡结晶过程　　　图 2-14　固溶体不平衡结晶时的枝晶偏析示意图

严重的枝晶偏析会使合金的力学性能降低，主要是降低塑性、韧性以及耐蚀性等。实际生产中常用均匀化退火（扩散退火）来消除枝晶偏析。将铸件加热到固相线以下 100～200℃，进行较长时间的保温，让原子充分扩散，消除偏析达到成分均匀化的目的（可使树枝状组织变为等轴状组织）。

3. 合金凝固时的成分过冷现象

在不平衡结晶过程中固溶体合金在其液固界面前沿会产生溶质富集区，它使合金液体在正温度梯度时，其液固界面前沿会出现类似负温度梯度，这种现象称为成分过冷。它是导致固溶体合金结晶时按树枝状方式生长的主要原因。

2.2.3　共晶相图

共晶相图是两组元在液态能无限互溶，在固态只能有限溶解，并且具有共晶转变的合金相图。如 Pb-Sn、Pb-Sb、Ag-Cu、Al-Si 等，下面以 Pb-Sn 合金为例（图 2-15）进行分析。

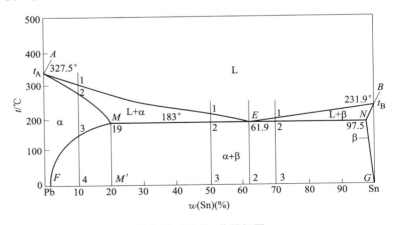

图 2-15　Pb-Sn 共晶相图

1. 相图分析

（1）点

1）A、B 点分别为纯铅和纯锡的熔点和凝固点。

2）M、N 点分别为 α 固溶体（锡在铅中）和 β 固溶体（铅在锡中）的最大溶解度点。

3）E 点是共晶点，该点成分的合金在恒温 t_E 时发生共晶转变：$L_E \underset{}{\overset{T_E}{\rightleftharpoons}} \alpha_M + \beta_N$，是具有一定成分的液相，在恒温 T_E 时同时转变为两个具有不同成分和结构的固相。

4）F、G 点分别是室温时锡在铅中（α）和铅在锡中（β）的溶解度。

（2）线

1）AEB 线是液相线，在冷却时 $\left\{ \begin{array}{l} AE \text{ 线为 } L \rightarrow \alpha \\ EB \text{ 线为 } L \rightarrow \beta \end{array} \right\}$ 的开始线。

2）$AMENB$ 线是固相线，在冷却时 $\left\{ \begin{array}{l} AM \text{ 线为 } L \rightarrow \alpha \\ NB \text{ 线为 } L \rightarrow \beta \\ MEN \text{ 线是共晶线} \end{array} \right\}$ 的终止线。

成分为 $M \sim N$ 的合金在 T_E 恒温时都发生共晶转变：$L_E \underset{}{\overset{T_E}{\rightleftharpoons}} \alpha_M + \beta_N$，生成由两个固溶体组成的机械混合物，称为共晶体或共晶组织。

3）MF 线是锡在铅中（α 固溶体）的溶解度曲线，冷却时 $\alpha \xrightarrow{\text{析出}} \beta_{II}$。

4）NG 线是铅在锡中（β 固溶体）的溶解度曲线，冷却时 $\beta \xrightarrow{\text{析出}} \alpha_{II}$。

（3）相区

1）单相区有三个，在液相线 AEB 以上为单相液相区，用 L 表示，在 AMF 线以左为单相 α 固溶体区。在 NBG 线以右为单相 β 固溶体区。

2）两相区有三个，在 $AEMA$ 区为 $L+\alpha$ 两相区，在 $BENB$ 区为 $L+\beta$ 两相区，在 $FMENGF$ 区为 $\alpha+\beta$ 两相区。

3）三相线。MEN 线为 $L+\alpha+\beta$ 三相共存线。

2. 典型合金平衡结晶过程分析

由图 2-15 所示可以看出该合金系中有四种典型合金。成分在 M 点以左、N 点以右的合金称为端部固溶体合金，用合金 I 表示；合金 II 为共晶合金，结晶后的组织为 100% 共晶体；成分为 $M \sim E$ 和 $E \sim N$ 的合金，分别称为亚共晶合金和过共晶合金，用合金 III 和合金 IV 表示。

（1）合金 I（$w(Sn) < 10\%$）的结晶过程　由图 2-15 可以看出该合金与相图中的曲线交有 1、2、3、4，四个点，在 1~3 点之间它的结晶过程与匀晶相图中的固溶体相同（即在液相线以上为单相液相，与液相线相交时发生匀晶转变 $L \rightarrow \alpha$，随 T 降低，L 的成分沿液相线变化，α 相的成分沿固相线变化，并且 $w(L)$ 降低 $w(\alpha)$ 升高。当与固相线相交时 L 消失，得到成分均匀的单相 α 固溶体，在 2~3 点 α 降温冷却，成分、结构不变）；当冷却到 3 点时，与 α 的溶解度曲线相交，α 的溶解度达饱和状态，而冷却到 3 点以下时，α 为过饱和，其成分将沿 $3F$ 线变化，将多余的锡以 β_{II} 的形式从 α 中析出，随着温度的降低，α 的量减少、β_{II} 的量增加，在室温时得到的组织为 $\alpha+\beta_{II}$，结晶过程如图 2-16 所示。

合金 I 的结晶过程代表了成分为 $F \sim M$（19%）的所有合金的结晶过程，具有这个成分范围的合金可进行固溶处理。加热到 2~3 点时，保温后快速冷却，得到过饱和的 α，从而提高合金的强度、硬度；反之将经固溶处理后的合金在低温下进行加热处理，析出很细小的第二相，如第二相是高硬度的化合物，合金产生的强化效果更好。这种强化方式称为弥散硬化，这是合金强化的另一种基本方法，强化效果主要取决于第二相的弥散度和特性。

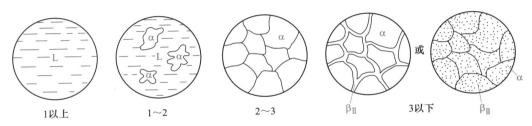

图 2-16　10%Pb-Sn 合金结晶过程示意图

（2）合金Ⅱ（共晶合金）的结晶过程　该合金含 $w(\mathrm{Sn})$ 为 61.9%，在相图上交于 1、2 两点，在 1 点以上为单相液体，冷却到 1 点时，在恒温 183℃发生共晶转变 $L_E \xrightarrow{183℃} \alpha_M + \beta_N$，在 1 点以下液相消失，得到 100%的共晶体（α+β），这时共晶体中的 α 和 β 的相对量可用杠杆定律计算：

$$w(\alpha) = \frac{EN}{MN} \times 100\% = \frac{97.5 - 61.9}{97.5 - 19} \times 100\% = 45.4\%$$

$$w(\beta) = \frac{ME}{MN} \times 100\% = \frac{61.9 - 19}{97.5 - 19} \times 100\% = 54.6\%$$

或

$$w(\beta) = 100\% - w(\alpha) = 100\% - 45.4\% = 54.6\%$$

继续冷却 α 和 β 相，其成分分别沿 MF 和 NG 线变化，由于溶解度随温度的降低而降低，所以分别从 $\alpha \xrightarrow{析出} \beta_{\mathbb{I}}$，从 $\beta \xrightarrow{析出} \alpha_{\mathbb{I}}$。它们和共晶转变生成的 α 相和 β 相混合在一起，在金相显微镜下不易分辨，因此合金Ⅱ在室温时的显微组织为 100%（α+β）共晶体，它的相组成物为 α 和 β 两相。

1）相组成物。合金在不同状态时由一些基本相组成，该组成物称为相组成物。在 FMENG 内就合金的晶体结构来说，只有 α 固溶体和 β 固溶体两个相，此时相的组成物为 α+β，如图 2-15 所示。

2）组织组成物。组成合金显微组织、具有特定形态特征的独立组成部分，称为组织组成物。如合金Ⅱ的组织组成物为共晶体，为（α+β）的机械混合物。

该合金的结晶过程示意图如图 2-17 所示，由金相显微镜观察发现其显微组织为层片状（α 和 β 层片交替分布），对于不同成分的共晶合金，其共晶体的组织形态不同，可以是层片状、树枝状、针状、螺旋状等。

（3）合金Ⅲ（亚共晶合金）的结晶过程　以 $w(\mathrm{Sn}) = 50\%$ 为例，如图 2-15 所示，可以看出该合金在相图上交于 1、2、3 三个点，1 点以上为液相，当冷却到 1 点时与液相线相交，开始发生匀晶转变，从 L→α（称为初生相或一次相）；在 1~2 点时其结晶过程与匀晶相图中的固溶体相同，随 T 降低 L 相成分沿液相线 AE 变化，液相变少，α 相成分沿固相线 AM 变化，α 相变多。当冷却到 2 点时 α 相成分达到 M 点，剩余液相成分达到 E 点，恒温 183℃时剩余液相发生共晶转变，形成共晶体，此时合金的组织组成物为 α+（α+β），它们的相对量可用杠杆定律计算：

$$w(\alpha_M) = \frac{2E}{ME} \times 100\% = \frac{61.9 - 50}{61.9 - 19} \times 100\% = 27.74\%$$

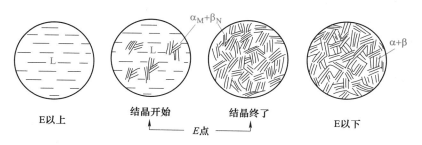

图 2-17　共晶合金 Ⅱ 结晶过程示意图

$$w(\alpha + \beta) = w(L_{剩余}) = \frac{M2}{ME} \times 100\% = \frac{50 - 19}{61.9 - 19} \times 100\% = 72.26\%$$

继续冷却 α（$\alpha_{初}$、$\alpha_{共}$）沿 MF 线变化析出 $\beta_{Ⅱ}$（沿晶界或晶内析出），$\beta_{共}$ 沿 NG 线变化析出 $\alpha_{Ⅱ}$，室温时的组织为 α + $\beta_{Ⅱ}$ + （α + β），其结晶过程如图 2-18 所示。该合金的相组成物为 α 和 β，它们的相对量为 $w(\alpha) = \frac{X_3 G}{FG} \times 100\%$，$w(\beta) = \frac{X_3 G}{FG} \times 100\%$。组织组成物为 $\alpha_{初}$ + $\beta_{Ⅱ}$ + （α + β），它们的相对量也可以计算出来，由 183℃ 时的计算知 $w(\alpha_{初}) = 27.74\%$，$w(\alpha + \beta)$ =72.26%，由于初生 α 冷却时不断析出 $\beta_{Ⅱ}$，它们的相对量也可以求出，但必须先用杠杆定律求出 $M'[w(\text{Sn}) = 19\%]$ 合金在室温时 α'_F 和 $\beta'_{Ⅱ}$ 的相对量：

$$w(\alpha'_F) = \frac{M'G}{FG} \times 100\%，w(\beta'_{Ⅱ}) = \frac{FM'}{FG} \times 100\%$$

则：

$$w(\alpha_F) = w(\alpha'_F) \cdot w(\alpha_M) = = \frac{M'G}{FG} \times 100\% \times 27.74\%$$

$$w(\beta_{Ⅱ}) = w(\beta'_{Ⅱ}) \cdot w(\alpha_M) = \frac{FM'}{FG} \times 100\% \times 27.74\%$$

$$w(\alpha + \beta) = 72.26\%$$

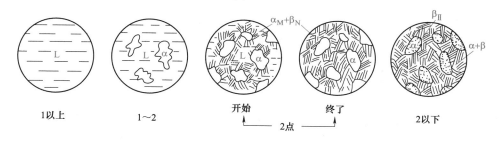

图 2-18　亚共晶合金结晶过程示意图

合金 Ⅲ 的结晶过程代表了所有亚共晶合金的结晶过程。不同的是当合金成分靠近 M 点时初生 α 相的量增加，共晶体（α+β）的量减少；而合金成分靠近 E 点时，$\alpha_{初}$ 的量减少，共晶体（α+β）的量增加。

合金 Ⅳ（过共晶合金）的结晶过程与亚共晶合金相似，同样经历匀晶转变、共晶转变和析出二次相，不同的是初生相是 β，共晶转变后从 β $\xrightarrow{\text{析出}}$ α$_\mathrm{II}$，故室温组织为：β+α$_\mathrm{II}$+（α+β）。

通过上述典型成分合金的结晶过程分析，掌握各合金在不同温度时的组织，相图中组织组成物如图 2-19 所示。

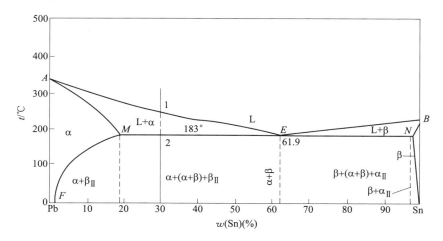

图 2-19 Pb-Sn 合金组织分区图

2.2.4 共析相图

两组元在液态无限互溶，在固态只能有限互溶，并具有共析转变的相图称为共析相图，如图 2-20 所示相图和 Fe-Fe$_3$C 相图均为共析相图。

一个一定成分的固相在恒温下转变为两个不同成分的固相的过程称为共析转变，其转变式为：α→β$_1$+β$_2$，有关共析转变具体内容将在铁碳合金相图中加以介绍。

2.3 铁碳合金相图

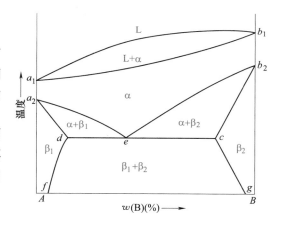

图 2-20 具有共析转变的二元合金相图

铁碳合金相图是反映铁碳合金（钢、铸铁）成分、组织相和组成物与温度关系的重要工具，使用广泛。掌握铁碳合金相图，对于了解铁碳合金材料的成分、组织与性能之间的关系，以及制定铁碳合金材料的各种热加工工艺，都具有十分重要的意义。

铁碳合金由过渡族金属元素铁与非金属元素碳所组成，因碳原子半径小，它与铁组成合金时，能溶入铁的晶格间隙，与铁形成间隙固溶体。而间隙固溶体只能是有限固溶体，所以当碳原子溶入量超过铁的极限溶解度后，碳与铁将形成一系列化合物，如 Fe$_3$C、Fe$_2$C、FeC 等。由实际发现，$w(\mathrm{C})>5\%$ 的铁碳合金脆性很大，使用价值很小，因此通常使用的铁碳合金中 $w(\mathrm{C})\leqslant 6.69\%$。这是因为铁与碳形成的化合物渗碳体（Fe$_3$C）是一个稳定化合物，

$w(C)$ = 6.69%，因此可以把它看作一个组元，它与铁组成的相图就是铁碳合金相图，实际应称为铁-渗碳体（Fe-Fe$_3$C）相图。Fe-Fe$_3$C 相图反映了 $w(C)$ = 0% ~ 6.69% 的铁碳合金在缓慢冷却条件下，温度、成分和组织的转变规律。通常铁碳合金中铁含量都大于 93%，因此铁是铁碳合金的主要组成部分，了解有关纯铁的特性十分必要。

2.3.1 纯铁

纯铁具有同素异构转变，由其冷却曲线可以看出（图 2-21），纯铁的熔点和凝固点为 1538℃，纯铁结晶后在 1394℃ 以上具有体心立方结构，称为 δ-Fe；在 1394℃ 发生同素异构转变，由体心立方结构的 δ-Fe 转变为面心立方结构的 γ-Fe；继续冷却到 912℃，纯铁再次发生同素异构转变，由面心立方结构的 γ-Fe 又转变为体心立方结构的 α-Fe。同素异构转变是重新形核和长大的过程，并伴有结构、热效应和体积的变化，所以是一种固态相变。了解纯铁的同素异构转变，有助于进一步了解与掌握铁碳合金相图。

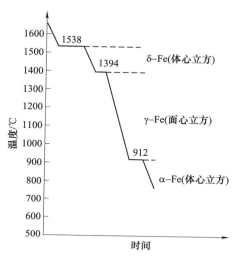

图 2-21 纯铁的冷却曲线和晶体结构变化

纯铁的力学性能大致为，抗拉强度 R_m = 176 ~ 274MPa，屈服强度 $R_{p0.2}$ = 98 ~ 166MPa，伸长率 A = 30% ~ 50%，断面收缩率 Z = 70% ~ 80%，冲击韧度 $U_k \leqslant 1.5 ~ 2$ MN·m/m^2，布氏硬度 HBW = 50 ~ 80。纯铁的强度、硬度偏低，很少用作结构材料，但纯铁具有高的磁导率，因此它主要用来制作各种仪器仪表的铁心。

2.3.2 铁碳合金的基本相和组织

通常使用的铁碳合金中，铁与碳主要形成五个基本相。

（1）液相 用 L 表示，铁和碳在液态能无限互溶形成均匀的溶体。

（2）δ 相 碳与 δ-Fe 形成的间隙固溶体，具有体心立方结构，称为高温铁素体，常用 δ 表示。由于体心立方的 δ-Fe 的点阵常数 a = 0.29nm，它的晶格间隙小，最大溶碳量在 1495℃ 为 0.09%（质量分数），对应相图中的 H 点。

（3）γ 相 是碳与 γ-Fe 形成的、具有面心立方结构的间隙固溶体，称为奥氏体，常用 γ 或 A 表示。由于面心立方的 γ-Fe 的点阵常数 a = 0.366nm，晶格间隙较大，最大溶碳量在 1148℃ 为 2.11%（质量分数），对应相图中的 E 点。奥氏体的强度、硬度较低，是塑性相，塑性、韧性较高，且具有顺磁性。

（4）α 相 是碳与 α-Fe 形成的、具有体心立方结构的间隙固溶体，称为铁素体，常用 α 或 F 表示。由于体心立方的 α-Fe 的点阵常数 a = 0.287nm，晶格间隙很小，最大溶碳量在 727℃ 为 0.0218%（质量分数），对应相图中的 P 点。铁素体的性能与纯铁相差无几（强度、硬度低，塑性、韧性高），它的居里点（磁性转变温度）是 770℃。

（5）中间相（Fe$_3$C） 是铁与碳形成的间隙化合物，碳含量 $w(C)$ 为 6.69%，称为渗碳体。渗碳体是稳定化合物，它的熔点为 1227℃（计算值），对应相图中的 D 点。渗碳体的硬度很高，维氏硬度 HV = 950 ~ 1050，但是塑性很低（δ ≈ 0），是硬脆相。铁碳合金中 Fe$_3$C

的数量和分布对合金的组织和性能有很大影响。

Fe_3C 具有磁性转变，在 230℃ 以上为顺磁性，在 230℃ 以下为铁磁性，该温度称为 Fe_3C 的磁性转变温度或居里点，常用 A_0 表示。

铁碳合金中常出现的组织主要有珠光体（$\alpha+Fe_3C$），是铁素体和渗碳体的机械混合物，常用 P 表示；莱氏体（$\gamma+Fe_3C$），是奥氏体和渗碳体的机械混合物，常用 Ld 表示。下面将介绍这些组织的具体形成过程。

2.3.3 铁碳合金相图分析

由于碳以石墨形式存在时热力学稳定性比 Fe_3C 高，所以 Fe_3C 在一定条件下将发生分解形成石墨，即 $Fe_3C \xrightarrow{\text{分解}} 3Fe + C$（石墨），因此从热力学角度讲 Fe_3C 是一个亚稳定相，石墨才是稳定相。但石墨的表面能很大，形核需要克服很高的能量，所以在一般条件下，铁碳合金中的碳大部分以渗碳体的形式存在。因此铁碳合金相图可以具有双重性，即一个是 Fe-Fe_3C（$w(C)$ 为 6.69%）亚稳系相图（常用实线表示），另一个是 Fe-C（石墨 $w(C)=$ 100%）稳定系相图（常用虚线表示），如图 2-22 所示，本节主要介绍 Fe-Fe_3C 亚稳系相图。

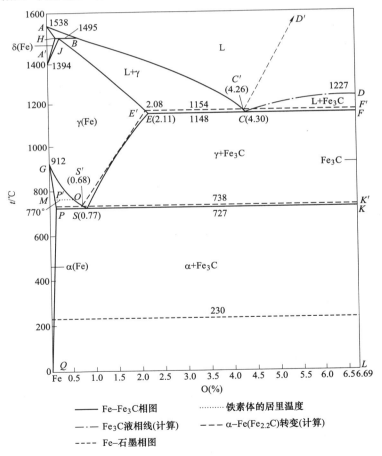

图 2-22　铁碳相图

1. Fe-Fe₃C 相图分析

Fe-Fe₃C 相图主要由包晶相图、共晶相图和共析相图三个部分所构成。先分析 Fe-Fe₃C 相图中各点、线、相区的含义，如图 2-22 所示。

（1）特性点　Fe-Fe₃C 相图中的特性点见表 2-1。

表 2-1　铁碳合金相图中的特性点

特性点	温度/℃	碳含量（质量分数,%）	特性点的含义
A	1538	0	纯铁的熔点
B	1495	0.53	包晶转变时液相的成分
C	1148	4.3	共晶点 L→(γ+Fe₃C)，莱氏体用 Ld 表示
D	1227	6.69	渗碳体的熔点
E	1148	2.11	碳在 γ-Fe 中的最大溶解度，共晶转变时 γ 相的成分，也是钢与铸铁的理论分界点
F	1148	6.69	共晶转变时 Fe₃C 的成分
G	912	0	纯铁的同素异构转变点（A_3）γ-Fe→α-Fe
H	1495	0.09	碳在 δ-Fe 中的最大溶解度，包晶转变时 δ 相的成分
J	1495	0.17	包晶点 $L_B+δ_H→γ_J$
K	727	6.69	共析转变时 Fe₃C 的成分点
M	770	0	纯铁的居里点（A_2）
N	1394	0	纯铁的同素异构转变点（A_4）δ-Fe→γ-Fe
O	770	0.5	碳含量 0.5 合金的磁性转变点
P	727	0.0218	碳在 α-Fe 中的最大溶解度，共析转变时 α 相的成分点，也是工业纯铁与钢的理论分界点
S	727	0.77	共析转变 $γ_s→α_P+Fe_3C$（α+Fe₃C）
Q	室温	<0.001	室温时碳在 α-Fe 中的溶解度

（2）特性线　Fe-Fe₃C 相图中的特性线见表 2-2。

表 2-2　**Fe-Fe₃C 合金相图中的特性线**（冷却）

特性线	名称	特性线的含义
ABCD	液相线	AB 是 L 相 $\xrightarrow[\text{冷却}]{\text{匀晶}}$ δ 相的开始线
		BC 是 L 相 $\xrightarrow[\text{凝固}]{\text{匀晶}}$ γ 相的开始线
		CD 是 L 相 $\xrightarrow[\text{凝固}]{\text{匀晶}}$ Fe_3C_I 的开始线
AHJECF	固相线	AH 是 L 相 $\xrightarrow[\text{凝固}]{\text{匀晶}}$ δ 相的终止线
		JE 是 L 相 $\xrightarrow{\text{匀晶}}$ γ 相的终止线
		ECF 是共晶线 $L_C \xrightarrow{1148℃} γ_E + Fe_3C$
HJB	包晶转变线	$L_B + δ_H \xrightarrow{1495℃} γ_J$

（续）

特性线	名称	特性线的含义
HN	同素异构转变线	δ 相→γ 相的开始线
JN	同素异构转变线	δ 相→γ 相的终止线
ES	固溶线	碳在 γ-Fe 中的溶解度极限线（A_{cm}线）$\gamma \xrightarrow{\text{析出}} Fe_3C_{II}$
GS	同素异构转变线	γ 相→α 相的开始线（A_3 线）
GP	同素异构转变线	γ 相→α 相的终止线
PSK	共析转变线	$\gamma_s \xrightarrow{727℃} \alpha_p + Fe_3C$（$A_1$ 线）
PQ	固溶线	碳在 α-Fe 中的溶解度极限线，$\alpha \xrightarrow{\text{析出}} Fe_3C_{III}$
MO	磁性转变线	A_2 线 770℃，α 相无磁性>770℃>α 相铁磁性
230℃虚线	磁性转变线	A_0 线 230℃，Fe_3C 无磁性>230℃>Fe_3C 铁磁性

（3）相区

1）单相区。有五个单相区，分别为 L、δ、γ、α、Fe_3C。①在 *ABCD* 线以上为液相区；②在 *AHNA* 区中为 δ 相区（高温铁素体）；③在 *NJESGN* 区中为 γ 相区（奥氏体区）；④在 *GPQG* 区中为 α 相区（铁素体区）；⑤*DFKL* 区为 Fe_3C（渗碳体区）。

2）两相区。有七个两相区，分别为 L+δ，L+γ，L+Fe_3C，δ+γ，α+γ，γ+Fe_3C，α+Fe_3C。①在 *ABJHA* 区中为 L+δ；②在 *JBCEJ* 区中为 L+γ 区；③在 *DCFD* 区中为 L+Fe_3C；④在 *HJNH* 区中为 δ+γ 区；⑤在 *GSPG* 区中为 α+γ 区；⑥在 *ECFKSE* 区中为 γ+Fe_3C；⑦*QPSKLQ*区中为 α+Fe_3C 区。

3）三相线。有三条三相线，分别为：①*HJB* 为 L+δ+γ 三相共存；②*ECF* 为 L+γ+Fe_3C 三相共存；③*PSK* 为 γ+α+Fe_3C 三相共存。

2. 铁碳合金的分类

铁碳合金按其碳含量的不同，大致可以将它分为三类：

（1）工业纯铁　$w(C)<0.0218\%$ 的铁碳合金，常称为工业纯铁，它的室温组织为单相铁素体或铁素体+三次渗碳体。

（2）钢　$0.0218\%<w(C)<2.11\%$ 的铁碳合金，称为钢，钢在高温时的组织为单相奥氏体，具有良好的塑性，可进行热锻。根据钢在室温时的组织又可将它分为三类：

1）亚共析钢。$0.0218\%<w(C)<0.77\%$ 的铁碳合金称为亚共析钢，其室温组织为先共析铁素体+珠光体（F+P）。

2）共析钢。$w(C)=0.77\%$ 的铁碳合金称为共析钢，其室温组织为 100% 的珠光体（P）。

3）过共析钢。$0.77\%<w(C)<2.11\%$ 的铁碳合金称为过共析钢，其室温组织为珠光体+二次渗碳体（P+Fe_3C_{II}）。

（3）白口铸铁　$2.11\%<w(C)<6.69\%$ 的铁碳合金称为铸铁，其中，碳以 Fe_3C 的形式存在且其断口呈白亮色，故称为白口铸铁。它们在凝固时发生共晶转变，具有较好的铸造性能。但共晶转变后得到的以 Fe_3C 为基的莱氏体脆性很大；按 Fe-C（石墨）相图凝固的铸铁，碳大部分以石墨形式存在，断口为灰色，称为灰铸铁。

白口铸铁根据其室温组织又可分为三类：

1）亚共晶白口铸铁。$2.11\% < w(C) < 4.3\%$ 的铁碳合金，其室温组织为珠光体、二次渗碳体和变态莱氏体（$P+Fe_3C_{II}+L'd$）。

2）共晶白口铸铁。$w(C)=4.3\%$ 铁碳合金，其室温组织为 100% 变态莱氏体（$L'd$）。

3）过共晶白口铸铁。$4.3\% < w(C) < 6.69\%$ 的铁碳合金，其室温组织为一次渗碳体和变态莱氏体（$Fe_3C_I+L'd$）。

3. 典型成分合金的平衡结晶过程分析

由 Fe-Fe$_3$C 相图可以看出，铁碳合金中有七种典型成分的合金，即：①工业纯铁，②亚共析钢，③共析钢，④过共析钢，⑤亚共晶铸铁，⑥共晶铸铁，⑦过共晶铸铁。

（1）合金①［$w(C)=0.01\%$ 工业纯铁］的结晶　如图 2-23 所示，可以看出 $w(C)=0.01\%$ 的工业纯铁在相图中的位置。当该合金从液相冷却到与液相线相交的 1 点时，发生匀晶转变从液相中凝固出 δ 相；随着温度的降低，液相的成分沿相线 AB 变化，碳含量不断增加，但相对量不断减少；而 δ 相的成分沿固相线 AH 变化，碳含量和相对量不断增加。当冷却到 2 点时匀晶转变结束 L 相消失，得到 $w(C)=0.01\%$ 的单相 δ 固溶体，在 2~3 点时随温度的降低，δ 相的成分和结构都不变，只进行降温冷却。当冷到 3 点时开始发生固溶体的同素异构转变，由 δ 相→γ 相。通常奥氏体的晶核优先在 δ 相的晶界处形成，在 3~4 点时随温度的降低，δ 相的成分沿 HN 线变化，碳含量和相对量都不断减少；而 γ 相的成分沿 JN 线碳含量不断降低，但相对量不断增加。当冷却到 4 点时固溶体的同素异构转变结束，δ 相消失，得到 $w(C)=0.01\%$ 的单相奥氏体。在 4~5 点时，随温度的降低，γ 相的成分和结构都不变只是进行降温冷却。当冷却到 5 点时又开始发生固溶体的同素异构转变，由 γ 相→α 相。通常铁素体的晶核优先在 γ 相的晶界处形成。在 5~6 点时随温度的降低，γ 相的成分沿 GS 线变，碳含量不断增加但相对量不断减少；而 α 相的成分沿 GP 线变化，碳含量和相

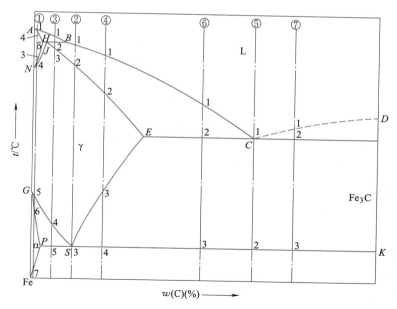

图 2-23　典型铁碳合金冷却时的组织转变过程分析

对量都不断增加。当冷却到 6 点时，固溶体的同素异构转变结束，γ 相消失得到 $w(C)=0.01\%$ 的单相铁素体。在 6~7 点时，随温度的降低，α 相的成分和结构都不变，只是进行降温冷却，当冷到 7 点时铁素体的溶碳量达到过饱和，在 7 点以下铁素体将发生脱溶转变，$\alpha \xrightarrow{\text{析出}} Fe_3C_{III}$，这时铁素体（F）的成分沿 PQ 线变化，相对量逐渐减少，而 Fe_3C_{III} 的量逐渐增加。Fe_3C_{III} 的析出量一般很少，沿 F 的晶界分布，它的结晶过程示意图如图 2-24 所示。可以看出，它在室温时的组织为 $F+Fe_3C_{III}$，显微组织照片如图 2-25 所示。

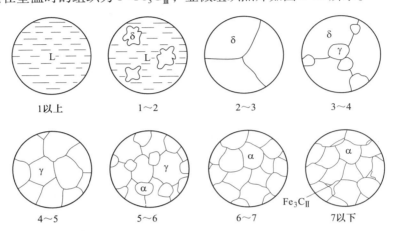

图 2-24　$w(C)=0.01\%$ 工业纯铁的结晶过程示意图

由杠杆定律可以计算出合金①在室温时的组织组成物和相组成物的相对量。工业纯铁中，$w(C)=0.0218\%$ 时，析出的三次渗碳体的量最大，用杠杆定律计算，Fe_3C_{III} 最大含量为：

$$w(Fe_3C) = \frac{0.0218}{6.69} \times 100\% = 0.33\%$$

（这里把 F 在室温时的碳含量当作零处理）

由相图可以看出所有的工业纯铁的结晶过程都与该合金的结晶过程相似，只是碳含量越靠近 P 点析出的 Fe_3C_{III} 的量越多。

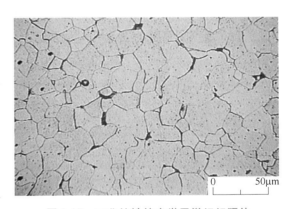

图 2-25　工业纯铁的光学显微组织照片

（2）合金②〔共析钢 $w(C)=0.77\%$〕的结晶　$w(C)=0.77\%$ 的共析钢在相图中的位置如图 2-23 所示。由图可以看出当合金②从液相冷却到与液相线 BC 相交的 1 点时，发生匀晶转变，$L\rightarrow\gamma$ 相，随着温度的降低，液相的成分沿液相线 BC 变化，碳含量不断增加，但相对量不断减少；而 γ 相的成分沿固相线 JE 变化，碳含量和相对量都不断增加。当冷却到 2 点时，匀晶转变结束，L 相消失，得到 $w(C)=0.77\%$ 的单相奥氏体；在 2~3 点时随温度的降低，γ 相的成分和结构都不变，只是进行降温冷却；当冷到 3 点时，奥氏体在恒温（727℃）发生共析转变，$\gamma_{0.77} \xrightarrow{727℃} \alpha_{0.0218} + Fe_3C$，转变产物称为珠光体（一般用 P 表示），它是 F 和 Fe_3C 的机械混合物，该铁素体通常称为共析铁素体用 F_p 表示，该渗碳体通常称为共析渗碳体，用 Fe_3C_K 表示。共析渗碳体通常呈层片状分布在铁素体基体上显微组织照片，如图 2-26 所示。共析渗碳体经适当的球化退火后，可呈球状或粒状分布在 F 基体上，称为球状（或粒状）珠光体，显微组织照片如图 2-27 所示。在 3 点以下共析铁素体的成分沿 PQ 线变，发生脱溶转变，析出三次渗碳体，$\alpha_P \rightarrow Fe_3C_{III}$，与共析渗碳体混合在一起，并且量很少，在显微镜下不易分辨，一般可以忽略不计，而共析 Fe_3C 和 Fe_3C_{III} 的成分都不发生变化，只是进行降温冷却。所以共析钢在室温时的组织组成物为 100%珠光体。而相组成物为 $F + Fe_3C$，它们的相对量可用杠杆定律计算：

室温时：$w(F) = \dfrac{6.69 - 0.77}{6.69} \times 100\% = 88.5\%$，$w(Fe_3C) = 100\% - w(F) = 11.5\%$。合金②的结晶过程示意图如图 2-28 所示。

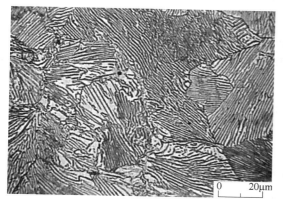

图 2-26　珠光体的光学显微组织照片

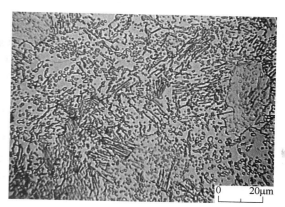

图 2-27　球状珠光体的光学显微组织照片

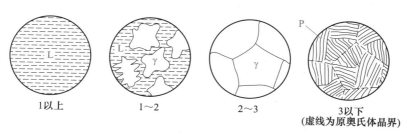

图 2-28　$w(C) = 0.77\%$共析钢结晶过程示意图

（3）合金③［亚共析钢 $w(C) = 0.4\%$］的结晶　$w(C) = 0.4\%$的亚共析钢在相图中的位置如图 2-23 所示。由图可以看出当合金从液相冷却到与液相线 AB 相交的 1 点时，发生匀晶转变从 $L \rightarrow \delta$ 相，随温度的降低，液相的成分沿液相线 AB 变化，碳含量不断增加，但相对量不断减少，而 δ 相的成分沿固相线 AH 变化，碳含量和相对量都不断增加；当冷却到 2 点时液相的成分达到 B 点（$w(C) = 0.53\%$），δ 相的成分达到 H 点（$w(C) = 0.09\%$），这时液相和 δ 相在恒温下（1495℃）发生包晶转变 $L_{0.53} + \delta_{0.09} \xrightarrow{\text{1495℃}} r_{0.17} + L_{0.53}$（剩余），由于该钢的碳含量 0.4%大于包晶成分碳含量 0.17%，所以在包晶转变结束后有液相剩余。在 2~3 点时随温度的降低，剩余液相发生匀晶转变，不断结晶出 γ 相（$L_{剩} \rightarrow \gamma_{相}$），其成分沿液相线 BC 变化，碳含量不断增加，但相对量不断减少；而包晶转变得到的 γ 相和匀晶转变得到的

γ 相成分都沿固相线 JE 变化，碳含量和相对量不断增加；当冷却至 3 点时匀晶转变结束，液相消失，得到碳含量为 0.4% 的单相奥氏体，在 3~4 点时，随温度的降低，γ 相的成分和结构都不变，只是进行降温冷却。当冷却到 4 点时开始发生固溶体的同素异构转变由 γ 相→α 相。通常铁素体晶核优先在奥氏体晶界处形成。在 4~5 点时随温度的降低，γ 相的成分沿 GS 线变化，碳含量不断增加，但相对量不断减少，而 α 相的成分沿 GP 线变化，碳含量和相对量都不断增加。当冷却到 5 点时 α 相的成分达到 P 点（$w(C) = 0.0218\%$），剩余的 γ 相的成分达到共析成分 S 点（$w(C) = 0.77\%$），这部分 γ 相在恒温（727℃）下发生共析转变 $r_{0.77} \xrightarrow{727℃} \alpha_{0.0218} + Fe_3C$，形成珠光体。通常将在共析转变前由同素异构转变形成的 α 相称为先共析铁素体 $F_{先}$，在 5 点以下 $F_{先}$ 和 $F_{共析}$ 的成分都沿 PQ 线变化，发生脱溶转变析出三次渗碳体 $F_{先} \to Fe_3C_{III}$，$F_{共析} \to Fe_3C_{III}$，而共析渗碳体的成分不变只是降温冷却。由于析出的 Fe_3C_{III} 量很少，一般可以忽略不计，所以 $w(C) = 0.4\%$ 的亚共析钢在室温时的组织为：α +P（铁素体+珠光体），图 2-29 所示为其结晶过程意图，图 2-30 所示为亚共析钢的显微组织。

该钢在室温时的组织组成物和相组成物的相对量也可用杠杆定律计算，相组成物为 α +Fe_3C，其中：

$$w(\alpha) = \frac{6.69 - 0.40}{6.69 - 0} \times 100\% = \frac{6.29}{6.69} \times 100\% = 94\%$$

$$w(Fe_3C) = 100\% - 94\% = 6\%$$

组织组成物为 $\alpha_{先}$+P，如果要算 Fe_3C_{III} 的量，需先算共析温度时 $\alpha_{先}$ 和 P 的相对量，其中：

$$w(\alpha_{先}) = \frac{0.77 - 0.40}{0.77 - 0.0218} \times 100\% = 49.45\%$$

$$w(P) = 100\% - 49.45\% = 50.55\%$$

从 $\alpha_{先}$ 中析出的 Fe_3C_{III} 的相对量：

$$w(Fe_3C_{III}) = w(Fe_3C_{III最大}) \times w(\alpha_{先}) = 0.33\% \times 49.45\% = 0.16\%$$

则 $\omega(C) = 0.4\%$ 的亚共析钢室温时组织组成物的相对量：

$$w(P) = 50.55\%$$

$$w(\alpha_{先}) = 49.45\% - 0.16\% = 49.29\%$$

$$w(Fe_3C_{III}) = 0.16\%$$

如果忽略 $w(Fe_3C_{III})$，可直接在室温计算：

$$w(\alpha) = \frac{0.77 - 0.40}{0.77} \times 100\% = 48.05\%$$

$$w(P) = 100\% - 48.05\% = 51.95\%（Fe_3C_{III} 和 P 混在一起）$$

由上述讨论，结合相图可以看出 $0.17\% < w(C) < 0.53\%$ 亚共析钢的平衡结晶过程都与合金③相似，而 $0.53\% < w(C) < 0.77\%$ 的亚共析钢，在平衡结晶时不发生包晶转变，但它们的组织组成物都是由 α +P 组成，所不同的是亚共析钢随着 C 增加，组织中 $w(P)$ 增加，$w(\alpha_{先})$ 减少，并且两相的分布状态也有所改变，如图 2-30 所示。

（4）合金④〔过共析钢 $w(C) = 1.2\%$〕的结晶　碳含量为 1.2% 的过共析钢在相图中的位置如图 2-23 所示。可以看出当它从液相冷却到与液相线 BC 相交的 1 点时，发生匀晶转变从液相中结晶出 γ 相。在 1~2 点时随温度的降低，液相的成分沿液相线 BC 变化，碳含量不断增加，但相对量不断减少；而 γ 相的成分沿固相线 JE 变化，碳含量和相对量都不断增

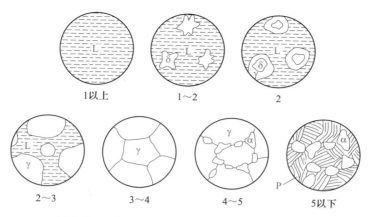

图 2-29　$w(C) = 0.40\%$ 亚共析钢结晶过程示意图

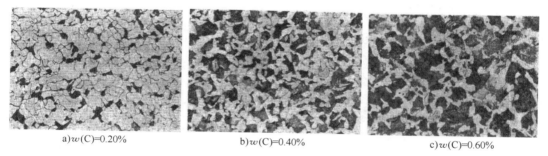

a) $w(C) = 0.20\%$　　　　b) $w(C) = 0.40\%$　　　　c) $w(C) = 0.60\%$

图 2-30　亚共析钢光学显微组织照片

加。当冷却到 2 点时，匀晶转变结束液相消失，得到 $w(C) = 1.2\%$ 的单相奥氏体；在 2~3 点时随温度的降低，γ 相的成分和结构都不变，只是进行降温冷却；当冷却到 3 点时与固溶线 ES 相交，奥氏体的碳含量达到过饱和，开始发生脱溶转变，沿晶界析出二次渗碳体（$\gamma \rightarrow$ Fe_3C_{II}）；随温度的降低 Fe_3C_{II} 的成分不变，但相对量不断增加并呈网状分布在 γ 相的晶界上，而 γ 相的成分沿固溶线 ES 变化，$w(C)$ 和相对量都不断减少；当冷却到 4 点时，γ 相的成分达到共析成分 S 点，这部分 γ 相在恒温（727℃）发生共析转变 $r_{0.77} \xrightarrow{727℃} P$，而 Fe_3C_{II} 不变；在 4 点以下，P 中的 $\alpha_{共析}$ 成分沿 PQ 线变化发生脱溶转变析出 Fe_3C_{III}，由于析出量少并与共析 Fe_3C 混合在一起，所以在显微镜下观察不到，可不考虑。$w(C) = 1.2\%$ 的过共析钢的结晶过程示意图如图 2-31 所示，可以看出该钢在室温时的组织为 $P + $ 网状 Fe_3C_{II}，如图 2-32 所示。用不同的浸蚀剂浸蚀后 P 和 Fe_3C_{II} 的颜色不同，用硝酸酒精时，Fe_3C_{II} 呈白色网状，P 为暗黑色；用苦味酸钠时，Fe_3C_{II} 呈黑色网状，P 为浅灰色。

该钢在室温时的组织组成物和相组成物的相对量也可用杠杆定律计算，组织组成物为 $P + Fe_3C_{II}$，其中：

$$w(P) = \frac{6.69 - 1.2}{6.69 - 0.77} \times 100\% = 92.74\%$$

$$w(Fe_3C_{III}) = 100\% - 92.74\% = 7.26\%$$

相组成物为 $\alpha + Fe_3C$，其中：

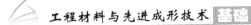

$$w(\alpha) = \frac{6.69 - 1.2}{6.69} \times 100\% = \frac{5.49}{6.69} \times 100\% = 82\%$$

$$w(Fe_3C) = 100\% - 82\% = 18\%$$

18%的 Fe_3C 中包括共析 Fe_3C，Fe_3C_{II} 和 Fe_3C_{III}。

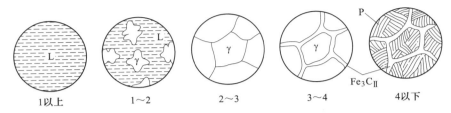

图 2-31 $w(C) = 1.2\%$ 过共析钢结晶过程示意图

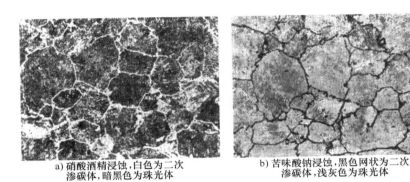

a) 硝酸酒精浸蚀，白色为二次   b) 苦味酸钠浸蚀，黑色网状为二次
渗碳体，暗黑色为珠光体   渗碳体，浅灰色为珠光体

图 2-32 过共析钢光学显微组织照片

  所有过共析钢的结晶过程都与该钢相似，不同的是碳含量接近 0.77% 时，析出的 Fe_3C_{II} 少，呈断续网状分布，并且网很薄。而碳含量接近 2.11% 时析出的 Fe_3C_{II} 多，呈连续网状分布，并且网的厚度增加，过共析钢在 $w(C) = 2.11\%$ 时析出 Fe_3C_{II} 的量最大：

$$w(Fe_3C_{II最大}) = \frac{2.11 - 0.77}{6.69 - 0.77} \times 100\% = 22.6\%$$

  （5）合金⑤[共晶白口铸铁 $w(C) = 4.3\%$]的结晶 碳含量为 4.3% 的共晶白口铸铁在相图中的位置如图 2-23 所示。由图可以看出合金从液相冷却到 1 点时，恒温（1148℃）发生共晶转变 $L_{4.3} \xrightarrow{1148℃} r_{2.11} + Fe_3C$，该共晶体称为莱氏体（Ld），莱氏体中的 γ 称为共晶 γ，Fe_3C 称为共晶 Fe_3C；在 1~2 点时随温度的降低，共晶 γ 发生脱溶转变析出 Fe_3C_{II}，其成分沿固溶线 ES 线变化相对量和碳含量不断减少，Fe_3C_{II} 的成分不变，相对量不断增加，但共晶 Fe_3C 的成分和相对量都不变，只是进行降温冷却；当冷却到 2 点时共晶 γ 的成分达到共析点（S 点，$w(C) = 0.77\%$），这部分 γ 在恒温下（727℃）发生共析转变 $r_{0.77} \xrightarrow{727℃} P$，而共晶 Fe_3C 和 Fe_3C_{II} 不发生变化。当冷却到 2 点以下，P 中的 α 成分沿 PQ 线变，发生脱溶转变析出 Fe_3C_{III}，而各 Fe_3C 不发生变化，只是进行降温冷却。由于 Fe_3C_{II} 和 Fe_3C_{III} 都依附在共晶 Fe_3C 基体上，在显微镜下无法分辨，所以在室温时得到的组织组成物为完全的变态莱氏体（$L'd = P + Fe_3C_{II} + Fe_3C$），如图 2-33 所示，结晶过程示意如图 2-34 所示。

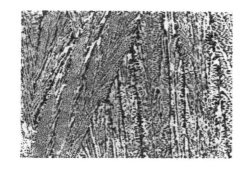

图 2-33　共晶白口铸铁的显微组织

图 2-34　共晶白口铸铁的结晶过程示意图

共晶转变后莱氏体中的共晶 γ 和共晶 Fe_3C 的相对量可用杠杆定律计算：

$$w(\gamma_{共晶}) = \frac{6.69 - 4.3}{6.69 - 2.11} \times 100\% = \frac{2.39}{4.58} \times 100\% = 52.2\%$$

$$w(Fe_3C_{共晶}) = 100\% - 52.2\% = 47.8\%$$

共析转变后为 $P+Fe_3C(Fe_3C_{II}+Fe_3C_{共晶})$，它们的相对量也可用杠杆定律计算：

$$w(P) = \frac{6.69 - 4.3}{6.69 - 0.77} \times 100\% = \frac{2.39}{5.92} \times 100\% = 40.37\%$$

$$w(Fe_3C) = 100\% - 40.37\% = 59.63\%$$

因此，

$$w(Fe_3C_{II}) = w(Fe_3C) - w(Fe_3C_{共晶}) = 59.63\% - 47.8\% = 11.83\%$$

或

$$w(Fe_3C_{II}) = w(\gamma_{共晶}) \times w(Fe_3C_{II最大}) = 52.2\% \times 22.6\% = 11.80\%$$

合金⑤在室温时的相组成物为 $\alpha+Fe_3C$，它们的相对量也可用杠杆定律计算：

$$w(\alpha) = \frac{6.69 - 4.3}{6.69} \times 100\% = \frac{2.39}{6.69} \times 100\% = 35.73\%$$

$$w(Fe_3C)(Fe_3C_{III} + Fe_3C_{共析} + Fe_3C_{II} + Fe_3C_{共晶}) = 100\% - 35.73\% = 64.27\%$$

（6）合金⑥［亚共晶白口铸铁 $w(C)=3\%$］的结晶　碳含量为 3.0% 的亚共晶白口铸铁在相图中的位置如图 2-23 所示。由图可以看出该合金从液相冷却到与液相线 BC 相交的 1 点时，开始发生匀晶转变从 L→γ 相；在 1~2 点时随温度的降低，液相的成分沿液相线 BC 变化，碳含量不断增加，但相对量不断减少，而 γ 相的成分沿固相线 JE 变化，碳含量和相对量都不断增加；当冷却到 2 点时 γ 相的成分达到 E 点（$w(C)=2.11\%$），而液相的成分达到共晶成分 C 点（$w(C)=4.3\%$），在恒温（1148℃）下发生共晶转变，$L_{4.3} \xrightarrow{1148℃} \gamma_{2.11} + Fe_3C$，形成莱氏体，在共晶转变前从液相中结晶出的 γ 相称为初晶（$\gamma_{初}$）或先共晶 γ（$\gamma_{先}$），它在共晶转变时不发生变化；在 2~3 点时随温度的降低，共晶 Fe_3C 不发生变化只是降温冷却，但 $\gamma_{初}$ 和 $\gamma_{共晶}$ 的成分沿固溶线 ES 变化，发生脱溶转变析出 Fe_3C_{II}，它们的碳含量和相对量都不断减少，而 Fe_3C_{II} 的成分不变，相对量不断增加；当冷却到 3 点时，$\gamma_{初}$ 和 $\gamma_{共晶}$ 的成分都达到共析成分 S 点（$w(C)=0.77\%$），在恒温（727℃）下发生共析转变，$\gamma_{0.77} \rightarrow P$（$\alpha+Fe_3C$），转变成珠光体；在 3 点以下 P 中的 α 成分沿固溶线 PQ 变化，发生脱

溶转变析出 Fe_3C_{III}，而各 Fe_3C 的成分不变，只是进行降温冷却。因此最后的室温组织为：$P(\alpha + Fe_3C) + Fe_3c_{II} + L'd[p(\alpha + Fe_3C) + Fe_3C_{II} + Fe_3C_{共晶}]$，如图 2-35 所示。由图可以看出 $\gamma_初$ 转变的 P 在室温时仍保留着 $\gamma_初$ 的树枝状形态，在其周围包围着的白色薄层为从其中析出的 Fe_3C_{II}，而从 $\gamma_{共晶} \to Fe_3C_{II}$ 与共晶 Fe_3C 混合在一起无法分辨。合金⑥在室温时的组织组成物和相组成物的相对量也可用杠杆定律计算，组织组成物为 $P+Fe_3C_{II}+L'd$。由于共晶转变后的组织为 $\gamma_初+Ld$，其中：

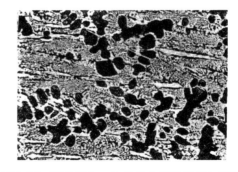

图 2-35 亚共晶白口铸铁的光学显微组织照片
（黑色树枝状组织为珠光体，其余为莱氏体）

$$w(\gamma_初) = \frac{4.3 - 3.0}{4.3 - 2.11} \times 100\% = \frac{1.3}{2.19} \times 100\% = 59.36\% ,$$
$$w(Ld) = 100\% - 59.36\% = 40.64\%$$

则
$$w(L'd) = w(Ld) = 40.64\%$$

因为
$$w(Fe_3C_{II最大}) = 22.6\%$$

所以
$$w(Fe_3C_{II})(由\gamma_初 \ 中析出) = w(\gamma_初) \times 22.6\% = 59.36\% \times 22.6\% = 13.41\%$$

因此
$$w(P) = w(\gamma_初) - w(Fe_3C_{II}) = 59.36\% - 13.41\% = 45.95\%$$

相组成物为 $\alpha+Fe_3C$，其中：
$$w(\alpha) = \frac{6.69 - 3.0}{6.69} \times 100\% = \frac{3.69}{6.69} \times 100\% = 55.17\%$$
$$w(Fe_3C) = 100\% - 55.17\% = 44.83\%$$

所有亚共晶白口铸铁结晶过程都与合金⑥相似，不同的是碳含量接近 2.11% 时，P 和 Fe_3C_{II} 的量增加，$w(L'd)$ 减少，而碳含量接近 4.3% 时，P 和 Fe_3C_{II} 的量减少，L'd 量增加。亚共晶白口铸铁与共晶白口铸铁相比仅多了 $\gamma_初$ 相，其余与共晶白口铸铁相同，结晶过程如图 2-36 所示。

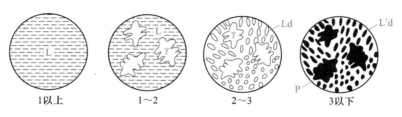

图 2-36 $w(C) = 3.0\%$ 亚共晶白口铸铁的结晶过程示意图

（7）合金⑦［过共晶白口铸铁 $w(C) = 5\%$］结晶 如图 2-23 所示，碳含量为 5% 的过共晶白口铸铁从液相冷却到与液相线 CD 相交的 1 点时，开始发生匀晶转变从液相中结晶出条状的一次渗碳体；在 1~2 点时随温度降低，液相的成分沿液相线 CD 变化，碳含量和相对量不断减少，Fe_3C_I 的成分不变，但相对量不断增加；当冷却到 2 点时液相的成分达到共晶成分 C 点（$w(C)=4.3\%$），在恒温（1148℃）下发生共晶转变 $Fe_3C_I + L_{4.3} \xrightarrow{1148℃} Fe_3C_I +$

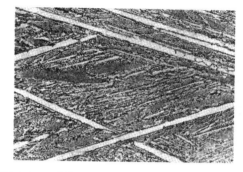

Ld（$\gamma_{2.11} + Fe_3C$），形成莱氏体；在 2~3 点时随温度的降低，共晶 γ 的成分沿固溶液线 ES 变化，发生脱溶转变析出 Fe_3C_{II}，它的碳含量和相对量都不断减少，析出的 Fe_3C_{II} 成分不变，但相对量不断增加；当冷却到 3 点时，共晶 γ 成分达到共析成分 S 点（$w(C)=0.77\%$），在恒温（727℃）下发生共析转变形

图 2-37　过共晶白口铸铁的光学显微组织照片
（白色条状为一次渗碳体，其余为莱氏体）

成 P；冷却到 3 点以下，P 中的 α 成分沿 PQ 线变化析出 Fe_3C_{III}，最后得到的室温组织为：$Fe_3C_I + L'd[Fe_3C + Fe_3C_{II} + P(\alpha + Fe_3C)]$。合金⑦的显微组织照片如图 2-37 所示，$Fe_3C_I$ 成白色条状具有规则的外形，结晶过程如图 2-38 所示。

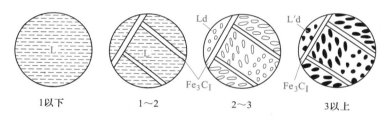

| 1以下 | 1~2 | 2~3 | 3以上 |

图 2-38　$w(C)=5.0\%$ 过共晶白口铸铁的结晶过程示意图

合金⑦在室温时的组织组成物和相组成物的相对量也可用杠杆定律计算。组织组成物为 $Fe_3C_I + L'd$，相组成物为 $\alpha + Fe_3C$。

$$w(L'd) = w(Ld) = \frac{6.69 - 5}{6.69 - 4.3} \times 100\% = \frac{1.69}{2.39} \times 100\% = 70.71\%$$

$$w(Fe_3C_I) = 100\% - 70.71\% = 29.29\%$$

$$w(\alpha) = \frac{6.69 - 5}{6.69} \times 100\% = 25.26\%$$

$$w(Fe_3C) = 100\% - 25.26\% = 74.7\%$$

所有过共晶白口铸铁的结晶过程都与合金⑦相似，所不同的是碳含量接近 4.3% 时，$w(L'd)$ 增加，$w(Fe_3C_I)$ 减少，而碳含量接近 6.69% 时 $w(L'd)$ 减少，$w(Fe_3C_I)$ 增加。

由上述典型成分铁碳合金的平衡结晶过程分析，可以得出铁碳合金的成分与组织的关系图，即 $Fe-Fe_3C$ 相图的组织分区图（或称组织组成物图），如图 2-39 所示。掌握该图对了解各不同成分的铁碳合金在平衡结晶后的组织变化很有帮助。

2.3.4　铁碳合金成分、组织与性能的关系

1. 碳含量对碳钢组织与性能的影响

（1）碳含量对组织的影响　由上述分析可知，铁碳合金随碳含量的增加，其组织的变

工程材料与先进成形技术 **基础**

化规律为：

$$\alpha + Fe_3C_{III} \rightarrow \alpha + P \rightarrow P + Fe_3C_{II} \rightarrow P + Fe_3C_{II} + L'd \rightarrow L'd \rightarrow L'd + Fe_3C_I$$

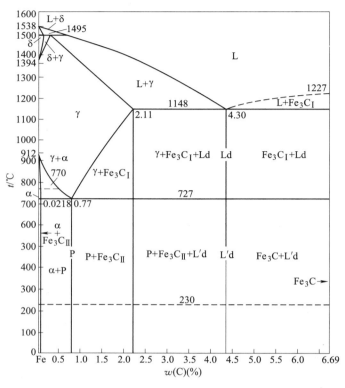

图 2-39　按组织分区的铁碳合金相图

平衡结晶后铁碳合金的各种组织都是由铁素体和渗碳体两个基本相组成，而铁碳合金随碳含量的增加，这两个基本相的变化规律是：铁素体的量不断减少，渗碳体的量不断增加。因铁素体是塑性相，渗碳体是硬脆相，所以铁碳合金的力学性能主要取决于这两个基本相的组织形态、相互分布、相对量及性能。

（2）碳含量对性能的影响　如图 2-40 所示，可以看出碳含量对碳钢力学性能的影响是，在 $w(C)<1\%$ 时，随碳含量的增加，钢的强度、硬度增加，但塑性、韧性降低。这说明渗碳体能够起到了较好的强化相作用；当 $w(C)>1\%$ 后，随碳含量的增加，钢的硬度增加，但强度、塑性、韧性降低。这是因为 Fe_3C_{II} 呈连续网状分布，进一步割裂了铁素体

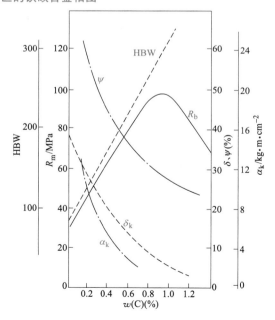

图 2-40　碳含量对平衡状态下碳钢力学性能的影响

基体之间的连接，使得脆性增加。对于白口铸铁，由于其组织中的莱氏体是硬脆组织，所以它们具有很高的硬度和耐磨性，但脆性很大，因此它们只能用作要求高硬度、高耐磨性，受冲击较小的零件，如犁铧、球磨机磨球等。

2. 杂质元素对碳钢组织与性能的影响

通常使用的碳钢并不只是由 Fe 和 C 两个元素组成，而是存在一些杂质元素，这是炼钢过程中由矿石和炼钢过程的需要进入钢中又不能完全去除的元素。钢中常存的杂质元素有 Si、Mn、S、P、N、H、O 等，它们对钢的组织、性能和质量都有一定程度的影响。

（1）硅的影响 Si 在钢中的存在属于有益元素，由于它与氧有很大的亲合力，具有很好的脱氧能力。炼钢时作为脱氧剂加入，$Si+2FeO \Longrightarrow 2Fe+SiO_2$，Si 与 FeO 反应生成二氧化硅（$SiO_2$）非金属夹杂物，大部分进入炉渣，消除了 FeO 的有害影响。但如果它以夹杂物形式存在于钢中则会影响钢的性能。碳钢中的硅含量一般要求低于 0.4%，大部分溶入铁素体，起固溶强化作用，提高铁素体的强度，而使钢具有较高的强度。

（2）锰的影响 Mn 在钢中的存在也属于有益元素，它与氧有较强的亲合力，具有较好的脱氧能力，在炼钢时作为脱氧剂加入，$Mn+FeO \Longrightarrow Fe+MnO$。另外 Mn 与 S 的亲合力很强，在钢液中与 S 形成 MnS，起到脱硫作用，大大地消除了 S 的有害影响。钢中的锰含量一般为 0.25%~0.80%，它一部分溶入铁素体起固溶强化作用，提高铁素体的强度，还可溶入渗碳体形成合金渗碳体（$Fe,Mn)_3C$，使钢具有较高的强度；另一部分 Mn 与 S 形成 MnS，与 O 形成 MnO，这些非金属夹杂物大部分进入炉渣，残留在钢中对钢的性能有一定的影响。

（3）硫的影响 S 在钢中的存在属于有害元素，主要是由矿石和炼钢原料所带入，而且在炼钢过程中又不能完全除尽。液态时，Fe、S 能够互溶，但固态时 Fe 几乎不溶解硫，而与 S 形成熔点为 1190℃ 的化合物 FeS（$w(S)=38\%$）。$w(S)=31.6\%$ 的 FeS 溶液在 989℃ 发生共晶转变，形成熔点为 989℃ 的（γ-Fe+FeS）共晶体。由于钢中的硫含量一般较低，形成的共晶体很少，（γ-Fe+FeS）以离异共晶形式分布在 γ-Fe 晶界处。当将含有 FeS 共晶体的钢加热到轧制、锻造温度（1150~1200℃）时，（γ-Fe+FeS）共晶体已熔化，进行轧制或锻造时，钢将沿晶界开裂，这种现象称为钢的"热脆"或"红脆"。对于脱氧不充分的钢液，硫与 Fe、FeO 形成熔点更低（940℃）的三元共晶（Fe+FeO+FeS），使钢的热脆性更加明显。

由于 Mn 和 S 的亲合力大于 Fe 和 S 的亲合力，所以在钢中优先与 S 形成 MnS，MnS 在高温下具有一定的塑性，可沿轧制或锻造方向变形，所以可避免钢的热脆现象发生。但是 MnS 的存在割断了钢基体的连续性，使钢的塑性、韧性和疲劳强度降低。另外钢中硫含量较高时，焊接时会形成 SO_2 气体，使焊缝处产生气孔和疏松，降低钢的焊接性能，因此钢中硫含量一般限制为，普通钢 $w(S)<0.065\%$，优质钢 $w(S)<0.040\%$，高级优质钢 $w(S)<0.030\%$。

S 的存在也有有利的一面。如钢中含有较多的 S、Mn 时，可改善低碳钢的切削加工性，使加工后的工件具有高表面光洁度。MnS 对刀具有一定的润滑作用，可减少刀具的磨损，延长其使用寿命。

（4）磷的影响 P 在钢中的存在一般属于有害元素，它是由炼钢原料带入的，在炼钢过程中又不能完全除尽。在 1049℃ 时，P 在 α-Fe 中的最大溶解度可达 2.55%，在室温时溶解度仍为 1% 左右，因此 P 具有较高的固溶强化作用，使钢的强度、硬度显著提高，但也使钢的塑性、韧性剧烈降低。特别是使钢的脆性转变温度（冲击韧度与温度的关系）急剧升高，使钢的冷脆性提高（低温时的韧性降低），发生冷脆现象。另外，铁磷合金的结晶温度间距很宽，而且 P 在 α-Fe 和 γ-Fe 中的扩散速度都很小，因此 P 在 Fe 中具有严重的偏析倾向，并且不易消除，这对钢的组织和性能都有很大的影响。所以对钢中的磷含量要严格控制，一般普通钢 $w(P) \leqslant 0.045\%$；优质钢 $w(P) \leqslant 0.04\%$；高级优质钢 $w(P) \leqslant 0.035\%$。

P 通常也可以加以利用，如在钢中加入 $0.08\% \sim 0.15\%$ 的 P 可使钢脆化，提高钢的切削加工性和表面光洁度；另外在炮弹用钢 [$w(C)$ 为 $0.6\% \sim 0.9\%$，$w(Mn)$ 为 $0.6\% \sim 1.0\%$] 中加入较多的 P 可增加钢的脆性，使炮弹爆炸时碎片增多，提高炮弹的杀伤力。此外在钢中同时含 Cu 和 P 时，P 还能提高钢在大气、雨水中的耐蚀性。

（5）氮的影响　N 在钢中的存在一般认为是有害元素，它是由炼钢时的炉料和炉气进入钢中的。N 在 γ-Fe 中的最大溶解度在 650℃ 时为 2.8%，在 α-Fe 中的最大溶解度在 590℃ 时约为 0.1%，而在室温时的溶解度很小，低于 0.001%，因此将钢高温快速冷却后，可得到溶氮过饱和的铁素体。这种氮过饱和的铁素体是不稳定的，在室温长时间放置时 N 将以 Fe_4N 的形式析出，使钢的强度、硬度升高，塑性、韧性降低，这种现象称为时效硬化。如果对氮过饱和的铁素体进行冷变形，在室温或稍微加热，可促使 Fe_4N 加速析出，这种现象称为机械时效或应变时效。

利用第二相的沉淀析出，进行沉淀硬化，提高钢的强度、硬度，是一种强化钢的有效手段。但对于低碳钢一般不要求有高的强度、硬度，而要求有良好的塑性、韧性以便于冲压成形，故氮在这里起了有害作用。为了减轻氮的有害作用，可以减少钢中的氮含量或加入 Al、V、Nb、Ti 等元素，使它们优先形成稳定的氮化物（AlN、VN、NbN、TiN 等），以减小氮所造成的时效敏感性。另外这些氮化物在钢中弥散分布，可以阻止奥氏体晶粒长大，起细化晶粒和强化基体的作用，使钢具有较好的强度和韧性。

（6）氢的影响　H 在钢中是有害的，由潮湿的炼钢原料和炉气进入钢中。H 在钢中的溶解度甚微，但会严重影响钢的性能，H 溶入 Fe 中形成间隙固溶体，使钢塑性大大降低，脆性大大升高，此现象称为氢脆。含有较多 H 的钢，H 在热轧时溶入 γ-Fe，冷却时溶解度降低，析出的氢结合成氢气，对周围钢产生很大压力，由于 H 使钢塑性大大降低，脆性大大升高，加上热轧时产生的内应力，当它们综合作用力大于钢的 R_m 时，在钢中就会产生许多如头发丝一样的微细裂纹，也称发裂，这种组织缺陷称为白点。因为具有发裂的材料，其纵断面上有许多银白色的亮点，将使零件报废，合金钢对白点的敏感性较大。消除白点的有效方法是降低钢中氢含量。

（7）氧的影响　O 在钢中的存在也是有害元素。O 在钢液中起到去除杂质的积极作用，但在随后的脱氧过程中不能完全将其除净。O 溶入铁素体，一般会降低钢的强度、塑性和韧性，O 在钢中主要以氧化物方式存在，如 FeO、Fe_2O_3、Fe_3O_4、MnO、SiO_2、Al_2O_3 等，所以它对钢性能的影响主要取决于这些氧化物的性能、数量、大小和分布等。高硬度的氧化物（如 Al_2O_3）对钢的切削加工性不利，另外从高温快冷得到过饱和氧的铁素体，在时效时将以 FeO 沉淀析出造成钢的冷脆性。总的来说，钢中氧含量升高，会降低钢的塑性、韧性、疲劳强度，使脆性转变温度升高，因此要想减少氧的有害作用，就必须降低钢中的氧含量。

2.3.5 铁碳合金相图的应用

1. 在钢铁材料选用方面的应用

由碳含量对钢的组织与性能的影响可知，$w(C)<0.25\%$ 的低碳钢具有一定的强度和较好的塑性、韧性，因此对于那些对强度要求不是很高，而要求具有较好塑性、韧性的车辆外壳等，多采用低碳钢板材经冷冲压成形，也可用于建筑结构钢和制造桥梁与船舶。$0.25\%<w(C)<0.65\%$ 的中碳钢具有较好的综合力学性能（即强度、硬度、塑性、韧性都较好），所以对于要求具有较好的综合力学性能的小型机器零件，如轴、齿轮、连杆、螺栓等，多采用中碳钢。而 $0.65\%<w(C)<1.3\%$ 的高碳钢具有高的硬度和耐磨性，常用来制作木工、园林工具。

若对上述低碳钢、中碳钢和高碳钢有更高性能指标要求，应选用合金低碳钢、合金中碳钢和合金高碳钢。$w(C)>1.3\%$ 的钢由于脆性太大一般不使用。由于 $w(C)>2.11\%$ 的白口铸铁的硬度高、耐磨性好，但脆性大，只能用来制作犁地的犁铧和球磨机磨球等部件。

2. 在铸造工艺方面的应用

铁碳合金在采用铸造成形时，其铸造工艺的制定可根据铁碳合金相图进行。一般开始浇注温度都控制在该合金熔点以上 $100\sim200℃$，铸钢和铸铁的开始浇注温度区为其液相线上打斜线区域，如图 2-41 所示。但液固相线间距较大的合金，在制作零件时一般不采用铸造成形，因为这样的合金铸造性能差（流动性差、易形成分散缩孔），在铸造成形后产生严重的成分偏析。如 $w(C)=0.15\%\sim0.60\%$ 的铸钢，其铸造性能就不如纯铁和共晶成分的铁碳合金，因为后者是恒温结晶，流动性好，但会形成集中缩孔。

3. 在热锻、热轧方面的应用

金属材料的可锻性是指金属材料在压力加工时，能改变其形状而不产生裂纹的能力。钢

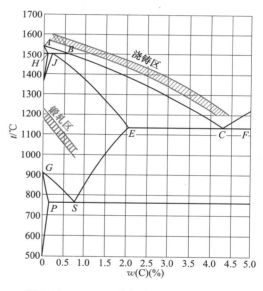

图 2-41 $Fe\text{-}Fe_3C$ 相图与铸锻工艺的关系

的可锻性好坏与其碳含量有关，一般是低碳钢的可锻性好，随着碳含量的增加，钢的可锻性逐渐变差。铁碳合金的热锻和热轧一般在单相奥氏体区域进行，因为奥氏体是塑性相，且具有较好的压力加工性能。碳含量<2.11% 的钢在加热时可得到单相奥氏体，所以它的始锻温度和终锻温度为图 2-41 中所示单相奥氏体区内的打斜线区。若始锻温度高，材料氧化、脱碳严重，奥氏体晶粒粗大；而终锻温度低，材料的塑性变差，锻打困难并易产生裂纹。对于碳含量>2.11% 的铁碳合金一般不采用热锻和热轧处理。

4. 在焊接工艺方面的应用

金属材料的焊接性能是指金属材料的焊接性和焊缝强度。对于铁碳合金，如钢和铸铁（灰铸铁），可采用不同的焊接方法进行焊接，其焊接性和焊缝强度与其碳含量有关。一般来说，低碳钢的焊接性好，随着碳含量的增加，钢的焊接性逐渐变差，焊后冷却时焊缝易

形成高碳马氏体，使焊缝脆性增大并易产生裂纹。所以 $w(C)<0.3\%$ 的钢材常采用焊接工艺，而 $w(C)>0.3\%$ 的钢材较少采用焊接工艺。

5. 在热处理工艺方面的应用

铁碳合金的热处理工艺，常用的有退火、正火、淬火和回火。碳钢的热处理加热温度的制定可以铁碳合金相图为依据，只有在正确的温区进行加热和保温后，并采用合适的冷却方法才能获得所需要的组织和性能。常用热处理加热温区如图 2-42、图 2-43 中所示打斜线区。

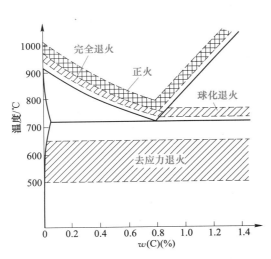

图 2-42　各种退火和正火的加热温度范围

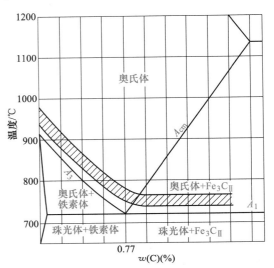

图 2-43　碳钢的淬火加热温度范围

 思考与练习

2-1　试述纯金属的结晶过程和晶体长大的不同机制。

2-2　固态非晶合金的晶化过程是否属于同素异构转变？为什么？

2-3　影响晶体生长的因素有哪些？

2-4　根据匀晶转变相图分析枝晶偏析的原因。

2-5　结合相图分析 $w(C)=0.45\%$、$w(C)=1.2\%$ 和 $w(C)=3.0\%$ 时，铁碳合金在缓慢冷却过程中的转变及室温下的组织。

2-6　利用杠杆定律计算 $w(C)=1.2\%$ 的铁碳合金缓慢冷却到 727℃ 时，在共析转变前后各种组织组成物的相对量以及室温时各种组织组成物的相对量。

2-7　说明铁碳合金中 5 种类型渗碳体的形成和形态特点。

2-8　试分析铁碳合金成分与其组织和性能之间的关系。

第3章

金属材料的热处理与表面改性

由矿石或废料经过高温冶炼等相关工序金属材料铸坯成形，为了进行后续加工和改善组织与性能，以及为目标零部件制成产品提供组织与性能保证，需要对材料进行热处理或表面改性。作为广泛应用的金属材料，其中一个重要的特点是通过热处理，改变其内部组织结构，便于机械加工和保证产品性能；某些场合下，表面需要一些特殊性能要求，则可以进行表面处理，达到表面改性的目的。本章介绍金属材料热处理的基本原理，以及表面改性技术方法，为金属材料的加工工艺制定、材料选用和满足工程需求提供基础理论与方法。

3.1 热处理基本原理

热处理是将固态金属在一定介质中加热到某一温度，保温一段时间，然后以某种方式冷却到室温，以改变金属的组织结构，从而获得所需性能的热加工工艺。金属热处理之所以能达到此效果，是因为在外界条件（如温度、压力等）改变时，组织和结构会发生变化。与铸造、焊接、压力加工和切削加工等工艺不同，热处理工艺几乎不改变工件的形状和尺寸，仅改变工件的组织、结构和性能。凡是重要的零部件都必须经过适当热处理方能达到使用要求。

根据在生产工艺路线中的位置，热处理通常分为预备热处理和最终热处理两大类型。预备热处理安排在锻造之后、机加工之前，主要目的是调整材料的组织尺度与属性，便于下一道工序的进行；最终热处理则安排在最后一次精加工之前，决定零部件的最终性能。

3.1.1 钢在加热时的转变

钢在加热时发生的奥氏体化过程，遵循着相变的一般规律，即通过形核和长大完成。奥氏体的结构特征对随后的冷却转变产物有遗传作用，所以要控制好加热过程中的奥氏体转变。

1. 奥氏体的形成

对于钢的大部分热处理工艺，奥氏体的形成及其晶粒大小对随后冷却时的转变产物及性能有显著的影响。许多热处理工艺都要将钢加热到某一临界温度以上，获得全部或部分的奥氏体组织。根据 Fe-Fe_3C 相图，在极其缓慢的加热条件下珠光体向奥氏体转变的温度在 PSK 线，即 A_1 线，先共析铁素体和先共析渗碳体向奥氏体转变的起始温度为 A_1，结束温度分别为 GS 线（A_3）和 ES 线（A_{cm}）。将钢加热至 A_1~A_3 或 A_1~A_{cm} 时，得到奥氏体和铁素体或奥氏体和渗碳体的混合物，这种加热称为不完全奥氏体化；只有将钢加热至 A_3 或 A_{cm} 以上才能完全转变为奥氏体，这种加热称为完全奥氏体化。

然而，极其缓慢加热或冷却都是理想状态，实际热处理都是以一定的速度加热或冷却，此时 Fe-Fe₃C 相图中的临界温度会随加热或冷却速度不同而变化。加热时，加热速度越快，临界温度向高温偏移得越多；冷却时刚好相反，冷却速度越快向低温偏移得越多。为了区分这个温度差异，将加热时的临界温度标为 Ac_1、Ac_3、Ac_{cm}，冷却时标为 Ar_1、Ar_3、Ar_{cm}，这些参数是钢在热加工时的重要依据，如图3-1所示。这就意味着发生转变时的温度随着加热或冷却速度的变化而滞后，在实际热处理工艺制定时，要考虑这个滞后温度 ΔT。

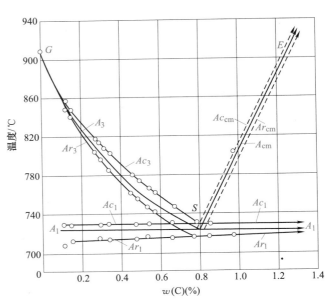

图 3-1 加热和冷却速度为 0.125℃/s 时临界温度的变化

在钢的几种组织中，奥氏体有最好的塑性、韧性和最小的比体积，因此在奥氏体形成时或奥氏体转变成其他组织时，会引起体积的变化，进而影响组织转变。钢在加热时的奥氏体化过程由奥氏体晶核形成、奥氏体晶核长大、剩余渗碳体溶解及奥氏体均匀化四个阶段组成，如图3-2所示。下面以退火态的共析钢为例进行分析。将共析钢加热到 Ac_1 以上某一温度保温时，原始珠光体向奥氏体转变，反应式如下：

$$\alpha(0.0218\%C, bcc) + Fe_3C(6.69\%C, 正交) \rightarrow \gamma(0.77\%C, fcc)$$

这一过程实质上是通过 $\alpha \rightarrow \gamma$ 的晶体结构重构和 Fe₃C 的溶解实现的。

（1）奥氏体形核　奥氏体化前后各相的晶体结构及其含碳量发生了变化，因此奥氏体形核除了需要大的能量起伏和结构起伏，还需要高的成分起伏。显然，在铁素体和渗碳体相界面处形核最为有利，因为相界面原子的能量高、扩散快、成分波动大，很容易满足形核要求。加热温度越高，过热度越大，则各种起伏的程度以及相变驱动力越大，形核越容易。若加热速度过快，过热度增加过多，也可在珠光体边界，甚至在铁素体内形核。

（2）奥氏体长大　奥氏体晶核形成后，除了原有的 α-Fe₃C 界面，还出现了 γ-α 和 γ-Fe₃C 新界面。钢在 Ac_1 之上保温时，因为 γ-Fe₃C 界面处奥氏体的碳浓度（见 ES 线）高于 γ-α 界面处奥氏体的碳浓度（见 GS 线），所以在奥氏体内形成了碳浓度梯度，从而引起碳原子从 γ-Fe₃C 界面向 γ-α 界面扩散，使 Fe₃C 不断溶解，奥氏体不断长大。在铁素体内的碳浓度梯度很小，对奥氏体的生长影响甚弱。

（3）残余渗碳体溶解　Fe₃C 的碳含量远高于铁素体的碳含量，说明 Fe₃C 的溶解速度要比铁素体缓慢得多，铁素体全部转变成奥氏体之后，仍有部分渗碳体尚未溶解，需要进一步加热或保温，才能使 Fe₃C 完全溶解于奥氏体中。

（4）奥氏体均匀化　当 α 和 Fe₃C 全部转变为奥氏体之后，碳原子在奥氏体中的分布是不均匀的。原来是 Fe₃C 的地方，碳浓度高；原来是铁素体的地方，碳浓度低，需要更长的保温时间才能实现奥氏体成分的均匀化。

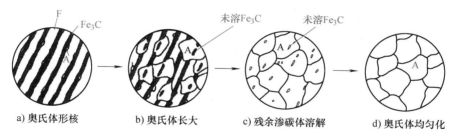

a) 奥氏体形核 b) 奥氏体长大 c) 残余渗碳体溶解 d) 奥氏体均匀化

图 3-2 共析钢奥氏体形成示意图

奥氏体既可以在连续加热时形成，也可以在等温加热时形成，生产中经常采用等温加热的方法。为了反映奥氏体的形成量、温度及时间关系，将一组相同的试样快速加热到 Ac_1 以上不同温度，并在各温度下保温不同时间后淬火，然后用金相法观察生成的奥氏体量（实际上是奥氏体转变马氏体的量）和时间的关系，可以说明奥氏体的等温转变量与时间的关系，即奥氏体等温动力学曲线。图 3-3 所示为共析钢在 730℃ 和 751℃ 加热时奥氏体转变量和时间的关系，可以看出：①奥氏体形成需要一定的保温时间，称为孕育期（孕育期为转变开始之前所经历的等温时间，它反映了转变阻力的大小）。加热温度越高，过热度越大，则孕育期越短，奥氏体的形成速度越快。②奥氏体等温动力学曲线具有"S"形特征，即奥氏体的转变速度开始慢，继而逐渐加快，至 50% 转变量时最快，之后又逐渐减慢。

习惯上，将奥氏体等温动力学曲线转化为转变温度与时间的关系，即等温时间-温度-奥氏体化图（Time Temperature Austenitization，简称 TTA），如图 3-4 所示。图中自左至右的四条曲线分别代表奥氏体转变开始线及终了线、碳化物完全溶解线和奥氏体成分均匀线。将共析钢加热至 Ac_1 以上某一温度等温时，在第 1 和第 2 条线之间发生奥氏体形核和长大，第 2 和第 3 条线之间发生残余渗碳体溶解，而第 3 和第 4 条线之间则是奥氏体均匀化过程，从图中明显看出形核与长大所需的时间较短，残余渗碳体溶解与奥氏体均匀化的时间较长。

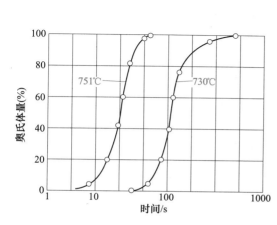

图 3-3 共析钢奥氏体等温转变量与时间的关系

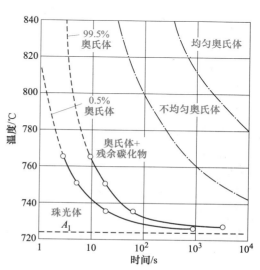

图 3-4 共析钢的 TTA 图

2. 奥氏体晶粒大小及其影响因素

高温下的晶粒长大是一个自发进行的过程，这是因为晶粒越大，单位体积所包含的晶界面积越少，总的界面能越低。加热温度和时间对晶粒长大的影响最为明显。温度升高，晶粒长大速度明显加快，如果能有效控制加热时的晶粒长大，冷却后的组织就比较细小。

晶粒大小可用晶粒的平均直径或单位面积（或单位体积）中晶粒数表示。为了方便，生产中常使用晶粒度的概念，定义为 $n = 2^{N-1}$。式中，n 是放大 100 倍下每平方英寸面积上的晶粒数，N 为晶粒度级别。根据标准晶粒度等级图，钢的标准晶粒度分为 8 级，1 级晶粒最粗，8 级晶粒最细，如图 3-5 所示。常将 1~4 级的钢称为本质粗晶粒钢，5~8 级称为本质细晶粒钢，大于 8 级则为超细晶粒钢。奥氏体晶粒度包括以下 3 个概念：

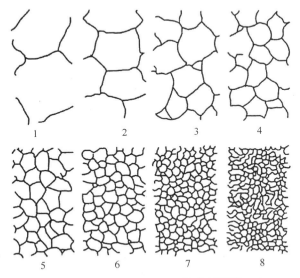

图 3-5　奥氏体标准晶粒度级别图

（1）起始晶粒度　钢在加热时奥氏体转变刚刚结束，晶粒边界恰好相互接触时的晶粒大小。

（2）实际晶粒度　钢在实际热加工条件下的奥氏体晶粒大小。在同样加热温度下保温时间总要长些，故比起始晶粒度粗。

（3）本质晶粒度　根据标准实验方法（930±10℃加热，保温 3~8h）测定的奥氏体晶粒大小，它仅表示钢在加热时晶粒长大的倾向性。

奥氏体晶粒尺寸本质上取决于奥氏体的形核率 I 和长大速率 G。加热时，若能使 I 增大，G 减小，或者比值 I/G 增大，则可以细化晶粒。凡是影响 I 和 G 的因素，都影响晶粒的大小。影响奥氏体晶粒尺寸的因素有：

① 加热温度和保温时间：加热温度升高，原子扩散速度加快，晶粒长大越快；加热温度一定时，保温时间越长，原子扩散得越充分，晶粒越粗。其中，温度是主要的影响因素。

② 加热速度：加热速度越快，则过热度及相变驱动力越大，形核率增大；同时，原子扩散却受到部分的抑制，长大速度减小，比值 I/G 变大，使晶粒细化。

③ 化学成分：奥氏体中碳含量越高，实验证实碳和铁原子的扩散能力越强，长大倾向越大。加热时未溶碳化物颗粒对晶粒长大起机械阻碍作用，使晶粒细化。

④ 原始组织：原始组织越细，碳化物越弥散，在同样加热条件下奥氏体晶粒越细。

高稳定性碳化物或氮化物弥散分布在钢基体上，可有效防止晶粒长大，所以钢中常加入一些碳化物（或氮化物）形成元素。根据合金元素和碳的亲和力，将合金元素分为 4 种：①强烈阻碍晶粒长大的元素，如 Nb、Zr、Ti、Ta、V、Al；②中等阻碍晶粒长大的元素，如 W、Mo、Cr；③不影响晶粒长大的元素，如 Si、Ni、Cu、Co；④促进晶粒长大的元素，如 C、Mn、P。

3.1.2　钢在冷却时的转变

将钢奥氏体化之后，以适当的方式冷却到 Ar_1 以下，则奥氏体处于过冷的状态。过冷奥氏体在能量上是不稳定的，冷却时会随时转变为其他组织。钢的冷却转变既可以在恒定温度下进行，也可以在连续冷却过程中进行，相应的冷却方式也有两种：①等温冷却。钢奥氏体化后迅速冷却到 Ar_1 以下某一温度保温，在该温度下完成组织转变；②连续冷却。钢奥氏体化后以某种速度从高温连续冷却，在冷却过程中完成组织转变。

当过冷奥氏体冷却到 Ar_1 以下时，要转变成 α+Fe$_3$C 的混合物。在高温区转变生成珠光体，是通过原子扩散进行的，属于扩散型相变，退火或正火均可得到这种组织；在中温区转变生成贝氏体（B），此时碳原子还可以扩散，而铁原子不能扩散，属于过渡型（或称半扩散型）相变，采用等温淬火可以获得贝氏体；过冷的奥氏体在低温区会转变形成马氏体（M），因为转变温度太低，原子基本上都不能扩散，是典型的非扩散型相变，通常通过急冷（称为淬火）可获得马氏体组织。因此，等温温度（或冷却速度）不同，所形成的组织就不同，钢的性能也就大相径庭，这就是热处理能在金属材料加工中广泛应用的根本原因。

1. 珠光体转变产物及性能

由 Fe-Fe$_3$C 相图，将钢奥氏体化后过冷到 Ar_1 以下高温区将发生珠光体转变：

$$\gamma(0.77\%C, fcc) \rightarrow \alpha(0.0218\%C, bcc) + Fe_3C(6.69\%C, 正交)$$

转变产物是铁素体和渗碳体的机械混合物。

珠光体分为层片状珠光体和球（粒）状珠光体两大类型。钢完全奥氏体化后，在 Ar_1 以下高温范围等温，或者由高温缓慢冷却可得到层片状珠光体。如果通过球化退火将碳化物球化则可得到球状珠光体。图 3-6 所示为 T10 钢球化退火后的球状珠光体，是在铁素体基体上弥散分布球状或粒状碳化物的混合组织。碳化物的大小、数量、形态和分布是影响球状珠光体性能的主要因素。为了改善组织或降低硬度提高切削性能，高碳钢和高碳合金钢有时需球化退火。

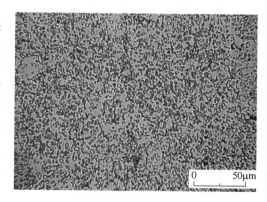

图 3-6　T10 钢的球化退火组织

在层片状珠光体中，一个原奥氏体晶粒内可能出现几个层片位向不同的区域，每个相同位向的区域称为珠光体领域（或称珠光体团），它是由一个珠光体的结晶核心长大而成的。层片间距 λ 是层片状珠光体的组织特征，可定义为邻近的相同层片间的中心距离，即一片铁素体和一片渗碳体的厚度之和，如图 3-7 所示。转变温度越低，层片间距越薄。

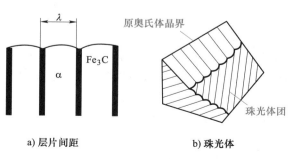

a) 层片间距　　　　　b) 珠光体

图 3-7　层片状珠光体示意图

习惯上按 λ 值大小，将珠光体分为三种类型：①普通珠光体（粗珠光体，P），$\lambda \approx 150 \sim 450nm$；②索氏体（细珠光体，S），$\lambda \approx 80 \sim 150nm$；③托氏体（极细珠光体，T），$\lambda \approx 30 \sim 80nm$。普通珠光体的 λ 值较大，在光学显微镜下就能清晰观察到它的层片结构，而托氏体的 λ 值太小，只有借助于电子显微镜才能分辨出层片的分布，如图 3-8 所示。共析碳钢的 P、S 和 T 的等温转变范围分别对应于 $Ar_1 \sim 650℃$、$650 \sim 600℃$ 和 $600 \sim 550℃$。

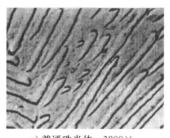

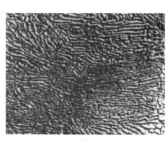

a) 普通珠光体，3800×　　　　b) 索氏体，8000×　　　　c) 托氏体，8000×

图 3-8　层片状珠光体组织

珠光体组织具有适中的强度、硬度、塑性和韧性，即具有良好的综合力学性能。层片状珠光体的力学性能和层片间距 λ 关系甚密。λ 值越小，强度、硬度升高，塑性、韧性也有所改善。与层片状珠光体相比，球状珠光体的强度和硬度较低，塑性和韧性较高，故具有更好的综合力学性能。

2. 马氏体转变产物及性能

马氏体转变是强化金属材料的重要理论之一。该转变不是通过原子扩散，而是通过剪切变形（滑移或孪生）使奥氏体转变为马氏体。钢奥氏体化之后要以足够快的速度冷却，以避免高、中温区的非马氏体转变，才能在 Ms（马氏体转变开始温度）与 Mf（马氏体转变终了温度）之间转变为马氏体（M 或用 α' 表示）。

（1）马氏体转变的特点

1）无扩散性。马氏体转变发生在低温区，如共析钢的马氏体转变温度为 $230 \sim -50℃$，有些高合金钢的转变温度则在室温以下，甚至还要低得多。在这样低的温度下，原子不可能发生扩散，淬火马氏体与母相奥氏体的碳含量相同就是原子无扩散的有利证据。

2）共格切变性。实验发现马氏体转变时会在抛光样品表面出现晶面的倾动，这种现象称为表面浮凸。如果事先在抛光表面上画一条直线刻痕，该刻痕在马氏体转变后会形成折线，说明马氏体与奥氏体沿相界面发生了剪切变形，但相界面上的原子始终为两相所共有，一般称这种界面为共格界面，如图 3-9 所示。按此机制，马氏体的生长速度一般很快，如 Fe-C、Fe-Ni 合金为 $-20 \sim -195℃$，一片马氏体的形成时间仅为 $0.05 \sim 0.5 \mu s$。

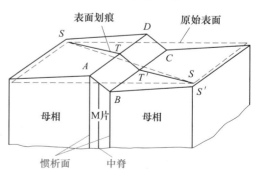

图 3-9　马氏体转变的表面浮凸现象

3）惯习面和晶体学位向关系。马氏体总是在母相奥氏体中一定晶面上形成，并且沿一定晶向生长，这个晶面和晶向分别称为马氏体的惯习面和惯习方向。惯习面与惯习方向的本质是马氏体沿这个晶面和晶向形成、生长的弹性应变能阻力最小。惯习面实际上就是马氏体与奥氏体之间的界面。对于碳钢，马氏体的惯习面与奥氏体碳含量有关，当 $w(C) < 0.6\%$ 时，惯习面为 $\{111\}_\gamma$，当 $0.6\% < w(C) < 1.4\%$ 和 $w(C) > 1.4\%$ 时，惯习面分别为 $\{225\}_\gamma$ 和 $\{259\}_\gamma$。马氏体与奥氏体之间存在一定的晶体学位向关系，如在 Fe-1.4%C 钢中就存在常见的 K-S 关系：$\{111\}_\gamma // \{110\}_{\alpha'}$，$<110>_\gamma // <111>_{\alpha'}$。K-S 关系的实质是新、旧两相中的原子密排面相互平行，密排方向相互平行，所形成相界面的界面能阻力最低。

4）变温形成。大多数马氏体是变温形成的，即高温奥氏体快速过冷到 Ms 点时转变开始，随着温度的下降，马氏体量越来越多，奥氏体量越来越少，到 Mf 点时马氏体转变结束。但是，即使过冷至 Mf 点以下，也不可能生成 100% 的马氏体，这是因为马氏体的比体积远比奥氏体大，淬火时会造成 3%~4% 的体积膨胀，从而阻碍了剩余奥氏体进一步转变为马氏体。这部分保留在淬火组织中的奥氏体称作残留奥氏体（用 A' 或 γ' 表示）。

（2）马氏体的组织形态与性能　钢在淬火时，奥氏体中碳原子被全部固溶在 α-Fe 八面体间隙中心的位置，使 α-Fe 处于过饱和状态。碳含量越高，α-Fe 过饱和程度越大。但是，碳原子并不是均匀分布在 α-Fe 中，而是呈现出部分的有序性，即马氏体点阵常数 c 增大，$a = b$ 减小，故马氏体是体心正方结构（bct），如图 3-10 所示。钢中马氏体可定义为碳在 α-Fe 中的过饱和间隙固溶体。马氏体的组织形态与钢的化学成分及转变温度有关，常见的有以下两种类型。

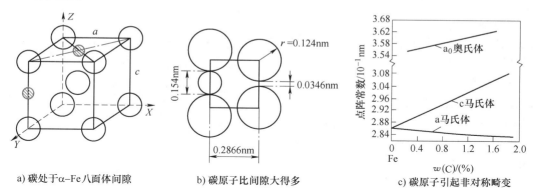

a) 碳处于 α-Fe 八面体间隙　　b) 碳原子比间隙大得多　　c) 碳原子引起非对称畸变

图 3-10　马氏体中过饱和碳原子引起的点阵畸变

1）板条状马氏体。板条状马氏体是低碳钢和低碳合金钢淬火形成的典型组织，亚结构为高密度位错，故又称为低碳马氏体或位错马氏体。图 3-11 所示为板条状马氏体的显微组织，为成束平行排列的板条状。电子显微镜观察发现每束马氏体是由细长的板条组成。板条状马氏体的主要特征如下（图 3-12）：

① 显微组织。板条状马氏体尺寸由大到小依次为板条群、板条束和板条。一个原奥氏体晶粒通常由 3~5 个马氏体板条群组成（如图 3-12 中所示 A 区，相邻两个板条群有不同惯习面），其尺寸为 20~35μm；马氏体板条群又可分成一个或几个平行板条束（如图 3-12 中所示 B 区，相邻两个板条束有相同惯习面，但不同惯习方向）；一个板条群也可以只由一个板条束组成（如图 3-12 中所示 C 区）；每个板条束由平行板条组成（如图 3-12 中所示 D 区），板条尺寸约 0.5μm×5.0μm×20μm。

图 3-11 低碳钢淬火后的板条状马氏体

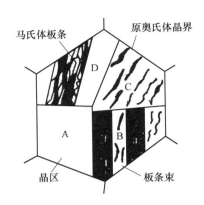

图 3-12 板条状马氏体组织示意图

② 空间形态。为细长板条状，每一个板条为单晶体，横截面近似为椭圆形，惯习面为 $\{111\}_\gamma$。

③ 亚结构。板条内为高密度位错，密度约为 $(0.3 \sim 0.9) \times 10^{12} \mathrm{cm}^{-2}$，相当于剧烈冷塑性变形金属的位错密度。

2）片状马氏体。片状马氏体是高碳钢和高碳合金钢淬火形成的典型组织，亚结构是极细孪晶，故又称为高碳马氏体或孪晶马氏体，也经常按形态不同称为透镜片状、针状或竹叶状马氏体。图 3-13 所示为 T10 钢淬火后的片状马氏体显微组织，图 3-14 所示为组织示意图。片状马氏体的主要特征为：

① 显微组织。马氏体呈片状、针状或竹叶状，相互成一定的角度。在一个奥氏体晶粒内，先生成的马氏体片横贯整个晶粒，随后生成的尺寸依次减小。

图 3-13 T10 钢淬火后的片状马氏体

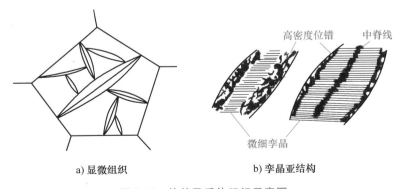

a) 显微组织　　　　b) 孪晶亚结构

图 3-14 片状马氏体组织示意图

② 空间形态。呈双凸透镜状，在马氏体片中间存在明显的中脊，按含碳量的不同，惯习面可能为 $\{225\}_\gamma$ 或 $\{259\}_\gamma$。

③ 亚结构。马氏体片内为极细孪晶，孪晶间距离约 5nm，边缘为复杂的位错组态，这些位错可以松弛掉一部分孪生变形产生的弹性应变能。

钢淬火后形成哪种马氏体或者哪种马氏体居多，这主要取决于马氏体相变点 Ms 和 Mf，即取决于加热时奥氏体的化学成分。一般情况下，凡能使马氏体相变点降低的因素都会使淬火组织中板条状马氏体减少，片状马氏体增多。奥氏体含碳量越高，马氏体转变阻力增大，相变点下降，淬火组织中残留奥氏体增多，如图 3-15 和图 3-16 所示。有些高合金钢淬火后，马氏体组织中含有大量的残留奥氏体，导致钢性能变差。合金元素除了 Co 和 Al 以及 Si 影响不大以外，在钢中加入其他合金元素均使相变点下降。强碳化物形成元素 W、V、Ti 等在钢中一般以碳化物形式存在，加热时溶入奥氏体中的量很少，对相变点影响不大。对于碳钢，$w(C)<0.2\%$ 时，淬火后几乎全部为板条状马氏体；$0.2\%<w(C)<0.4\%$ 时，主要为板条状马氏体；$0.4\%<w(C)<0.8\%$ 时，为板条状和片状马氏体的混合组织；$0.8\%<w(C)<1.0\%$ 时，以片状马氏体为主；而 $w(C)>1.0\%$ 时，几乎全部为片状马氏体。

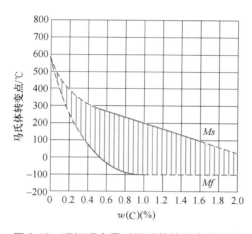

图 3-15　碳钢碳含量对马氏体转变点的影响

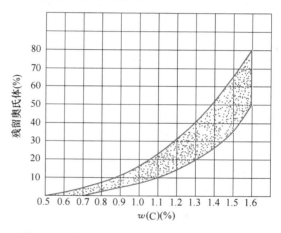

图 3-16　奥氏体碳含量对残留奥氏体量的影响

马氏体具有高的强度和硬度（过共析钢一般在 60HRC 以上），但塑性和韧性较差。高的强硬性主要依赖于加热时固溶于奥氏体中 C、N 等间隙原子的含量，而置换原子的影响很小。钢的含碳量增加，马氏体的强度、硬度升高，但是对于过共析钢，采用完全奥氏体化加热，由于碳化物全部溶入奥氏体之中，导致钢的相变点明显降低，淬火后存在较多的残留奥氏体，反而使钢的硬度下降。马氏体的高强度、高硬度在于过饱和间隙原子与高密度位错之间的固溶强化作用，显著降低了位错的易动性，固溶强化是马氏体强化的重要因素。

尽管板条状马氏体的强度及硬度不如片状马氏体，但塑性和韧性优于片状马氏体，低碳钢淬火获得板条状马氏体是提高强韧性的重要手段。片状马氏体的塑性、韧性低的原因为：①高密度孪晶限制了滑移系的运动，使马氏体中有效滑移系减少，只有那些与孪晶面平行的滑移系才能移动；②马氏体生长速度极快，片之间又相交成一定的角度，当两片马氏体相遇时发生撞击容易产生显微裂纹；③高含碳量引起塑性、韧性降低。

3. 贝氏体转变产物及性能

钢奥氏体化后过冷至珠光体转变和马氏体转变之间的中温区，会发生贝氏体转变，反应式为 $\gamma \rightarrow \alpha + Fe_3C$，转变产物称为贝氏体（B）。与珠光体中铁素体不同，贝氏体中铁素体是过饱和的，过饱和度随温度降低而升高。一般来说，贝氏体是过饱和铁素体和粒状或短棒状碳化物组成的混合组织。

（1）贝氏体转变的特点

1）中温转变。贝氏体转变属于中温转变，其转变开始和终了温度分别为 Bs 和 Bf。Bf 点可能与马氏体转变的 Ms 点相同，也可能略低一些。在 $Bs \sim Bf$ 时，随着温度降低，碳原子的扩散能力减弱，贝氏体形态也随之变化。在中温区上部形成上贝氏体，下部形成下贝氏体。

2）半扩散性。过冷奥氏体冷却到中温区，原子扩散在一定程度上受到了抑制，铁及较大尺寸的合金原子已经不能扩散，而尺寸较小的碳原子仍可以在较小的范围内扩散。上贝氏体的形成温度较高，碳原子有一定的扩散能力，可以由铁素体内扩散到铁素体条之间，当条之间的碳浓度富集到足够高时会析出碳化物，形成上贝氏体。下贝氏体的形成温度较低，碳原子扩散比较困难，只能在铁素体片内进行短距离的扩散并析出碳化物，形成下贝氏体。

3）惯习面和晶体学位向关系。贝氏体中的铁素体也是在奥氏体特定的晶面上析出并长大，即有确定的惯习面，上贝氏体与下贝氏体中铁素体的惯习面分别为 $\{111\}_\gamma$、$\{225\}_\gamma$，和低碳马氏体与高碳马氏体的惯习面相同。贝氏体中铁素体与母相奥氏体同样存在晶体学位向关系，如在共析钢中形成的下贝氏体就符合 K-S 关系：$\{111\}_\gamma // \{110\}_\alpha$，$<110>_\gamma //$ $<111>_\alpha$。

（2）贝氏体的组织形态与性能　贝氏体的组织形态也取决于钢的化学成分和形成温度。当过冷奥氏体在中温区不同温度下等温时，贝氏体中铁素体的形态以及碳化物的分布是不同的，从而可形成不同类型的贝氏体。

1）上贝氏体（$B_\perp$）。形成于中温区的上部，又称为高温贝氏体。对于中、高碳钢，形成温度为 550~350℃。上贝氏体的主要特征为：

① 显微组织。在光学显微镜下观察，上贝氏体中铁素体呈羽毛状特征，即平行排列的条状或针状。由于光学显微镜的放大倍数较低，看不清碳化物的形态。在电子显微镜下则可清楚地看到上贝氏体中成束平行排列的条状铁素体和条间沉淀出不连续的碳化物。条状铁素体自原奥氏体晶界上形核，向晶粒内部生长。显微组织与电镜组织分别如图 3-17 和图 3-18 所示。钢的含碳量增加时，铁素体条之间的碳化物增多，形态由颗粒状、短杆状逐渐变为断续状；铁素体条也增多、变薄。转变温度降低时，铁素体条越薄，碳化物越细。

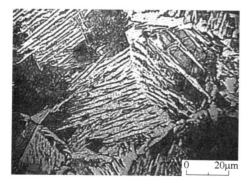
图 3-17　低碳钢中上贝氏体显微组织

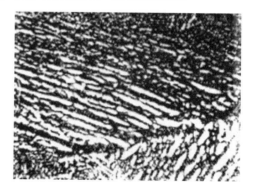
图 3-18　上贝氏体电镜组织（5000×）

② 空间形态。上贝氏体中铁素体为板条状，与板条状马氏体类似，条宽为 $0.3 \sim 3.0 \mu m$，过饱和度小于板条状马氏体。

③ 亚结构。条状铁素体内为高密度位错，密度为 $10^8 \sim 10^9 \ cm^{-2}$，比相同含碳量的板条状马氏体低。转变温度越低，位错密度越高。

2）下贝氏体（$B_下$）。形成于中温区的下部，也称为低温贝氏体，对于中、高碳钢，形成温度为 $350 \sim 230 ℃$。下贝氏体的主要特征为：

① 显微组织。光学显微镜下观察贝氏体呈黑色的针状、竹叶状或片状，这是因为铁素体片上弥散析出碳化物，发生自回火。铁素体片之间相交成一定的角度。电子显微镜发现铁素体片中沉淀出成行排列的细粒状或薄片状碳化物。下贝氏体的显微组织和电镜组织分别如图 3-19 和图 3-20 所示。

② 空间形态。下贝氏体中铁素体为双凸透镜状，类似于片状马氏体，铁素体过饱和度比马氏体小，但比上贝氏体高。

③ 亚结构。铁素体片内为高密度位错，没有孪晶亚结构，这一点与片状马氏体不同。

图 3-19　高碳钢中下贝氏体显微组织

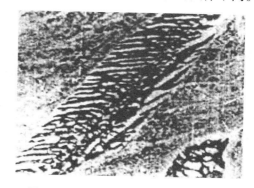

图 3-20　下贝氏体电镜组织 （12000×）

3）粒状贝氏体。某些低、中碳合金钢以一定的速度连续冷却，或者在上贝氏体形成区间的最高温度范围保温时会形成粒状贝氏体。在所有贝氏体中，粒状贝氏体的形成温度最高，碳原子的扩散能力最强，能够长距离扩散。当这种贝氏体形成时，铁素体首先在奥氏体中贫碳区形核并长大，而剩余的奥氏体被孤立成一些"小岛"，它们是碳原子的富集区。"小岛状"奥氏体一般呈块状，有时形状很不规则，在随后的冷却过程中可能转变为珠光体或者马氏体，也可能保留为残留奥氏体，如图 3-21 所示。

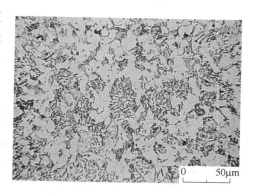

图 3-21　粒状贝氏体显微组织

贝氏体的力学性能主要与贝氏体中铁素体的尺寸、形态以及碳化物的数量、形态、大小及分布有关。铁素体尺寸越小，贝氏体的强度、硬度越高，塑性、韧性则有所改善。加热时奥氏体化温度越低，奥氏体晶粒越小，贝氏体中铁素体尺寸也越小；转变温度越低，铁素体尺寸也越小。铁素体形态对贝氏体性能也有影响，呈条状或片状，比呈块状强度及硬度要高。转变温度降低，铁素体逐渐由块状、条状向片状转化，过饱和度及位错密度均增大，这些因素均提高了贝氏体的强度和硬度。

钢中含碳量越高，贝氏体中碳化物越多，强度、硬度升高，但塑性、韧性降低；含碳量一定时，降低转变温度使碳化物趋于弥散，提高强度和硬度。碳化物为粒状时，贝氏体的塑性和韧性较好；小片状时，塑性和韧性下降；断续杆状时，塑性、韧性及强度、硬度均较差。

由此可见，上贝氏体形成温度较高，铁素体和碳化物较粗大，特别是碳化物呈不连续的短杆状分布于铁素体条中间，使铁素体和碳化物的分布呈明显的方向性，在外力作用下铁素体条之间极易产生显微裂纹，导致力学性能大幅度下降。下贝氏体形成温度较低，铁素体呈细小片状，碳化物在铁素体片上弥散析出，铁素体的过饱和度及位错密度都较大，这样的组织形态使得下贝氏体具有良好的强韧性，即具有较高的强度和硬度以及足够的塑性和韧性。

3.1.3　钢的过冷奥氏体转变图

Fe-Fe$_3$C 相图只能用于钢在极其缓慢加热或冷却条件下的组织转变分析，而不能用于分析实际热处理条件下的组织变化，因为大部分热处理是以一定的速度或者在一定的过热度、过冷度下加热和冷却，已经偏离了平衡状态。为了分析高温奥氏体在过冷状态下发生的转变，通过实验建立了常用钢种的过冷奥氏体转变图，它表示不同冷却条件下过冷奥氏体转变过程的起止时间和各种组织转变所处的温度范围。如果转变在恒温下进行，对应有过冷奥氏体等温转变图（Temperature Time Transformation，TTT 或 C 曲线）；如果转变在连续冷却条件下进行，则有过冷奥氏体连续冷却转变图（Continuous Cooling Transformation，CCT）。过冷奥氏体转变图是研究钢热处理后的组织及性能，制定热处理工艺以及合理选材的主要依据。

1. 过冷奥氏体等温转变图

（1）共析钢过冷奥氏体等温转变图　过冷奥氏体等温转变图是研究钢过冷到 Ar_1 以下等温过程中转变产物及转变量与等温时间的关系。金相-硬度法测量的共析钢 TTT 曲线如图 3-22 所示。图中左边为转变开始线，右边是转变终了线。转变开始线以左为过冷奥氏体区，转变终了线以右为转变结束区，两曲线中间是转变过渡区。图中包括三个转变区：$Ar_1 \sim 550℃$ 为珠光体转变区，P、S 和 T 的形成范围分别对应于 $Ar_1 \sim 650℃$、$650 \sim 600℃$ 和 $600 \sim 550℃$。$550℃ \sim Ms$ 为贝氏体转变区，$550 \sim 350℃$ 和 $350℃ \sim Ms$ 分别对应 B$_上$、B$_下$ 转变区。$Ms（230℃）\sim Mf（-50℃）$ 是马氏体转变区。例如，将共析钢奥氏体化后快速过冷至 620℃ 保温，当保温时间到达开始线时，开始形成索氏体，延长保温时间，索氏体逐渐增多，奥氏体逐渐减少，到终了线时全部转变为索氏体。要注意的是，已形成的索氏体不会在 Ms 点以下再次转变为马氏体，因为在珠光体、贝氏体和马氏体三种组织中，珠光体的稳定性最高，贝氏体次之，马氏体最差。

共析钢的 TTT 曲线在 550℃ 出现一个"鼻尖"（或者说 TTT 曲线是 C 形）表明所发生的转变是形核与长大过程，这是由于两个相互制约的因素所造成的结果。一方面，随着等温温度的降低，过冷度增大，相变驱动力随之增大，转变速度加快（即孕育期缩短）；另一方面，温度降低使原子的扩散能力下降，转变速度减慢（即孕育期变长）。二者综合作用必然在某一温度孕育期最短。

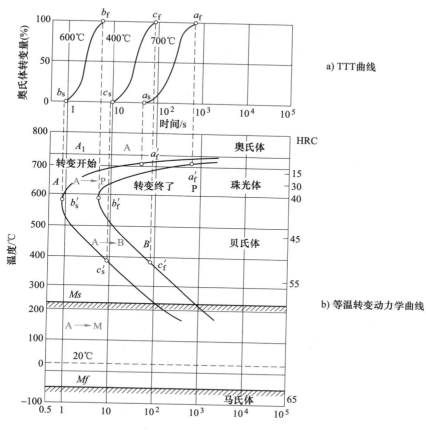

图 3-22　共析钢等温转变图的建立

（2）亚、过共析钢过冷奥氏体等温转变图　亚、过共析钢的 TTT 曲线左上方都多出了一条转变线。对于前者，它是先共析铁素体的开始析出线，后者则是先共析渗碳体（Fe₃C$_\text{II}$）的开始析出线。以亚共析钢为例，当过冷奥氏体在珠光体转变区等温时，先有一部分奥氏体转变为先共析铁素体，当达到珠光体转变开始线时，剩余的奥氏体开始转变为珠光体，至珠光体转变终了线时，珠光体转变结束，最后的组织是先共析铁素体和珠光体。同样的道理，过共析钢在这一区域等温时，先析出 Fe₃C$_\text{II}$，然后发生珠光体转变，最后得到 Fe₃C$_\text{II}$ 和珠光体，如图 3-23 所示。

当改变外界条件时，TTT 曲线的位置及形状可能变化。如果 TTT 曲线出现了右移，说明过冷奥氏体更加稳定，不利于珠光体转变。影响 TTT 曲线的主要因素为：

1）碳含量。亚共析钢在珠光体形核时，领先相为铁素体，增加碳含量不利于析出铁素体，即不利于珠光体形核，使 TTT 曲线右移；过共析钢的领先相为渗碳体，增加碳含量会促进珠光体形核，使 TTT 曲线左移，由此可见共析钢的过冷奥氏体最稳定。

2）合金元素。实验发现，除了 Co，凡是加热时溶于奥氏体中的合金元素在冷却时均使 TTT 曲线右移，右移的程度与元素种类及加入量有关。对于碳钢及含非碳化物或弱碳化物形成元素的低合金钢，珠光体与贝氏体转变曲线重叠，曲线仅出现一个鼻尖；对于含强碳化物形成元素的合金钢，珠光体和贝氏体转变曲线分开，曲线出现两个鼻尖，此时两个 TTT 曲

工程材料与先进成形技术**基础**

线中间存在一个过冷奥氏体的稳定区。

3）加热温度和保温时间。奥氏体化温度越高，保温时间越长，会使奥氏体晶粒粗化，晶界面积减少，成分均匀，显然不利于珠光体转变，使 TTT 曲线右移。

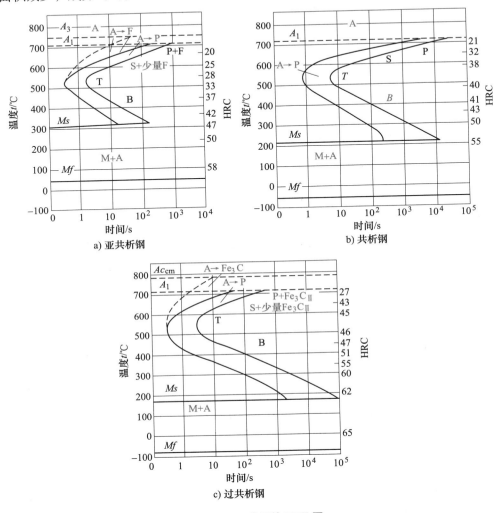

图 3-23　碳钢的 TTT 图

2. 过冷奥氏体连续冷却转变图

热处理时，常采用连续冷却的方式，如炉冷、空冷、水冷等。因为 CCT 曲线测定较难，若所用钢种没有相应的 CCT 曲线，则常用 TTT 曲线定性估计连续冷却转变。

图 3-24 所示为共析钢的 CCT 曲线。与 TTT 曲线不同，CCT 曲线除了珠光体转变开始线和终了线之外，下方还有一条转变终止线。珠光体转变终止线的含义是：当钢冷却到该线时，还有剩余的奥氏体需要继续冷却到 Ms 点以下转变成马氏体。CCT 曲线的外形类似于 TTT 曲线的上半部，并且处于它的右下方。某些钢在连续冷却时不发生贝氏体转变，说明这些钢的贝氏体转变的孕育期太长，已经被完全抑制了。例如，共析钢和过共析钢在连续冷却过程中就没有贝氏体转变，这是因为较高的碳含量导致贝氏体转变温度下降，同时冷却速度

84

又快，碳原子来不及扩散所致。

由图 3-24 中不同的冷却速度曲线能够分析钢在连续冷却过程中组织的变化规律以及室温组织，这对制定热处理工艺有重要意义。

v_1 为炉冷，对应于退火，室温组织为普通珠光体。v_2 为空冷，对应于正火，它与 CCT 曲线相交于 650~600℃，转变产物为索氏体，或有少量的托氏体（空气的冷却能力与静止还是流动以及地理位置、季节等因素有关）；v_3 为油冷，对应于淬火，冷却时先生成托氏体，剩余的奥氏体在 Ms 点之下转变为马氏体，室温组织为托氏体、马氏体和少量残留奥氏体；v_4 为水冷，对应于淬火，由于冷却速度快，不和 CCT 曲

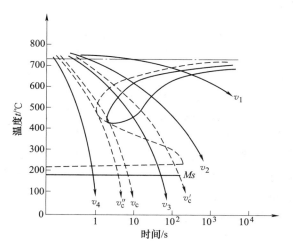

图 3-24 共析钢的 CCT 曲线

线相交，直接冷却到 Ms 点以下转变为马氏体及少量残留奥氏体。

过冷奥氏体的连续冷却转变是在一个温度范围内进行的，往往得到混合组织，如珠光体+索氏体，托氏体+马氏体等，而等温转变只能形成单一组织。

制定热处理工艺时，有两个参数非常重要，与转变开始线相切的冷却速度，即临界淬火速度（上临界冷却速度）v_c，这是钢在淬火时获得全部马氏体组织（含少量残留奥氏体）的最小冷却速度；二是下临界冷却速度 v'_c，为钢在正火时获得全部珠光体类型组织的最大冷却速度。淬火时，只有当冷却速度大于 v_c 才能转变为全部马氏体组织，它代表钢淬火后形成马氏体的能力。

3.2 热处理工艺方法

3.2.1 退火

退火是热处理工艺中应用最广、种类最多的一种。对于大部分退火工艺（除去应力退火、再结晶退火、均匀化退火以外），退火可定义为将钢加热到 Ac_1 以上某一温度保温一段时间，然后缓慢冷却（一般炉冷）到室温，以获得普通珠光体组织的热处理工艺。退火的目的为：①软化钢件以利于切削加工（机加工最适合的硬度范围是 170~230HBW）；②消除内应力及加工硬化；③细化晶粒，改善组织；④为最终热处理（淬火及回火）做好组织上的准备。

（1）完全退火　将钢加热至 Ac_3（亚共析钢）或 Ac_{cm}（过共析钢）以上 20~30℃，保温一段时间，然后缓慢冷却到室温（通常炉冷至 500℃ 左右后空冷），以获得普通珠光体组织的热处理工艺称为完全退火。对于过共析钢，若采用 Ac_{cm} 线以上完全奥氏体化加热，缓冷时析出网状二次渗碳体，使零件脆化，因此过共析钢不易采用完全退火。完全退火以降低硬度为主要目的，炉冷速度<30℃/h，退火时间较长。完全退火适用于 $w(C)=0.3\%~0.6\%$ 的中

碳钢及中碳合金钢。

（2）等温退火 将钢加热至 Ac_3（亚共析钢）或 Ac_1（过共析钢）以上 20~30℃，保温一段时间，然后快速冷却到 Ar_1 以下某一温度保温一段时间后出炉空冷，以获得普通珠光体组织的热处理工艺称为等温退火。由钢的 TTT 曲线知，等温退火可以缩短退火时间，使组织更加均匀（因在恒定温度下转变）。等温退火适合过冷奥氏体稳定性高的合金钢。

（3）球化退火 球化退火属于不完全退火，它是将钢中碳化物球化以获得球状（或粒状）珠光体组织的热处理工艺。球化退火的目的是：①用于高碳钢或高碳合金钢降低硬度，以改善切削加工性能；②获得均匀的球化组织，为最终热处理做组织准备。

球状珠光体具有最佳塑性、韧性和最低硬度，良好的塑性和韧性是由于有一个连续、塑性好的铁素体基体，这对于低、中碳钢的冷成形，以及工具钢、滚动轴承钢在最终热处理前的机加工非常重要。球化退火时间太长，一般用于过共析钢及高碳合金钢。

常用的球化退火工艺有三种：

1）加热到 Ac_1 以上 20~30℃，保温 3~4h，然后以 3~5℃/h 的速度缓慢冷却到 Ar_1 以下某一温度出炉空冷，即一般的球化退火。

2）加热到 Ac_1 以上 20~30℃，保温 3~4h，然后在 Ar_1 以下 20℃保温 5~10h，又称等温球化退火。

3）在 A_1 线上下各 20~30℃交替保温，又称为周期（往复）球化退火，该工艺较为复杂，适用于小件，但可以缩短退火时间。

（4）高温均匀化（扩散）退火 将铸件（锭）加热至略低于固相线以下长时间保温，然后缓慢冷却以消除化学成分不均匀的热处理工艺称为高温均匀化退火，该退火工艺在高合金钢铸件中的应用尤为普遍。另外，成分偏析严重的铸锭热轧时会出现明显的带状组织，即先共析铁素体和珠光体相间平行排列，这种组织热处理后会造成性能不均匀，也常采用均匀化退火加以消除。

均匀化退火的加热温度很高，钢件在 Ac_3 或 Ac_{cm} 以上 150~300℃，即碳钢在 1100~1200℃，合金钢在 1200~1300℃。铜合金和铝合金加热温度分别选择在 700~950℃和 400~500℃。均匀化退火时间相当长，一般不超过 15h，是一种成本和能耗都很高的热处理工艺，只用于重要的、偏析严重的碳钢、合金钢及非铁合金。

（5）去应力退火及再结晶退火 去应力退火（又称低温退火）的目的是消除因冷、热加工后快冷而引起的残余内应力，避免零件使用时产生变形及开裂。去应力退火的加热温度随不同材料及技术要求有所不同。碳钢和低合金钢的去应力退火是将钢件以 100~150℃/h 随炉缓慢加热至 500~650℃，保温 1~2h，然后以 50~100℃/h 随炉缓慢冷却到 200~300℃ 出炉空冷。高合金钢的加热温度要高些，一般为 600~750℃。

再结晶退火是将冷变形金属加热至再结晶温度以上，保温一段时间，使变形晶粒转变为等轴无畸变的晶粒，从而消除加工硬化的热处理工艺。钢的再结晶退火温度在 650℃或稍高，保温时间约为 0.5~1h。

3.2.2 正火

将钢加热到 Ac_3（亚共析钢）或 Ac_{cm}（过共析钢）以上 30~50℃，保温一段时间然后空冷，以获得珠光体类型组织的热处理工艺称为正火。正火组织一般为索氏体，只有当冷却速度较快时，才可能出现少量的托氏体。具体来说，亚共析、共析和过共析钢的正火组织分别为 F+S、S 及 S+Fe₃C₂。退火和正火都可获得珠光体类组织，但是因为正火的冷却速度快，组织较细，所以亚共析、过共析钢正火后的强度、硬度及塑性、韧性一般均高于退火。

正火的目的是：①硬化钢件以利于切削加工。对于低、中碳结构钢，由于硬度偏低，在切削加工时易产生"粘刀"现象，会增大表面粗糙度值，正火可以提高硬度；②消除热加工缺陷，如魏氏组织、过热组织、带状组织等，钢在调质处理（淬火加高温回火的复合热处理）前如存在这些缺陷应进行正火；③消除过共析钢中的网状 Fe₃C₂，为球化退火做组织准备；④对于要求不高的工件，可以代替调质处理作为最终热处理。

如果仅从机加工对钢的硬度要求考虑，应根据含碳量的不同正确选择退火或正火：

1）$w(C)<0.25\%$ 的低碳钢采用正火，若 $w(C)<0.2\%$，普通正火后硬度太低，应采用高温正火，同时增大冷却速度。

2）$0.25\%<w(C)<0.5\%$ 的中碳钢采用正火，应根据工件的成分及尺寸确定冷却方式，含碳量较高或含有合金元素，应该缓冷，反之应该快冷。

3）$0.5\%<w(C)<0.75\%$ 的亚共析钢采用完全退火。

4）$w(C)>0.75\%$ 的高碳钢及高碳合金钢采用球化退火，若有网状 Fe₃C₂，需先正火并快冷，以抑制网状 Fe₃C₂ 的析出。

主要的退火以及正火的加热温度范围如图 3-25 所示。对于众多钢种，为了达到一定的组织和性能要求，究竟选择哪一种退火或者正火最适合，仍需综合分析。

3.2.3　淬火

淬火及回火是应用最为广泛的强韧化方法，在零件生产中起关键作用。淬火与不同温度回火配合，可以得到不同的强度、硬度和塑性、韧性的组合，满足不同零件对使用性能要求。

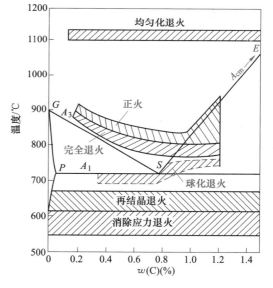

图 3-25　退火和正火的加热温度范围

1. 淬火工艺

将钢加热至 Ac_3（亚共析钢）或 Ac_1（过共析钢）以上，保温一段时间，然后以大于临界淬火速度冷却，获得马氏体组织（马氏体淬火）或贝氏体组织（贝氏体淬火）的热处理工艺称为淬火。淬火目的是：①提高钢强度、硬度及耐磨性；②淬火与回火配合可以获得高强度、硬度和耐磨性（高温回火），良好弹性极限（中温回火）和综合力学性能（高温回火）。

淬火工艺规范包括加热方式、加热温度、保温时间以及冷却介质和冷却方式等，它是依据材料及其相变特性、零件形状及尺寸、技术要求等制定的。

（1）淬火加热方式及加热温度　淬火作为最终热处理，一般采用无氧化或微氧化加热，如保护气氛、盐浴和真空加热等，以保证零件的表面质量。加热温度是淬火工艺中的主要参数，它的选择应以得到均匀细小的奥氏体晶粒为原则，以使淬火后获得细小的马氏体组织。

工程材料与先进成形技术 基础

为防止奥氏体晶粒粗化，碳钢的加热温度一般限制在临界温度以上 30~50℃ 范围。亚共析钢的加热温度为 $Ac_3+(30~50)$℃，淬火可获得均匀细小的马氏体组织。若加热温度过高，淬火不仅会出现粗大的马氏体组织，还会导致淬火钢的严重变形；若加热温度过低，则会在淬火组织中出现未溶解铁素体，造成淬火钢硬度不足，甚至出现"软点"。共析钢和过共析钢的加热温度为 $Ac_1+(30~50)$℃，淬火后，共析钢为均匀细小马氏体和少量残留奥氏体，过共析钢为均匀细小的马氏体加粒状二次渗碳体和少量残留奥氏体的混合组织。若过共析钢的加热温度过高，则会得到较粗大的马氏体和较多的残留奥氏体，这不仅降低了淬火钢的硬度和耐磨性，而且也会增大淬火变形和开裂的倾向。

对于合金钢，由于合金元素的扩散速度较慢，特别是碳化物形成元素有阻碍奥氏体晶粒长大的作用，所以加热温度可以适当提高一些，以利于合金元素在奥氏体中的溶解和均匀化，从而获得较好的淬火效果。

淬火加热温度的选择原则可概括为：亚共析钢及亚共析合金钢采用完全奥氏体化加热，分别在 $Ac_3+(30~50)$℃和 $Ac_3+(50~80)$℃；过共析钢及过共析合金钢采用不完全奥氏体化加热，分别在 $Ac_1+(30~50)$℃和 $Ac_1+(50~80)$℃。

影响淬火加热温度的因素有多方面，如工件截面尺寸越大、加热速度越快、淬火介质的冷却能力越弱，加热温度可以取上限；相反，对于形状复杂的工件，加热温度可以取下限。某些高合金钢的淬火加热温度可能要比上述原则高得多。

（2）淬火介质 钢在淬火时，理想的冷却方法是高温区要慢冷，以减小因热胀冷缩不同时产生的热应力；中温区应快冷，以避免非马氏体组织转变；低于 Ms 点的低温区再慢冷，以减小马氏体转变引起的组织应力。事实上，满足这种冷却特性的理想淬火介质不存在，只能通过改变冷却方式和冷却介质共同作用，以尽量达到理想冷却状态。淬火介质的冷却能力可以用冷却强度 H 表示，规定常温下水的强度值为 1。

水的应用广泛，价廉易得，有较强的冷却能力，适用于形状简单的碳钢工件淬火。其缺点是低温区冷速太大，工件淬火时易变形、开裂；冷却能力对水温变化很敏感，水温升高时冷却能力显著降低，所以，使用温度一般小于 40℃。在水中添加 10%~15% 的盐或碱，可以明显提高水在高温区的冷却能力。目前，普遍使用食盐水溶液，适用于截面尺寸较大的碳钢工件淬火。

油作为主要的淬火介质，有机械油和锭子油，油的牌号越低，黏度及闪点越低，使用温度也越低。油的缺点是冷却能力较弱，高温区的冷却能力仅为水的 1/5~1/6，低温区的冷却能力更弱。但是，油的冷却特性比水理想，油温对冷却能力几乎无影响，适用于合金钢或小尺寸碳钢工件的淬火。

熔盐（碱）的传热方式主要是依靠对流将工件的热量带走，它的冷却能力与工件和介质间的温差有关。当工件温度较高时，介质的冷却能力强；当工件温度和介质相近时，冷却能力迅速降低。生产中，淬火介质的选择要从工件的材料性质、淬透层深度要求及淬火应力三个方面考虑，即在满足淬透层深度的前提下，尽可能选择冷却强度低的介质。一般原则是碳素钢淬水、合金钢淬油，但应具体问题具体分析。

2. 钢的淬透性和淬硬性

（1）淬透性及其影响因素 钢奥氏体化后淬火时获得马氏体的能力称为淬透性，它仅取决于临界淬火速度的大小，常用淬透层深度表示。理论上讲，淬透层深度应当是全部马氏体组织的深度，但是当工件某一部分得到马氏体及少量托氏体时，在硬度上几乎没有变化，只有当马氏体含量下降到 50% 时，硬度才会发生剧烈的变化。所以淬透层深度定义为由工件表面到半马氏体组织区（50% 马氏体，50% 非马氏体）的距离。

淬透性随临界淬火速度降低而升高，故凡是影响临界淬火速度的因素都影响钢的淬透性。

1）化学成分。碳含量对淬透性的影响可由 TTT 曲线的变化看出。在正常淬火条件下，共析钢过冷奥氏体最稳定，临界淬火速度最小，淬透性最好；亚共析、过共析钢的临界淬火速度较大，淬透性降低。除了 Co，其余的合金元素加热时溶于奥氏体均会降低临界淬火速度，提高淬透性。因此，合金钢的淬透性比碳钢的要好。

2）奥氏体化温度。升高奥氏体化温度将使晶粒粗大，成分均匀，不利于冷却时珠光体形核，从而降低临界淬火速度，增加淬透性。

3）未溶第二相粒子。加热时未溶碳化物、氮化物及其他非金属夹杂物，可成为过冷奥氏体分解的非自发核心，使临界淬火速度增大，降低淬透性。另外，未溶第二相粒子减少了奥氏体中合金元素的含量，也降低淬透性。

（2）淬硬性　与淬透性不同，淬硬性是钢在正常淬火条件下获得马氏体的最高硬度。最高硬度值越大，说明钢的淬硬性越好。主要取决于马氏体的碳含量，碳含量越高，淬硬性越高。例如，高碳钢的淬硬性高而淬透性低，低碳合金钢的淬硬性较低而淬透性高。

3. 淬火缺陷

在零件的生产路线中，淬火及回火通常安排在各种工序的后期，最容易产生变形和开裂缺陷。虽然有些变形可以矫正，或者通过预留加工余量，在随后机加工中使之达到技术要求，但这样会使工艺复杂，提高成本。有些带型腔的模具、成形刀具等往往不便于或不可能矫正或后续机加工，一旦变形超差就无法挽救，只能报废。如果工件出现淬火开裂，则更无法挽救，前期工序就白费了，经济损失不可避免。除了变形和开裂，淬火加热时还经常发生氧化、脱碳以及淬火后硬度不足、软点等缺陷。

（1）淬火应力　工件淬火时，冷却速度必须大于临界淬火速度，当产生的淬火应力超过钢的屈服强度时将引起变形，超过断裂强度时将造成开裂。根据淬火应力产生的原因，可以分为热应力和组织应力。热应力是指工件在加热或冷却时内外温度不同导致的热胀冷缩不同而产生的内应力。在室温下，由热应力引起的残余内应力表层为压应力，心部为拉应力。组织应力是指工件在加热或冷却时内外温度不同导致的组织转变不同而产生的内应力。组织应力的变化与热应力刚好相反，在室温下由组织应力引起的残余内应力表层为拉应力，心部为压应力。工件淬火时，在 Ms 点之上只有热应力，低于 Ms 点热应力和组织应力并存。生产中应力求减小淬火应力，凡能缩小截面温差的因素都可降低淬火应力，但有时也利用热应力与组织应力的相反特性进行有效的控制，同样能达到较好的效果。

（2）淬火变形与开裂　淬火变形包括体积变形与形状变形。体积变形表现为工件按比例地膨胀或收缩，不改变工件的形状；形状变形表现为工件几何形状的变化。实际的淬火变形大都是各种变形的综合作用。淬火裂纹形成的根本原因在于淬火时拉应力过大，超过了钢的断裂强度。钢中存在的夹杂物、偏析区、粗大第二相等应力集中区，极易诱发裂纹的形成及工件的开裂。常见淬火裂纹有纵向裂纹（又称轴向裂纹），是沿工件的轴由外向内形成的裂纹，它起因于表层的切向组织应力过大，多半出现于淬透的工件；横向裂纹（包括弧形裂纹）是垂直于工件的轴向由内向外形成的裂纹，它与心部的轴向热应力过大有关，大都出现于未淬透的工件。表面裂纹（又称网状裂纹）分布在深度较浅的表层，无固定的形状。

（3）预防淬火变形和开裂的措施

1）合理选择钢的淬透性。淬透性决定钢的力学性能，这就要求根据工件服役条件选材时需充分考虑淬透性，以避免因淬透性不足淬火时增大冷却速度产生的变形。截面尺寸较大、形状复杂以及受力较苛刻的螺栓、拉杆、锻模、锤杆等工件，要求力学性能均匀，选用淬透性好的钢。承受弯曲或扭转载荷的轴类零件，外层受力较大，心部受力较小，选用淬透性较低的钢。

2）合理设计工件的形状。从热处理角度讲，设计工件时应尽量减少截面尺寸突然变化、厚薄悬殊、薄边及尖角，一般在截面尺寸突变处采取平滑过渡，尽量减小轴类零件长度与直径的比，大型模具宜采用镶拼结构。

3）正确选择锻造与热处理工艺。钢在冶炼过程中由于原料、设备及工艺等原因，或多或少地要形成一些冶金缺陷，如疏松、气泡、非金属夹杂物、偏析区、带状组织以及粗大碳化物等，它们是应力集中的地方，极易引起工件淬火变形和开裂。正确的锻造和随后的预备热处理（退火、正火、调质处理）可以使组织细化，分布更加均匀，以满足最终热处理的要求。

4）正确执行淬火工艺规范。淬火加热一般用微氧化或无氧化加热，大型工具、模具及高合金钢工件应采用一到二次预热，防止加热温度不均匀。加热温度应以淬火获得细小的马氏体组织为准则，尽量选择下限温度。选择淬火介质和冷却方法是淬火中的关键环节，在满足淬透层深度的前提下，应选用较为温和的介质，或选用分级淬火和等温淬火，这些方法能明显减小淬火应力、降低变形及开裂的倾向。淬火后应及时回火，尤其是对于形状复杂的高碳合金钢工件更应如此。

3.2.4　回火

回火是将淬火钢加热到 Ac_1 以下某一温度保温一段时间，然后以一定的方式（一般为空冷）冷却到室温的热处理方式。钢的正常淬火组织是马氏体（低碳钢）、马氏体加少量残留奥氏体（中、高碳钢）或者是马氏体和少量残留奥氏体及未溶碳化物（过共析钢）。淬火马氏体是最不稳定的组织，它随时可能向稳态组织（铁素体加碳化物）转变，回火可以加速这一过程。回火目的是：①获得较为稳定的组织；②获得所需要的性能，即在保证钢强度及硬度的前提下，尽可能地提高塑性及韧性；③减少或消除淬火应力。

1. 回火时的组织变化

在回火过程中淬火钢的组织结构会发生变化。随着回火温度的升高，碳原子在马氏体中不断聚集，当聚集区中碳原子达到一定的浓度时，便会沉淀出碳化物，同时使马氏体的过饱和度下降。回火温度继续升高，碳化物的类型发生转换，形成更稳定的结构。当回火温度较高时，碳化物将发生球化和粗化以及铁素体基体的回复和再结晶。

回火组织变化可归纳为五个阶段，各阶段的温度区间可能有部分的重叠。下面以碳钢为例进行介绍。

（1）碳原子偏聚（回火时效阶段，20~100℃）　由于回火温度较低，淬火马氏体组织没有明显的变化，仅是出现微量的碳原子偏聚，而铁及大尺寸的合金原子却难以扩散。在这期间，低碳马氏体中碳原子向位错附近扩散，形成碳原子偏聚区，而高碳马氏体由于碳含量较高，在孪晶面上形成厚度和直径约为 1nm 的偏聚区。当碳原子扩散到这些缺陷附近时，可以松弛掉一部分弹性应变能，降低马氏体的能量。

（2）马氏体分解（回火第一阶段，100～250℃）　在这一阶段回火时，淬火钢的碳原子扩散能力有所增强，在偏聚区内出现有序化，继而析出少量小片状 ε 碳化物，它属于亚稳态密排六方结构。但是，低碳马氏体的碳含量较低，只有当回火温度超过 200℃时，才会析出这种碳化物。淬火马氏体经过分解形成回火马氏体，即淬火马氏体在低温回火时获得马氏体加小片状 ε 碳化物的混合组织，如图 3-26 所示。

（3）残留奥氏体分解（回火第二阶段，200～300℃）　温度继续提高时，残留奥氏体分解 TTT 曲线与过冷奥氏体等温转变曲线非常类似，二者的转变温度范围也大致相同，即残留奥氏体在高温区发生 A′→P，中温区发生 A′→B，而低温区则是 A′→M。碳钢在 200～300℃之间回火，残留奥氏体分解为下贝氏体。

（4）碳化物类型转变（回火第三阶段，250～400℃）　随着回火温度升高，亚稳态 ε 碳化物向稳定态 θ 碳化物（即 Fe₃C）转化。低碳马氏体在这一阶段回火，原先 ε 碳化物逐渐溶解，取之在马氏体板条内或者板条界面析出薄片状 θ 碳化物。高碳马氏体由于碳含量较高，碳化物的析出过程稍显复杂，ε 碳化物先转化成较稳定的薄片状 χ 碳化物（复杂正交结构），继续升温时，χ 碳化物才转变为薄片状 θ 碳化物，即 ε→χ→θ。碳化物类型及其析出量主要取决于回火温度，也与回火时间有一定关系。在此阶段回火，马氏体组织形态没有变化，仍保持板条状或者针片状，其回火组织称为回火托氏体，可定义为淬火马氏体在中温回火时获得的过饱和 α 相加薄片状 θ 碳化物的混合组织，如图 3-27 所示。

 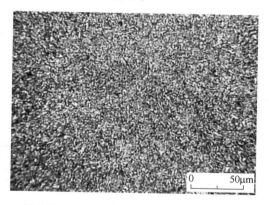

图 3-26　T12 钢淬火低温回火后的显微组织　　　　图 3-27　45 钢淬火中温回火后的显微组织
（回火马氏体加残留奥氏体）

（5）α 相回复与再结晶和碳化物球化与粗化（回火第四阶段，400～700℃）　淬火钢高温回火时，将同时发生两个过程，即马氏体的回复与再结晶，以及碳化物的球化与粗化。在这一阶段回火时，淬火应力被消除的同时，马氏体开始回复（400～600℃），位错密度显著降低，孪晶消失，碳浓度降至平衡浓度，但马氏体形态仍未发生变化。继续升高回火温度，开始再结晶（600～700℃），α 相通过形核及长大最终成为等轴状铁素体。此时，片状碳化物逐渐发生球化（400~600℃）与粗化（600~700℃）。回火索氏体是淬火马氏体在高温回火时获得的等轴状铁素体加粗粒状碳化物的混合组织，如图3-28所示。

　　合金钢的回火转变与碳钢类似，但各阶段的温度范围可能有明显差异。淬火钢在回火时抵抗强度及硬度下降的能力，称为回火稳定性（也称回火抗力），是淬火钢回火的重要性质。碳钢及低合金结构钢在回火温度超过250℃时，由于碳化物的析出使强度及硬度迅速降低而软化，回火稳定性较差，它们只能在较低温度下使用。

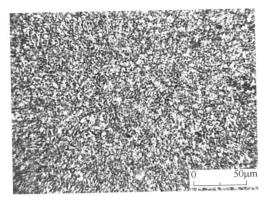

图3-28　45钢淬火高温回火后的显微组织

　　与之相比，合金钢由于添加合金元素，合金元素的种类及其添加量的不同，使回火转变移向更高温度的效果差别很大。碳化物形成元素是改善回火稳定性的主要元素，而非碳化物形成元素的影响则要弱得多。含有强碳化物形成元素（如 Ti、V、W、Mo 等）的合金钢淬火后在 500~600℃回火时，由于在 α 相基体上弥散析出特殊的碳化物而使钢的强度和硬度再次升高，这种现象称为弥散型二次硬化。如高速钢刀具通过二次硬化才保持高的热硬性（或称红硬性），可以进行高速切削而不软化，二次硬化在工模具热处理中非常重要。

2. 回火时的性能变化

　　淬火钢回火时性能变化的总趋势是：随着回火温度的升高，碳化物析出越来越多，马氏体中碳含量越来越少，钢的强度及硬度逐渐降低，而塑性及韧性逐渐升高。

　　回火温度对淬火碳钢力学性能的影响如图3-29所示。碳钢低于250℃回火时，硬度变化不大或稍有降低；高于250℃回火时，由于碳化物析出较多，硬度开始下降；当超过400℃回火时，碳化物的球化和粗化以及 α 相的回复和再结晶使硬度快速下降。屈服强度、抗拉强度及断裂强度的变化与硬度基本相同。但弹性极限的变化值得注意，碳钢及低合金钢在300~450℃回火时，弹性极限出现峰值。

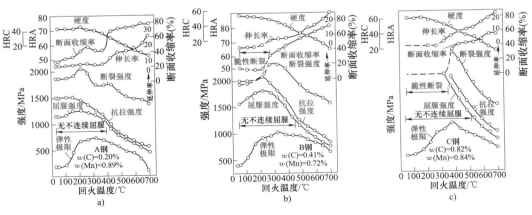

图3-29　回火温度对淬火碳钢力学性能的影响

淬火钢的塑性和韧性随回火温度变化
与强度和硬度的情况相反，即随着回火温
度升高，塑性和韧性逐渐升高。但是，有
些淬火钢在一定温度范围内回火时韧性反
而降低，此现象称为回火脆性。包括第一
类回火脆性（低温回火脆性）和第二类回
火脆性（高温回火脆性），分别在 250 ~
400℃和 450~650℃回火温度时，如图 3-30
所示。前者与回火时沿马氏体内相界
面（板条界面、束界面、孪晶界面）析出
脆性碳化物有关，一旦形成无法消除；后
者与回火时杂质元素（如 Sb、P、Sn、As
等）向原奥氏体晶界偏聚引起脆化有关，回火后只要快冷（油冷）便可抑制。

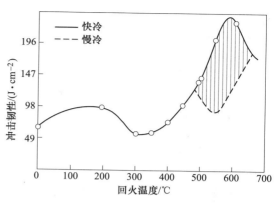

图 3-30　回火温度对 $w(C)=0.3\%$，$w(Cr)=1.47\%$，$w(Ni)=3.4\%$淬火钢韧性的影响

3. 回火的种类及应用

淬火钢在不同温度回火时转变的产物不同，因而性能也就不同，能够满足不同应用条件
下的性能要求。生产上硬度测量非常方便，制定回火工艺时要先根据硬度要求确定回火温
度，然后再确定回火时间。回火时间不超过 3h（或每次回火 1h，回火数次），回火后一般
为空冷，对有第二类回火脆性的钢高温回火后采用油冷。

（1）低温回火　回火温度为 150~250℃。亚共析钢和共析钢淬火后低温回火组织为回
火马氏体和少量残留奥氏体，过共析钢低温回火组织为回火马氏体加碳化物及一定量的残留
奥氏体。

低温回火是为了降低淬火应力，提高工件的塑性及韧性，保证淬火后的高强度、硬
度（一般为 58~64HRC）及耐磨性，主要用于处理各种工模具、滚动轴承以及渗碳和表面
淬火的零件。工模具的回火温度一般为 180~200℃；滚动轴承需要更低的回火温度，一般为
160±5℃，以保证它的高硬度；精密量具为提高尺寸稳定性，常用 100~150℃低温时效。

（2）中温回火　回火温度为 350~500℃，回火组织为回火托氏体（回火 T）。回火托氏
体有高的弹性极限、热强性及屈服强度，同时也有一定的韧性，硬度一般为 35~45HRC，主
要用于处理各类弹簧元件和热作模具。

（3）高温回火　回火温度为 500~650℃，回火组织是回火索氏体（回火 S）。回火索氏
体的综合力学性能最好，即强度、硬度、塑性及韧性都比较适中，硬度一般为 200 ~
350HBW。调质处理（淬火加高温回火）广泛用于各种重要的受交变载荷作用的结构件，如
连杆、轴、齿轮等，也可作为某些精密工件，如刃具、模具、量具等的预备热处理以及高合
金钢的二次硬化。

3.2.5　表面淬火和化学热处理

机械零件的失效，多数情况下与其表面产生的磨损和腐蚀、接触疲劳有关。磨损和腐蚀
使零件过早地产生尺寸、形状、组织和性能的恶化，不能有效发挥零件应具有的功能，是零
件失效或报废的主要原因之一。为了提高零件的表面质量，减小其磨损和腐蚀，提高表面装
饰效果，常对零件进行表面处理。

有些零部件不仅要求整体热处理获得整体的性能，还要求有一定表面性能（如硬度、

耐磨性等），甚至整体+表面由内至外的性能（如齿轮心部需要抗弯强度，表面需要耐磨、高接触疲劳性能等）。可以通过表面淬火改变表面组织结构，进而获得需要的性能，或者通过化学热处理改变表面成分和组织结构来实施表面改性。

表面淬火是指采用快速加热的方法使工件表层在很短的时间内加热到相变点以上，然后快速冷却使表层转变为马氏体组织，心部仍保持未淬火组织的热处理工艺。为了使工件心部同时有较高的塑性及韧性，表面淬火采用 $w(C)=0.4\%\sim0.5\%$ 的中碳钢或中碳低合金调质钢，如 45、40Cr、40MnB。根据加热方法不同，表面淬火可分为感应加热、火焰加热、电接触加热、电解液加热及高能束（激光、电子束、等离子）加热等，其中应用最广泛的是感应加热与火焰加热表面淬火。

化学热处理是将工件置于一定的化学介质中加热保温，使介质中的一种或几种活性原子渗入工件表层，以改变表层的化学成分、组织结构及性能的热处理工艺。其目的是使工件表层具有高的强度、硬度、耐磨性及疲劳极限，心部有足够的塑性及韧性，有些还可以达到其他的特殊性能要求。化学热处理种类众多，常以渗入元素来命名，如渗碳、渗氮（氮化）、渗硫（硫化）、渗硼和渗铝、渗铬、渗银等以及碳氮共渗等多元化学热处理。

渗碳是应用最为广泛的化学热处理方法之一，它是将工件置于渗碳介质中加热保温，造成气氛中含有活性碳原子，使其表面获得一定的碳含量、一定的碳浓度梯度及渗碳层深度的热处理工艺。渗碳使工件表面至心部获得不同的碳含量，表面相对较高的碳含量，产生高的强度、硬度及耐磨性，而心部保持材料的原有成分，具备一定的强度及足够的塑性及韧性。按照介质的状态，渗碳可以分为固体、液体及气体渗碳。气体渗碳是目前生产上最为常用的方法，其优点是加热温度均匀，渗碳过程可控，渗碳后能直接淬火。根据渗碳设备不同，气体渗碳分为滴注式气体渗碳和连续式气体渗碳。由于连续式气体渗碳需要大型的连续式气体渗碳炉，设备投资大，仅适合大批量生产。

渗碳选用 $w(C)=0.1\%\sim0.25\%$ 的低碳钢或低碳合金钢，保证心部有良好的塑性和韧性。渗碳后表面 $w(C)=0.85\%\sim1.05\%$（意味着进入高碳钢成分范围），保证表面有高的硬度和耐磨性，也不会使渗碳层的塑性和韧性降低得过多。

渗碳工艺参数主要包括渗碳温度、时间及渗碳层深度等。渗碳温度的选择要综合考虑原子的扩散能力、介质的分解温度和钢的溶解能力。温度越高，渗碳速度越快，渗碳层越深，一般在 $900\sim950$℃ $[Ac_3+(50\sim80)$℃$]$，常用 $900\sim930$℃。温度过高可能引起奥氏体晶粒粗化、表面氧化及淬火变形等问题。渗碳时间取决于渗碳层深度的要求，通常 $7\sim10h$ 最佳。渗碳层厚度随时间呈抛物线增加，时间过长，渗碳速度趋于平缓。渗碳层深度由材料、工件截面尺寸及其服役条件来确定。工件尺寸越大，承受载荷越大，渗碳层就要深些，反之就要浅些，$0.5\sim2.0mm$ 为宜。渗碳后需要采用淬火及 $180\sim200$℃低温回火进行热处理。

运用化学热处理，可以改变材料表面成分及组织、性能，实际生产中，还可以二元（C、N）共渗、多元（C、N、S、O、B）共渗、复合渗等，使得表面成分有更大程度的调控，满足特定的综合性能需求。

3.3　热处理零件结构工艺性及技术条件标注

3.3.1　热处理零件结构工艺性

在设计零件结构时，要考虑加工和热处理过程中工艺的需要，特别是热处理工艺，因为多是最后一道工序，如果产生缺陷或报废，会造成较大的经济损失。因此，设计零件时必须考虑其结构形状适合热处理工艺性的要求。

（1）零件应尽量避免尖角、棱角　零件的尖角、棱角处容易产生过热、应力集中，导致裂纹产生。在设计零件时应将其设计为圆角或倒角，如图 3-31 所示。

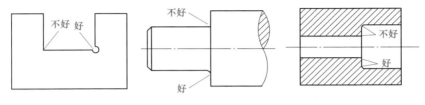

图 3-31　避免尖角设计

（2）零件截面厚度应力求均匀　零件截面尺寸差别较大时，容易造成冷却速度和组织转变不一致，产生很大的应力，导致较大的变形或开裂倾向。设计零件结构时，尽量使各部分厚度均匀一致，如变不通孔为通孔，厚大部位应尽量减薄，在大截面处开工艺孔等，如图 3-32 所示。

（3）零件的形状应尽量对称和封闭　零件的几何形状不对称易造成淬火时冷却速度不同、应力分布不均匀而产生变形，因此应将零件形状对称设计，如图 3-33 所示。图 3-34 所示的弹簧卡头，在热处理前不开槽，采用封闭结构淬火，回火后再切开槽口。

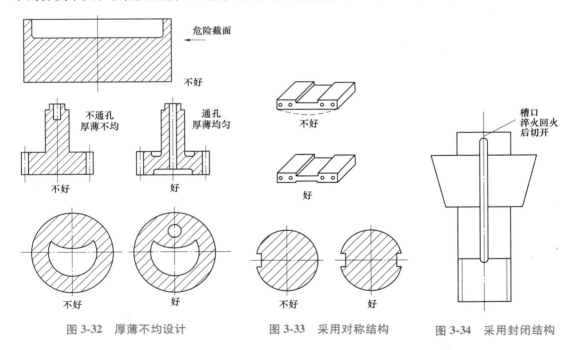

图 3-32　厚薄不均设计　　图 3-33　采用对称结构　　图 3-34　采用封闭结构

（4）零件各部分可采用组合结构　对一些形状复杂或各部分性能要求不同而采取不同热处理工艺的零件，可分别设计成几个零件，单独加工热处理后再组装。例如，磨床顶尖头，如整体使用 W18Cr4V 制造，淬火后易产生裂纹，若采用组合结构，顶尖头用 W18Cr4V，而锥柄部分采用 45 钢，分别热处理后采用热套装配，既解决了开裂又节省了高速钢材料。

3.3.2 热处理技术条件的标注

设计图样上的热处理技术要求标注有热处理工艺名称、硬化层深度、硬度等。在标注硬度时允许一个波动范围。布氏硬度为 30~40 HBW，洛氏硬度 5 HRC 的范围。根据 GB/T 12603—2005，金属热处理工艺代号由数字及英文字母表示，具体标记规定如下（图 3-35）。

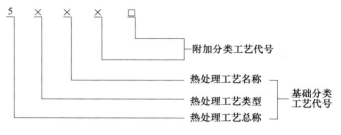

图 3-35　热处理提交件标注说明

基础分类代号采用 3 位数字系统，附加分类代号与基础分类代号之间用半字线连接，采用两位数和英文字头做后缀的方法。根据工艺总称、工艺类型和工艺名称按所得的组织状态或渗入元素进行分类，将热处理工艺按 3 个层次进行分类，见表 3-1。热处理加热方式及代号见表 3-2，退火工艺及代号见表 3-3，淬火冷却介质和冷却方法及代号见表 3-4，渗碳和碳氮共渗后的冷却方法及代号见表 3-5。化学热处理中渗非金属、渗金属、多元共渗、溶渗四种工艺使用渗入元素的化学元素符号。

表 3-1　热处理工艺及代号（GB/T 12603—2005）

工艺总称	代号	工艺类型	代号	工艺名称	代号
热处理	5	整体热处理	1	退火	1
				正火	2
				淬火	3
				淬火和回火	4
				调质	5
				稳定化处理	6
				固溶热处理；水韧处理	7
				固溶处理+时效	8
		表面热处理	2	表面淬火和回火	1
				物理气相沉积	2
				化学气相沉积	3
				等离子体化学气相沉积	4
				离子注入	5
		化学热处理	3	渗碳	1
				碳氮共渗	2
				渗氮	3
				氮碳共渗	4
				渗其他非金属	5
				渗金属	6
				多元共渗	7

表 3-2　加热方式及代号

加热方式	可控气氛（气体）	真空	盐浴（液体）	感应	火焰	激光	电子束	等离子体	固体装箱	流态床	电接触
代号	01	02	03	04	05	06	07	08	09	10	11

表 3-3　退火工艺及代号

退火工艺	去应力退火	均匀化退火	再结晶退火	石墨化退火	脱氢处理	球化退火	等温退火	完全退火	不完全退化
代号	St	H	R	G	D	Sp	I	F	P

表 3-4　淬火冷却介质和冷却方法及代号

冷却介质和方法	空气	油	水	盐水	有机聚合物水溶液	热浴	压力淬火	双介质淬火	分级淬火	等温淬火	形变淬火	冷处理	气冷淬火
代号	A	O	W	B	Po	H	Pr	I	M	At	Af	C	G

表 3-5　渗碳、碳氮共渗后的冷却方法及代号

冷却方法	直接淬火	一次加热淬火	二次加热淬火	表面淬火
代号	g	r	t	h

上述金属热处理代号中第一位数字"5"是机械制造工艺分类与代号中表示热处理的工艺代号，第二到第四个数字表示第二到第四个层次的分类代号。例如，5131 表示整体淬火、用加热炉加热。当其中某个层次无需分类时，该层次代号用零表示。例如，5002 表示真空加热热处理，中间两个零表示不需要分类。附加分类代号接在基础分类代号之后。加热介质代号用大写英文字母，其他代号用小写英文字母。当附加代号多于一个字母时，按表 3-2~表 3-5 的先后顺序标注，例如，5131Bm 表示盐溶加热整体分级淬火。

化学热处理中用元素符号表示渗入元素的代号，并用括号括起来，例如，5370(S-N) 表示硫氮共渗。多工序热处理工艺代号由破折号将各工艺代号连接组成，除第一道工序，后面的工序均可省略第一个数字"5"，例如，5151-33/G 表示调质处理和气体渗氮。整体热处理的技术条件一般标注在图样标题栏上方，写出热处理工艺名称、代号及硬度值。局部热处理技术条件的标注可以先在零件图上用细实线标定局部热处理部位，并在引线上直接标出工艺名称及技术条件。也可在标定局部热处理部位后，在标题栏上方标出热处理技术条件。

3.4　表面改性技术

在使用过程中，机械零件除了力学性能、工艺性能要满足要求外，还要求表面需具有一定的硬度、耐磨性等可以通过表面淬火或化学热处理获得，但是还有一些诸如耐蚀性和功能性等，则需进行表面改性处理。表面改性处理是指改变零件的表面质量或表面状态，赋予材料（或零部件、元器件）表面以特定的物理、化学性能的表面工程技术，使其达到耐磨、

耐蚀、装饰及精度要求，包括转化膜处理、电镀、喷涂、涂装等。表面改性处理虽然主要是针对磨损和腐蚀，但随着社会发展和人类生活需求的提高，产品的外观装饰显得越来越重要，所以表面处理工艺也得到了迅速的发展。

3.4.1 表面改性-转化膜处理

转化膜处理是将工件浸入某些溶液中，在一定条件下使其表面产生一层致密的保护膜，提高工件防腐蚀能力，增加装饰作用。常用的转化膜处理有氧化处理和磷化处理。

1. 氧化处理

（1）钢的氧化处理 钢的氧化处理是将钢件在空气-水蒸气或化学药剂中加热到适当温度，使其表面形成一层蓝色或黑色氧化膜，以改善钢的耐蚀性和外观，这种工艺称为氧化处理，又称发蓝处理。氧化膜是一层致密而牢固的 Fe_3O_4 薄膜，仅 $0.5 \sim 1.5\mu m$ 厚，对钢件尺寸精度无影响。氧化处理后的钢件还需进行肥皂液浸渍处理和浸油处理，以提高氧化膜的耐蚀能力和润滑性能。

在氧化处理过程中，溶液中的氧化剂含量越高，生成的亚铁酸钠和铁酸钠越多，促使反应速度加快，生成氧化膜速度也加快，而且膜层致密、牢固。溶液中碱的浓度适当增大，获得氧化膜的厚度增大。但碱含量过高，氧化膜容易被碱溶解，不易生成氧化膜；碱含量过低，氧化膜薄而脆弱，甚至不能形成氧化膜。当溶液温度适当升高时，氧化速度加快，则生成氧化铁晶粒增多，氧化膜致密度提高。但温度过高，氧化膜在碱溶液中的溶解度提高，反而使氧化速度减慢，氧化膜疏松。氧化处理时，工件碳含量越高，越容易氧化，氧化时间越短；碳含量越低，氧化时间越长。具体的氧化处理时间要根据工件碳含量和工件氧化要求来调整。氧化处理工艺常用于仪表工具和武器装备等的表面处理，使其达到耐磨、耐蚀和防护装饰的目的。

（2）铝的氧化处理 铝和铝合金在自然条件下很容易生成致密的氧化膜，其厚度为 $0.01 \sim 0.015\mu m$，可以防止空气中水分和有害气体进一步的氧化和侵蚀，但是在碱性和酸性溶液中却很容易被腐蚀。为了在铝和铝合金表面获得更好的保护氧化膜，可进行氧化处理。常用的处理方法有化学氧化法和电化学氧化法。

化学氧化法通过将铝和铝合金零件放入化学溶液中进行氧化处理而获得牢固的氧化膜，其厚度为 $0.3 \sim 4\mu m$。按处理溶液性质可分碱性和酸性溶液氧化处理两类。例如，碱性氧化液含有 Na_2CO_3（50g/L）、Na_2CrO_4（15g/L）、NaOH（25g/L），处理温度为 $80 \sim 100℃$，时间为 $10 \sim 20min$。氧化后的工件应立即清洗，然后在 20g/L 的铬酸溶液中钝化处理 $5 \sim 15s$。清洗干燥后铝表面颜色为金黄色，膜厚 $0.5 \sim 1\mu m$，适用于纯铝、铝镁、铝锰合金。化学氧化法主要用于提高铝和铝合金的耐蚀性和耐磨性，此工艺操作简单，成本低，适用于大批量生产。

电化学氧化法是指在电解液中使铝和铝合金表面形成氧化膜的方法，又称阳极氧化。常用的电解液有硫酸 $[w(H_2SO_4)$ 为 15% ～ 20%]、铬酸 $[w(H_2CrO_4)$ 为 3% ～ 10%] 和草酸 $[w(H_2CO_4)$ 为 2% ～ 10%]。由于电解质是强酸性的，阳极电位较高，阳极反应使水电解出 [O] 并立即在阳极对铝制品表面产生反应，生成氧化铝，逐渐形成薄膜。这层氧化膜具有强吸附能力、较高的硬度（400 HV 左右）、良好的耐磨性和耐蚀性，膜层无色透明，极易染成各种色泽。由于阳极氧化膜的多孔结构和强吸附性能，表面氧化膜形成后，必须进行封闭处理，封闭氧化膜的孔隙，提高耐蚀、绝缘和耐磨等性能，以减弱对杂质或油污的吸附。

2. 磷化处理

把钢件浸入磷酸盐为主的溶液中，使其表面沉积、形成不溶于水的结晶型磷酸盐转化膜的过程称为磷化处理。常用的磷化处理溶液为磷酸锰铁盐和磷酸锌溶液，磷化处理后的磷化膜厚度一般为 $5 \sim 15 \mu m$，其耐蚀能力是发蓝处理的 $2 \sim 10$ 倍。磷化膜与基体结合十分牢固，有较好的防蚀能力和较高的绝缘性能，并在加工或使用过程中起到润滑作用。但磷化膜本身的强度、硬度较低，有一定的脆性，当钢材变形较大时容易出现细小裂纹。磷化膜在 $200 \sim 300℃$ 时仍具有一定的耐蚀性，当温度达到 $450℃$ 时，膜层防蚀能力显著下降。磷化膜在大气、油类、苯及甲苯等介质中均有很好的耐蚀能力，但在酸、碱、海水及水蒸气中耐蚀性较差。磷化处理后进行表面浸漆、浸油处理，耐蚀能力可大大提高。

磷化处理按溶液磷化温度可分为高温磷化、中温磷化和低温磷化。磷化处理所需设备简单，操作方便，成本低，生产效率高。在一般机械设备中可作为钢铁材料零件的防护层，也可作为各种武器的润滑层和防护层。

3. 表面着色和染色

金属着色是指通过化学或电化学等处理方法，使金属自身表面产生色调的变化，并保持金属光泽的工艺。经着色后，金属表面产生的有像膜或干扰膜很薄，它们的光反射与金属光反射相互干扰，形成不同的色彩。因此随着膜厚的变化，色调也随之变化。

金属着色的方法有：①化学法：利用溶液与金属表面产生的化学反应生成氧化物、硫化物等有色化合物；②置换法：溶液中金属离子进行化学置换反应并沉积在工件表面，形成有色薄膜；③热处理法：将工件置于一定环境氛围中进行热处理，使其表面形成具有适当结构和色彩的氧化膜；④电解法：将工件置于一定的电解液中进行电解处理，使金属表面形成多孔无色的氧化膜，然后进行着色或染色处理，形成各种色彩的膜层。

金属的染色是通过金属表面的微孔、吸附作用和化学反应将染料均匀涂覆在金属表面，也可用电解法使金属离子与染料共同沉积在金属表面形成色彩。而金属表面需经过化学氧化或阳极电解氨化处理，才可以获得大量吸附能力很强的微孔，以利于染料的吸附。有的金属或镀层需要经过化学钝化或电化学钝化处理，才能使其表面对染料具有强烈的吸附能力。例如，钢的钝化处理是在 $3\% \sim 5\%$ 肥皂、温度为 $60 \sim 70℃$ 的溶液中处理 $3 \sim 5min$，或在 0.2% 铬酐 $+0.1\%$ 磷酸、温度为 $60 \sim 70℃$ 的溶液中处理 $0.5 \sim 1min$。

3.4.2　表面改性-涂（镀）层沉积

对于表面成分或组织结构不能满足所需服役性能的零部件，可在其表面涂（镀）覆另外一种或多种（层）材料，经过适当处理，赋予原来表面基体不一样的功能特性，而且表面层与基体结合牢固以胜任服役需求。通过改变涂（镀）层方法和材料种类，可以形成不同的表面改性技术和功能涂（镀）层。为了最大限度发挥涂（镀）层/基体材料的性价比，设计与应用表面涂（镀）层时应遵循：采用涂（镀）层应尽可能考虑综合性能，性能水平一般超过基体的表面性能或基体达不到的性能，以达到增强和改性目标；允许改进（善）或提高基体材料的性能，或者赋予基体新的功能，不对基体材料性能构成损害，也不能因后继处理造成涂（镀）层或基体的性能劣化；与基体应保持良好的热学、力学相容性，结合强度高，涂（镀）层与基体能一起适应环境、协同变化而不脱粘；涂（镀）层应适应基体材料的材料类型、形状、尺寸以及表面处理前后的加工处理变化，达到厚度和变形等要求，具有较大的灵活性和适应范围；涂（镀）层的厚度与性能、应力性质及水平的关系应可以优化，确保应力在涂（镀）层厚度范围内和界面处合理分配，既保证界面有好的结合程度，又可调整最危险的破坏因素（如张应力等）不发生在界面处；选择的涂（镀）层材料及其工艺方法应具有经济性、工艺易于执行、价廉、性能优越且材料来源有保障，没有污染公害。

1. 电镀

电镀是指在电解液中使零件表面镀上一层金属薄层。其作用有：①覆盖耐磨性镀层，提高耐磨性；②提高零件的耐蚀性；③提高零件表面美观装饰性；④修复磨损零件，增大零件尺寸；⑤其他特殊用途，例如，防止局部渗碳的镀铜，防止局部渗氮的镀锡，提高零件导电性能的镀银等。

电镀可在钢铁材料、铝锌等非铁金属粉末冶金工件、塑料、陶瓷、玻璃等各种材料上进行。可以镀铜、镍、铬、锌等单一金属，也可镀铜锡合金、锡镍合金等各类合金，还可以使金属与不溶性非金属固体微粒（或其他金属微粒）共同沉积形成复合镀层。

电镀须首先对工件进行预处理，去除表面杂质和锈蚀并冲洗干净；再将工件作为电镀时的阴极置于电镀槽内，而将向工件电镀的金属作为阳极，镀液中除溶解电镀金属的化合物外还有导电盐和添加剂，以提高镀液的导电性、分散能力和稳定性。在通电的情况下，阳极表层金属原子离子化后进入镀液，并不断向阴极转移，沉积在工件上产生金属镀层。如阳极采用不溶于电镀液的金属或导电体（如铅作为镀铬时的阳极），则在阳极发生电化学反应。使阴离子放电并析出氧气，而镀液中的金属沉积在工件上。为了补充镀液中金属离子的消耗，中和电镀过程中不断增长的镀液酸度，需定期向镀液中加入金属盐、金属氧化物等。例如，普通镀铬工艺：金属材料经过预处理和镀前处理后再电镀，镀液使用标准镀铬溶液，即含铬酐 250g/L、硫酸（1.83g/cm³）2.5g/L。电镀时温度 42~50℃，阳极使用铅（常加质量分数为6%锑或锡），电压 6~12V，电流密度 16~40A/dm²，在镀铬时需向铬酸溶液不断补充铬酸酐，使溶液成分保持稳定。工件经电镀后要进行漂洗，并在 175~180℃烘烤除氢。

对于零件局部表面可以采用刷镀的方法，即无槽电镀。刷镀工艺灵活简便，常用于磨损工件的局部修补；刷镀耗电量少，只有电镀的几十分之一；刷镀时可以较精确地控制镀层尺寸；刷镀的镀液种类多，适应范围广。对非金属材料进行电镀时，需预先对非金属材料表面进行金属化处理。例如，化学镀镍法，需将工件浸于 80~90℃的化学镀液中，在不通电的情况下，靠硫酸镍等供镍剂与次亚磷酸钠等还原剂发生化学反应，在非金属表面形成一薄层镍合金导电层，再进行电镀。

2. 化学镀

化学镀是指在没有外加电流的情况下，利用还原剂将溶液中的金属离子，在呈催化活性的物体表面进行有选择地还原沉积，使之形成金属镀层，又称无电镀或自催化镀。化学镀是提高金属等材料表面的耐磨性、耐蚀性、抗高温氧化性以及其他性能的一种表面强化与防护方法。与电镀工艺相比，化学镀具有污染低、金属利用率高的优点。化学镀镍最初是代替镀硬铬层而得到工业化应用，后来开发出耐蚀性、耐磨性、防电磁波屏蔽、高密度磁盘等多功能镀层。

从化学镀定义可知，化学镀的前提条件是基体表面必须具有催化活性，这样才能引发化学沉积反应。根据化学镀过程有无催化活性，基体材料可以分为以下几类：

① 本身具有催化活性的材料，如铁、钴、镍等，可以直接进行化学镀。

② 无催化活性的活泼金属，如铝、镁等，表面均有较为致密的氧化膜，不易进行化学镀镍磷合金；另外，它们的电极电位较低，其新鲜表面上的金属原子可以置换沉积液中的金属离子。

③ 无催化活性的惰性金属，如铜、黄铜、不锈钢等，一般可以用更活泼金属在沉积液中与之接触，进而诱发化学沉积。

④ 非金属材料，如陶瓷、玻璃、聚合物等，经过粗化、敏化、活化等工艺预处理，使其表面具有催化活性，才能引发化学沉积得到结合力较好的镀层。

根据化学镀还原剂及还原金属离子的种类，可以分为化学镀镍、化学镀钴、化学镀铜等。对于化学镀镍，按照还原剂种类的不同，可以将其分为用次亚磷酸钠作为还原剂的化学镀镍磷合金，以硼氢化钠为还原剂的化学镀镍硼合金以及以肼为还原剂的化学镀镍。

与电镀相比，化学镀的优点如下：①化学镀可用于各种基体，包括金属、半导体及非金属；②化学镀层厚度均匀，无论工件如何复杂，只要采取适当的技术措施，就可以在工件上得到均匀镀层；③对于能自动催化的化学镀，可获得任意厚度的镀层，甚至可以电铸；④化学镀所得到的镀层具有很好的化学、力学和磁性性能（如镀层致密、硬度高等）。

3. 离子沉积

根据沉积形式的不同离子沉积可分为化学气相沉积法和物理气相沉积法两种。

（1）化学气相沉积法　化学气相沉积（CVD）是指在高温下将炉内抽成真空或通入氢气，然后通入反应气体并在炉内发生化学反应，使工件表面形成覆层的方法，简称 CVD 法。可进行钛、钽、锆、铌等碳化物和氮化物的沉积。例如，为了提高零件、刀具工具和模具的耐磨性和使用寿命，可以利用 CVD 法在其表面沉积一层碳化钛覆层。

CVD 法由于反应温度高，并需要通入大量氢气，操作不当易产生爆炸；工件易产生氢脆，排出的废气含有 HCl 等有害气体。

（2）物理气相沉积法　物理气相沉积是指把金属蒸气离子化后在高压静电场中使离子加速并直接沉积于金属表面形成覆层的方法，简称 PVD 法。它具有沉积温度低、沉积速度快、覆层成分和结构可控、无公害等特点，如真空溅射和高频离子镀。离子镀是真空蒸镀与真空溅射结合的沉积技术，其沉积速度快、绕射性好、附着力强，可以沉积难熔金属及合金、化合物等。

4. 热喷涂

热喷涂是指在高温热源作用下，将金属、合金、金属陶瓷、陶瓷等材料熔化或部分熔化，并通过高速气流使其成为雾化微粒，喷向工件表面后构成喷涂层的方法。热喷涂设备、工艺简单，可以整体喷涂，也可局部喷涂，适应各种大小的喷涂件。常用的热喷涂方法有电弧喷涂、火焰喷涂和等离子弧粉末喷涂。

热喷涂的工艺过程一般为工件表面准备、预热、预喷粉、喷熔冷却和涂层后期加工。工件表面准备是为了保证涂层和基体间的结合，对工件表面进行去油除锈和粗化处理；然后对工件进行预热处理，一般钢材预热温度为 $200 \sim 300 \, ℃$，并要注意加热均匀，防止金属产生变形和裂纹；零件达到预热温度后立即预喷粉以保护金属表面，防止喷熔时氧化，预喷厚度约 0.2mm。在预喷一层保护涂层后，将喷熔枪的火焰集中在某一表面局部加热，当预喷层开始熔化时,再将喷涂材料均匀喷在该区域上并使其熔化,然后逐步移动到下一个区域,直到整个表面喷熔完毕。喷熔后应让零件缓慢均匀地冷却,以免在冷却时产生裂纹,必要时还可以进行等温退火处理。对于要求不高的零件,喷涂后可以直接使用,而要求精度较高的零件,可以对喷涂层进行机械加工,以提高精度。

热喷涂应用范围很广,作为接受涂层的工件材料可以是金属和合金,也可以是陶瓷、塑料、玻璃和石膏等非金属材料,而作为涂层的材料可以是金属、塑料和陶瓷等材料,也可以是复合材料。从而将被喷涂材料转化成具有各种性能要求的涂层,例如,耐磨、耐蚀、耐高温、导电、绝缘、密封等。用在耐热构件上,如工作温度≤500℃,则喷铝0.175mm后无需其他处理;工作温度≤900℃,喷铝合金后,可在800~900℃加热扩散;工作温度≤1000℃,则喷镍铬合金0.375mm后再加喷0.10mm的铝层,并涂煤膏沥青溶液,干燥后再进行加热扩散。对于喷气发动机燃烧室,可喷锆酸镁-镍铬合金层以解决陶瓷层与基体金属间膨胀系数不同的问题;修理磨损曲轴和机床的传动轴时,先用镍拉毛再用电弧热喷涂法喷钢(45钢、弹簧钢),可修复磨损表面。热喷涂用于钢铁材料抗大气腐蚀时,喷铝层0.1mm,喷锌层0.15mm,在静止状态下可保护基体达10年。

5. 涂装

涂装是指利用喷射和涂饰等方法,将有机涂料涂覆于制件表面并形成与基体牢固结合的涂覆层过程。涂装可用于保护物体表面免受外界(空气、水分、阳光及其他腐蚀介质)侵蚀;在物体表面增添一层硬膜,减轻表面磨损;掩饰表面缺陷,装饰物体表面,改善外观。此外,涂装还可以在特殊情况下起特殊的作用,例如,色彩伪装、防红外伪装和电气绝缘等。涂料一般由四部分组成,即成膜材料、颜料、溶剂和助剂(详见5.3.2节)。

涂装工艺方法很多,常用方法有浸涂法、喷涂法、淋涂法、静电喷涂法、电泳涂装法、粉末涂装法和辊涂法等。

3.5　热处理技术的新进展

随着工业生产和科学技术的发展,对零件使用性能的要求越来越高,随着对节约能源、保护环境、降低成本和提高经济效益等方面越来越重视,热处理技术正不断朝环保化、精密化、少无氧化及智能化发展。近年来,出现了诸如少无氧化加热、保护气氛加热和真空热处理等无氧化脱碳的加热技术,发展了等离子体、电子束和激光束热处理等高效热处理工艺,计算机在热处理技术中的应用不仅实现了对热处理过程的控制,而且可以模拟热处理过程,使热处理技术向智能化发展。

3.5.1　锻造余热强化处理

锻件的常规热处理大多是在锻件冷却到室温后,再按工艺规程将其重新加热进行热处理。而锻造余热强化处理为高温形变热处理,是利用锻造后锻件自身尚存的热量直接热处理,使锻件余热得到充分利用。锻后余热淬火对钢性能的影响见表3-6。与普通热处理相比,钢件经形变热处理后可大幅度提高力学性能,如硬度提高10%,抗拉强度提高3%~10%,伸长率提高10%~40%,冲击韧度提高20%~30%。此外,经锻造余热淬火后,钢材回火抗力很高,强化效果可保持到600℃以上。

表 3-6 锻后余热淬火对钢性能的影响

材料	热处理条件			R_m/MPa		R_{eH}/MPa		A（%）	
	形变量（%）	形变温度/℃	回火温度/℃	形变淬火	一般淬火	形变淬火	一般淬火	形变淬火	一般淬火
20	20	950	200	1400	1000	1150	850	6	4.5
20Cr	40	950	200	1350	1100	1000	800	11	5
40Cr	40	900	200	2280	1970	1750	1400	8	3
60Si2	50	950	200	2800	2250	2230	1930	7	5
18CrNiW	60	900	100	1450	1150				

锻造余热强化处理除了能简化工艺及提高性能，还具有以下特点：①节约能源。锻造余热强化处理由于省去了原调质工艺中的锻后正火以及调质淬火两道加热工序，显著节约了能源。②节约钢材。锻造余热强化处理在保证足够塑性的前提下可以提高钢材的强度，从而减轻零件的质量、节约钢材。③缩短生产周期。由于工序简化，省去原工艺中的正火及调质，故可显著节约工时。④便于机械加工。由于锻轧成形不能保证零件的几何精度，故在形变热处理后还需机械加工，但强度与硬度的提高为其后续进行的机械加工增加了困难。而用锻造余热强化处理及随后的高温回火代替原来的调质工艺就不存在这方面的问题，因为高温回火后的强度与硬度并不高，不难进行机械加工。

锻造余热强化处理的加热温度较高，一般为 1050~1250℃，由于锻件余热的利用，免去了热处理（正火和调质）的奥氏体化重新加热过程，减少了因加热带来的缺陷（工件的氧化、脱碳和变形等）风险，节约了大量的能源和材料消耗。由于便于直接从锻造流水线生产，不仅使生产周期大大缩短，生产效率也得到显著提高，经济效益显著。而且锻造余热强化处理工艺简单，质量稳定，在连杆、曲轴、凸轮轴、齿坯等汽车零件上得到广泛应用，既适用于小批量生产，又适用于大批量生产。

3.5.2 超细强化热处理

金属材料的力学性能与晶粒尺寸有着密切的联系，细化晶粒处理是钢强韧化的有效手段之一。钢的强度大小与奥氏体晶粒尺寸符合霍尔-派奇公式，即晶粒越细小则钢的强度越高。例如，合金结构钢的奥氏体晶粒度从 9 级提高到 15 级，钢调质状态的强度从 1127MPa 提高到 1392MPa，脆性转变温度则从 –50℃ 降到 –150℃（调质状态）。晶粒细化还可以提高钢的正断强度、疲劳强度，具有很高的塑性和韧性，并可降低钢的冷脆转变温度等。

钢的晶粒度小于 10 级称为超细晶粒，获得超细晶粒的热处理方法称为晶粒超细强化热处理，也称为循环超细化热处理。该热处理方法采用多次循环加热淬火冷却方法来细化材料的组织，只进行加热、冷却工序，是一种比较简便易行的晶粒细化方法。主要包括三种：

（1）晶粒超细化热循环淬火 超细化热循环淬火工艺如图 3-36 所示。①每一循环有一加热最高温度 T_1（高于钢的 Ac_3 点）和最低温度 T_4（低于钢的 Ac_1 点），钢件在此温度范围内反复进行加热和冷却，每一次通过相变点的加热，都使晶粒细化，最终得到超细晶粒。②如图 3-36a 所示规范中，钢件在 T_1、T_4 温度下都不保温。③在使用如图 3-36b、c 所示规范时，钢件在 T_4 温度要等温保温一段时间。④如图 3-36c 所示的规范中，每一循环的最高加热温

工程材料与先进成形技术基础

度不等，依次为 $T_1>T_2>T_3$，而最低加热温度 T_4 不变。⑤有一最优的加热速度 v_1。

（2）晶粒超细化快速循环淬火　图 3-37 所示为 45 钢晶粒超细化快速循环淬火工艺，钢件在铅浴中加热到 815℃（Ac_3 温度为 780℃）快速冷却淬火，如此往复循环 4 次后，可使原始 6 级的晶粒度细化到 12 级。

（3）晶粒超细化的摆动循环淬火　晶粒超细化摆动循环淬火如图 3-38 所示。将钢件加热到 Ac_3 以上的正常淬火加热温度，保温适当时间之后冷却到 Ar_1 以下 30~50℃，保温后再升温；如此往复进行 4~5 次，最后一次加热到 Ac_3 以上温度淬火。

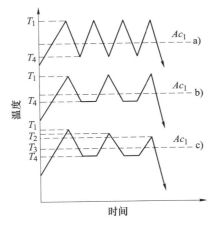

图 3-36　钢的超细化循环淬火示意图

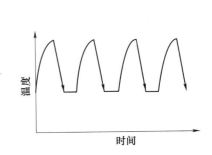

图 3-37　45 钢循环淬火示意图

超细化循环热处理一般循环 3~4 次细化效果最佳，当循环 6~7 次时其细化程度达到最大。这种热处理工艺的关键在于升温速度和冷却速度，要求是加热和冷却速度都要快，才能明显细化晶粒。加热速度越快，淬火加热温度越低（在合理的限度内），细化效果越好。如采用加热速度在 1000℃/s 以上的高频脉冲感应加热、激光加热和电子束加热方法，能使金属表面层得到很细的淬火组织。T8

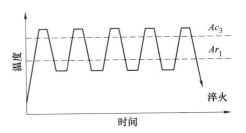

图 3-38　晶粒超细化的摆动循环淬火示意图

钢经加热速度为 1000℃/s 和加热温度为 780℃的淬火处理后，可得到 15 级超细晶粒，硬度在 65 HRC 以上。

3.5.3　计算机辅助热处理

计算机对热处理生产过程的控制和管理产生了巨大的影响，早在 20 世纪 70 年代初期，就已经开始用单板机来控制热处理炉的炉温。随着计算机技术的迅猛发展，热处理过程中的许多工艺参数的控制也逐渐采用了计算机控制。由开始对温度、时间的单变量、单因素的控制，逐步发展到多变量、多因素的联合控制，由静态控制发展到动态控制，由被动检测观察控制到智能预测分析控制。特别是热处理新工艺、新技术和新设备的发展，使计算机在热处理生产中得到更广泛的应用，清洁、精准和智能化是热处理装备及工艺的发展趋势。

104

1. 计算机对热处理生产的一般控制

对于常规热处理（普通的淬火、回火、正火和退火），控制的主要参数是加热温度、加热时间、冷却方式、冷却速度和时间，以及整个处理过程的自动化。

工作过程使用工艺控制系统，插入热处理炉中的热电偶进行温度测量，其热电势进入控制仪表的模拟量输入通道，经过模拟滤波、放大和 A/D 转换后再进行线性化处理，形成温度数值存储在数据存储器内；微型计算机将该测量温度与设定值比较，其偏差作为输出控制量变化的依据。当设定值大于实测炉温时，输出控制量增大，经 D/A 转换后控制电流上升，使晶闸管的导通时间增加，炉温升高。由于微型计算机具有一定的超前调节功能克服了温度变化的滞后特性，保证了炉温控制精度。

2. 计算机对热处理生产的动态控制与模拟技术

动态控制最典型的应用就是化学热处理工艺过程的自动化和智能化生产。例如，渗碳工艺，它不仅要控制渗碳过程中的温度、时间等单变量因素，而且要控制炉气中的碳浓度 C_g、零件表面的碳浓度 C_S 和零件不同截面分布的碳浓度变化。微型计算机可以对炉子温度和炉内气氛中的 CO、CO_2、H_2O、CH_4 含量进行连续采集，根据气固反应的物质传递和扩散定律建立的数学模型进行工艺过程模拟，预测不同状态下的变化规律，合理选择工艺过程的各种参数，如炉温、炉气碳势、零件表面碳势、渗层浓度分布、渗层深度等，并由微型计算机监控完成自动调节炉温、渗剂滴入量或通入不同比例的渗碳气体等。

计算机模拟技术在热处理生产中应用涉及知识面广泛，模拟热处理过程要应用到传热学、流体热力学、弹塑性力学、气体动力学等学科知识来解决热处理中温度场、应力场及电磁场等的变化，还有传热、相变、物质传递规律等一系列物理、化学变化的趋势和规律。

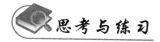

思 考 与 练 习

3-1　为什么室温下金属的晶粒越细，强度和硬度越高，塑性和韧性越好？

3-2　金属铸件的晶粒往往比较粗大，能否通过再结晶退火来细化其晶粒？为什么？

3-3　反复弯折退火钢丝时，会感到越弯越硬，最后断裂，为什么？

3-4　金属钨在 1100℃ 下的变形加工和锡在室温下的变形加工是冷加工还是热加工？为什么？

3-5　工厂在冷拔钢丝时常进行中间退火，这是为什么？如何选择中间退火温度？

3-6　有一批 ZG310-570 铸钢件，外形复杂，而力学性能要求高，铸后应采用何种热处理？为什么？

3-7　简述退火的类型和各自的优缺点。

3-8　试比较电镀、化学镀的异同点，以及它们在表面改性时的特点。

第2篇

常用工程材料

第 4 章

金属材料

金属材料是以金属元素为基础的材料，分为钢铁材料和非铁金属材料两类。铁及其合金称为钢铁材料，钢铁材料以外的其他金属及其合金材料称为非铁金属材料。

4.1 工业用钢

工业用钢主要包括碳素钢和合金钢，是应用最为广泛的金属材料，在工业生产中占有极其重要的地位。碳素钢由于价格低廉、便于冶炼、容易加工，并可通过控制碳含量和热处理工艺，使其性能得到改善，能满足许多工业生产上的需求，因而获得广泛应用。但是碳素钢的淬透性比较差，强度、屈强比、高温强度、耐磨性、耐蚀性、导电性和磁性等也都比较低，使其应用受到限制。因此，为了提高钢的某些性能，满足现代工业和科学技术迅猛发展的需求，在碳素钢的基础上，人们有目的地加入 Mn、Si、Cr、Ni、V、W、Mo、Co、B、Cu、Al、N 和稀土（RE）等合金元素，使其性能得以提高。以铁为基体的合金即为合金钢，具有比碳钢更加优良的特性（如淬透性好、回火稳定性好、基本相强硬、物理化学性能优异等），因而其用量逐年增大。合金钢由于加入了合金元素，使其冶炼、浇注、锻造、切削加工、焊接与热处理等工艺复杂化，加工成本增高、价格较贵。因此在选择与使用工业用钢时，在满足机械零件使用性能要求的前提下也应考虑性价比。

本节主要介绍工业用钢的分类、编号原则；并按用途不同，分类介绍结构钢和工具钢的工作条件、性能要求，合金元素作用，热处理工艺方法以及常用钢种的类型、性能和用途等。在特殊性能钢中，介绍金属的腐蚀、防腐蚀原理、影响因素、常用保护方法，以及常用不锈钢、耐热钢和耐磨钢的成分、性能和用途。

4.1.1 钢的分类与编号

1. 钢的分类

钢的种类很多，为了便于生产、管理、熟悉、选用和研究，根据某些特性，从不同角度出发，可以将钢分为若干具有共同特点的类别。

（1）按用途分类

1）工程构件用钢。用于制造工程结构件的钢。这类钢应用范围广，在钢总产量中约占90%，可用于制造建筑钢结构件、桥梁、船体、油井架、矿井架、高压容器、管道等，在建筑、车辆、造船、石油、化工、电站、国防等领域得到广泛使用。主要包括：普通碳素钢、低合金高强度钢和微合金化低合金高强度钢。

2）机器零件用钢。用来制造各种机器零件（如轴类零件、弹簧、齿轮、轴承等）的钢。主要包括调质钢、弹簧钢、滚动轴承钢、易切削钢和渗碳钢等。

3）工具用钢。用于制造各种加工工具的钢。包括刃具钢、模具钢、量具钢等。

4）特殊性能钢。除力学性能外，还具有特殊的物理或化学性能的钢。包括不锈钢、耐热钢、耐磨钢等。

（2）按金相组织分类

1）按平衡状态或退火状态的组织，可以分为亚共析钢、共析钢、过共析钢和莱氏体钢。

2）按正火组织，可以分为珠光体钢、贝氏体钢、马氏体钢、铁素体钢、奥氏体钢和莱氏体钢。

3）按加热冷却时有无相变和室温时的金相组织，可分为铁素体钢、马氏体钢、奥氏体钢和双相钢。

（3）按化学成分分类　按化学成分可将钢分为碳钢和合金钢。

1）按钢中碳含量，可分为低碳钢$[w(C) \leqslant 0.25\%]$、中碳钢$[w(C) = 0.25\% \sim 0.60\%]$、高碳钢$[w(C) > 0.60\%]$。

2）按钢中合金元素含量，可分为低合金钢$[w(Me) \leqslant 5\%]$、中合金钢$[w(Me) = 5\% \sim 10\%]$、高合金钢$[w(Me) > 10\%]$。按钢中合金元素种类又可分为锰钢、铬钢、硼钢、硅锰钢、铬镍钢等。

（4）按质量分类　钢的质量以磷、硫元素的含量划分。按磷、硫的含量，可以分为普通质量钢、优质钢、高级优质钢和特级优质钢。根据现行标准，各质量等级钢的磷、硫含量见表4-1。

表4-1　各质量等级钢的 P、S 含量（质量分数,%）

钢类	碳 素 钢		合 金 钢	
	P	S	P	S
普通质量钢	≤0.045	≤0.045	≤0.045	≤0.045
优质钢	≤0.035	≤0.035	≤0.035	≤0.035
高级优质钢	≤0.030	≤0.030	≤0.025	≤0.025
特级优质钢	≤0.025	≤0.020	≤0.025	≤0.015

（5）按冶炼方法分类

1）按冶炼所用炼炉，可以分为平炉钢、转炉钢和电炉钢。

2）按炼钢时脱氧方法和脱氧程度，可以分为沸腾钢、镇静钢和半镇静钢。

2. 钢的编号

（1）碳钢的牌号表示方法及说明　我国钢铁材料表示方法按照国家标准（GB/T 221—2008）规定，采用化学元素符号、汉语拼音字母和阿拉伯数字并用原则。

1）普通碳素结构钢和低合金高强度结构钢。其牌号由代表屈服强度的汉语拼音、屈服强度数值、质量等级符号、脱氧方式符号等部分按顺序组成。牌号中 Q 表示"屈服强度"；A、B、C、D 表示质量等级，它反映了碳素结构钢中有害杂质（S、P）含量的多少，C、D级 S、P 含量最低，质量好；脱氧方法用 F（沸腾钢）、b（半镇静钢）、Z（镇静钢）、

TZ（特殊镇静钢）表示，钢号中"Z"和"TZ"可以省略。例如，Q235AF，代表屈服强度 $R_{eL}=235MPa$、质量为 A 级的沸腾碳素结构钢；Q390A 表示 $R_{eL}=390MPa$、质量为 A 级的低合金高强度结构钢。

2）优质碳素结构钢。其牌号由两位数字表示钢中平均碳的质量分数为万分之几，例如，45 钢表示平均 $w(C)=0.45\%$ 的优质碳素结构钢。但应注意：锰含量较高的钢，须将 Mn 元素标出，如 60Mn 钢表示平均 $w(C)=0.60\%$、$w(Mn)=0.70\%\sim1.00\%$。专门用途的优质碳素结构钢，应在钢号后特别标出，例如，20G 钢表示平均 $w(C)=0.20\%$ 的锅炉专用钢。

3）易切削结构钢。其牌号是在同类结构钢牌号前冠以"Y"，以区别其他结构钢，例如，Y12 钢表示平均 $w(C)=0.12\%$ 的易切削结构钢。

4）碳素工具钢。其牌号是在 T 后面加数字表示，数字表示钢的平均碳质量分数为千分之几，例如，T8 钢表示平均 $w(C)=0.80\%$ 的碳素工具钢。但也应注意：锰含量较高者，在钢号后标以 Mn，如 T9Mn；如为高级优质碳素工具钢，则在其钢号后加 A，如 T10A。

（2）合金钢的牌号表示方法及说明　我国合金钢的编号是按照合金钢中碳含量、合金元素的种类和含量及质量等级编制的。首先，在牌号首部是表示碳平均质量分数的数字，表示方法与优质碳素钢的编号一致。对于结构钢以万分数计，对于工具钢以千分数计，当工具钢的 $w(C)\geq1\%$ 时，碳含量不予标出。其次，在表明碳含量的数字之后，用化学元素符号表明钢中主要元素，含量由其后的数字表明。当钢中某合金元素的平均质量分数 $w(Me)<1.5\%$ 时，牌号中只标出元素符号，不标明含量；当 $w(Me)=1.5\%\sim2.5\%$、$2.5\%\sim3.5\%\cdots$ 时，在该元素后面相应地用整数 2、3…注出其近似含量。

1）合金结构钢。如 60Si2Mn，表示平均 $w(C)=0.60\%$、$w(Si)>1.5\%$、$w(Mn)<1.5\%$；09Mn2，表示平均 $w(C)=0.09\%$、$w(Mn)=1.5\%\sim2.5\%$。钢中 V、Ti、Al、B、RE 等合金元素，虽然含量很低，仍应在钢号中标出，例如，40MnVB、25MnTiBRE 等。

2）合金工具钢。当平均 $w(C)<1.0\%$ 时，如前所述，牌号前以千分之几（一位数）表示；当 $w(C)\geq1\%$ 时，为了避免与结构钢混淆，牌号前不标数字。例如，9Mn2V，表示平均 $w(C)=0.9\%$、$w(Mn)=1.5\%\sim2.5\%$、含少量 V；CrWMn 牌号前面没有数字，表示钢中 $w(C)\geq1\%$、$w(Cr)<1.5\%$、$w(W)<1.5\%$、$w(Mn)<1.5\%$。高速工具钢牌号中不标出碳含量。

3）滚动轴承钢。其有自己独特的牌号。牌号前面以"G"（滚）为标志，其后为铬元素符号 Cr，其质量分数以千分之几表示，其余与合金结构钢牌号规定相同。例如，GCr15SiMn，表示平均 $w(Cr)=1.5\%$、$w(Si)<1.5\%$、$w(Mn)<1.5\%$ 的滚动轴承钢。

4）特殊性能钢。牌号表示方法与合金工具钢基本相同，只是当 $w(C)\leq0.08\%$ 及 $w(C)\leq0.03\%$ 时，在牌号前分别冠以"0"及"00"。例如，0Cr19Ni9，表示 $w(C)\leq0.08\%$、$w(Cr)=18.5\%\sim19.5\%$、$w(Ni)=8.5\%\sim9.5\%$；008Cr30Mo2 钢，表示 $w(C)\leq0.03\%$、$w(Cr)=29.5\%\sim30.5\%$、$w(Mo)=1.5\%\sim2.5\%$。

（3）铸钢的牌号　工程用铸造碳钢牌号前面是 ZG（"铸钢"两字汉语拼音字首），后面第一组数字表示屈服强度，第二组数字表示抗拉强度。若牌号末位标字母 H（焊），表示该钢是焊接结构用碳素铸钢。例如，ZG230-450H，表示屈服强度为 230MPa、抗拉强度为 450MPa 的焊接结构用的铸造碳钢。若牌号末尾无"H"，即为一般铸造碳钢。合金钢铸件牌号表示方法与铸造碳钢不同，例如，ZG15Cr1Mo1V，ZG 表示铸钢，钢中碳及其他合金元素的含量分别为：$w(C)=0.15\%$、$w(Cr)=0.9\%\sim1.40\%$、$w(Mo)=0.9\%\sim1.4\%$、$w(V)=0.9\%$。

4.1.2 结构钢

1. 工程结构用钢

工程结构用钢是指工程和建筑结构用的各种金属构件,如船舶、桥梁、建筑材料、压力容器等工程结构件,通常又称工程用钢,它是工业用钢中用途最广、用量最大的一类钢。其大多应采用低碳钢($w(C) \leqslant 0.25\%$)并含有少量合金元素(Mn、Si、V、Ti、Cu、Nb、P等),合金元素总质量分数小于5%,但多数情况下是小于3%的低合金钢。利用 Mn、Si 等细化晶粒,使珠光体量增多且变得更细小,可同时提高强度和韧性。在保持低C、以 Mn 为主加元素基础上,加入 Nb、V、Ti 等元素,可在钢中形成稳定性高的 C、N 化合物,它们既可阻止热轧时奥氏体晶粒长大、保证室温下获得细铁素体晶粒,又能起第二相强化作用,进一步提高钢的强度。加入 Cu、P 等元素,可提高钢的抗大气腐蚀性能。加入 RE 元素,可消除部分有害杂质元素、净化钢材、改善韧性与工艺性能,还可改变夹杂物的分布形态,使钢材在纵、横方向的性能一致。利用微合金化技术,对钢进行控制轧制,降低终轧温度,可使钢的屈服强度达 450~500MPa,韧脆转变温度降至 -80℃。由于一般构件的尺寸大、形状复杂,不能进行整体淬火与回火,所以大部分工程构件在热轧空冷状态下使用,一般不再进行热处理;有时也在正火、回火状态下使用。其基本组织为铁素体加少量珠光体(或索氏体)。

(1)普通碳素结构钢 碳素结构钢碳含量低(0.06%~0.38%),S、P 和非金属夹杂物含量较高,但由于其易于冶炼,工艺性能好,价格低廉,力学性能上一般能满足普通工程构件及机器零件的要求,所以工程上用量很大,约占钢总产量的 70%~80%。这类钢大部分用于工程构件,少量用于机器零件。它通常均轧制成钢板或各种型材供应,一般不经热处理强化。根据国标 GB/T 700—2006,将普通碳素结构钢分为 Q195、Q215、Q235 和 Q275,见表 4-2。

表 4-2 碳素结构钢的牌号、化学成分、力学性能及应用(GB/T 700—2006)

牌号	等级	质量分数(%)			脱氧方法	力学性能			应用举例
		C	S	P		R_{eL}/MPa	R_m/MPa	$R_{p0.2}$(%)	
Q195		≤0.12	≤0.500	≤0.035	F、Z	195	315~430	≥33	载荷不大的结构件、铆钉、垫圈、地脚螺栓、开口销、拉杆、螺纹钢筋、冲压件和焊接件等
Q215	A	≤0.15	≤0.050	≤0.045	F、Z	215	335~450	≥31	
	B		≤0.045						
Q235	A	≤0.22	≤0.050	≤0.045	F、Z	235	375~500	≥26	结构件、钢板、螺纹钢筋、型钢、螺栓、螺母、铆钉、拉杆、齿轮、轴、连杆等;Q235C、D 可用作重要的焊接结构件等
	B	≤~0.20	≤0.045						
	C	≤0.17	≤0.040	≤0.040	Z				
	D		≤0.035	≤0.035	TZ				
Q275	A	≤0.24	≤0.050	≤0.045	F、Z	275	410~540	≥22	强度较高,可用于承受中等载荷的零件,如键、链、拉杆、转轴、链轮、链环片、螺栓及螺纹钢筋等
	B	≤0.21	≤0.045		Z				
	C	≤0.22	≤0.040	≤0.040	Z				
	D	≤0.20	≤0.035	≤0.035	TZ				

（2）优质碳素结构钢　优质碳素结构钢（又称为碳结钢）是与普通碳素结构钢对应的一种钢。这类钢主要是镇静钢，与普通碳素结构钢相比，质量较优，化学成分规定严格，S、P 等有害杂质的含量较少，并控制微量的 Ni、Cr、Cu 等元素，从而保证低放大倍数下的组织合格，根据需要可要求保证非金属夹杂物达到合格级别，进而提高钢的力学性能。优质碳素结构钢除保证化学成分外，还同时保证力学性能等有关指标，多用于制造比较重要的机械零件。

按锰含量多少，优质碳素结构钢分为普通锰含量钢和较高锰含量钢等两类，其钢号、化学成分和力学性能可参考 GB/T 699—2015。

普通锰含量的优质碳素结构钢，$w(Mn) \leqslant 0.80\%$，牌号用两位数字表示，如 10 号、15 号、……、80 号、85 号。两位数字代表钢中平均碳的质量分数。例如，20 号钢的平均碳含量约 0.20%。

较高锰含量的优质碳素结构钢，$w(Mn) = 0.70\% \sim 1.20\%$，牌号后加"Mn"或"锰"字，如 15Mn（15 锰），……，65Mn（65 锰）、70Mn（70 锰）等。两位数字也是代表碳含量，例如，65Mn 钢中 $w(C) \approx 0.65\%$，是锰含量较高的优质碳素结构钢。

优质碳素结构钢主要用于热处理后使用的机械零件，但也可以不经过热处理而直接使用。下面简要介绍常用的一些优质碳素结构钢的性能及其适用范围（参阅 GB/T 699—2015）。

1）08、10 钢：碳含量很低（约 0.08%）的沸腾钢，硅含量极少，故强度低、塑性好、焊接性能好，主要用于制作薄板，冷冲压零件、容器和焊接件，属于冷冲压钢。

2）15~25 钢：属于渗碳钢，强度不高，但塑性、韧性好，具有良好的冲压、拉延及焊接性能，可用于制造各种受力不大但要求高韧性的构件和零件，如焊接容器、螺钉、杆件、轴套、钢带、钢丝等，还可用于冷冲压件和焊接件。这类钢经渗碳淬火后，表面硬度可达 60HRC，耐磨性好，而心部具有一定的强度和韧性，可用于制造要求表面硬度高、耐磨，并承受冲击载荷的零件。

3）30~55 钢：属于调质钢，热处理后可获得良好的综合力学性能，主要用于制作要求强度、塑性、韧性都较高的零件，如齿轮、套筒、轴类、连杆、键等。这类钢在机械制造中应用非常广泛，特别是 40、45 钢在机械零件中应用更广泛。

4）60~85 钢：属于弹簧钢，一定热处理后可获得较高的弹性极限，主要用于制造尺寸较小的弹簧、弹性零件及耐磨零件，例如，机车车辆及汽车上的螺旋弹簧、钢板弹簧、弹簧垫圈、轧辊等。常用牌号是 65Mn 钢，但其塑性和焊接性差。

优质碳素结构钢的主要缺点是淬透性差，当零件尺寸较大或对零件心部性能要求高时，用优质碳素结构钢就达不到性能要求，为此，必须采用各种合金结构钢。

（3）低合金高强度结构钢　低合金高强度钢是在碳素结构钢基础上，加入少量合金元素（一般合金元素总质量分数<3%）发展起来的具有较高强度，良好塑性、韧性、焊接性、耐蚀性和冷成形性、低韧脆转变温度的工程结构用钢。这类钢比碳素结构钢的强度高 20%~30% 以上，节约钢材 26% 以上，从而可减轻构件自重量，提高其使用可靠性等，目前已广泛用于建筑、石油、化工、铁道和造船等部门。此外，其所具有的更低韧脆转变温度，对于在高寒地区使用的构件及运输工具（如车辆、容器、桥梁），具有十分重要的意义。

在《低合金高强度结构钢》GB/T 1591—2018 中，根据质量要求，可以分为 B、C、D、E 和 F。与旧标准相比（GB/T 1591—2008），新标准以交货状态代替使用领域来对材料的成分及力学性能进行测量。交货状态包括热轧、正火、正火轧制和热机械轧制等。这类钢的牌号表示方法为：Q+屈服强度值+交货状态代号+质量等级。例如，Q355ND，表示钢的最小上屈服极限数值为355MPa，交货状态是正火或正火轧制态，质量等级为D。

低合金高强度钢的热机械轧制钢号与简要化学成分和力学性能详见GB/T 1591—2018。根据低合金高强度钢的屈服强度的高低分为8个级别：355MPa、390MPa、420MPa、460MPa、500MPa、550MPa、620MPa、690MPa。Q355M和Q390M具有较好的综合力学性能、焊接性和冷、热加工性以及良好的低温韧性，用量较大，常用于船舶、锅炉、容器、桥梁等承受较高载荷的焊接件。

2. 机器零件用钢

用于机器零件的钢称为机器零件用钢，大部分是优质或者高级优质结构钢，以满足机械零件良好服役性能的要求。例如，具有足够高的强度、塑性、韧性、疲劳强度、耐磨性等，用于制造轴、齿轮、紧固件、轴承等各种机器零件，广泛应用于汽车、拖拉机、机床、工程机械等装置上。这类钢一般需适当进行热处理，以发挥其潜力。

（1）渗碳钢

1）工作条件、失效方式及性能要求。渗碳钢通常指需经渗碳淬火、低温回火后使用的钢。它一般为低碳的优质碳素结构钢与合金结构钢，也可分别称为碳素渗碳钢与合金渗碳钢。主要用于承受较强烈的摩擦磨损和较大冲击载荷条件下工作的机械零件，如汽车、拖拉机上的变速齿轮，内燃机上的凸轮、活塞销等。这类零件工作时要求其表面具有较高的硬度和耐磨性，心部则具有良好的塑性和韧性，同时达到外硬内韧的效果，即"外硬内韧"是其主要性能要求。

2）化学成分。渗碳钢的碳含量较低，$w(C) = 0.10\% \sim 0.25\%$，可保证心部具有良好的塑性和韧性。加入Cr、Mn、Ni、B、V等合金元素的主要作用是提高淬透性，强化铁素体，改善表面和心部的组织与性能。加入微量的Mo、W、V、Ti等合金元素，主要是为了形成稳定的合金碳化物，防止渗碳时晶粒长大，抑制钢件在渗碳时发生过热，提高渗碳层的硬度和耐磨性。

3）热处理。为了改善切削加工性，碳含量较低的渗碳钢预备热处理一般为正火，其作用是提高硬度、改善切削加工性能，同时也可以均匀组织、消除组织缺陷、细化晶粒。最终热处理一般为渗碳后进行淬火及低温回火，以获得高硬度、高耐磨性的表层及强而韧的心部。根据钢化学成分的差异，常用的热处理方式有三种：

① 渗碳后经预冷、直接淬火并低温回火（称直接淬火法），适用于合金元素含量较低又不易过热的钢，如20CrMnTi钢等。

② 渗碳后缓冷至室温，然后重新加热淬火并低温回火（称一次淬火法），适用于渗碳时易过热的碳钢及低合金钢工件，或固体渗碳后的零件等，如20、20Cr钢等。

③ 渗碳后缓冷至室温，然后重新加热两次淬火并低温回火（称二次淬火法），适用于本质粗晶粒钢及对性能要求很高的重要合金钢工件，但因生产周期长、成本高、工件易氧化脱碳和变形，目前生产上已很少采用。

渗碳后工件表面碳的质量分数可达到0.80%~1.05%，热处理后表面渗碳层的组织是回火马氏体+合金碳化物+残留奥氏体，硬度可达到58~62HRC。心部组织与钢的淬透性和零件截面尺寸有关，全部淬透时为低碳回火马氏体+铁素体，硬度为40~48HRC；未淬透时为索氏体+铁素体，硬度为25~40HRC。

4）钢种与用途。常用合金结构钢可按淬透性大小不同分为高、中、低三类淬透性合金结构钢（参阅GB/T 3077—2015），其成分、热处理、力学性能和用途见表4-3。

表4-3　常用合金结构钢的成分、热处理、力学性能和用途（GB/T 3077—2015）

牌号	化学成分（质量分数，%）									推荐的热处理制度				力学性能（不小于）					用途举例
	C	Si	Mn	Cr	Mo	Ni	V	Ti	其他	渗碳/℃	淬火/℃ 第一次	淬火/℃ 第二次	回火/℃	R_m/MPa	R_{eL}/MPa	A（%）	Z（%）	J/cm²	
15Cr	0.12~0.17	0.17~0.37	0.40~0.70	0.70~1.00	—	—	—	—	—		880 水冷、油冷	770~820 水冷、油冷	180 油冷、空冷	685	490	12	45	55	十字头、小齿轮
20Cr	0.18~0.24	0.17~0.37	0.50~0.80	0.70~1.00	—	—	—	—	—		880 水冷、油冷	780~820 水冷、油冷	200 水冷、空冷	835	540	10	40	47	活塞环、滚轮、小轴、齿轮等
20Mn2	0.17~0.24	0.17~0.37	1.40~1.80	—	—	—	—	—	—		850~880 水冷、油冷	—	200~440 水冷、空冷	785	590	10	40	47	小齿轮、小轴
20MnVB	0.17~0.23	0.17~0.37	1.20~1.60	—	—	—	0.07~0.12	—	B 0.0008~0.0035	900~950	860 油冷	—	200 水冷、空冷	1080	885	10	45	55	齿轮、渗碳零件
20CrMnTi	0.17~0.23	0.17~0.37	0.80~1.10	1.00~1.30	—	—	—	0.04~0.10	—		880 油冷	870 油冷	200 水冷、空冷	1080	850	10	45	55	汽车、拖拉机齿轮
20CrMnMo	0.17~0.23	0.17~0.37	0.90~1.20	1.10~140	0.20~0.30	—	—	—	—		850 油冷	—	200 水冷、空冷	1180	885	10	45	55	拖拉机主动齿轮、活塞销
12CrNi3	0.10~0.17	0.17~0.37	0.30~0.60	0.60~0.90	—	2.75~3.15	—	—	—		860 油冷	780 油冷	200 水冷、空冷	930	685	11	50	71	大齿轮、轴
20Cr2Ni4	0.17~0.23	0.17~0.37	0.30~0.60	1.25~1.65	—	3.25~3.65	—	—	—		880 油冷	780 油冷	200 水冷、空冷	1180	1080	10	45	63	大型渗碳齿轮及轴
18Cr2Ni4WA	0.13~0.19	0.17~0.37	0.30~0.60	1.35~1.65	—	4.00~4.50	—	—	W 0.80~1.20		950 空冷	850 空冷	200 水冷、空冷	1180	835	10	45	78	大型渗碳齿轮及轴
25MnTiBRE	0.22~0.28	0.20~0.45	1.30~1.60	—	—	—	—	0.04~0.10	B 0.0008~0.0035		860 油冷	—	200 水冷、空冷	1380	—	10	40	47	齿轮、渗碳件

注：试样毛坯尺寸均为15mm。

下面以合金结构钢 20CrMnTi 制造汽车变速器齿轮为例,说明其工艺路线的安排和热处理工艺的选用。根据技术要求确定 20CrMnTi 钢制造汽车变速器齿轮的生产过程和工艺路线为:锻造→正火→加工齿形→非渗碳部位镀铜保护→渗碳→预冷淬火→低温回火→喷丸处理→磨齿→装配。

技术要求:渗碳层厚度为 1.2~1.6mm,表层 $w(C) \approx 1.0\%$,齿面硬度 58~60HRC,心部硬度 30~45HRC。

根据热处理技术要求,制定热处理工艺如图 4-1 所示。

预备热处理正火的目的是改善锻后不良组织,同时消除硬化状态,降低硬度,提高切削加工性能。正火的组织为铁素体+索氏体,其硬度为 170~210HBW,适合切削加工。

渗碳后预冷直接油淬+低温回火,为的是保证表面获得高硬度和耐磨性,心部具有良好配合的强度和韧性。喷丸处理用直径为 0.5mm 的钢粒,以 50~60m/s 的速度打在零件的表面上,造成形变强化,并使之产生表面残余压应力,以提高材料的抗疲劳能力,同时消除氧化皮。在一般情况下,喷丸处理后可直接装配使用,但有时还要研磨,磨去表层 0.02~0.05mm 的厚度,以减小齿面表面粗糙度值,但对强化效果影响不大。

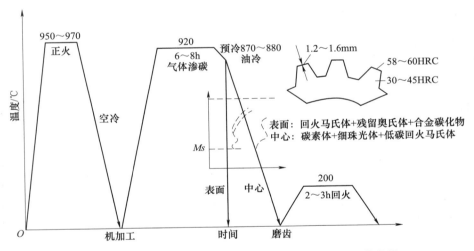

图 4-1 材料为 20CrMnTi 钢的汽车变速齿轮热处理工艺曲线

(2) 调质钢 调质钢是指经调质处理(淬火加高温回火)后使用的钢。实际上,现在调质钢的强化工艺已不局限于高温回火,还可采用正火、等温淬火、低温回火等工艺手段。根据是否含合金元素分为碳素调质钢和合金调质钢。

1) 工作条件、失效方式及性能要求。许多机械装置上的重要零件,如汽车底盘半轴、高强度螺栓、连杆等,都是在各种应力负荷下工作,受力较复杂,有时还受到冲击载荷的作用,在轴颈或花键等部位还存在剧烈摩擦。因此,要求其具有良好的综合力学性能(既要求有高强度,又要求良好的塑性和韧性)。只有具备了良好综合力学性能,零件工作时才可承受较大的工作应力,以防止由于突然过载等偶然原因造成的破坏。

2) 化学成分。调质钢一般是中碳钢,碳的质量分数 $w(C) = 0.30\% \sim 0.50\%$,碳含量过低,强度和硬度得不到保证;碳含量过高,塑性和韧性不够,而且使用时可出现脆断。一般碳素调质钢的碳含量偏上限;而对于合金调质钢,随合金元素增加,碳含量趋于下降。

合金调质钢中主加元素为 Zr、Ni、Si、Mn、V、B 等，其主要作用是提高淬透性，强化铁素体，还能使韧性保持在较理想的水平。辅加元素是 V、Ti、Mo、W 等，其主要作用是细化晶粒，可进一步提高钢的淬透性。Mo、W 还可以减轻和防止钢的第二类回火脆性，微量 B 对 TTT 曲线有较大的影响，能明显提高淬透性，Al 则可以加速钢的氮化过程。

3）热处理。调质钢经热变形加工后须经预备热处理，其目的是改善锻造组织，细化晶粒，为最终热处理做组织上的准备。对于合金元素含量较低的钢，可进行正火或退火处理；对于合金元素含量较高的钢，正火处理后可得到马氏体组织，需再进行高温回火，使其组织转变为粒状珠光体。最终热处理一般采用调质处理，即淬火加高温回火。淬火和回火的具体温度取决于钢种及技术条件要求，通常淬火加热温度为 850℃ 左右，油淬后进行 500～650℃ 回火。对第二类回火脆性敏感的钢，回火后必须快冷（水冷或油冷）。

合金调质钢一般热处理组织是回火索氏体，某些零件除了要求良好的综合力学性能外，表面对耐磨性还有较高的要求，这样在调质处理后还需进行表面淬火或氮化处理。

根据零件的实际要求，调质钢也可以在中、低温回火状态下使用，这时得到的组织是回火托氏体或回火马氏体。它们的强度高于调质状态下的回火索氏体，但冲击韧度低。

4）钢种与用途。常用合金调质钢的成分、热处理、力学性能和用途见表 4-4（GB/T 3077—2015）。

合金调质钢在机械制造中的应用十分广泛，种类很多，根据淬透性高低将其分为三类。

① 低淬透性合金调质钢。多为锰钢、硅锰钢、铬钢、硼钢，如 40Cr、40MnB、40MnVB 等。这类钢合金元素总的质量分数 $[w(Me)<2.5\%]$ 较低，淬透性不高，油淬临界直径为 20～40mm，用于制造一般尺寸的重要零件。

② 中淬透性合金调质钢。多为铬锰钢、铬钼钢、镍铬钢，如 35CrMo、38CrMoAl、38CrSi、40CrNi 等。这类钢合金元素的质量分数较高，淬透性较高，油淬临界直径为 40～60mm，用于制造截面较大、重负荷的重要零件，如内燃机曲轴、连杆等。

③ 高淬透性合金调质钢。多为铬镍钼钢、铬锰钼钢、铬镍钨钢，如 40CrNiMoA、40CrMnMo、25Cr2Ni4WA 等。这类钢的合金元素质量分数最高，淬透性也很高，油淬临界直径为 60～100mm。Cr 和 Ni 的适当配合，使此类钢的力学性能更加优异。主要用于制造大截面、重载荷的重要零件，如汽轮机主轴、叶轮，航空发动机等。

一般的选择原则是大截面和重载荷的零件选择高淬透性钢，否则选择低淬透性钢。下面以 40Cr 钢制作拖拉机发动机连杆螺栓（图 4-2a）为例，说明生产工艺路线的安排和热处理工艺方法的选定。连杆螺栓的生产路线常做如下安排：下料→锻造→退火（或正火）→粗加工→调质→精加工→装配。

技术要求：调质处理后组织为回火索氏体，硬度为 30～38HRC。

根据热处理技术要求，制定热处理工艺如图 4-2b 所示。

预备热处理采用退火或正火，其目的是改善锻造的不均匀组织，细化晶粒，降低硬度，提高切削加工性能，为调质处理做组织上的准备，所得组织为细小铁素体和索氏体。调质处理是在 840℃±10℃ 加热、油淬，然后在 525℃±25℃ 回火，水冷（防止第二类回火脆性），最后得到强度、冲击韧度、疲劳强度良好配合的回火索氏体组织。

（3）弹簧钢 用来制造各种弹性零件（如钢板弹簧、螺旋弹簧、钟表发条等）的钢称为弹簧钢。

表4-4 常用合金调质钢的成分、热处理、力学性能和用途（GB/T 3077—2015）

类别	牌号	化学成分（质量分数，%）					试样尺寸/mm	热处理		力学性能 不小于					用途
		C	Si	Mn	Cr	其他		淬火温度/℃	回火温度/℃	$R_{p0.2}$/MPa	R_m/MPa	A（%）	Z（%）	K/（J cm²）	
低淬透性	40Cr	0.37~0.44	0.17~0.37	0.50~0.80	0.80~1.10	—	25	850 油冷	520 水冷、油冷	980	785	9	45	47	制造承受中等载荷、中等速度下工作的零件，如汽车后桥半轴及机床上齿轮、顶尖套等
	40Mn2	0.37~0.44	0.17~0.37	1.40~1.80	—	—	25	840 水冷、油冷	540 水冷	885	735	12	45	55	轴、半轴、活塞杆、连杆、螺栓
	42SiMn	0.39~0.45	1.10~1.40	1.10~1.40	—	—	25	880 水冷	590 水冷	885	735	15	40	47	在高频淬火及中温回火状态下制造中速、中等载荷的齿轮；调质后高频淬火及低温回火状态下制造表面要求高硬度、较大截面耐磨性，如主轴、齿轮等
	40MnB	0.37~0.44	0.17~0.37	1.10~1.40	—	B: 0.0008~0.0035	25	850 油冷	500 水冷、油冷	980	785	10	45	47	代替40Cr钢制造中、小截面重要调质工件，如汽车后桥半轴、转向轴、蜗杆以及机床主轴、齿轮等
	40MnVB	0.37~0.44	0.17~0.37	1.10~1.40	—	V: 0.05~0.10 B: 0.0008~0.0035	25	850 油冷	520 水冷、油冷	980	785	10	45	47	代替40Cr钢制造汽车、拖拉机和机床上的重要调质工件，如轴、齿轮等

分类	牌号	C	Si	Mn	Cr	其他	试样毛坯尺寸/mm	淬火	回火	σb	σs	δ	ψ	ak	用途举例
中淬透性	35CrMo	0.32~0.40	0.17~0.37	0.40~0.70	0.80~1.10	Mo: 0.15~0.25	25	850 油冷	550 水冷、油冷	980	835	12	45	63	通常用于调质工件，也可以高、中频表面淬火，低温回火后用于高载荷下工作的重要结构件，特别是受冲击、振动、弯曲、扭转载荷的机件，如主轴、大发电机轴、曲轴、锤杆等
	40CrMn	0.37~0.45	0.17~0.37	0.90~1.20	0.90~1.20	—	25	840 油冷	550 水冷、油冷	980	835	9	45	47	在高速、高载荷下工作的齿轮轴、齿轮、离合器等
	30CrMnSi	0.28~0.34	0.90~1.20	0.80~1.10	0.80~1.10	—	25	880 油冷	540 水冷、油冷	1080	835	10	45	39	重要用途的调质工件，如高速、高载荷的砂轮轴、齿轮轴、螺母、轴套等
	40CrNi	0.37~0.44	0.17~0.37	0.50~0.80	0.45~0.75	Ni: 1.00~1.10	25	820 油冷	500 水冷、油冷	980	785	10	45	55	制造截面较大、载荷较重的零件，如轴、连杆、齿轮轴等
	38CrMoAl	0.35~0.42	0.20~0.45	0.30~0.60	1.35~1.65	Mo: 0.15~0.25 Al: 0.70~1.10	30	940 水冷、油冷	640 水冷、油冷	980	835	14	50	71	高级渗氮钢，常用于制造磨床主轴、自动车床主轴、精密齿轮、高压阀门、压缩机活塞杆、橡胶及塑料挤压机上的各种耐磨件
	40CrMnMo	0.37~0.45	0.17~0.37	0.90~1.20	0.90~1.20	Mo: 0.20~0.30	25	850 油冷	600 水冷、油冷	980	835	12	35	78	截面较大、要求高强度和高韧性的调质工件，如81货车的后桥半轴、齿轮轴、偏心轴、齿轮、连杆等
高淬透性	40CrNiMoA	0.37~0.44	0.17~0.37	0.50~0.80	0.60~0.90	Mo: 0.15~0.25 Ni: 1.25~1.65	25	850 油冷	600 水冷、油冷	980	835	12	55	78	要求韧性好、强度高及大尺寸的重要调质工件，高载荷的轴类、中高型机械中的汽轮机轴、叶片、曲轴等
	25Cr2Ni4WA	0.21~0.28	0.17~0.37	0.30~0.60	1.35~1.65	W: 0.80~1.20 Ni: 4.00~4.50	25	850 油冷	550 水冷、油冷	1080	930	11	45	71	200mm以下要求淬透的零件

工程材料与先进成形技术 基础

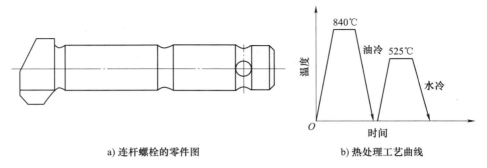

a) 连杆螺栓的零件图　　　　　b) 热处理工艺曲线

图 4-2　连杆螺栓及其热处理工艺曲线

1）工作条件、失效方式及性能要求。弹簧是广泛应用于交通、机械、国防、仪表等行业及日常生活中的重要零件，主要作用是吸收冲击能量，缓和机械振动和冲击作用。例如，汽车、拖拉机和机车上的钢板弹簧，除承受静重载荷，还要承受因地面不平所引起的冲击载荷和振动。弹簧还可储存能量使其他机件完成事先规定的动作，如气阀弹簧等。因此，弹簧应具备的性能有：①较高的弹性极限和强度，防止工作时塑性变形；②较高的疲劳强度和屈强比，避免疲劳破坏；③较高的塑性和韧性，保证在承受冲击载荷条件下正常工作；④较好的耐热性和耐蚀性，以便适应高温及腐蚀的工作环境；⑤较高的淬透性和较低的脱碳敏感性，以进一步提高弹簧的力学性能。

2）化学成分。弹簧钢的 $w(C) = 0.40\% \sim 0.70\%$，目的是保证其具有较高的弹性极限和屈服强度。碳含量过低，强度不够，易产生塑性变形；碳含量过高，塑性和韧性会降低，耐冲击载荷能力下降。

碳素钢制成的弹簧件性能较差，只能做一些在不太重要场合下工作的小弹簧。合金弹簧钢中主加元素是 Si、Mn 等，主要目的是提高淬透性和屈强比，也可提高回火稳定性，其中 Si 作用比较明显，但使弹簧钢热处理表面脱碳倾向增大，Mn 则使钢易于过热。辅加元素是 Cr、V、W 等较强碳化物形成元素，其作用是在减少弹簧钢脱碳、过热倾向的同时，细化晶粒，进一步提高淬透性，保证钢在较高使用温度下仍具有较高高温强度、韧性及高回火稳定性。此外，这些元素可提高过冷奥氏体的稳定性，使大截面弹簧得以在油中淬火，降低其内应力。

3）热处理。根据弹簧的尺寸和加工方法不同，可分为热成形弹簧和冷成形弹簧两大类。

① 热成形弹簧的热处理。直径或板厚≥8mm 的大型弹簧多用热轧钢丝或钢板制成。先把弹簧加热到高于正常淬火温度 50~80℃ 的条件下热卷成形，然后进行淬火及中温回火（350~500℃），回火后的组织是回火索氏体，硬度为 40~48HRC，具有较高的弹性极限和疲劳强度，同时又具有一定的塑性、韧性。弹簧钢淬火加热应选用少无氧化的设备（如盐浴炉、保护气氛炉等），以防止氧化脱碳。弹簧热处理后一般还要进行喷丸处理，其目的是强化表面，使表面产生残余压应力，提高疲劳强度，延长使用寿命。如 60Si2Mn 钢制汽车板簧的加工工艺路线为：扁钢剪断→机械加工（倒角钻孔等）→加热压弯→淬火+中温回火→喷丸→装配。

② 冷成形弹簧的热处理。对于直径或截面单边尺寸<8mm 的弹簧，常采用冷拔（轧）

118

钢丝（板）冷卷成形或先热处理强化然后冷卷成形。这类弹簧钢丝按强化工艺可分为三种：铅浴等温冷拉钢丝、冷拔钢丝、油淬回火钢丝，最后进行去应力退火和稳定化处理（加热温度为250~300℃，保温时间1h），以消除应力和稳定尺寸。常见的工艺路线为：缠绕弹簧→去应力退火→磨端面→喷丸→第二次去应力退火→发蓝。

弹簧的表面质量对使用寿命影响很大，若弹簧表面有缺陷，易造成应力集中，从而降低疲劳强度，故常采用喷丸处理强化表面，使表面产生压应力，消除或减轻弹簧的表面缺陷，以提高其强度及疲劳强度。

4）钢种与用途。根据合金元素不同合金弹簧钢主要分为两大类：①Si-Mn类型弹簧钢：包括65Mn、60Si2Mn等。65Mn钢价格低廉，淬透性优于碳素弹簧钢，可用以制造$\phi 8 \sim$15mm的小型弹簧，如各种尺寸的扁簧和座垫弹簧、弹簧发条等。对于60Si2Mn钢，由于同时加入Si和Mn，可用以制造厚度为10~12mm的板簧和$\phi 25 \sim 30$mm的螺旋弹簧，油冷即可淬透，常用于制造汽车、拖拉机和机车上的减振板簧和螺旋弹簧，还可用于制造温度<230℃使用的弹簧。②Cr-V类型弹簧钢：包括50CrVA、60Si2CrVA等。碳化物形成元素Cr、V、W、Mo的加入，可细化晶粒，提高淬透性、塑性和韧性，降低过热敏感性，常用来制作在较高温度下使用的承受重载荷的弹簧，弹簧钢的牌号、成分、性能及应用见表4-5。

（4）滚动轴承钢 用来制作各种滚动轴承零件（如轴承内外圈套，滚珠、滚柱、滚针等滚动体）的专用钢称为滚动轴承钢。

1）工作条件、失效方式和性能要求。滚动轴承在工作时，滚动体与套圈处于点或线接触方式，接触应力为1500~5000MPa，且是周期性交变载荷，每分钟循环受力次数达上万次，常发生疲劳破坏，使局部产生小块的剥落。除滚动摩擦外，滚动体和套圈还存在滑动摩擦，所以轴承的磨损失效十分常见。

根据工作条件和失效形式，滚动轴承钢应具有：高的屈服强度和接触疲劳强度，高而均匀的硬度和耐磨性，足够的韧性和淬透性，在大气和润滑介质中具有良好的耐蚀性和尺寸稳定性。

2）化学成分。滚动轴承钢碳的质量分数较高，$w(C) = 0.95\% \sim 1.10\%$，以保证钢具有高的硬度及耐磨性。决定钢硬度的主要因素是马氏体中的碳含量，所以只有碳含量足够高时，才能保证马氏体的高硬度。此外，碳还要形成一部分高硬度的碳化物，以进一步提高钢的硬度和耐磨性。

滚动轴承钢的主加元素为Cr[$w(Cr) = 0.4\% \sim 1.05\%$]，其主要作用为：①提高淬透性和回火稳定性；②Cr能与碳作用形成细小弥散分布的合金渗碳体，可以使奥氏体晶粒细化，减轻钢的过热敏感性，提高耐磨性，并能使钢在淬火时得到细针状或隐晶马氏体，使钢在保持高强度的基础上增加韧性。但Cr含量不易过高，否则将增加残留奥氏体数量，降低硬度及尺寸稳定性，同时还会增加碳化物的不均匀性，降低钢的韧性和疲劳强度。

Si、Mn、Mo等元素，常用于制造大型轴承（如钢珠直径超过30~50mm的滚动轴承），以进一步提高钢的淬透性、强度、耐磨性和回火稳定性。对无Cr轴承钢还应加入V元素，形成VC以保证耐磨性并细化钢基本晶粒。

滚动轴承钢的接触疲劳强度对杂质和非金属夹杂物的含量和分布比较敏感，因此，必须将S、P的质量分数分别控制在0.02%之内，氧化物、硫化物、硅酸盐等非金属夹杂物含量和分布均应控制在规定的级别之内。

表4-5 弹簧钢的牌号、成分、性能及应用（GB/T 1222—2016）

钢号	质量分数（%）					热处理		力学性能				应用
	C	Mn	Si	Cr	其他	淬火/℃	回火/℃	R_{eL}/MPa	R_m/MPa	$A_{11.3}$（%）	Z（%）	
65	0.62~0.70	0.50~0.80	0.17~0.37	≤0.25	—	840油冷	500	785	980	9	35	截面<15mm的小弹簧
70	0.67~0.75	0.50~0.80	0.17~0.37	≤0.25	—	830油冷	480	835	1030	7	30	
85	0.82~0.90	0.50~0.80	0.17~0.37	≤0.25	—	820油冷	480	980	1130	6	30	
65Mn	0.62~0.70	0.90~1.20	0.17~0.37	≤0.25	—	830油冷	540	785	980	8	30	
60Si2Mn	0.56~0.64	0.70~1.00	1.50~2.00	≤0.35	—	870油冷	440	1375	1570	5	20	截面≤25mm的弹簧，例如，车箱板簧、机车盆簧、缓冲弹簧
28SiMnB	0.24~0.32	1.20~1.60	0.60~1.00	≤0.25	—	900水冷或油冷	320	1680	1800	9	40	
38Si2	0.35~0.42	0.50~0.80	1.50~1.80	≤0.25	—	880水冷	450	1150	1300	8	35	
55SiMnVB	0.52~0.60	1.00~1.30	0.70~1.00	≤0.30	V0.08~0.16 B0.0080~0.0035	860油冷	450	1150	1300	8	35	
60Si2CrA	0.56~0.64	0.40~0.70	1.40~1.80	0.70~1.00	—	870油冷	420	1570	1765	6	20	截面≤30mm的重要弹簧，如小型汽车、货车板簧，扭杆簧，低于350℃工作的耐热弹簧
60Si2CrVA	0.56~0.64	0.40~0.70	1.40~1.80	0.90~1.20	V0.10~0.20	850油冷	410	1665	1860	6	20	
60Si2MnCrVA	0.56~0.64	0.70~1.00	1.50~2.00	0.20~0.40	V0.10~0.20	860油冷	400	1650	1700	5	30	
50CrVA	0.46~0.54	0.50~0.80	0.17~0.37	0.80~1.10	V0.10~0.20	850油冷	500	1130	1275	10	40	
51CrMnVA	0.47~0.55	0.70~1.10	0.17~0.37	0.90~1.20	V0.10~0.25	850油冷	450	1200	1350	6	30	

3）热处理。滚动轴承钢的预备热处理一般采用正火加球化退火。正火是为了消除网状碳化物，以利于球化退火进行。若无连续网状碳化物，可不进行正火。球化退火是为了得到细粒状珠光体组织，降低锻造后钢的硬度，使其不高于 210HBW，以提高切削加工性能，并为零件的最终热处理做组织上的准备。

滚动轴承钢的最终热处理一般是淬火加低温回火，其直接决定了钢的强度、硬度、耐磨性和韧性等。首先淬火加热温度严格控制在 820~840℃，若温度过高，晶粒粗大，淬火时残留奥氏体和针状马氏体的量增加，接触疲劳强度、韧性和尺寸稳定性变差；温度过低，硬度不足。为减轻淬火应力和变形开裂概率，滚动轴承钢采用油淬并立即在 150~160℃回火。使用状态的组织应为回火马氏体+细小粒状碳化物+少量残留奥氏体，硬度为 61~65HRC。

对于尺寸稳定性要求很高的精密轴承，可在淬火后于 -60~-80℃ 进行冷处理，消除应力和减少残留奥氏体的量，然后再进行低温回火和磨削加工，为进一步稳定尺寸，最后再进行 120~130℃，保温 5~10h 的低温时效处理。

一般滚动轴承的加工工艺路线为：轧制或锻造→球化退火→机械加工→淬火→低温回火→磨削→成品。

精密轴承的加工工艺路线为：轧制或锻造→球化退火→机械加工→淬火→冷处理→低温回火→时效处理→磨削→时效处理→成品。

4）钢种与用途。

① Cr 轴承钢。目前我国的轴承钢多属此类钢，其中最常见的是 GCr15，除用于中、小轴承外，还可制成精密量具、冷冲模具和机床丝杠等。

② 含 Si、Mn 等合金元素轴承钢。为了提高淬透性，在制造大型和特大型轴承时常在 Cr 轴承钢的基础上添加 Si、Mn 等，如 GCr15SiMn。

③ 无 Cr 轴承钢。为节约 Cr，我国制成了只有 Mn、Si、Mo、V，而不含 Cr 的轴承钢，如 GSiMnV、GSiMnMoV 等。与 Cr 轴承钢相比，其淬透性、耐磨性、接触疲劳强度、锻造性能较好，但是脱碳敏感性较大且耐蚀性较差。

④ 渗碳轴承钢。为进一步提高耐磨性和耐冲击载荷，可采用渗碳轴承钢，如 G20CrMo、G20CrNiMo 用于中小齿轮、轴承套圈、滚动件等；G20Cr2Ni4A 用于受冲击载荷的大型轴承。

下面以 GCr15 钢制作油泵偶件针阀体（图 4-3）为例，说明生产和热处理工艺的选用。针阀体与针阀是内燃机油泵中的一对精密偶件，针阀体固定在气缸头上，不断喷油时，针阀顶端与针阀体端部有强烈的摩擦作用，而且针阀体端部工作温度在 260℃ 左右。针阀体与针阀要求尺寸精密而且稳定，稍有变形即会引起漏油或出现卡死现象。因此，要求其有高的硬度、耐磨性和尺寸稳定性。

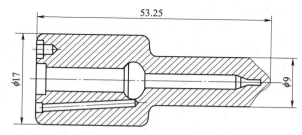

图 4-3　精密偶件针阀体结构图

针阀体的生产工艺路线为：下料（冷拉圆钢）→机械加工→去应力→机械加工→淬火→冷处理→回火→时效处理→机械加工→时效处理→机械加工。

技术要求：62~64HRC，热处理变形度<0.04mm。

去应力处理是在 400℃ 下进行，以消除加工应力，减小变形。热处理工艺曲线如图 4-4

所示。采用硝盐分级淬火，以减小变形。冷处理在-60℃进行，其目的是减少残留奥氏体量，以稳定尺寸。回火温度为170℃，以降低淬火及冷处理后产生的应力。第一次时效在回火后进行，加热温度为130℃，保温6h，利用较低温度、较长时间保温，使应力进一步降低，使组织更加趋向稳定。第二次时效在精磨后进行，采用同上工艺，以进一步降低应力，稳定组织、尺寸。

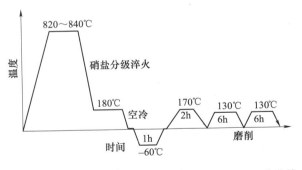

图4-4 GCr15钢制针阀-针阀体偶件的热处理工艺曲线

（5）铸钢 铸钢是在凝固过程中不经历共晶转变，用于生产钢制铸件的铁基合金的总称，是以Fe、C为主要元素的合金，是铸造合金的一种。铸钢件是以铸钢为材料，按照设计，通过一定的铸造工艺浇注成形的零件。

1）化学成分。对于铸钢，$w(C)$一般为0.15%~0.6%。按照钢的化学成分，可以分为铸造碳钢、铸造低合金钢和铸造特种钢三类。

① 铸造碳钢。以碳为主要合金元素并含有少量其他元素的铸钢。分为铸造低碳钢[$w(C)<0.2\%$]、铸造中碳钢[$w(C)=0.2\%~0.5\%$]和铸造高碳钢[$w(C)>0.5\%$]。碳含量是影响铸钢件性能的主要元素，随着碳含量的增加，铸造碳钢的硬度提高，屈服强度和抗拉强度均提高，且抗拉强度比屈服强度提高得更快。但碳含量超过0.45%后，屈服强度会提高很小，而塑性、韧性却显著下降，在凝固时易产生裂纹。从铸造性能来看，适当提高碳含量，可降低钢的熔化温度，增加钢液的流动性，也能减少钢中气体和夹杂。

② 铸造低合金钢。含有Mn、Cu和Cr等元素的铸钢。其在铸造碳钢的基础上，适当提升Mn和Si的含量，合金元素总量一般小于5%，冲击韧度较大，通过热处理可以获得更优良的力学性能。铸造低合金钢与铸造碳钢相比，使用性能佳，使用寿命长，综合力学性能优。

③ 铸造特种钢。适应特殊需求的合金铸钢。其品种繁多，为获得某种特殊性能，一般含有多种高含量的合金元素。

2）热处理。为了消除铸钢件内部的铸态组织不均衡、严重枝间偏析和晶粒粗大等缺陷以及较大的残余内应力，铸钢件需要进行热处理。铸钢件常用热处理工艺有退火、正火、调质、淬火、回火、固溶处理、沉淀硬化、表面化学热处理等。

退火和正火的主要目的是对铸钢件自身硬度值进行调整，并控制铸钢件内部残余应力，以便后续开展切削工艺，避免在切削过程中铸钢件出现开裂或者变形，同时还可改善铸钢件的力学性能，为最后的热加工处理做准备。退火和正火都可以将铸钢件内部的钢组织细化，从而使铸钢件具备较好的力学性能。二者的明显区别主要体现在正火温度更高且冷却更快。

淬火是在铸钢件进行退火以及正火之后，待铸钢件完全处于奥体氏状态并保温一定时间，然后选择合适的冷却方式对铸钢件进行降温，最终使铸钢件内部组织向贝氏体或者马氏体组织转变的热处理工艺。在对铸钢件完成淬火之后，需要及时进行回火，以便能够对淬火产生的应力进行处理，使铸钢件具有较好的性能。

回火主要目的是消除正火或者淬火工艺产生的残余应力，进而提升铸钢件的韧性以及塑性。在对铸钢件正火之后，需要视铸钢件具体情况，综合判断之后，确定是否进行回火。

通过对铸钢件进行固溶处理，可使铸钢件内部的碳化物以及其他析出相溶于固溶体之内。

铸钢件淬火或固溶后，将其置于合适温度环境之中进行保温处理，使得内部的氮化物、碳化物、金属间化合物等得以析出，并溶到基体之中，从而提升铸钢件硬度。对于低合金钢通常需进行沉淀硬化处理，根据铸钢件制作材料不同，选择适合的沉淀硬化温度。

对铸钢件进行应力消除，通常针对的是淬火应力、锻造应力等，使铸钢件结构保持稳定。为了消除铸钢件应力，可将铸钢件温度保持在 AC_3 低 100~200℃，并保温一定时间，然后随炉逐渐冷却。

对铸钢件进行除氢处理主要是为了提高铸钢件塑性。将铸钢件加热至 170~200℃ 或者加热至 280~300℃，经过长时间处理后，铸钢件内部无组织变化，可以用于处理一些较脆的低合金钢铸件。

3）钢种与用途。铸钢按化学成分不同可分为铸造合金钢和铸造碳钢，按使用特性又分为铸造工具钢、铸造特殊钢、工程与结构用铸钢和铸造合金钢等。

由于铸钢良好的力学性能，使其成为一种很重要的金属结构材料。其具有较高的强度、韧性和良好的焊接性，在其中加入合金元素后还可获得耐磨、耐热、耐蚀和无磁等特殊性能。铸钢在交通运输船舶和车辆、建筑机械、工程机械、电站设备、矿山机械及冶金设备、航空航天设备、油井及化工设备等方面应用尤为广泛。例如，在重型机械中用于制造承受大负荷的零件，如轧钢机机架、水压机底座等；在铁路车辆上用于制造受力大又承受冲击的零件，如摇枕、侧架、车轮和车钩等。

工程用铸造碳钢（参阅 GB/T 5613—2014）的牌号、碳含量、力学性能与应用见表 4-6。

表 4-6　铸造碳钢的牌号、力学性能与应用（GB/T 5613—2014）

牌号	$w(C)$ (%)	力学性能（≥）					应用举例
		R_{eH} /(N/mm²)	R_m /(N/mm²)	A (%)	Z (%)	K/J	
ZG200-400	0.2	200	400	25	40	60	机座、变速器壳体等
ZG230-450	0.3	230	450	22	32	45	砧座、外壳、轴承盖、底板、阀体等
ZG270-500	0.4	270	500	18	25	35	轧钢机机架、轴承座、连杆、箱体、曲轴、缸体、飞轮、蒸汽锤等
ZG310-570	0.5	310	570	15	21	30	大齿轮、缸体、制动轮、辊子等
ZG340-640	0.5	340	640	10	18	20	起重运输机中的齿轮、联轴器等

4.1.3　工具钢

用于制造刃具、模具、量具等工具的钢称为工具钢。

1. 刃具钢

用来制造车刀、铣刀、锉刀、丝锥、钻头、板牙等刃具的钢统称为刃具钢。

（1）工作条件、失效方式及性能要求　在切削加工零件时，刃具切削刃与工件表面金属相互作用，使切屑产生变形与断裂，并从整体上剥离，故切削刃本身承受弯曲、扭转、剪切应力和冲击、振动负荷，同时还受到工件和切屑的强烈摩擦作用，产生大量热使刀具温度升高，有时高达600℃左右。切削速度越快、吃刀量越大，则切削刃局部升温越高。刀具的失效形式有卷刃、崩刃和折断等，但最普遍的失效形式是磨损。因此刃具钢必须具有以下性能才能正常工作。

1）高硬度。刃具是用来切削工件的，只有其硬度比被加工工件的硬度要高得多才能进行切削。一般切削金属的刀具刃口处硬度应不小于60HRC。

2）高耐磨性。耐磨性是影响刃具尤其是锉刀等使用寿命和工作效率的主要因素之一。刃具钢的耐磨性取决于钢的硬度、韧性和钢中碳化物的种类、数量、尺寸、分布等。

3）高热硬性。热硬性是指钢在高温下保持高硬度的能力。刃具工作时，刃部的温度很高，大都超过了碳素工具钢的软化温度，所以热硬性的高低是衡量刃具钢的重要指标之一。热硬性的高低与钢的回火稳定性和合金碳化物弥散沉淀有关。

4）良好配合的强度、塑性和韧性。使刀具在冲击或振动载荷等作用下能正常工作，防止脆断、崩刃等破坏。

（2）碳素工具钢　碳素工具钢是 $w(C) = 0.65\% \sim 1.30\%$ 的碳钢，按杂质含量的不同，可分为优质碳素工具钢和高级优质碳素工具钢，如 T7、T8、T12 和 T7A、T8A、T10A、T12A 等。

1）化学成分。为保证高硬度和高耐磨性，其碳的质量分数通常为 $0.65\% \sim 1.35\%$。

2）热处理。因其生产成本低，冷、热加工工艺性能好，故热处理工艺简单，多为淬火加低温回火。

3）性能。热处理后的碳素工具钢具有相当高的硬度（58~64HRC），切削热不大（<200℃）时具有较好的耐磨性。

4）钢种与用途。碳素工具钢中，随着碳含量增加，其硬度和耐磨性渐增，而韧性逐渐下降，应用场合也不同。T7、T8一般用于要求韧性稍高的工具，如冲头、錾子、简单模具、木工工具等；T9、T10、T11用于要求中等韧性、高硬度的工具，如手用锯条、丝锥、板牙等，也可用于要求不高的模具；T12、T13具有高的硬度及耐磨性，但韧性低，用于制造量具、锉刀、钻头、刮刀等。常用碳素工具钢的牌号、成分、力学性能与用途见表4-7（GB/T 1299—2014）。

表 4-7　常用碳素工具钢的牌号、成分、力学性能与用途（GB/T 1299—2014）

牌号	化学成分（质量分数,%）			退火状态 HBW 不小于	试样淬火硬度 HRC 不小于	用途举例
	C	Si	Mn			
T7 T7A	0.65~0.74	≤0.35	≤0.40	187	800~820℃　水冷 62	承受冲击载荷、韧性较好、硬度适当的工具，如扁铲、手钳、大锤、螺钉旋具、木工用工具等
T8 T8A	0.75~0.84	≤0.35	≤0.40	187	780~800℃　水冷 62	承受冲击载荷不大、要求较高硬度的工具，如冲头、扩孔钻、木料锯片等

（续）

牌号	化学成分（质量分数,%）			退火状态 HBW 不小于	试样淬火硬度 HRC 不小于	用途举例
	C	Si	Mn			
T8Mn T8MnA	0.80~0.90	≤0.35	0.40~0.60	187	780~800℃　水冷 62	同上，但淬透性较大，可制造截面较大的工具，如横纹锉刀、手锯条、石油凿等
T9 T9A	0.85~0.94	≤0.35	≤0.40	192	760~780℃　水冷 62	韧性中等、硬度较高的工具，如冲模、木工工具、凿岩工具等
T10 T10A	0.95~1.04	≤0.35	≤0.40	197	760~780℃　水冷 62	不受剧烈冲击、高硬度耐磨的工具，如车刀、刨刀、丝锥、冷冲模、锉刀、凿岩工具等
T11 T11A	1.05~1.14	≤0.35	≤0.40	207	760~780℃　水冷 62	工作时刃口不受热的工具，如锉刀、丝锥、刮刀、切烟叶刀、冲孔模等
T12 T12A	1.15~1.24	≤0.35	≤0.40	207	760~780℃　水冷 62	不受冲击、切削速度不高、刃口不受热的工具，如车刀、铣刀、铰刀、刮刀和冲孔模等
T13 T13A	1.25~1.35	≤0.35	≤0.40	217	760~780℃　水冷 62	硬金属切削工具，如刮刀、锉刀、雕刻工具、剃刀等

注：回火温度均为 180~200℃。

　　由于碳素工具钢的淬透性低，对于截面大于 $10mm^2$ 的刃具，只能使其表面淬硬，当工作温度大于 200℃ 时，碳素工具钢硬度明显下降，使刃具丧失切削能力。碳素工具钢淬火时需用水冷，形状复杂的工具易于淬火变形，开裂危险性大。当刃具性能要求较高时，必须采用合金刃具钢。

　　（3）低合金刃具钢　对于某些低速而且进给量较小的机用工具，以及要求不太高的刃具，可用碳素工具钢 T7、T8、T10、T12 等制作。碳素工具钢价格低廉，加工性能好，经适当热处理后可获得较高的硬度和良好的耐磨性。但其淬透性差，回火稳定性和热硬性不高，不能用于对性能有较高要求的刀具。为了克服碳素工具钢的不足之处，在其基础上加入适量的合金元素 $[w(Me)<5\%]$，如 Cr、Mn、Si、W、V 等，形成的合金工具钢即称为低合金刃具钢。

　　1）化学成分。低合金刃具钢碳的平均质量分数 $w(C)=0.75\%~1.50\%$，可形成适量碳化物，以保证获得较高的硬度和耐磨性。加入 Mn、Si、Cr、V、W 等合金元素可以改善钢的综合性能，Mn、Si、Cr 的主要作用是提高淬透性、强化铁素体，Si 还能提高回火稳定性，W、V 等与 C 形成细小弥散的合金碳化物，以提高硬度和耐磨性，细化晶粒，进一步增加回火稳定性。

　　2）热处理。低合金刃具钢的预备热处理是球化退火，目的是改善锻造组织和切削加工性能，并为淬火做组织准备，所得组织为粒状珠光体。最终热处理是淬火加低温回火，加热

125

工程材料与先进成形技术 基础

温度为 $Ac_1+(30\sim50)$℃，热处理组织为回火马氏体、碳化物和少量残留奥氏体。低合金刃具钢的热处理过程与碳素工具钢基本相同，不同的是低合金刃具钢大部分是用油淬，工件淬火变形小，淬裂倾向低。

以 9SiCr 钢（$Ms=160$℃）制造的圆板牙为例（图 4-5），说明其热处理特点和工艺路线。

圆板牙是切削加工外螺纹的刀具，要求钢中碳化物均匀分布，热处理后硬度和耐磨性较高，而且齿形变形小。其制造工艺路线为：下料→球化退火→机械加工→淬火+低温回火→磨平面→抛槽→开口。

球化退火工艺，如图 4-6 所示。淬火+低温回火的热处理工艺如图 4-7 所示。淬火加热过程中要在 600~650℃保温预热一段时间，以减少高温停留时间，降低板牙的氧化脱碳倾向；加热到 850~870℃后，在 180℃左右的硝盐浴中进行等温淬火，以减小变形；淬火后在 190~200℃进行低温回火，使其达到所要求的硬度（60~62HRC），并降低残余应力。

3）性能。其具有较高的硬度和耐磨性。

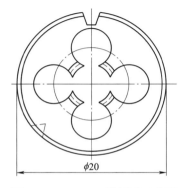

图 4-5 M6×0.75 圆板牙示意图

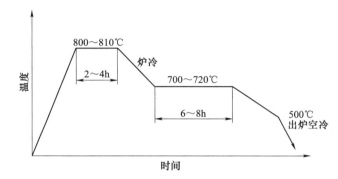

图 4-6 9SiCr 钢圆板牙等温球化退火工艺

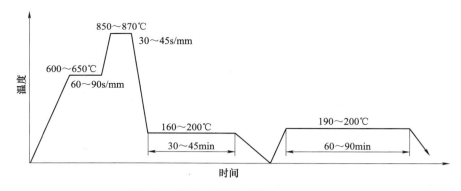

图 4-7 9SiCr 钢圆板牙淬火、回火工艺

4）钢种与用途。常用低合金刃具钢有 9SiCr、CrWMn、9Cr2 等，其中以 9SiCr 钢应用为多。这类钢淬透性、耐磨性等明显高于碳素工具钢，而且变形量小，主要用于制造截面尺寸较大、几何形状较复杂、加工精度要求较高、切割速度不太高的板牙、丝锥、铰刀、搓丝板等。其牌号、成分、热处理、性能及用途见表 4-8（GB/T 1299—2014 和 GB/T 9943—2008）。

表4-8　常用合金刃具钢的牌号、成分、热处理、性能及用途（GB/T 1299—2014 和 GB/T 9943—2008）

类别	牌号	化学成分（质量分数，%）							热处理					应用举例
		C	Mn	Si	P	S	Cr	W	温度/℃（淬火）	冷却介质	硬度HRC	温度/℃（回火）	硬度HRC	
低合金刃具钢	9SiCr	0.85~0.95	0.30~0.60	1.20~1.60	≤0.030	≤0.030	0.95~1.25	—	865~875	油冷	63~64	160~180	61~63	板牙、丝锥、钻头、铰刀、齿轮铣刀、冷冲模、冷轧辊等
	CrWMn	0.90~1.05	0.80~1.10	≤0.40	≤0.030	≤0.030	0.90~1.20	1.20~1.60	820~840	油冷	63~65	170~200	60~62	各种量规与量块等
	Cr2	0.95~1.10	≤0.40	≤0.40	≤0.030	≤0.030	1.30~1.65	—	830~850	油冷	62~65	150~170	60~62	制造木工工具、冷冲模、冲头、中小尺寸冷作模具等
	9Cr2	0.80~0.95	≤0.40	≤0.40	≤0.030	≤0.030	1.30~1.70	—	820~850	油冷	62~65	150~170	60~62	制造木工工具、冷轧辊、冷冲模、钢印冲孔模等
	W	1.05~1.25	≤0.40	≤0.40	≤0.030	≤0.030	0.10~0.30	0.80~1.20	800~820	水冷	62~64	150~180	59~61	制造小型麻花钻头、丝锥、锉刀、冲头、板牙等

类别	牌号	化学成分（质量分数，%）							热处理					应用举例
		C	Mn	Si	Cr	W	V	Mo	温度/℃（淬火）	冷却介质	硬度HRC	温度/℃（回火）	硬度HRC	
高速钢	W18Cr4V（18-4-1）	0.73~0.83	0.10~0.40	0.20~0.40	3.80~4.50	17.20~18.70	1.00~1.20	—	1270~1285	油冷	—	550~570	≥63	中速切削用车刀、刨刀、钻头、铣刀等
	W6Mo5Cr4V2（6-5-4-2）	0.80~0.90	0.15~0.40	0.20~0.45	3.80~4.40	5.50~6.75	1.75~2.20	4.50~5.50	1210~1230	油冷	—	540~560	≥63	制造要求耐磨性和韧性很好配合的中速切削刀具，如丝锥、钻头等
	W6Mo5Cr4V3（6-5-4-3）	1.15~1.25	0.15~0.40	0.20~0.45	3.80~4.50	5.90~6.70	2.70~3.20	4.70~5.20	1190~1210	油冷	—	540~560	≥64	制造要求耐磨性和韧性较好配合的、形状稍为复杂的刀具，如拉刀、铣刀等

（4）高速钢　高速钢是一种用于制造高速切削刀具的高合金［合金总量 $w(\mathrm{Me})>10\%$］工具钢。高速钢之所以优于其他工具钢主要是其具有良好的热硬性，在切削零件刃部温度高达 $600℃$ 时，硬度仍不会明显降低，切削时明显比一般低合金刃具钢制作的刀具更加锋利，因此又俗称"锋钢"。高速钢具有高淬透性，淬火时在空气中冷却即可得到马氏体组织，因此又称为"风钢"。高速钢广泛用于制造各种不同用途的高速切削刀具，如车刀、铣刀、刨刀、拉刀及钻头等。

1）化学成分。高速钢的碳平均质量分数较高，为 $0.70\%\sim1.50\%$。高碳一方面是保证 C 与 W、Mo、Cr、V 等合金元素形成大量的合金碳化物，阻碍奥氏体晶粒长大，提高回火稳定性；另一方面有一定数量的 C 溶于奥氏体中，淬火得到的马氏体具有较高的硬度和耐磨性。

高速钢中还含有大量的碳化物形成元素 W、Mo、V 和 Cr，这些元素的含量为：$w(\mathrm{W})$ $6.0\%\sim19.0\%$，$w(\mathrm{Cr})4.0\%$，$w(\mathrm{V})1.0\%\sim5.0\%$，$w(\mathrm{Mo})0.0\%\sim6.0\%$。W 是使高速钢具有较高热硬性的主要元素，W 在钢中主要以 $\mathrm{Fe_4W_2C}$ 形式存在，加热时部分 $\mathrm{Fe_4W_2C}$ 溶于奥氏体中，淬火时存在于马氏体中，使钢的回火稳定性提高。当在 $560℃$ 回火时，W 会以弥散的特殊碳化物 $\mathrm{W_2C}$ 的形式出现，形成二次硬化，对钢在高温下保持高硬度有较大的贡献。加热时部分未溶的 $\mathrm{Fe_4W_2C}$ 会阻碍奥氏体晶粒长大，降低过热敏感性和提高耐磨性。合金元素 Mo 的作用与 W 相似，一份 Mo 可代替两份 W，而且 Mo 还能提高韧性和消除第二类回火脆性。但是含 Mo 较高的高速钢脱碳和过热敏感性较大。Cr 在高速钢中的主要作用是提高淬透性、硬度和耐磨性，Cr 主要以 $\mathrm{Cr_{23}C_6}$ 的形式存在，这种碳化物在高速钢正常淬火加热温度下几乎全部溶解，对阻碍奥氏体晶粒长大不起作用，但是溶入奥氏体中可明显提高淬透性和回火稳定性，含 Cr 量过高会增加残留奥氏体量，过低则淬透性达不到要求。V 的主要作用是细化晶粒，提高硬度和耐磨性，V 的碳化物为 $\mathrm{V_4C_3}$ 或 VC，比 W、Mo、Cr 的碳化物都稳定，而且是细小弥散分布，加热时很难溶解，对奥氏体晶粒长大有很大的阻碍作用，并能有效地提高硬度和耐磨性。高温回火时也会产生二次硬化，但是提高热硬性的作用不如 W、Mo 明显。

2）锻造及热处理。以 W18Cr4V 钢制造盘形齿轮铣刀（图 4-8）为例，说明其热处理工艺和生产路线。

盘形齿轮铣刀（模数 $m=3$）热处理后刃部硬度要求大于 63 HRC，其生产工艺路线为：下料→锻造→球化退火→机械加工→淬火+多次回火→喷砂→磨加工→成品。

1）高速钢的锻造。高速钢属于莱氏体钢，铸态组织中有粗大的、鱼骨状共晶碳化物（$\mathrm{M_6C}$）（图 4-9）。这些粗大的碳化物无法用热处理的方法

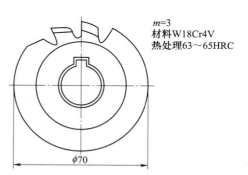

$m=3$
材料W18Cr4V
热处理63～65HRC

$\phi70$

图 4-8　盘形齿轮铣刀示意图

消除，只有通过锻造的方法将其击碎，并使其分布均匀。如果碳化物分布不均匀，刀具的强度、硬度、耐磨性、韧性和热硬性都很差，在使用过程中容易发生崩刃或加速磨损，导致刀具早期失效。

2）高速钢的热处理：常用的热处理方法有：①预备热处理（球化退火）。高速钢锻造

后的硬度很高，只有经过退火降低硬度才能进行切削加工。一般采用球化退火降低硬度，消除锻造应力，为淬火做组织上的准备。球化退火后组织由索氏体和均匀分布的合金碳化物所组成（图 4-10）。退火工艺一般采用等温球化退火，如图 4-11 所示。②最终热处理（淬火+回火）。高速钢中含大量合金元素，导热性比较差，淬火温度较高，为避免加热过程产生变形开裂，一般在 800~840℃ 预热，截面尺寸较大的零件可在 500~650℃ 处进行一次预热。

图 4-9　W18Cr4V 钢铸态组织

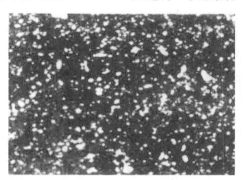

图 4-10　W18Cr4V 钢球化退火组织

合金元素只有溶入高速钢中才能有效提高其热硬性，它们只有在 1200℃ 以上才能大量地溶于奥氏体中。因此为了保证足够的热硬性，高速钢淬火温度比较高；但温度也不可过高，否则奥氏体晶粒明显长大，残留奥氏体量也增加，一般在 1220~1280℃。W18Cr4V 钢淬火后组织为马氏体+残留奥氏体+粒状碳化物（图 4-12）。为了减少残留奥氏体，稳定组织，消除应力，提高热硬性，需进行多次回火，主要是由于一次回火不能完全消除残留奥氏体。

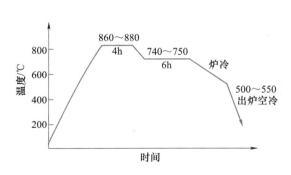

图 4-11　W18Cr4V 钢球化退火工艺

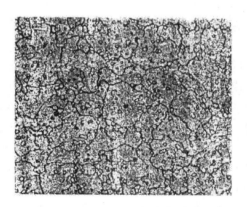

图 4-12　W18Cr4V 钢淬火后组织

3）性能。W18Cr4V 钢的硬度与回火温度的关系如图 4-13 所示。随回火温度升高，钢的硬度开始呈下降趋势，大于 300℃ 后，硬度反而随温度升高而提高，在 550℃ 左右达到最高值。这是因为温度升高，马氏体中析出细小弥散的特殊碳化物 W_2C、VC 等，造成第二相的弥散强化效应。此外由于部分碳及合金元素从残留奥氏体中析出，Ms 点升高，钢在回火冷却时，部分残留奥氏体转变为马氏体，发生二次淬火，使硬度升高。以上两个因素就是高速钢回火出现二次硬化的根本原因。当回火温度>560℃ 时，碳化物发生聚集长大，导致硬度下降。

4）钢种与用途。我国常用高速钢有 W 系钢，如 W18Cr4V，热硬性和加工性能好。W-Mo 系钢，如 W5Mo5Cr4V2，耐磨性、热塑性和韧性较好，但脱碳敏感性较大，而且磨削性能不如 W 系钢。新开发的含 Co、Al 等超硬高速钢，这类钢能更大限度地溶解合金元素，提高热硬性，但是脆性较大，有脱碳倾向。常用高速钢的牌号、成分、热处理及用途见表 4-9（GB/T 9943—2008）。

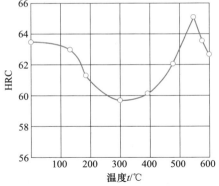

图 4-13　W18Cr4V 钢硬度与回火温度关系

2. 模具钢

用于制作冷冲压模、热锻压模、挤压模、压铸模等模具的钢称为模具钢。根据性质和使用条件不同，可分为冷作模具钢和热作模具钢两大类。

（1）冷作模具钢　冷作模具钢是用来制造在冷态下使金属变形的模具钢种，包括冷冲模、冷镦模、冷挤压模、拉丝模和落料模等。

1）工作条件、失效方式和性能要求。冷作模具在常温下会使坯料变形，由于坯料的变形抗力很大且存在加工硬化效应，模具的工作部分受到强烈的冲击载荷和摩擦以及很大的压力和弯曲力的作用。模具类型不同，其工作条件也有差异。如冲裁模的刃口承受很强的冲压和摩擦，冷镦模和冷挤压模工作时冲头承受巨大的挤压力，而凹模则受到巨大的张力，冲头和凹模都受到剧烈的摩擦，拉伸模工作时也承受很大的压应力和摩擦。这类模具工作时的实际温度一般不超过 300℃。模具的失效形式为脆断、堆塌、磨损、啃伤和软化等，因此冷作模具钢要求具有较高的硬度和耐磨性，良好的韧性和疲劳强度。截面尺寸较大的模具还要求具有较高的淬透性，高精度模具则要求热处理变形小。

2）化学成分。冷作模具钢 C 的质量分数较高，多在 1.0% 以上，有的甚至高达 2.0%，其目的是保证获得高硬度和高耐磨性。冷作模具钢中主加合金元素是 Cr，其能提高淬透性，形成 Cr_7C_3 或（Cr，Fe）$_7C_3$ 等化合物，可明显提高钢的耐磨性。辅加合金元素是 Mn、W、Mo、V 等，其中 Mn 的作用是提高淬透性和强度，W、Mo、V 等与碳形成细小弥散的碳化物，除了进一步提高淬透性、细化晶粒外，还能提高回火稳定性、强度和韧性。

3）锻造及热处理。冷作模具钢热处理的目的是最大限度地满足其性能要求，以便能正常工作。下面以 Cr12MoV 冷作模具钢制造冲孔落料模为例，分析热处理工艺方法及制定生产工艺路线。

冲孔落料模的示意图如图 4-14 所示，凸、凹模均要求硬度在 58～60HRC，要求具有较高的耐磨性、强度和韧性，较小的淬火变形。为此，设计其生产工艺路线为：锻造→退火→机械加工→淬火+回火→精模或电火花加工→成品。

① 冷作模具钢的锻造：Cr12MoV 钢的组织和性能与高速钢类似，其中有莱氏体组织，可以通过锻造使其破碎，并分布均匀。

② 冷作模具钢的热处理：预备热处理一般为球化退火（包括等温退火），目的是消除锻造应力、降低硬度（197～241HBW），以便于切削加工。

最终热处理方案有两种：①一次硬化法。在较高温度（950～1000℃）下淬火，然后低

表 4-9　常用高速钢的牌号、成分、热处理及用途（GB/T 9943—2008）

牌号	化学成分（质量分数，%）									
	C	Mn	P	S	Si	Cr	V	W	Mo	Al
W18Cr4V	0.73~0.83	0.10~0.40	≤0.03	≤0.03	0.20~0.40	3.80~4.50	1.00~1.20	17.20~18.70	—	—
W6Mo5Cr4V2	0.80~0.90	0.15~0.40	≤0.03	≤0.03	0.20~0.45	3.80~4.40	1.75~2.20	5.50~6.75	4.50~5.50	—
W6Mo5Cr4V2Al	1.05~1.15	0.15~0.40	≤0.03	≤0.03	0.20~0.60	3.80~4.40	1.75~2.20	5.50~6.75	4.50~5.50	0.80~1.20

牌号	交货状态 HBW不大于		热处理					用途举例
	退火	其他加工方法	退火温度/℃	淬火温度/℃		回火温度/℃	HRC ≥	
				盐浴炉	箱式炉			
W18Cr4V	255	269	850~870	1260~1280 油冷	1260~1280 油冷	550~570	63	制造一般高速切削用车刀、刨刀、钻头、铣刀等
W6Mo5Cr4V2	255	262	840~860	1210~1230 油冷	1210~1230 油冷	540~560	63（箱式炉）64（盐浴炉）	制造要求耐磨性和韧性的高速切削刀具，如丝锥、钻头锥等
W6Mo5Cr4V2Al	269	285	840~860	1230~1240 油冷	1230~1240 油冷	540~560	65	加工一般材料的刀具，使用寿命为W18Cr4V的1~2倍，也可制作冷热模具零件

温（150~180℃）回火，硬度可达 61~64HRC，使钢具有较好的耐磨性和韧性，适用于重载模具，图 4-15 所示为 Cr12MoV 钢制冲孔落料模淬火回火工艺，其热处理后组织为回火马氏体+残留奥氏体+合金碳化物。②二次硬化法。在较高温度（1100~1150℃）下淬火，然后于 510~520℃多次（一般为三次）回火，产生二次硬化，使硬度达 60~62HRC，热硬性和耐磨性都较好，但韧性较差，适用于在 400~450℃温度下工作的模具。

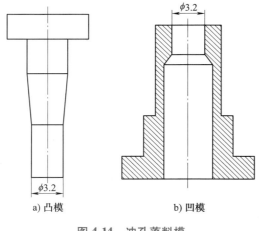

图 4-14　冲孔落料模　　　　图 4-15　Cr12MoV 钢制冲孔落料模淬火回火工艺

4）钢种、牌号与用途。冷作模具钢按化学成分不同可分为碳素模具钢、低合金模具钢、高合金模具钢和高速工具钢；按工艺性能和承载能力分为低淬透性、低变形、微变形、高强度、高韧性和抗冲击冷作模具钢。

对于几何形状比较简单、截面尺寸和工作负荷不太大的冷作模具（如小冲头、剪薄钢板的剪刀），可用高级优质碳素工具钢 T8A、T10A、T12A 和低合金刃具钢 9SiCr、9Mn2V、CrWMn 等，它们耐磨性较好，淬火变形不太大。对于形状复杂、尺寸和负荷较大、变形要求严格的冷作模具，须采用中或高合金模具钢，如 Cr12、Cr12MoV 或 W18Cr4V 等，这类钢淬透性高、强度高、耐磨性好，属微变形钢。常用合金冷作模具钢的牌号、化学成分、热处理及用途见表 4-10。

（2）热作模具钢　热作模具钢是用来制造在受热状态下使金属变形的模具钢种，包括热锻模、热挤压模、热镦模、压铸模和高速锻模等。

1）工作条件、失效方式和性能要求。热作模具钢工作条件的主要特点是与热态（温度可高达 1100~1200℃）金属接触。由此带来两方面问题：①使模腔表层金属受热，温度可升至 300~400℃（锤锻模）、500~800℃（热挤压模），甚至近千摄氏度（钢铁材料压铸模）；②使模腔表层金属产生热疲劳（指模具型腔表面在工作中反复受到炽热金属的加热和冷却剂的冷却交替作用而引起的龟裂现象）。此外，还有使工件变形的机械应力和工件间的强烈摩擦作用。故模具常见的失效形式是变形、磨损、开裂和热疲劳等。因此，为使热作模具正常工作，要求模具用钢在较高的工作温度下具有良好的强韧性，较高的硬度、耐磨性、导热性、抗热疲劳能力，以及较高的淬透性和尺寸稳定性。

2）化学成分。热作模具钢中碳的质量分数一般为 0.3%~0.6%，碳含量适中可以获得所需的强度、硬度、耐磨性和韧性。碳含量过高，会导致韧性和导热性下降；碳含量过低，

表4-10　常用合金冷作模具钢的牌号、化学成分、热处理及用途（GB/T 1299—2014）

牌号	化学成分（质量分数，%）									交货状态（正火）HBW	热处理		用途举例
	C	Si	Mn	Cr	W	Mo	V	P	S		淬火温度/℃	HRC≥	
								≤	≤				
Cr12	2.00~2.30	≤0.40	≤0.40	11.50~13.00	—	—	—	0.03	0.03	217~269	950~1000 油冷	60	用于耐磨性高而冲击较小的模具，如冲模、冲头、钻套、量规、冷剪切刀、拉丝模等
Cr12MoV	1.45~1.70	≤0.40	≤0.40	11.00~12.50	—	0.40~0.60	0.15~0.30	0.03	0.03	207~255	950~1000 油冷	58	用于制作截面较大、形状复杂、工作条件繁重的各种冷作模具及螺纹搓丝板
9Mn2V	0.85~0.95	≤0.40	1.70~2.00	—	—	—	0.10~0.25	0.03	0.03	≤229	780~810 油冷	62	用于制作小型冷作模具及要求变形小、耐磨性高的量规、量块、磨床主轴等
CrWMn	0.90~1.05	≤0.40	0.80~1.10	0.90~1.20	1.20~1.60	—	—	0.03	0.03	207~255	800~830 油冷	62	用于制作淬火要变形很小的切削刀具，如长而形状复杂的切削刀具，如拉刀、长丝锥及形状复杂、高精度的冷冲模
9CrWMn	0.85~0.95	≤0.40	0.90~1.20	0.50~0.80	0.50~0.80	—	—	0.03	0.03	197~241	800~830 油冷	62	用于制作淬火要求变形很小、长而形状复杂的切削刀具，如拉刀、长丝锥及形状复杂、高精度的冷冲模
Cr4W2MoV	1.12~1.25	0.40~0.70	≤0.40	3.50~4.00	1.90~2.60	0.80~1.20	0.80~1.10	0.03	0.03	≤269	960~980 或 1020~1040 油冷	60	可代替Cr12MoV、Cr12用作电动机、电器硅钢片冲裁模，还可制作冷镦模、冷挤压模、拉拔模、螺纹搓丝板等

强度、硬度、耐磨性难以保证。

热作模具钢中加入的合金元素是 Cr、W、Mo、V、Ni、Mn 等，其中 Cr 能够提高淬透性和回火稳定性；Ni 除与 Cr 共存时可提高淬透性外，还能提高综合力学性能；Mn 能够提高淬透性和强度，但是有使韧性下降的趋势；Mo、W、V 等能产生二次硬化，提高热硬性、回火稳定性、抗热疲劳性、细化晶粒，Mo 和 W 还能防止第二类回火脆性产生。

3）锻造及热处理。热作模具钢热处理的目的主要是提高热硬性、抗热疲劳性能和综合力学性能。下面以 5CrMnMo 钢制造板牙热锻模为例来分析热处理工艺方法及制定生产工艺路线。

板牙热锻模的示意图如图 4-16 所示，要求硬度为 351～387HBW，抗拉强度大于1200MPa，冲击值大于 32～56J，同时还要满足对热作模具淬透性、抗热疲劳性等的要求。其生产工艺路线为：锻造→退火→粗加工→成形加工→淬火+回火→精加工（修形、抛光）。

① 热作模具钢的锻造。由于钢在轧制时出现纤维组织而导致各向异性，所以要通过锻造消除。

② 热作模具钢的热处理。锻造后预备热处理为退火，780～800℃保温 4～5h 退火，消除锻造应力，改善切削加工性能，为最终热处理做组织上的准备。最终热处理一般为淬火后高温（或中温）回火，以获得均匀的回火索氏体组织，硬度为 40HRC 左右，以保证有较高的韧性。

热作模具钢典型钢种 5CrMnMo 制作热锻模淬火+回火工艺如图 4-17 所示。为降低热应力，大型模具需在 500℃左右预热；为防止模具淬火开裂，一般先由炉内取出空冷至 750～780℃预冷，然后再淬入油中，油冷至 150～200℃（大致为油只冒青烟而不着火的温度）取出立即回火，避免冷至室温再回火导致开裂。回火可消除内应力，获得回火索氏体（或回火托氏体）组织，以得到所需性能。

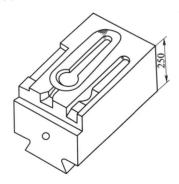

图 4-16 板牙热锻模（下模）示意图

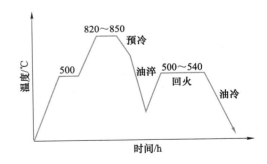

图 4-17 5CrMnMo 钢淬火+回火工艺

4）钢种与用途。常用热作模具钢的牌号、化学成分、热处理及用途见表 4-11（GB/T 1299—2014）。

3. 量具钢

用于制造卡尺、千分尺、样板、塞规、量块、螺旋测微仪等测量工具的钢被称为量具钢。

（1）工作条件、失效方式及性能要求 量具在使用过程中始终与被测零件紧密接触并相对移动，主要失效形式为磨损。因此对于量具钢的性能要求是：①较高硬度（>56HRC）和高耐磨性，以保证测量精度；②高的组织和尺寸稳定性，以保证量具在长期使用或保存期间不产生形状、尺寸变化而丧失精度；③热处理变形小和较好的加工工艺性。此外还要有耐轻微冲击、碰撞的能力。

（2）化学成分　量具钢中碳的质量分数较高，一般为 0.90%～1.50%，以保证高硬度和耐磨性。加入的合金元素为 Cr、W、Mn 等，其作用是提高淬透性，降低 Ms 点，使热应力和组织应力减小，减轻淬火变形影响，还能形成合金碳化物以提高硬度和耐磨性。

表 4-11　常用热作模具钢的牌号、化学成分、热处理及用途（GB/T 1299—2014）

牌号	化学成分（质量分数,%）									交货状态（正火）/HBW	热处理	用途举例
	C	Si	Mn	Cr	W	Mo	V	P	S		淬火温度/℃ 冷却介质	
								≤				
5CrMnMo	0.50~0.60	0.25~0.60	1.20~1.60	0.60~0.90	—	0.15~0.30	—	0.03	0.03	197~241	820~850 油冷	制作要求具有较高强度和高耐磨性的各类型锻模（边长≤300~400mm）
5CrNiMo	0.50~0.60	≤0.40	0.50~0.80	0.50~0.80	—	0.15~0.30	—	0.03	0.03	197~241	830~860 油冷	制作形状复杂、冲击载荷大的各种大、中型锻模（边长>400mm）
3Cr2W8V	0.30~0.40	≤0.40	≤0.40	2.20~2.70	7.50~9.00	—	0.20~0.50	0.03	0.03	≤255	1075~1125 油冷	制作高温下高应力、但不受冲击载荷的压铸模、平锻机上的凸凹模、镶块、铜合金挤压模等
4Cr5W2VSi	0.32~0.42	0.80~1.20	≤0.40	4.50~5.50	1.60~2.40	—	0.60~1.00	0.03	0.03	≤229	1030~1050 油冷或空冷	制作热挤压用模及芯棒、非铁金属压铸模、耐热钢用工具以及成形某些零件用的高速锤锻模等

（3）热处理　量具钢热处理的主要目的是提高硬度和保证高耐磨性，保持高的尺寸稳定性。所以量具钢应尽量在缓冷介质中淬火，并进行深冷处理，以减少残留奥氏体量；然后通过低温回火消除应力，保证高硬度和高耐磨性。下面以 CrWMn 钢制造的测量标定线性尺寸的量块为例（图 4-18），说明其热处理工艺方法的选定和生产工艺路线的安排。

量块是机械制造行业常用的标准量具，硬度值要求达到 62～65HRC，淬火不直度小于

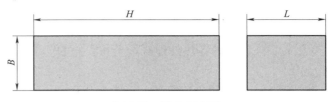

图 4-18　量块示意图

0.05mm，长期使用时尺寸应保持高稳定性。生产工艺路线为：锻造→球化退火→机械加工→淬火→冷处理→回火→粗磨→低温人工时效→精磨→低温去应力回火→研磨。

CrWMn 钢的预备热处理采用球化退火，以消除锻造应力，得到粒状珠光体和合金渗碳体组织，可提高切削加工性，为最终热处理做组织上的准备。其工艺为在 650℃ 加热，在 Ar_1 以下 820～840℃ 长时间保温，硬度为 217～255HBW。

机械加工后的热处理工艺如图 4-19 所示。CrWMn 钢的热处理特点主要是增加了冷处理和时效处理，其目的是保证量块具有高的硬度、耐磨性和长期的尺寸稳定性。

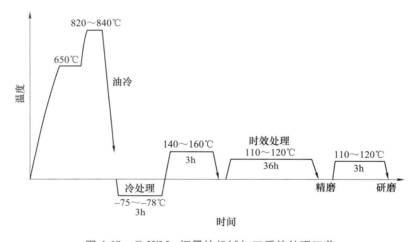

图 4-19　CrWMn 钢量块机械加工后热处理工艺

淬火冷却后在 −75～−78℃ 保温 3h 的冷处理能极大程度地减少残留奥氏体的量，避免残留奥氏体转变为马氏体而引起尺寸胀大。冷处理后的低温回火（140～160℃，3h），是为了减小淬火、冷处理的应力。在 110～120℃ 下保温 36h 的长时间低温人工时效处理则可以松弛残余应力和防止因马氏体分解而引起的尺寸收缩效应，保证量块高的硬度和尺寸稳定性。精磨后进行 110～120℃ 保温 3h 的低温回火处理，以消除新生的磨削应力，使量具的残余应力保持在最小的程度。

（4）钢号与用途　对于要求高精度、高耐磨性、尺寸稳定、淬火变形小、硬度均匀及尺寸较大的量具，常选用含 Cr、W、Mn 等元素的低合金工具钢或 Cr 轴承钢；对于高硬度、低表面粗糙度值及尺寸不大的量具或量具零件，选用碳素工具钢；要求中等硬度及一定强度和韧性的量具结构件，选用优质中碳结构钢；尺寸小、形状简单、精度较低的量具，可选用高碳钢或结构钢；弹性零件则用弹簧钢。常用量具钢的牌号及用途见表 4-12。

表 4-12　量具钢的牌号及用途

牌　　号	用　　途
10、20 或 50、55、60、60Mn、65Mn	平样板或卡板
T10A、T12A、9SiCr	一般量规与块板
Cr 钢、CrMn 钢、GCr15	高精度量规与量块
CrWMn	高精度且形状复杂的量规与量块
4Cr13、9Cr18	抗蚀量具

4. 特殊性能钢

特殊性能钢是指具有特殊物理、化学性能的钢，此类钢种类很多且发展迅速，这里只介绍几种常用的特殊性能钢，即不锈钢、耐热钢以及耐磨钢等。

（1）不锈钢　不锈钢是指在腐蚀介质中具有耐蚀性能的钢，广泛用于化工、石油、航空等工业中。实际上并没有绝对不受腐蚀的钢种，只是不锈钢的腐蚀速度非常缓慢而已。

1）提高钢的耐蚀性措施。钢的腐蚀可分为化学腐蚀与电化学腐蚀两大类。钢的化学腐蚀是钢与周围介质发生纯粹的化学作用，整个腐蚀过程中不产生电流，不发生电化学反应。例如，钢的高温氧化、脱碳，石油生产和输送过程中钢的腐蚀，氢和含氢气氛对钢的腐蚀（氢蚀）等。通常情况下，钢的腐蚀一般以电化学腐蚀为主。例如，珠光体组织在硝酸酒精溶液中的腐蚀就是一种微电池电化学腐蚀作用的结果。珠光体中铁素体和渗碳体有不同的电极电位，铁素体电极电位要比渗碳体电极电位低，若将珠光体置于硝酸酒精溶液中，铁素体成为阳极而被腐蚀，而作为阴极的渗碳体则不被腐蚀，使原来已经被抛光的平面变得凹凸不平。片状珠光体电化学腐蚀如图 4-20 所示。

从电化学腐蚀基本原理可知，若要提高钢的耐蚀性，可以采取以下措施：

① 尽可能使金属具有均匀的单相组织，并且具有较高的电极电位。合金元素加入钢中后，使钢在室温下呈单相组织，无电极电位差，不发生电化学腐蚀。

② 减小两极之间的电极电位差，尽可能提高基体（阳极）的电极电位。在钢中加入某些合金元素后可显著提高基体相的电极电位，从而延缓基体的腐蚀。例如，在钢中加入质量分数大于 13% 的 Cr，铁素体的电极电位会由 -0.56V 提高到 0.2V（图 4-21），钢的耐蚀性大大增加。

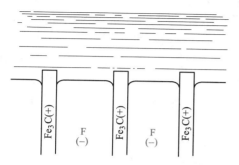

图 4-20　片状珠光体电化学腐蚀示意图

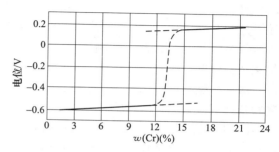

图 4-21　铬含量与铁铬合金电极电位的关系

③ 在金属表面形成致密、稳定的保护膜。合金元素加入钢中后，可在其表面形成一层

致密、结合牢固的氧化膜（或钝化膜），使钢与周围介质隔绝，提高耐蚀能力。

2）工作条件、失效方式及性能要求。对不锈钢的性能要求，除具有良好的耐蚀性外，还须有良好的工艺性能，如冷变形性、焊接性，以便于加工、焊接成形。对于制作工具、结构件的不锈钢，还要求有好的力学性能（强度、硬度等）。

3）化学成分。不锈钢中 C 的质量分数一般很低，大多数不锈钢 $w(C) = 0.1\% \sim 0.2\%$，耐蚀性要求越高，碳含量越低。因为随碳含量增加，使阴极相增加，特别是 C 与 Cr 形成 $(Cr, Fe)_{23}C_6$ 型阴极相会沿晶界析出，使晶界周围严重贫 Cr，当 Cr 贫化到耐蚀所必需的最低质量分数 12.5% 以下时，贫 Cr 区迅速被腐蚀，造成晶间腐蚀。

不锈钢中主加的合金元素是 Cr 和 Ni，Cr 可以显著提高钢在氧化性介质中的耐蚀性（但在非氧化性介质如盐酸、硫酸、醋酸等中，Cr 不能提高其耐蚀性），Cr 钢中加入的 Ni，可同时提高钢在氧化性与非氧化性介质中的耐蚀性。不锈钢中的辅加元素是 Mo、Cu、Mn、N、Ti、Nb 等，Mo 能够提高钢在氧化性及非氧化性介质（尤其是含 Cl⁻ 介质）中的耐蚀性；Cu 可显著提高奥氏体不锈钢在稀硫酸中的耐蚀性；Mn、N 可提高钢在有机酸（如醋酸、甲酸等）中的耐蚀性，并且可代替部分 Ni 获得单相奥氏体组织；Ti、Nb 能形成稳定的 KTiC、NbC，防止晶间腐蚀和提高钢的强度。

4）影响不锈钢组织和性能的因素。

① 常用合金元素的影响。

a. Cr 元素的影响。Cr 是奥氏体不锈钢中最重要的合金元素，是决定钢耐蚀性的主要元素，是提高钢钝化膜稳定性的必要元素。Cr 会使固溶体电极电位提高，并在表面形成致密的氧化膜。奥氏体不锈钢的耐蚀性主要是由于在介质作用下，Cr 促进了钢的钝化并使钢保持稳定钝态的结果。

Cr 对奥氏体钢组织的影响：Cr 是强烈形成并稳定铁素体的元素，会缩小奥氏体区。随着 Cr 含量的增加，奥氏体钢中可出现铁素体组织。在铬镍奥氏体不锈钢中，当 $w(C) = 0.1\%$、$w(Cr) = 18\%$ 时，为获得稳定的单一奥氏体组织，所需的 Ni 含量最低，大约为 8%。随着 Cr 含量的增加，一些金属间化合物析出形成的倾向增大。这些金属间化合物（如 σ、χ 相）的存在不仅显著降低钢的塑性和韧性，而且在有些条件下还会降低钢的耐蚀性。一般情况下，奥氏体钢最终组织中是不希望有金属间化合物存在的。Cr 含量的提高可使 Ms 下降，从而提高奥氏体基体组织的稳定性。Cr 是较强碳化物形成元素，奥氏体钢中常见的铬碳化合物有 $Cr_{23}C_6$、Cr_7C_3，一般形式为 $M_{23}(C, N)_6$、$M_7(C, N)_3$。当钢中含有 Mo 或 Nb 时，还可见到 Cr_6C 型碳化物。当钢中以 N 作为合金化元素时，同样可能出现各种氮化物。

Cr 对奥氏体钢性能的影响：Cr 提高钢耐蚀性主要在于提高了钢的耐氧化性介质和酸性氯化物介质腐蚀的性能；在 Ni、Mo 和 Cu 的复合作用下，提高钢耐一些还原性介质、有机酸、尿素和碱介质腐蚀的性能；提高钢耐局部腐蚀（如晶界腐蚀、点蚀、缝隙腐蚀）以及某些条件下应力腐蚀的性能。

b. Ni 元素的影响。Ni 是奥氏体不锈钢中的主要合金元素，其主要作用是形成并稳定奥氏体，使钢获得完全奥氏体组织，从而使钢具有良好的强度、塑性和韧性的配合，并具有优良的冷、热加工性和焊接、低温与无磁等性能。在奥氏体不锈钢中，随着 Ni 含量的增加，残留铁素体可完全消除，并显著降低 σ 相形成的倾向。Ni 降低马氏体转变温度，甚至使钢在很低的温度下可不出现马氏体转变。Ni 含量的增加会降低 C、N 在奥氏体钢中的溶解度，从而使碳氮化合物脱溶析出的倾向增强。

在 Cr-Ni 奥氏体不锈钢中可能发生马氏体转变的 Ni 含量范围内，随着 Ni 含量的增加，钢的强度降低而塑性提高。Ni 还可显著降低奥氏体不锈钢的冷加工硬化倾向。这主要是因为奥氏体稳定性增大，减少、消除冷加工过程中的马氏体转变，同时 Ni 对奥氏体本身的冷加工硬化作用不太明显。Ni 含量的提高利于奥氏体不锈钢的冷加工成形性能。Ni 还可显著提高 Cr-Mn-N 和 Cr-Mn-Ni-N 奥氏体不锈钢的热加工性能，从而提高钢的成材率。

在奥氏体不锈钢中加入 Ni 以及随 Ni 含量的提高，使钢热力学稳定性增加。Ni 还是提高奥氏体不锈钢耐许多介质穿晶型应力腐蚀的重要元素。随着奥氏体不锈钢中 Ni 含量的提高，产生晶界腐蚀的临界 C 含量降低，即钢的晶界腐蚀敏感性增加。Ni 对奥氏体不锈钢的耐点腐蚀及缝隙腐蚀的作用并不显著。此外，Ni 还可以提高奥氏体不锈钢的高温抗氧化性能，这主要是 Ni 改善了 Cr 氧化膜的成分、结构和性能，但 Ni 的存在使钢的抗高温硫化性能降低。

c. N 和 C 元素的影响。不锈钢中 C 含量越高，耐蚀性就越差，但是钢的强度是随着 C 含量的增加而提高。对于不锈钢，耐蚀性是主要的考虑因素，另外还应该考虑钢的冷变形性、焊接性等工艺因素，所以不锈钢中 C 含量应尽可能低。

奥氏体不锈钢中采用 N 合金化，可以稳定奥氏体组织，既大大提高了钢的强度，又保持了很好的塑韧性，还有效地改善了奥氏体不锈钢的局部耐蚀能力，如耐晶间腐蚀、点腐蚀和缝隙腐蚀等。这是由于 N 间隙固溶强化和稳定奥氏体组织的作用比 C 要大得多。

N 是非常强烈地形成并稳定奥氏体且扩大奥氏体相区的元素，早期，用 N 来取代部分 Ni 来稳定奥氏体。和 C 相比，N 原子在奥氏体中有不同的间隙分布，其本质是 N 原子结合能 V_{NN} 要比 V_{CC} 大。N 原子在奥氏体中的分布要比 C 均匀得多，这也是含氮合金奥氏体稳定性较大的原因。现在，N 已成为 Cr-Ni 奥氏体不锈钢中的重要合金元素，主要用于 Cr-Mn-N 和 Cr-Mn-Ni-N 奥氏体不锈钢中。

N 可提高奥氏体不锈钢的耐蚀性。超级高氮奥氏体不锈钢在耐点蚀、缝隙腐蚀等局部腐蚀方面可以和镍基合金相媲美。N 加入改善了普通低碳、超低碳奥氏体不锈钢耐敏化态晶间腐蚀性能，其本质是 N 影响敏化处理时碳化铬沉淀析出过程，从而提高晶界 Cr 浓度，降低晶界处 Cr 的贫化度。在高纯奥氏体不锈钢中，没有碳化铬沉淀析出。此时 N 的作用：①增加钝化膜的稳定性，从而可在一定程度上降低平均腐蚀率；②在 N 含量高的钢中虽有氮化铬在晶界析出，但由于氮化铬沉淀速度很慢，敏化处理不会造成晶界贫铬，对晶间腐蚀影响很小。

增加 N 含量可以降低应力腐蚀开裂倾向。这主要是因为 N 降低 Cr 在钢中的活性，N 作为表面活性元素优先沿晶界偏聚，抑制并延缓 $Cr_{23}C_6$ 的析出，降低晶界处 Cr 的贫化度，改善了表面膜的性能。

d. 其他元素的影响。Mn 是比较弱的奥氏体形成元素，但具有强烈稳定奥氏体组织的作用。Mn 也能提高铬不锈钢在有机酸（如醋酸、甲酸和乙醇）中的耐蚀性，而且比 Ni 更有效。当钢中 $w(Cr) \geqslant 14\%$ 时，为节约 Ni，仅靠加入 Mn 无法获得单一奥氏体组织，只有不锈钢中 $w(Cr) \geqslant 17\%$ 时才有比较好的耐蚀性，如 Fe-Cr-Mn-Ni-N、12Cr18Mn9Ni5N 和 12Cr17-Mn6Ni5N 钢等。

Ti 和 Nb 是强碳化物形成元素，加入不锈钢中可形成稳定碳化物，从而防止晶界腐蚀，但是加入的 Ti 和 Nb 必须与钢中 C 保持一定比例。

Mo 可提高不锈钢钝化能力,扩大钝化介质范围。例如,在热硫酸、稀盐酸、磷酸和有机酸中,含 Mo 不锈钢可以形成含 Mo 的钝化膜,如 06Cr17Ni12Mo2 钢表面钝化膜的组成(体积分数)约为 $53\%Fe_2O_3+32\%Cr_2O_3+12\%MoO_3$。这种含 Mo 的钝化膜在许多强腐蚀介质中具有很高的稳定性,不易溶解。因为 Cl^- 半径很小,可穿过不够致密的氧化膜而与钢发生反应,生成可溶性腐蚀产物,在钢表面造成点腐蚀,而含 Mo 钝化膜致密而稳定,可防止 Cl^- 对钝化膜的破坏,所以含 Mo 不锈钢具有抗点腐蚀能力。

在不锈钢中加入 2%~4%Si,可提高不锈钢在盐酸、硫酸和高浓度硝酸中的耐蚀性。

② 腐蚀介质对钢耐蚀性的影响。金属耐蚀性与介质的种类、浓度、温度和压力等环境条件有密切的关系,而介质的氧化能力影响最大,所以必须根据工作介质的特点正确选择使用不锈钢。

对大气、水、水蒸气等弱腐蚀介质,不锈钢固溶体中 $w(Cr)>13\%$,即可保证不锈钢的耐蚀性,如水压机阀门、蒸汽发电机透平叶片和水蒸气管道等零部件。

在氧化性介质中,如硝酸的 NO_3^- 具有强氧化性,不锈钢表面氧化膜容易形成,钝化时间也短。在非氧化性介质中,如稀硫酸、盐酸和有机酸中,O 含量低,钝化所需时间延长。当介质中 O 含量低到一定程度后,不锈钢不能钝化。如在稀硫酸中,铬不锈钢的腐蚀速率甚至比碳钢还快。酸中含有 H^+ 作为阴极去极化剂,故随着 H^+ 浓度的增加,阴极去极化作用加强,钝化所需 Cr 含量也要增加,这样氧化膜中 Cr 含量才能提高。所以,在沸腾的硝酸中,12Cr13 型不锈钢不耐蚀,$w(Cr)=17\%~30\%$ 的 Cr17、Cr30 型钢在酸浓度为 0%~65% 时具有耐蚀性。含 Cr 最高的氧化膜在硝酸中的稳定性很好,如在硝酸和硝酸铵的生产中,硝酸浓度(质量分数)一般为 10%~50%,温度约 60℃,10Cr17 等不锈钢都能满足耐蚀性的要求。

到目前为止,还没有一种不锈钢能抵抗所有介质的腐蚀,所以必须根据腐蚀介质等环境因素的条件,结合各不锈钢的特点,综合考虑来选择不锈钢。

5) 常用不锈钢牌号、成分、热处理及用途见表 4-13(GB/T 1220—2007)。根据室温组织状态,常用不锈钢可分为马氏体不锈钢、铁素体不锈钢、奥氏体不锈钢、奥氏体-马氏体沉淀硬化不锈钢等。

① 马氏体不锈钢。马氏体不锈钢是基体为马氏体组织,有磁性,通过热处理可调整力学性能的不锈钢。一般常用马氏体不锈钢 $w(C)$ 为 0.10%~0.45%,$w(Cr)$ 为 12%~14%,属 Cr 不锈钢,统称为 Cr13 型钢,钢号有 12Cr13、20Cr13、30Cr13、40Cr13 等。随钢中 C 含量增加,其强度、硬度、耐磨性提高,但耐蚀性下降。

这类钢多用于力学性能要求较高,而耐蚀性要求较低的零件。12Cr13、20Cr13 等钢中 C 质量分数较低,塑性、韧性和耐蚀性较好,可在大气、水蒸气等介质腐蚀条件下工作,常用于受冲击载荷的汽轮机叶片、锅炉管附件、水压机阀等,为获得良好的综合力学性能,常采用调质处理以得到回火索氏体组织。30Cr13、40Cr13 等钢中碳质量分数较高,形成的碳化物较多,强度、硬度、耐磨性较高,但耐蚀性较差,常用于弱腐蚀条件下工作且要求高硬度的医疗器械、弹簧、刃具、轴承、热油泵轴等,常用的热处理方法是淬火+低温回火,以得到回火马氏体组织,硬度可达 50HRC。

对于马氏体不锈钢,常用的热处理工艺有软化处理、球化退火、调质处理和淬火+低温回火。

表4-13　常用不锈钢牌号、成分、热处理及用途（GB/T 1220—2007）

类别	牌号	化学成分（质量分数，%）								热处理				力学性能							用途举例
		C	Si	Mn	P	S	Ni	Cr	其他	固溶处理温度/℃	退火温度/℃	淬火温度/℃	回火温度/℃	$R_{p0.2}$/MPa	R_m/MPa	A(%)	Z(%)	硬度 HBW	硬度 HRB	硬度 HV	
马氏体型	12Cr13	0.08~0.15	1.00	1.00	0.040	0.030	(0.60)	11.50~13.50	—	—	800~900缓冷或约750快冷	950~1000油冷	700~750快冷	345	540	22	55	200	—	—	刀具、叶片、紧固件、热裂解抗硫腐蚀设备等
	20Cr13	0.16~0.25	1.00	1.00	0.040	0.030	(0.60)	12.00~14.00	—	—	800~900缓冷或约750快冷	920~980油冷	600~750快冷	440	640	20	50	223	—	—	汽轮机叶片、热油泵、轴承套和水压机阀片等
	30Cr13	0.26~0.35	1.00	1.00	0.040	0.030	(0.60)	12.00~14.00	—	—	800~900缓冷或约750快冷	920~980油冷	600~750快冷	540	735	12	40	235	—	—	300℃下工作的刀具、弹簧等
	68Cr17	0.60~0.75	1.00	1.00	0.040	0.030	(0.60)	16.00~18.00	—	—	800~920缓冷	1010~1070油冷	100~180快冷	—	—	—	—	255	—	—	刀具、量具、耐磨、耐蚀部件
铁素体型	10Cr17	0.12	1.00	1.00	0.040	0.030	(0.60)	16.00~18.00	Mo(0.75)	—	780~850空冷或缓冷	—	—	205	450	22	50	183	—	—	重油燃烧器部件、家用电器部件等
	10Cr17Mo	0.12	1.00	1.00	0.040	0.030	(0.60)	16.00~18.00	Mo 0.75~1.25	—	780~850空冷或缓冷	—	—	205	450	22	60	183	—	—	汽车外装材料
奥氏体型	06Cr19Ni10N	0.08	1.00	2.00	0.045	0.030	8.00~11.00	18.00~20.00	N 0.10~0.16	1010~1150快冷	—	—	—	275	550	35	50	217	95	220	食品、一般化工用设备结构部件等
	12Cr18Ni9	0.15	1.00	2.00	0.045	0.030	8.00~10.00	17.00~19.00	Mo(0.60)	1010~1150快冷	—	—	—	205	520	40	60	187	90	200	建筑物外表装饰材料
	06Cr18Ni11Ti	0.08	1.00	2.00	0.045	0.030	9.00~12.00	17.00~19.00	Ti 5C~0.70	920~1150快冷	—	—	—	205	520	40	50	187	90	200	医疗器械、耐蚀容器及设备衬里、输送管道等
	022Cr17Ni12Mo2	0.030	1.00	2.00	0.045	0.030	10.00~14.00	16.00~18.00	Mo 2.00~3.00	1010~1150快冷	—	—	—	175	480	40	60	187	90	200	石油化工、化肥等工业用设备的耐蚀材料

注：表中所列成分除标明范围或最小值外，其余均为最大值。括号内数值为可加入或允许含有的最大值。

a. 软化处理：由于钢的淬透性好，锻轧后，在空冷条件下也会发生马氏体转变，所以这类钢在锻轧后应缓慢冷却，并要及时进行软化处理。软化处理有两种方法：一是进行高温回火，将锻轧件加热至 700~800℃，保温 2~6h 后空冷，使马氏体转变为回火索氏体。另外也可采用完全退火，将锻轧件加热至 840~900℃，保温 2~4h 后炉冷至 600℃后再空冷。软化处理后，12Cr13、20Cr13 钢的硬度在 170 HBW 以下，30Cr13、40Cr13 硬度可降到 217 HBW 以下。

　　b. 调质处理：12Cr13、20Cr13 钢常用于结构件，所以常用调质处理以获得高的综合力学性能。12Cr13 钢难以得到完全的奥氏体，但是在 950~1100℃下加热可以使铁素体量减到最少，淬火后的组织为低碳马氏体+少量铁素体。20Cr13 钢在高温加热时可获得完全奥氏体，所以淬火后可获得板条马氏体组织和少量的残留奥氏体，淬火后，应及时回火。

　　c. 淬火+低温回火：30Cr13、40Cr13 钢常用于制造要求有一定耐蚀性的工具，所以热处理采用淬火+低温回火。淬火加热温度为 1000~1050℃，为减少变形，可用硝盐分级冷却。淬火组织为马氏体和碳化物，以及少量的残留奥氏体。淬火空冷至室温后再采用低温回火。

　　② 铁素体不锈钢。铁素体不锈钢基体为铁素体组织，从室温加热到高温 960~1100℃，不发生相变，始终都是单相铁素体组织，多在退火软化状态下使用。这类钢碳的质量分数较低，通常小于 0.25%，Cr 含量较高（12%~32%），缩小了奥氏体区，钢号有 06Cr13Al、10Cr17、10Cr17Mo、06Cr11Ti 等。为了提高性能，可加入 Mo、Ti、Al、Si 等元素，如 Ti 元素可提高钢的抗晶界腐蚀的能力，Al、Si 可以提高耐蚀能力。

　　这类钢抗大气腐蚀和耐酸能力强，具有良好的抗高温氧化性，塑性、焊接性均优于马氏体不锈钢。某些铁素体钢含 Ti，其目的是细化晶粒，稳定 C 和 N，改善韧性和焊接性。Cr 质量分数越高，耐蚀性越好，但是高铬铁素体不锈钢的缺点是脆性大，原因在于：粗大的原始晶粒，475℃时脆性和金属间化合物 σ 相形成。所以，要改善铁素体不锈钢的力学性能，必须控制钢的晶粒尺寸、马氏体量、间隙原子含量及第二相。

　　由于铁素体不锈钢在加热和冷却时不发生相变，不能应用热处理方法强化，所以强度比马氏体不锈钢低，一般在退火或正火状态下使用。常用于耐蚀性要求很高而强度要求不高的构件，如硝酸、氮肥、磷肥等化学工业中在氧化性腐蚀介质下工作的构件。

　　③ 奥氏体不锈钢。奥氏体不锈钢具有较高质量分数的 Ni，扩大了奥氏体区域，室温下能够保持单相奥氏体组织，所以称之为奥氏体不锈钢，这类钢碳含量很低，大多低于 0.10%。这类钢中主要含有 Cr、Ni 合金元素，因而又称铬镍不锈钢，一般 Cr 的质量分数为 17%~19%，Ni 的质量分数为 8%~11%，又简称为 18-8 型不锈钢。钢号有 06Cr19Ni10、06Cr19Ni10N、022Cr19Ni10N、06Cr18Ni11Ti 等。

　　此类钢常温下为单相奥氏体组织，强度、硬度比较低（135HBW 左右），无磁性，塑性、韧性及耐蚀性能均比马氏体型不锈钢好，焊接性和冷热加工性能也很好，可进行各种冷塑性变形加工，是目前应用最广泛的不锈钢。但是如果奥氏体不锈钢存在有较大的内应力，同时在氯化物等介质中使用时，会产生应力腐蚀，而且介质工作温度越高，构件越易破裂。

　　18-8 型钢对加工硬化很敏感，且唯一的强化方法就是加工硬化。因为 18-8 型不锈钢的塑性高，易加工硬化，加之导热性差，故切削加工性能比较差。

　　为提高奥氏体不锈钢的性能，常用的热处理工艺方法大致有三种。a. 固溶处理：在退火状态下，奥氏体不锈钢组织为奥氏体+碳化物，碳化物的存在使耐蚀性下降。因此常将钢

加热至 $1050 \sim 1150℃$，使钢中碳化物充分溶解，随后通过快速水冷，获得单相奥氏体组织，提高钢的耐蚀性。b. 稳定化处理：含 Ti、Nb 的不锈钢在固溶处理后再加热到 $850 \sim 880℃$，使钢中 Cr 的碳化物 $(Cr,Fe)_{23}C_6$ 全部溶解，而优先形成的 TiC 和 NbC 等稳定性较高，不会溶解，然后缓慢冷却（空冷或炉冷），使加热时溶于奥氏体的 C 与 Ti 以 TiC 的形式充分析出。这样，C 就几乎全部"稳定"于 TiC 中，将不再同 Cr 形成碳化物，有效地消除了晶间贫 Cr 的可能，从而避免晶间腐蚀的发生。c. 去应力处理：一般加热至 $300 \sim 350℃$，然后冷却，可以消除冷热加工应力；加热至 850℃ 以上可以消除焊接应力，有效地防止应力腐蚀引起的破裂。

④ 双相不锈钢。主要指奥氏体-铁素体双相不锈钢，其在 Cr18Ni8 基础上，调整 Cr、Ni 含量，并加入适量 Mn、Mo、W、Cu、N 等合金元素，通过合适的热处理而形成。双相不锈钢兼有奥氏体不锈钢和铁素体不锈钢的优点，如良好的韧性、焊接性能、较高的屈服强度和优良的耐蚀性，属于发展很快的钢种。常用典型双相不锈钢有 14Cr18Ni11Si4AlTi、022Cr22Ni5Mo3N 等。

⑤ 奥氏体-马氏体沉淀硬化不锈钢。奥氏体不锈钢虽然可通过冷变形予以强化，但对于大截面零件，特别是形状复杂的零件，由于各处变形程度不同，因此各处强化程度也不同，为了解决这个难题，发展了沉淀硬化型不锈钢。这类钢在 18-8 型奥氏体不锈钢的基础上降低了 Ni 的含量，并加入适量 Al、Cu、Nb、P 等元素，以便在热处理过程中析出金属间化合物，实现沉淀硬化。例如，07Cr17Ni7Al（17-7PH），此类钢的合金元素总含量约 $22\% \sim 25\%$（质量分数）；其 Ms 点较低，室温下仍保持奥氏体组织，因而有良好的塑性和冷变形加工能力。经调质处理和冷处理，或经冷变形加工，可转变为马氏体组织，获得较高的强度和良好的耐蚀性。此钢经 1060℃ 加热后空冷（即固溶处理），可获得单相奥氏体，其硬度低（85HBW），易于冷轧、冲压成形和焊接，然后再加热至 $750 \sim 760℃$ 空冷获得奥氏体-马氏体双相组织，最后在 $560 \sim 570℃$ 进行时效（或称沉淀）硬化处理，以析出 Ni_3Al 等金属化合物，使其硬度增至 43HRC。这类钢主要用作高强度、高硬度而又耐蚀的化工机械及航天用设备、零件等。

（2）耐热钢

1）工作条件和性能要求。耐热钢是指在高温下具有抗氧化性和热强性的钢。钢的耐热性是包含热稳定性和热强性的一个综合概念。所谓热稳定性是指钢在高温下能够保持化学稳定性（耐腐蚀，不起皮）的能力（也称抗氧化性），而热强性则指钢在高温下承受机械负荷的能力。耐热钢主要用于制造工业加热炉、高压锅炉、汽轮机、内燃机、航空发动机、热交换器等在高温下工作的构件和零件。

2）提高钢的抗氧化性和热强性的途径。提高钢抗氧化性的主要途径是合金化，在钢中加入 Cr、Si、Al 等合金元素，使钢在高温下与氧接触时，优先形成致密的高熔点氧化膜 Cr_2O_3、SiO_2、Al_2O_3 等，严密覆盖住钢的表面，阻碍氧化的继续进行。

金属在高温下承受载荷时，即使负荷远低于钢在该温度下的屈服强度值，但随着时间的延长，零件将缓慢地发生塑性变形，直到断裂，这种现象称为蠕变。金属材料在高温下抵抗蠕变的能力称为热强性。为了提高钢的热强性，通常采取以下措施。

① 固溶强化。由于奥氏体具有面心立方结构，原子排列紧密，不易发生蠕变，因此奥氏体钢具有更高的热强性。在钢中加入 W、Mo、Cr 等合金元素，可增大原子间结合力，也

减慢了固溶体中原子的扩散过程，提高了热强性。

② 沉淀强化。从过饱和固溶体中沉淀析出第二相也是提高耐热钢热强性的重要途径之一。如加入 Nb、V、Ti，在晶内析出弥散的 NbC、VC、TiC 等，可提高塑性变形的抗力，从而提高热强性。

③ 晶界强化。高温下晶界的强度比较低，有利于蠕变。为了提高热强性，应适当减少晶界，采用粗晶粒钢。通过加入 Zr、B、Mo、RE 等晶界吸附元素，降低晶界表面能，使晶界强化，从而提高钢的热强性。但晶粒不宜过分粗化，否则会损害钢的高温塑性和韧性。

3）常用耐热钢的牌号、化学成分、热处理、力学性能及用途。见表 4-14（GB/T 1221—2007）。根据成分、性能和用途的不同，耐热钢可分为抗氧化钢和热强钢两大类。

① 抗氧化钢。抗氧化钢是在高温下有较好抗氧化性并具有一定强度的钢，又称为不起皮钢。高温下，其表面能迅速氧化形成一层致密氧化膜，覆盖在金属表面，使其不再继续氧化。而在高温下碳钢表面生成的 FeO 疏松多孔，氧原子容易通过 FeO 进行扩散，使内部继续氧化。FeO 与基体的结合强度也比较弱，容易剥落，使钢表面不断发生锈蚀，最终导致零件破坏。抗氧化钢主要用于制作在高温下长期工作且承受载荷不大的零件，如热交换器和炉用构件等。包括两类：

a. 铁素体型抗氧化钢。这类钢是在铁素体不锈钢的基础上加入适量的 Si、Al 而得到的。其特点是抗氧化性强，还可耐硫气氛的腐蚀，但高温强度低、焊接性能差、脆性大。例如，06Cr13Al 钢主要用于退火箱、淬火台架等，16Cr25N 由于 Cr 含量高，耐高温辐射性强，在 1080℃ 以下不产生易剥落的氧化皮，常用于抗硫气氛的燃烧室、退火箱和玻璃模具等。

b. 奥氏体型抗氧化钢。这类钢是在奥氏体不锈钢的基础上加入适量的 Si、Al 等元素而形成的。其特点是比铁素体不锈钢的热强性高，可改善工艺性能，因而可在高温下承受一定的载荷。目前主要有 Cr-Ni 系（如 16Cr25Ni20Si2）和 Cr-Mn-N 系。Cr-Mn-N 系奥氏体型抗氧化钢是以 Mn、N 代替全部或部分 Ni，在表面形成 Cr 和 Si 的保护性氧化膜，使用温度可从 850℃ 到 1100℃。目前国内应用比较好的钢种有 26Cr18Mn12Si2N 和 22Cr20Mn10Ni2Si2N 等。Cr-Mn-N 系奥氏体抗氧化钢在 950℃ 以下有较好的抗氧化性，且有较高的高温强度，工艺性不如 Cr-Ni 系抗氧化钢。低镍奥氏体抗氧化钢经济，但容易析出脆性的 σ 相。高 Cr-Ni 系奥氏体抗氧化钢性能好，但价格贵。

② 热强钢。高温下具有一定抗氧化能力和较高强度以及良好组织稳定性的钢称为热强钢。按空冷状态组织不同，常用热强钢可分为珠光体钢、马氏体钢和奥氏体钢。

a. 珠光体热强钢。珠光体热强钢的化学成分特点是 C 质量分数较低，合金元素总量也较少（<3%～5%），如 25Cr2MoV、12Cr1MoVG 等。这类钢一般在正火（Ac_3+50℃）及随后高于使用温度 100℃ 下回火后使用，正火组织为珠光体或铁素体+索氏体，随后高温回火是为了增加组织稳定性，并提高蠕变抗力。但它们的耐热性不高，大多用于工作温度<600℃，承载不大的耐热零件，如高、中压蒸汽锅炉的锅炉管、过热器等。

b. 马氏体热强钢。马氏体热强钢的 Cr 质量分数较高，有 Cr12 型和 Cr13 型的钢，如 14Cr11MoV、12Cr12Mo 钢和 12Cr13、20Cr13 钢等。这类钢一般在调质状态下使用，组织为均匀的回火索氏体。它们的耐热性和淬透性皆比较好，工作温度与珠光体接近，但是热强性却高得多。常被用作工作温度不超过 600℃，承受较大载荷的零件，如汽轮机叶片、增压器

表 4-14　常用耐热钢的牌号、化学成分、热处理、力学性能及用途（GB/T 1221—2007）

类别	牌号	化学成分（质量分数，%）									热处理				力学性能					用途举例
		C	Si	Mn	P	S	Ni	Cr	Mo	其他	固溶处理/℃	退火温度/℃	淬火温度/℃	回火温度/℃	$R_{p0.2}$/MPa	R_m/MPa	A(%)	Z(%)	HBW	
奥氏体型	06Cr19Ni10	0.08	1.00	2.00	0.045	0.030	8.00~11.00	18.00~20.00	—	—	1010~1150快冷	—	—	—	205	520	40	60	≤187	可用于870℃以下反复加热、耐氧化部件等
	45Cr14Ni14W2Mo	0.40~0.50	0.08	0.70	0.040	0.030	13.00~15.00	13.00~15.00	0.25~0.40	W 2.00~2.75	—	820~850快冷	—	—	315	705	20	35	≤248	内燃机载荷排气阀等
	26Cr18Mn12Si2N	0.22~0.30	1.40~2.20	10.50~12.50	0.050	0.030	—	17.00~19.00	—	—	1100~1150快冷	—	—	—	390	685	35	45	≤248	渗碳炉结构件、加热炉传送带、料盘、炉爪等
	06Cr18Ni13Si4	0.08	3.00~5.00	2.00	0.045	0.030	11.50~15.00	15.00~20.00	—	—	1010~1150快冷	—	—	—	205	520	40	60	≤207	汽车排气净化装置材料
铁素体型	06Cr13Al	0.08	1.00	1.00	0.040	0.030	(0.60)	11.50~14.50	—	Al 0.10~0.30	—	780~830空冷或缓冷	—	—	175	410	20	60	≥183	燃气透平压缩机叶片、退火箱、淬火台架等
	10Cr17	0.12	1.00	1.00	0.040	0.030	(0.60)	16.00~18.00	—	—	—	780~850空冷或缓冷	—	—	205	450	22	50	≥183	900℃以下耐氧化部件，散热器，炉用部件，油喷嘴等
马氏体型	12Cr5Mo	0.15	0.50	0.60	0.040	0.030	0.60	4.00~6.00	0.40~0.60	—	—	—	900~950油冷	600~700空冷	390	590	18	—	—	锅炉吊架、蒸汽轮机气缸衬套、泵件、阀、活塞杆、高压加氢设备部件等
	42Cr9Si2	0.35~0.50	2.00~3.00	0.70	0.035	0.030	0.60	8.00~10.00	—	—	—	—	1020~1040油冷	700~780油冷	590	885	19	50	—	内燃机进气阀、轻载荷发动机的排气阀等
	14Cr11MoV	0.11~0.18	0.50	0.60	0.035	0.030	0.60	10.00~11.50	0.50~0.70	V 0.25~0.40	—	—	1050~1100空冷	720~740空冷	490	685	16	55	—	透平片片叶及叶片等
	12Cr13	0.15	1.00	1.00	0.040	0.030	(0.60)	11.50~13.50	—	—	—	800~900缓冷或约750快冷	950~1000油冷	700~750快冷	345	540	22	55	≥159	耐氧化用部件（800℃以下）

注：表中所列成分除明标范围或最小值外，其余均为最大值。括号内数值为可加入或允许含有的最大值。

叶片、内燃机排气阀等。

c. 奥氏体热强钢。奥氏体热强钢含较高的 Cr 和 Ni，总量（质量分数）超过10%，常用钢有 06Cr18Ni11Ti、45Cr14Ni14W2Mo 等。一般经高温固溶处理或固溶时效处理，稳定组织或析出第二相进一步提高强度后使用。奥氏体热强钢的热稳定性和热强性都优于珠光体热强钢和马氏体热强钢，工作温度可高达 750~800℃，常被用于内燃机排气阀、燃气轮轮盘和叶片等。

（3）耐磨钢　耐磨钢主要是指在强烈冲击载荷作用下发生硬化的高锰钢。

1）条件、失效方式和性能要求。耐磨钢主要用于运转过程中承受严重磨损和强烈冲击的零件。对耐磨钢性能的主要要求是具有很高的耐磨性和韧性。高锰钢能很好地满足这些要求，它是目前最重要的耐磨钢。

2）化学成分。高锰钢的化学成分特点是：①高 C，质量分数为 1.0%~1.3%，以保证钢的耐磨性和强度，但 C 含量过高时韧性下降，且易在高温下析出碳化物。②高 Mn，质量分数为 11%~14%（Mn/C = 10~12），其目的是与 C 配合保证完全获得奥氏体组织，提高钢的加工硬化率。③一定量的 Si，Si 的质量分数为 0.3%~0.8%，其作用是改善钢的流动性，起固溶强化作用，并提高钢的加工硬化能力。钢号为 Mn13，由于它机械加工困难，基本上都是铸造生产，所以钢号又写成 ZGMn13。

3）热处理。高锰钢铸态下的组织由奥氏体和残余碳化物（Fe,Mn）$_3$C 组成。由于碳化物沿晶界析出，导致钢的强度和韧性降低，耐磨性也不好，因此不能直接使用。实践证明，高锰钢只有在全部获得奥氏体组织时才能呈现出最为良好的韧性和耐磨性。

为了使高锰钢全部获得奥氏体组织，需要对高锰钢进行水韧处理。水韧处理类似淬火处理，它是将高锰钢加热至临界点温度以上（约在 1000~1100℃），保温一段时间后，使钢中的碳化物全部溶解到奥氏体中，然后水中急冷。由于冷却速度非常快，钢中的碳化物来不及从奥氏体晶粒中析出，因而保持了单一的奥氏体状态。水韧处理后的高锰钢塑性和韧性很高，但是硬度却较低，只有 180~220HBW，但是当它在受到剧烈冲击载荷作用或较大压力时，表面奥氏体迅速加工硬化，并有马氏体及碳化物沿滑移面形成，表面层的硬度迅速提高到 500~550HBW，耐磨性也大幅增加，其心部仍维持原来状态。水韧处理后的高锰钢不能再加热，因为当加热温度超过 300℃时，即使很短的时间也能析出碳化物，使钢的性能变差，所以高锰钢铸件水韧处理后一般不进行回火处理。

4）高锰钢性能。高锰钢只有在强烈的冲击和摩擦条件下工作才显示出高的韧性和耐磨性。如果工作时受到的冲击载荷和压力较小，不能引起充分的加工硬化，高锰钢的耐磨性甚至不及碳钢。由于高锰钢不仅具有良好的耐磨性，而且其材质坚韧，即使有裂纹开始发生，由于加工硬化，也会抵抗裂纹继续扩展。因此，高锰钢可用于既耐磨又耐冲击的一些工作条件比较恶劣的场合，如车辆履带、铁道上的辙叉、辙尖、转辙器，挖掘机铲斗，碎石机颚板、衬板等。高锰钢在受力变形时，可吸收大量的能源，因此高锰钢也用于制造防弹板以及保险箱钢板等。另外高锰钢在寒冷气候条件下也具有良好的力学性能，不会发生冷脆。

4.2　铸铁

铸铁是一种以 Fe、C 为主要元素的 Fe-C 合金，其碳含量高于 2.11%。与钢相比，尽管铸铁的强度、塑性和韧性较低，但其熔炼过程简单、成本较低，具有优良的铸造性能，减摩和耐磨性，减振性和切削加工性，并且其缺口敏感性小，因此，在机械制造、石油化工、矿山、冶金、交通和国防工业等部门应用广泛。

4.2.1　铸铁的分类及性能

1. 铸铁的分类

实际铸铁并非是单纯的 Fe-C 合金，其中存在多种合金元素（如 Si、Mn 等）和杂质元素（如 S、P 等）。尽管存在这些合金元素，习惯上仍称其为铸铁。而合金铸铁则专指那些含有一定量的 Cr、Ni 等金属元素的铸铁。

根据 C 元素在铸铁中存在的形式不同，可分为白口铸铁（C 全部或大部分以渗碳体形式存在，其断口呈亮白色）、灰铸铁（C 大部分或全部以游离石墨形式存在，其断口呈暗灰色）与麻口铸铁（C 部分以渗碳体形式存在，部分以石墨形式存在，其断口呈灰白相间分布特征）。

根据石墨形态不同，可分为普通灰铸铁（片状石墨）、可锻铸铁（团絮状石墨）、蠕墨铸铁（蠕虫状石墨）和球墨铸铁（球状石墨）。

2. 铸铁的性能

铸铁与钢的区别主要在于铸铁组织中存在不同形态的游离态石墨，组织特征为钢基体上分布不同形态的石墨。虽然铸铁的力学性能不如钢，但石墨的存在却赋予了铸铁许多特殊的性能。

（1）良好的铸造性能　铸件凝固时形成石墨，所产生的膨胀减少了铸件体积的收缩，并降低了铸件中的内应力。

（2）切削加工性能优异　铸件中的石墨使其切削加工时易产生脆性切屑，并对刀有润滑、减摩作用。

（3）减振性能良好　铸铁中石墨的存在对振动的传递起着消弱作用，进而具有良好的减振性能。

（4）减摩性良好　因石墨作为"自生润滑剂"，可吸附和保存润滑剂，保证油膜的连续性，有利于润滑，并且石墨空穴还可储存润滑剂，因而减摩、耐磨性良好。

（5）缺口敏感性小　大量石墨对基体的割裂作用使铸铁具有较小的缺口敏感性。

4.2.2　铸铁的石墨化及其影响因素

1. Fe-Fe$_3$C 和 Fe-C（石墨）双重相图

铁碳合金中，碳的存在形式有三种：溶入铁素体晶格中形成固溶体、化合态的渗碳体和游离态的石墨（G）。渗碳体只是一个亚稳定相，石墨才是稳定相。因此描述铁碳合金组织转变的相图实际上有两个，一个是 Fe-Fe$_3$C 系相图，另一个是 Fe-C（石墨）系相图。把两者叠合在一起，得到一个双重相图，如图 2-22 所示。图中实线表示 Fe-Fe$_3$C 系相图，部分实线再加上虚线表示 Fe-C（石墨）系相图。铸铁自液态冷却到固态时，若按 Fe-Fe$_3$C 相图结晶，得到白口铸铁；若按 Fe-C（石墨）相图结晶，析出和形成石墨，即发生石墨化过程。若是铸铁自液态冷却到室温，既按 Fe-Fe$_3$C 相图，同时又按 Fe-C（石墨）相图进行，则固态由铁素体、渗碳体及石墨三相组成。

2. 铸铁的石墨化过程

石墨化指的是铸铁组织中石墨的形成过程。按 Fe-C（石墨）相图，铁液冷却过程中，C 溶解于铁素体外均以石墨形式析出。石墨化过程可分为三个阶段：

（1）液相-共晶反应阶段　包括从共晶成分的液相直接结晶出一次石墨和在共晶线（$E'C'F'$）通过共晶反应而形成的石墨，以及由一次渗碳体和共晶渗碳体在高温退火时分解析出的石墨。

（2）共晶-共析反应阶段　包括从奥氏体中直接析出二次石墨和由二次渗碳体在这一温度范围内分解而析出的石墨。

（3）共析反应阶段　包括在共析线（$P'S'K'$）通过共析反应形成的石墨和由共析渗碳体退火时分解而形成的石墨。

按照上述三个阶段，铸铁成形后由铁素体与石墨（包括一次、共晶、二次、共析石墨）两相组成。实际生产中，由于化学成分、冷却速度等工艺制度不同，各阶段石墨化过程进行的程度也不同，从而可获得各种不同金属基体的铸态组织。一般铸铁经不同程度石墨化后所得到的组织见表 4-15。

表 4-15　铸铁经不同程度石墨化所得到的组织

名称	石墨化程度			显微组织
	第一阶段	第二阶段	第三阶段	
灰铸铁	完全石墨化	完全石墨化	完全石墨化	F+G
	完全石墨化	完全石墨化	部分石墨化	F+P+G
	完全石墨化	完全石墨化	未石墨化	P+G
麻口铸铁	部分石墨化	部分石墨化	未石墨化	$L'd$+P+G
白口铸铁	未石墨化	未石墨化	未石墨化	$L'd$+P+Fe_3C

3. 影响铸铁石墨化程度的主要因素

由于铁的晶体结构与石墨的晶体结构差异很大，而铁与渗碳体的晶体结构要接近一些，所以普通铸铁在一般铸造条件下仅能得到白口铸铁，而不易获得灰铸铁。因此，必须通过添加合金元素和改善铸造工艺等手段来促进铸铁石墨化，形成灰铸铁。

（1）化学成分的影响　C、Si、P 是强烈促进石墨化的元素，铸铁中 C 和 Si 的质量分数越高，石墨化程度越充分。C、Si 含量过低，易出现白口，力学性能与铸造性能都较差；但如果C、Si 含量过高，将导致石墨数量多且粗大，基体内铁素体量多，力学性能下降。因此，一般情况下，灰铸铁的 C、Si 含量控制在：$w(C) = 2.8\% \sim 3.5\%$，$w(Si) = 1.4\% \sim 2.7\%$。

Mn、S 以及 Cr、W、Mo、V 等是阻碍石墨化的元素。其中 S 元素不仅强烈阻碍石墨化，还会降低力学性能和流动性，故其含量应严格控制，$w(S) \leqslant 0.10\% \sim 0.15\%$。Mn 虽然是阻碍石墨化元素，但与 S 可形成 MnS，从而减弱 S 的有害作用，故允许 $w(Mn) = 0.5\% \sim 1.4\%$。

（2）温度及冷却速度的影响　铸铁中碳的石墨化过程除受化学成分的影响外，还受铸造过程中铸件冷却速度影响。在高温缓慢冷却的条件下，由于原子具有较高的扩散能力，通常按 Fe-C（石墨）相图进行，铸铁中的 C 以游离态（石墨相）析出；当冷却速度较快时，由液态析出的是渗碳体而不是石墨。这是因为渗碳体的 C 含量 $[w(C) = 6.69\%]$ 比石墨$[w(C) = 100\%]$ 更接近合金的 C 含量 $[w(C) = 2.5\% \sim 4.0\%]$，因此，一般铸件冷却速度越慢，石墨化进行越充分。反之，冷却速度快，碳原子很难扩散，石墨化进行困难。实际生产中经常发现同一铸件厚壁处为灰口，薄壁处出现白口现象，这就是由于其结晶过程中冷却速度不同产生的石墨化过程不同而引起的。厚壁处冷却速度慢，有利于石墨化的进行，薄壁处冷却速度快，不利于石墨化的进行，形成白口铸铁。

4.2.3 常用铸铁

从铸铁的石墨化过程和所得组织可知，铸铁主要由基体和石墨组成，它们的结构和组织对铸铁性能起决定性的作用。工业上使用的铸铁很多，按石墨的形态和组织性能来说，包括普通灰铸铁、蠕墨铸铁、球墨铸铁、可锻铸铁和特殊性能铸铁等。

1. 灰铸铁

灰铸铁中的石墨形态呈片状，断口呈浅烟灰色。其性能虽不太高，但因生产工艺简单、成本低，故其价格最便宜，应用最广泛。在各类铸铁总产量中，灰铸铁占80%以上。

（1）灰铸铁的化学成分和组织特征　灰铸铁成分范围大致为：$w(C) = 2.5\% \sim 4.0\%$，$w(Si) = 1.0\% \sim 3.0\%$，$w(Mn) = 0.25\% \sim 1.00\%$，$w(S) = 0.02\% \sim 0.20\%$，$w(P) = 0.05\% \sim 0.50\%$。具有上述成分的铁液在缓慢冷却凝固时，将发生石墨化，析出片状石墨。普通灰铸铁是由片状石墨和钢基体两部分组成，如图4-22所示。钢基体按共析阶段石墨化程度不同可获得铁素体（F）、铁素体+珠光体（F+P）和珠光体（P）三种基体；而片状石墨也可呈各种不同类型、大小和分布，一般为不连续的片状、或直或弯。

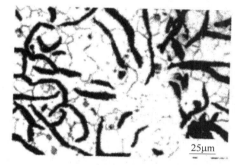

25μm

图4-22　由片状石墨和钢基体构成的普通灰铸铁

（2）灰铸铁的牌号、性能及用途　灰铸铁的牌号、性能及用途见表4-16。牌号中"HT"表示"灰铁"二字汉语拼音的大写首位字母，在"HT"后面的数字表示最低抗拉强度值，该数值根据浇注 $\phi30mm$ 试样的最低抗拉强度表示。由表4-16可以看出，在同一牌号中，随铸件壁厚的增加，其抗拉强度降低。因此，根据零件性能要求选择铸铁牌号时，必须同时注意零件的壁厚尺寸。

表4-16　灰铸铁的牌号及用途（GB/T 9439—2010）

牌号	铸件壁厚/mm		抗拉强度/MPa	显微组织		用途举例
	>	<	≥	基体	石墨	
HT100	2.5	10	130	F	粗片状	下水管、底座、外罩、端盖、手轮、手把、支架等形状简单、不甚重要的零件
	10	20	100			
	20	30	90			
	30	50	80			
HT150	2.5	10	175	F+P	较粗片状	机械制造业中的一般铸件，如底座、手轮、刀架等；冶金工业中流渣槽、渣缸、轧钢机托辊等；机车用一般铸件，如水泵壳、阀体、阀盖等；动力机械中拉钩、框架、阀门、液压泵壳等
	10	20	145			
	20	30	130			
	30	50	120			

（续）

牌号	铸件壁厚/mm		抗拉强度/MPa	显微组织		用途举例
	>	<	≥	基体	石墨	
HT200	2.5	10	220	P	中等片状	一般运输机械中的气缸体、缸盖、飞轮等；一般机床中的床身、箱体等；通用机械承受中等压力的泵体、阀体等；动力机械中的外壳、轴承座、水套筒等
	10	20	195			
	20	30	170			
	30	50	160			
HT250	4	10	270	细 P	较细片状	运输机械中薄壁缸体，缸盖、进排气管等；机床中立柱、横梁、床身、滑板、箱体等；冶金矿山机械中的轨道板、齿轮等；动力机械中的缸体、缸盖、活塞等
	10	20	240			
	20	30	220			
	30	50	200			
HT300	10	20	290	细 P	细小片状	机床导轨、受力较大的机床床身、立柱机座等；通用机械的水泵出口管、吸入盖等；动力机械中的液压阀体、蜗轮、汽轮机隔板、泵壳，大型发动机缸体、缸盖等
	20	30	250			
	30	50	230			
HT350	10	20	340	细 P	细小片状	大型发动机缸体、缸盖、衬套等；水泵缸体、阀体、凸轮等；机床导轨、工作台等摩擦件；需经表面淬火的铸件
	20	30	290			
	30	50	260			

灰铸铁的性能与普通碳钢相比，具有如下特点：

1）力学性能差，其抗拉强度和塑性韧性都远远低于钢。这是由于灰铸铁中片状石墨（相当于微裂纹）的存在，不仅在其尖端处引起应力集中，而且破坏基体的连续性，造成抗拉强度很差，塑性和韧性几乎为零。但是，灰铸铁在受压时石墨片破坏基体连续性的影响则大为减轻，其抗压强度是抗拉强度的 2.5～4 倍，所以常用灰铸铁制造机床床身、底座等耐压零部件。

2）耐磨性与消振性好。由于铸铁中的石墨利于润滑及贮油，所以耐磨性好。同样，由于石墨的存在，灰铸铁的消振性优于钢。

3）工艺性能好。由于灰铸铁 C 含量高，接近共晶成分，故熔点比较低，流动性良好，收缩率小，因此适用于铸造结构复杂或薄壁铸件。另外，由于石墨的存在使切削加工时易于形成断屑，所以灰铸铁的切削加工性优于钢。

（3）灰铸铁的孕育处理　普通灰铸铁的主要缺点是石墨片较粗大，其力学性能低，$R_m \leqslant 250\text{MPa}$。为改善和提高其性能，可在铸造之前向铁液中加入孕育剂（或称变质剂），结晶时石墨晶核数目增多，石墨片尺寸变小，更为均匀地分布在基体中，所以其显微组织是在细珠光体基体上分布着细小片状石墨。铸铁变质剂（或孕育剂）一般为硅铁合金或硅钙合金小颗粒或粉，加入铁液内后立即形成 SiO_2 的固体小质点，铸铁中的 C 以这些小质点为核心形成细小的片状石墨。

孕育处理后铸铁不仅强度有了较大提高，而且塑性和韧性也有所改善。表 4-16 中 HT250、HT300、HT350 属于较高强度的孕育铸铁（也称变质铸铁）。同时，由于孕育剂的加入，还可使铸铁对冷却速度的敏感性显著减少，使各部位都能得到均匀一致的组织。所以孕育铸铁常用来制造力学性能要求较高、截面尺寸变化较大的铸件。

2. 球墨铸铁

球墨铸铁是将铁液球化处理，使片状石墨变为球状石墨的一种铸铁。石墨呈球状，对基体的割裂和应力集中都大大减小，因而球墨铸铁具有较高的强度和良好的塑性和韧性，力学性能较好。在一定条件下可部分替代碳钢和合金钢的铸件，如齿轮、曲轴等。

（1）球墨铸铁的化学成分和组织特征　球墨铸铁的常用球化剂有 Mg 和稀土金属。Mg 的球化作用很强，球化率很高，易得到完整的球状石墨；但 Mg 和稀土元素都是强烈阻碍石墨化的元素，易形成白口铸铁。为了消除这一倾向，必须进行孕育处理。孕育剂常用的是硅铁、硅钙和 Al 等。与灰铸铁相比，球墨铸铁化学成分主要特点是：C、Si 含量较高，Mn 含量较低，S、P 含量控制严格，尤其 S 是球墨铸铁的有害元素，强烈破坏石墨球化。球墨铸铁的大致化学成分范围是：$w(C) = 3.6\% \sim 3.9\%$，$w(Si) = 2.0\% \sim 3.2\%$，$w(Mn) = 0.3\% \sim 0.8\%$，$w(P) < 0.1\%$，$w(S) < 0.07\%$，$w(Mg) = 0.03\% \sim 0.08\%$。

球墨铸铁的显微组织由球形石墨和金属基体两部分组成。随着成分和冷却速度的不同，球墨铸铁在铸态下的金属基体可分为 P、F+P、P 三种，石墨的形态接近于球形，如图 4-23 所示。

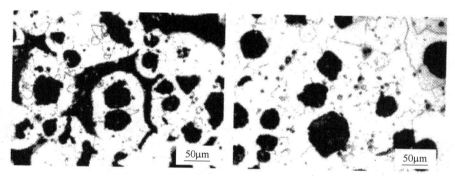

图 4-23　球墨铸铁的显微组织

（2）球墨铸铁的牌号、性能特点及用途　球墨铸铁的牌号及应用见表 4-17。牌号中的

表 4-17　球墨铸铁的牌号及应用（GB/T 9439—2010）

牌号	基体	力学性能（不小于）				用途举例
		R_m/MPa	$R_{p0.2}$/MPa	$A(\%)$	HBW	
QT400-15	F	400	250	17	120~175	阀门的阀体和阀盖，汽车、内燃机车、拖拉机底盘零件，机床零件等
QT400-18L	F	400	250	18	120~175	
QT400-18R	F	400	250	18	120~175	
QT500-7	F+P	500	320	7	170~230	机油泵齿轮、机车、车辆轴瓦等
QT600-3	F+P	600	370	3	190~270	柴油机、汽油机的曲轴、凸轮轴等；磨床、铣床、车床的主轴等；空压机、冷冻机的缸体、缸套等
QT700-2	P	700	420	2	225~305	
QT800-2	P 或 S	800	480	2	245~335	
QT900-2	M回 或 T+S	900	600	2	280~360	汽车的螺旋伞轴、拖拉机减速齿轮、柴油机凸轮轴等

注："L"表示有低温（-20℃或-40℃）冲击性能要求；"R"表示有室温（23℃）冲击性能要求。

"QT"表示"球铁"二字汉语拼音大写首位字母,"QT"后面两组数字分别表示最低抗拉强度(MPa)和最低断后伸长率(%)。

与灰铸铁相比,球墨铸铁具有较高的抗拉强度和弯曲疲劳极限,也具有相当好的塑性及韧性。这是由于球形石墨对金属基体截面削弱作用较小,使基体比较连续,且在拉伸时引起应力集中的效应明显减弱,从而使基体的作用从灰铸铁的30%~50%提高到70%~90%。另外,球墨铸铁的刚性也比灰铸铁好,但球墨铸铁的消振能力比灰铸铁低很多。

由于球墨铸铁中的金属基体是决定球墨铸铁力学性能的主要因素,所以球墨铸铁可通过合金化和热处理强化的方法进一步提高力学性能。因此,球墨铸铁可以在一定条件下代替铸钢、锻钢等,用于制造受力复杂、负荷较大和要求耐磨的铸件。如具有高强度与耐磨性的珠光体球墨铸铁常用于制造内燃机曲轴、凸轮轴、轧钢机轧辊等;具有高韧性和塑性的铁素体球墨铸铁常用于制造汽车后桥壳、阀门、犁铧、收割机导架等。

3. 蠕墨铸铁

蠕墨铸铁是铁液蠕化处理后获得的一种具有蠕虫状石墨组织的铸铁。通常采用的变质剂(又称蠕化剂)有稀土硅铁镁合金、稀土硅铁合金、稀土硅铁钙合金或混合稀土等。

(1)蠕墨铸铁的化学成分和组织特征 蠕墨铸铁的石墨形态介于片状和球状石墨之间。灰铸铁中石墨片的特征是片长、较薄、端部较尖。球墨铸铁中的石墨大部分呈球状,即使有少量团状石墨,基本上也是互相分离的。而蠕墨铸铁的石墨形态在光学显微镜下看起来像片状,但不同于灰铸铁的是其片较短而厚、头部较圆,形似蠕虫(图4-24),所以可以认为,蠕虫状石墨是一种过渡型石墨。

蠕墨铸铁的化学成分一般为:$w(C) = 3.4\% \sim 3.6\%$,$w(Si) = 2.4\% \sim 3.0\%$,$w(Mn) = 0.4\% \sim 0.6\%$,$w(S) \leq 0.06\%$,$w(P) \leq 0.07\%$。对于珠光体蠕墨铸铁,需要加入珠光体稳定元素,使铸态珠光体量提高。

(2)蠕墨铸铁的牌号、力学及用途 蠕墨铸铁的牌号、力学性能及用途见表4-18。牌号中"RuT"表示"蠕铁"二字汉语拼音的大写首字母,在"RuT"后面的数字表示最低抗拉强度。表中的"蠕化率"为在有代表性的显微视野内,蠕虫状石墨数目与全部石墨数目的百分比。

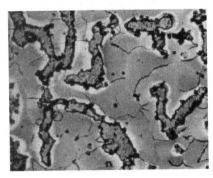

图4-24 蠕墨铸铁的显微组织

表4-18 蠕墨铸铁的牌号、力学性能及用途

牌号	力学性能(不小于)			HBW	蠕化率(%)	基体组织	用途举例
	R_m /MPa	$R_{p0.2}$ /MPa	A (%)				
RuT420	420	335	0.75	200~280	≥50	P	活塞环、制动盘、钢球研磨盘、泵体等
RuT380	380	300	0.75	193~274		P	
RuT340	340	270	1.0	170~249		P+F	机床工作台、大型齿轮箱体、飞轮等
RuT300	300	240	1.5	140~217		F+P	变速器箱体、气缸盖、排气管等
RuT260	260	195	3.0	121~197		F	汽车底盘零件、增压器零件等

由于蠕墨铸铁的组织是介于灰铸铁与球墨铸铁之间的中间状态，所以蠕墨铸铁的性能也介于两者之间，即强度和韧性高于灰铸铁，但不如球墨铸铁。蠕墨铸铁的耐磨性较好，适用于制造重型机床床身、机座、活塞环、液压件等。蠕墨铸铁的导热性比球墨铸铁要高得多，几乎接近于灰铸铁，其高温强度、热疲劳性能大大优于灰铸铁，适用于制造承受交变热负荷的零件，如钢锭模、结晶器、排气管和气缸盖等。蠕墨铸铁的减振能力优于球墨铸铁，铸造性能接近灰铸铁，铸造工艺简便，成品率高。

4. 可锻铸铁

可锻铸铁是由白口铸铁经长时间石墨化退火而获得的一种高强度铸铁，又称玛钢。白口铸铁中的渗碳体在退火过程中分解出团絮状石墨，所以明显减轻了石墨对基体的割裂。与灰铸铁相比，可锻铸铁的强度和韧性明显提高。

（1）可锻铸铁的化学成分和组织特征　可锻铸铁组织特征是铁素体基体加团絮状石墨或珠光体（或珠光体及少量铁素体）基体加团絮状石墨（图4-25）。铁素体基体加团絮状石墨的可锻铸铁断口呈黑灰色，俗称黑心可锻铸铁，其强度与延性均比灰铸铁高，非常适合铸造薄壁零件，是最为常用的一种可锻铸铁。珠光体基体或珠光体与少量铁素体共存的基体加团絮状石墨的可锻铸铁件断口呈白色，俗称白心可锻铸铁，这种可锻铸铁应用不多。

由于生产可锻铸铁的先决条件是浇注出白口铸铁，若铸铁没有完全白口化而出现了片状石墨，则在随后的退火过程中，会因为从渗碳体中分解出的石墨沿片状石墨析出而得不到团絮状石墨，所以可锻铸铁中 C 和 Si 的含量不能太高，以促使铸铁完全白口化。但 C 和 Si 的含量也不能太低，否则会使石墨化退火困难，退火周期增长。可锻铸铁的化学成分大致为：$w(C) = 2.5\% \sim 3.2\%$，$w(Si) = 0.6\% \sim 1.3\%$，$w(Mn) = 0.4\% \sim 0.6\%$，$w(P) = 0.10\% \sim 0.26\%$，$w(S) = 0.05\% \sim 1.00\%$。

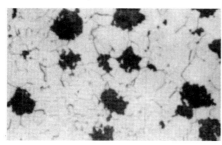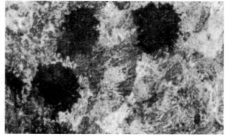

图 4-25　可锻铸铁的显微组织

（2）可锻铸铁的牌号、性能特点及用途　见表4-19。牌号中的"KT"表示"可铁"二字汉语拼音的大写首字母，"H"表示"黑心"，"Z"表示珠光体基体。牌号后面的两组数字分别表示最低抗拉强度和最低伸长率。

可锻铸铁不能用锻造方法制成零件，这是因为石墨形态为团絮状，所以不如灰铸铁的石墨片分割基体严重，因而强度与韧性比灰铸铁高。可锻铸铁的力学性能介于灰铸铁与球墨铸铁之间，有较好耐蚀性；但由于退火时间长，生产效率极低，使用受到限制，故一般用于制造形状复杂，承受冲击，且壁厚小于 25mm 的铸件（如汽车、拖拉机的后桥壳、轮壳等），也适用于制造在潮湿空气、炉气和水等介质中工作的零件，如管接头、阀门等。

表 4-19　可锻铸铁的牌号、力学性能及用途（GB/T 9440—2010）

牌号	基体	机械性能			HBW	试样直径/mm	用途举例
		R_m /MPa	$R_{p0.2}$ /MPa	A (%)			
KTH300-06	F	300	186	6	≤150	12 或 15	管道；弯头、接头、三通；中压阀门
KTH330-08	F	330		8	≤150		扳手；犁刀；纺机和印花机盘头
KTH350-10	F	350	200	10	≤150		汽车前后轮壳、差速器壳、制动器支架、铁道扣板、电动机壳、犁刀等
KTH370-12	F	370	226	12	≤150		
KTZ450-06	P	450	270	6	150~200		曲轴、凸轮轴、连杆、齿轮、摇臂、活塞环、轴套、犁刀、耙片、万向联轴器头、棘轮、扳手、传动链条、矿车轮等
KTZ550-04	P	550	340	4	180~230		
KTZ650-03	P	650	430	3	210~260		
KTZ700-02	P	700	530	2	240~290		

（3）可锻铸铁的石墨化退火　可锻铸铁的团絮状石墨是通过白口铸铁退火形成的。通常是先将形成的白口铸铁加热到 900~980℃ 温度，一般保温 60~80h，炉冷使其中渗碳体分解，以便第一阶段石墨化充分进行而形成团絮状石墨。待炉冷至 650~770℃，再长时间保温让第二阶段石墨化充分进行，这样处理后可获得黑心可锻铸铁。若取消第二阶段石墨化，在第一阶段石墨化后充分进行炉冷，便可获得珠光体基体或珠光体与少量铁素体共存的基体加团絮状石墨的白心可锻铸铁。

可锻铸铁的问题在于：石墨化退火时间太长，生产效率太低，退火后在 400~600℃ 缓冷后铸铁件脆性大。解决措施是：避免退火后在 400~600℃ 缓冷；向铁液中加入少量 Bi、B 元素，并可适当提高 Si 含量而有效缩短退火时间。

5. 特殊性能铸铁

工业上除要求铸铁有一定力学性能外，有时还要求其具有较高的耐磨性以及耐热性、耐蚀性。为此，可在普通铸铁基础上加入一定量的合金元素，制成特殊性能铸铁（合金铸铁）。与特殊性能钢相比，其熔炼简便、成本较低。缺点是脆性较大，综合力学性能不如钢。

（1）耐磨铸铁　如机床的导轨、托板，发动机的缸套，球磨机的衬板、磨球等零件要求较高的耐磨性，一般铸铁满足不了工作条件的要求，应选用耐磨铸铁。耐磨铸铁根据组织不同有如下两种：

①耐磨灰铸铁。在灰铸铁中加入少量合金元素（如 P、Cr、V、Mo、Sb、RE 等）可以增加金属基体中珠光体的数量，且使珠光体细化，同时也细化了石墨。由于铸铁的强度和硬度升高，显微组织得到改善，使得这种灰铸铁具有良好的润滑性和抗咬合、抗擦伤的能力。耐磨灰铸铁广泛用于制造机床导轨、气缸套、活塞环、凸轮轴等零件。

②中锰球墨铸铁。在稀土-镁球墨铸铁中加入 $w(Mn) = 5.0\% \sim 9.5\%$，$w(Si) =$ 控制 $3.3\% \sim 5.0\%$，其组织为马氏体+奥氏体+渗碳体+贝氏体+球状石墨，具有较高的冲击韧度和强度，在同时承受冲击和磨损条件下使用，可代替部分高锰钢和锻钢。中锰球墨铸铁常用于球磨机磨球、农机具耙片、犁铧等零件。

（2）耐热铸铁　普通灰铸铁的耐热性较差，只能在小于 400℃ 左右的温度下工作。耐热铸铁是指在高温下具有良好的抗氧化和抗热生长能力的铸铁。所谓热生长是指氧化性气氛沿石墨片边界和裂纹渗入铸铁内部，形成内氧化以及因渗碳体分解成石墨而引起的体积不可逆膨胀，将使铸件失去精度和产生显微裂纹。可在铸铁中加入 Al、Si、Cr 等合金元素，使之在高温下形成一层致密氧化膜（AlO、SiO、CrO 等），使其内部不再继续氧化。此外，这些元素还会提高珠光体的稳定性和相变点，使其在所使用温度范围内不发生固态相变，以减少由此造成的体积变化，防止显微裂纹产生。我国耐热铸铁按其成分不同主要分为硅系、铝系和铬系三个系列，如 HTRCr2、HTRCr16、QTRSi4Mo 和 QTRA14Si4 等。

（3）耐蚀铸铁　提高铸铁耐蚀性的主要途径是合金化。在铸铁中加入 Al、Si、Cr 等合金元素，可在铸铁表面形成一层连续致密的保护膜，可有效提高铸铁耐蚀性；在铸铁中加入 Cr、Si、Mo、Cu、Ni、P 等合金元素，可提高铁素体的电极电位，以提高耐蚀性；通过合金化，获得单相金属基体组织，以减少铸铁中的微电池，从而提高其耐蚀性。耐蚀铸铁如 HTSSi11Cu2CrRE、HTSSi5RE、HTSSi15Cr4MoRE 和 HTSSi15Cr4RE 主要用于离心机、潜水泵、塔罐、冷却排水管、阀门等有关设备及其各种相关配件。

4.3　非铁金属及其合金

非铁金属包括轻金属（如钠、铝、镁、锂等）、重金属（如铜、镍、锌、铅、锡等）、贵金属（如金、银、铂、铑等）、稀有金属（如锆、铌、钛、铍等）、稀土金属（镧、铈、铈等）和放射性金属（镭、铀、钍等）及它们组成的合金。

与铁合金相比，非铁金属具有许多优良特性，例如，Al、Mg、Ti 等金属及其合金的密度小，比强度高，在航空、船舶、汽车和建筑等方面应用广泛；Ag、Cu、Al 等金属及其合金具有优良的导电性和导热性能，是电气、仪器和仪表等不可或缺的材料；各种高熔点金属及合金（W、Ta、Mo、Nb）是制造耐高温零件及电真空元件的理想材料。许多非铁金属还是制造具有特殊性能优质合金钢所必需的合金元素，在金属材料中具有重要地位。本节仅简单介绍工程材料中常用的 Al、Cu、Mg、Ti 及其合金和轴承合金。

4.3.1　铝及其合金

Al 是地球上分布最广泛的元素之一，其平均含量为 8.8%，仅次于 O 和 Si。具有比其他非铁金属、钢和塑料等优秀的特性，如密度小，约为铁或铜的 1/3，导电、导热性优良，耐蚀性强，塑性和加工性能好等，这使铝及其合金成为应用最广泛的一种非铁合金。

1. 纯铝

（1）纯铝的特性　纯铝具有面心立方晶格，无同素异构转变，无磁性；银白色光泽，熔点低（660.24℃），密度小（2.72g/cm³）；导电性好，仅次于银、铜；导热性好，约为铁的 3 倍；化学性质活泼，在大气和淡水中具有良好耐蚀性，但在碱和盐的水溶液中，耐蚀性能不好；良好的塑性（$A = 35\% \sim 40\%$，$Z = 80\%$）和韧性。纯铝的硬度、强度很低（25～30HBW，$R_m = 80 \sim 100MPa$），一般不宜直接作为结构材料和制造机械零件，通过加工硬化可提高其强度。工业纯铝不能通过热处理强化，冷加工后的工业纯铝，需要进行退火处理，退火温度一般为 350～500℃。

（2）纯铝的分类　按照铝含量的高低纯铝分为高纯铝 $[w(Al) > 99.93\%]$、工业高纯铝

［$w(Al) = 99.850\% \sim 99.900\%$］和工业纯铝［$w(Al) = 99.800\% \sim 99.900\%$］。高纯铝一般用于科学研究、化工工业以及一些特殊场合；工业纯铝一般用于制作铝箔、包铝及铝合金原料，制造导线、电缆和电容器。根据是否经过压力加工可将纯铝分为铸造纯铝（未经压力加工）及变形铝（经过压力加工产品）两种。

2. 铝合金

纯铝的性能在大部分场合下不能满足使用要求，在纯铝中添加各种合金元素是提高纯铝强度及其他性能的有效途径。目前，工业上使用的某些铝合金强度已经达到 600MPa 以上，并且仍保持纯铝的密度小、耐蚀性能好的特点。

铝中通常加入的合金元素有 Cu、Mg、Zn、Si、Mn 及 RE 元素。这些元素在固态铝中的溶解度有限，与铝形成的相图具有二元共晶相图的特点，如图 4-26 所示。图中 D 点的位置随着合金元素的不同而发生变化。凡位于相图上 D 点以左成分的合金，在加热至高温时形成单相固溶体，合金的塑性较高，适合压力加工，所以称为变

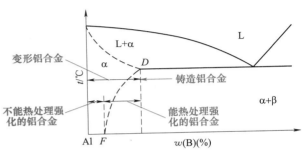

图 4-26　铝合金相图示意图

形铝合金；凡位于 D 点以右成分的合金，因含有共晶组织，液态流动性较好，适于铸造，所以称为铸造铝合金。对于变形铝合金来说，位于 F 点以左成分的合金，其固态始终为单相，不能进行热处理强化，称为热处理不可强化铝合金。成分在点 F 和 D 之间的铝合金，由于合金元素在铝中有溶解度的变化而析出第二相，可通过热处理提高合金强度，称为热处理强化铝合金。

（1）铝合金的强化　固态铝在温度变化过程中没有同素异构转变，因此无法像钢一样借助热处理过程进行相变强化。添加合金元素是铝的主要强化方式，其强化作用主要表现为固溶强化、时效强化、过剩相强化和细化组织强化。

1）固溶强化。纯铝中加入合金元素（如 Cu、Mg、Si、Zn、Mn 等），形成铝基固溶体，发生晶格畸变，阻碍位错运动而起到固溶强化的作用，从而提高其强度。合金元素在铝合金中有较大的固溶度，且随着温度降低而急剧减小，所以铝合金加热到固溶线温度以上时，形成单相固溶体；快速冷却（淬火）后，固溶体来不及析出第二相，得到单相的过饱和固溶体，但它不发生同素异构转变，其晶体结构不发生转变，所以铝合金的淬火处理称为固溶处理。由于硬而脆的第二相消失，塑性有所提高。过饱和固溶体虽有强化作用，但是单纯的固溶强化效果有限。

2）时效强化。合金元素对铝的另一种强化方法是即采用固溶处理（淬火）+时效。铝合金淬火后得到的过饱和固溶体，在室温或加热到某一温度，其强度和硬度随时间延长显著增高，但塑性和韧性明显降低，这种处理称为时效处理。在室温下进行的时效称为自然时效，在加热条件下进行的时效称为人工时效。时效处理使铝合金的强度、硬度增高的现象称为时效强化或时效硬化，其强化效果是通过时效过程中所产生的时效硬化现象来实现的。

图 4-27 所示为 Al-Cu 合金相图，靠近 Al 端的部分，Cu 溶解于 Al 中形成有限固溶体，Cu 在 Al 中的溶解度随温度降低而降低，Cu 质量分数为 0.5% ~ 5.7% 的 Al-Cu 合金，在固溶

线温度以上，形成 α 固溶体，固溶线温度以下，平衡组织为 α+CuAl₂ 双相。加热到固溶线 *BD* 以上时，第二相 CuAl₂ 完全溶入 α 固溶体，淬火后获得 Cu 在 Al 中的过饱和固溶体。下面以含 4%Cu 的 Al-Cu 合金为例说明铝合金的时效强化过程。Al-Cu 合金的时效强化过程分为四个阶段：

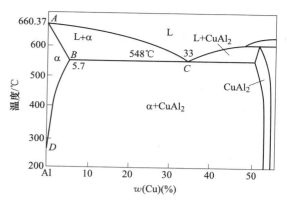

图 4-27　Al-Cu 合金相图

第一阶段：形成 Cu 原子富集区（GP［Ⅰ］区）。在过饱和 α 固溶体的某一晶面上产生 Cu 原子偏聚现象，形成 GP［Ⅰ］区。其晶体结构与基体 α 相同，仍为面心立方结构，与基体保持共格关系。但由于 GP［Ⅰ］区中 Cu 原子浓度较高，引起严重晶格畸变，使位错运动受阻，合金强度和硬度提高。

第二阶段：铜原子富集区有序化（GP［Ⅱ］区）。随着时间延长，GP［Ⅰ］区进一步扩大，并发生有序化，便形成有序富铜区，称为 GP［Ⅱ］区，具有正方点阵，为中间过渡相，常用 θ″ 表示，与基体仍保持共格关系。θ″ 的析出，更加重了 α 相晶格畸变，进一步提高合金强度。

第三阶段：形成过渡相 θ′。随着时效进一步发展，Cu 原子在 GP［Ⅱ］区继续偏聚。当 Cu 与 Al 原子之比为 1:2 时，形成与母相成局部共格的过渡相 θ′，具有正方点阵。θ′ 相周围基体的共格畸变减弱，对位错阻碍作用减小，因此合金强度和硬度开始降低，处于过时效阶段。

第四阶段：形成稳定的 θ 相。时效后期，过渡相 θ′ 从铝基固溶体中完全脱落，形成与基体有明显相界面的独立稳定相 CuAl₂，称为 θ 相，即正方点阵。此时，θ 相与基体的共格关系完全破坏，共格畸变也随之消失，合金强度、硬度进一步降低。

其时效过程为：α过→α+GP 区→α+θ″→α+θ′→α+θ。

3）过剩相强化。如果铝中加入合金元素的数量超过极限溶解度，则在固溶处理加热时，有一部分不能溶入固溶体，称为过剩相。铝合金中，这些过剩相通常是硬而脆的金属间化合物，它们在合金中阻碍位错运动，使合金强化，称为过剩相强化。在生产中常采用这种方式强化铸造铝合金和耐热铝合金。过剩相数量越多，分布越弥散，则强化效果越好。但过剩相太多，会使强度和塑性都降低。过剩相成分结构越复杂，熔点越高，则高温热稳定性越好。

4）细化组织强化。多数铝合金都是由铝的 α 固溶体和过剩相组成，若能细化铝的 α 固溶体和过剩相的组织，可使铝合金明显强化。在铝合金中添加微量合金元素细化组织也是提高铝合金力学性能的一种手段。对于不能时效强化或者时效强化效果不明显的铝合金，生产中常利用变质处理的方法来细化合金组织。变质处理是指浇注前在熔融铝合金中加入占合金质量 2%~3% 的变质剂（常用钠盐混合物：2/3 NaF+1/3 NaCl），以增加结晶核心，使组织细化的工艺方法。变质处理的铝合金可得到细小均匀的共晶体加初生 α 固溶体组织，从而显著提高其强度和塑性。

（2）铝合金的热处理　变形铝合金常用的热处理方法见表 4-20。

表 4-20 变形铝合金常用的热处理方法

热处理类型	热处理工艺	目的	适用合金
高温退火	在制作半成品板材时进行高温退火，如3A21 铝合金的适宜温度为 350~400℃	降低硬度，提高塑性，使其充分软化，以便进行变形程度较大的深冲压加工	热处理不强化的铝合金
低温退火	在最终冷变形后进行，如 3A21 铝合金的加热温度为 250~280℃，保温 60~150min	为保持一定程度的加工硬化效果，提高塑性，消除应力，稳定尺寸	
完全退火	变形量不大，冷作硬化程度不超过 10%的2A11、2A12、7A04 等板材不宜使用，以免引起晶粒粗大，一般加热到强化相溶解温度（400~450℃），保温、慢冷（30~50℃/h）到一定温度（硬铝为 250~300℃）后空冷	用于消除原材料淬火、时效状态的硬度，或退火不良未达到完全软化而用它制造形状复杂的零件时，也可用于消除内应力和冷作硬化，适用于变形量很大的冷压加工	热处理强化的铝合金
中间退火（再结晶退火）	对于 2A06、2A11、2A12，可在硝酸盐槽中加热，保温 1~2h，然后水冷；对于飞机制造中形状复杂的零件，冷变形-退火需交替多次进行	为消除加工硬化，提高塑性，以便进行冷变形的下一工序。也用于无淬火、时效强化后的半成品及零件的软化，部分消除内应力	
淬火	淬火加热的温度，上下限一般只有 ±5℃，为此应采用硝盐槽或空气循环炉加热，以便准确控制温度	为了将高温下的固溶体固定到室温，得到均匀的过饱和固溶体，以便在随后的时效过程中使合金强化。淬火后强度提高，塑性也相当高，可进行铆接、弯边、拉伸和校正等冷塑性变形工序；不过对自然时效的零件，只能在短时间保持良好的塑性，超过一定时间，强度、硬度急剧增加，故变形工序应在淬火后短时间内进行	
时效	一般硬铝采用自然时效，超硬铝及锻铝采用人工时效；但硬铝在高于 150℃使用时则进行人工时效，锻铝 6A02、2A50、2A14 也可采用自然时效	将淬火得到的过饱和固溶体在低温（人工时效）或室温（自然时效）保持一定时间，使强化相从固溶体中呈弥散质点析出，从而使合金进一步强化，获得较高力学性能	
稳定化处理（回火）	回火温度不高于人工时效的温度，时间为 5~10h；对自然时效的硬铝，可采用（90±10）℃，时间为 2h	消除切削加工应力和稳定尺寸，用于精密零件的切削工序间，有时需进行多次	
回归处理	重新加热到 200~270℃，经短时间保温，然后在水中急冷，但每次处理后，强度有所下降	对自然时效的铝合金，恢复塑性，以便继续加工或适应修理时变形的需要	

（3）变形铝合金　根据 GB/T 16474—2011《变形铝及铝合金牌号表示方法》，凡是化学成分与变形铝及铝合金国际牌号注册协议组织命名的合金相同的所有铝合金，其牌号直接采用国际四位数字体系牌号，未与国际四位数字体系牌号接轨的变形铝合金，采用四位字符牌号（试验铝合金在四位字符牌号前加×）命名。四位字符牌号命名方法应符合四位字符体系牌号命名方法的规定。四位字符体系牌号的第一、三、四位为阿拉伯数字，第二位为英文大写字母（C、I、L、N、O、P、Q、Z 字母除外）。

　　牌号的第一位数字表示铝及铝合金的组别：1×××系为工业纯铝，2×××系为 Al-Cu 合金，3×××系为 Al-Mn 合金，4×××系为 Al-Si 合金，5×××系为 Al-Mg 合金，6×××系为 Al-Mg-Si 合金，7×××系为 Al-Zn-Mg-Cu 合金，8×××系为 Al-Li 合金，9×××系为备用合金组。铝合金组别按主要合金元素来确定，主要合金元素是指极限含量算术平均值为最大的合金元素。当有一个以上的合金元素极限含量算术平均值同为最大时，应按 Cu、Mn、Si、Mg、Zn、其他元素的顺序来确定合金组别。牌号的第二位字母表示原始纯铝或铝合金的改型情况，如果第二位字母为 A，则表示为原始合金，如果是 B～Y，则表示为原始铝合金的改型合金。最后两位数字表示同一组中不同的铝合金或表示铝的纯度。

　　变形铝合金的分类方法很多，主要有以下三种：

　　1）按合金的状态及热处理特点分为：可热处理强化铝合金和不可热处理强化铝合金。可热处理强化铝合金有纯铝、Al-Mn、Al-Mg、Al-Si 系合金；不可热处理强化铝合金包括 Al-Mg-Si、Al-Cu、Al-Zn-Mg 系合金。

　　2）按铝合金的性能及使用特点分为：防锈铝合金、硬铝合金、超硬铝合金和锻铝合金等。

　　① 防锈铝合金。防锈铝合金中主要合金元素是 Mn 和 Mg。Mn 的主要作用是提高铝合金的耐蚀能力，并起固溶强化作用。Mg 也可起到强化作用，并使合金的密度降低。防锈铝合金锻造退火后是单相固溶体，耐蚀能力强，塑性好。这类铝合金不能进行时效硬化，属于不能热处理强化的铝合金，但可冷变形加工，利用加工硬化以提高合金强度。

　　② 硬铝合金。Al-Cu-Mg 系合金为硬铝合金，还含有少量 Mn。硬铝合金可以进行时效强化，属于可以热处理强化的铝合金，也可进行变形强化。合金中加入的 Cu、Mg 是为了形成强化相 θ 相（$CuAl_2$）及 S 相（$CuMgAl_2$）。Mn 主要是提高合金耐蚀性，并有一定的固溶强化作用，但 Mn 的析出倾向小，不参与时效过程。少量的 Ti 或 B 可细化晶粒和提高合金强度。

　　硬铝合金主要分为三种：低合金硬铝，合金中 Mg、Cu 含量低，而且 Cu/Mg 比值较高，强度低，塑性高，采用淬火和自然时效可以强化，时效速度较慢，适用于作铆钉。标准硬铝的合金元素含量中等，Cu/Mg 比值较高，强度和塑性在硬铝合金中属于中等水平，经淬火和退火后合金有较高的塑性，可进行压力加工，时效处理后能提高切削加工性能。高合金硬铝的合金元素含量较多，Cu/Mg 比值较低，强度、硬度高，塑性低，变形加工能力差，有较好的耐热性，适用于作航空模锻件和重要的销轴等。

　　硬铝合金也存在许多不足之处：一是耐蚀性差，特别是在海水等环境中。合金中 Cu 质量分数较高，容易发生晶间腐蚀；二是固溶处理的加热温度范围很窄，加热温度稍低，固溶体中 Cu 和 Mg 等溶入量较少，淬火时效处理后强化效果较差，加热温度稍高，存在较多低熔点组成物的晶界融化。实际操作时必须把淬火加热温度严格控制在工艺范围之内，这对其生产工艺控制带来了困难，所以在使用或加工硬铝合金时应注意。

　　③ 超硬铝合金。Al-Mg-Zn-Cu 系合金为超硬铝合金，并含有少量 Cr 和 Mn，是强度最高的一种铝合金。Cu、Zn、Mg 与 Al 可以形成固溶体和复杂的第二相（如 $MgZn_2$、Al_2CuMg、AlMgZnCu 等），固溶处理和人工时效后，可获得很高的强度和硬度。但其耐蚀性较差，高温下软化快，可用包铝法提高耐蚀性。此合金多用来制造受力大的重要构件，如飞机大梁和起落架等。

　　④ 锻铝合金。Al-Mg-Si-Cu 系和 Al-Cu-Mg-Ni-Fe 系合金为锻铝合金，通常都要进行固溶

处理和人工时效。合金中的元素种类多但用量少，具有良好热塑性、铸造性能和锻造性能，并有较好的力学性能。这类合金主要用于承受重载荷的锻件和模锻件。

3）按合金所含的主要合金元素成分分为：工业纯铝，Al-Cu 合金，Al-Mn 合金，Al-Si 合金，Al-Mg 合金，Al-Mg-Si 合金，Al-Zn-Mg-Cu 合金，Al-Li 合金和备用合金组。

（4）铸造铝合金　常用铸造铝合金中，合金元素主要有 Si、Cu、Mg、Ni、Cr、Mn、Zn 和 RE 元素等。按照主要合金元素铸造铝合金可分为四类：Al-Si 铸造铝合金，Al-Cu 铸造铝合金，Al-Mg 铸造铝合金，Al-Zn 铸造铝合金。

根据 GB/T 8063—2017，铸造铝合金的牌号由 "Z" 和基体金属的化学元素符号、主要合金化学元素符号（其中混合稀土元素符号统一用 RE 表示）以及表明合金元素名义百分含量（质量分数）的数字组成。当合金元素多于两个时，合金牌号中应列出足以表明合金主要特性的元素符号及其名义百分含量的数字。合金元素符号按名义百分含量递减的次序排列。当名义百分含量相等时，则按元素符号字母顺序排列。当需要表明决定合金类别的合金元素首先列出时，无论其含量多少，该元素均应紧置于基体元素符号之后。除基体元素的名义百分含量不标注外，其他合金元素的名义百分含量均标注于该元素的符号之后，合金元素含量小于1%时，一般不标注。优质合金最后附加字母 "A"。

铸造铝合金也可用合金代号表示，合金代号由字母 "Z" "L"（分别为 "铸" 和 "铝" 的汉语拼音的第一个字母）及其后的三位数字组成。ZL 后面的第一个数字表示合金系列，其中 1、2、3、4 分别表示铝硅、铝铜、铝镁、铝锌系列合金，ZL 后面的第二位、第三位两个数字表示顺序号。常用铸造铝合金的牌号、代号、热处理、力学性能及应用见表 4-21（GB/T 25745—2010）。

表 4-21　常用铸造铝合金的牌号、代号、热处理、力学性能及应用（GB/T 25745—2010）

类别	牌号	代号	热处理	力学性能			用途
				R_m /MPa	A（%）	HBW	
铝硅合金	ZAlSi7Mg	ZL101	固溶+自然时效 固溶+人工时效	175 225	4 1	50 70	飞机仪器零部件
	ZAlSi12	ZL102	退火 退火	135 145	4 3	50 50	仪表、抽水机壳体等外形复杂件
	ZAlSi9Mg	ZL104	人工时效 固溶+人工时效	195 225	1.5 2	60 70	电动机壳体、气缸体等
	ZAlSi5Cu1Mg	ZL105	固溶+不完全时效 固溶+稳定回火	235 175	0.5 1	70 65	风冷发动机气缸头、油泵壳体
	ZAlSi12Cu1Mg1Ni1	ZL109	人工时效 固溶+人工时效	195 245	0.5 	90 100	活塞及高温下工作的零件
铝铜合金	ZAlCu5Mn	ZL201	固溶+自然时效 固溶+不完全时效	295 335	8 4	70 90	内燃机气缸头活塞等
	ZAlCu4	ZL203	固溶+自然时效 固溶+不完全时效	195 215	6 3	60 70	高温不受冲击的零件

（续）

类别	牌号	代号	热处理	力学性能			用途
				R_m /MPa	A（%）	HBW	
铝镁合金	ZAlMg10	ZL301	固溶+自然时效	280	10	60	舰船配件
	ZAlMg8Zn1	ZL305	固溶+自然时效	290	8	90	氮用泵体
铝锌合金	ZAlZn11Si7	ZL401	人工时效	245	1.5	90	结构、形状复杂的汽车、飞机仪器零件
	ZAlZn6Mg	ZL402	人工时效	235	4	70	结构、形状复杂的汽车、飞机仪器零件

铸造铝合金的铸件，由于形状较复杂，组织粗糙，化合物粗大，并有严重的偏析，因此其热处理与变形铝合金相比，淬火温度应高一些，加热保温时间要长一些，以使粗大析出物完全溶解，并使固溶体成分均匀化。淬火一般用水冷却，多采用人工时效。

4.3.2　镁及镁合金

镁资源非常丰富，在地壳中含量为 2% 左右。镁在工程金属中最显著的特点是质量轻，镁密度约为钢的 2/9，钛的 2/5，铝的 2/3。镁还具有比强度、比刚度高，减振性能好和抗辐射能力强等优点，是十分重要的金属结构材料和功能材料。因此，镁及其合金广泛应用于冶金、汽车、航空航天、电子与通信、医疗器械等领域。镁合金由于优良的导热性、可回收性、抗电磁干扰性和优良的屏蔽性能等特点，被誉为新型绿色工程材料和 21 世纪的时代金属。目前镁合金应用领域及用量在不断发展和增长。

1. 纯镁

镁的晶体结构为密排六方，结构符号 A3，室温晶格常数 $a = 0.32092nm$，$c = 0.52105nm$，$a/c = 1.663$。镁密度仅为 $1.738g/cm^3$（20℃），是常用结构材料中最轻的金属，这使得其比强度、比刚度高，减振性能好和抗辐射能力强。但镁的化学活泼性很高，室温塑性很差，纯镁多晶体强度和硬度也很低，由于纯镁加工困难，耐蚀性差等缺点使其应用受到限制。

纯镁的力学性能很差，不能直接用作结构材料，通过在纯镁中添加特定合金元素，可以显著改善其物理、化学及力学性能。

2. 镁合金

镁合金的密度比纯镁稍高，为 $1.75 \sim 1.85g/cm^3$。大多数镁合金都具有如下特点：①比强度、比刚度均很高。比强度明显高于铝合金和钢，比刚度与铝合金和钢相当，而远高于工程塑料。②弹性模量较低，适用于制造承受猛烈撞击的零件。③良好的减振性，在相同载荷下，减振性是铝的 100 倍，是钛合金的 300 ~ 500 倍。④切削加工性能优良。其切削速度远高于其他金属。⑤铸造性能优良，几乎所有的铸造工艺都可铸造成型。

（1）镁合金的编号　目前，国际上倾向采用美国材料实验协会（ASTM）标准标记镁合金，我国镁合金牌号的命名规则也基本上与国际接轨。GB/T 5153—2016 标准规定了牌号的命名规则：镁合金牌号以英文字母+数字+英文字母的形式表示。前面的英文字母是其最主要的合金元素代号（元素符号有规定，如 A——Al，C——Cu，K——Zr，M——Mn，R——

Cr，S——Si，T——Sn，Z——Zn，J——Sr，V——Gd 等），其后的数字表示其最主要合金元素的大致含量，最后面的英文字母为标识代号，用于标识各具体合金元素相异或元素含量有微小差别的不同合金。如 AZ91D 镁合金，"A" 表示镁合金中主要合金元素为 Al，"Z"为含量次高的元素 Zn，"9" 表示 Al 含量大致为 9%，"1" 表示 Zn 含量大致为 1%，"D" 为标识代号。

（2）镁合金的分类　镁合金一般可按三种方式进行分类，即合金的化学成分、成形工艺和是否含 Zr。按合金化学成分可分为二元、三元或多元合金系。大多数镁合金都含有不止一种合金元素，为了简化和突出合金中最主要的合金元素，一般习惯上总是依据 Mg 与其中一个主要合金元素，将镁合金划分为二元合金系：Mg-Mn、Mg-Al、Mg-Zn、Mg-RE、Mg-Ag 和 Mg-Li 系。

按成形工艺不同，镁合金可为两大类，即铸造镁合金和变形镁合金，二者在成分、组织和性能上存在很大差别。变形镁合金要求其兼有良好的塑性变形能力和尽可能高的强度，其强度提高主要依赖合金元素对其的固溶强化和形变强化。铸造镁合金比变形镁合金应用广泛，主要应用于汽车零件、机件壳罩和电气构件等。

依据加入的合金中是否含有 Zr，镁合金又可分为含 Zr 和不含 Zr 两大类。含 Zr 镁合金和不含 Zr 镁合金中均既包括变形镁合金又包括铸造镁合金。Zr 在镁合金中的作用主要是细化镁合金晶粒，使这类镁合金具有优良的室温性能和高温性能。

1）变形镁合金。变形镁合金是指通过挤压、轧制、锻造和冲压等塑性成形方法加工的镁合金，具有比相同成分的铸造镁合金更好的性能。其制品有轧制薄板、挤压件和锻件等，这些产品具有低成本、高强度和良好延展性的特点，工作温度一般不超过 150℃。根据镁合金自身的性质和变形特点，变形镁合金生产时需要注意：①镁的密排六方晶体结构使得镁合金在变形后许多性质（弹性模量除外）出现择优取向；②变形镁合金在压缩变形时，压应力平行于基面时容易产生孪生，因而造成纵向压缩屈服应力低于其拉伸屈服应力的缺点；③交替拉压的冷卷曲会引起变形产品的强化，在压缩过程中可产生大量孪晶，导致拉伸性能明显下降。

根据其成分和基本特性常用变形镁合金分为 Mg-Al 系与 Mg-Zn-Zr 系两大类，前者属于中等强度、塑性较高的变形材料，后者属于高强度变形镁合金。此外，一些具有特殊性能要求的镁合金也常通过塑性变形工艺制备而得到变形镁合金，如高耐蚀性能的 Mg-Mn 系变形镁合金，高强耐热的 Mg-RE 系变形镁合金，高塑性的超轻 Mg-Li 系变形镁合金。

① Mg-Mn 系变形镁合金。Mg-Mn 系合金中 Mn 含量一般为 1.2%～2.0%，Mn 的主要作用并不在于提高合金的强度，而在于提高合金的耐蚀性能，在所有镁合金中，这类合金的耐蚀性能最高。在 Mg-Mn 合金中一般会加入少量的稀土元素 Ce（0.15%～0.35%）来提高合金的力学性能，Ce 一部分固溶于 Mg 基体中，起固溶强化效果；另一部分与 Mg 形成化合物 Mg_9Ce，细小弥散分布于 Mg 基体中，起到弥散强化和细化晶粒的作用。Mg-Mn 系合金的特点在于：强度较低，耐蚀性良好，中性介质中无应力腐蚀破裂倾向；室温塑性较低，高温塑性好，可进行轧制、挤压和锻造；不能进行热处理强化；焊接性能良好，易于采用气焊、氩弧焊、点焊等方法焊接；可加工性良好。主要用于制造承受外力不大，但要求焊接性和耐蚀性良好的零件，如汽油和润滑油系统的耐蚀零件。

② Mg-Al-Zn 系变形镁合金。Mg-Al-Zn 系变形镁合金属于中等强度、塑性较高的镁合金

材料，其主要合金化元素 Al 在 Mg 中的含量为 0% ~ 8%，Zn 的含量一般小于 2%。合金元素 Al、Zn 能和 Mg 形成金属间化合物 $Mg_{17}Al_{12}$、$MgZn_2$ 和 $Mg_{17}(Al,Zn)_{12}$，同时 Al 和 Zn 能在 Mg 中形成有限固溶体，溶解度随着温度的升高逐渐增大，所以，可通过热处理方法改善该系合金的力学性能。

③ Mg-Li 系变形镁合金。Mg-Li 系变形镁合金是结构金属材料中最轻的一类合金，根据成分不同，Mg-Li 合金的密度为 $0.970 ~ 1.350g/cm^3$，最轻的密度可以小于水的密度，用作结构材料可大幅减小结构件的质量。在 Mg 中加入 Li，可使金属 Mg 性质发生特殊改变，在 Mg-7.9%Li 的共晶成分点上，合金具有极优的变形性能和超塑性。Mg-Li 系中的 LA141A、LS141 合金具有优良的冷变形能力，可进行轧制和挤压加工，比强度和比刚度高，在室温下，弯曲刚度几乎高出其他镁合金 1 倍。该合金可以进行焊接，已经应用在装甲板、航空和航天结构件上。Mg-Li 系变形镁合金的缺点是化学活性高，熔炼铸造时由于 Li 容易与空气中的 O、N、H 等发生反应，因此需要在惰性气氛中进行。其耐蚀性能低于一般镁合金，应力腐蚀倾向严重。

2）铸造镁合金。铸造镁合金是指适合采用铸造方式进行制备和生产铸件直接使用的镁合金。铸造镁合金根据是否含 Zr 元素作为合金晶粒细化剂，划分为两大主要镁合金系：不含 Zr 镁合金和含 Zr 镁合金。前者以 Mg-Al 合金系为代表，后者以 Mg-Zn 和 Mg-RE 系合金为代表。铸造镁合金的牌号、性能特点及用途见表 4-22。

① 不含 Zr 的铸造镁合金。不含 Zr 的 Mg-Al 合金系是种类最多、应用最为广泛的镁合金。铸态 Mg-Al 二元合金主要由 α 相镁固溶体和 $\beta(Mg_{17}Al_{12})$ 相组成。Mg-Al 合金中 Al 含量较低时，Al 固溶于 α 相镁中形成固溶体，起固溶强化作用。随着 Al 含量的增加，合金的强度和塑性明显提高。当 Al 含量超过 9% 时，含铝相 $\beta(Mg_{17}Al_{12})$ 直接从 α 固溶体中析出，其时效强化不明显，并且 β 相分布在基体晶界上，降低合金的力学性能。当合金系中的 Al 含量过高时，易引起应力腐蚀，因此兼顾合金的力学性能和铸造性能，此合金系中 Al 的最佳含量为 8% ~ 9%。

Mg-Al 合金系中还可以加入其他一些元素构成新型的多元镁合金。Zn 是 Mg-Al 系合金中的一个重要合金化元素，Mg-Al-Zn 系合金力学性能优良、流动性好、热裂倾向小，熔炼铸造工艺相对简单且成本较低，在工业中应用最早、最普遍，在商用镁合金材料中占据主导地位。但该类合金屈服强度较低，铸件缩松严重，高温力学性能差，使用温度不超过 120℃。Mn 元素可明显提高 Mg-Al 合金系的耐蚀性能，Mn 能在镁液中与 Fe 形成高熔点的 Mg-Fe 化合物并沉淀出来，以减少杂质 Fe 对合金耐蚀性能的危害。同时 Mn 可溶入 α 相镁中，提高基体的电极电位，使镁基体耐蚀性提高。另外，Mn 还对细化 Mg-Al 合金晶粒有利，进而起到细晶强化的效果。但 Mn 含量过高会引起 Mn 偏析形成脆性相，对合金塑性、冲击韧度不利，通常 Mn 含量控制在 0.5% 以下。Mg-Al 合金中可加入少量元素 Be，Be 是镁合金中一种有效的阻燃元素。在 Mg 液中加入少量元素 Be，可形成致密的 BeO 填充到疏松的 MgO 膜中，阻滞 Mg 合金液的继续氧化。但过高的 Be 含量会引起晶粒粗化，降低合金的力学性能，增加合金的热裂倾向，其含量一般控制在 0.01% 以下。为了改善 Mg-Al 系合金的高温抗蠕变性能，在 Mg-Al 合金中加入 Si 或 RE 元素，如 AS（Mg-Al-Si）和 AE（Mg-Al-RE）系列的合金。由于铸态组织中 Mg_2Si 和 Nd_9Mg 的熔点高、硬而稳定，从而改善了合金的高温抗蠕变性能。RE 比 Si 对镁合金抗蠕变性能的影响效果要好，但成本也比 Si 高。

② 含 Zr 的铸造镁合金。在不含 Al 和 Mn 的 Mg-Zn、Mg-Ag、Mg-RE 和 Mg-Th 等镁合金中，添加 Zr 元素能明显细化晶粒，起细晶强化效果。与不含 Zr 的 Mg-Al 系合金相比，含 Zr 镁合金的共同性能是强度更高，特别是屈服强度较高，屈强比高。加入 RE、Ag 等其他多种合金元素，可提高合金的耐热性能，使其成为具有优良抗蠕变性能和持久高温强度的耐热镁合金。因此含 Zr 镁合金又常被区分为高强镁合金和耐热镁合金两大类，具有代表性的合金系列分别为 Mg-Zn-Zr 和 Mg-RE-Zr 合金。

Mg-Zn-Zr 系合金中，Zn 是主要合金元素，Zn 在 Mg 中的最大固溶度为 6.2%，使得该合金具有热处理强化的潜力。随着 Zn 含量的增加，强化作用增强，当 Zn 含量为 5%~6% 时，合金强度达到最大值。Zr 除了细化铸件晶粒、提高合金性能外，还能明显缩小合金的结晶温度间隔，大大降低合金铸造过程中的缩松和热裂倾向，提高合金的铸造性能和力学性能。

Mg-RE-Zr 系合金属于耐热合金，适合在 200~300℃ 温度下工作。此类合金中稀土元素是主要的合金元素，常见的有 Ce、La、Nd 和 Pr 等。大部分稀土元素（除 Nd 和 Y 外）在 α（Mg）固溶体中的固溶度都极低，并且在 400℃ 以下基本无变化，所形成第二相 Mg_9Ce、$Mg_{12}Nd$ 等金属间化合物在高温下比较稳定，不易长大，并且热硬性很高。这些化合物在晶间的分布可减弱晶界滑动，因而使 Mg-RE 合金的抗蠕变性能、热强性和热稳定性良好。另外，由于 Mg-RE 合金的结晶温度间隔较小（最大结晶温度间隔：Mg-Ce 系为 57℃，Mg-La 系为 76℃，Mg-Nd 系为 100℃），使其具有良好的铸造性能，缩松、热裂倾向比 Mg-Al、Mg-Zn 系要小得多，充型能力也较好，可用于铸造形状复杂和要求气密性好的铸件。

表 4-22 铸造镁合金的牌号、性能特点及用途

合金代号	合金牌号	性能特点	用途举例
ZM1	ZMgZn5Zr	铸造流动性好，抗拉强度和屈服强度高，力学性能好，壁厚效应较小，耐蚀性良好，但热裂倾向大，不宜焊接	适用于形状简单的受力零件，如飞机轮毂
ZM2	ZMgZn4RE1Zr	耐蚀性和高温力学性能良好，但常温时力学性能比 ZM1 低，铸造性能良好，缩松和热裂倾向小，可焊接	200℃ 以下工作并要求强度高的零件
ZM3	ZMgRE3ZnZr	耐热镁合金，在 200~250℃ 下高温持久性和抗蠕变性能良好，有较好的耐蚀性和焊接性，铸造性能一般	250℃ 下工作且气密性要求高的零件
ZM4	ZMgRE3Zn3Zr	铸件致密性高，热裂倾向小，无显微缩松和壁厚效应倾向	适用于室温下要求气密性的零件和 150~250℃ 工作的发动机附件
ZM5	ZMgAl8Zn	高强镁合金，强度高塑性好，易于铸造，可焊接，但有显微缩松和壁厚倾向效应	飞机上的翼肋、发动机和附件上各种机匣零件
ZM6	ZMgNd2ZnZr	良好的铸造性能，显微缩松和热裂倾向低，气密性好，无壁厚效应倾向	用于飞机受力构件、发动机各种机匣与壳体
ZM7	ZMgZn8AgZr	室温下拉伸强度、屈服极限和疲劳极限均很高，塑性好，铸造充型性良好，疏松倾向大，不宜作耐压零件，焊接性能差	用于飞机轮毂及形状简单的各种受力构件
ZM10	ZMgAl10Zn	铝含量高，耐蚀性好，对显微疏松敏感，宜压铸	一般要求的铸件

3. 镁合金的热处理

镁合金的常规热处理工艺分为两大类：退火和固溶时效。因为合金元素的扩散和合金相的分解过程极其缓慢，所以镁合金热处理的主要特点是固溶和时效处理时间较长，并且镁合金淬火时不必快速冷却，通常在静止的空气或人工强制流动的气流中冷却。

完全退火的目的是消除镁合金在塑性变形过程中的形变强化效应，恢复和提高其塑性，以便进行后续的变形加工。由于镁合金的大部分成形操作都在高温下进行的，故一般对其进行完全退火处理。

去应力退火既可以消除变形镁合金制品在冷热加工、成形、校正和焊接过程中产生的残余应力，也可以消除铸件或铸锭中的残余应力。镁合金铸件中的残余应力一般不大，但由于镁合金弹性模量低，在较低应力下就可使镁合金铸件产生相当大的弹性应变，所以必须彻底消除镁合金铸件中的残余应力，以保证其精密机加工时的尺寸公差，避免翘曲和变形，防止Mg-Al 铸造合金焊接件发生应力开裂。镁合金经过固溶淬火后不进行时效，可以同时提高其抗拉强度和伸长率。由于 Mg 原子扩散较慢，故需要较长的加热时间来保证强化相的充分溶解。镁合金的砂型厚壁铸件固溶时间最长，其次是薄壁铸件或金属型铸件，变形镁合金的最短。

部分镁合金经过铸造或加工成形后不进行固溶处理而是直接进行人工时效。这种工艺很简单，也能获得相当高的时效强化效果，特别是 Mg-Zn 系合金。若重新固溶处理会导致晶粒粗化。对于 Mg-Al-Zn 和 Mg-RE-Zr 合金，常采用固溶处理后再人工时效，可提高镁合金的屈服强度，但会降低部分塑性。

通常情况下，当镁合金铸件经过热处理后，其力学性能达到期望值时，很少再进行二次热处理。但若镁合金铸件热处理后的显微组织中化合物含量过高，或者固溶处理后的缓冷过程中出现了过时效现象，就需要进行二次热处理。

4.3.3　铜及其合金

铜及其合金也是现代工业中广泛应用的结构材料之一，其主要性能特点包括：①优异的物理化学性能。纯铜导电性、导热性极佳，许多铜合金的导电、导热性也很好；铜及其合金对大气和水的耐蚀能力也很高，并且是抗磁性物质。②良好的加工性能。铜及某些铜合金塑性很好，容易冷、热成形；铸造铜合金有很好的铸造性能。③某些特殊的力学性能。如优良的减摩性和耐磨性（如青铜及部分黄铜）；高的弹性极限及疲劳极限（铍青铜等）。由于铜优良的性能，铜及其合金在电气、仪表、造船和机械制造工业中得到广泛应用。但铜的储藏量较小，价格较贵，属于应节约使用的材料之一，只有在特殊需要的情况下，如要求有特殊的磁性、耐蚀性、加工性能、力学性能以及特殊的外观等条件下才使用铜及其合金。

1. 纯铜

纯铜外观呈玫瑰色，但在空气中易与氧结合形成氧化铜薄膜，表面呈紫红色，故又称紫铜。其密度为 $8.93g/cm^3$，比钢重 15%，熔点为 1083℃。其导电性和导热性优良，仅次于银。铜具有良好的化学稳定性，在大气、淡水及冷凝水中均具有良好的耐蚀性能，但在海水中的耐蚀性能比较差，容易被腐蚀。纯铜在含有 CO_2 的潮湿空气中，表面易产生碱性碳酸盐 $[CuCO_3 \cdot Cu(OH)_2$ 或 $2CuO_3 \cdot C(OH)_2]$ 的绿色薄膜，又称为铜绿。

纯铜呈面心立方晶体结构，无同素异构转变，塑性极好（$A=50\%$，$Z=70\%$），冷、热加工性能良好。纯铜的强度、硬度不高，在退火状态下，$R_m=200\sim250$MPa，HBW=$40\sim50$。采用冷加工变形可使其强度提高到$400\sim500$MPa，硬度提高到$100\sim200$HBW，但塑性会相应降低。纯铜无法进行热处理强化，但可通过冷加工变形提高其强度。纯铜的热处理仅限于结晶软化退火，实际退火温度一般为$500\sim700$℃，过高的温度会使Cu发生强烈的氧化。Cu退火时应在水中快速冷却，目的是爆脱在退火加热时形成的氧化皮，得到光洁表面。

工业纯铜中一般含有$0.1\%\sim0.5\%$的杂质，如Pb、Bi、O、S和P等，它们将降低铜的导电性能，Pb和Bi能与Cu形成熔点很低的共晶体，使铜发生脆性断裂（热裂）。S、O与Cu也能形成共晶体（$Cu+Cu_2S$）和（$Cu+Cu_2O$），在冷加工时易使其破裂（即冷脆）。

纯铜除工业纯铜外，还有一类叫无氧铜，其氧含量极低，不大于0.003%。此类铜纯度高，导电、导热性极好，并且不发生氢脆，加工性能、耐蚀性、耐寒性能良好，牌号有TU1、TU2，主要用于制作电真空器件及高导电性铜线。

2. 铜合金

纯铜的强度低，不宜直接用作结构材料。为满足作为结构件的要求，需要对纯铜进行合金化，以提高其力学性能。铜的合金化原理类似于铝合金，主要通过合金化元素的作用，实现固溶强化、时效强化和过剩相强化。

铜合金中主要的固溶强化合金元素为Zn、Al、Sn和Ni。这些元素在Cu中的固溶度均大于9.4%，可产生显著的固溶强化效果，可使铜的抗拉强度从240MPa最大提高到650MPa。Be、Ti、Zr和Cr等元素在固态铜中的溶解度随温度的变化急剧减小，有助于对铜产生时效强化作用，是铜中常加入的沉淀强化元素。常用的铜合金主要为黄铜、青铜和白铜。

（1）黄铜　以Zn为主加合金元素的铜合金称为黄铜。其结晶温度范围小，充型能力好，并且由于Zn沸点低，有自发除气作用，因而其铸造性能良好。其主要缺点是脱Zn腐蚀，在海水或带有电解质的腐蚀介质中工作时，产生电化学腐蚀。黄铜按所含合金元素分为普通黄铜和特殊黄铜。

1）普通黄铜。普通黄铜指的是Cu-Zn二元合金。常用普通黄铜中Zn的质量分数为$0\%\sim50\%$。普通黄铜的力学性能与Zn含量有关，Zn含量低于32%时，为α相单相组织。α相是以Cu为基体的固溶体，面心立方晶格，塑性好。随着Zn含量的增加，合金的强度和塑性均得到提高。当Zn含量为$32\%\sim39\%$时，塑性好高温无序的β相形成，可以承受压力加工，室温下的有序β'相塑性差，不能承受压力加工，但强度、硬度较高。Zn含量超过45%以后，完全进入β'相区，强度、塑性都急剧下降，不适合作为结构材料。普通黄铜不能进行热处理强化，其热处理仅限于对结构复杂的大、中型铸件进行低温退火，以消除内应力。普通黄铜分为单相黄铜和双相黄铜两种，从变形特征来看，单相黄铜适宜于冷加工，而双相黄铜只能热加工。

普通黄铜的表示方法：压力加工普通黄铜，用代号"H"和Cu的质量分数表示，如H62表示Cu的质量分数为62%的普通黄铜。铸造普通黄铜，则在前面冠以"Z"，如ZH62表示Cu的质量分数为62%的铸造普通黄铜。

2）特殊黄铜。为了获得更高的强度、耐蚀性和良好的铸造性能，在 Cu-Zn 合金中加入 Al、Mn、Pb、Si、Ni 等元素，形成特殊黄铜，又称高强度黄铜。通过添加少量合金元素，可以细化晶粒使强度增加，同时提高耐蚀性、切削加工性能、铸造性能等。例如，Al 可提高黄铜的强度和硬度，但会使塑性降低，并可改善黄铜在大气中的耐蚀性；Mn 可提高力学性能、耐热性和在海水、氯化物、过热蒸汽中的耐蚀性；Pb 可改善切削加工性能，并提高耐磨性，Pb 对黄铜的强度影响不大，略为降低塑性；Si 可提高力学性能、耐磨性、耐蚀性和铸造流动性；Ni 可提高黄铜的再结晶温度和细化晶粒，提高力学性能和耐蚀性，降低应力腐蚀开裂倾向；Sn 显著提高黄铜在海洋大气和海水中的耐蚀性，也可使其强度有所提高；Fe 可提高黄铜再结晶温度和细化晶粒，从而改善综合力学性能、耐磨性及在大气和海水中耐蚀性。

特殊黄铜的编号方法是：H+主加元素符号+铜含量+主加元素含量。特殊黄铜可分为压力加工黄铜（以黄铜加工产品供应）和铸造黄铜两类，其中铸造黄铜在编号前加"Z"。例如，HPb61-1 表示平均成分为 $w(Cu)60\%$、$w(Pb)1\%$、余为 Zn 的铅黄铜；ZCuZn31Al2 表示平均成分为 $w(Zn)31\%$、$w(Al)2\%$、余为 Cu 的铸造铝黄铜。常用的特殊黄铜有铅黄铜、锡黄铜、铝黄铜、铁黄铜、硅黄铜和镍黄铜，见表 4-23。

表 4-23　常用的特殊黄铜牌号、性能特点及应用领域（GB/T 5231—2012、GB/T 1176—2013）

组别	牌号	性能特点	应用
铅黄铜	HPb59-1	应用广泛，力学性能良好，且切削加工性好，可承受冷、热压力加工，可钎焊和焊接，对一般性腐蚀有较好稳定性，但有腐蚀开裂倾向	切削加工及冲压加工的结构零件，如垫片、衬套等
	HPb60-2	切削加工性好，强度高，其他性能与 HPb59-1 相似	高强度的结构零件
锡黄铜	HSn70-1	在大气、蒸汽、海水和油类里有高的耐蚀性，有良好的力学性能，冷、热压力加工性良好，切削性尚可，可焊接和钎焊，但有腐蚀开裂倾向	多用于舰船上的耐蚀零件及与蒸汽、油类等介质接触的零件及导管
	HSn62-1	力学性能及切削性能良好，只适宜于热态下压力加工，在海水中耐蚀性高，可焊接和钎焊，但有腐蚀开裂倾向	与海水接触的船舶零件或其他零件
铝黄铜	HAl77-2	强度、硬度高，塑性良好，可在冷、热态下进行压力加工，海水中耐蚀性良好，但有腐蚀开裂倾向，是一种典型的铝黄铜	船舶等用作冷凝管及其他耐蚀零件
	HAl60-1-1	强度高，可在热态下承受压力加工，冷态下塑性略差，在大气、淡水、海水中耐蚀性好，腐蚀开裂敏感	用于各种耐蚀结构零件，如齿轮、轴和料套等
	HAl66-6-3-2	具有高强度、硬度和耐磨性，耐蚀性良好，但塑性较差，有腐蚀开裂倾向	多用作耐磨合金，如大型蜗杆
锰黄铜	HMn58-2	力学性能良好，热态下压力加工性好，冷态下压力加工性尚可，导电、导热性低，在海水、蒸汽、氯化物中耐蚀性好，但有腐蚀开裂倾向，是应用较广泛的黄铜	耐腐蚀的重要零件及弱电工业用零件
	HMn57-3-1	强度、硬度高，但塑性差，只宜在热态下压力加工，在大气、海水及蒸汽中耐蚀性好，但有腐蚀开裂倾向	耐蚀的结构零件

（续）

组别	牌号	性能特点	应用
铁黄铜	HFe59-1-1	强度高，韧性好，热态下塑性良好，减摩性能良好，在大气、海水中耐蚀性好，但有腐蚀开裂倾向	制造腐蚀状态下摩擦工作的结构零件
	HFe58-1-1	强度、硬度高，塑性差，只宜在热态下进行压力加工，切削性好，耐蚀性尚好，但有腐蚀开裂倾向	高强度耐蚀零件
硅黄铜	HSi80-3	力学性能良好，切削性能良好，冷、热态下压力加工性好，易焊接和钎焊，耐磨性尚好，导电、导热性差，耐蚀性好，但有腐蚀开裂倾向	船舶用零件、蒸汽及水管配件
镍黄铜	HNi65-5	力学性能良好，冷、热态下压力加工性均很好，有高的耐蚀性和减摩性，导电、导热性差，价格较贵	压力表管、造纸网、船用冷凝管

（2）青铜　青铜是 Cu-Sn 合金，因呈青白色而得名，是最早使用的铜合金。近代工业把 Cu-Zn 和 Cu-Ni 之外的铜合金统称为青铜，又分为锡青铜（普通青铜）和无锡青铜或特殊青铜。青铜也分压力加工青铜和铸造青铜两类。青铜牌号的表示方法：代号"Q"+主加合金元素符号+主加元素的质量分数（如后面还有其他数字，则为其他元素的质量分数），例如，QSn4-3 表示成分为 $w(Sn)4\%$、$w(Zn)3\%$、其余为铜的锡青铜。如属于铸造青铜，在前面冠以"Z"字母。

1）锡青铜。锡青铜是我国历史上使用最早的非铁合金，也是最常用非铁合金之一。锡青铜典型的铸态组织由树枝晶 α 和共析体 α+δ 组成。Cu-Sn 二元合金的力学性能取决于组织中 α+δ 共析体所占的比例、Sn 含量和冷却速度。Sn 的质量分数为 5%～10% 的合金具有最佳的综合力学性能，其中 $w(Sn)=5\%～7\%$ 的锡青铜，塑性最好，适合冷热加工；$w(Sn)>10\%$ 的锡青铜，强度较高，适合铸造。锡青铜的线收缩率为 1.2%～1.6%，是铜合金中最小的，所以铸造内应力小，冷裂倾向小，适合铸造形状复杂的铸件或艺术铸造品。但其致密度较低，在高水压下易漏水，所以不适合铸造要求致密度高的和密封性好的铸件。

为进一步提高锡青铜的综合性能，可加入其他合金元素，常用元素有 P、Zn 和 Pb 等。

2）无锡青铜。

① 铝青铜。以铝为主加元素的铜合金。可作为结构材料。二元铝青铜的力学性能主要取决于 Al 含量。$w(Al)=5\%～7\%$ 的铝青铜，塑性最好，适合冷加工；$w(Al)≈10\%$ 的铝青铜，强度最高，常以热加工或铸态使用。铝青铜的强度、硬度、耐蚀性、耐热性和耐磨性都高于黄铜和锡青铜。铝青铜结晶温度范围很小、流动性好、枝晶偏析小且缩孔集中，易铸成组织致密的铸件，但焊接性能差。工业上常用的铝青铜有低铝青铜和高铝青铜。例如，QA15 和 QA17 等低铝青铜，塑性好、耐蚀性好，又有适当的强度，一般在压力加工状态下使用，可制造弹簧及要求较高耐蚀性的弹性元件。QA19-4 高铝青铜是在铝青铜基础上加入 Fe 和 Mn 等元素，使其强度、耐磨性和耐蚀性得到改善，可用来制造复杂条件下工作的高强度、耐磨和耐蚀零件，如齿轮、轴套、轴承、摩擦片和螺旋桨等。

② 铍青铜：青铜中强度、硬度最高的铍青铜，其中 Be 的质量分数为 1.7%～2.5%。Cu 内添加少量的 Be 即能使合金的性能发生很大变化，高温下，Be 在 Cu 中具有较高的溶解度，而随着温度的下降，溶解度急剧下降，因此具有很高的热处理强化效果。铍青铜经过热处理

后，强度可达 1250~1500MPa，硬度 HBW = 350~400，远超过其他铜合金，甚至可以和高强度钢相媲美。此外，铍青铜还具有良好的导电性、导热性、耐蚀性以及无磁性，受冲击时不产生火花等一系列优点，这些优点使其可以在工业上制造各种精密仪器、仪表的重要弹性元件、耐磨零件（如钟表、齿轮，高温、高压、高速工作的轴承和轴套）和其他重要零件（电焊机电极和防爆工具等），但 Be 是稀有金属，价格昂贵，而且有毒，在使用上受到限制。

另外，还有铅青铜、硅青铜、锰青铜、镉青铜、镁青铜和铬青铜等特殊青铜。其中铅青铜具有良好的耐磨性能和抗疲劳性能；锰青铜具有良好的阻尼性能，应用于低噪声推进器上；硅青铜强度高、耐磨性极好，经热处理后强度和硬度得到大幅度提高，切削性和焊接性能良好；镉青铜具有良好导电性、导热性、耐磨性、减摩性、耐蚀性和压力加工性能；镁青铜具有良好的高温抗氧化性；铬青铜具有较高的强度和硬度，较好的导电性、导热性、耐磨性、减摩性，冷、热态压力加工性能良好。

4.3.4　钛及钛合金

钛及钛合金是极其重要的轻质结构材料，具有许多优点。首先，其比强度高于其他非铁金属合金；其次，具有较高的耐蚀性，特别是在海水和含氯介质中，其耐蚀性能尤其突出。另外钛及钛合金的耐热性也比铝合金和镁合金高，目前实际应用的热强钛合金工作温度可达 400~500℃。钛及钛合金的应用范围及数量日益增长，并逐渐取代某些铝合金、镁合金以及钢等，用于制造各种构件，如飞机上的隔热罩、整流罩、导风罩、蒙皮、框类、支臂构件及发动机中的压气机盘、叶片及机匣等。此外，钛及钛合金在机械工业、车辆工程、生物医学工程等领域具有非常重要的应用价值和广阔的应用前景。

1. 纯钛

钛的主要特点是熔点高（1668℃）；与 Fe 和 Ni 相比，密度较低（4.54g/cm³），线胀系数小，弹性模量也较低；导热性能差，摩擦系数大，切削加工时易粘刀，刀具温升快，因而切削加工性能较差，应使用特定刀具切削；耐磨性能也较差，具有较好的表面缺口敏感性，对加工及使用均不利。Ti 金属的化学活性极高，故 Ti 金属的熔炼只能用真空电弧炉熔铸。纯钛在较多的介质中有很强的耐蚀性，尤其是在中性及氧化性介质中，纯钛的耐蚀性很强。Ti 在海水中的耐蚀性优于不锈钢及铜合金，在碱溶液和大多数有机酸中也很耐蚀。纯钛一般只形成均匀腐蚀，不发生局部和晶界腐蚀现象，其耐蚀疲劳性能较好。Ti 金属极易吸氢而产生氢脆现象，但也可利用这一特点，发展以 Ti 为主要成分的储氢材料。金属 Ti 在 550℃ 以下具有较好的稳定性。但温度高于 550℃ 后会氧化，这是目前钛及钛合金不能在更高温度下使用的主要原因之一。低温下，纯钛和大多数钛合金都结晶成理想状态的密排六方结构；高温下为体心立方结构。钛金属的两种不同晶体结构以及相应的同素异构转变是其获得各种不同性能的基础，金属钛的塑性变形和扩散速率都与晶体结构密切相关。

工业应用的纯钛均含有一定量的杂质，称为工业纯钛。其中杂质主要为形成间隙固溶体的 O、N、H 及 C 等，以及形成置换固溶体的 Fe、Si 等杂质。形成间隙固溶体的杂质可阻碍位错运动，提高硬度。另外 H 元素可引起氢脆，严重损害钛的韧性。形成置换固溶体的杂质对金属塑性及韧性的影响程度远远小于间隙固溶体的杂质。工业纯钛的强度、硬度比纯钛稍高，力学性能及化学性能与不锈钢相近，抗氧化性方面优于奥氏体不锈钢，但耐热性能稍差。与钛合金相比，强度稍低、塑性好，焊接性能、可切削加工性以及耐蚀性稍好。除钛中杂质造成的固溶强化之外，工业纯钛还可采用冷变形强化，当冷变形度为 30% 以上时，其 R_m 可达到 800MPa 以上，断后伸长率 A 仍能保持在 10%~15%，这已超过了硬铝合金的性能水平。

纯钛的牌号为 TA0、TA1、TA2 和 TA3，其中 TA0 为高纯钛，后三种为工业纯钛。牌号不同，杂质含量不同。

2. 钛合金

钛合金按退火组织分为 α、β 和（α+β）三大类。由于钛合金中 β 相的数量和稳定程度与 β 相稳定元素的含量有直接关系，为了衡量钛合金中 β 相的稳定程度或 β 稳定元素的作用，提出了 β 稳定系数的概念。β 稳定系数是钛合金中 β 稳定元素浓度与各自临界浓度比值之和。

根据 β 稳定系数值以及退火（空冷）后的组织，可粗略地将工业钛合金分为 α、近 α、（α+β）及 β 型合金四大类。

1）α 钛合金。β 稳定系数值接近零的合金为 α 钛合金。此类合金几乎不含 β 稳定元素，退火组织基本为等轴 α 相，Al 当量为 5%~6%，主要合金元素为 α 稳定元素（如 Al、B 等）。此类合金不能进行热处理强化，依靠固溶强化提高力学性能，室温强度低于 β 型和 α +β 型钛合金，但在 500~600℃ 时的高温强度是三类钛合金中最好的。α 型钛合金还具有组织稳定、耐蚀、易焊接、切削加工性能好的特点，其缺点是强度低、塑性低，压力加工性能差。

我国 α 钛合金合金牌号为 TA 后加一代表合金序号的数字，包括工业纯钛 TA0~TA3，含不同 α 稳定元素或中性元素的 TA4~TA8。四种工业纯钛从 TA0 到 TA3 的杂质含量依次增高，机械强度、硬度依次增强，塑性、韧性依次下降。主要用于工作温度在 350℃ 以下，受力不大，但要求高塑性的冲压件和耐蚀结构零件，如飞机骨架、蒙皮、船用阀门、管道等。其中 TA1 和 TA2 由于具有良好的低温韧性及低温强度，可用作 -253℃ 以下的低温结构材料；α 钛合金中，TA4 可用作中等强度范围的结构材料；TA5 和 TA6 主要用于 400℃ 以下腐蚀性介质中工作的零件及焊接件，如飞机蒙皮、骨架零件、压气机叶片等；TA7 可用于 500℃ 以下长期工作的结构件及模锻件，也是一种优良的超低温材料；TA8 可制作在 500℃ 以下长期工作零件，可用于制造压气机盘及叶片，由于组织稳定性较差，使用受到一定的限制。

2）近 α 钛合金。β 稳定系数小于 0.23% 的合金一般属于近 α 钛合金，此类合金主要靠 α 稳定元素固溶强化，另外加少量 β 稳定元素，使退火组织中有少量 β 相析出，可改善压力加工性能，同时合金具有一定的热处理强化效果。由于近 α 钛合金具有 α 钛合金优异的蠕变性能和（α+β）合金的高强度，是一种比较理想的高温合金，最高使用温度为 500~550℃。

近 α 钛合金有低铝当量和高铝当量两类：①低 Al 当量的近 α 钛合金。Al 当量小于 2%，α 稳定元素相对较少，固溶强化效果不显著，组织中含有 2%~4% 的 β 相，主要优点是压力加工性能相对较好，具有与工业纯钛相似的焊接性及良好的热稳定性，使用温度可达 400℃；其缺点是强度较低，不能热处理强化。这类合金适用于制造形状复杂的板材冲压件及焊接件。②高 Al 当量的近 α 钛合金，铝当量为 6%~9%。因其含有较多的、有益于热强性的 α 稳定元素，故主要优点是具有比其他类型钛合金高的蠕变抗力，属于最有希望用于

500℃以上长时间工作的合金。这类合金的热稳定性和焊接性良好，压力加工优于 α 钛合金，其主要缺点是塑性较差，并且高 Al 当量容易导致应力腐蚀问题。该合金主要用于500℃以上工作的构件，如航空发动机的压气机盘、叶片等。

3）（α+β）钛合金。β 稳定系数为 0.23～1.0 的钛合金一般属于（α+β）钛合金，此类合金的 Al 当量一般控制在 8% 以下。β 稳定元素（如 Fe、Mn、Cr、V、Mo、Ta、Nb 等）的添加量一般为 2%～10%，可获得足够的 β 相，进一步改善合金的压力加工性能和热处理强化性能。

（α+β）两相钛合金也可分为低 Al 当量和高 Al 当量钛合金两类：①低 Al 当量两相钛合金中的 Al 当量小于 6%，此类合金中一般含 β 稳定元素较多，退火状态下 β 相在组织中占10%～30%，淬火后 β 相数量可达到 55%。这类合金具有中等的强度、塑性、蠕变抗力和热稳定性，使用温度为 300～400℃，可用于小型结构件和紧固件。②高 Al 当量两相钛合金的 Al 当量大于 6%，这类合金中除含有较多的 Al、Sn 或 Zr 外，还含有适当的 β 稳定元素，主要是 Mo 和 V，少量合金中添加了金属 Si。其是目前在 400～500℃ 实际应用最为广泛的钛合金。我国（α+β）两相钛合金的牌号用 TC 后加表示序号的数字表示，其中 TC1、TC2 和 TC7 不能进行热处理强化，其他牌号的（α+β）两相钛合金可进行热处理强化。

4）β 钛合金。β 稳定系数大于 1 的钛合金一般称为 β 钛合金。根据 β 稳定系数的大小，可细分为近 β 合金、亚稳 β 合金及稳定 β 合金三种。近 β 合金的 β 稳定系数为 1～1.5，这种合金退火状态为 α+β 两相；但淬火组织全部为淬火状态的亚稳 β 相或亚稳 β+w 相，因此又将其归类在 β 合金中。亚稳 β 合金的 β 稳定系数为 1.5～2.5，这类合金平衡状态仍为 α+β 两相，β 相含量超过 50%，但在一般退火组织中全部为退火状态的亚稳 β 相。很明显，亚稳 β 合金中 β 相的稳定性高于近 β 合金。稳定 β 合金的 β 稳定系数大于 2.5，这类合金在平衡状态下，全部由稳定的 β 相组成，热处理不能改变其相组成。

β 钛合金的 Al 当量一般只有 2%～5%，其合金化特点主要是加入较多的 β 稳定元素，通过水冷或空冷得到几乎全部的等轴亚稳 β 相组织。处于亚稳态的 β 相通过时效处理，可分解为弥散分布的 α、稳定 β 或其他第二相，使合金的强度大幅度提高；室温下的体心立方 β 相组织，容易产生塑性变形，使得 β 合金具有良好的冷变形性能；合金中 β 稳定元素含量高，淬火过程中 β 相不易发生分解，故其淬透性较高，可进行热处理强化。β 钛合金的缺点是合金中含有较多的 β 共析元素，使其在长时间加热条件下易析出脆性化合物，并且 β 相具有较高的自扩散系数，热稳定性较差。时效后拉伸塑性、高温强度及蠕变抗力也较低，并且性能不稳定，熔炼过程比较复杂。β 钛合金目前主要用于 250℃ 以下长时间工作或 350℃ 以下短时间工作、要求成形性好的零件，如压气机片、轮盘以及飞机结构件或紧固件等。

4.3.5　轴承合金

轴承是工程机械中一类十分重要的部件，其工作质量直接影响机械的精度和使用寿命。滑动轴承是其中的一种，由轴承体和轴瓦两部分组成。轴瓦可直接由耐磨合金制成，也可在钢背上浇注一层耐磨合金内衬制成。用来制造轴瓦及其内衬的合金，称为轴承合金。

1. 工作条件、性能要求及分类

（1）工作条件和性能要求　从延长轴承使用寿命和保护轴颈的不同角度对轴承合金提出的要求往往是矛盾的。为了保证机械精度和延长轴承使用寿命，要求轴承合金具有高的硬度和韧性，从而具有良好的耐磨性，以延长其使用寿命；从保护轴颈的角度考虑，轴承合金的硬度太高，会使轴颈很快磨损。考虑加工和更换轴比更换轴承要困难得多，工业上一般要求轴承合金的硬度比轴颈的硬度低得多，并在这一前提下尽可能地提高轴承合金的耐磨性。

为了达到上述要求，轴承合金应具有的基本性能包括：①较高的抗冲击性能和疲劳强度，以承受巨大的周期性载荷；②足够的耐磨性、塑性和韧性，以抵抗冲击和振动，并改善轴和轴瓦的磨合性能；③良好的热导性和耐蚀性，以防轴瓦和轴因强烈摩擦升温而发生咬合，并能抵抗润滑油的侵蚀。

（2）轴承合金的分类　目前轴承合金的组织特征大致可以归纳为两类：①合金组织由硬质点相和软基体组成，如锡基、铅基合金以及锡青铜合金等，这些早期轴瓦材料目前仍在工业中广泛使用；②合金组织由较硬基体和软质点相组成，如 Al-Sn、Al-石墨复合材料及铅青铜、灰铸铁等类型的合金，这些合金具有良好的冲击韧度和抗疲劳性能，常用于制造在温度高、传递功率大、受冲击载荷及转动速度很高的工作条件下工作的轴承。

目前工业上常用的非铁金属材料轴承合金主要有锡基、铅基、镉基、铝基、锌基和铜基轴承合金等。其中锡基、铅基和镉基轴承合金又称为巴氏合金，具有很小的摩擦系数，良好的镶嵌性、顺应性和抗咬合能力，很高的化学稳定性，并且熔炼加工工艺简单。但巴氏合金质地软、强度低，不能用来制造整体轴承，一般是浇注在低碳钢制成的钢背壳表面，作为轴衬材料使用。

2. 常用滑动轴承合金

（1）锡基轴承合金（锡基巴氏合金）　锡基轴承合金的化学成分是以 Sn 为主，合金元素主要为 Sb、Cu，是巴氏合金中综合性能最好的一种，广泛使用在工作条件极为繁重的轴承上。对于相结构，锡基轴承合金主要为 Sn（Sb）固溶体 α 相和 SnSb 化合物 β 相。其中 α 固溶体具有良好的塑性，构成锡基轴承合金的软基体；β 相为硬而脆的立方晶体，形成轴承合金中的硬质点，起支撑和减摩作用。

在 Sn-Sb 合金中加入少量 Cu 可有效克服合金的比重偏析，并且 Cu 可以固溶在 α 相中，起固溶强化效果。当 $w(Cu)>0.8\%$ 时，合金中析出星状或针状的 Cu_6Sn_5 化合物，适量硬而脆的 Cu_6Sn_5 相可以提高锡基轴承合金的耐磨性能。

锡基轴承合金的主要性能特点是摩擦系数、膨胀系数小，镶嵌性、导热性、耐蚀性均较好，其承载能力不大（≤2000MPa）、滑动速度不高，广泛应用于承受中等载荷的汽车、拖拉机、汽轮机等的高速轴轴瓦。其缺点是疲劳强度低，工作温度低（≤120℃），成本高。

常用锡基轴承合金包括：①ZSnSb12Pb10Cu4：锡含量最低的锡基轴承合金，性质较软、韧性较好；因含 Pb，铸造性能比其他锡基轴承合金差，热强性较低；但价格比其他锡基合金低。适用于铸造中速、中等载荷发动机的主轴承，但不适用于其高温部分。②ZSnSb11Cu6：Sn 含量较低，Sb、Cu 含量较高，具有一定韧性，硬度适中，抗压强度较高、可塑性好，其减摩性和抗磨性能良好，导热性和耐蚀性优良，流动性能好，线胀系数比其他的巴氏合金都要小。但疲劳强度较低，不能用于承受较大振动载荷的轴承。该合金适合铸造重载、高速、工作温度低于110℃的重要轴承，例如，高速蒸汽机、蜗轮压缩机和蜗轮泵、快速行程柴油机、高速电动机以及高转速机床等的主轴轴承和轴瓦。③ZSnSb4Cu4：所有巴氏合金中韧性最高的一种，强度和硬度比 ZSnSb11Cu6 略低，其他性能与其近似。主要应用于要求韧性较大和浇注层厚度较薄的重载高速轴承。

（2）铅基轴承合金（铅基巴氏合金）　铅基轴承合金是以 Pb-Sb 为基的合金，但二元 Pb-Sb 合金有比重偏析，同时 Sb 颗粒太硬，基体又太软，性能不好，所以通常还要加入其他合金元素，如 Sn、Cu、Cd、As 等。常用的铅基轴承合金为 ZPbSb16Sn16Cu2。

铅基轴承合金的硬度、强度、韧性都比锡基轴承合金低，但摩擦系数较大，价格较便宜，铸造性能好。常用于制造承受中、低载荷的轴承，如汽车、拖拉机的曲轴、连杆轴承及电动机轴承，但其工作温度不能超过 120℃。

铅基、锡基巴氏合金的强度都较低，需要将其镶铸在钢的轴瓦（一般用 08 钢冲压成形）上，形成薄而均匀的内衬，才可以发挥作用，这种工艺称为挂衬。

（3）铝基轴承合金　铝基轴承合金是一种新型减摩材料，具有密度小、疲劳强度高、耐蚀性好、导热性好等优点。其原料丰富，价格便宜，广泛用于高速、高负荷条件下工作的轴承。

铝基轴承合金按化学成分分为铝锡系（Al-20%Sn-1%Cu）、铝锑系（Al-4%Sb-0.5%Mg）和铝石墨系（Al-8Si 合金基体+3%~6%石墨）三类。铝锡系轴承合金具有疲劳强度高、耐热性和耐磨性良好等优点，因此适用于制造高速、重载条件下工作的轴承；铝锑系轴承合金适用于在载荷不超过 20MPa、滑动线速度不大于 10m/s 工作条件下工作的轴承；铝石墨系轴承合金具有优良的自润滑作用、减振作用和耐高温性能，适用于制造活塞和机床主轴的轴承。铝基轴承合金的缺点在于其膨胀系数较大，抗咬合性低于巴氏合金。其一般用 08 钢作衬背，一起轧成双合金带。

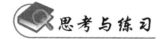

思考与练习

4-1　什么是合金钢？与碳素钢相比，合金钢有哪些主要优缺点？

4-2　在铁碳相图中，$w(C)=0.77\%$ 的钢称为共析钢，如果在此钢中添加 Mn 或 Cr，碳含量不变，那么这种 Fe-C-Mn 或 Fe-C-Cr 钢分别是亚共析钢还是过共析钢？为什么？

4-3　综述 C 对碳素钢性能的影响。

4-4　对于不同的机器零件，其工作条件和失效方式不同，主要失效指标也不同。机器零件用钢的性能是通过钢的成分和热处理两个方面来保证的。试以 2~3 种典型的机器零件为例，说明如何通过钢的化学成分和热处理工艺来保证机器零件用钢的使用性能。

4-5　调质钢中常用的合金元素有哪些？这些合金元素在钢中的主要作用是什么？

4-6　某工厂原来使用 45MnSiV 钢生产 φ8mm 高强度调质钢筋，要求 $R_m>1450MPa$，$R_{eL}>1200MPa$，$A>6\%$。热处理工艺是 920℃±20℃油淬，470℃±10℃回火。因该钢缺货，库存有 25MnSi 钢，请考虑是否可以代用？如可以代用，热处理工艺应如何调整？

4-7　试述弹簧的工作条件和对弹簧钢的主要性能要求。为什么弹簧钢中 C 的质量分数一般为 0.50%~0.75%？试选择一种弹簧钢，并制定其热处理工艺。

4-8　弹簧为什么要求较高的热处理性能和表面质量？弹簧钢的强度极限高，是否就意味着弹簧的疲劳极限高？为什么？

4-9　滚动轴承钢常含有哪些合金元素？各起什么作用？滚动轴承钢对热处理工艺和原始组织都有哪些要求？为什么？

4-10　试分析齿轮的工作条件和性能要求。在机床、汽车、拖拉机及重型机械上，一般分别选用哪些材料作齿轮？应用哪些热处理工艺？

4-11　20Mn2 钢渗碳后是否适合直接淬火？为什么？

4-12 在飞机制造厂中，常用 18Cr2Ni4WA 钢制造发动机变速器齿轮。为减少淬火残余应力和齿轮尺寸的变化，控制心部硬度，以保证获得必须的冲击吸收能量，采用如下工艺：将渗碳后的齿轮加热到850℃左右，保温后淬入 200~220℃的第一热浴中，保温 10min 左右，取出后立即置于 550~570℃的第二热浴中，保温 1~2h，取出空冷到室温。问：此时钢表面、心部的组织是什么（已知该钢的 Ms 为 310℃，表面渗碳后的 Ms 约 80℃）？

4-13 某精密镗床主轴用 38CrMoAl 钢制造，某重型齿轮铣床主轴选择 20CrMnTi 钢制造，某普通车床主轴材料为 40Cr 钢。试分析说明它们各自应采用的热处理工艺以及最终的组织和性能特点（不必写出热处理工艺具体参数）。

4-14 在使用性能和工艺性能的要求上，工具钢和机器零件用钢有什么不同？

4-15 试用合金化原理分析说明 9SiCr、9Mn2V、CrWMn 钢的优缺点。

4-16 直径为 25 mm 的 40CrNiMo 钢棒料，正火后难以切削，为什么？

4-17 试分析比较工具钢 T9 和 9SiCr 的不同：

1) 为什么 9SiCr 钢的热处理加热温度比 T9 钢高？

2) 直径为 ϕ30~40mm 的 9SiCr 在油中能淬透，相同尺寸的 T9 钢能否淬透，为什么？

3) T9 钢制造的刀具，其刃部受热至 230~250℃时硬度和耐磨性已迅速下降而失效，9SiCr 钢制造的刀具，其刃部受热至 230~250℃时硬度仍不低于 60 HRC，耐磨性良好，还可正常工作，为什么？

4) 为什么 9SiCr 钢适宜制作要求变形小、硬度较高和耐磨性较高的圆扳牙等薄刃工具？

4-18 试比较热作模具钢和合金调质钢的合金化和热处理特点，并分析合金元素作用的异同。

4-19 简述高速钢铸态组织特征。

4-20 有一批 W18Cr4V 制钻头，淬火后硬度偏低，经检验是淬火加热温度出了问题。试分析淬火加热温度可能会出现什么问题？怎样从金相组织上去判断？

4-21 为什么高速钢每次回火一定要冷到室温再进行下一次回火？为什么不能用较长时间的一次回火来代替多次回火？

4-22 常用哪些热处理措施来保证量具的尺寸稳定性？

4-23 提高钢耐蚀性的方法有哪些？

4-24 Cr、Mo、Cu 元素在提高不锈钢耐蚀性方面有什么作用？

4-25 奥氏体不锈钢的主要缺点是什么？

4-26 奥氏体不锈钢和耐磨钢的热处理目的与一般钢的淬火目的有何不同？

4-27 在耐热钢的常用合金元素中，哪些是抗氧化元素？哪些是强化元素？哪些是奥氏体形成元素？试说明其作用机理。

4-28 分析讨论 12Cr13、20Cr13、30Cr13 和 40Cr13 钢在热处理工艺、性能和用途上的区别。

4-29 试分析珠光体、马氏体和奥氏体耐热钢提高强度的主要手段。

4-30 为什么 Cr12 型冷作模具钢不属于不锈钢，而 95Cr18 为不锈钢？

4-31 简述白口铸铁、灰铸铁和钢在成分、组织和性能上的主要区别。

4-32 石墨形态是影响铸铁性能特点的主要因素，试分别比较说明石墨形态对灰铸铁和球墨铸铁力学性能及热处理工艺的影响。

4-33 从综合力学性能和工艺性能来比较灰铸铁、球墨铸铁和可锻铸铁。

4-34 解释下列说法是否正确，为什么？

1) 石墨化过程中第一阶段石墨化最不易进行。

2) 采用球化退火可以获得球墨铸铁。

3) 可锻铸铁可以锻造加工。

4) 白口铸铁由于硬度较高，可作为切削工具使用。

5) 灰铸铁不能整体淬火。

4-35　常用特殊性能铸铁有哪几类?

4-36　为什么一般机器的支架、箱体和机床的床身常用灰铸铁制造?

4-37　试述铝合金的合金化原则。为什么以 Si、Cu、Mg、Mn、Zn 等元素作为主加元素,而用 Ti、B、稀土等作为辅加元素?

4-38　铝合金热处理强化机制和钢淬火强化相比,主要区别是什么?

4-39　铝合金的晶粒粗大,为什么不能靠重新加热处理来细化?

4-40　试述铸造铝合金的类型、特点和用途。

4-41　为什么大多数 Al-Si 铸造合金都要进行变质处理?当 Si 含量为多少时 Al-Si 铸造合金一般不进行变质处理,原因是什么?Al-Si 铸造合金中加入 Mg、Cu 等元素的作用是什么?

4-42　镁合金的最大特点是什么?为什么被称为绿色工程材料?

4-43　镁合金中的主要合金元素有哪些?它们的作用是什么?

4-44　稀土元素在铸造镁合金中有什么作用?哪一种稀土元素应用效果最佳,为什么?

4-45　镁合金的热处理特点是什么?在什么情况下,镁合金需进行二次热处理?

4-46　Zn 含量对黄铜性能有什么影响?

4-47　锡青铜的铸造性能为什么比较差?

4-48　铍青铜在热处理和性能上有何特点?试写出一种牌号并说明其用途。

4-49　O、S、P、Bi 等常见杂质元素对纯铜性能产生哪些不良影响?

4-50　钛合金的合金化原则是什么?为什么几乎在所有钛合金中,均有一定含量的合金元素 Al?为什么 Al 的加入量都控制在 6%~7%?

4-51　为什么国内外目前应用最广泛的钛合金是 Ti-Al-V 系的 TC4(即 Ti-6A1-4V 合金)?

4-52　如何改善钛合金的生产工艺?

4-53　简述对轴承合金在性能和组织方面的要求。

第5章

高分子材料

　　高分子材料是材料科学中的一个重要分支，是以高分子化合物（聚合物）为主要成分的材料。大多数高分子材料是由许多小而简单的分子（单体）经过化学反应聚合而成。高分子材料的分子量很大，一般高分子的分子量为 $10^4 \sim 10^6$，超高分子量的聚合物的高分子量高达 10^6 以上。高分子材料种类繁多，按来源分类可分为天然高分子材料、半合成高分子（改性天然高分子）材料和合成高分子材料。按聚合反应分类可分为连锁聚合和逐步聚合两类高分子，其中主要的是加成聚合和缩聚反应。按高分子化合物的主链结构分类可分为碳链高分子（如聚乙烯、聚丙烯）、杂链高分子（如尼龙、聚酯）、元素有机聚合物（如有机硅橡胶）和无机高分子（如聚硅烷、链状硫、硫酸盐类、聚氮化硫）。按高分子形状分类可分为线型高分子、支链型高分子和体型高分子。按用途分类可分为塑料、橡胶、纤维、胶黏剂和涂料等。高分子材料具有许多优良的性能，例如，密度小、比强度高、弹性大、电绝缘性能好，耐热、耐寒、耐蚀、耐辐射、透明等，这些优良的性能使其广泛应用于国民经济的各个领域。

　　此外，高分子材料按用途又分为普通高分子材料和功能高分子材料。功能高分子材料除具有聚合物的一般力学性能、绝缘性能和热性能外，还具有物质、能量和信息的转换、传递和储存等特殊功能。典型的功能高分子材料包括高分子信息转换材料，高分子透明材料，高分子模拟酶，生物降解高分子材料，高分子形状记忆材料和医用、药用高分子材料等。

5.1　工程塑料

5.1.1　塑料的组成及分类

1. 塑料的组成

　　塑料是以合成树脂为主要原料，添加填充剂、稳定剂、着色剂、润滑剂、固化剂以及增塑剂等组分得到的合成材料。具有质轻、绝缘、耐蚀、美观、制品形式多样化等特点，良好的可塑性，在高温高压下可注射成形，在常温常压下可保持形状不变。

　　按原料组分数目，塑料可分为单组分塑料和多组分塑料。单组分塑料含合成树脂几乎达100%，如"有机玻璃"即是由一种聚甲基丙烯酸甲酯的合成树脂组成。多组分塑料除含有30%~70%的合成树脂外，还含有填充料、增塑剂、固化剂、着色剂、稳定剂及其他添加剂。

　　树脂是塑料的基本原料，也是决定塑料性质的最主要因素，在塑料中主要担任胶结作用，将添加剂等其他组分胶结一个整体。常用塑料添加剂主要有：改进力学性能的填充剂、增塑剂和增强剂，提高耐老化性能的稳定剂，改善加工的润滑剂和脱模剂，赋予树脂功能化的阻燃剂、抗菌剂和抗静电剂等。

（1）树脂　树脂通常受热后具有软化或熔融范围，软化时在外力作用下有流动倾向，常温下呈固态、半固态，有时也可呈液态。广义地讲，可作为塑料制品加工原料的任何聚合物都可称为树脂。

树脂有天然树脂和合成树脂之分。天然树脂是指由自然界中动植物分泌物所得的无定形有机物质，如松香、琥珀和虫胶。合成树脂是指由简单有机物经化学合成或某些天然产物经化学反应而得到的产物。

按树脂合成反应分类，可将树脂分为加聚物（如聚乙烯、聚苯乙烯和聚四氟乙烯）和缩聚物（如酚醛树脂、聚酯树脂和聚酰胺树脂）。

按树脂分子主链组成分类，可将树脂分为碳链聚合物、杂链聚合物和元素有机聚合物。碳链聚合物是指主链全由碳原子构成的聚合物，如聚乙烯、聚苯乙烯；杂链聚合物是指主链由碳和氧、氮、硫等两种以上元素的原子构成的聚合物，如聚甲醛、聚酰胺、聚砜、聚醚；元素有机聚合物是指主链上不一定含有碳原子，主要由硅、氧、铝、钛、硼、硫、磷等元素的原子构成，如有机硅。

此外，按树脂受热后的变化行为进行分类，可将树脂分为热塑性树脂和热固性树脂。热塑性树脂包括聚乙烯、聚酯和聚酰胺等；热固性树脂包括酚醛树脂、尿醛树脂和环氧树脂等。

（2）添加剂　塑料添加剂（助剂）是塑料制品中不可缺少的重要原材料，主要包括填充剂、增塑剂、固化剂、稳定剂、抗氧剂、抗静电添加剂、润滑剂、阻燃剂和抗冲击改进剂等。其他的特种添加剂，包括抗结块和抗烟雾剂、发泡剂、抗菌剂和成核/透明剂。塑料添加剂不仅在加工过程中可改善聚合物的加工条件和工艺性能、提高加工效率，而且可以改进制品性能，提高制品的使用价值，延长制品的使用寿命。

1）填充剂。又称填料，是为了改善塑料制品某些性质（如提高塑料制品的强度、硬度和耐热性以及降低成本等）而在塑料制品中加入的一些材料。填料在塑料组成材料中占40%~70%，常用的填料有木粉、滑石粉、硅藻土、石灰石粉、铝粉、炭黑、云母、二硫化钼、石棉和玻璃纤维等。其中纤维填料可提高塑料的结构强度；石棉填料可改善塑料的耐热性；云母填料可增强塑料的电绝缘性；石墨、二硫化钼填料可改善塑料的减摩和耐磨性能等。此外，由于填料一般都比合成树脂便宜，故可降低塑料的成本。

2）增塑剂。为了提高塑料在加工时的可塑性和制品的柔韧性、弹性等，在塑料制品的生产、加工时需加入少量的增塑剂。增塑剂是数量、产量和消费量中最大的一类塑料添加剂，主要用于聚氯乙烯，对于聚烯烃、苯乙烯、聚乙烯缩丁醛和纤维素类所用增塑剂的量很少。

3）固化剂。又称硬化剂或熟化剂，其主要作用是使某些合成树脂的线型结构交联成体型结构，从而使树脂具有热固性。

4）稳定剂。在塑料加工中，为了稳定塑料制品的质量，延长使用寿命，通常要加入各种稳定剂，如抗氧剂（酚类化合物等）、光屏蔽剂（炭黑等）、紫外线吸收剂（2-羟基二苯甲酮、水杨酸苯酯等）和热稳定剂（硬脂酸铝、三盐基亚磷酸铅等）。

此外，抗氧剂是抑制或延缓聚合物受大气中氧或臭氧作用而降解的添加剂。阻燃剂是为了提高高分子材料难燃性而添加的塑料添加剂。为使塑料制品具有特定的色彩和光泽，可加入着色剂，着色剂按其在着色介质中的溶解性分为染料和颜料。透明剂是成核剂中的一个分支，约90%的透明剂用于透明聚丙烯的生产。抗静电剂也是近年来发展较快的一类添加剂品种，广泛应用于塑料的加工中。抗菌剂可使材料表面的抗菌成分杀死病菌，或抑制材料表面的微生物繁殖，从而达到卫生、安全的目的。

2. 塑料的分类

按化学组分分类，塑料品种繁多。但根据生产量与使用情况可以分为量大面广的通用塑料和作为工程材料使用的工程塑料；按热加工性能，分为热塑性塑料和热固性塑料。

通用塑料产量大，生产成本低，性能多样化，主要用于生产日用品或一般工农业用材料。例如，聚氯乙烯塑料可制成人造革、塑料薄膜、泡沫塑料、耐化学腐蚀用板材、电缆绝缘层等。工程塑料产量不大，成本较高，但具有优良的机械强度或耐摩擦、耐热、耐化学腐蚀等特性，可作为工程材料代替金属、陶瓷等制成轴承、齿轮等机械零件。

热塑性塑料常温下是固体，具有可塑性，可反复加热软化、冷却固化。其分子链具有线型或少量支链结构，常见热塑性塑料包括聚乙烯、聚丙烯、聚氯乙烯、聚苯乙烯、聚甲基丙烯酸甲酯（有机玻璃）、聚酰胺（尼龙）等。将各种添加剂加入热塑性树脂，采用挤出、吹塑和注射成形等方法可以制成各种塑料制品。

热固性塑料是由单体直接形成网状聚合物或通过交联线性预聚物而形成，一旦形成交联聚合物，再受热后不能回复到可塑状态。其分子链在固化前呈线性结构，固化后为体型结构，软化和固化不可逆。常用的热固性塑料有环氧树脂、酚醛树脂、脲醛树脂等。热塑性塑料可以回收再用，而热固性塑料则不能再用。在热固性树脂中加入添加剂和增强材料，用层压、模塑或浇铸等方法可加工成型所需要的各种形状的制品。这类塑料由于固化后分子间交联形成立体网状结构，故硬度高、耐高温，但脆性大。

5.1.2 塑料制品的成型与加工

1. 塑料制品的成型

对于热塑性塑料制品采用不同的成型方式，其工艺与设备均不相同，但在成型前，均需将主要原料与辅助原料混炼，使原料均匀混合，制成颗粒、粉状或其他状态，再进行成型。对于热固性塑料制品，则一般采用涂覆、浸渍、热压等组合成型工艺。

（1）注射成型法　又称注塑成型法，是大多数热塑性塑料的主要成型方法之一，某些热固性塑料也可采用此法进行加工。将塑料颗粒在注射机的料筒内加热熔化，使热塑性或热固性塑料先在加热料筒中均匀塑化，并以较高的压力和较快的速度注入闭合模具内成型，然后由柱塞或移动螺杆推挤到闭合模具的型腔中成型。注射成型的成型周期短（几秒到几分钟），成型制品质量可由几克到几十千克，可一次成型外形复杂、尺寸精确、带有金属或非金属嵌件的模塑品。因此，该方法适应性强，生产效率高，代表产品有聚氯乙烯、聚乙烯、聚苯乙烯、尼龙、丙烯酸类、纤维素类、聚偏二氯乙烯的墙面板、墙面砖、配电箱及各种小型制品。

注射成型用的注射机分为柱塞式注射机和螺杆式注射机两大类，由注射系统、锁模系统和塑模三大部分组成。其成形方法可分为：

1）排气式注射成型。使用排气式注射机，在料筒中部设有排气口，并与真空系统连接。当塑料塑化时，真空泵可将塑料中含有的水气、单体、挥发性物质及空气经排气口抽走。原料不必预干燥，从而提高了生产效率和产品质量。特别适用于聚碳酸酯、尼龙、有机玻璃、纤维素等易吸湿材料的成形。

2）流动注射成型。可用普通移动螺杆式注射机，将塑料不断塑化并挤入有一定温度的模具型腔内，塑料充满型腔后，螺杆停止转动，借助螺杆的推力使模具内物料在压力下保持适当时间，然后冷却定型。流动注射成型克服了生产大型制品的设备限制，制件质量可超过注射机的最大注射量。其特点是塑化物件不是贮存在料筒内，而是不断被挤入模具中，因此它是挤出和注射相结合的一种方法。

3）共注射成型。是指采用具有两个或两个以上注射单元的注射机，将不同品种或不同色泽的塑料，同时或先后注入模具的方法。用该方法可生产多种色彩和多种塑料的复合制品，有代表性的共注射成型是双色注射和多色注射。

4）无流道注射成型。模具中不设置分流道，而由注射机的延伸式喷嘴直接将熔融料分注到各个型腔中成形。在注射过程中，流道内的塑料保持熔融流动状态，脱模时不与制品一同脱出，因此制件没有流道残留物。这种成型方法不仅节省原料、降低成本，而且减少了工序，可以达到全自动生产。

5）反应注射成型。将反应原材料经计量装置计量后泵入混合头，在混合头中碰撞混合，然后高速注射到密闭的模具中，快速固化、脱模后取出制品。适合加工聚氨酯、环氧树脂、不饱和聚酯树脂、有机硅树脂和醇酸树脂等热固性塑料和弹性体。

6）热固性塑料的注射成型。在严格控制温度的料筒内，通过螺杆的作用，塑化成黏塑状态，在较高的注射压力下，物料进入一定温度范围的模具内交联固化。热固性塑料注射成形除有物理状态变化外，还有化学变化，因此与热塑性塑料注射成型相比，在成形设备及加工工艺上有很大的差别。

（2）模压成型法　又称压塑法，是制造热固性塑料主要成型方法之一，也可用于部分热塑性塑料。将粒状、片状或纤维状塑料置于金属模具中加热，在压力机压力下充满模具成形，固化后脱模，从而获得所需形状和尺寸的塑料制品。其代表产品有：醇酸、三聚氰胺、酚醛、聚酯、脲醛、硅树脂、各种热塑性树脂食具、电器零件、建筑五金、钟壳、机壳、小型制品等。

模压料的品种很多，可以是预浸物料、预混物料或坯料，主要有：预浸胶布、纤维预混料、散状模塑料、聚酯料团、片状塑料及厚片状塑料等品种。

模压成型工艺按增强材料物态和模压料品种可分为：预成形坯料模压法、纤维料模压法、碎布料模压法、织物模压法、层压模压法、缠绕模压法和片状塑料模压法等。

模压成型工艺的主要优点：生产效率高，便于专业化和自动化生产；产品尺寸精度高，重复性好；表面光洁，无需二次修饰；可一次成形结构复杂的制品；批量生产，价格相对低廉。缺点在于：模具设计制造复杂，压机及模具投资高，产品尺寸受设备限制，适合批量生产中小型复合材料制品。随着金属加工技术和压力机制造水平的不断改进和发展，压力机吨位和台面尺寸不断增大，模压料的成型温度和压力也相对降低，使得模压成形制品的尺寸逐步向大型化发展，可生产大型汽车部件、浴盆、整体卫生间组件等。

（3）浇铸成型法　浇铸成形，又称铸塑，在金属铸造工艺的基础上发展而来，适用的代表产品有丙烯酸类、酚醛、环氧、聚酯、聚苯乙烯、聚醋酸乙烯、聚氯乙烯大型制件。一般将其分为静态浇铸、离心浇铸、流延铸塑、搪塑、嵌铸、滚塑和旋转成型等。除旋转成型采用粉料外，其余皆采用单体、预聚体或单体溶液等液体原料。

浇铸成型一般为常压或低压成型，对设备和模具强度要求较低；制品尺寸范围较宽，易制作大型制品，且制品内应力低，故浇铸成型法发展迅速。这种方法设备简单，操作方便，成本低。但浇铸成型一般周期较长，所得制品的收缩率较大、尺寸准确性较差。

2. 塑料的加工

塑料加工即塑料成型后的再加工，也称二次加工，主要有机械加工、连接和表面处理等工艺。

（1）机械加工 塑料的散热性差、弹性大，加工时容易引起工件的变形、表面粗糙，有时可能出现分层、开裂，甚至崩落或伴随发热等现象，所以，其所用的切削工艺参数、刀具几何形状及操作方法与金属切削有所差异。其切削刀具的前角与后角要大、刃口锋利，切削时要充分冷却，装夹时不宜过紧，切削速度要高，进给量要小，以获得光洁表面。

（2）塑料连接 采用机械连接、热熔接、溶剂黏结、胶黏剂黏结等方法。

（3）塑料制品的表面处理 目的是为改善制品的某些性能，美化其表面，防止老化，延长使用寿命。主要方法有涂漆和镀金属（铬、银、铜等），镀金属可通过喷镀或电镀等方式。

5.1.3 常用工程塑料

1. 常用热塑性塑料

（1）聚酰胺（PA） 其商品名称是尼龙或锦纶，是五大工程塑料（PA，聚甲醛，聚碳酸酯，改性聚苯醚，热塑性聚酯）中产量最大、品种最多、用途最广的高分子材料。与其他工程塑料相比，PA 具有高的机械强度、软化点和耐热性，其摩擦系数低、耐磨损，自润滑性、吸振性和消声性好，并且耐油，耐弱酸、弱碱和一般溶剂，电绝缘性好，有自熄性，无毒，无臭；在较高温度下也能保持较强的强度和刚度，特别是耐热性和耐油性，是理想的耐磨自润滑材料，适合制造汽车发动机周边部件和容易受热的部件。

PA 作为工程材料广泛应用于各个工程领域，例如，汽车、电气电子、机械、包装、兵器、通信、航空航天、办公机器、家电、建筑、日用品、体育用品等领域，特别是汽车、电气电子、包装等行业的用量一直呈上升趋势，在工程塑料中一直占首位，并且可以被加工成各式各样的产品，如齿轮、轴承、摩擦带、滑轮及插头等。PA 种类很多，如 PA6、PA66、PA610、PA1010、铸型 PA 和芳香 PA，大量用于制造小型零件以代替非铁金属及其合金，常用于机械工业。铸型 PA 是通过简单的聚合工艺使单体直接在模具内聚合成形的一种特殊PA。芳香 PA 具有耐磨、耐辐射、良好的电绝缘性能等优点，是 PA 中耐热性最好的品种。

由于 PA 含有酰胺基团，在高温、潮湿或紫外照射的环境中，会发生热降解、水解以及光降解，从而影响制品的尺寸稳定性和力学性能，降低产品的稳定性和使用寿命，限制了其应用。为扩大 PA 的应用范围，研究者采用了许多方法克服 PA 自身缺陷。例如，在 PA 大分子主链末端含有氨基和羧基，在一定的条件下，具有一定的反应活性，因此，可通过嵌段、接枝、共混、增强和填充等方法对 PA 进行化学和物理改性，克服了由于吸水性较大和热降解造成的制品尺寸和热稳定性差的缺点。在 PA 中加入不同填料，如纳米 SiO_2、玻璃纤维、碳纤维和碳纳米管等，可以提高 PA 的机械强度、硬度和耐磨性等。

（2）聚甲醛（POM） POM 又名聚氧化次甲基，是以线型结晶高分子化合物 POM 树脂为基的塑料，可分为均聚甲醛、共聚甲醛两种。因分子结构规整和结晶性使其物理、力学性能十分优异，有金属塑料之称。POM 为乳色不透明结晶型线型热塑性树脂，结晶度可达 75%。其优点在于：具有良好的综合性能和着色性，较高的弹性模量，很高的刚度和硬度，比强度和比刚度接近金属；拉伸强度、弯曲强度、耐蠕变性和耐疲劳性优异，耐反复冲击；摩擦系数小，耐磨耗，尺寸稳定性好，表面光泽好，有较高的黏弹性，吸水性小，电绝缘性优，且不受温度影响；耐化学药品性优，除了强酸、酚类和有机卤化物外，对其他化学品均稳定，耐油；力学性能受温度影响小，具有较高的热变形温度。缺点是：阻燃性较差，遇火燃烧速度快，极限氧指数低，即使添加阻燃剂也得不到满意的要求；另外耐候性不理想，室外应用要添加稳定剂。POM 塑料价格低廉，性能优于尼龙，故可代替非铁金属和合金，并逐步取代尼龙制作轴承等。

均聚甲醛结晶度高，强度、刚度、热变形温度等比共聚甲醛好；共聚甲醛熔点低，热稳定性、耐化学腐蚀性、流动特性、加工性优于均聚甲醛，新开发的产品具有超高流动性（快速成型）、耐冲击型和无机填充增强型等。

共聚甲醛主要是由三聚甲醛共聚制备，体积分数为 65%～70% 甲醛在浓硫酸或阳离子交换树脂催化下得到三氧六环并精馏为高纯品，后者与少量共聚单体（如二氧五环）在路易斯酸存在下开环聚合为共聚甲醛。聚合方法大多为本体聚合，采用双螺杆挤出机。共聚甲醛的链端大部分为半缩醛端基，对热极不稳定，需进行封端稳定化处理，以成为热稳定的 POM，再加入抗氧剂等添加剂，造粒成共聚甲醛产品。

POM 吸水率大于 0.2%，成型前应预干燥，熔融温度与分解温度相近，成型性较差，可进行注射、挤出、吹塑、滚塑、焊接、黏结、涂膜、印刷、电镀、机加工等加工。多用注射和挤出成型，其成型收缩率大，成形温度不宜过高，一般不超过 240℃。

POM 可以替代非铁金属及其合金制造轴承、齿轮、法兰、叶轮、管道、容器、仪表外壳等，特别适用于不允许使用润滑油的轴承和齿轮，在汽车、化工、电气和仪表中得到广泛应用。

（3）聚砜（PSF）　PSF 树脂是一类在主链上含有砜基和芳环的聚合物，属于分子主链中有链节的热塑性树脂，主要有双酚 A 型 PSF（即通常的 PSF）、聚芳砜（PAS/PASF）和聚醚砜（PES）三种。

双酚 A 型 PSF 的强度高、弹性模量大、耐热性好，最高使用温度达 150～160℃；蠕变抗力高，尺寸稳定性好；但其耐溶剂性差。主要用于制作高强度、耐热、抗蠕变的结构件、仪表件和电绝缘零件，如精密齿轮。PAS/PASF 和 PES 的耐热性更好，在高温下仍保持优良的力学性能。

PSF 是略带琥珀色非晶型透明或半透明聚合物，力学性能优异，刚度大，耐磨、高强度，即使在高温下也保持优良的力学性能，可在 -100～150℃ 时长期使用，热稳定性高，耐水解，尺寸稳定性好，成型收缩率小，无毒，耐辐射，耐燃。在宽温度和频率范围内有优良的电性能，化学稳定性好，除浓硝酸、浓硫酸、卤代烃外，能耐一般酸、碱、盐，在酮和酯中溶胀。耐紫外线、耐候性和耐疲劳强度差是其主要缺点。

PSF 成型前要预干燥至水分含量小于 0.05%。PSF 可进行注射、模压、挤出、热成型、吹塑等成形加工，熔体黏度高，控制黏度是加工关键；加工后应进行热处理，消除内应力，可做成精密尺寸制品。

PSF 主要用于机械、电气电子、航空、医疗和一般工业等部门，可用于汽车、轮船、飞机等的一些部件和电器零件，机械设备的零部件，如电动机罩、齿轮、泵体及各种阀门等；可用来制造各种精密的小型元件，如电子连接器、开关、电气绝缘件、精密齿轮、仪表壳体、线圈骨架、仪表盘衬垫、垫圈、电子计算机积分电路板等；可用于宇航员面盔和宇航服；洗衣机、家庭用具、厨房用具和各种容器等。其分离膜还可用于海水淡化、气体分离、污水处理和超纯水制备等领域。

（4）聚碳酸酯（PC）　PC 是分子主链中含有-[O-R-O-CO]-链节的热塑性树脂，按分子结构中酯基结构的不同可分为脂肪族、脂环族和脂肪-芳香族型，其中具有实用价值的是芳香族 PC，并以双酚 A 型 PC 为最重要，分子量通常为 30000~100000。

PC 是一种无定型、无臭、无毒、高度透明的无色或微黄色热塑性工程塑料，透明度为 86%~92%，被誉为"透明金属"。PC 具有优良的物理、力学性能，尤其是耐冲击性优异，拉伸强度、弯曲强度、压缩强度高；具有良好的耐热性和耐低温性，在较宽的温度范围内具有稳定的力学性能、尺寸稳定性、电性能和阻燃性，可在-60~120℃下长期使用；无明显熔点，在 220~230℃呈熔融状态。由于分子链刚度大，树脂熔体黏度大；吸水率与收缩率均较小，尺寸精度高、稳定性好，薄膜透气性低；属自熄性材料；对光稳定，但不耐紫外光，耐候性好；耐油、耐酸，不耐强碱、氧化性酸及胺、酮类，溶于氯化烃类和芳香族溶剂，长期在水中易引起水解和开裂。因抗疲劳强度差，容易产生应力开裂，其抗溶剂性差，耐磨性欠佳。

PC 可注射、挤出、模压、吹塑、热成型、印刷、黏结、涂覆和机加工，最主要的加工方法是注射。成型之前必须预干燥，水分含量应低于 0.02%，微量水分在高温下加工会使制品产生白浊色泽、银丝和气泡，在室温下具有相当大的强迫高弹形变能力；并且因其冲击强度高，可进行冷压、冷拉和冷辊压等冷成型加工。挤出用 PC 分子量应大于 3 万，需用渐变压缩型螺杆；PC 可采用挤出吹塑、注-吹、注-拉-吹法成型方法制备高质量且高透明瓶子。

PC 可与不同聚合物形成合金或共混物，提高材料性能。合金种类繁多，加工过程中需改进 PC 熔体黏度大（加工性）和制品易应力开裂等缺陷。具体有 PC/ABS 合金，PC/ASA 合金、PC/PBT 合金、PC/PET 合金、PC/PET/弹性体共混物、PC/MBS 共混物等，利用两种材料的性能优点，可降低成本。例如，PC/ABS 合金中，PC 主要改善合金的耐热性、韧性、冲击强度，提高强度以及阻燃性，ABS 则能改进合金的成形性、表观质量以及降低密度。

PC 的三大应用领域是玻璃装配业、汽车工业和电子、电器工业，其次还有工业机械零件、光盘、包装、计算机等办公室设备、医疗及保健、休闲和防护器材等领域。其可用于制作门窗玻璃、防护窗及飞机舱罩、照明设备、工业安全挡板和防弹玻璃；用于汽车照相系统、仪表盘系统和内装饰系统等；是光盘存储介质理想的材料；PC 瓶（容器）透明、质量轻、抗冲性好、耐高温和耐蚀，可回收利用瓶；PC 薄膜广泛应用于印刷图表、医药包装及膜式换向器等；PC 及其合金可以制作计算机架、外壳及辅机等。改性 PC 耐高能辐射杀菌、耐蒸煮和烘烤消毒，可用于采血标本器具、血液充氧器、外科手术器械等。

（5）丙烯腈-丁二烯-苯乙烯（ABS）　ABS 树脂是丙烯腈、丁二烯和苯乙烯的三元共聚物，即丙烯腈-丁二烯-苯乙烯共聚物，A 代表丙烯腈，B 代表丁二烯，S 代表苯乙烯。将三种物质有机地统一起来，兼有韧、硬、刚相均衡的优良力学性能，极好的冲击强度，尺寸稳定性好，电性能、耐磨性、抗化学药品性、染色性、成形加工和机械加工较好，是目前产量最大且应用最广泛的聚合物。

ABS 塑料的密度 1.05 g/cm³，成形收缩率 0.4%~0.7%，成形温度 200~240℃，干燥条件一般为在 80~90℃保温 2h。外观呈浅象牙色、无毒、无味，燃烧缓慢，火焰呈黄色，有黑烟，燃烧后塑料软化、烧焦，发出特殊的肉桂气味，但无熔融滴落现象；耐水、无机盐、碱和酸类，不溶于大部分醇类和烃类溶剂，而易溶于醛、酮、酯和某些氯代烃中。其主要缺点为热变形温度较低、可燃以及耐候性较差。

ABS 在机械、化工等领域得到广泛应用，如齿轮、轴承、泵叶轮、方向盘、仪器仪表外壳、机罩、电信器材，低浓度酸碱溶剂的生产装置和管道等。

（6）聚四氟乙烯（PTFE，特氟隆）　PTFE 是以线型晶态高分子化合物 PTFE 为基的塑料，具有优异的耐化学腐蚀性、不受任何化学试剂的浸蚀，故有"塑料之王"之称。在 −195~250℃下可长期使用，其力学性能几乎不发生变化。PTFE 以其优异的耐高低温性能和化学稳定性、良好的电绝缘性能、非黏附性、耐候性、阻燃性和自润滑性，在机械、化工、石油、纺织、医疗等领域获得广泛应用。

在氟塑料中，PTFE 的消耗量最大、用途最广，是氟塑料中的一个重要品种。该材料最早是为国防和尖端技术需要而开发的，而后逐渐推广到民用，其用途涉及航空航天和民用的许多方面，目前在其应用领域已成为不可或缺的材料。随着材料应用技术的不断发展，PTFE 材料的冷流性、难焊接性、难熔融加工性这三大缺点正在逐渐被克服，从而使其在光学、电子、医学、石油化工等领域的应用前景更加广阔。

（7）聚甲基丙烯酸甲酯（PMMA，有机玻璃）　PMMA 是由甲基丙烯酸甲酯聚合而成的，是目前最好的透明塑料，透光率达 92%以上，比普通玻璃好，被称为"有机玻璃"。其还具有较高的强度和韧性、不易破碎、耐紫外线和防大气老化、易加工成型等优点。PMMA 的特性主要在于：

1）高度透明性。普通玻璃仅透过 0.6%的紫外线，但有机玻璃能透过 73%。

2）强度高。PMMA 相对分子质量大约为 200 万，是长链的高分子化合物，而且形成分子的链很柔软，因此，其强度比较高，抗拉伸和抗冲击的能力比普通玻璃高 7~18 倍。加热和拉伸处理后，其中的分子链段排列的非常有次序，使其韧性显著提高，即使钉子穿透有机玻璃，也不产生裂纹，因此，PMMA 经拉伸处理后用作防弹玻璃与军用飞机上的座舱盖。

3）质量轻。PMMA 密度为 1.18g/cm³，相同体积下，其质量仅为普通玻璃的一半，为金属铝的 43%。

4）易于加工。PMMA 不但能用车床进行切削，钻床进行钻孔，而且能用丙酮、氯仿等粘结成各种形状的器具，也能用吹塑、注射、挤出等塑料成型方法加工成大到飞机座舱盖，小到假牙和牙托等形形色色的制品。

有机玻璃因其优良的性能使其用途极为广泛，除了在飞机上用于座舱盖、风挡和弦窗外，也用于吉普车的风挡和车窗、大型建筑的天窗（可防破碎）、电视和雷达的屏幕、仪器和设备的防护罩、电信仪表的外壳、望远镜和照相机的光学镜片，也可制作日用品，如美丽的纽扣、玩具、灯具，此外，有机玻璃在医学上可制造人工角膜。

2. 常用热固性塑料

常用的热固性塑料品种有酚醛树脂、脲醛树脂、三聚氰胺树脂、不饱和聚酯树脂、环氧树脂、有机硅树脂和聚氨酯等。

（1）酚醛树脂（PF） 酚类和醛类的缩聚产物通称为PF，一般常指由苯酚和甲醛经缩聚反应而得的合成树脂，密度为$1.5 \sim 2.0 \mathrm{g/cm^3}$，成型收缩率为$0.5\% \sim 1.0\%$，成型温度为$150 \sim 170℃$，俗称胶木或电木，外观呈黄褐色或黑色，是热固性塑料的典型代表，也是最早合成的一类热固性树脂。

PF的合成原料来源广泛且工艺简单，并具有良好的机械强度，坚韧耐磨、尺寸稳定、耐蚀，电绝缘性能优异和良好耐热性能等，尤其在瞬时耐高温烧蚀性能方面表现优异。

PF的合成和固化过程完全遵循体型缩聚反应的规律，控制不同的合成条件（如酚和醛的比例、所用催化剂的类型等）可以得到两类不同的PF。一类称为热固性PF，是一种含有可进一步反应的羟甲基活性基团的树脂，又称为一阶树脂；另一类称为热塑性PF，为线型树脂，即在合成过程中不会形成三向网络结构，进一步固化时必须加入固化剂，又称为二阶树脂。这两类树脂的合成和固化原理并不相同，树脂的分子结构也不同。

PF成型性较好，但收缩及方向性一般比氨基塑料大，并含有水分挥发物；模温对流动性影响较大，一般超过$160℃$时，流动性会迅速下降；硬化速度一般比氨基塑料慢，硬化时放出的热量大；大型厚壁塑件的内部温度易过高，容易发生硬化不均和过热。PF成型时常使用各种填充材料，根据所用填充材料的不同，成品性能也有所不同。

PF作为成型材料，主要用在要求耐热性的领域，但也作为黏结剂用于胶合板、砂轮和制动片等。其适用于制作电器、仪表的绝缘机构件，可在湿热条件下服役；使用PF作为改性基材时，还可用于制造玻璃纤维增强塑料、碳纤维增强塑料等复合材料，尤其在宇航工业领域（空间飞行器、火箭、导弹等）PF复合材料作为瞬时耐高温烧蚀的结构材料有着非常重要的用途。

（2）环氧树脂（EP） EP是经固化剂固化的一种热固性塑料，其黏结性极好，电学性质优良、力学性能优异，主要用于金属防腐蚀涂料、黏结剂以及印刷电路板和电子元件的封铸。

EP是泛指分子中含有两个或两个以上环氧基团的有机高分子化合物，除个别外，其相对分子质量都不高；分子结构以分子链中含有活泼的环氧基团为其特征，环氧基团可以位于分子链的末端、中间或成环状结构；由于分子结构中含有活泼的环氧基团，使它们可与多种类型的固化剂发生交联反应而形成不溶、不熔的具有三向网状结构的高分子化合物。EP的性能和特性有：

1）应用范围广。适用于各种树脂、固化剂、改性剂体系，几乎可以适应各种应用要求，其范围可以从极低的黏度到高熔点固体；选用各种不同的固化剂，EP体系几乎可以在$0 \sim 180℃$温度范围内固化。

2）高粘附力。EP分子链中固有的极性羟基和醚键使其对各种物质具有很高的粘附力；且固化时的收缩率低，产生的内应力小，有助于提高粘附强度。EP和所用固化剂的反应是通过直接加成反应或树脂分子中环氧基的开环聚合反应进行的，没有水或其他挥发性副产物放出，与不饱和聚酯树脂、PF相比，固化过程中显示出很低的收缩率（<2%）。

3）固化后的EP综合性能优异。具有优良的力学性能，是高介电性能、耐表面漏电、耐电弧的优良绝缘材料，优良的耐碱性、耐酸性和耐溶剂性、尺寸稳定性和耐久性等。且固化的EP体系耐大多数霉菌，可以在苛刻的热带条件下使用。

根据分子结构，EP 大体上可分为五类：缩水甘油醚类 EP、缩水甘油酯类 EP、缩水甘油胺类 EP、线型脂肪族类 EP 和脂环族类 EP。复合材料工业上使用量最大的 EP 品种是缩水甘油醚类 EP，以二酚基丙烷型 EP（简称双酚 A 型 EP）为主，其次是缩水甘油胺类 EP。

5.2　橡胶与合成纤维

5.2.1　橡胶

橡胶是一种具有高弹性的高分子化合物，在很宽温度范围（-50~150℃）内均有优异的弹性，是人类社会不可缺少的重要材料之一。目前从天然橡胶到工业橡胶，橡胶制品的种类和规格有十万多种，随着航空航天和汽车产业的发展，特种橡胶也得到了日益广泛的应用。

1. 橡胶的组成

工业橡胶由生胶（或纯橡胶）和橡胶配合剂组成。

（1）生胶　生胶是未经塑、混炼的橡胶的统称，是制造胶料的最根本原料。生胶包括天然橡胶和合成橡胶。常用的天然橡胶有烟片胶、标准胶；常用的合成橡胶有丁苯胶、顺丁胶、丁基胶。还有少量特殊胶料使用氯丁胶、丁腈胶。

天然橡胶是由橡胶树干切割口，收集所流出的胶浆，经过去杂质、凝固、烟熏、干燥等加工工序而形成的生胶料。合成橡胶是由石化工业所产生的副产品，依不同需求合成不同物性的生胶料。常用的有丁苯橡胶（SBR）、丁腈橡胶（NBR）、乙丙橡胶（EPDM）、丁二烯橡胶（BR）、丁基橡胶（IIR）、氯丁橡胶（CR）、硅橡胶（Q）和氟橡胶（FPM）等；因合成方式的差异，同类胶料可分出数种不同的生胶，又经由配方的设定，任何类型胶料均可变化成千百种符合制品需求的生胶料。

（2）配合剂　配合剂是指和橡胶及其类似物配合在一起的各种化学药品，用于改善和提高橡胶在制造过程中的工艺性能和硫化后的使用性能以及降低制品成本等。一般要求品质纯粹（尤其对橡胶有害的金属，如铜、锰等，必须严格控制）、水分低、粒子细、不易挥发和耐储存不变质等。

虽然橡胶具有极其宝贵的高弹性和其他一系列优良性能，但单一生胶本身在性能上存在许多缺点，单纯使用生胶并不能制得适合于各种功能要求的橡胶制品。配合剂的加入能改善橡胶性能并降低成本，得到符合实际使用要求的橡胶制品。橡胶用配合剂已有几千种，在橡胶中所起作用也很复杂，不仅决定着硫化胶的物理、力学性能和制品功能与寿命，也影响胶料的工艺加工性能和半成品加工质量。根据配合剂在橡胶中所起的主要作用将其分为硫化剂、硫化促进剂、活性剂、防老剂、防焦剂、补强填充剂、软化增塑剂和其他专用配合剂等。

硫化剂是一种使橡胶分子链发生交联反应的化学药品。早期把硫磺加到生橡胶里，在热的作用下使线状的橡胶分子相互交联成体型网状结构，从而增加橡胶的强度、提高弹性和耐溶剂性能，人们通常把这种工序称作硫化，是橡胶加工中提高橡胶制品质量的重要环节。硫磺是应用最多的硫化剂，有些含硫有机物、过氧化物、金属氧化物等也可作为硫化剂。

硫化促进剂受热时能分解成活性分子，使硫化剂与橡胶分子在较低温度下迅速交联，增进橡胶的硫化作用，缩短硫化时间，减少硫磺用量，有利于改善橡胶的物理、力学性能。硫化促进剂种类很多，主要有无机与有机两大类，其中无机硫化促进剂有氧化钙、氧化镁等，有机的有二苯胍（促进剂 D）、二硫化二苯骈噻唑（促进剂 DM）、二硫化四甲基秋兰姆（促进剂 TMTD）等，使用较普遍的是有机硫化促进剂，几种硫化促进剂混合使用比单独使用效果好。

活性剂又称促进助剂，可增强硫化促进剂的活化作用，提高橡胶的硫化效果；常用的活性剂有氧化锌和硬脂酸等。

橡胶分子跟氧、臭氧发生氧化反应，橡胶结构被破坏，使制品的力学性能降低，使用寿命缩短，这种现象称为橡胶的老化。光和热能促进氧化作用，从而加速老化。因此，在橡胶中需加入可抵制、减缓橡胶制品老化的防老剂。防老剂分为物理防老剂和化学防老剂两类。物理防老剂有石蜡、地蜡、蜜蜡和硬脂酸等，这类物质能在橡胶制品表面形成薄膜，防止氧气跟橡胶分子发生氧化作用，还能阻挡光线的照射；化学防老剂比橡胶更容易跟氧反应，在胶料中加入化学防老剂，使进入胶体里的氧气先跟防老剂反应，减少氧跟橡胶的接触，能有效延缓老化。化学防老剂按分子结构分为胺类、酮胺类、醛胺类、酚类和其他类，胺类防老剂防护效果较为突出，有 N-苯基-α-萘胺（防老剂 A）、N-苯基-β-萘胺（防老剂 D）等。

补强填充剂用于提高硫化橡胶的强度，增强橡胶的耐磨、耐撕裂性能和弹性。其主要是炭黑，是橡胶工业中的重要原料，用于橡胶工业的炭黑有 52 种之多。

软化增塑剂的主要作用是使各种配合剂均匀分散在橡胶中，以降低胶料在加工时的能量消耗和缩短加工时间。例如，在硫化前能增强胶料的黏性，硫化后可增强附着力，利于压延和压出成形；有些软化增塑剂还能赋予硫化胶特殊的功能，如邻苯二甲酸二丁酯可提高橡胶的耐寒性能。常用的软化增塑剂有机械油、凡士林、石蜡、沥青、煤焦油、硬脂酸和松香等。

着色剂是使橡胶制品着色的物质。其中无机着色剂是无机颜料，白色以钛白粉最好，红色有氧化铁、铁红、锑红等，黄色有铬黄，蓝色有群青，绿色有氧化铬，黑色有油黑。有机着色剂是有机颜料和某些染料，大多数是有机化合物的钡盐或钙盐，如红色有立索尔大红，黄色有汉沙黄，绿色有酞青绿，蓝色有酞菁蓝。

发泡剂是制造海绵橡胶或微孔橡胶所必需的配合剂。发泡剂在橡胶的硫化中受热分解，放出气体，使橡胶内部产生微孔。制造海绵橡胶所用的发泡剂主要是碳酸氢钠。

2. 橡胶的性能特点

橡胶的最大特点是高弹性、弹性模量很低，变形量可达 100%～1000%，且易于恢复；并具有储能、耐磨、隔声、绝缘等性能，广泛用于制造密封件、减振件、轮胎、电线等。

3. 橡胶的分类

橡胶品种很多，分类方法也不统一。其中，按其材料来源不同，可分为天然橡胶和合成橡胶两大类，分别占消耗量的 1/3 和 2/3；按其应用范围及用途不同，可分为通用橡胶和特种橡胶两大类。其中天然橡胶是应用最广的通用橡胶；合成橡胶的种类很多，有通用合成橡胶和特种合成橡胶，其中通用合成橡胶用量较大。

（1）天然橡胶　天然橡胶指从天然产胶植物中制取的橡胶。市售的天然橡胶主要由三叶橡胶树的乳胶制得，其成分中 91%～94% 是橡胶烃，其余为蛋白质、脂肪酸、灰分、糖类等非橡胶物质。世界上约有 2000 种植物可生产类似天然橡胶的聚合物，但真正有实用价值的是三叶橡胶树。橡胶树树干表面被割开时，树皮内的乳管被割断，胶乳从树干流出。从橡胶树上采集的乳胶，经过稀释后加酸凝固、洗涤，然后压片、干燥、打包，即制得市售的天然橡胶；天然橡胶根据不同的制胶方法可制成烟片、风干胶片、绉片、技术分级橡胶和浓缩橡胶等。

天然橡胶的主要特点是：①具有较高的门尼黏度（胶料在模腔内对黏度计转子转动所产生的剪切阻力），在存放过程中变硬，低温存放时容易结晶，在-70℃左右时变成脆性物质；②无一定熔点，加热到 130~140℃ 完全软化，200℃ 左右开始分解；③具有高弹性，弹性模量为 3~6MPa，弹性伸长率可达 1000%；④加工性能好，易于同填料及配合剂混合，而且可与多数合成橡胶并用；⑤为非极性橡胶，在非极性溶剂中膨胀，故耐油、耐溶剂性差；⑥因含大量不饱和双键，化学活性高，易于交联和氧化，耐老化性差。

（2）合成橡胶　合成橡胶是用人工合成的方法制得的高分子弹性材料，具有良好的耐疲劳强度、电绝缘性、耐化学腐蚀性和耐磨性等。

合成橡胶按其性能和用途通常分为通用合成橡胶和特种合成橡胶两大类。凡是性能与天然橡胶相同或接近，物理性能和加工性能较好，能广泛用于轮胎和其他一般橡胶制品的橡胶称为通用合成橡胶，如丁苯橡胶、丁二烯橡胶、乙丙橡胶、丁基橡胶、氯丁橡胶。凡是具有特殊性能，专供耐热、耐寒、耐化学腐蚀、耐油、耐溶剂、耐辐射等特殊性能橡胶制品使用的称为特种合成橡胶，如丁腈橡胶、硅橡胶、聚氨酯橡胶、聚硫橡胶、丙烯酸酯橡胶、氯醚橡胶、氯化聚乙烯橡胶、丁苯吡橡胶等。实际上，通用合成橡胶和特种合成橡胶之间并无严格的界限，如乙丙橡胶兼具上述两方面的特点。

除上述分类外，合成橡胶的分类方法还有很多。按成品状态不同可分为液体橡胶（如端羟基聚丁二烯）、固体橡胶、乳胶和粉末橡胶等；按橡胶制品形成过程不同可分为热塑性橡胶（如三嵌段热塑性丁苯橡胶）、硫化型橡胶（需经硫化才能制得成品，大多数合成橡胶属此类）；按生胶充填的其他非橡胶成分不同，又可分为充油母胶、充炭黑母胶和充木质素母胶等。

5.2.2　合成纤维

凡能保持长度比本身直径大 100 倍的均匀条状或丝状的高分子材料均称为纤维，包括天然纤维和化学纤维两大类。化学纤维又包含人造纤维和合成纤维。人造纤维是用自然界的纤维加工制成的，如所谓人造丝、人造棉的黏胶纤维、铜氨纤维和醋酸纤维等；合成纤维是以石油、煤、天然气等为原料制成的，其品种十分繁多，且产量直线上升，差不多每年都以 20% 的速度增长。合成纤维具有强度高、耐磨、保暖、不霉烂等优点，除广泛用作衣料等生活用品外，在工业、农业、国防等部门也有很多的应用，如汽车、飞机的轮胎帘线，渔网、索桥、船缆、降落伞及绝缘布等。合成纤维 50 年来在全世界得到了迅速发展，已成为纺织工业的主要原料，广泛用于服装、装饰和产业三大领域，其使用性能已经超过天然纤维。

1. 合成纤维的分类

1）按主链结构可分为碳链纤维和杂链纤维，其中，聚丙烯纤维（丙纶）、聚丙烯腈纤维（腈纶）、聚乙烯醇缩甲醛纤维（维纶）均属于碳链纤维，聚酰胺纤维（锦纶）、聚对苯二甲酸乙二酯（涤纶）均属于杂链纤维。

2）按性能可分为耐高温纤维、耐高温腐蚀纤维、高强度纤维、耐辐射纤维、阻燃纤维以及高分子光导纤维等，如聚苯咪唑耐高温纤维、聚四氟乙烯耐高温蚀纤维、聚对苯二甲酰对苯二胺高强度纤维、聚酰亚胺耐辐射纤维等。

2. 合成纤维的生产

生产合成纤维的基本原料源于石油。炼油厂的重整装置和烃类裂解制乙烯时副产的苯、二甲苯和丙烯，加工后制成合成纤维所需原料（通称为单体），还有一些特种合成纤维不使用石化产品作原料，但它们产量少，不在日常生活中使用。合成纤维的生产有三大工序：成纤聚合物的制备、纺丝成形和后处理。

（1）成纤聚合物的制备　将单体经聚合反应制成成纤聚合物，这些聚合反应原理、生产过程及设备与合成树脂、合成橡胶的生产大同小异，不同的是合成纤维要经过纺丝及后加工，才能成为合格的纺织纤维。

（2）合成纤维的纺丝成型　主要有熔融纺丝和溶液纺丝两种方法，采用哪种成型方法主要取决于聚合物的性能。其中熔融纺丝是指将聚合物加热熔融成熔体，然后由喷丝头喷出熔体细流，再冷凝而成纤维；熔融纺丝速度快，高速纺丝时每分钟可达几千米，这种方法适用于能熔化、易流动而不易分解的高分子材料，如涤纶、丙纶、锦纶等。

溶液纺丝又分为湿法纺丝和干法纺丝两种。湿法纺丝是将聚合物在溶剂中配成纺丝溶液，喷丝头喷出细流，在液态凝固介质中凝固形成纤维；干法纺丝中，凝固介质为气相介质，经喷丝形成的细流因溶剂受热蒸发，而使聚合物凝结成纤维。溶液纺丝的速度低，一般每分钟几十米，适用于不耐热、不易熔化但能溶于专门配制溶剂中的聚合物，如腈纶、维纶。

（3）合成纤维的后处理　熔融纺丝和溶液纺丝得到的初生纤维，其强度低、硬脆、结构性能不稳定，不能使用。只有通过一系列的后加工处理，才能使纤维符合纺织加工的要求。不同合成纤维的后加工方法不尽相同。

按纺织工业要求，合成纤维分为长丝和短纤维两种形式。所谓长丝，是长度为千米以上的丝，长丝卷绕成团。短纤维是几厘米至十几厘米的短纤维。其中短纤维的后处理过程主要为：初生纤维→集束→拉伸→热定型→卷曲→切断→打包→成品短纤维；长丝后处理过程主要为：初生纤维→拉伸→加捻→复捻→水洗干燥→热定型→络丝→分级→包装→成品长丝。

综上所述可以看出，初生纤维的后处理主要有拉伸、热定型、卷曲和加捻。拉伸可改变初生纤维的内部结构，提高断裂强度和耐磨性，减小产品的伸长率；热定型可调节纺丝过程带来的聚合物内部分子间作用力，提高纤维的稳定性和其他物理-力学性能、染色性能；卷曲可改善合成纤维的加工性（羊毛和棉花纤维都是卷曲的），克服合成纤维表面光滑平直的不足；加捻可改进纺织品的风格，使其膨松并增加弹性。

5.3　合成胶粘剂和涂料

5.3.1　合成胶粘剂

胶粘剂是一种靠界面作用能把各种材料紧密结合在一起的物质，其中最有代表性的就是高分子材料。高分子胶粘剂包括天然胶粘剂和合成胶粘剂。其中合成胶粘剂具有良好的电绝缘性、耐蚀性、隔热性、抗振性、耐微生物作用和黏结强度好等优点，在机械、电器电子、国防、医疗卫生和一般工业等领域得到广泛应用。合成胶粘剂包括：热塑性树脂胶粘剂（如乙烯基树脂、丙烯酸树脂、聚酰胺等），热固性树脂胶粘剂（如环氧树脂、酚醛树脂、聚氨酯树脂和有机硅树脂等），橡胶型胶粘剂（如氯丁橡胶、丁腈橡胶、聚硫橡胶和硅橡胶等），混合型胶粘剂（如环氧-酚醛、酚醛-丁腈、环氧-聚酰胺等）。

1. 胶粘特点

用胶粘剂把物品连接在一起的方法称为胶粘，也称为胶接。与其他连接方法相比，胶粘的优点为：整个胶粘面都能承受载荷使其强度较高，而且应力分布均匀，从而避免了应力集中，耐疲劳强度好；可胶粘不同种类的材料，用于薄壁零件、脆性材料以及微型零件的胶粘，其胶粘体质量轻、表面光滑美观；具有密封作用，而且胶粘剂的电绝缘性能好，可以防止金属发生电化学腐蚀；胶粘工艺简单，操作方便。胶粘剂主要缺点是不耐高温，胶粘质量检查困难，胶粘剂有老化问题。另外，操作技术对胶粘性能影响很大。

2. 胶粘剂的成分

合成胶粘剂通常以有黏性的有机高分子为主料加入添加剂组合而成。

主料也称基料或粘料，是胶粘剂的基本成分和骨架，通常由一种或者几种高分子化合物混合而成，常用环氧树脂、酚醛树脂、聚氨酯树脂、丁腈橡胶、丁苯橡胶和有机硅橡胶等。主料应具备良好的黏结性、韧性，耐热、耐老化和防腐蚀等特性。含有—OH、—COOH、—CN、—CH—CH$_2$ 等极性基团的化合物黏结性较强，主链上带有极性基团的热固性树脂分子具有良好的黏结性，适宜作结构胶主料。但热塑性树脂和橡胶由于耐溶剂性差和易变形，不能单独作结构胶主料。

添加剂是为了改善胶粘剂性能，扩大适用范围而加入的成分，有固化剂、增韧剂、填料、偶联剂等。固化剂也称硬化剂，在胶粘过程中可使主料中线型结构变为体型结构，对热固性树脂胶粘剂而言是必不可少的；增韧剂可增强胶黏结头韧性，降低脆性，常用增韧剂有磷酸三甲苯酯、邻苯二甲酸二丁酯、热塑性树脂（如 PA）、合成橡胶等；填料主要提高胶粘强度、硬度、耐热性，赋予胶粘剂新的或特殊的性能。例如，用石棉纤维作填料提高耐热性，用石英粉提高表面硬度，用铝粉、铁粉提高导热、导电性，用二硫化钼或石墨提高耐磨性等。除上述添加剂外，还有防老剂、抗蚀剂、着色剂等。

3. 常用胶粘剂

（1）环氧胶粘剂　以环氧树脂为主料的胶粘剂称为环氧胶粘剂，简称环氧胶。用得最多的环氧树脂是双酚 A 型环氧树脂。环氧树脂固化后表现出脆性，需添加增韧剂提高胶黏结头抗击能力，同时还应根据不同使用要求选用适当的填料。环氧胶对金属、非金属等材料具有优良的黏结性能，在结构胶中占突出地位。由于高强度、耐高温等特性，几种重要的改性环氧胶在宇航工业中显示出独特的优越性，在汽车、拖拉机制造和修复、电机、电子装配、土木建筑乃至文物古迹的修复和维护等方面都有重要用途。常用环氧胶包括环氧通用胶，环氧-酚醛胶，环氧-尼龙胶，环氧-聚砜胶。

（2）改性酚醛树脂胶粘剂　酚醛树脂主要是由酚类和醛类在催化剂作用下缩聚脱水制成的，是最早用于胶粘剂工业合成树脂之一。酚醛树脂胶粘剂是由酚醛树脂加入添加剂调制而成的，其本身也可直接作为胶粘剂使用，具有耐热性好、黏结强度高、耐老化性好以及电绝缘性优良等优点，目前广泛应用于木材加工、皮革和橡胶制品的黏结等。但该胶粘剂仍存在脆性大、耐冲击性差、内应力大易老化龟裂等不足，因此需要对酚醛树脂进行改性，以扩大其应用范围。改性酚醛树脂胶粘剂是以酚醛树脂为主料，并加入一些添加剂形成的性能更优异的复合胶。通常加入缩醛、环氧、丁腈橡胶等改善其韧性，提高其耐冲击性能。例如，加入 PVA 缩醛等高分子弹性体以降低其内应力，形成酚醛复合胶粘剂，可作防弹玻璃；用丁腈橡胶改性酚醛树脂为主料制成的复合胶，固化后兼有丁腈橡胶和酚醛树脂的优点，黏结强度高、韧性好、抗剥离性能强，工作温度范围宽，为 -60 ~ 180℃，某些品种可达 250 ~ 300℃；具有耐振、耐冲击、耐油、耐溶剂等性能，是航空及其他工业广泛使用的最主要金属结构胶之一。加入三聚氰胺可以改善其耐磨性和耐热性；引入尿素、木质素可以降低其生产成本；利用酚醛树脂的原料间苯二酚的活性可以达到提高固化速度、降低固化温度的目的。

（3）聚氨酯胶粘剂　以聚氨酯为主料的胶粘剂称为聚氨酯胶粘剂，有较强的黏结能力。这类胶具有优良的超低温性能，可用于 -196℃ 低温的胶粘，聚氨酯胶通常用作非结构胶，可胶粘铝、铸铁、不锈钢、木材、皮革等。

（4）丙烯酸酯胶粘剂　其品种很多，包括 α-氰基丙烯酸酯胶粘剂、厌氧型丙烯酸胶粘剂、快速固化型丙烯酸酯结构胶粘剂等。α-氰基丙烯酸酯是十分活泼的单体，在水分作用下极易固化，室温下暴露在空气中，几分钟甚至几秒钟即可固化，故名"瞬干胶"，广泛用于仪表、电子、光学、机械制造，加入适量银粉制成导电胶可用于液晶、半导体零件等胶粘。

5.3.2　涂料

涂料是一种可以采用不同施工工艺涂覆在物体表面，形成粘附牢固、具有一定的强度、连续的固态薄膜材料。通常涂料有以下几种分类方法：1）按产品的形态。可分为液态涂料、粉末涂料和固体涂料。2）按涂料使用分散介质。可分为溶剂型涂料和水性涂料（包括水乳型和水溶型）。3）按涂料的成膜物质分类。可分为天然树脂类漆、酚醛类漆、醇酸类漆、氨基类漆、硝基类漆、环氧类漆、氯化橡胶类漆、丙烯酸类漆、聚氨酯类漆、有机硅树脂类漆等。4）按用途。可分为建筑涂料、罐头涂料、汽车涂料、飞机涂料、家电涂料、木器涂料、桥梁涂料、塑料涂料、纸张涂料、船舶涂料、风力发电涂料、核电涂料、管道涂料、钢结构涂料、橡胶涂料、航空涂料等。5）按功能。可分为不粘涂料、铁氟龙涂料、装饰涂料、防腐涂料、导电涂料、防锈涂料、耐高温涂料、示温涂料、隔热涂料、防火涂料、防水涂料等。6）按施工方法。可分为刷涂涂料、喷涂涂料、辊涂涂料、浸涂涂料、电泳涂料等。

1. 涂料的作用

涂料的作用可以概括为三个方面：保护作用、装饰作用和特殊功能作用。一般来说，涂料的重要性首先体现在其具有优良的保护作用。目前，几乎所有工业产品都离不开涂料的保护，在达到保护作用的同时，现代工业涂料具有良好的装饰作用，使被涂面产生丰富多彩的装饰效果，极大美化了人类环境和生活。随着现代工业的发展，对涂料的要求也越来越高，并开发了诸如绝缘涂料、导电涂料、示温涂料和可剥涂料等具有特殊功能的涂料。

2. 涂料的组成

涂料由基料（也称成膜物质、胶黏剂）、颜料、填料、溶剂（或水）及各种配套助剂组成。基料是涂料中最重要的组分，对涂料和涂膜的性能起决定性作用。颜料在涂料中的主要作用是使涂膜具有所需要的各种色彩和一定的遮盖力，因它不能离开主要成膜物质而单独构成涂膜，故称为次要成膜物质，对涂膜的性能也有一定影响。填料又称体质颜料，主要作用是着色颜料，使涂膜具有一定的遮盖力和色彩以后，补充所需的颜料部分，对涂膜起"填充作用"，以增大涂膜厚度，并提高涂膜的耐久性和硬度，降低涂膜的收缩率等。另外，使用填料还可降低涂料成本。助剂也称辅助成膜物质，主要是改善涂料和涂膜的某些性能。

（1）成膜物质　成膜物质是组成涂料的基础，它们是涂料牢固粘附在物体表面成为涂膜的主要物质。成膜物质大体可分为三大类：一类是油脂，包括各种干性油（如桐油，亚麻油）和半干性油（如豆油，向日葵油）；另外两类是树脂，分别为天然树脂（如生漆，虫胶，松香脂漆）和合成树脂（如酚醛树脂，醇酸树脂，环氧树脂，聚乙烯醇，过氧乙烯树脂，丙烯酸树脂等）。其中除了生漆的主要成分为漆酚外，其他树脂均是聚合物，涂布后进一步发生交联，通过聚合反应形成固体薄膜。一般将油脂和天然树脂合用作为成膜物质的涂料，称为油基涂料或油基漆；用合成树脂作为成膜物质的涂料称为树脂涂料或树脂漆。

（2）颜料　颜料是组成涂料的另一种主要成分。单用油或树脂制成的涂料，在物体表面上生成的涂膜具有透明性，不能把物体表面的缺陷遮盖起来，不能使物体表面有鲜艳的色彩，也不能阻止因紫外线直射对物体表面产生的破坏作用。颜料的加入可以克服上述缺点，使涂料成为不透明、绚丽多彩又有保护作用的硬膜。此外，颜料的加入可增加涂膜的厚度，提高机械强度、耐磨性、附着力和耐腐蚀性能。颜料根据功能分为着色颜料、防锈颜料和体质颜料三类。

1）着色颜料。主要起显色作用，包括白、黄、红、蓝、黑五种基本色，并通过这五种基本色调配出各种颜色。通常白色包括钛白（TiO_2）、锌白（ZnO）、锌钡白（$ZnS\text{-}BaSO_4$）、锑白（Sb_2O_3）等；黑色包括炭黑、松烟怠、石墨、铁黑、苯胺黑、硫化苯胺黑等；黄色包括铬黄（$PbCrO_4$）、铅铬黄（$PbCrO_4 + PbSO_4$）、镉黄（CdS）、锶黄（$SrCrO_4$）、耐光黄等；蓝色包括铁蓝、华蓝、普鲁士蓝、群青、酞菁蓝、孔雀蓝等；红色包括朱砂（HgO）、银朱（HgS）、铁红、猩红、大红粉、对位红等；金色包括金粉、铜粉等；银白色包括银粉、铅粉、铝粉等。

2）防锈颜料。根据防锈作用机理可分为物理防锈颜料和化学防锈颜料两类。物理防锈颜料的化学性质较稳定，是借助细微颗粒的充填，提高涂膜的致密度，从而降低涂膜的可渗透性，阻止阳光和水的透入而起到防锈作用。这类颜料有氧化铁红、云母氧化铁、石墨、氧化锌和铝粉等。化学防锈颜料则是借助电化学作用或形成阻蚀性络合物，以达到防锈的目的。这类颜料有红丹、锌铬黄、偏硼酸钡、铬酸锶、铬酸钙、磷酸锌、锌粉和铅粉等。

3）体质颜料。又称填料，是基本上没有遮盖力和着色力的白色或无色粉末。因其折射率与基料接近，故在涂膜内难以阻止光线透过，也不能添加色彩。但它们能增加涂膜的厚度和体质，提高涂料的物理化学性能。常用体质颜料有碱土金属盐和硅酸盐等，如重晶石粉（天然硫酸钡）、石膏（碳酸钙，碳酸镁）、天然石灰石粉、瓷土粉（高岭土）和石英粉等。

（3）溶剂　涂料中使用溶剂是为了降低成膜物质的黏稠度，便于施工，得到均匀而连续的涂膜。溶剂最后并不留在干结的涂膜中，而是全部挥发掉，所以又称挥发组分。溶剂要求对所有成膜物质组分具有很好的溶解性和较强降低黏度的能力。同时，其挥发速度也需要匹配涂膜的形成，太快太慢均影响涂膜的性能。常用溶剂有：松节油、汽油、苯、甲苯、二甲苯、酮类、酯类和醇醚类等。涂料中的溶剂最终要全部挥发到大气中去，上述有机溶剂大多为易燃、易爆物，而且有一定的毒性。因此在选用溶剂时要考虑安全性、经济性和低污染性。目前，一些少溶剂和无溶剂的涂料新品种，如高固体分涂料、水乳胶涂料和粉末涂料越来越受到欢迎。

（4）助剂 在涂料组分中，除成膜物质、颜料和溶剂外，还有一些用量虽少但对涂料性能起重要作用的辅助材料，统称助剂。助剂用量在总配方中仅占百分之几，甚至千分之几，但对改善性能、延长贮存期限、扩大应用范围等起很大的作用。通常按其功效来命名和区分，主要包括：催干剂、润湿剂、分散剂、增塑剂、防沉淀剂、乳化剂、防结皮剂、防霉剂、增稠剂、消光剂、抗静电剂、紫外线吸收剂和消泡剂等。每种助剂都有其独特的功能和作用，有时一种助剂又能同时发挥多种作用。各种涂料所需要的助剂种类不一样，某种助剂对一些涂料有效，而对另一些涂料可能无效甚至有害。因此，正确而有选择地使用助剂，才能达到最佳效果。

3. 常用涂料

酚醛树脂涂料的应用最早，有清漆、绝缘漆、耐酸漆和地板漆等。氨基树脂涂料的涂膜光亮、坚硬，广泛用于电风扇、缝纫机、化工仪表、医疗器械、玩具等金属制品的表面涂饰。醇酸树脂涂料的涂膜光亮、保光性强、耐久性好，广泛用于金属木材的表面涂饰。环氧树脂涂料的附着力强、耐蚀性强，适用于作金属底漆，也是良好的绝缘涂料。聚氨酯涂料的综合性能优良，特别是耐磨性和耐腐蚀性，适用于列车、地板、舰船、甲板、纺织用的纱管以及飞机外壳等的表面涂饰。有机硅涂料具有好的耐高温性能、耐候性、耐老化等特点，适用于高温环境。

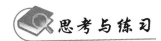

思考与练习

5-1 简述塑料的性能特点及用途。

5-2 塑料有哪些添加剂类型？作用是什么？请以稳定剂为例简述其应用。

5-3 简述通用塑料与工程塑料的性能特点。简述五种常用的工程塑料。

5-4 简述热固性塑料的定义及结构特点。典型的热固性塑料有哪些？

5-5 橡胶的组成有哪些？各个成分分别起什么作用？

5-6 合成橡胶如何分类？列举常用的几种合成橡胶。

5-7 列举两种特种橡胶并简述其主要应用领域。

5-8 简述化学纤维的分类，并列举常用的纤维品种。

5-9 简述合成纤维的生产工艺流程。

5-10 简述合成纤维的纺丝处理工艺？

5-11 人造纤维的定义是什么？列举几种常用的人造纤维。

5-12 什么是胶粘剂？如何对胶粘剂进行分类？

5-13 合成胶粘剂有哪些分类？列举几种热固性胶粘剂。

5-14 涂料的组成有哪些组分？列举几种常用的涂料。

陶瓷材料

6.1 概述

陶瓷材料是粉状原料成形后高温烧结制成的一类无机非金属材料，是多晶、多相（晶相、玻璃相和气相）的聚集体，具有熔点高、硬度高、化学稳定性好、耐高温、耐腐蚀、耐磨、耐氧化和绝缘性好等优异性能，可用作结构材料、工具材料和功能材料。其应用范围包含机械、化工、能源、环境和生物医学等领域，特别是耐高温零部件。目前，许多具有特殊性能的先进陶瓷作为结构和功能材料在武器装备等高科技领域中已不可或缺。

6.1.1 陶瓷的分类

陶瓷材料大体上可分为传统陶瓷和先进陶瓷两类。尽管两种陶瓷都是高温热处理得到的无机非金属材料，但其所用原料、成型方法、加工要求、性能和应用有很大区别。

1. 传统陶瓷的种类和使用性能

传统陶瓷一般是以黏土为主要原料、石英为非可塑性原料、长石为助熔剂烧结成的三组分制品，是多晶和多相的聚集体，组成主要为硅酸盐。

（1）按原料、烧成温度和制品性质可分为四种

① 陶器：坯体烧结差，粗糙而无光泽，强度较低，吸水率大。色泽有灰、红、黑、白与彩色，制造工艺有粗和精之分，多用于建筑卫生陶装等方面。

② 炻器：又名缸器，介于陶器和瓷器之间。用含伊利石较多的黏土烧结而成，易于致密烧结，无釉也不透水，多用作化工和建筑陶瓷。

③ 土器：又名瓦器，低级的粗陶器。渗水，无釉。用含铁较高的黏土在较低温度下烧成，用于砖、瓦和盆等。因其吸水率和加工精度与陶器相比无严格界限，常易混淆。

④ 瓷器：烧结程度较高，坯体坚硬致密，断面细腻而有光泽，施釉或无釉，基本不吸水。包括日用、工艺美术、建筑卫生和工业用陶瓷等。

（2）按用途可分为八种

① 日用陶瓷：生活用。

② 建筑陶瓷：建筑装饰用。可分为面砖、锦砖、陶管、琉璃即带色陶器等。又分有釉和无釉两种陶瓷。

③ 卫生陶瓷：卫生设施用带釉陶瓷制品，属瓷质或半瓷质。

④ 化工陶瓷：化工设备用。

⑤ 电工陶瓷或电瓷：用作电力系统中电气绝缘材料，可分为瓷绝缘子和电器用瓷套。

⑥ 纺织陶瓷：用作各类导丝器，耐磨性好，工作面光滑。

⑦ 多孔陶瓷：含有大量闭口气孔和贯通性开口气孔。前者用于绝热和隔声，后者则用于过滤。孔径为 $0.5 \sim 200 \mu m$，还应具有一定的机械强度和耐化学性、耐热急变性等，具体可用于化工催化剂载体、沸腾床气流分布板等。

⑧ 化学瓷：化学工业、制药工业、化学试验室等用的陶瓷器皿，属硬质瓷类型。

2. 先进陶瓷的种类和使用性能

先进陶瓷，又称为新型陶瓷、高性能陶瓷、高技术陶瓷和精细陶瓷等，大都是以精制高纯的化工原料和新型制备技术而得到的性能优异的陶瓷，具有高强度、高硬度、耐磨损、耐高温、耐腐蚀以及优异的电学、热学和光学性能，不仅广泛应用于机械、化工、能源、环保等领域，而且在国防、航空航天、光通信和生物医疗等高科技及新型产业领域中也得到越来越多的应用。现如今，陶瓷的概念已经远超以往人们所认识的陶瓷材料及其制品，包括了采用各种成型、烧结或其他先进工艺所制备的具有多种性能的陶瓷制品。从性能来说，主要包括高温陶瓷、光学陶瓷、电子陶瓷和磁性陶瓷等。

（1）高温陶瓷　熔融温度在 $1728℃$（SiO_2 熔点）以上，耐高温，具有优良的高温力学性能、电性能、热性能和化学稳定性。现代高温工程陶瓷材料可分为金属氧化物陶瓷和难熔化合物陶瓷两类。

1）金属氧化物陶瓷。由一种或两种以上的氧化物制成，包含 Al、Mg、Zn、Ba、Be、Ca、Ce、Cr、Co、Ga、Hf、La、Mn、Ni、Nb、Sn 等的氧化物，以及尖晶石、橄榄石和锆英石等。除 BeO 外，导热性均较差。用作结构材料、功能材料和高级耐火材料。

2）难熔化合物陶瓷。周期表 4、5 和 6 族的副族元素（Ti、Zr、Hf、V、Nb、Ta、Cr、Mo、W）和 Ⅱ、Ⅲ 周期的非金属元素（B、C、N、P、S、Si）形成的化合物。抗氧化性差，还原气氛下性能优良。

（2）光学陶瓷　用陶瓷制备工艺获得的具有一定透光性的多晶材料，不仅具有高强度、耐高温、耐腐蚀、耐冲刷性能，而且具有电光效应、磁光效应等优异性能，广泛应用于激光、红外、空间、原子能以及新型光源等技术工业。主要包括：

1）透明陶瓷。俗称光学陶瓷，能透过可见光的陶瓷。因有杂质、气孔和大量晶界，为光学非均质体，散射和反射严重。如 Al_2O_3、MgO、CaO、BeO、Y_2O_3、CaF_2、Gd_2O_3、ThO_2、（Pb，La）（Zr，Ti）O_3（PLZT）等透明陶瓷。

2）透明氧化物陶瓷。具有一定透光性的多晶体材料。其强度高、耐高温、耐腐蚀、耐冲击等。如 Al_2O_3、MgO、BeO、ZrO_2、Y_2O_3、CaO、ThO_2、TfO_2、Gd_2O_3、$LiAl_5O_3$ 等。

3）透明铁电陶瓷。透明的铁电陶瓷，如 PLZT。不仅透光性好，而且还有电控可变双折射效应、电控光散射效应和铁电电光效应等。

4）透红外陶瓷。具有透红外特性的光学陶瓷，有 Al_2O_3、MgF_2、ZnS、CaF_2、MgO、GaAs、BaF_2、SrF_2、ZnSe 等。

5）红外辐射陶瓷。在红外波段具有较高辐射率的陶瓷。在陶瓷基体中加入黑色添加物（如 Fe、Co、Mn、Ni 的氧化物）或选用红外区全辐射率或单色辐射率较高的金属氧化物、碳化物、氮化物而制成。

（3）电子陶瓷　用作电子技术中元件和器件的陶瓷材料，俗称无线电陶瓷，主要包括：

1）装置瓷。电子设备中作为安装、固定、保护其电子元件零件，载流导体的绝缘支撑以及各种电路基片用的陶瓷材料。典型的装置瓷包括：滑石瓷、氧化铝瓷、刚玉-莫来石瓷、镁橄榄石瓷和氮化硅瓷等。主要特点有：机械强度高、导热性好、热膨胀小、绝缘电阻高、介电常数小、介质损耗小、化学稳定性和热稳定性好等。

2）电介质陶瓷。用于电容器介质和其他介质器件的陶瓷材料。与有机介质相比，具有机械强度高、不易老化、耐高压与高温、介电常数及温度系数可调性好、高频损耗率低等特点。与玻璃、云母相比，有更好的化学稳定性、热稳定性和电性能。例如，用于集成电路的厚仅微米级或亚微米级的陶瓷薄膜，如 $BaTiO_3$ 和 $PbTiO_3$ 薄膜。

3）电容器陶瓷。用作电容器介质。主要有：金红石瓷、钛酸镁瓷、钛酸钙瓷、钛酸锆瓷、锡酸盐、铌酸盐、锆酸盐和钨酸盐等陶瓷。按温度特性划分，包括温度补偿陶瓷、温度稳定性陶瓷和温度非线性陶瓷。按主晶相的铁电性划分，包括铁电性和非铁电性陶瓷。按介电常数划分，包括低介陶瓷和高介陶瓷。

4）导电陶瓷。在一定温度、压力下具有电子（或空穴）电导或离子电导的陶瓷材料。用于燃料电池、高温发热体和钠硫电池等。可分为：电子（含空穴）电导的氧化物或碳化物（如碳化硅）半导体，离子电导陶瓷（即固体电解质陶瓷，如氧化锆、铬酸镧等）。

5）半导体陶瓷。具有半导体性能的陶瓷材料。包括钛酸钡瓷、钛酸锶瓷、氧化锌瓷、硫化镉瓷、氧化钛-氧化铅-氧化镧瓷和氧化钨-氧化镉-氧化铅瓷等。用于热敏电阻、光敏电阻、热电元件及太阳能电池等。

6）铁电陶瓷。具有铁电效应的陶瓷。主晶相多属钙钛矿型，并有钨青铜型、含铋层状化合物及烧绿石型等。按其性能及其相应用途，可以分为：具有高介电常数的大容量Ⅱ型瓷介电容器，具有电光性的存储显示用的电光器件，具有热释电性的红外探测器件，具有压电性的压电器件，以及介电常数随外电场呈非线性变化的介质放大器和移相器等。

7）压电陶瓷。系经极化处理而具有压电效应的铁电陶瓷。常用的有钛酸钡、钛酸铅、锆钛酸铅（PZT）、以 PZT 为基三元系陶瓷和铌酸盐系陶瓷。广泛用于滤波、鉴频、电声换能、水声换能、超声换能、引燃引爆、高压发生声表面波、电光、红外探测以及压电陀螺等。

（4）磁性陶瓷　又称磁性瓷或黑瓷，即铁氧体陶瓷，以氧化铁和其他铁族或稀土族氧化物为主要组成的复合氧化物。一般具有亚铁磁性，为非金属磁性材料。与磁性金属区别在于其导电性属于半导体甚至绝缘体。按晶格类型分，包括尖晶石型、磁铅石型、石榴石型；按物理性能与用途分，包括永磁、软磁、矩磁、旋磁和压磁。由于铁氧体的电阻率较高，在高频、微波方面的应用更为重要，如雷达、通信、航天、自动控制、天文、计算等尖端技术领域。

3. 先进陶瓷的特点及与传统陶瓷的区别

从原料来说，先进陶瓷突破了传统陶瓷以黏土为主要原料的界限，一般以提纯的氧化物、氮化物、硅化物、硼化物和碳化物等为主要原料。

从成分来说，传统陶瓷的组成由黏土的成分决定，所以不同产地和炉窑的陶瓷有不同的质地；而先进陶瓷的原料是纯化合物，因此成分由人工配比决定，其性质的优劣由原料纯度和工艺决定，而不是由产地决定。

从制备工艺来说，先进陶瓷突破了传统陶瓷以炉窑为主要生产手段的界限，广泛采用真空烧结、保护气氛烧结、热压和热等静压等手段。另外，20 世纪 70 年代初，德国固体化学家舍费尔（Schafer）提出的"软化学"材料制备方法，如化学前驱体过程，溶胶凝胶过程，有机元素化合物热解法，扦入反应法，水热法，离子交换法，熔盐法，自组装法等，现也常用于先进陶瓷材料的制备。

从性能来说，先进陶瓷具有各种特殊的性质和功能，如高强度、高硬度、耐腐蚀、导电、绝缘以及在磁、电、光、声、生物工程各方面具有的特殊功能，从而使其在高温、机械、电子、计算机、航空航天、医学工程各方面得到广泛的应用。

6.1.2 陶瓷的制造工艺

陶瓷制备的基本工艺包括：坯料制备、成型和烧结等过程。

1. 坯料制备

根据成型方法和坯料含水率的不同，陶瓷坯料通常分为三类：

（1）可塑料 用于可塑成型的坯料，其水分含量为 18%~25%，目前各类高、低压电瓷和日用陶瓷产品均属可塑法成型。

（2）注浆料 坯料水分为 28%~35%。艺术瓷和卫生瓷等形状复杂的产品都使用注浆料。

（3）压制粉料 坯料中含水分为 8%~15%的为半干压料，为湿润的粉料，在一定的机械压力下可得到制品的坯胎。含水分 3%~7%的为干压料，主要用于建筑特种陶瓷产品。

坯料的制备流程决定坯料质量、设备选择、生产效率、产品成本和投资大小等技术经济指标。选择制备方案时，通常应考虑两方面：①进厂原料特征（块度，硬度等）。原料特征直接影响原料的处理方法和设备的选择。如块状硬质料，须经粗碎和中碎工序，粉碎的石英和长石在配料后可直接进入球磨机细磨和混合；硬质黏土须经球磨工序，水化良好的软质黏土可先化浆再和球磨出来料浆进行配料混合。②选用高效能的机械设备，缩短工艺流程，以最简便技术、最低的损耗、最高的劳动生产率生产出稳定的、合乎性能要求的产品。应该在可能的条件下使生产过程连续化和自动化，从而提高劳动生产率并保证产品稳定。

坯料制备一般工艺流程为：原料粉碎→泥浆的除铁、过筛和搅拌→泥浆脱水→陈腐和练泥。

2. 成型

成型是实现产品结构、形状和性能设计的关键步骤之一，是指将陶瓷粉料加入塑化剂等制成坯料，并进一步加工成特定形状坯体的过程。根据陶瓷原料的化学成分、物理性质以及陶瓷产品的外形繁简、尺寸大小、性能要求乃至生产批量和经济价值等，可以采用多种成型方式。依其形成坯料的性质可分为三种成型方式：

（1）干法成型 是指在陶瓷粉末中加入少量甚至不加塑化剂，坯料在具有一定流动性质的干粉态下进行的成型。这样在坯料压实及排塑过程中，需要填充的空隙或排出的气体相对较少，可获得高密度的成型坯体。这类成型方式主要包括干压成型和等静压成型。

（2）塑法成型 其是一种最古老的陶瓷成型方法。它的特点是坯料需加入适量的塑化剂，混合均匀后，使其具有充分的可塑性。这种可塑性既为形成特定的形状坯体提供了可能，也为坯体致密度下降付出了代价。因为达到可塑态，粉末中必须加入适量黏结剂、增塑剂和溶剂等，这些有机挥发物的存在，在脱脂过程中会留下大量气孔或收缩变形，从而影响材料性能。

（3）流法成型　是指使坯料形成流动态的浆料，利用其流动性质来形成特定形状的工序过程。这类成型包括普通注浆及压力注浆成型、流延法成型、热压铸造成型、压滤成型、印刷成型和胶态法成型等。由坯料流动性可知，其有机高分子成分的含量明显高于干法和塑法成型。坯体的排胶脱脂工序更为漫长而复杂，对材料致密度、结构以至性能的影响更严重，但流动性使复杂开关产品的生产成为可能。

3. 烧结

烧结是指一种或多种固体粉末经过成型后，通过一定的高温处理，使粉末产生颗粒黏结，再经过物质迁移使粉末形成颗粒，在低于熔点温度下变成致密、坚硬烧结体的过程。

烧结是粉末冶金、陶瓷、耐火材料和超高温材料等领域的一个重要工序，由此过程变成的烧结体是一种多晶材料，其显微结构由晶体、玻璃体、晶界和气孔等组成。

影响烧结的主要因素包括原料粒度、配料中少量改性加入物的作用和烧结气氛等。一般来说，烧结过程大致分三阶段：从室温至最高烧成温度时的升温阶段，在高温下的保温阶段，从最高温度降至室温的冷却阶段。某些陶瓷材料还需进行必要的烧结后热处理。烧结方法主要有以下几种：

（1）常压烧结　又称无压烧结，是陶瓷材料烧结工艺中最简便、最常用的一种烧结工艺，是指在正常压力下，使具有一定形状的疏松陶瓷坯体经过一系列物理化学过程而变为致密、坚硬、体积稳定且具有一定性能的烧结体的过程。其物理化学过程主要包括黏滞流动、塑性流动、扩散、蒸发、凝聚、新相形成、溶解和沉淀、固体产生等。由于这一过程的进行，使得总表面能下降，从而在宏观上表现出坯体收缩、强度增加；微观上表现为气孔数量减少、气孔形状、大小改变、晶粒尺寸及形状变化、晶粒长大、晶界减少及结构致密化等特点。

（2）气氛压力烧结　其为一种主要用于制备高性能氮化硅陶瓷的烧结技术。是利用高氮气压力抑制氮化硅的分解，使之在较高温度下达到高致密化而获得高性能陶瓷的工艺，所以又称高氮气压烧结。

（3）热等静压烧结　其是使材料在加热过程中经受各向均衡气体压力，在高温高压同时作用下使材料致密化的烧结工艺。

（4）微波烧结　其是利用陶瓷素坯吸收微波能，在材料内部整体加热至烧结温度而实现致密化的烧结工艺。

（5）等离子体烧结　其是用等离子体所特有的高温、高焓，使素坯快速烧结成陶瓷的一种新工艺。

（6）自蔓延高温合成烧结　其是通过提供必要的能量诱发启动放热化学反应体系，发生局部化学反应，此化学反应在自身放出能量的支持下，以燃烧波的形式蔓延至整个反应体系，进而将反应物粉末转化为所需陶瓷材料。

6.2 常用工程结构陶瓷材料

6.2.1 普通陶瓷

普通陶瓷，即为陶瓷概念中的传统陶瓷。这一类陶瓷制品是人们生活和生产中最常见和使用的陶瓷制品，根据使用领域的不同，又分为日用陶瓷（包括艺术陈列陶瓷）、建筑卫生陶瓷、化工陶瓷、化学瓷、电瓷及其他工业用陶瓷。此类陶瓷制品所用的原料基本相同，生产工艺技术也相近，属典型的传统陶瓷生产工艺，只是根据需要制成适合于不同使用需求的制品。其中日用陶瓷是品种繁多的陶瓷制品中最古老的和最常用的普通陶瓷。这一类陶瓷制品具有最广泛的实用性和欣赏性，也是陶瓷科学技术和工艺美术有机结合的产物。普通陶瓷的分类和制备在前文已经介绍，这里不再赘述。

6.2.2 特种陶瓷

特种陶瓷，又称先进陶瓷，按其应用功能可分为高强度、耐高温的复合结构陶瓷和电工电子功能陶瓷两大类。在陶瓷坯料中加入特别配方的无机材料，经过高温烧结成型，从而获得一种新型特种陶瓷。该类陶瓷通常具有一种或多种功能（如电、磁、光、声、热、化学、生物等功能），以及耦合功能（如热电、压电、电光、声光、磁光等功能）。

特种陶瓷按照化学组成划分包括：①氧化物陶瓷：氧化铝、氧化锆、氧化钛、氧化镁、氧化钙、氧化铍、氧化锌、氧化钇、氧化钍、氧化铀等陶瓷。②氮化物陶瓷：氮化硅、氮化铝、氮化硼、氮化铀等陶瓷。③碳化物陶瓷：碳化硅、碳化硼、碳化铀等陶瓷。④硼化物陶瓷：硼化锆、硼化镧等陶瓷。⑤硅化物陶瓷：硅化钼等陶瓷。⑥氟化物陶瓷：氟化镁、氟化钙、氟化镧等陶瓷。⑦其他瓷：硫化物、砷化物、硒化物和碲化物等陶瓷。

1. 氧化物陶瓷

（1）氧化铝陶瓷 氧化铝（Al_2O_3）是高熔点氧化物中最成熟的一种，在地壳中储藏量丰富，约占地壳总质量的25%。其价格低廉，性能优良。

1）晶体类型。Al_2O_3有许多同质异晶体，变体有十多种，主要有α-Al_2O_3、β-Al_2O_3、γ-Al_2O_3三种类型。α-Al_2O_3俗称刚玉，属三方柱状晶体。由于α-Al_2O_3具有熔点高、硬度大、耐化学腐蚀、优良的介电性，是Al_2O_3各种型态中最稳定的晶型，也是自然界中唯一存在的Al_2O_3晶型。用α-Al_2O_3为原料制备的Al_2O_3陶瓷材料具有优异的力学性能、高温性能、介电性能及耐化学腐蚀性能。β-Al_2O_3是一种不稳定化合物，实际上不是Al_2O_3变体，而是一种含碱金属（或碱土金属）的铝酸盐。由于β-Al_2O_3结构具有明显的离子导电能力和松弛极化现象，介质损耗大，电绝缘性能差，在制造无线电陶瓷时不允许β-Al_2O_3的存在。γ-Al_2O_3是氧化铝的低温形态，由制备工业Al_2O_3的中间产物——氢氧化铝煅烧而得，其结构疏松，易于吸水，且能被酸碱溶解，性能不稳定，不适合直接用来生产Al_2O_3氧化铝陶瓷。可采用适合的添加剂对γ-Al_2O_3进行高温煅烧，使γ-Al_2O_3不可逆转地变为α-Al_2O_3（950~1500℃），并伴随14.3%的体积收缩。使用煅烧收缩后得到α-Al_2O_3陶瓷，利于产品尺寸的控制和减少产品的开裂。

2）主要制备方法。基本工序是：煅烧→磨细→成型→烧结。

① 煅烧。其目的是使 γ-Al_2O_3 转变为 α-Al_2O_3，并排除原料中的 Na_2O 等低熔点挥发物。工业 Al_2O_3 中通常要加入 0.3%～3% 的添加剂，如 H_3BO_3、NH_4F、AlF_3 等。添加剂利于 Al_2O_3 密度的提高和 Na_2O 的去除。

② 磨细。可以湿磨和干磨。干磨时，为防黏结，添加 1%～3% 的油酸。一般要求小于 $1\mu m$ 的颗粒占 15%～30%，若大于 40%，烧结时会出现严重的晶粒长大。当 $5\mu m$ 的颗粒多于 10%～15% 时，明显妨碍烧结。

③ 成型。可以用注浆法、模压法、挤压法以及热压注、热压等各种方法。

④ 烧结。为了改善烧结性，降低烧结温度，通常加入添加剂。

3）应用。氧化铝陶瓷具有机械强度高、硬度高、耐磨、耐腐蚀、耐高温和绝缘电阻大等优良性能，广泛应用于石油、化工、建筑、电子和纺织等领域，是目前氧化物陶瓷中用途最广、产销量最大的陶瓷材料。

① 机械方面。如耐磨氧化铝陶瓷衬砖、衬板、衬片、陶瓷钉、陶瓷密封件、陶瓷球阀、黑色氧化铝陶瓷切削刀具、红色氧化铝陶瓷柱塞等。

② 电子、电力方面。如各种氧化铝陶瓷底板、基片、陶瓷膜、电绝缘瓷件、电子材料、磁性材料等。

③ 化工方面。如氧化铝陶瓷化工填料球、微滤膜、耐腐蚀涂层等。

④ 建筑卫生方面。如球磨机用氧化铝陶瓷衬砖，微晶耐磨氧化铝球石，氧化铝陶瓷辊棒、保护管及各种耐火材料。

⑤ 医学方面。如氧化铝陶瓷人工骨、人工牙齿、人工关节等。

⑥ 其他方面。各种复合、改性的氧化铝陶瓷，如碳纤维增强氧化铝陶瓷，氧化锆增强氧化铝陶瓷等增韧氧化铝陶瓷越来越多地应用于高科技领域；氧化铝陶瓷磨料、高级抛光膏在机械和珠宝加工行业中起到越来越重要的作用；氧化铝陶瓷研磨介质在涂料、油漆、化妆品、食品和制药等行业的原材料磨粉和加工方面也得到广泛应用。

（2）氧化锆陶瓷　锆资源丰富，在地壳中的储量为 0.025%，超过 Cu、Zn、Sn 等金属元素的储量。纯氧化锆（ZrO_2）为白色，含杂质时呈黄色或灰色，常温下密度为 $5.6g/cm^3$，熔点为 2715℃，具有优良的耐热性、绝缘性和耐蚀性。

1）晶型转变和稳定化处理。ZrO_2 有三种晶型，低温为单斜晶系，密度为 $5.6g/cm^3$；高温为四方晶系，密度为 $6.1g/cm^3$；更高温度下转变为立方晶系，密度为 $6.3g/cm^3$。由于晶型转变引起体积变化，所以用纯 ZrO_2 制造制件时必须进行晶型稳定化处理。常用的稳定添加剂有 CaO、MgO、Y_2O_3、CeO_2 和其他稀土氧化物。ZrO_2 韧化是通过四方相转变成单斜相而实现的，此相变属于马氏体相变。ZrO_2 的增韧机制有多种，主要有：应力诱发相变增韧、相变诱发微裂纹增韧和表面强化韧化等。

2）制备工艺。

①共沉淀法。主要工艺路线为：以适当的碱液沉淀剂（如氢氧化钠、氢氧化钾、氨水、尿素等，pH 控制在 8~9）从稳定剂盐溶液 [$ZrOCl_2 \cdot 8H_2O$ 或 $Zr(NO_3)_4$，$Y(NO_3)_3$ 等] 中沉淀析出含水氧化锆（氢氧化锆凝胶）和氢氧化钇凝胶，再经过滤、洗涤、干燥、煅烧（800~900℃）等工序制得钇稳定氧化锆粉体。此法设备和工艺简单，生产成本低廉，且易获得纯度高的纳米级超细粉体，因而被广泛采用。但此法也存在超细粉体分散性差和烧结活性低等缺点。

② 水解沉淀法。水解沉淀法分为锆盐水解沉淀和锆醇盐水解沉淀两种方法。该法的优点是：几乎全为一次粒子，团聚很少；粒子的大小和形状均一；化学纯度和相结构的单一性好。缺点是：原料制备工艺较为复杂，成本较高。

③ 水热法。水热法是在高压釜内，在锆盐 $[Zr(NO_3)_4]$ 和钇盐 $[Y(NO_3)_3]$ 溶液中加入适当的化学试剂，直接反应生成纳米级氧化锆颗粒，并形成钇稳定的氧化锆固溶体。其优点为：粉料粒度极细，可达到纳米级，粒度分布窄，省去高温煅烧工序，颗粒团聚程度小。缺点为：设备复杂、昂贵，反应条件较苛刻，难于实现大规模工业化生产。

④ 溶胶-凝胶法。溶胶-凝胶法是借助胶体分散体系制备超细粉体的方法。首先是形成几十纳米以下的胶体颗粒稳定溶胶，再经适当处理形成包含大量水分的凝胶，最后经干燥、脱水和煅烧制得氧化锆超细粉。其优点为：粒度细微（亚微米级或更细），粒度分布窄，纯度高，化学组成均匀，可达分子或原子尺度；烧结温度比传统方法低。缺点在于：原料成本高且对环境有污染，处理过程时间较长，胶粒及凝胶过滤、洗涤过程不易控制。

⑤ 微乳液法。微乳液法（即反胶束法）是指以多元油包水微乳液体系中的乳化液滴为微型反应器，通过液滴内反应物的化学沉淀制备纳米粉体。具体步骤为：按制粉要求比例配制一定浓度的锆盐与钇盐水溶液，在恒温摇床中少量多次地将该溶液注入含表面活性剂的有机溶液中，直至有混浊现象出现；以同样方法制得氨水反胶团溶液，然后把两种反胶团溶液在常温下混合、搅拌、沉淀、分离、洗涤、干燥、高温焙烧，即可得产品。利用该方法可制得含钇的稳定四方相 ZrO_2 纳米粉。此类粉体分散性能好，粒度分布窄，但生产过程较复杂，成本也较高。

3）应用。

① ZrO_2 结构陶瓷。由于 ZrO_2 陶瓷具有高的韧性、抗弯强度和耐磨性，优异的隔热性能，热胀系数接近金属等优点，因此广泛应用于结构陶瓷领域。

② ZrO_2 功能陶瓷。Y_2O_3 的 ZrO_2 陶瓷具有敏感的电性能，主要应用于各种传感器、第三代燃料电池和高温发热体等，而且 ZrO_2 材料在高温下具有导电性及晶体结构存在氧离子缺位的特性，可制成各种功能元件。

③ 保健纺织材料。红外线是太阳光线中的一种辐射线，属于不可见光，红外线又依波长长、短可分成近红外线、中红外线、远红外线三种。医学上指出以 ZrO_2、Al_2O_3、TiO_2 及 Y_2O_3 等矿物制成的陶瓷粉末所吸收及激发出来的远红外线能量最强。当人体需要散热冷却时，流汗的生理现象产生，体表汗珠透过吸湿排汗的衣服，将热能释出，而具有远红外线的纤维可以加速吸湿层的干燥并保持人体皮肤干爽，因此可被应用在康复医疗及保健上。

④ 多晶 ZrO_2 宝石。ZrO_2 具有较高的折射率，用它制成各种装饰用的宝石，光泽完全可以达到天然宝石的程度。永不磨损的手表表壳、表链及人造宝石戒指，大多采用多晶 ZrO_2 宝石制成的。它主要利用超细的粉末添加一定的着色元素，高温处理即可获得粗坯氧化锆陶瓷体，再经研磨、抛光即可制成各种装饰品供应市场。

⑤ ZrO_2 涂层。纳米级氧化锆用于热障涂层具有很高的热反射率，化学稳定性好，与基材的结合力和抗热震性能均优于其他材料。因此 ZrO_2 是目前最理想的热障涂层材料，其具体应用为航空航天发动机的隔热涂层和潜艇、轮船柴油发动机气缸的衬里等。

⑥ ZrO_2 耐火材料。作为耐火材料 ZrO_2 主要用在大型玻璃池窑的关键部位，在其他高温耐火领域的应用也非常广泛，如钢液流嘴、喷嘴、阀门、高温纤维等。

（3）氧化铍陶瓷　氧化铍陶瓷（BeO）因具有高热导率、高熔点（2530℃±10℃）、高强度、高绝缘性、高的化学和热稳定性、低介电常数、低介质损耗以及良好的工艺适应性等特点，在特种冶金、真空电子技术、核技术、微电子与光电子技术领域得到广泛应用。

1）BeO 陶瓷材料的性能。BeO 陶瓷的热导率比 Al_2O_3 陶瓷高一个数量级。纯度为 99%以上、致密度达 99% 的 BeO 陶瓷室温下的热导率可达 310W/m·K，高热导率是 BeO 陶瓷最可贵的特性。通常情况下，BeO 陶瓷的热导率主要取决于材料的纯度和致密度，纯度和致密度越高，其导热性能越好。单晶和大晶粒 BeO 陶瓷材料在冷却和加热过程中还具有自发辐射和外电子发射的特性。

2）BeO 陶瓷材料的应用。

① 真空和电子技术。高的热导率和低的介电常数使得 BeO 材料在真空和电子技术领域得到广泛应用。例如，高性能、高功率微波封装件和高电路密度的多片组件。

② 核技术材料。BeO 具有高的中子散射截面，可将核反应堆中泄露出来的中子反射回反应堆内，可被用作原子反应堆中的中子减速剂、反射器和防辐射材料。BeO 优异的红外光学性能及热激发射特性，使其可用于热荧光、外电子发射和电子顺磁共振剂量计中的探头。

③ 特种冶金。BeO 陶瓷还是一种难熔材料，BeO 陶瓷坩埚可用于熔融稀有金属和贵金属，特别是用在要求高纯金属或合金的场合下。BeO 陶瓷坩埚的工作温度可达 2000℃，由于其高的熔融温度、高的化学稳定性，耐碱、热稳定性好和纯度高，可用来熔融铀和钍。此外，这些坩埚还被用于制造银、金和铂的标准样品。

④ 其他应用。在航空电子技术转换电路中以及飞机和卫星通信系统中，可用 BeO 作托架部件和装配件。BeO 陶瓷具有特别高的耐热冲击性，可在喷气式飞机的导火管中使用；具有金属涂层的 BeO 板材已用于飞机驱动装置的控制系统；福特和通用汽车公司在汽车点火装置中使用了喷涂金属的 BeO 衬片。BeO 陶瓷的导热性能良好，易于小型化，在激光领域的应用前景广阔，如 BeO 激光器比石英激光器的效率高，输出功率大。

2. 氮化物陶瓷

（1）氮化硅陶瓷　高技术陶瓷中，氮化硅（Si_3N_4）陶瓷是最具有发展潜力与应用前景的一种新型工程材料。氮化硅陶瓷是无机非金属强共价键化合物，由于氮原子之间结合得非常牢固，所以具有惊人的耐高温和高强度、高硬度性能，硬度可达 91~93HRA；热硬性好，可承受 1300~1400℃的高温；摩擦系数较低，本身具有润滑性，并且耐磨损；耐腐蚀能力强，高温时抗氧化。氮化硅陶瓷在很高的温度下，蠕变也很小，能抵抗冷热冲击，这也是它比金属优越的可贵性能，所以在高温、高速和强腐蚀介质的工作环境中具有特殊的使用价值。

1）晶体结构。Si_3N_4 有两种晶型，$\beta\text{-}Si_3N_4$ 是针状结晶体，$\alpha\text{-}Si_3N_4$ 是颗粒状结晶体。两者均为六方晶系，都是由 $[SiN_4]^{4-}$ 四面体共用顶角构成的三维空间网络。β 相是由几乎完全对称的六个 $[SiN_4]^{4-}$ 组成的六方环层在 c 轴方向重叠而成。而 α 相是由两层不同，且有形迹的非六方环层重叠而成。α 相结构的内部应变比 β 相大，故自由能比 β 相高。

2）主要制备方法。由于 Si_3N_4 是强共价化合物，扩散系数很小，致密化所必须的体积扩散及晶界扩散速度很小，烧结驱动力很小，这决定了纯氮化硅不能靠常规固相烧结达到致密化，所以除用 Si 粉直接氮化的反应烧结外，其他方法均需加入一定助烧剂与粉体表面反应形成液相，通过溶解-析出机制烧成致密材料。目前 Si_3N_4 陶瓷的制备方法主要有以下几种：反应烧结，常压烧结，重烧结，热压烧结，气压烧结，热等静压法，超高压烧结、化学气相沉积、爆炸成型等。

3）Si_3N_4 陶瓷的用途。由于 Si_3N_4 陶瓷的优异性能，它已经在许多工业领域获得广泛应用。利用其耐磨性好、强度高、摩擦系数小的特点，广泛用于机械工业中的轴承滚珠、滚柱、滚珠座圈、高温螺栓、工模具、柱塞泵、密封材料等。利用其抗热震性好、耐腐蚀、摩擦系数小、热膨胀系数小等特点，在冶金和热加工工业方面被广泛用于测温热电偶套管、铸模、坩埚、马弗炉炉膛、燃烧嘴、发热体夹具、炼铝炉炉衬、铝液导管、铝液浇包内衬、铝电解槽衬里、热辐射管、传送辊、高温鼓风机和冷门等；钢铁工业中用作炼钢水平连铸机上的分流环；电子工业中用作拉制单晶硅的坩埚等。利用其耐腐蚀、耐磨性好、导热性好的特点，被广泛用于化工工业中制作球阀、密封环、过滤器部件等。利用其耐高温、耐磨性能，在陶瓷发动机中用于燃气轮机的转子、定子和涡管；用反应氮化硅作为燃烧器，还可用于柴油机的火花塞、活塞套、气缸套、副燃烧室以及活塞-涡轮组合式航空发动机的零件等。此外，在电子、军事和核工业中还可用于开关电路基片、薄膜电容器、高温绝缘体、雷达天线罩、导弹尾喷管、炮筒内衬和核裂变物质的载体等。

（2）氮化硼陶瓷　氮化硼（BN）主要有六方和立方两种晶型。常见的六方氮化硼陶瓷的密度为 $2.0 \sim 2.15 g/cm^3$，熔点为 3000℃（升华），热导率为 $0.25 W/(cm \cdot K)$，室温时似铁，600℃以上超过导热性好的氧化铍陶瓷；热胀系数低 $(2.0 \sim 6.5) \times 10^{-6}/℃$；热稳定性好，在惰性气氛中使用温度可达 2800℃；介电常数为 $3.4 \sim 5.3$，介质损耗角正切值 $(2 \sim 8) \times 10^{-4}$。立方氮化硼则是一种类似金刚石的超硬材料，常作为刀具材料和磨料。

氮化硼陶瓷广泛用于高压、高频电和等离子弧的绝缘体，半导体的固相掺杂材料，高频感应电炉材料，雷达传递窗、雷达天线介质，火箭发动机部件，原子反应堆的结构材料，自动焊接耐高温支架的涂层，防止中子辐射的包装材料等。利用其良好的润滑性，可用作高温润滑剂，也可作为各种材料的添加剂；利用其耐热性，可制造耐高温坩埚和其他制品；利用其硬度高，在 $1500 \sim 1600℃$ 高温稳定，以及加工时部件表面温度低、缺陷少的特点，可用于地质勘探、石油钻探的钻头、高速切削的工具和金属加工研磨材料。

3. 碳化物陶瓷

碳化物陶瓷是指以碳难熔化合物为主要成分的陶瓷，其中很多碳化物软化点都在 3000℃以上，大多数碳化物都比碳和石墨具有更强的抗氧化能力，其作为耐热材料和超硬工具用途十分广泛。碳化物陶瓷可分为类金属碳化物（如碳化钛、碳化锆、碳化钨等）和非金属碳化物（如四硼化碳、碳化硅等）两大类。

（1）碳化硅陶瓷　碳化硅（SiC）陶瓷具有高温强度大、抗氧化性强、耐磨损性好、热稳定性佳、热胀系数小、热导率大、硬度高以及抗热震和耐化学腐蚀等优良特性，广泛应用于高温轴承、防弹板、喷嘴、高温耐蚀部件以及高温、高频电子设备零部件等领域。

1）晶体结构。SiC 具有同质多晶的特点，这些多形晶体结构可被视为将特定几种二维结构以不同顺序层状堆积后得到。α-SiC 最为常见，在大于 1700℃ 的温度下形成，具有类似纤锌矿的六方晶体结构。具有类似钻石的闪锌矿晶体结构的 β-SiC 则在低于 1700℃ 的条件下形成。β-SiC 比 α-SiC 拥有更高的比表面积，所以可用于非均相催化剂的负载体。

2）制备方法。SiC 是强共价键结合化合物。因而，烧结时的扩散速率相当低，所以 SiC

很难烧结，必须借助添加剂、外部压力或渗硅反应才能实现致密化。目前，制备高密度 SiC 陶瓷的方法主要有无压烧结、热压烧结、热等静压烧结和反应烧结等。其中，无压烧结可以制备出复杂形状和大尺寸的 SiC 部件，因此，被认为是 SiC 陶瓷最有前途的烧结方法。采用热压烧结工艺只能制备简单形状的 SiC 部件，而且一次热烧结过程所制备的产品数量很少，所以不利于商业化生产。尽管热等静压工艺可以获得复杂形状的 SiC 制品，但必须对素坯进行包封，所以很难实现工业化生产。通过反应烧结工艺可以制备出复杂形状的 SiC 部件，而且烧结温度较低，但是，反应烧结 SiC 陶瓷的高温性能较差。一般来说，无压烧结 SiC 陶瓷的综合性能优于反应烧结的 SiC，但逊色于热压烧结和热等静压烧结的 SiC。

3）SiC 陶瓷的用途。SiC 陶瓷以其优异的抗热震、耐高温、耐磨损、耐热冲击、耐化学腐蚀、高硬度、高热导率、抗氧化和热稳定性好等特性，已在机械、汽车、石油、化工和航空航天等工业领域获得广泛应用。例如，SiC 可以用于各类轴承、滚珠、喷嘴、密封件、涡轮增压器转子、燃气涡轮机叶片、反射屏和火箭燃烧室内衬等。

（2）碳化硼陶瓷　碳化硼（B_4C）为灰黑色粉末，理论密度为 2.52g/cm³，熔点为 2350℃，沸点高于 3500℃。与酸、碱溶液不起反应，是对酸最稳定的物质之一，在所有浓或稀的酸或碱水溶液中都稳定。具有高化学位、中子吸收、耐磨及半导体特性。用硫酸、氢氟酸的混合酸处理后，在空气中 800℃煅烧 21h，可完全分解并形成二氧化碳和三氧化二硼。当与一些过渡金属及其碳化物共存时，有特殊的稳定性。碳化硼的显微硬度为 4950kg/mm²，仅次于金刚石和立方氮化硼，其还有较大的热中子俘获截面。

碳化硼粉末可由硼酸与碳在电炉中合成，用于硬质合金、宝石等硬质材料的磨削、研磨、钻孔及抛光，金属硼化物的制造以及冶炼硼钠、硼合金和特殊焊接等。致密碳化硼陶瓷要用热压法制备，可用作喷砂嘴、防弹材料以及原子反应堆的中子吸收剂。

（3）其他碳化物陶瓷　碳化钛熔点高、硬度高、化学稳定性好，主要用于制造金属陶瓷、耐热合金和硬质合金。碳化钛基金属陶瓷可用来制造在还原性和惰性气氛中使用的高温热电偶保护套和熔炼金属的坩埚等。此外，碳化物陶瓷还包括 ZrC、HfC、TaC、WC 等。

4. 硼化物陶瓷

硼化物陶瓷由于具有高硬度、高熔点、高耐磨性和高抗氧化性等性能而用作硬质工具材料、合金添加剂、磨料，并用于耐磨耐蚀部件，因其同时又具有优良的电性能，可作为惰性电极材料及高温电工材料。

（1）晶体结构　硼化物是间隙相化合物，硼原子尺寸较大，硼原子之间可形成多种复杂的共价键，硼原子与许多金属原子一起可形成硼化物（离子键），其原子配比变化通常是 $M_5B \sim MB_{12}$（M 表金属原子），有时也会出现 MB_{70} 结构。根据硼化物晶体结构的不同可分为两大类。① 贫硼硼化物（$M_5B \sim MB_2$）：呈六方晶系，其晶格结构呈三棱柱特征，其中金属原子以六方密排形式排列，硼原子位于三棱柱单元的中心。② 富硼类硼化物（$MB_2 \sim MB_{12}$）：主要呈刚性结构，其结构主要由刚性的硼共价键结合的网络决定，这些立方密排的硼刚性结构中穿插着立方密排的金属原子晶格。MB_2 为二维网状结构；MB_4 为三维共价硼原子结构，硼八面体的两个顶点在金属原子面中；MB_6 属立方晶系，硼八面体处于由金属原子构成的简单立方晶格的体心；MB_{12} 也属立方晶系，为 CsCl 结构，M 和 B 原子分别占据 Cs^+ 和 Cl^- 的位置。

（2）性能

1）高热稳定性和抗氧化性。由于硼化物原子间存在很强的共价键，决定了其具有较高的熔点，大部分硼化物的热稳定性甚至优于碳化物和氮化物的热稳定性，因此硼化物在氮气环境下可在很高的温度下使用，如 CaB_6 可以在氮气环境下长期保持，2000℃时不破坏。使用石墨坩埚时，硼化物可在较高温度下不与碳反应（如 TiB_2、ZrB_2 等）。硼化物，特别是 TiB_2 和 ZrB_2 可在空气中加热至 1200~1400℃而不会引起严重氧化。

2）高硬度。硼化物具有很高的硬度，特别是高温硬度很高，如 TiB_2 的 HVA 达到 34GPa，比 β-Si_3N_4 的硬度高约 30%，ZrB_2-ZrC 复合陶瓷的耐磨性是 Si_3N_4 的两倍左右；ZrB_4-B_4C 陶瓷在 1000℃以上硬度高于金刚石，可用来测定高温硬度。

3）良好的耐腐蚀性。硼化物可承受一些不与它立即反应的金属熔液的侵蚀，如 TiB_2、ZrB_2、CrB 在熔融 Ti 液中易分解，但对熔融 Al、Cu、Zn、Mg、Sn、Bi 和 Pb 等耐蚀性好。

4）良好的电磁性能。硼化物具有低的电阻率。LaB_6 具有低的逸出功和最好的电子发射性质，ZrB_2、CrB 呈强顺磁性，而 Fe_2B、FeB 和 MnB 呈铁磁性。

（3）应用 由于硼化物具有以上独特的性能，故广泛应用于耐高温件、耐磨件、耐腐蚀件以及其他有特殊要求的零件。

1）耐高温材料。ZrB_2 和 TiB_2 由于具有很高的熔点，同时又有良好的导热性，抗热冲击能力强和良好的抗氧化能力，可用作喷嘴用隔热材料基体或涂层。

2）耐腐蚀材料。利用硼化物在高温能抵抗熔融金属侵蚀的特点，可用来制作热电偶保护管。传统的保护管用陶瓷，由于导热差、抗热震性不好而易开裂。TiB_2 和 ZrB_2 由于导热好、耐金属熔液侵蚀，可用作测量铝液和铁液用热电偶的保护管材料，使用寿命可提高十倍以上。工业上常用 TiB_2-BN 热压复合材料制成坩埚，以取代传统的石墨坩埚，减少对金属熔液的污染，提高服役寿命；铝膜物理气相沉积用的加热舟也常用 TiB_2 材料制备。此外，TiB_2 由于与铝液润湿性好，用其制备电极材料可减少接触电阻，降低能耗。

3）超硬材料。硼化物具有较高的硬度和耐磨性，可作为刀具材料。Mo_2NiB_2 刀具的切削性能优于高速钢，特别是在高速切削条件下，可替代 WC-Co 刀具，节省贵重的稀有金属。

思考与练习

6-1 传统陶瓷材料有哪些类型？简要说明其性能特点和应用领域。

6-2 为什么说陶瓷是一种多晶、多相的聚集体？

6-3 根据功能可将新型先进陶瓷材料分为哪些类型？各种类型功能陶瓷的主要用途是什么？

6-4 新型先进陶瓷材料和传统陶瓷材料的区别主要有哪几个方面？

6-5 陶瓷制备包括哪些工序？

6-6 在烧结过程中陶瓷会发生哪些物理化学变化？其烧结过程一般包括几个步骤？影响烧结过程的主要因素有哪些？

6-7 特种陶瓷按照化学组成主要可以分为哪几类？

6-8 ZrO_2 有哪些晶形变体？ZrO_2 在陶瓷材料中的增韧机制主要有哪几种？

6-9 氧化铍陶瓷与氮化硅陶瓷最主要的性能特点分别是什么？

第7章

复合材料

复合材料是两种或两种以上物理和化学性质不同的材料以微观或宏观的形式人工合成的一种多相固体材料。其中一类组成（或相）为基体，起黏结作用，另一类为增强相。所以复合材料是一种多相材料，它的某些性能比各组成相的性能要好。

初级复合材料的使用历史已经有几千年了。半坡村仰韶文化住房遗址证明当时的房屋四壁、屋顶和地面已用草和泥土组成的复合材料进行建造，古埃及人的部落遗址也有类似的复合材料，马王堆出土大量漆器，古代遗留下来的用大漆、木粉、黏土、麻等材料制造出的各种各样物品等，均表明复合材料的历史源远流长。自然界中也存在天然的复合材料，如木材就是纤维素和木质素的复合物，而建筑领域最常用的钢筋混凝土则是钢筋、水泥、砂和石的人工复合材料。

现代复合材料则是以金属、陶瓷、树脂为基体制造的各种材料，尤其以纤维增强复合材料性能更为突出，其中碳纤维、硼纤维、Al_2O_3 纤维、SiC 纤维作为增强体在所有性能上几乎都超过常用的玻璃纤维，能够满足航空航天、工业交通等领域所使用的材料对高模量、高强度、抗震、防腐、耐蚀等各方面的要求。从材料的功能复合目的出发，具有热、光、电、阻尼、烧蚀、润滑、生物等方面特殊性能的复合材料不断问世，从而促进复合材料的发展。

第 1 章中的 1.6 节已对复合材料的概念、分类、组织结构和性能进行了详细阐述，了解到复合材料具有的综合优异性能，在很多领域可发挥巨大作用。本章将主要介绍复合材料的增强理论和应用较广的四类复合材料。

7.1 复合材料增强理论简介

复合材料以其优异的性能，在很多领域都发挥了巨大作用，而理解和掌握复合材料增强机理与新型高性能复合材料的开发具有重大意义。下面简单介绍提高材料力学性能的复合增强理论。根据增强材料的形态不同，复合材料增强理论可分为纳米粒子增强和纤维增强复合理论。

7.1.1 纳米粒子增强复合理论

纳米微粒由于表面原子存在大量缺陷和许多悬挂键，具有高度的不饱和性，因而具有很强的反应活性和表面能；并且由于小的尺寸会呈现尺寸效应、表面效应、界面效应和量子尺寸效应等特性，利用纳米粒子增强基体材料，可以大幅改善材料的各项性能。

纳米粒子增强复合材料承受载荷的主要是基体材料。在粒子增强复合材料中，粒子高度弥散地分布在基体中，可以阻碍导致塑性变形的位错运动（金属基体）或分子链运动（高分子化合物基体）。一般粒子直径为 $0.01 \sim 0.1 \mu m$ 时增强效果最好，直径过大时，引起应力集中；直径小于 $0.01 \mu m$ 时，则接近固溶体结构，作用不大。增强粒子的数量大于20%时，称为粒子增强型复合材料，含量较少时称为弥散强化复合材料。

7.1.2　纤维增强复合理论

纤维增强复合材料复合的效果取决于纤维和基体本身的性质，两者界面间物理、化学作用的特点以及纤维的含量、长度、排列方式等因素。在纤维增强复合材料中，主要靠增强纤维来承受外加载荷，因此应选择强度和弹性模量都高于基体的纤维材料作为增强剂。纤维和基体之间需要有一定的黏结作用，两者之间的结合力要确保基体所受的力通过界面传递给纤维。但结合力不能过大，因为复合材料受力破坏时，纤维从基体中拔出时要消耗能量，过大的结合力会使纤维失去拔出过程，而发生脆性断裂。另外，只有纤维的排布方向和构件的受力方向一致时，才能发挥增强作用。

在增强纤维与其周围基体之间存在剪应力，并且这种剪应力是由化学结合而不是由机械结合来承担，所以，复合材料界面结合情况是决定复合材料性能的重要因素。增强纤维与基体之间的结合强度对复合材料的性能影响很大。如果界面结合强度低，则增强纤维与基体很容易分离，不能起增强作用；但如果界面结合强度太高，则增强纤维与基体之间应力无法松弛而形成脆性断裂。

7.2　复合材料的分类

复合材料的分类方法有很多。按基体类型可分为金属基复合材料、有机复合材料和无机非金属基复合材料；按性能可分为功能复合材料和结构复合材料；按增强相的种类和形状可分为颗粒增强复合材料、纤维增强复合材料和层状增强复合材料。其中发展最快、应用最广的是各种纤维（玻璃纤维、碳纤维、硼纤维、SiC 纤维等）增强的复合材料。

本节着重介绍目前应用比较广泛的复合材料，包括：金属基复合材料、陶瓷基复合材料、树脂基复合材料和碳/碳复合材料四种。

7.2.1　金属基复合材料

金属基复合材料的基体大多采用铝、铜、铝合金、铜合金、镁合金和镍合金，其增强体材料要求具有高强度和高弹性模量（抵抗变形和断裂）、高耐磨性（防止表面损伤）和高化学稳定性（防止与空气和基体发生化学反应）。

金属基复合材料具有强度高、模量高和热胀系数低的特点，其工作温度可达 $300 \sim 500 ℃$ 甚至更高，同时具有不易燃烧、不吸潮、导热、导电、屏蔽电磁干扰、热稳定性佳、抗辐射性能好、可机加工和常规连接等特点。但金属基复合材料也存在密度较大、成本较高、部分复合材料工艺复杂等缺点。针对上述不利因素的不断改进和完善，金属基复合材料取得了长足进步，并在特定领域达到规模应用水平。根据增强机理不同，可将金属基复合材料分为纤维增强金属基复合材料和颗粒增强金属基复合材料两种。

1. 纤维增强金属基复合材料

纤维增强金属基复合材料是由低强度、高韧性的金属合金基体与高强度、高弹性模量的纤维组成的一类先进复合材料。其性能主要与所用增强纤维和基体金属的类型，纤维的含量和分布，纤维与基体金属间的界面结构和性能以及制备工艺过程密切相关。常用的纤维有硼纤维、SiC 纤维、碳纤维、B_4C 纤维和石墨纤维等，常用的基体金属主要为铝及其合金、镁及其合金、钛及其合金、铜合金、铅合金、高温合金以及金属间化合物。

纤维增强金属基复合材料种类繁多，按照基体种类不同可分为铝基复合材料、镁基复合材料、钛基复合材料、铜基复合材料、耐热合金基复合材料和金属间化合物基复合材料。在这些纤维增强金属基复合材料中，铝基复合材料的研究和发展最为迅速，应用也最为广泛，其中硼纤维增强铝基复合材料是最早应用的一类金属基复合材料。所用基体因复合材料的制备方法而异，如采用扩散黏结工艺，常选用变形铝合金，采用液态金属浸润工艺时则用铸造铝合金。碳纤维增强铝基复合材料也是一类比较成熟的复合材料，其主要特点是高比强度、高比模量、较高的耐磨性、较好的导热性和导电性、较小的热膨胀和尺寸变化，因此在航空航天和军事方面得到了广泛的应用。目前借助于在碳纤维表面沉积 Ti/B 涂层的技术，可有效改善碳纤维与液态铝浸润性差的不足，并控制铝基体与纤维的界面反应。

近年来，碳纳米管增强金属基复合材料的开发研究也获得了迅速发展。碳纳米管（CNTs）可以看作是直径在 50nm 以下的中空纳米碳纤维，其具有很高的弹性模量和强度、低的密度、优良的导电和导热性能、高化学稳定性和无毒性等优点，可以作为最有前景的复合材料增强相。将力学性能和物理性能优异的 CNTs 与金属基体材料进行复合，是提高金属材料性能的理想方法之一。目前 CNTs 增强金属基复合材料的制备方法主要有粉末冶金法、熔体浸渍法、搅拌铸造法、原位合成法、喷射沉积法、电化学沉积法等。

CNTs 增强体和金属基体的界面特性对复合材料的性能影响至关重要，其结构状态直接影响载荷传递、裂纹扩展等问题，CNTs 增强金属基复合材料的整体性能很大程度上取决于二者之间的界面结合状况。目前 CNTs 与金属基体还很难形成牢固的界面，这影响了 CNTs 增强效果的发挥，通过表界面化学修饰以改善界面处的相溶性、改善 CNTs 与金属基体的界面结合，这是后续深入研究的重点内容。目前，科学家已开发出一系列高性能的 CNTs 增强金属基复合材料，并用于生产生活。常见的 CNTs 增强金属基复合材料主要有以下几类：

（1）CNTs/Al 复合材料　CNTs 增强 Al 和 Al 合金材料可以改善其高温性能、力学性能和耐磨性。例如，多壁 CNTs/Al 复合材料，其在热压温度为 380℃时，硬度为 2.89 GPa，比相同温度热压出的 Al 块硬度高 78%；利用热压法制备的 CNTs/Al 复合材料，表现出良好的耐磨性能；用原位合成法将 CNTs 原位生成于 Al 粉基体中，合成 CNTs 均匀分布的 CNTs/Al 复合材料，其抗拉强度达 398MPa，硬度达到 0.65GPa，密度降到 2.5kg/m³，性能显著提高。

（2）CNTs/Cu 复合材料　高强度、高导电性能 Cu 基材料对各类高性能电路器件至关重要，因此开发此类复合材料具有极大的实用意义。CNTs 具有优异的力学和电学特性，将其弥散强化 Cu 基体，制备 CNTs/Cu 复合材料，有利提高了复合材料的高温力学性能、导电、导热性能。例如，通过冷轧和退火结合的工艺制得 CNTs/Cu 复合材料，其拉伸强度和弹性模量分别达 361MPa 和 132GPa，相比于纯铜提升了 19.5% 和 13%；采用粉末冶金法制备的 CNTs 增强 Cu 基复合材料，改善了复合材料的硬度和耐磨性；用原位合成 CNTs/Cu 基复合材料，实现了 CNTs 在 Cu 基体上的弥散分布，显著提高了复合材料的硬度和屈服强度，减小了其热膨胀系数。

此外，CNTs 也被用于增强其他类金属材料，如 Fe、Mg、Ni、Zn 等，改善复合材料的力学性能、导电性和耐磨性等。CNTs 以其优异的力学性能、电学性能和物理化学性能等，使其在增强金属基复合材料领域展现出广阔的应用前景。

2. 颗粒增强金属基复合材料

颗粒增强金属基复合材料是由一种或多种陶瓷颗粒或金属颗粒增强体与金属基组成的先进复合材料。这种复合材料一般选择的增强体应具有高模量、高强度、耐磨及良好高温性能，且在物理、化学性能上与基体相匹配的颗粒，常见的有碳化硅、氧化铝、碳化钛、硼化钛等陶瓷颗粒，有时也以金属颗粒作为增强体。这些增强体颗粒可以外加，也可以是在内部经过一定的化学反应生成，其形状可能是球形、多面体状、片状或不规则状。常用的颗粒增强金属基复合材料包括金属陶瓷和弥散强化金属基复合材料两种。

（1）金属陶瓷 由陶瓷颗粒与金属基体结合的颗粒增强金属基复合材料称为金属陶瓷。其主要特点是既有陶瓷的高硬度和耐热性，又保持了金属的耐冲击性，从而具有良好的综合性能。其中碳化硅颗粒增强铝基复合材料是金属基复合材料中最早实现大规模产业化的品种。其密度仅为钢的 1/3，与铝合金相近，其比强度比中碳钢高，也比铝合金高，弹性模量远远高于铝合金，此外还具有良好的耐磨性能，使用温度可达 300~350℃。碳化钛颗粒增强的钛基复合材料的强度、弹性模量、抗蠕变性能均明显提高，使用温度最高达 500℃，可用于制造导弹壳体、导弹尾翼和发动机零部件。

（2）弥散强化金属 将金属或氧化物颗粒均匀分散到基体金属中，使金属晶格固定，将增加位错运动阻力。金属经弥散强化后可使金属基复合材料的室温及高温强度明显提高。氧化铝弥散增强铝基复合材料就是工业应用的一例。

7.2.2 陶瓷基复合材料

相比于金属材料及高分子材料，陶瓷材料具有耐高温、抗氧化、高弹性模量和高抗压强度等优点，但其最大缺点是其脆性，不耐冲击和热冲击，大大限制了陶瓷的使用。通过同其他多种不同材质的材料以不同机制复合，所得各类陶瓷与陶瓷或陶瓷与其他材料所组成的非均质的复合材料称为陶瓷基复合材料。这类材料兼有两种或多种材料的特点，能够改善单一材料的性能，主要作为高温结构材料用于航空航天、军工等部门，此外也可用于机械、化工、电子技术等领域。在高温材料方面，陶瓷基复合材料可用作防热板、发动机叶片、火箭喷管喉衬以及导弹、航天飞机上的其他零部件。在防弹材料方面，陶瓷基复合材料具有强度高、韧性好、密度小等优点，同时动能吸收性能极佳，因此是理想的装甲材料。这类材料可单独用作轻甲使用，也可作为夹心或陶瓷面板以构成重甲。在生物医学材料方面，陶瓷基复合材料具有极好的抗生理腐蚀能力，具有相当好的韧性和较低的密度，因此也展示出良好的应用前景。本节简单介绍陶瓷基复合材料的分类及纤维强化陶瓷基复合材料的性能及应用。

1. 陶瓷基复合材料的分类

（1）根据复合材料的种类分类 根据复合材料的属性可将陶瓷基复合材料分为下列三类：

1）陶瓷与金属的复合。

　　① 陶瓷纤维与金属的复合。陶瓷纤维可以分为特种无机纤维和陶瓷晶须两类。特种无机纤维具有较高的强度和弹性模量，具体包括碳纤维、硼纤维、Al_2O_3 纤维、ZrO_2 纤维、SiC 纤维和 BN 纤维等。陶瓷晶须又名陶瓷晶体纤维，是很细的单晶体，直径仅几个微米，长为直径的数百倍，因缺陷少，故兼有高强度、高模量、低密度和耐热性佳等特点，主要有 Al_2O_3、SiC、B_4C、Si_3N_4 等晶须。

　　② 金属陶瓷。金属陶瓷又称陶瓷金属，由陶瓷相和金属相组成，相间无化学反应。陶瓷相系指难熔化合物，金属相系指某些过渡族金属及其合金。金属陶瓷综合了金属的韧性、高导热性和优异的抗热震性以及陶瓷的优异高温性能（超过金属所能承受的高温）。其分类包括：以陶瓷为主（氧化物基、碳化物基、硼化物基、氮化物基）和以金属为主（烧结铝 Al- Al_2O_3、烧结铍 Be-BeO、TD 镍 Ni-ThO_2）的金属陶瓷。

　　③ 复合粉。也称包覆粉，由两相或多相组成的非均质粉末，在核心颗粒表面均匀包裹一种或多种金属、合金或其他材料而成。颗粒核心有：金属、类金属、合金、碳化物、氧化物、氮化物、硼化物、硅化物、玻璃、塑料或天然矿物等；外层金属有：Ni、Co、Cu、Ag、Mo、NiCr 或 NiCrAl 合金等。用于多孔过滤膜，弥散净化材料等。

　　2）陶瓷与陶瓷的复合。陶瓷与陶瓷的复合材料主要有特征无机纤维增强陶瓷和陶瓷晶须增强陶瓷两种。其中，前者基体有 Al_2O_3、MgO、ZrO_2、SiO_2 和 Si_3N_4 等，纤维增强体有 W、Mo、B、C、BN、SiC 等。该陶瓷基复合材料有效地提高了材料的抗热震性和抗机械冲击性，使用温度远超过现有金属的高温结构材料。

　　3）陶瓷与塑料的复合。如 B、C 等高强度、高模量纤维增强塑料，其比强度、比刚度均远超诸金属材料。用聚酰亚胺、聚酯等代替树脂，使用温度可达 350℃。

　　（2）根据复合强化方式分类　从陶瓷的发展看，原来多组分、多相的陶瓷发展到现代陶瓷往往趋向于单组分或单相陶瓷。为了改善其力学性能，近年来又向新的复相（或多相）陶瓷方向发展。所谓多相复合陶瓷是指在陶瓷基体中引入第二相材料，使单体陶瓷获得补强、增韧的材料，又称为复相陶瓷。因基体为陶瓷，也可称为广义的陶瓷基复合材料。一般又分为变相增韧复合材料、纤维（晶须）补强复合材料和颗粒弥散强化复合材料。

　　1）变相增韧复合材料。以氧化锆变相增韧陶瓷为例，这是一种利用氧化锆马氏体相变（相变为四方相向单斜相相变）效应来改善脆性的陶瓷，包括三种类型：部分稳定氧化锆陶瓷（PSZ）、四方氧化锆多晶体陶瓷（TZP）和氧化锆增韧陶瓷（ZTC）。增韧机理主要有相变韧化、显微裂纹韧化、残余应力韧化和复合韧化四种。

　　2）纤维（晶须）补强复合材料。纤维（晶须）补强陶瓷基复合材料是以陶瓷为基体，以纤维或晶须为补强体，通过复合工艺制得的陶瓷材料。按增强体又分为金属纤维补强、玻璃纤维补强和陶瓷纤维补强三大类。增韧机理是纤维补强陶瓷基复合材料在断裂过程中以一定的微观方式和途径吸收更多的外部能量，达到阻止材料破坏、提高材料断裂韧度的效果。纤维、晶须的增韧机理有裂纹弯曲、裂纹偏转、裂纹桥连、纤维脱黏和纤维拔出等。

　　3）颗粒弥散强化陶瓷复合材料。颗粒弥散强化陶瓷复合材料是将第二相颗粒引入陶瓷基体中，使其均匀弥散分布，并起到增强陶瓷基体作用的一类复合陶瓷。第二相颗粒可以是氧化物或非氧化物陶瓷粉末颗粒，也可以是金属粉末颗粒，依其性质分为刚性（硬性）颗粒和延性颗粒。

　　陶瓷基体材料与第二相颗粒界面的物理相容性（弹性模量、热胀系数等是否匹配）、化学相容性（是否发生化学键合作用，是否有中间过渡产物形成等）、第二相颗粒本身的粒度和强度，在陶瓷基体中分散均匀度以及在陶瓷基体中的分布方式（处于晶界或晶粒内）均对强化效果产生重大影响。第二相颗粒的引入方式有直接混合法、原位生长法、包裹法、沉淀法、溶胶-凝胶法和气相法等。颗粒强化可带来高温强度、高温蠕变性能的改善，但增韧效果不如晶须和纤维的增韧效果。

2. 纤维强化陶瓷基复合材料

陶瓷材料具有优异的高温强度和高温稳定性，但是由于其分子结构中键合的特点，使其缺乏像金属材料那样的塑性和变形能力。在陶瓷材料断裂过程中，除了以增加新表面而增加表面能外，几乎没有其他可以吸收外来能量的机制，这就导致了陶瓷材料的脆性本质，极大地限制了陶瓷材料的应用。

（1）碳纤维增强碳化硅复合材料　碳纤维增强玻璃或玻璃陶瓷的陶瓷基复合材料是研究最早的一个体系。由于碳纤维具有强度高、模量高、密度低等特性，所以此复合材料有很好的力学性能，包括低密度、高强度、高韧性和耐高温等综合性能，在航空航天、光学系统、交通工具等领域得到广泛应用。碳纤维增强碳化硅复合材料应用于高推重比航空发动机的喷管和燃烧室，可将工作温度提高 300~500℃，推力提高 30%~100%，结构减重 50%~70%；应用于制动领域，成本低，环境适应性强，并且在吸收相同热量条件下可显著减小制动系统体积，并具有优异的高速抗磨性能。

碳纤维/SiO₂ 体系的研究表明，由于碳纤维与有关玻璃在制造温度下不会发生反应，而且碳纤维的轴向热胀系数与有关玻璃的热胀系数相当，因此可制出质量良好的纤维 C 纤维/SiO₂ 复合材料，其强度比石英玻璃提高了 11 倍，断裂功提高了两个数量级。此外，其还有极好的抗热震性，是一种很有前途的耐热材料。另外，由于碳纤维具有一定的润滑能力，因而当其与玻璃复合后，复合材料表面将有较低的摩擦系数和较高的耐磨性。

（2）碳化硅纤维增强氮化硅复合材料　尽管碳纤维强化玻璃基复合材料已获得优良的性能，但碳纤维的高温抗氧化性能并不理想，为了寻找性能更优越的玻璃基复合材料，人们开始采用性能更好的碳化硅纤维作为强化相。此类复合材料是以氮化硅陶瓷为基体、以碳化硅纤维为增强体组成的复合材料。以含 30% 纤维的材料为例，拉伸强度提高到 500MPa，在 1400℃下仍保持高强度。碳化硅纤维增强氮化硅复合材料主要采用热压法、化学气相浸渍法、反应烧结法和聚合物热解法制取。在各种发动机、燃气轮机、火箭喷嘴等方面得到广泛应用。

（3）石墨纤维增强硅酸盐复合材料　石墨纤维增强硅酸盐复合材料可通过先将氧化锂、氧化铝和氧化硅组成的硅酸盐制成泥浆，将其涂覆在石墨纤维毡上，毡片叠层后再经高温（1375~1425℃）高压（7MPa）而制成。这种复合材料的冲击韧度随着石墨纤维含量的增加而提高。

（4）Al₂O₃ 纤维/玻璃复合材料　由于 Al₂O₃ 纤维除具有强度高、模量高等优点外，还有着极好的高温抗氧化性能，因此用它来增强的玻璃复合材料具有较好的电绝缘性和优异的高温抗氧化性，在 1000℃以上还能保持接近室温的力学性能。但是该体系中，纤维和基体的界面结合过强，所以复合材料强度和韧性均比碳纤维和 SiC 纤维强化玻璃基复合材料低。

（5）Si₃N₄ 基复合材料　在 1600℃以上，碳纤维与 Si₃N₄ 发生反应时，由于两者的热膨胀系数不匹配，复合材料基体中往往产生裂纹。为了解决碳纤维与 Si₃N₄ 基体之间存在的物理和化学相容性欠佳的问题，在基体中加入少量 ZrO_2，并在较低热压温度下压制，可很大程度上缓解该问题。Si_3N_4 经 SiC 晶须强化可大大提高其强度和韧性。

7.2.3　树脂基复合材料

通过聚合物共混形成树脂基复合材料已成为高分子材料改性的重要手段。树脂基复合材料，又称为聚合物复合材料，是指两种或两种以上有机聚合物通过物理或化学方法混合而成宏观均匀、连续的固体高分子材料。树脂基复合材料的主要优点体现在：取长补短、均衡性能，获得综合性能优异的高分子材料，如聚丙烯与聚乙烯共混可克服聚丙烯易应力开裂的缺点；增加韧性、提高强度，如在聚氯乙烯中掺入 10%~20% 的橡胶类聚合物，可提高其冲击强度；改善树脂的加工性能，如难熔、难溶的聚酰亚胺与熔融流动性良好的聚苯硫醚共混后可进行注射成型；赋予树脂新性能，如将树脂基体与阻燃材料等复合形成耐燃树脂复合材料。

树脂基复合材料的分类方法有很多种，常用的分类方法主要有：按增强相的形态、增强纤维的种类和基体材料三种。

1. 按增强相的形态分类

（1）树脂基纤维状复合材料　增强相以纤维状均匀分散于基体中形成复合材料，如连续的长纤维、短纤维或晶须状纤维复合等。

（2）树脂基粒状或碎片状复合材料　增强相以粒状、碎片状或不规则的形状分散于基体中形成复合材料。

（3）树脂基织物状复合材料　增强相以无纺布、二维织物或多维织物与基体复合。

2. 按增强纤维的种类分类

（1）树脂基无机纤维复合材料　增强纤维为碳纤维、玻璃纤维及矿物纤维等的复合材料。

碳纤维增强树脂常用基体为环氧树脂，碳纤维增强树脂具有树脂和碳纤维的复合特性，如强度（抗拉强度和疲劳强度）高、密度低、耐磨性好、耐蚀性好、膨胀系数小，但其伸长率小，抗冲击性能差。

玻璃纤维增强树脂由于其成本低，工艺简单，是目前应用最广泛的复合材料。树脂基体可以是热塑性树脂或热固性树脂，如尼龙、聚碳酸酯、聚丙烯等，其中以尼龙的增强效果最为显著，玻璃纤维与热塑性树脂组成的复合材料比普通树脂有更高的强度和冲击强度。例如，玻璃纤维增强尼龙复合材料的强度显著提高，热胀系数减小，尺寸稳定性增加；玻璃纤维与热固性树脂（环氧树脂、酚醛树脂、有机硅树脂）组成的复合材料一般称为"玻璃钢"，其性能随着树脂的种类而异。例如，酚醛树脂玻璃钢耐高温，并有良好的综合性能，但成型工艺差（高温、高压成型）；环氧树脂玻璃钢的强度高，黏着力强，收缩小；聚酯玻璃钢成型性好。玻璃钢主要用于制造汽车、火车、拖拉机的车身及其他配件等领域。

（2）树脂基有机纤维复合材料　增强纤维为芳香族聚酰胺纤维、超高强聚乙烯纤维及芳香族聚酯纤维等的复合材料。

芳香族聚酰胺纤维，又称凯夫拉纤维，具有密度小、热稳定好（可耐240℃）、拉伸强度高、耐疲劳、耐磨、耐腐蚀、线胀系数低、高阻燃性等特点，其比强度极高，超过玻璃纤维、碳纤维等，有"人造钢丝"之称，主要用于增强橡胶、增强塑料等，其复合材料可用作飞机内部装饰材料、雷达天线罩和船体等。

超高强聚乙烯纤维不仅具有高模量、高强度的特性，其他力学性能也非常突出，如良好的韧性和抗疲劳性能，主要用于增强热塑性树脂、热固性树脂及橡胶等材料。其复合材料可用于高尔夫球、球拍等体育用品，人工关节等医学用品，扬声器等音响材料，汽车零件等高强度、高刚度的特种材质。

（3）树脂基陶瓷纤维复合材料　增强纤维为含硼纤维、氧化铝纤维及碳化硅纤维等的复合材料。

含硼纤维的主要品种有硼纤维和氮化硼纤维。其中，硼纤维除了具有高抗拉强度、拉高伸模量和低密度外，还具有耐高温和耐中子辐射性能，硼纤维增强环氧树脂主要用于制造军用飞机上某些对减轻质量、增加刚度有严格要求的部件；氮化硼纤维能耐常用酸碱的腐蚀，其增强陶瓷复合材料既是绝缘体又是热导体，可用于电气及电子工业中。

氧化铝纤维具有很高的抗拉强度和弹性模量，优良的耐热性、稳定的化学性质和抗氧化性，多用于高温结构材料和各种先进复合材料。但其在增强树脂复合材料方面，存在与树脂黏结性差的缺陷。氧化铝纤维具有一定的活性，与树脂的相容性好，但缺点是密度较大，是所有增强纤维中最大的一种。

3. 按基体材料分类

根据基体材料分类，树脂基复合材料主要指以热塑性树脂、热固性树脂及橡胶为基材制成的复合材料。

（1）热塑性树脂基复合材料　常见的热塑性树脂基复合体系主要有分别以聚乙烯（PE）、聚丙烯（PP）、聚氯乙烯（PVC）、聚苯乙烯（PS）为基的共混体系。

1）PE 是最重要的通用塑料之一，目前主要有高密度 PE（HDPE）、低密度 PE（LDPE）和线性低密度 PE（LLDPE）三类，主要缺点是软化点低、强度不高、容易应力开裂、不容易染色等。采用聚合物共混法可以克服这些缺点，例如，在 LDPE 中掺入 HDPE，不仅能降低药品渗透性，而且能降低透气性和透气性；HDPE 掺入乙烯-醋酸乙烯酯共聚物（EVA）后成为柔性材料，适合泡沫塑料的生产，与 HDPE 泡沫塑料相比，具有模量低、柔软、压缩形变好等特点；丙烯酸酯类聚合物能改善 PE 的印刷性，有利于油墨的黏结；HDPE 与橡胶类聚合物，如热塑性弹性体、丁苯橡胶、天然橡胶共混可显著提高其冲击强度。

2）PP 耐热性优于 PE，刚性好、耐折叠性好、加工性能优良，其主要缺点在于：成型收缩率大、低温容易脆裂、耐光性差、不易染色等。与其他聚合物共混是克服这些缺点的主要途径。例如，PP 与顺丁橡胶的共混可大幅度提高其韧性；PP 中加入 10%~40% 的 HDPE，在 -20℃ 时，冲击强度可提高 8 倍，且加工流动性增加，此复合材料主要适用于大型容器的制备；PP 与乙丙橡胶共混可改善其抗冲击性能和低温脆性，主要用于生产容器、建筑防护材料等。

3）PVC 是一种综合性能良好、用途极广的聚合物，其主要缺点是热稳定不好、本身较脆硬、抗冲击强度不高、耐老化性差、耐寒性差等。与其他聚合物共混是 PVC 改性的主要途径之一，例如，PVC 与聚酯树脂共混可起到增塑、软化的改性效果；PVC 与氯化聚乙烯共混可改进其加工性能、提高韧性；加入 EVA 可起到增塑、增韧作用，PVC/EVA 共混物可用于生产硬质制品和软质制品；PVC 与氯化 PE 共混可改进其加工性能与韧性，且 PVC/氯化 PE 具有良好的耐热性和抗冲击性能，可用于生产抗冲击、耐候、耐燃的各种制品等。

4) PS 的主要弱点是性脆、抗冲击强度低、容易应力开裂、不耐沸水。目前共混改性 PS 在苯乙烯聚合物体系中占首要地位，主要包括高抗冲击聚苯乙烯（HIPS）和 ABS 树脂两种类型。HIPS 是 PS 与橡胶的共混物，具有优异的韧性，刚性好、易加工、易染色等优点，广泛用于生产仪器外壳、纺织器材、电器零件等；ABS 树脂是一类由 PS、聚丁二烯和聚丙烯腈三种成分构成的共混物，是应用最广的树脂复合物，也是最重要的工程塑料之一。为进一步改善 ABS 树脂的耐候性、耐热性、耐寒性和耐燃性等，目前开发了许多新型 ABS 树脂，例如，丙烯腈-氯化 PE-苯乙烯共聚物（ACS）、丙烯腈-丙烯酸丁酯-苯乙烯共聚物（AAS），ABS 与 PVC 共混可以改进其耐燃性等。

（2）热固性树脂基复合材料　常见的热固性树脂基复合体系分别是以环氧树脂（EP）和酚醛树脂为基材的共混体系。

EP 具有良好的电性能、化学稳定性、黏结性、加工性等，但其最大的弱点为固化后质地变脆，耐冲击性较差，易开裂，韧性不足。通常采用橡胶类弹性体（如端羧基丁腈橡胶、硅橡胶、聚硫橡胶等）对 EP 进行增韧，也可与热塑性树脂（如聚酯类、聚酰亚胺类等）进行合金化增韧。

酚醛树脂基复合材料主要包括其与 PVC、聚酰胺、EP 等形成的共混物，主要改善伸长率、弯曲模量和拉伸强度等，此外，酚醛树脂与氟树脂的共混物、与聚苯硫醚的共混物等均也受到重视。

（3）橡胶基复合材料　在结构与性能上橡胶与塑料、金属有很大区别，其最大特点是高弹性，且弹性模量很低，易于恢复，因此橡胶基复合材料也具有独特的性能。橡胶基复合材料主要有纤维增强橡胶和颗粒增强橡胶两类。纤维增强橡胶复合材料中，纤维起骨架和承力作用，橡胶起保护和造型作用，作为橡胶制品的增强体，纤维必须具有高强度、低伸长率、耐绕曲、低蠕变以及与橡胶良好的黏接性能。橡胶工业中通过采用大量辅助剂来改善橡胶制品的性能，这些辅助剂与橡胶形成多相体系，使橡胶性能有很大的提高，构成颗粒增强橡胶。辅助剂的作用是显著提高橡胶的强度，常用的辅助剂是炭黑，天然橡胶中炭黑的质量分数可达到 10% ~ 15%，炭黑以细小颗粒填充到橡胶分子的网络结构中，形成一种特殊界面，故能使其强度明显提高。另外，高品质的橡胶中也采用硅微粉作为炭黑的替代辅助剂，一般称其为"白炭黑"。与炭黑相比，添加白炭黑不仅在性上得到更大的提升，更因为其颜色为白色，在彩色橡胶的制备方面存在炭黑无法比拟的优势。

7.2.4　碳/碳复合材料

碳/碳复合材料是用碳纤维、石墨纤维及它们的织物或其他碳材料作为碳基体骨架，埋入碳基质中增强基体所制成的复合材料。其性能随着所用碳基体骨架的性质、骨架的类型和结构、碳基质所用原料及制备工艺、碳/碳复合材料的制备工艺中各种物理和化学变化及界面变化等因素的影响而有很大差别。

目前碳/碳复合材料主要由纤维碳、树脂碳和沉积碳组成。纤维碳占整个复合材料的 60% ~ 80%，如果树脂碳占比例太大，热处理过程中易在树脂富集区形成裂纹。这三种类型碳的性质不同，特别是热物理性质的不同会导致烧蚀过程中接触界面开裂和剥落，影响烧蚀结果，因此材料的选择、工艺过程参数的优化至关重要。

1. 碳/碳复合材料的性能

（1）力学性能 碳/碳复合材料具有密度小、抗拉强度和弹性模量高等优点。在各类碳/碳复合材料中，长丝缠绕和三向编织类的碳/碳复合材料强度最高，毡化学气相沉积碳/碳复合材料次之。其中，三向编织类碳/碳复合材料抗拉强度大于100MPa，抗拉模量约为40~60GPa。此外，碳/碳复合材料的断裂应变小，仅为0.12%~2.4%，应变初期表现为线性关系，后期变为双线性关系，这种假塑性效应使碳/碳复合材料在其使用中具有更高的可靠性。

（2）热物理性能 碳/碳复合材料完全是由碳元素构成，碳原子相互间的强亲和力和碳的高温升华温度使这种材料在极高温度下仍然保持固态。因此，碳/碳复合材料具有良好的尺寸稳定性，小的热胀系数（为金属材料的1/10~1/5）。碳基质通过高强度碳纤维或高模量的石墨纤维定向增强，可制成硬度高、刚性好的复合材料。在1300℃以上，很多高温合金和无机耐高温材料都会失去强度，唯独碳/碳复合材料的强度还略有上升。据测，在1600℃时其强度增高40%，其力学性能可保持到2000℃。

碳/碳复合材料的热导率和比热容高，针对高热导率可以通过结构设计合理应用，而高的比热容使其有能力储存大量热能。另外，碳/碳复合材料的抗热震因子为石墨的1~40倍。

（3）烧蚀性能 碳的升华温度高于3000℃，因而碳/碳复合材料的表面烧蚀温度高，高的烧蚀温度使其表面在烧蚀过程中通过表面辐射散去了大量热能，而传递到材料内部的热量减少。碳/碳复合材料的有效烧蚀热高，比硅氧/酚醛高1~2倍，比尼龙/酚醛高2~3倍。而且碳/碳复合材料经过高温石墨处理后，其烧蚀性能将更优。

（4）化学稳定性 碳/碳复合材料在很宽的温度范围内对常见的化学腐蚀物具有良好的化学稳定性，但碳在较高温度下能与氧、硫、卤素起反应，在590℃以上即能与空气中的氧发生反应引起燃烧，因此碳/碳复合材料在有空气氧化条件下的高温下使用时容易发生氧化。为了提高其抗氧化性，通常加入抗氧化物质或其他抗氧化元素，例如，在高温条件下在碳/碳复合材料表面形成一层碳化硅的薄层抗氧化膜。

此外，碳/碳复合材料在制造过程中会有气体渗入或致密化程度不够，常呈现多孔性，空隙率一般为10%~35%，因此在复合材料的表面或空隙间会吸附水或其他液体，吸水率为5%~15%。

2. 碳/碳复合材料的应用

碳/碳复合材料具有优异的力学性能、热物理性能、烧蚀性能、化学性能和电学性能等，使其在各个领域都有广泛的应用，主要表现在以下几个方面：

（1）导弹和航天领域的应用 碳/碳复合材料最初用于航天工业，作为战略导弹和航天飞机的防热部件，如导弹头锥和航天飞机机翼前缘，可承受返回大气层时高达数千度的高温和严重的空气动力载荷。但即便最优的耐热金属也无法持续承受飞行器在返回大气层时产生的极高温，因此需要在飞行器表面做放热处理，而烧蚀冷却是目前应用最广的方式。碳/碳复合材料具有极佳低烧蚀率、高烧蚀热、抗热震和高温力学性能，是最佳的高性能烧蚀材料，目前已被应用于导弹、火箭、航天飞机等领域。

（2）航空领域 碳/碳复合材料具有摩擦系数小和比热容大的优点，可作为理想的摩擦材料用于制备制动盘耐磨材料。目前，大部分飞机及高级赛车均采用碳/碳复合材料的制动装置。碳/碳复合材料使用中抗磨损高、热胀性小，例如，波音747-400客机的制动系统，每架飞机用复合材料比金属耐磨材料轻900kg，并且大大延长了其维修周期。以碳/碳复合材料为基体的制动系统寿命是金属基制动系统的 5~7 倍，制动能力是金属基制动系统的 5~7 倍。

（3）汽车领域　汽车车体轻量化是当前发展的趋势，具有低密度、高强度等优点的碳/碳复合材料是汽车工业的理想选材。目前碳/碳复合材料可以应用于汽车的各个部件，包括发动机系统、传动系统、底盘系统和车体等零部件。轻质碳/碳复合材料的使用可以大幅降低汽车质量，降低油耗，延长行驶里程。

（4）其他领域　碳/碳复合材料由于其优异的物理化学性能，在化学工业、电子工业和医疗行业领域也有广泛的应用。例如，碳/碳复合材料可用于制造超塑性成形工艺中的热锻压模具和粉末冶金工艺中的热压模具；利用其优异的导电性可以支撑电吸尘装置的电极板、电池电极等。由于其具有极好的生物相容性，即与血液、软组织和骨骼能相容而且有高的比强度和可挠曲性，可供制成许多生物体整形植入材料，如人工牙齿、人工骨骼及关节等。

 思 考 与 练 习

7-1　简述复合材料的分类。

7-2　简述金属基复合材料和碳/碳复合材料的性能特征。

7-3　根据强化复合的方式，可将陶瓷基复合材料分为哪几类？

7-4　简述树脂基复合材料的特点和常用分类方法。

7-5　简述热塑性树脂基复合材料的基本类型。

7-6　简述纤维增强树脂复合材料的基本类型。

7-7　简述碳/碳复合材料在航空航天领域的应用优势。

第8章

功能材料和纳米材料

8.1 功能材料

功能材料是指材料除具有结构力学性能外，还具有一种或几种特定功能的材料，如具有特殊力、电、磁、光、声、热、化学以及生物功能的新型材料，它是信息技术、生物技术、能源技术等高技术领域和国防建设的重要基础材料，同时也对改造某些传统产业，如农业、化工、建材等起着重要作用。功能材料具有特殊优良的力学、物理、化学和生物功能，在物件中起着一种或多种除结构力学性能外的特殊"功能"作用。

材料功能性涉及各类材料，一种材料可集多种特殊功能于一体，其应用又普及各个领域，随着科学技术的日新月异，新的功能特性不断出现，应用领域不断扩展。现有的分类方法为：

① 按材料类型分类，可分为金属功能材料、无机非金属功能材料（陶瓷、玻璃、非晶态）、有机功能材料（高分子、塑料）、复合功能材料（梯度材料）。

② 按材料功能性质分类，可分为磁性材料、电学材料、光学材料、声学材料、力学材料、热学材料、化学功能材料等。

③ 按使用领域分类，可分为电子材料、信息材料、航空航天材料、发光材料、电池材料、储氢材料、生物医用材料、智能材料等。

8.1.1 发光材料

发光材料又称为发光体，是能够把从外界吸收的各种形式的能量转换为电磁辐射的一类功能材料。按照材料本身所属物质类别的不同，可将发光材料分为无机发光材料、有机发光材料和复合发光材料。按照发光物质吸收能量来源的不同，发光材料可分为物理发光材料、机械发光材料、化学发光材料和生物发光材料。物理发光材料又可分为气体发光材料、液体发光材料和固体发光材料。其中尤以固体发光材料领域最宽，按照发光原理不同，可将固体发光材料分为光致发光材料、电致发光材料、阴极射线发光材料、热释发光材料、光释发光材料、辐射发光材料、声致发光材料和应力发光材料等。

1. 光致发光材料

光致发光是指用紫外线、可见光或红外线激发发光材料而产生的发光现象。它大致经历了吸收、能量传递和光发射三个主要阶段。光的吸收和发射都是发生在能级之间的跃迁，都经过激发态，而能量传递则是激发态的运动。激发光辐射的能量可直接被发光中心（激活剂或杂质）吸收，也可被发光材料的基质吸收。光致发光材料主要分为发光二极管（LED）发光材料、长余辉发光材料、上转换发光材料和等离子体显示平板用发光材料等。

（1）LED 发光材料　LED 是固体光源，具有节能、环保、全固体化和寿命长等优点，是 21 世纪人类解决能源危机的重要途径之一。目前，实现 LED 最简单的方式是利用 LED 芯片——荧光材料转换技术，在低压直流电的作用下，近紫外或蓝光芯片通电后发出较短波长的光，激发发光材料发出较长波长的光，通过将芯片本身发出的光与发光材料发出的光叠加复合得到白光。

发光材料性能的好坏直接影响白光 LED 的性能。应用于白光 LED 发光材料则要求：①在蓝光或近紫外光的激发下，发光材料能够产生高效的可见光发射，发射光谱能够满足合成白光的要求，光能转换率及流明效率较高；②发光材料的激发光谱必须与蓝光或近紫外光的发射光谱匹配；③发光材料不能与封装材料、白光 LED 芯片等发生作用，物理化学性能稳定性较高；④能够在紫外光子长期轰击下保持性能稳定，具有优良的温度猝灭特性；⑤发光材料的颗粒粒径中心值在 $8\mu m$ 以下，且粒径分布集中，分散性较好。按照这些基本要求，人们寻找和研发了许多可用于白光 LED 的发光材料体系。

目前商用的 LED 发光材料主要为稀土发光材料，发光中心多为稀土离子或过渡金属离子，基质材料主要有硅酸盐、铝酸盐、石榴石、磷酸盐和氮化物等体系。近年来，量子点凭借其自身独特的光电特性成为研究的热点。量子点作为一种新型的 LED 发光材料，其最大的优点是颜色可调。单一种类的量子点材料能够根据其尺寸变化产生不同颜色的单色光，甚至白光。此外，其还具有激发光谱宽并且连续分布，发射光谱单色性好、稳定性高等特点。因此，量子点在 LED 照明光源器件中拥有极广的应用开发前景。目前，应用于 LED 的量子点发光材料包括：半导体量子点、聚合物点、石墨烯量子点、碳量子点、钙钛矿量子点等。

（2）长余辉发光材料　长余辉发光材料又称作蓄光材料或夜光材料，是一种特殊的光致发光材料，其在自然光或人造光源照射下能够存储外界光辐照的能量，然后在某一温度下（指室温）以可见光的形式缓慢释放。其已广泛应用于弱光显示、照明等方面。

长余辉发光材料通常由基质和激活剂两部分组成。基质是长余辉材料的主要成分，可以为激活剂（发光中心）提供合适的晶体场环境，其化学性质一定程度能决定材料的应用场合。根据基质的种类，长余辉发光材料主要分为：硫化物长余辉发光材料、铝酸盐长余辉发光材料、硅酸盐长余辉发光材料、镓酸盐（镓锗酸）长余辉发光材料和其他长余辉发光材料。目前，以掺杂稀土离子（Eu^{2+}）的铝酸盐和硅酸盐体系为主的可见光长余辉发光材料的研究取得较快发展，典型的有 $SrAl_2O_4:Eu^{2+},Dy^{3+}$（绿色）、$CaAl_2O_4:Eu^{2+},Nd^{3+}$（蓝色）和 $Sr_2MgSi_2O_7:Eu^{2+},Dy^{3+}$（蓝色）长余辉发光材料。这些材料发光性能较好，余辉时间可达到十个小时，并且已逐步实现商业化生产，发光亮度、余辉时间、稳定性等性能指标基本满足日常应用的要求，但是红色和近红外长余辉发光材料的开发进展相对缓慢。

（3）上转换发光材料　用长波长（较低能量）光子激发而得到短波长（较高能量）光子的荧光现象称为反斯托克斯发光或上转换发光。具有上转换发光性能的材料称为反斯托克斯发光材料或上转换发光材料。目前，上转换发光材料中的稀土发光离子有 Er^{3+}、Ho^{3+}、Tm^{3+}、Sm^{3+}、Tb^{3+}、Nd^{3+} 等。上转换基质材料虽然一般本身并不能受到激发而发光，但能为激活离子提供合适的晶体场，使其产生合适的发射。此外，基质材料对阈值功率和输出水平也有很大的影响。目前研究的上转换基质材料主要有氟化物、卤化物、氧化物、氟氧化物、含硫化合物及复合氧化物玻璃体系等。上转换发光材料用于红外探测、红外成像（如夜视仪）的技术已成熟，在激光器、光通信、显示领域（如三维显示、生物医学显示）也展现出良好的应用前景。

2. 电致发光材料

电致发光是由电场直接作用在物质上所产生的发光现象，电能转变为光能，而且无热辐射产生，是一种主动发光型冷光源。电致发光器件可分为两类：注入式发光和本征型发光。半导体发光二极管是目前研究最多和应用最广的一种注入式发光，它是由电子-空穴对在 p-n 结附近复合而产生的发光现象。而本征型发光是通过高能电子碰撞激发发光中心所产生的发光现象，电子的能量来自数量级为 10^8 V/m 的高电场，因此，这种发光现象又称为高场电致发光。目前，常见的电致发光材料有三种形态：粉末、薄膜和结型。按材料属性，电致发光材料分为无机电致发光材料和有机电致发光材料。

（1）无机电致发光材料　具有电致发光功能的固体材料很多，但迄今为止，达到实际应用水平的主要是无机半导体化合物，包括 Ⅱ-Ⅵ、Ⅲ-Ⅴ、Ⅳ-Ⅵ 族的二元和三元化合物。其中，Ⅱ-Ⅵ 化合物既是发光效率很高的光致发光和阴极射线发光材料，又是唯一用于实际的粉末发光材料和薄膜电致发光材料，在电致发光应用领域具有广阔的应用前景。

（2）有机电致发光材料　有机电致发光材料主要分为有机小分子化合物和高分子聚合物两大类。

1）有机小分子电致发光材料。用于电致发光研究的有机小分子具有化学修饰性强、选择范围广、易于提纯、荧光量子效率高和可以产生红、绿、蓝等各种颜色光的特点。大多数有机染料在固态时存在浓度淬灭等问题，导致发射峰变宽、光谱红移、荧光量子效率下降，因此一般将它们以最低浓度的方式掺杂在具有某种载流子性质的主体中，用能量传递的原理将微量的有机荧光染料分散在主发光体基质中，使客体分子可由激发光能的传递而发光。

2）高分子电致发光材料。高分子电致发光材料主要有聚苯撑乙烯类（PPV）、聚咔唑类和聚芴类（PF）等。PPV 是第一个被报道用作电致发光器件的高分子材料，PPV 材料有：聚（2,3-二苯基-1,4-亚苯基亚乙烯基）及其衍生物、含亚苯基亚乙烯基和亚吡啶基亚乙烯基的 ED-CO-PYV-PPV 和 EV-CO-PYV-PPV 两种无规共聚物等。聚咔唑具有良好的化学稳定性与空穴传输性，为发蓝光的宽带隙有机半导体；在各种有机电致发光材料中，PF 具有较高的光热稳定性，并且芴单元是刚性共平面的联苯结，C-9 位置可以方便地引入各种取代基团，以改善溶解性能及超分子结、降低空间位阻从而促进主链共轭结构的形成，因而是一种具有很好应用前景的有机蓝光发光共轭聚合物材料。

3. 阴极射线发光材料

阴极射线发光材料是用电子束激发而发光的物质。电子射入发光材料的晶格，由于一系列的非弹性碰撞而形成二次电子，其中一部分由于二次发射而损失掉，而大部分电子激发发光中心，以辐射或非辐射跃迁形式释放出所吸收的能量，这些跃迁间的比例决定了发光的效率。阴极射线发光材料有硫化物、硫氧化物、硫硒化物、硅酸盐、钒酸盐和稀土化合物等。阴极射线发光材料在雷达、电视机显像管、示波器和飞点扫描等方面有着重要的应用。

4. 热释发光材料

某些发光材料在较低温度下被激发，激发停止后，发出的光很快消失，当温度升高时，发光强度又逐渐增强，此现象称为热释发光（简称热释光）。长余辉材料在激发光源照射下，电子从基态跃迁到激发态，一部分电子会立即返回基态而产生光，有一部分位于基态的空穴可以通过价带被陷阱俘获，如果陷阱很浅，空穴在室温下可以容易地返回基态，与电子结合而发光；如果陷阱较深，则需要外部能量，如加热，才能把空穴释放出来，与发光中心复合而发光，这就是热释发光原理。热释发光现象和材料中的电子（或空穴）陷阱密切相关，利用热释光法可以研究发光材料中的陷阱，因此其被广泛地应用在放射线和 X 射线发光材料的研究中。

5. 光释发光材料

光释发光不同于光致发光，与热释发光的机制类似，不同之处在于发光材料是在长波长光的作用下，使被陷阱捕获的电子释放到导带，然后与电离中心复合而发光。在红外线作用下的释光现象称为红外释光。典型的红外释光材料有 $SrS:Ce,Sm$（绿色）和 $SrS:Eu,Sm$（橙红色）。光释发光可用于分析发光材料的陷阱种类和深度，也可用于红外探测，制作夜视仪的红外敏感元件、光记忆存储元器件和辐射计量仪等。

6. 辐射发光材料

辐射发光是指高能光子（如 X 射线和 γ 射线）和粒子（如 α 粒子、β 粒子、质子、中子）辐照发光材料，与其中的原子、分子碰撞，使之发生电离，电离出的电子具有很大的动能，可继续引起其他原子的激发和电离，产生二次电子，通过电子和空穴复合或激子的迁移，把激发能传递给激活剂而发光。其中 X 射线激发作用在发光材料上的光子能量非常大，其激发概率随发光物质对 X 射线吸收系数的增大而提高，该系数随原子序数的增大而增大，因此，X 射线发光材料最宜采用含有重元素（如 Cd、Ba、W 等）的化合物。

7. 声致发光材料

声致发光的原理在于当强大的声波作用于液体时，若液体中某些地方形成的声压超过某一阈值时，液体中将会产生大量的气泡，当气泡处于声场膨胀相时，内部充满了水蒸气和其他气体；而处于声场的压缩相时，整个气泡将发生爆炸性的塌缩而发光。声致发光的强度不仅与声参数有关，而且与液体的温度、溶解气体类型等参数有关。目前可产生声致发光现象的材料有水溶液、有机溶液和电解质溶液。由于声致发光材料特殊的物理化学效应，其在物理、化学、生物、医学等领域都有广泛的应用前景。

8. 应力发光材料

应力发光是指将机械应力加在某种固体材料上而导致的发光现象，这种机械应力可以是断裂、拉伸、弯曲、摩擦和撞击等形式。根据触发条件可分为摩擦应力发光材料和形变应力发光材料两大类型，其中根据形变程度的可恢复性与否后者又可分为破坏性应力发光材料、塑性应力发光材料和弹性应力（非破坏性）发光材料。由于弹性应力发光材料具有无损发光、可重复性以及力-光转换传感等特点，其在应力发光传感器、应力分布可视化、自诊断系统等方面具有很大的潜在应用前景。目前，弹性应力发光材料的发光颜色从紫色到红色，例如铝酸盐类：$SrAl_2O_4:Ce,Ho$（紫色），$SrAl_2O_4:Eu$（绿色），$CaYAl_3O_7:Eu$（蓝色）；硫化物：$ZnS:Mn$（橙色），$ZnS:Mn,Te$（红色）；硅酸盐：$CaAl_2Si_2O_8:Eu$（蓝色），$Sr_2MgSi_2O_7:Eu,Dy$；磷酸盐：$SrMg_2P_2O_8:Eu$（紫色），$CaZrP_2O_8:Eu$（蓝色）；钛酸盐：$(Ba,Ca)TiO_3:Pr$（红色）等。

8.1.2 电池材料

随着工业化的快速发展以及人口急剧增加，各类化石能源日渐匮乏，环境污染也日益严重，清洁、可再生能源的开发利用迫在眉睫，新型电池的发展势在必行。从工作原理分类，电池可以分为化学电池、物理电池和生物电池。由于电池类型众多，电池材料这里泛指用于各类电池的功能层材料。其中，太阳能电池、锂离子电池和钠离子电池是目前研究热点，本节主要对这三类电池材料做简要介绍。

1. 太阳能电池材料

太阳能电池是一种利用太阳能光电材料直接把光能转换为电能的电池。太阳能光电材料是一类重要的半导体材料，主要分为电子导电的 n 型半导体材料和空穴导电的 p 型半导体材料，具有一定的禁带宽度，其载流子分布符合费米分布。在太阳能电池中，n 型半导体和 p 型半导体相连组成 p-n 结，当光照射到 p-n 结时，形成电子-空穴对，在内建电场的作用下，光生电子流向 n 区，光生空穴流向 p 区，最后在 p-n 结附近形成与势垒方向相反的光生电场，当电路接通时会在电路中产生光生电流，即光生伏特效应（图 8-1）。虽然半导体种类很多，但是应用于太阳能电池的半导体材料并不多，这主要是因为多方面因素的限制。第一，用于太阳能电池的半导体必须有合适的禁带宽度、载流子迁移率和光吸收系数等，合适的结构性能才能实现电池高的光电转换效率；第二，材料提纯、制备工艺困难，并不是所有的半导体都能实现太阳能电池要求的高纯度；第三，太阳能电池最终要实现商业化应用，就必须考虑它的材料和制备成本问题。

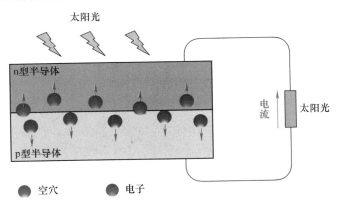

图 8-1　太阳能电池工作原理图

半导体材料的光伏效应在 19 世纪已被发现，但直到 20 世纪 50 年代，锗、硅晶体管的发明，才使太阳能光电转换应用有了可能。1954 年单晶硅太阳能电池被开发，并很快应于卫星等空间飞行器。随后，非晶硅、多晶硅也相继应用于太阳能电池光电材料。同时，GaAs 基系 Ⅲ-Ⅴ 化合物半导体材料、Ⅱ-Ⅳ 族半导体材料如 CdTe、$CuInSe_2$ 和 CdS 等，由于其合适的禁带宽度和高的光吸收系数而作为高效太阳能光电材料被广泛研究。此外，各种纳米碳材料，如富勒烯、纳米管、石墨烯、石墨块等，由于其高的电子迁移率、合适的能级结构和优异的物理化学稳定性被广泛用于各类高效太阳能电池。

根据电池材料分类，太阳能电池主要分为硅基太阳能电池、化合物太阳能电池和纳米/有机太阳能电池三类。

硅基太阳能电池分为单晶硅和多晶硅太阳能电池两大类。单晶硅高且完善的结晶性使其有较高的光电转换效率（12%～20%），且稳定性高；多晶硅由于具有晶界界面，切割和再加工工艺复杂，效率方面也低于单晶硅电池（10%~18%），但其简单低廉的长晶大大降低了其材料成本。目前，硅基晶片制备技术发展成熟，使用寿命长，促使硅基太阳能电池成为太阳能电池的主流。然而，硅晶片也有不足，硅晶片原料有缺料风险，且能源回收期过长，其不透光性导致其不适合于建筑一体化应用。

化合物太阳能电池主要分为Ⅲ-Ⅴ化合物和Ⅱ-Ⅳ族化合物太阳能电池。其中，Ⅲ-Ⅴ族太阳能电池是目前效率最高的太阳能电池，聚光型 GaAs 太阳能电池效率已超过 30%。此外，Ⅲ-Ⅴ族太阳能电池还具有低质量和高耐辐射等特性，因此其在太空领域和高效率太阳能电池市场中占有重要地位。然而，相比于高的电池效率，昂贵的生产设备和材料成本导致Ⅲ-Ⅴ族太阳能电池的产电成本是其他电池的百倍以上。Ⅱ-Ⅳ族太阳能电池主要吸光材料有 $CdTe$、$CuInSe_2$ 和 $CuInGaSe_2$（CIGS）等，是薄膜太阳能电池中效率较高的电池，而且可以实现柔性基板卷印制备，因此引来许多公司积极投入。该类电池不足之处为原料毒性高、地球储量有限、大面积制备困难极高。

有机太阳能电池是一种利用有机材料吸收太阳光产生电能的多层结构太阳能电池。可精细调控的有机分子结构使该类电池效率不断被刷新，目前最高光电转换效率已突破 18%，直逼硅基太阳能电池。此外，有机太阳能电池具有轻柔、可溶液法大面积印刷制备和建筑一体化等特性，被认为是极具潜力的硅基太阳能电池取代者。根据受体材料分类，有机太阳能电池分为富勒烯基和非富勒烯基有机太阳能电池两类。富勒烯及其衍生物具有高的电子迁移率、良好的溶解性以及匹配的能级结构，被广泛用作有机太阳能电池的电子受体材料，并长期占有有机太阳能市场，即使是目前性能较高的三元体系电池也有富勒烯的身影。而近年来非富勒烯受体材料的突破把有机太阳能电池的效率推到了新的高度，稳定性也大幅提升。此外，各类高性能的界面材料，如金属氧化物（TiO_2、ZnO、MoO_3）、石墨烯等，对有机太阳能电池的效率和稳定性也具有至关重要的作用。作为一种新型的极具潜力的太阳能电池，目前有机太阳能电池的技术还不成熟，使用寿命还不足以达到实用化要求，模块组件化设计也有待发展。

除以上介绍的太阳能电池外，还有众多研发中的太阳能电池，例如，染料敏化太阳能电池、量子点太阳能电池和钙钛矿太阳能电池等，它们都是基于各种性能优异的半导体材料，利用其优异的光电性能实现光电转化。

2. 锂离子电池材料

锂离子电池是指以两种不同的能够可逆地嵌入和脱出锂离子的嵌锂化合物作为电池正负极的二次电池体系，具有电压高、能量密度高（>180W·h/kg）、循环寿命长（2~3 年）、安全性能好、自放电小、可快速充放电、工作温度范围宽且无公害、无记忆效应等优点，目前已应用于便携式电子设备、电动汽车、航空航天、能量存储和军用设备等。锂离子电池主要由正极、负极、电解液、隔膜和集流体等几部分组成，是典型的摇椅式电池。电池充电时，正极的锂离子脱出进入电解液中，并在电场的作用下扩散到负极，到达负极后锂离子获得电子嵌入负极；放电时，嵌入负极的锂离子脱出进入电解液并扩散回正极。

为了进一步提升锂离子电池的性能，寻找开发高性能电极材料一直是人们重点关注的研究方向。目前，锂离子电池的正极材料主要分为钴系、镍系、锰系、铁系、钒系及硅酸盐材料六大类。其中钴系正极材料中的层状钴酸锂（$LiCoO_2$，理论容量 274mAh·g^{-1}，实际容量 140mAh·g^{-1}）是商品化最早的锂离子电池正极材料，也是目前应用最广泛的正极材料，用于 4V 电池。正硅酸盐 Li_2MSiO_4（M = Fe，Mn）是一类新兴的聚阴离子型正极材料，具有较高的理论比容量和优异的安全性能，有较大的潜在应用价值。此外还有层状三元材料（$LiNi_{1/3}Co_{1/3}Mn_{1/3}O_2$，NMC333 材料）、层状富锂锰基材料 $[xLi_2MnO_3(1-x)LiMO_2$，其中 M = Co，Fe，$Ni_{0.5}Mn_{0.5}$，容量高达 $300mAh \cdot g^{-1}]$、尖晶石型锰酸锂（$LiMn_2O_4$）和橄榄石型磷酸亚铁锂（$LiFePO_4$，理论容量 $170mAh \cdot g^{-1}$，实际容量约为 $150mAh \cdot g^{-1}$）。

锂离子电池的负极材料主要分为三类：碳负极材料、非碳负极材料和复合电极材料。其中，碳材料具有电极电位低、循环效率高、循环寿命长和安全性能好等优点，是首选的负极材料。非碳负极材料主要有合金类材料、金属氧化物和金属氮化物等，这几类材料由于各种缺陷，一直限制了其实际使用。基于此，人们着手开发复合电极材料，利用碳负极材料与非碳负极材料复合，结合碳材料高的导电性和非碳材料高容量，以实现优异的电化学性能。

3. 钠离子电池材料

相比于锂离子电池，钠离子电池具有资源丰富、价格低廉、环境友好等优点，具有与锂离子电池相近的电化学性质，成为锂离子电池最佳潜在替代电池，受到科学家们的广泛关注。钠离子电池与锂离子电池结构类似，由正极、负极、电解液和隔膜组成，也是摇椅式工作原理。除了离子载体不同，钠离子和锂离子电池的电池组件和储电机制基本相同。

钠离子电池要实现商业化应用，面临的主要问题是电极材料的能量密度低和循环稳定性差，因此其正负极材料成为电池的关键部分，开发和设计新型高性能电极材料成为目前研究热点。目前，钠离子电池的正极材料主要分为三类，含钠过渡金属氧化物 $[$ 如 Na_xTMO_2 型氧化物（$0 < x \leqslant 1$，TM = Fe，Cr，Co，Mn，Ni，V，Cu）$]$，普鲁士蓝衍生物 $\{$ 如 $Na_xFe[Fe(CN)_6](FeFe-PB)\}$ 和聚阴离子型材料 $[Na_xMM'(XO_4)_3$（M = V，Ti，Fe，Tr 或 Nb 等，X = P 或 S，$x = 0 \sim 4$）$]$。其中，过渡金属氧化物具有高的可逆容量和工作电压，但这类材料存在不可逆相变、空气稳定性差和电池性能低等问题。普鲁士蓝类正极材料具有合适的工作电压、良好的循环稳定性和倍率特性，但其合成的晶格难以控制、热稳定性差且振实密度低。聚阴离子化合物是最具发展前景的阳极材料，具有材料稳定性好、安全性高和循环稳定性好等优点。

同样，负极材料对于钠离子电池也至关重要。目前常用的钠离子电池负极材料主要有：碳基材料、转换型材料、合金型材料和钛基材料。碳基材料，如硬碳、软碳、石墨和石墨烯等是钠离子电池应用最广的负极材料，也是最有前景的一类电极材料。转换型材料主要指过渡金属氧（硫）化物，通过转化型反应来储存钠离子，具有高的比容量，但在工作过程中会发生体积膨胀，通常需要复合碳材料改善，如石墨烯、碳纳米管等。合金型材料（如 Sn、Sb、Ge 和 Pb）具有高的比容量和低的嵌钠电压，同样在工作过程中易发生体积变化，会导致活性材料的粉化、结构坍塌和容量衰减。钛基材料循环稳定性好，但电导率低、比容量小，有待进一步改善优化。

8.1.3 储氢材料

新型可再生能源的开发利用是解决能源和环境问题的唯一途径。氢能作为一种新型绿色能源，具有高效能量转化，绿色零排放，可实现再生能源存储，可多种能源转化和有望实现低损耗输运等优点，被誉为"能源货币"。

氢能的使用需要通过三个步骤，利用清洁能源制备氢气，氢气的储存运输和氢能的能量输出。其中最关键的是储氢。储氢材料是指能够担负氢能的储存、转换和输送功能的材料。材料的储氢能力主要通过体积储氢密度（kg/m³）和质量储氢密度（%）来表征。此外，氢气充放的可逆性、充放气速率和循环使用寿命也是衡量储氢材料性能的重要参数。

根据氢气储存的状态分类，氢气的储存分为气态储氢、液态储氢和固态储氢三种方式。气态储氢通常是指将氢气高压压缩，储存于钢瓶中，其缺点是充气危险，通常状态下氢密度低。液态储氢是指将氢气液化后存储于特制容器，储氢密度较低，且氢气压缩过程需要消耗能量，易挥发，成本高。固态储氢是指将氢气以吸附或其他方式存储存于特定的储氢材料中，该方式储存量最大、安全性能高，最具发展前景。本节主要介绍固态储氢使用的材料。

目前人们广泛应用和研究的储氢材料主要有合金储氢材料、碳质材料、配位氢化物储氢材料、多孔聚合物储氢材料、有机液体储氢材料和金属有机物骨架储氢材料等。

1. 合金储氢材料

合金储氢材料与氢气结合的能力很强，可以通过控制特定条件（如温度、压力等），与氢气结合形成含有金属氢键的金属氢化物，再通过对条件的改变，又可以将氢气释放出来。主要由吸氢类金属 A 和不吸氢类金属 B 构成，可以分为 AB_5、A_2B、AB、AB_2 和 AB_3 型。

AB_5 型合金被称为第一代合金，主要特点是 A 通常为稀土元素，B 为常见的金属元素。初期的 AB_5 型合金是由荷兰飞利浦实验室开发的磁性材料 $SmCo_5$，随后又发展了 $LaNi_5$ 型储氢材料。$LaNi_5$ 的优点是活化容易、分解氢压适中、吸放氢平衡压差小，动力学性能优良、不易中毒，但价格昂贵、吸放氢过程中体积急剧变化，从而导致合金严重粉化。A_2B 型合金与 AB_5 型合金不同，不需要价格昂贵的稀土元素来组合合金，A 和 B 都是价格低廉储量丰富的常见金属，如 Mg_2Ni，而且其储氢量大（约3.6%，质量分数）。随着各种合金的开发，人们继而发现了 AB 型合金，如 TiFe、TiCr 等，它们具有储氢量大、成本低、吸氢放氢过程可以在常温下进行等优点。但使用该类合金前需要高温和真空条件下的初期活化，且使用寿命较短。AB_2 型合金主要以钛元素和锆元素作为 A 金属，其储氢量为 1.8%~2.4%（质量分数）。AB_3 型合金主要由 AB_5 型合金和 AB_2 型合金共同组成，其理论储氢量（1.8%，质量分数）优于 AB_5 型合金，在合金领域已逐渐替代 AB_5 型合金，并应用到混合动力汽车上。

2. 碳质储氢材料

碳质材料对低含量气体杂质不敏感，可循环使用，是最好的氢气吸附剂。目前常用的碳质储氢材料主要有超级活性炭、碳纳米管和石墨烯纳米纤维。

超级活性炭储氢具有经济、储氢量高、解吸快、循环使用寿命长和易规模化生产等优点，是一种很具潜力的储氢方法。科学研究表明，在较低压力下，超级活性炭的氢气吸附量随压力升高而显著增加；在较高压力下，活性炭的比表面积对其影响较大。超级活性炭在 293 K/5 MPa 和 94 K/6 MPa 下的储氢量分别达 1.9% 和 9.8%（质量分数），其氢等温脱附率可达 95.9%。

碳纳米管具有密度小、比表面积大等特性，且其本身的范德华力对氢气有很强的可逆吸附，因此其储氢容量大、释氢速度快且可在常温下释氢等，是一种理想的储氢材料。由于氢气与碳纳米管之间吸附力很弱，吸氢需要极低的温度和极高的压力。因此，为了进一步改善碳纳米管的吸氢性能，需要对其进行表面或内部改性。目前有效的改性方法主要有改进其表面形貌和晶体结构，利用酸碱处理、氧化处理和混合处理来改善其表面性能，以及利用金属元素进行改性。例如，一种七边形多孔纳米钻石结构状的碳纳米管结构实现了温度低于 77K

时高达20%（质量分数）的氢储量。金属元素可以和氢气形成金属氢键，因此可以有效提升碳纳米管的氢吸附量。石墨纳米纤维具有独特的纤维排布结构，其截面呈十字形，面积为30～500Å，长约10～100μm，其独特的结构赋予其优异的储氢能力。如碳纤维储氢容量高达10%～12%（质量分数）。

3. 配位氢化物储氢材料

配位氢化物是指由第Ⅲ或第Ⅴ的主族元素与氢原子以共价键结合，再与金属离子以离子键相结合所形成的氢化物。根据配位体种类，配位氢化物储氢材料主要分为配位铝氢化物、配位氮氢化物以及配位硼氢化物三类，分别用 $M(AlH_4)_n$、$M(NH_2)_n$ 和 $M(BH_4)_n$ 表示，n 为金属原子 M 的价态。

配位铝氢化物通过多步分解制备氢气，但其逆反应较难实现，因此需采用各种方式来提升其性能。主要通过两种方式来提高配位铝氢化物的吸氢性能，一种是与氢化物反应形成复合材料；另一种是调控材料的粒径大小。配位氮氢化物典型代表有 $NaNH_2$、KNH_2 和 $LiNH_2$，若要实现配位氮氢化物的吸附氢能力，需要减小其粒径，但合成纳米结构氮氢化物比较困难，因此其使用会受到限制。配位硼氢化物吸放氢过程都需要高温高压的条件，且反应过程中会伴随形貌的改变，这些对储氢性能影响很大，因此需要对其进行改性。目前改性方法主要有离子替代、纳米结构调制和合成氨硼烷及其衍生物。

4. 多孔聚合物储氢材料

多孔聚合物储氢材料是指以多孔状高分子聚合物作为氢气吸附材料，因其结构可控且具有很好的储氢性能，已成为储氢材料研究的热点。根据分子结构分类，多孔聚合物储氢材料可以分为共价有机骨架材料（COFs）、PIM 型微孔聚合物（PIMs）、超高交联型聚合物（HCPs）、共轭微孔聚合物（CMPs）。

COFs 是有机基团通过强的共价键连接而形成的多孔结构材料，具有比表面积大、密度小等优点，但对氢气的吸附力偏弱，耐高温性差、不耐酸碱，有待进一步改进结构以提高其性能。PIMs 是由有机单体组装而成具有微孔网状结构多孔材料，分子链中各种刚性结构和非线性结构无规堆积，由于位阻效应而产生大量微孔，因此其在气体吸附中具有广泛的应用前景。HCPs 主要通过交联反应形成超交联网状结构，具有高的比表面积。苏联科学家 Davankov 首次合成了 HCPs，其比表面积高达 $2000m^2/g$，在氢气吸附领域展现出巨大的潜力。CMPs 由 Cooper 课题组通过 Sonogashira-Hagihra 偶联反应首次制得，具有比表面积大、稳定性好、热稳定性高以及结构可调控等优点。

此外，还有其他各种新型储氢材料，例如，有机液体储氢材料和金属有机物骨架储氢材料等。其中有机液体储氢是指利用有机物液体如烯烃、芳香烃、炔烃等的加氢脱氢可逆反应而将氢气储存。有机液体储氢材料可循环使用从而大大降低成本，但脱氢反应条件苛刻，对催化剂要求很高。金属有机骨架化合物（MOFs）是由有机配体与过渡金属离子自组装而成的配位聚合物，具有结构可调、高比表面积、大孔体积和热稳定性好等优点，是一种理想的储氢材料。但是该材料存在诸多缺陷，例如，大部分 MOFs 储氢过程都需要在较低温度且高压下完成，抗水稳定性差。

5. 储氢材料应用

氢能作为一种新型绿色高效能源，随着科技的发展，未来必将在能源领域占领一席之地。储氢材料在氢能储存运输、氢气回收净化和蓄能发电领域起着重要作用。

（1）氢能的储存运输　随着各类性能优异的固体储氢材料相继开发，氢能的各类应用得以实现。固态储氢主要分为可逆固态储氢和不可逆固态储氢。其中，可逆固态储氢材料主要用于各类储能电池应用的各个领域，如燃料电池电动车、通信基站备用电源、燃料电池潜艇、发电等，不可逆固态储氢材料主要被用来制备氢气，如 $NaBH_4$ 水解制氢、铝粉水解制氢等。

（2）氢气回收与分离净化　石油化工、冶金等行业的工业尾气中，通常含有氢气、甲烷、乙烷等各类气体，对其中的氢气实现高效回收利用，不仅可以减少制氢材料的消耗，又经济环保、利国利民。另外，科技的不断进步对氢气纯度提出了极高的要求，利用储氢材料对氢气进行净化提纯是一种安全高效的经济性选择。

（3）利用储氢材料蓄能发电　氢能作为一种"能源货币"，可实现再生能源储存、多种能源转化。日常用电低峰期时，将多余电能转化为氢能，用电高峰时再用其来发电。另外，各类新型能源如光伏发电、风能发电等制备的多余电能可转换为氢能储存，然后用氢能发电，可以实现电能的持续供应。

8.1.4　生物医用材料

生物医用材料是一种与生物系统接触并在医学领域得以应用的材料，其中生物系统包括细胞、组织和器官等，医学领域的应用则包括疾病的诊断与治疗、生物体组织或器官的修复、替换、增进或恢复其功能等。作为人工器官和医疗器械的研究基础，生物医用材料已成为当代材料学科的重要分支。

生物医用材料最热门的应用领域为骨科、心脑血管、牙科和组织工程四大领域。其中全球生物材料以骨科和心血管两类产品的需求最大，共占全球生物医用材料市场近 80% 的份额。按照材料属性可以分为生物医用金属材料、生物医用无机非金属材料、生物医用高分子材料和生物医用复合材料四大类。

1. 生物医用金属材料

生物医用金属材料又称医用金属材料或外科用金属材料，是在生物医用中使用的合金或金属，属于一类惰性材料，具有较高的抗疲劳性能和机械强度。生物医用金属材料一般用于外科辅助器材、人工器官和硬组织等各个方面，应用极为广泛。在临床已经使用的医用金属材料主要有钴基合金、钛基合金、不锈钢、形状记忆合金、贵金属、纯金属（铌、锆、钛、钽）等。不锈钢、钴基合金和钛基合金具有强度高、韧性好以及稳定性高的特点，是临床上常用的三类医用金属材料。随着制备工艺和技术的进步，新型生物金属材料也在不断涌现，例如，粉末冶金合金、高熵合金、非晶合金和低模量钛合金等。

生物医用金属材料的植入使用会给患者身体带来巨大的影响，由于生理环境的腐蚀会造成金属离子向周围组织扩散及植入材料自身性质的退变，一方面可能导致毒副作用，另一方面也有可能造成植入失败。因此，除了要求生物医用金属材料具有良好的力学性能及相关的物理性质外，长期的抗生理腐蚀性、实用性与安全性便成为衡量其作为植入材料的关键指标。尽管生物医用金属材料已经经历了较为快速的发展，但其在临床上广泛使用的品种仍然有限。因此，开辟新型医用金属材料并推动其发展显得尤为必要。

2. 生物医用无机非金属材料

生物医用无机非金属材料主要以生物陶瓷材料和碳材料为主。生物陶瓷材料需要具有生物相容性、力学相容性、灭菌性和稳定的物理化学性能等。生物相容性是指植入体内的这些生物陶瓷材料，必须对人体无毒性、无致敏性、无刺激性、无遗传毒性和无致癌性，对人体组织、血液、免疫等系统不产生不良反应；生物力学性能要求材料与机体组织的力学性能一致，不会对组织的损伤和破坏起作用；通过人工材料替代和恢复各种原因造成的牙和骨缺损，需要具有良好的加工性和临床操作性，且在临床治疗过程中操作简便、易于掌握；考虑植入前需进行严格的消毒灭菌处理，长期植入体内的生物陶瓷材料需要具有耐消毒灭菌性能。

近年来，以碳元素为基础构建的无机非金属材料已从传统的宏观领域发展到微观领域。碳纳米材料主要是由碳原子（C）构成任意维度小于 100nm 的新型材料，包括：三维的泡沫碳、多孔碳和石墨，二维的石墨烯，一维的碳纳米线和碳纳米管，零维的富勒烯和碳点等。到目前为止，碳纳米材料已应用于许多领域中（电子、光子、可再生能源和生物医学等方面），尤其是广泛应用于生物医学研究中。例如，富勒烯具有延伸化的共轭 π 键，能吸收蓝紫光转变为激发的三线态，产生氧自由基与单线态氧，因此其可以作为潜在的光敏剂用于肿瘤的光动力学治疗领域。碳纳米颗粒的有利尺寸使它们成为理想的纳米载体，可将药物和基因运载到体内指定部位，实现靶向治疗。此外，碳点所特有的光学性质使它们成为理想的荧光造影剂和光热/光动力学治疗试剂，从而用于生物体内的荧光成像和治疗中。

3. 生物医用高分子材料

生物医用高分子材料是当前国际上高分子科学前沿领域一个十分活跃的研究热点，广泛用于对生物体进行诊疗、替换或修复、合成或再生损伤组织和器官，具有延长病人生命、提高病人生存质量等作用。据统计，医用高分子材料的使用占全部生物材料近 50%，最主要原因是人体的各类器官本来就是由蛋白质等天然高分子材料构成，而高分子材料的物理化学性质及功能与人体各类器官更为相似，具有更好的生物相容性。

根据稳定性的不同，生物医用高分子材料分为可降解型生物医用高分子材料和不可降解型生物医用高分子材料。前者在生物环境作用下易发生结构破坏或者性能蜕变，其降解产物能够通过正常的新陈代谢，被机体吸收利用或被排出体外，主要用于药物递送或释放载体及非永久性植入装置，包括脂肪聚酯、聚碳酸酯、聚磷酸酯、聚酸酐和聚对二氧六环酮等。对于后者，材料需要在生物环境中长期保持稳定，不发生降解、交联或物理磨损等，并具有良好的物理力学性能。该类材料主要用于人体软组织修复体、硬组织修复体、人体器官、人造血管、接触镜、膜材、黏合剂和管腔制品等方面。这类材料主要包括聚甲基丙烯酸甲酯、聚苯乙烯、聚酰胺、有机硅类、聚氨酯类、聚甲醛和纤维素衍生物等。

按使用目的或用途，生物医用高分子材料还可分为心血管系统、软组织及硬组织等修复材料、人工脏器、血液净化材料、药用高分子材料和诊断用高分子材料等。

4. 生物医用复合材料

生物医用复合材料又称生物复合材料，制备该类材料的出发点就是利用不同材料的优势互补进一步提高或改善某一种生物医用材料的性能。生物医用复合材料主要用于修复或替换人体组织、器官或增进其功能以及人工器官的制造。

生物医用复合材料的种类繁多，按基体材料不同可分为高分子基、金属基和陶瓷基三类生物医用复合材料。它们既可以作为生物复合材料的基材，又可作为增强体或填料，相互之间的搭配或组合形成了大量性质各异的生物医用复合材料。复合材料的性质取决于组分材料的性质、含量和它们之间的界面，鉴于基材和增强体的多样性，每一种都具有独特的性能。

由于人和动物中绝大多数组织均可视为复合材料，生物医用复合材料的发展为获得真正仿生的生物材料开辟了广阔的途径。现阶段，生物医用复合材料的研究主要集中在增进材料的韧性和断裂形变、改善其力学性能与生物相容性能等方面展开，要求其除了应具有预期的物理化学性能之外，还必须满足生物相容性要求。

8.1.5 智能材料

随着现代航空航天、电子、机械等高新技术领域的飞速发展，人们对所使用材料提出了越来越高的要求，传统的结构材料或功能材料已逐渐不能满足这些技术需求。受到自然界生物或材料所具备的某些能力的启发，科学家提出智能材料的概念。智能材料是一种能感知外部刺激，判断并适当处理且本身可执行的新型功能材料。继天然材料、合成高分子材料、人工设计材料之后的智能材料是现代高技术新材料发展的重要方向之一，将支撑未来高技术的发展。智能材料使传统功能材料和结构材料的关系更加紧密，未来智能材料的发展趋势将更加高性能化、多功能化、复合化、精细化和智能化。按照组成智能材料的基材不同，可将其分为金属智能材料、无机非金属智能材料和高分子智能材料三类。

1. 金属智能材料

金属智能材料，主要指形状记忆合金材料，包括铁镍系、铜基和铁基形状记忆合金等。形状记忆是热弹性马氏体相变合金呈现的效应，金属受冷却、剪切会由体心立方晶格位移转变成马氏体相。形状记忆合金可以在加热升温后完全消除在较低温度下发生的变形，恢复变形前的原始形状。由于形状记忆材料集自感知、自诊断和自适应功能于一体，故具有传感器、处理器和驱动器的功能，是一类特殊的智能材料，在航空航天、机械电子、生物医学、桥梁建筑和汽车工业等领域应用非常广泛。例如：使用记忆合金（镍钛合金）制成的免充气轮胎，在负载之下其原子结构会重新排列，使外形发生改变，当负载减轻或者消失之后，其原子结构会重新排列，形状也随之复原。这种记忆合金轮胎的优点在于不会像充气轮胎一样存在泄气或者爆胎的风险，也不容易受温度变化的影响。

2. 无机非金属智能材料

除金属材料外，基于各类高性能无机非金属材料制备的无机非金属智能材料也被广泛应用于生活的方方面面。无机非金属智能材料主要包括压电智能材料、电/磁流变液智能材料、电/磁致伸缩智能材料等。

（1）压电智能材料　压电智能材料是一类具有压电效应的材料。具有压电效应的电介质晶体在机械应力的作用下将产生极化并形成表面电荷，若将这类电介质晶体置于电场中，电场的作用将引起电介质内部正、负电荷中心发生相对位移而导致形变。因此，压电材料可实现传感元件与动作元件的统一。常用的压电智能材料为压电陶瓷，如钛酸钡、锆钛酸铅、偏铌酸铅等。当给压电陶瓷通电时，压电陶瓷迅速改变自身尺寸，其形变速度之快是形状记忆合金所不能比拟的。

（2）电/磁流变液智能材料　电流变液和磁流变液是两类非常重要的智能材料，它们通常是由固体微粒分散在合适的液态绝缘载体中制成。

电流变液材料在无电场时，可以像水或油一样自由流动，而当外加电场时，立即由自由流动的液体变成固体，而且随着电场强度的增加，固体强度也增加。当撤销电场时，它又立即由固体变回液体。电流变液材料必须具备介电不匹配性、密度不匹配性、高的屈服应力和低电场强度的特性。电流变液可用于阻尼器、离合器、减振器和安全阀等方面。

磁流变液是由高磁导率、低磁滞性的微小软磁性颗粒和非导磁性液体混合而成的悬浮液。这种悬浮液在无磁场条件下呈现出低黏度的牛顿流体特性，而在强磁场作用下，呈现高黏度、低流动性特性。由于磁流变液在磁场作用下的流变是瞬间、可逆的，而且其流变后的剪切屈服强度与磁场强度具有稳定的对应关系，使其可应用于抛光工艺、阀门、密封、机械手的抓持机件、汽车离合系统、制动系统和机器人的传感器等方面。

（3）电/磁致伸缩智能材料 在电场作用下，由于诱导极化作用而产生的形变与外电场平方成正比的关系称为电致伸缩效应，具有电致伸缩效应的材料称为电致伸缩材料。以铌镁酸铅为代表的一大类弛豫型铁电陶瓷，在相当宽的温度范围内具有很大的电致伸缩效应，应变量达到 10^{-3} 以上，在电致伸缩效应领域具有广泛应用。电致伸缩材料主要应用于电声换能器技术、海洋探测与开发技术、微位移驱动、减振与防振、减噪与防噪系统、智能机翼等。

由于磁化状态的改变，铁磁物质的尺寸在各方向发生可逆变化的效应称为磁致伸缩效应，具有此效应的材料称为磁致伸缩材料。磁致伸缩智能材料是一类磁致伸缩效应强烈、具有高磁致伸缩系数、且电磁能和机械能可逆转换功能的材料。常用磁致伸缩材料有镍、铁镍、铁铝、铁钴钒和铁氧体等，主要应用于水声换能器、电声换能器、驱动器和传感器等领域。

3. 高分子智能材料

高分子智能材料是通过有机合成的方法，使无生命的有机材料变得似乎有了"感觉"和"知觉"。由于人工合成高分子材料的品种多、范围广，因此所形成的智能材料也极其广泛，其中智能凝胶、聚合物基人工肌肉和智能膜等都是高分子智能材料的重要应用。

（1）智能凝胶 智能凝胶是由液体与高分子网络所组成的一类物质，凝胶中的液体与高分子网络具有亲和性，液体被高分子网络封闭在里面，失去流动性，从而使凝胶能像固体一样呈现出一定的形状。智能凝胶的结构、物理性质和化学性质可以随外界环境（包括温度、pH、离子强度、压力、光强和电磁场强度等）改变而变化。当受到环境刺激时，凝胶形状突变，呈现相转变行为，表现出智能响应特性。利用智能凝胶在外界刺激下的变形、膨胀、收缩产生机械能，可实现化学能与机械能直接转换，从而开发出以凝胶为主体的执行器、化学阀、传感器、人工触觉系统、药物控制释放系统、化学存储器、分子分离系统等。

（2）聚合物基人工肌肉 近年来，随着新型智能高分子材料的快速发展，为人工肌肉的制造及应用提供了新的发展契机。这些新型智能材料，如液晶高分子、水凝胶、电绝缘橡胶以及形状记忆高分子材料，可根据外部环境刺激，如电、光、磁、热等变化呈现各种复杂的形态变化、行为非常接近甚至优于真正的肌肉纤维。采用共轭聚合物（如聚吡咯和聚苯胺）或离子交换聚合物和金属的复合材料制成的聚合物基人工肌肉，在外加电场作用下会发生体积变化，可制成电致伸缩（弯曲）薄膜，以模仿动物肌肉的收缩运动。人工肌肉的线性变形比可超过 30%（压电聚合物大约只能达到 0.1%），所产生的能量密度要比人体肌肉大 3 个数量级，而且驱动电压很低。人工肌肉可作为驱动材料用于制造尺寸细小的器件，用于操作细胞、生物器官等；或制成人工假体，用于肢体残障者恢复某些功能；或制成质量轻、能耗低的人工手臂，代替质量大、能耗高的马达-齿轮机械手臂。

（3）智能膜材料　膜材料的智能化已经成为当今分离材料领域发展的一个新方向。智能膜材料中含有可感知并响应外界环境细微变化的基团和链段，从而使膜结构随外界刺激变化而可逆地改变，导致膜性能如孔径大小、亲/疏水性等的改变，从而控制膜的通量，提高膜的选择性。智能高分子膜在控制释放、化学分离、生物医药、化学传感器、人工脏器和水处理领域展现出重要的应用价值。例如，以聚偏氟乙烯（PVDF）和聚乙烯醇（PVA）高分子材料为研究对象，通过模拟生物结构衍生规律，制备出新型智能柔性双层高分子膜材料。该仿生智能薄膜受刺激后，可发生缠绕形变运动，一旦撤除刺激源，薄膜可以迅速恢复其原来的力学性能，因此可具有"不知疲倦"的运动特性。将具有这种"不知疲倦"特性的薄膜设计成柔性传感器，可以长期多次循环使用，大大节省材料成本。

8.2　纳米材料

纳米科学是指研究纳米尺度范畴内（0.1~100nm）原子、分子和其他类型物质运动和变化的科学，其发展将推动信息、材料、能源、环境、生物、农业和国防等领域的技术创新。

纳米材料的分类很多，按照材料属性可分为纳米晶体材料、纳米陶瓷材料、纳米碳材料、纳米复合材料和纳米高分子材料等。按物理形态不同，纳米材料可分为纳米颗粒、纳米纤维、纳米薄膜、纳米块体和纳米相分离液体等。按照维度不同，纳米材料可分为零维、一维、二维和三维纳米材料四种。零维纳米材料，一般为球形或类球形的纳米微粒，由于尺寸小、比表面大和量子尺寸效应等原因，其具有不同于常规固体的新特性，也有异于传统材料科学中的尺寸效应，如洋葱状富勒烯和量子点等。一维纳米材料是指在两维方向上为纳米尺度，长度为宏观尺度的新型纳米材料，由于其具有沿一定方向的取向特性，被认为是定向电子传输的理想材料，如碳纳米管、碳纳米纤维和二氧化钛纳米线等。二维纳米材料是指电子仅可在两个维度的纳米尺度上自由运动（平面运动）的材料，如纳米薄膜、超晶格、量子阱。三维纳米材料是由零维、一维、二维中的一种或多种基本结构单元组成的复合材料，如纳米玻璃、纳米陶瓷、纳米介孔材料和纳米凝胶等。

8.2.1　纳米材料的基本效应

纳米材料的结构单元尺度为纳米量级，尺寸极小，可以与传导电子的德布罗意波长，超导相干波长及激子玻尔半径相比拟，电子被局限在一个体积很小的纳米空间，电子输运受限制，导致电子的平均自由程很短，电子的局域性和相干性增强。因此，出现小尺寸效应、表面效应、量子尺寸效应、隧道效应等，使得纳米材料展现出许多不同于常规材料的性能。

1. 小尺寸效应

当纳米微粒尺寸与光波波长，传导电子的德布罗意波长及超导态的相干长度、透射深度等物理特征尺寸相当或更小时，它的周期性边界被破坏，从而使其声、光、电、磁、热力学等性能呈现出"新奇"的现象。由于这种效应发生在超细微粒，因此称为小尺寸效应。例如，铜颗粒达到纳米尺寸时就变得不能导电；绝缘的二氧化硅颗粒在 20nm 时却开始导电；高分子材料加纳米材料制成的刀具比金刚石制品还要坚硬；纳米微粒的熔点可远低于块状金属，例如，2nm 的金颗粒熔点为 600K，随着粒径增加，熔点迅速上升，块状金为 1337K；

纳米银粉熔点可降低到373K，此特性为粉末冶金工业提供了新工艺。利用这些特性，可以高效率地将太阳能转变为热能、电能，此外还有可能应用于红外敏感元件和红外隐身技术等。

2. 表面效应

由于组成纳米材料的纳米粒子尺寸小，其比表面积增大，表面原子数增多及表面原子配位不饱和导致大量的悬键和不饱和键，具有很高的表面能，使其具有高的表面活性，因此很不稳定，很容易与其他原子结合，这个现象称为纳米粒子的表面效应。如纳米颗粒极易团聚就是一个明显的例证。纳米材料表面原子的活性不仅可以引起纳米粒子表面原子的变化，而且可以引起表面电子自旋构象和电子能谱的变化，所以表面效应对纳米材料的各种性质具有重要的影响。

3. 量子尺寸效应

当粒子尺寸达到纳米量级时，费米能级附近的电子能级由准连续能级变为离散能级，纳米半导体微粒存在不连续的最高被占据分子轨道和最低未被占据的分子轨道能级，以及能隙变宽的现象均称为量子尺寸效应。

能带理论表明，金属费米能级附近的电子能级一般是连续的，这一点只有在高温或宏观尺寸情况下才成立。对于只有有限个导电电子的超微粒子，低温下能级是离散的，对大粒子或宏观物体能级间距几乎为零。对于纳米微粒，所包含原子数有限，导电电子数相对很小，这就导致有一定的能级间距值，即能级间距发生分裂。当能级间距大于热能、磁能、静磁能、静电能、光子能量或超导态的凝聚能时，出现纳米材料量子效应，从而使其磁、光、声、热、电、超导电性能发生变化。利用能级间距的公式可以估算 Ag 微粒在 1 K 时出现量子尺寸效应（由导体→绝缘体）的临界粒径为 20nm，即当粒径 $d<20$nm 时，纳米微粒变为非金属绝缘体，如果温度高于 1K，则要求 $d \geqslant 20$nm 才有可能变为绝缘体。当满足上述条件时，纳米 Ag 微粒具有很高的电阻，类似绝缘体。量子尺寸效应可导致纳米粒子的能级变宽，使粒子发射能量增加，光吸收向短波方向移动，直观上表现为样品颜色的改变。如 Cd_3P_2 粒径降至 1.5 nm 时，其颜色从黑变到红、橙、黄，最后变为无色。

4. 宏观量子隧道效应

微观粒子具有贯穿势垒的能力称为隧道效应。人们发现一些宏观量（如微颗粒的磁化强度，量子相干器件中的磁通量等）也具有隧道效应，称为宏观的量子隧道效应。

宏观量子隧道效应限定了磁带、磁盘等进行信息存储的时间极限，其研究对基础研究及应用都有着重要的意义。量子尺寸效应、隧道效应是未来微电子器件的基础，当微电子器件进一步细微化时，必须考虑这两种量子效应。例如，在制造半导体集成电路时，当电路尺寸接近电子波长时，电子就通过隧道效应而逸出器件，使器件无法正常工作。

8.2.2 纳米材料的性能

1. 力学特性

在对单晶及多晶材料力学试验的基础上建立的位错理论和加工硬化理论成功解释了粗晶构成的宏观晶体的一系列力学问题。由纳米颗粒凝聚而成的纳米固体材料在力学性质方面是否与粗晶的多晶材料遵循相同的力学规律，描述粗晶多晶材料的力学行为理论是否对纳米结构材料适用，这些问题是人们研究纳米固体材料力学性能所必须解决的关键问题。

（1）Hall-Petch 关系　　Hall-Petch 关系是建立在位错塞积理论的基础上，经过大量实验证实，总结出来的多晶材料的屈服应力与晶粒尺寸的关系，即：

$$\sigma_y = \sigma_0 + Kd^{-1/2} \qquad H = H_0 + Kd^{-1/2}$$

式中，K 值为正数。随着晶粒直径的减小，屈服强度或硬度增加，并与 $d^{-1/2}$ 呈线性关系。

人们对各种纳米固体材料的硬度与晶粒尺寸的关系进行了大量研究，发现有五种情况：

① 正 Hall-Petch 关系（$K>0$）。如用机械合金化法制备的纳米晶材料 Fe 和 Nb_3Sn，用水解法制备的 $\gamma\text{-}Al_2O_3$ 和 $\alpha\text{-}Al_2O_3$ 纳米相材料等。

② 反 Hall-Petch 关系（$K<0$）。如用蒸发凝聚原位加压法制备的 Pd 纳米材料。

③ 正-反混合 Hall-Petch 关系。由蒸发凝聚原位加压法制备的 Cu 纳米晶材料，以非晶晶化法制备的 Ni-P 纳米晶材料，其硬度随晶粒直径平方根的变化并不是单调上升或单调下降，而是存在一个拐点（d_c）：当 $d>d_c$ 时，成正 Hall-Petch 关系（$K>0$）；当 $d<d_c$ 时，成反 Hall-Petch 关系（$K<0$）。

④ 斜率 K 变化。在纳米材料中，发现随着晶粒直径的减小，斜率 K 发生变化。例如，随着晶粒直径减小，用蒸发凝聚原位加压法制备的 TiO_2 纳米相材料，K 减小；以非晶晶化法制备的 Ni-P 纳米晶材料，K 增大。

⑤ 偏离 Hall-Petch 关系。如用电沉积法制备的 Ni 纳米晶材料偏离 Hall-Petch 关系，出现非线性关系。

由此可见，对纳米固体材料反常 Hall-Petch 关系，已不能用位错塞积理论来解释，因为纳米小晶粒的尺度与常规粗晶位错塞积时位错间距相差不多，所以必须寻找新的理论。

（2）塑性和韧性　　纳米材料的特殊结构及庞大体积分数的界面，使其塑性、冲击韧度和断裂韧度与粗晶材料相比有很大改善。一般材料在低温下常表现为脆性，但是纳米材料在低温下显示良好的塑性和韧性。纳米材料比常规材料断裂韧度高是由于纳米材料中的各向同性以及在界面附近很难有位错塞积，从而大大减少了应力集中，使微裂纹的产生和扩展概率大大降低。

（3）超塑性　　超塑性是指在一定应力下伸长率大于等于 100% 的塑性变形。20 世纪 80 年代发现陶瓷中也有超塑性，陶瓷超塑性主要是界面的贡献，界面数量太少，没有超塑性；界面数量过多，虽然可能出现超塑性，但是强度下降也不能成为超塑性材料。界面的流变性是超塑性出现的重要条件，界面中原子的高扩散速率利于陶瓷材料的超塑性。

2. 物理特性

（1）热学性能　　相比常规粉体，纳米粒子的熔点、开始烧结温度和晶化温度要低得多。由于颗粒小、纳米微粒的表面能高、比表面原子数多，这些表面原子近邻配位不全、活性大以及熔化时所需增加的内能小，使纳米微粒熔点急剧下降。例如，大块 Pb 的熔点为 600K，而 20nm 球形 Pb 微粒熔点降低到 288K；常规 Al_2O_3 烧结温度为 2073~2173K，在一定条件下，纳米的 Al_2O_3 可在 1423~1773K 烧结，致密度可达 99.7%。

（2）磁学性能　　纳米微粒的小尺寸效应、量子尺寸效应、表面效应等使得它具有常规晶粒材料所不具备的磁特性。纳米微粒的主要磁特性包括：

① 超顺磁性。纳米微粒尺寸小到一定临界值时进入超顺磁状态，例如，$\alpha\text{-Fe}$、Fe_3O_4 和 $\alpha\text{-Fe}_2O_3$ 粒径分别为 5nm、16nm 和 20nm 时会变成顺磁体。超顺磁状态的起源可归纳为以下原因：在小尺寸下，当各向异性能减小到与热运动能可相比拟时，磁化方向就不再固定在一

个易磁化方向，易磁化方向作无规律的变化，结果导致超顺磁性的出现。

② 矫顽力。纳米微粒尺寸高于超顺磁临界尺寸时通常呈现高的矫顽力 H_c。例如，用惰性气体蒸发冷凝法制备纳米 Fe 微粒，随着颗粒变小，饱和磁化强度 M_s 有所下降，但矫顽力却显著增加。粒径为 16nm 的 Fe 微粒，矫顽力在 5.5K 时达 $1.27 \times 10^5 A/m$。室温下，Fe 的矫顽力仍保持 $7.96 \times 10^4 A/m$，而常规的 Fe 块体矫顽力通常低于 79.62A/m。

③ 居里温度。居里温度 T_c 为物质磁性的重要参数，通常与交换积分 J_e 成正比，并与原子构型和间距有关。由于薄膜厚度减小，则居里温度下降。例如，85nm 粒径的 Ni 微粒的居里温度约 623K，略低于常规块体 Ni 的居里温度（631K）。具有超顺磁性的 9nm Ni 微粒样品的 T_c 值近似为 573K，低于 85nm 的 T_c（623K）。

④ 磁化率。纳米微粒的磁性与它所含的总电子数的奇偶性密切相关。纳米磁性金属的磁化率 χ 是常规金属的 20 倍。

（3）光学性能 纳米粒子的表面效应和量子尺寸效应对其光学特性有很大的影响，使纳米微粒具有同样材质的宏观大块物体不具备的新的光学特性，主要表现在：

① 宽频带强吸收。大块金属具有不同颜色的光泽，表明它们对可见光范围内各种颜色的反射和吸收能力不同，而纳米粒子则不是这样。例如，铂金纳米粒子的反射率小于 10%，这种对可见光低反射率、强吸收率导致粒子变黑。另外，纳米氮化硅、SiC 及 Al_2O_3 对红外线有一个宽频带强吸收谱。

② 蓝移和红移现象。与块状材料相比，纳米微粒的吸收带普遍存在蓝移现象，即吸收带移向短波长方向。例如，纳米 SiC 颗粒和大块 SiC 固体的峰值红外吸收频率分别是 $794cm^{-1}$ 和 $814cm^{-1}$。纳米 SiC 颗粒的红外吸收频率比大块固体蓝移了 $20cm^{-1}$。

③ 量子限域效应。半导体纳米微粒的粒径 $r < \alpha_B$（α_B 为激子玻尔半径）时，电子的平均自由程受小粒径限制，局限在很小的范围，空穴很容易与它形成激子，引起电子和空穴波函数的重叠，这就很容易产生激子吸收带。激子带的吸收系数随粒径下降而增大，出现激子增强吸收并蓝移，即量子限域效应。纳米半导体微粒增强的量子限域效应使它的光学性能不同于常规半导体。

④ 纳米微粒的发光。当纳米微粒的尺寸小到一定值时可在一定波长的光激发下发光。例如，粒径小于 6nm 的硅在室温下可以发射可见光，并且随粒径减小，发射带强度增强并移向短波方向；当粒径大于 6nm 时，这种光发射现象消失。

⑤ 纳米微粒分散物系的光学性质。纳米微粒分散于分散介质中形成分散物系（溶胶），纳米微粒在这里又称为胶体粒子或分散相。由于在溶胶中胶体的高分散性和不均匀性使得分散物系具有特殊的光学特征。例如，如果让一束聚焦的光线通过这种分散物系，在入射光的垂直方向可看到一个发光的圆锥体，称为丁达尔效应。当分散粒子直径大于投射光波波长时，光投射到粒子上被反射；如果粒子直径小于入射光波的波长，光波可以绕过粒子而向各方向传播，发生散射，散射出来的光，即所谓乳光。

（4）光催化性能 具有光催化性能的纳米材料在光的照射下，通过把光能转换为化学能，可促进有机物合成或使有机物降解。纳米半导体光催化技术已得到广泛的应用。

① 污水处理。工业、农业和生活废水中有机物和部分无机物的脱毒降解。

② 空气净化。油烟气、工业废气、汽车尾气及氟利昂的光催化降解。

③ 保洁除菌。例如，含有 TiO_2 膜层的自净化玻璃用于分解空气中的污染物，含有半导

体光催化剂的墙壁和地板砖可用于医院等公共场所的自动灭菌。

3. 化学特性

吸附是相互接触的不同相之间产生的结合现象。吸附可分成两类，一是物理吸附，吸附剂与吸附相之间是以范德华力之类较弱的物理力结合；二是化学吸附，吸附剂与吸附相之间以化学键强结合。纳米微粒由于有大的比表面和表面原子配位不足等特点，与相同材质的大块材料相比，其具有较强的吸附性。纳米粒子的吸附性与被吸附物质的性质、溶剂的性质以及溶液的性质有关。电解质和非电解质溶液以及溶液的 pH 值等都对纳米微粒的吸附产生强烈的影响。不同种类的纳米微粒吸附性质也有很大差别。

另外，在纳米微粒制备过程中，纳米微粒表面活性使其容易团聚在一起，从而形成带有若干弱连接界面尺寸较大的团聚体，这给纳米微粒的收集带来很大的困难。为了解决这一问题，无论是用物理方法还是用化学方法制备纳米粒子经常将其分散在溶液中进行收集。尺寸较大的粒子容易沉淀下来，当粒径达纳米级（1~100nm）时，由于布朗运动等因素阻止其沉淀而形成一种悬浮液（水溶胶或有机溶胶）。这种分散物系又称为胶体物系，纳米微粒称为胶体。即使在这种情况下，由于小微粒之间库仑力或范德华力团聚仍可能发生。如果团聚发生，可以采用超声波将分散剂（水或有机试剂）中的团聚体打碎。其原理是由于超声频振荡破坏了团聚体中小微粒之间的库仑力或范德华力，从而使小颗粒分散于分散剂中。当然，也可以采用物理包埋法或化学改性法来提高纳米粒子的分散性。

8.2.3　纳米材料的应用

由于纳米材料的小尺寸效应、表面效应、量子尺寸效应和宏观量子隧道效应等，使其在磁、光、电、化工和医用等方面展现出常规材料不具备的特性，因此纳米材料在力学材料、光学材料、磁性材料、电学材料和化工材料等方面有广泛的应用前景。

1. 纳米材料在力学方面的应用

纳米微粒颗粒小，比表面积大且有高的扩散速率，因而用纳米粉体进行烧结时，烧结体的致密化速度快，并且还能够降低烧结温度。例如，将纳米 Al_2O_3 粉加入粗晶粉体中，提高了氧化铝坩埚的致密度和耐冷热疲劳性能；将纳米 Al_2O_3 与 ZrO_2 进行混合，烧结后可获得具有高韧性的陶瓷材料，并且烧结温度可降低 100℃；纳米 Al_2O_3 与亚微米的 SiO_2 合成制备莫来石，具有较高的致密度、韧性和导热性，是一种非常好的电子封装材料。在高性能纳米陶瓷研究方面，发现纳米级 ZrO_2 陶瓷的烧结温度比常规微米级 ZrO_2 陶瓷的烧结温度降低 400℃，可以控制晶粒的长大和降低生产成本。

2. 纳米材料在光学方面的应用

由于小尺寸效应使纳米微粒具有常规大块材料不具备的光学特性，如光吸收、光反射、光学非线性、光传输过程中的能量损耗等都与纳米微粒的尺寸有很强的依赖关系。利用纳米微粒的特殊光学特性制备成的各种光学材料在日常生活和高技术领域得到了广泛的应用。

（1）光吸收材料　利用纳米微粒的光吸收带蓝移和宽化现象，将纳米微粒分散到树脂中可制备出含纳米微粒的紫外吸收膜，此膜对紫外线的吸收能力依赖于纳米微粒的尺寸和树脂中纳米粒子的添加量和组分。常用的紫外吸收材料有：TiO_2 纳米粒子的树脂膜和 Fe_2O_3 纳米微粒的聚固醇树脂膜，前者对 400nm 以下的紫外线具有极强的吸收能力；后者对 600nm 以下的光具有良好的吸收能力，这种膜可用于半导体器件的紫外线过滤器。另外，太阳光中的紫外线波段对人体皮肤具有很大的伤害，这就要求防晒护肤品对紫外波段具有良好的吸收，研究发现纳米 TiO_2、纳米 SiO_2、纳米 ZnO、纳米 Al_2O_3、纳米云母、纳米氧化铁在这个波段均有吸收紫外光的特性，通过在强紫外吸收的纳米微粒表面包覆一层对身体无害的聚合物，将这种复合体加入防晒油和化妆品中可改善其防晒性能。在塑料制品表面涂上一层含有纳米微粒的透明涂层，利用其强紫外线吸收能力可防止紫外线对塑料制品的老化。

（2）红外反射材料　纳米微粒用于红外反射材料上，主要是制成薄膜和多层膜来使用，包括金属导电膜、透明导电膜、电介质-电介质复合膜、电介质-金属-电介质多层膜等。其中，金属-电介质复合膜的红外反射性能最好，耐热度在 200℃ 以下；电介质多层膜红外反射性能良好并且可以在较高的温度（低于 900℃）下使用；导电膜虽然具有较好的耐热性能，但红外反射性能稍差。以纳米微粒制成的红外反射材料在灯泡工业上有很好的应用前景，在各种强照明灯中，69% 的电能转化为红外线，即很大一部分电能转化为热能消耗掉了，仅有少部分转化为光能用于照明。采用纳米 SiO_2 和纳米 TiO_2 制成的厚度为微米级的干涉膜衬在灯泡罩的内壁，不仅具有良好的透光率而且还具有很强的红外反射能力，可节约 15% 以上的能量。

3. 纳米材料在磁学方面的应用

（1）巨磁阻材料　巨磁阻是指在一定的磁场下电阻急剧减小的现象。一般减小的幅度比通常磁性金属的磁电阻数值高 10 余倍。如在 Fe/Cu、Fe/Ag、Fe/Al、Fe/Au、Co/Cu、Co/Ag 和 Co/Au 等纳米结构的多层膜中有显著的巨磁阻效应，这种巨磁阻多层膜可用于高密度读出磁头、磁存储元件。

（2）新型磁性液体和磁记录材料　磁性液体的主要特点是在磁场作用下可被磁化，并具有流动性，在静磁场作用下液体变成各向异性的介质，当光波、声波在其中传播时，产生光的法拉第旋转、双折射效应、二向色效应以及超声波传播速度与衰减的各向异性。例如，采用油酸表面活性剂包覆在超细 Fe_3O_4 纳米颗粒上（直径约 10nm），并高度弥散于煤油中而形成一种稳定的胶体体系，此纳米磁性液体在旋转轴的动态密封、新型润滑剂、增进扬声器功率、阻尼器件以及密度分离等领域具有广泛的应用。

由于尺寸小，磁性纳米材料具有单磁畴结构、矫顽力很高的特点，制作磁记录材料可以提高信噪比，改善图像质量。作为磁记录的粒子要求为单磁畴针状微粒，其体积要求尽量小，但不得低于变成超顺磁性的临界尺寸（约 10nm）。

（3）纳米微晶软磁材料　通过在 Fe-Si-B 合金中添加 Nb、Cu 元素可得到均匀的纳米微晶材料，其磁导率高达 $10^5 H/m$，饱和磁感应强度为 1.30T，其性能优于铁氧体与非磁性材料。将其用于开关电源变压器，质量仅为 300g，体积仅为铁氧体的 1/5，效率高达 96%。除 Fe-Si-B 外，Fe-M-B、Fe-M-C、Fe-M-N 等系列纳米微晶软磁材料也得到广泛研究，其应用领域将遍及软磁材料应用的各方面，如功能变压器、脉冲变压器、高频变压器、可饱和电抗器、互感器、磁屏蔽、磁头、磁开关、传感器等，成为铁氧体的有力竞争者。另外，纳米材料在稀土永磁材料（如 $SmCo_5$、Sm_2Co_{17} 和 $Nd_2Fe_{14}B$）和磁致冷工质材料（如 $Gd_3Ga_5O_{12}$）方面也得到相应应用。

4. 纳米材料在电学方面的应用

在电学方面，纳米材料已在静电屏蔽材料和导电浆料中体现其优越的电学性能。

静电屏蔽材料用于防止电器信号受外部静电场的严重干扰。一般的电器外壳都是由树脂加炭黑的涂料喷涂而形成的一个光滑表面，炭黑的导电作用使得表面涂层具有静电屏蔽作用。由于具有半导体特性的纳米氧化物（Fe_2O_3、Cr_2O_3、TiO_2、ZnO 等）在室温下比常规氧化物具有更高的导电特性，可起到静电屏蔽作用，已在涂料中大显身手。同时这些氧化物的纳米微粒的颜色不同，可以通过复合控制静电屏蔽涂料的颜色，使得这种纳米静电屏蔽涂料不但有很好的静电屏蔽特性，而且还克服了炭黑静电屏蔽涂料颜色的单调性。

导电浆料是电子工业重要的原材料，包括导电涂料、导电胶和导电糊等。纳米颗粒的熔点通常低于粗晶材料，例如，常规金属银的熔点为 900℃，而纳米银的熔点可以降低到 100℃，那么采用纳米银粉制成的导电浆料，可以在低温下进行烧结，基片也无需采用耐高温的陶瓷基片，甚至可以采用高分子等低温材料。

5. 纳米材料在化工方面的应用

（1）纳米环保材料　纳米材料具有较大的比表面积、丰富的孔隙结构以及光学活性，在治理空气污染、水体污染等环保过程中起到重要的作用。例如，功能化金纳米薄膜材料能够快速并可逆地吸附各种气体，也可以用于石油提炼工业中的脱硫环节当中。在污水处理方面，采用吸附能力和絮凝能力较强的纳米材料吸附剂，可将污水中悬浮物吸附并沉淀下来，然后采用纳米磁性物质、纤维和活性炭等净化装置，有效地除去水中的铁锈、泥沙以及异味污染物，最后，经过具有纳米孔径的特殊水处理膜和带有不同纳米孔径的陶瓷小球组装的处理装置后，可以将水中的细菌、病毒百分百去除，得到高质量的纯净水，完全可以饮用。

（2）纳米涂层材料　在涂料中加入纳米材料可以进一步提升涂料的防护能力，从而达到防紫外线、防大气侵害等作用。例如，在建筑材料玻璃、涂料中加入纳米材料，可进一步提高光透射及热传递的效果，进而获得隔热阻燃等功能；将纳米 SiO_2 作为一种抗辐射材料添加在涂料中可成倍提高涂料的光洁度、抗老化性能及强度；在汽车装饰喷涂行业中将纳米 TiO_2 添加入汽车漆面中，可使汽车漆面形成一种有魅力的色彩效果。

（3）纳米催化剂材料　作为催化剂纳米粒子拥有粒径细、催化效率高等优势，能够控制反应时间、提升反应速度与效率，显著提升经济效益，减少对生态环境的污染。例如，将纳米 TiO_2 应用在高速公路照明装置的玻璃罩面中，由于其拥有较高水平的光催化活性，能够对表面油污进行分解处理，从而保证其具有良好的透视性；在火箭发射用固体燃料推进器中，如添加大约 1%（质量分数）的超细铝或镍颗粒，可使其燃烧使用率增加 100%；将比表面为 $180 m^2/g$ 的 CNTs 直接应用在 NO 的催化还原反应中，在温度 873K 时，可得到 100% 的 NO 转化率。

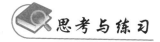

思考与练习

8-1　简述发光材料的分类。

8-2　光致发光材料的定义和分类是什么？列举常用的光致发光材料种类。

8-3　无机电致发光材料主要包含哪些体系？有机电致发光材料有哪些分类？分别列举常用的材料。

8-4　简述太阳能电池的分类。

8-5　简述钠离子电池相比于锂离子电池的优势和缺点。

8-6　氢能源有哪些优点？

8-7　目前使用的储氢材料有哪些？储氢材料的用途是什么？

8-8 按材料组成生物医用材料可分为哪几类?

8-9 什么是智能材料? 它的显著特征是什么?

8-10 按照维度划分, 纳米材料可分为哪几种?

8-11 简述纳米材料的性能特点。

8-12 试根据 Ag 微粒的粒径与电阻之间的关系解释量子尺寸效应。

8-13 简述纳米材料在工程领域中的应用。

第3篇

工程材料成形技术

铸造技术

将金属熔炼成符合要求的液体并浇注到铸型空腔中，待其冷却凝固，可获得具有一定形状、尺寸和性能的毛坯或零件的一种成形工艺方法，称为铸造。

铸造作为金属材料的基本成形方法，伴随着金属材料的诞生而形成，并随着金属材料的发展而发展，距今已有约六千年的历史。铸造已成为当今机械制造中获取零部件的重要方法之一。通常，农业机械、纺织机械、家用机械的铸件占总质量的70%~90%，在机床和车辆上占60%~80%。铸造工艺之所以能够在机械制造中取得如此广泛的应用，主要是因为其具有以下优势：

1）可以生产外形和内腔十分复杂的毛坯，例如，各种箱体、床身、机架、气缸体等。

2）适用范围广。可以生产不同质量、长度及结构的工件。另外，在材质的选取方面，凡是能够熔融的金属或合金，都可采用铸造的方法生产。

3）铸件成本低。原材料可直接利用废机件、浇冒口、切屑等金属废料，价格便宜、便于回收再利用。

但是由于铸造是一种液态成形工艺，生产工序多，成形过程难以精确控制，会使铸件产生诸如缩孔、缩松、气孔、裂纹、晶粒粗大、夹渣等缺陷，极大地影响了产品质量。因此，从影响铸件质量因素的角度入手，来讨论铸造成形相关知识就显得尤其重要。不过，随着铸造合金和铸造工艺技术的迅速发展，特别是精密铸造的发展和新型铸造合金的成功应用，铸造生产的面貌大大改观，铸件的表面质量、力学性能等显著提高，铸件的应用范围不断扩大。

9.1 铸造工艺基础

9.1.1 液态合金的充型

液态合金填充铸型的过程，称为充型。

液态合金充满铸型型腔，获得尺寸精确、形状精准、轮廓清晰健全的成形件的能力，称为液态合金的充型能力。充型能力的好坏直接影响铸件的质量，充型能力不足时，在型腔被填满之前，液态金属结晶形成的晶粒将堵塞充型通道，金属液被迫停止流动，铸件将产生浇不足、冷隔、夹渣、气孔等缺陷，这些缺陷会严重影响铸件的力学性能。

影响充型能力的主要因素是合金的流动性、浇注条件、铸型填充条件和铸件结构。

1. 合金的流动性

（1）流动性的概念　液态合金本身的流动能力，称为合金的流动性，是合金的主要铸造性能之一。影响合金流动性的因素不仅有合金的成分、温度、杂质含量及物理性质，而且还包括外界条件，如铸型性质、浇注条件、铸件结构等因素。因此，流动性是合金在铸造过程中的一种综合性能，对铸件质量有很大的影响。合金的流动性越好，充型能力就越强，越便于浇注出轮廓清晰、薄而复杂的铸件。同时，利于非金属夹杂物和气体的上浮与排除，还利于对合金冷凝过程所产生的收缩进行补缩。因此，在铸件设计、选择合金和制定铸造工艺时，应考虑合金的流动性。

（2）流动性的测定　合金的流动性通常是用浇注流动性试样的方法来测定，通常以螺旋形流动性试样的长度来衡量，如图 9-1 所示。在相同的浇注条件下，合金的流动性越好，浇注出的试样越长。

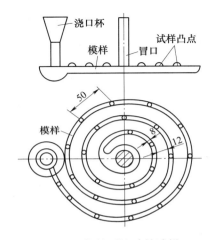

图 9-1　螺旋形流动性试样

（3）影响合金流动性的因素　影响合金流动性的因素很多，但以化学成分的影响最为显著。常用合金流动性的比较见表 9-1。由表 9-1 可知，在常用的铸造合金中，灰铸铁、硅黄铜的流动性最好，铝硅合金次之，铸钢最差。

表 9-1　常用合金流动性的比较

合金	铸型	浇注温度/℃	螺旋线长度/mm
灰铸铁 $w(C)+w(Si)=5.2\%$	砂型	1300	1000
$w(C)+w(Si)=4.2\%$	砂型	1300	600
铸钢 $w(C)=0.4\%$	砂型	1600	100
		1640	200
锡青铜 $w(Sn)=9\%\sim11\%$	砂型	1040	420
$w(Zn)=2\%\sim4\%$			
硅黄铜 $w(Si)=1.5\%\sim4.5\%$	砂型	1100	1000
铝合金（硅铝明）	金属型（300℃）	680~720	700~800

从合金状态图上可以看出，共晶成分的合金是在恒温下凝固的，其流动性最好。主要原因是：①在相同浇注温度条件下，合金保持液态的时间最长；②初晶为共晶团，无树枝状结

晶存在，合金流动阻力小；③结晶温度范围接近零，冷却过程由表及里逐层凝固，形成外壳后，内表面比较平滑（图9-2a），对金属液的阻力小，结晶状态下的流动距离长，所以流动性好；④共晶成分合金的凝固温度最低，相对来说，合金的过热度最大，推迟了合金的凝固，故流动性最好。

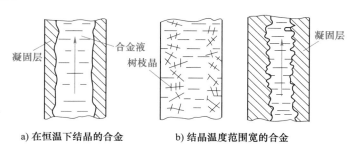

a) 在恒温下结晶的合金　　　　　b) 结晶温度范围宽的合金

图 9-2　不同结晶特征的合金的流动性示意图

除纯金属外，其他成分的合金都是在一定温度范围内逐步凝固的，凝固时铸件壁内存在一个较宽的既有液体又有树枝状晶体的两相区，凝固层的内表面粗糙不平，对内部液体的流动阻力较大，所以流动性较差，如图 9-2b 所示。合金成分越远离共晶点，结晶温度范围越宽，流动性越差。

图 9-3 所示为铁碳合金的流动性与碳含量的关系。由图可知，亚共晶铸铁随碳含量的增加，结晶温度范围减小，流动性提高。越接近共晶成分，流动性越高。

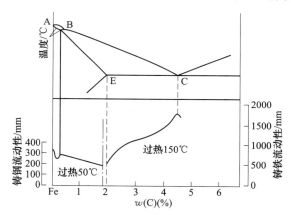

图 9-3　Fe-C 合金流动性与碳含量的关系

2. 浇注条件

（1）浇注温度　浇注温度对合金的充型能力有着决定性影响。在一定的范围内，浇注温度越高，液态金属所含的热量越多，黏度下降，且因过热度高，合金在铸型中保持流动的时间长，故充型能力强；反之，充型能力差。

鉴于合金的充型能力随浇注温度的提高呈直线上升，因此，对于薄壁铸件或流动性较差的合金，可适当提高其浇注温度，以防止浇不足冷隔缺陷。但浇注温度过高，铸件容易产生缩孔、缩松、粘砂、析出性气孔、粗晶等缺陷，故在保证充型能力足够的前提下，浇注温度不宜过高。通常情况下，灰铸铁的浇注温度为 1230～1380℃，铸钢为 1520～1620℃，铝合金为 680~780℃ （复杂薄壁件取上限）。

（2）充型压力　砂型铸造时，提高直浇道高度，使液态合金压力加大，可改善充型能力。但过高的砂型浇注压力会使铸件产生砂眼、气孔等缺陷。在压力铸造、低压铸造和离心铸造等特种铸造方法中，由于人为增大了充型压力，故充型能力较强。

3. 铸型填充条件

熔融合金充型时，铸型阻力及铸型对合金的冷却作用会影响合金的充型能力，因此以下因素对充型能力均有显著影响：

（1）铸型材料　热导率越大，对液态合金的微冷能力越强，合金的充型能力就越差。如金属型铸造比砂型铸造更容易产生浇不足和冷隔缺陷。

（2）铸型温度　金属型铸造、压力铸造和熔模铸造时，为了减少铸型和金属液之间的温度差，减缓合金的冷却速度，可将铸型预热数百摄氏度再进行浇注，使充型能力得到提高。

（3）铸型中的气体　浇注时因熔融金属在型腔中的热作用而产生大量气体，如果铸型的排气能力差，型腔中的气压将增大，而阻碍液态合金的充型。因此要求型砂具有良好的透气性，并设法减少气体来源。工艺上可在远离浇口的最高部位开设出气口。

4. 铸件结构

当铸件壁厚过小，壁厚急剧变化或有较大水平面等结构时，都使液态合金的充型能力降低。设计铸件时，铸件的壁厚必须大于规定的最小允许壁厚值。有的铸件需设计工艺孔或流动通道，如图 9-4 所示的壳体铸件，在大平面上增设肋条有利于金属液充满铸型型腔，并可防止夹砂缺陷的产生。

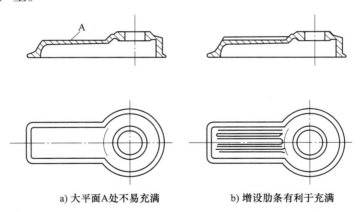

a) 大平面A处不易充满　　　　　　b) 增设肋条有利于充满

图 9-4　壳体结构对流动性的影响

综上所述，为了提高合金的流动性，应尽量选用共晶成分的合金，或结晶温度范围小的合金；应尽量提高金属液的质量，金属液越纯净，含气体、夹杂越少，流动性越好。但在许多情况下，合金是确定的，需从其他方面采取措施来提高流动性，如提高浇注温度和充型压力、合理设置浇注系统和改进铸件结构等。

9.1.2　铸件的凝固与收缩

在冷凝过程中浇入铸型中的液态合金的体积会缩小，铸件将产生缩孔和缩松缺陷。此外，铸件中的热裂、气孔、偏析等缺陷都与合金的凝固过程密切相关，为防止上述缺陷的产生，必须合理地控制铸件的凝固过程。

1. 铸件的凝固方式

在合金的凝固过程中，铸件截面一般存在三个区域，即固相区、凝固区和液相区，其中，液相和固相同时并存的区域称作"凝固区"。凝固区的宽窄对铸件质量有很大的影响。而铸件的凝固方式就是根据凝固区的宽窄（图 9-5 中所示 S）来划分的，可分为逐层凝固、糊状凝固和中间凝固。

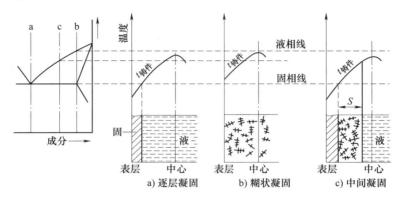

图 9-5 铸件的凝固方式

（1）逐层凝固 纯金属或共晶成分合金在凝固过程中不存在液、固并存的凝固区（图 9-5a），所以其铸件断面上的凝固区等于零，故断面上外层的固体和内层的液体由一条界线（凝固前沿）清楚地分开。随着温度的下降，固体层不断加厚，逐步到达铸件中心，这种凝固方式称为逐层凝固。纯铜、纯铝、灰铸铁、低碳钢等合金的凝固为逐层凝固。

（2）糊状凝固 如果合金的结晶温度范围很宽，且铸件的温度分布较为平坦，则在凝固的某段时间内，铸件表面并不存在固体层，而液、固并存的凝固区贯穿整个断面，如图 9-5b 所示。由于这种凝固方式与水泥类似，即先呈糊状而后固化，故称糊状凝固。

（3）中间凝固 介于逐层凝固和糊状凝固之间的凝固方式称为中间凝固，如图 9-5c 所示。大多数合金均为中间凝固方式，如中碳钢、白口铸铁等。

铸件质量与凝固方式密切相关。一般来说，逐层凝固时，合金的充型能力强，便于防止缩孔和缩松；糊状凝固时，难以获得结晶致密的铸件。在常用合金中，灰铸铁、铝硅合金等倾向于逐层凝固，易于获得致密铸件；球墨铸铁、锡青铜、铝铜合金等倾向于糊状凝固，为获得致密铸件常需采用适当的工艺措施，以便补缩或缩小其凝固区域。

2. 铸造合金的收缩

铸造合金从浇注、凝固直至冷却到室温的过程中，其体积或尺寸缩减的现象，称为收缩。收缩是合金的物理本性。收缩给铸造工艺带来许多困难，是多种铸造缺陷（如缩孔、缩松、裂纹、变形等）产生的根源。为使铸件的形状、尺寸符合技术要求，组织致密，必须研究收缩的规律性。

合金的收缩可分为如下三个阶段：

（1）液态收缩 指合金从浇注温度冷却到凝固开始温度（即液相线温度）过程中的收缩。

（2）凝固收缩　指合金从凝固开始温度到凝固终止温度（即固相线温度）之间的收缩。

（3）固态收缩　指合金从凝固终止温度冷却到室温时的收缩。

合金的液态收缩和凝固收缩表现为合金体积的缩减，常用单位体积收缩量（即体积收缩率）来表示。合金的固态收缩不仅引起合金体积上的缩减，同时，还使铸件在尺寸上缩减，因此常用单位长度的收缩量（即线收缩率）来表示。

合金种类不同，其收缩是不同的。在常用的铸造合金中铸钢件收缩量大，灰铸铁最小。这是由于灰铸铁中大部分的碳是以石墨状态存在的，石墨比体积大，在结晶过程中析出石墨所产生的体积膨胀，抵消了部分收缩。几种铁碳合金的体积收缩率见表 9-2。几种常用铸造合金的线收缩率见表 9-3。在制作铸件模样时要考虑合金的线收缩率。铸件的实际收缩率与化学成分、浇注温度、铸件结构和铸型条件有关。

表 9-2　几种铁碳合金的体积收缩率

合金种类	$w(C)$（%）	浇注温度/℃	液态收缩（%）	凝固收缩（%）	固态收缩（%）	总体积收缩（%）
碳素铸钢	0.35	1610	1.6	3	7.86	12.46
白口铸铁	3.0	1400	2.4	4.2	5.4~6.3	12~12.9
灰铸铁	3.5	1400	3.5	0.1	3.3~4.2	6.9~7.8

表 9-3　几种常用铸造合金的线收缩率

合金种类	灰铸铁	可锻铸铁	球墨铸铁	碳素铸钢	铝合金	铜合金
线收缩率（%）	0.8~1.0	1.2~2.0	0.8~1.3	1.3~2.0	0.8~1.6	1.2~1.4

9.1.3　铸造缺陷分析

1. 铸件中的缩孔和缩松

在冷凝过程中，若液态合金液态收缩和凝固收缩所缩减的容积得不到补足，则在铸件最后凝固的部位会形成一些孔洞。根据这些孔洞的大小和分布，将其分为缩孔和缩松两大类。

（1）缩孔　缩孔是集中在铸件上部或最后凝固部位容积较大的孔洞。缩孔多呈倒圆锥形，内表面粗糙，通常隐藏在铸件内层，但在某些情况下，可暴露在铸件上表面，呈明显的凹坑。

为便于分析缩孔的形成，现假设铸件为逐层凝固，其形成过程如图 9-6 所示。液态合金填满铸型型腔后如图 9-6a 所示，由于铸型的吸热，靠近型腔表面的金属很快凝固成一层外壳，而内部仍然是高于凝固温度的液体，如图 9-6b 所示。温度继续下降，外壳加厚，但内部液体因液态收缩和补充凝固层的凝固收缩，体积缩减、液面下降，使铸件内部出现了空隙，如图 9-6c 所示，直到内部完全凝固，在铸件上部形成了缩孔，如图 9-6d 所示。已产生缩孔的铸件继续冷却到室温时，因固态收缩使铸件的外廓尺寸略有缩小，如图 9-6e 所示。

根据以上分析得知，缩孔产生的基本原因是合金的液态收缩和凝固收缩值大于固态收缩值，且得不到补偿。缩孔产生的部位在铸件最后凝固区域，如铸件壁的上部或中心处。此外，铸件两壁相交处（称为热节）因金属积聚凝固较晚，也易产生缩孔。热节位置可用画内接圆方法确定，如图 9-7 所示。铸件上壁厚较大处及内浇道附近都属热节部位。

（2）缩松　分散在铸件某区域内的细小缩孔，称为缩松。当缩松与缩孔的容积相同时，

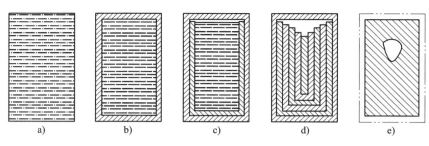

图 9-6　缩孔形成过程示意图

缩松的分布面积要比缩孔大得多，缩松也是由于铸件最后凝固区域的收缩未能得到液体补充，或是因合金是糊状凝固，被树枝状晶体分隔开的小液体区难以得到补缩所致。

　　缩松分为宏观缩松和显微缩松两种。宏观缩松是用肉眼或放大镜可以看到的小孔洞，多分布在铸件中心轴线区域、热节处、冒口根部和内浇道附近，也常分布在集中缩孔的下方，如图 9-8 所示。显微缩松是分布在晶粒之间的微小孔洞，要用显微镜才能观察出来，这种缩松的分布更为广泛，有时遍及整个截面。显微缩松难以完全避免，对于一般铸件多不作为缺陷处理，但对气密性、力学性能、物理性能和化学性能要求很高的铸件，则必须设法减少。

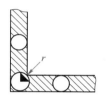
图 9-7　用内接圆法确定缩孔位置

图 9-8　宏观缩松

　　（3）缩孔和缩松的防止

　　1）按照顺序凝固原则进行凝固。顺序凝固即定向凝固，就是在铸件可能出现缩孔的厚大部位通过安放冒口等工艺措施，使铸件上远离冒口的部位先凝固（图 9-9 中Ⅰ），而后是靠近冒口部位凝固（图 9-9 中Ⅱ、Ⅲ），最后才是冒口本身凝固。这样，铸件上每一部分的收缩都能得到稍后凝固部分液体金属的补充，缩孔则产生在最后凝固的冒口内，冒口是多余部分，在铸件清理时将其去除。

　　顺序凝固和逐层凝固是两个不同的概念，逐层凝固是指铸件某断面上的凝固方式，即表层先凝固，然后一层一层向铸件心部长厚。逐层凝固时，铸件心部保持液态时间长，冒口的补缩通道易于保持畅通，故能充分发挥补缩效果。

　　顺序凝固原则适用于收缩大或壁厚差别较大，易产生缩孔的合金铸件，如铸钢、高强度灰铸铁和可锻铸铁等。冒口补缩作用好，铸件致密度高。缺点是铸件各部分温差较大，冷却速度不一致，易产生铸造内应力、变形及裂纹等缺陷；冒口消耗金属多、切割费事。

　　2）合理确定内浇道位置及浇注工艺。内浇道的引入位置对铸件各部分的温度分布有明显影响，应按顺序凝固原则确定。例如，内浇道应从铸件厚实处引入，尽可能靠近冒口或由冒口引入。

浇注温度和浇注速度对铸件收缩也有很大影响。实际生产时应根据铸件结构、浇注系统类型来确定。浇注速度越慢，液态金属流经铸型时间越长，远离浇道处的液体温度越低，靠近浇道处温度较高，有利于顺序凝固。慢浇也有利于补缩、消除缩孔。

3）合理利用冒口、冷铁和补贴等工艺措施。

① 冒口。在铸件厚壁和热节部位设置冒口，是防止缩孔、缩松最有效的措施，冒口的尺寸应保证有足够的金属液供给铸件的补缩部位。冒口的形状应采用圆柱形，因其散热表面积较小，补缩效果良好，起模方便。

冒口种类很多，应用最多的为顶冒口和侧冒口（图 9-10）。位于铸件顶面的冒口称为顶冒口，可以在重力作用下进行补缩，补缩能力较强。当铸件需补缩的热节不在铸型最高处，而在侧面甚至在下半型时，通常采用侧冒口。

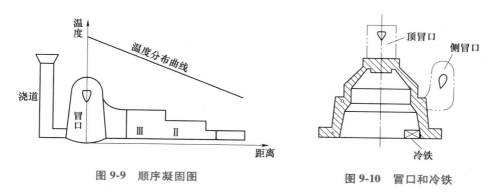

图 9-9　顺序凝固图　　　　　　图 9-10　冒口和冷铁

冒口能补缩的最大距离称有效补缩距离 L。如图 9-11a 所示铸钢平板，当冒口尺寸足够大时（$D \geq 3T$，T 为板厚，$H/D = 1.5$），冒口的有效补缩距离 $L = 4.5T$。当铸件长度超出冒口有效补缩距离时，在平板中部会出现轴线缩松，如图 9-11b 所示。

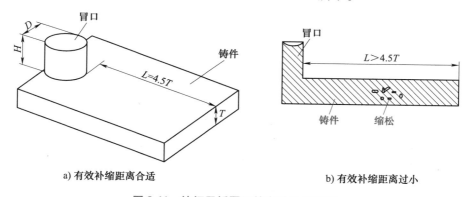

a) 有效补缩距离合适　　　　　　b) 有效补缩距离过小

图 9-11　铸钢平板冒口的有效补缩距离

② 冷铁。用金属材料（铸铁、钢和铜等）制成的激冷物称为冷铁。其作用是在铸型中加大铸件某部分的冷却速度，调节铸件的凝固顺序，如图 9-10 所示，冷铁与冒口配合使用，可扩大冒口的有效补缩距离。

③ 补贴。对于壁厚均匀的薄壁件，只用增加冒口直径和高度的办法来增加冒口的有效补缩距离，其效果往往不显著，其内部仍然产生缩孔和缩松，如图 9-12a 所示。若在铸件

壁（轮缘）上部靠近冒口处增加一个楔形厚度，形成一个向冒口逐渐递增的温度梯度，这样就可以大大增加冒口的有效补缩距离，消除缩孔。所增加的楔形部分，称为补贴，如图9-12b所示。

冒口、补贴和冷铁的综合运用是消除缩孔、缩松的有效措施。

必须指出，对于结晶温度范围宽的合金，由于倾向糊状凝固，结晶开始后，发达的树枝骨架布满了整个截面，使冒口的补缩通道严重受阻，因而难以避免显微缩松的产生。显然，选用近共晶成分或结晶温度范围较窄的合金生产铸件是适宜的。

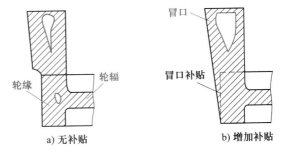

图 9-12　铸钢轮缘加冒口和补贴

2. 铸件内应力、变形和裂纹

铸件在凝固之后继续冷却的过程中，其固态收缩若受到阻碍，铸件内部将产生内应力，这些内应力有时是在冷却过程中暂存的，有时则一直保留到室温，后者称为残余内应力。铸造内应力是铸件产生变形和裂纹的基本原因。有残余内应力的铸件，机械加工后由于内应力的不平衡，会发生再一次的变形，因而丧失了原有的加工精度，并使力学性能、化学和物理性能等下降。因此，应设法减小、防止和消除铸造内应力。

（1）内应力的形成　按铸造内应力产生的原因，可分为热应力和机械应力两种。

1）热应力。由于铸件壁厚不均匀、各部分冷却速度不同，以致在同一时期内铸件各部分收缩不一致而引起的。落砂后热应力仍存在于铸件内，是一种残留铸造内应力。

为了分析热应力的形成，首先必须了解金属自高温冷却到室温时应力状态的改变。

在再结晶温度以上的温度时（钢和铸铁为620～650℃），固态金属处于塑性状态。此时，在较小的应力下就可发生塑性变形（即永久变形），变形之后应力可自行消除。在再结晶温度以下的金属处于弹性状态，此时在应力作用下将发生弹性变形，而变形之后应力继续存在。

图9-13所示的框形铸件可分析热应力的形成。该铸件由粗杆Ⅰ和两根细杆Ⅱ组成，假

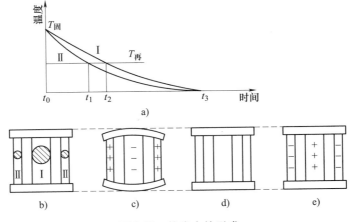

图 9-13　热应力的形成

注：+表示拉应力；-表示压应力

设两根细杆的冷却速度和收缩完全相同。当铸件处于高温阶段（图 9-13a 中所示 $t_0 \sim t_1$）时，两种杆均处于塑性状态，尽管两种杆的冷却速度不同，收缩不一致，但瞬时应力均可通过塑性变形而自行消失。继续冷却后，冷速较快的杆 Ⅱ 已进入弹性阶段，而粗杆 Ⅰ 仍处于塑性状态（图 9-13a 中所示 $t_1 \sim t_2$）。由于细杆 Ⅱ 冷速快，收缩大于粗杆 Ⅰ，所以细杆 Ⅱ 受拉伸、粗杆 Ⅰ 受压缩（图 9-13c），形成了暂时内应力，但这个内应力随之便因粗杆 Ⅰ 的微量塑性变形（压短）而消失（图 9-13d）。当进一步冷却到更低温度时（图 9-13a 中所示 $t_2 \sim t_3$），粗杆 Ⅰ 也处于弹性状态，此时，尽管两杆长度相同，但所处的温度不同。粗杆 Ⅰ 的温度较高，还将进行较大的收缩；而细杆 Ⅱ 的温度较低，收缩已趋停止。因此，粗杆 Ⅰ 的收缩必然受到细杆 Ⅱ 的强烈阻碍，于是，细杆 Ⅱ 受压缩，粗杆 Ⅰ 受拉伸，直到室温，形成了残余内应力（图 9-13e）。由此可见，热应力使铸件的厚壁或心部受拉伸，薄壁或表面受压缩。铸件的壁厚差别越大、合金线收缩率越高、弹性模量越大，产生的热应力越大。

2）机械应力。铸件在固态收缩（即线收缩）时受到铸型、型芯、浇注系统、冒口或箱挡等的阻碍而产生的内应力为机械应力（又称收缩应力），如图 9-14 所示。

机械应力使铸件产生拉伸或剪切应力，是一种暂时应力。经落砂，打断浇、冒口后，应力会随之自行消除。但机械应力在铸型中可与热应力共同起作用，增大某些部位的拉伸应力，促进了铸件的裂纹倾向。

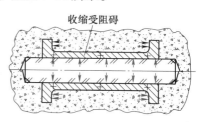

图 9-14　机械应力

铸造内应力对铸件质量危害很大，它使铸件的精度和使用寿命大大降低。在存放、加工甚至使用过程中，铸件会因残余应力的存在而发生翘曲变形和裂纹，因此必须尽量减小或消除。

3）铸造内应力的防止。

① 设计铸件时尽量使壁厚均匀，形状对称，减少热节，尽量避免牵制收缩的结构，使铸件各部分能自由收缩。

② 设计铸件浇注系统时，应采取同时凝固的原则。即铸件相邻各部位或铸件各处凝固开始及结束的时间相同或相近，甚至是同时完成凝固过程，无先后差异及明显的方向性。

实现同时凝固的原则，可将浇道开在铸件的薄壁处，使薄壁处铸型在浇注过程中的温度较厚壁处高，因而使薄壁处的冷速与厚壁处趋于一致。有时为增快厚壁处的冷速，还可在厚壁处安放冷铁，如图 9-15 所示。坚持同时凝固原则可减少铸造内应力、防止铸件的变形和裂纹缺陷，又可不用冒口，省工省料。其缺点是铸件心部容易出现缩孔或缩松，主要用于普通灰铸铁、锡青铜等铸件。这是由于灰铸铁的缩孔、缩松倾向小；锡青铜的糊状凝固倾向大，用顺序凝固也难以有效消除其显微缩松缺陷。

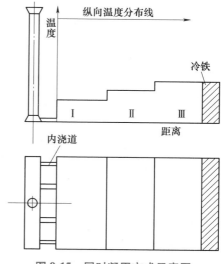

图 9-15　同时凝固方式示意图

③ 造型工艺上，采取相应措施减小铸造内应力。如改善铸型、型芯的退让性，合理设置浇道、冒口等。

④ 减少铸型与铸件的温度差。例如，在金属型铸造和熔模铸造时对铸型预热，可有效减小铸件的热应力。

⑤ 去应力退火。将铸件加热到塑性状态，将灰铸铁的中、小件加热到550~650℃，保温3~6h后缓慢冷却，可消除残余铸造内应力。

（2）铸件的变形与防止　具有残余内应力的铸件是不稳定的，它将自发地通过变形来松弛或部分消除其内应力，以便趋于稳定状态。显然，只有原来受拉伸部分产生压缩变形、受压缩部分产生拉伸变形，才能使残余内应力减小或消除。图9-16所示为车床床身由热应力导致的挠曲变形示意图。其导轨部分因较厚，受拉应力而缩短，床壁部分因较薄受压应力而伸长，于是导轨面下凹变形。

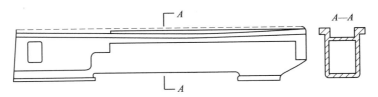

图9-16　车床床身挠曲变形示意图

有的铸件虽无明显变形，但切削加工后，会破坏铸造应力的平衡，会产生微量变形甚至裂纹。如图9-17a所示圆柱体铸件，由于心部冷却比表层慢，结果心部产生拉应力，表层产生压应力。于是心部总是力图变短，外层总是力图变长。当外表面被加工掉一层后，心部所受拉应力减小、铸件变短，如图9-17b

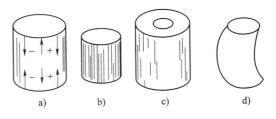

图9-17　圆柱体铸件变形示意图

所示。当在心部钻孔后，表层所受压应力减小，铸件变长，如图9-17c所示。若从侧面切去一层，则会产生如图9-17d所示的弯曲变形。

为防止铸件变形，除在铸件设计时尽可能使铸件的壁厚均匀、形状对称外，铸造工艺上应采用同时凝固原则，以便冷却均匀。对于长而易变形的铸件，还可采用反变形工艺。反变形法是指在统计铸件变形规律的基础上，在模样上预先做出相当铸件变形量的反变形量，以抵消铸件的变形。

实践证明，尽管变形后铸件的内应力有所松弛，但并未彻底去除，这样的铸件经机械加工之后，由于内应力重新分布，还将缓慢地发生微量变形，使零件丧失了应有的精度。为此，对于不允许发生变形的重要工件必须进行时效处理。自然失效是将铸件置于露天场地半年以上，使其缓慢地发生变形，从而使内应力消除；人工时效是将铸件加热到550~650℃进行去应力退火。时效处理宜在粗加工之后进行，以便将粗加工所产生的内应力一并消除。

（3）铸件的裂纹与防止　当铸造内应力超过金属的强度极限时，铸件便会产生裂纹。裂纹是严重缺陷，会使铸件报废。裂纹可分成热裂和冷裂两种。

1）热裂。热裂是在高温下形成的裂纹，其形状特征为：缝隙宽、形状曲折、缝内呈氧化色。

实验证明，热裂是在合金凝固末期的高温下形成的。因为合金线收缩在完全凝固之前便已开始，此时固态合金已形成完整的骨架，但晶粒之间还存在少量液体，故强度、塑性较低，若机械应力超过了该温度下合金的强度，便会发生热裂。形成热裂的主要影响因素如下：

① 合金性质。合金的结晶温度范围越宽，液、固两相区的绝对收缩量越大，合金的热裂倾向也越大。灰铸铁和球墨铸铁热裂倾向小，铸钢、铸铝、可锻铸铁的热裂倾向大。此外钢铁中硫含量越高，热裂倾向也越大。

② 铸型阻力。铸型的退让性越好，机械应力越小，热裂倾向越小。铸型的退让性与型砂、型芯砂的黏结剂种类密切相关，如采用有机黏结剂（如植物油、合成树脂等）配制的型芯砂，因高温强度低，退让性比黏土砂好。

2）冷裂。冷裂是在较低温下形成的裂纹，其形状特征是：裂纹细小、呈连续直线状，有时缝内呈轻微氧化色。

冷裂常出现在铸件受拉应力的部位，特别是应力集中的地方（如尖角、缩孔、气孔、夹渣等缺陷附近）。有些冷裂纹在落砂时并未形成，而是在铸件清理、搬运或机械加工时受到振击才出现。

合金的成分和熔炼质量对冷裂有很大的影响，不同铸造合金的冷裂倾向也不同。灰铸铁、白口铸铁、高锰钢等塑性较差的合金较易产生冷裂；塑性好的合金因内应力作用可通过塑性变形自行缓解，故冷裂倾向小。

为防止铸件冷裂，除设法减小铸造内应力外，还应控制钢、铁的磷含量。如铸钢中，$w(P)>0.1\%$，铸铁中，$w(P)>0.5\%$，因冲击韧度急剧下降，冷裂倾向将明显增加。此外，浇注后，勿过早打箱。

3. 铸件中的气孔

气孔是最常见的铸造缺陷，它是由于金属液中的气体未能排出，在铸件中形成气泡所致。气孔减小了铸件的有效截面积，造成局部应力集中，铸件的力学性能变差，特别是冲击韧度和疲劳强度显著降低。同时，一些气孔是在机械加工中才被发现，成为铸件报废的重要原因。根据气体的来源，可将气孔分为侵入气孔、析出气孔和反应气孔三种类型。

（1）侵入气孔　侵入气孔是砂型或型芯在浇注时产生的气体聚集在型腔表层浸入金属液内所形成的气孔，多出现在铸件局部上表面附近。其特征是：尺寸较大，呈梨形或椭圆形，孔的内表面被氧化，铸铁件中的气孔大多属于这种气孔。预防侵入气孔的基本途径是降低型砂（芯砂）的发气量和增加铸型的排气能力。

（2）析出气孔　在冷凝过程中，溶解于金属液中的气体因气体溶解度下降而析出，铸件因此而形成的气孔称为析出气孔。析出气孔的特征是：尺寸细小，多而分散，形状多为圆形、椭圆形或针状，有时遍及整个铸件截面。

金属之所以吸收气体是由于金属在熔化和浇注过程中很难与气体隔离，一些双原子气体（如 H_2、N_2、O_2 等）可从炉料、炉气等进入金属液中。其中，氢因不与金属形成化合物，原子直径较小，故较易溶解于金属。

溶有氢的液态合金在冷凝过程中，由于氢的溶解度降低，呈过饱和状态，于是氢原子结合成分子，以气泡的形式从合金中析出，上浮的气泡若遇有阻碍，或由于金属液因黏度增加使其不能上浮，则在铸件中会形成大量的分散气孔，即为析出气孔。

预防析出气孔的基本途径是：尽量减少金属液在熔化过程中的吸气量；对已溶于金属液中的气体采取驱气处理等方法。

（3）反应气孔 它是由高温金属液与铸型材料、冷铁（或型芯撑）、熔渣之间，由于化学反应在铸件内形成的气孔。

反应气孔的种类很多，形状各异。例如，金属液与砂型界面因化学反应生成的气孔，常出现在铸件表层下 $1\sim2mm$ 处，孔内表面光滑，孔径为 $1\sim3mm$，又称皮下气孔。皮下气孔常出现在铸钢件和球墨铸铁件上。

若冷铁、型芯撑有锈蚀，与灼热的钢、铁液接触时将发生如下化学反应：

$$Fe_3O_4 + 4C \Longrightarrow 3Fe + 4CO\uparrow$$

产生的 CO 气体常在外冷铁、型芯撑附近（图 9-18）形成气孔。因此，冷铁、型芯撑表面不得有锈蚀、油污，并应保持干燥。

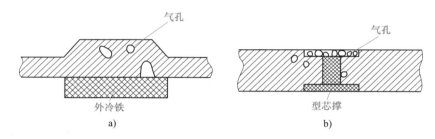

图 9-18 外冷铁与型芯撑形成的气孔

9.1.4 铸件质量分析

铸造过程工序繁多，影响铸件质量的因素复杂，难以综合控制。因此，铸件缺陷难以完全消除，废品率比其他金属加工方法要高出很多。同时，很难发现和修补隐藏在铸件内部的缺陷，有些缺陷则是在机械加工时才暴露出来，这不仅浪费了机械加工工时，增加了制造成本，还会耽误整个生产任务的完成。因此，控制铸件的质量、降低铸件废品率就显得尤为重要。

铸件缺陷的产生不仅与不合理的铸造工艺有关，还与造型材料、模具、合金的熔炼和浇注等环节相关。此外，铸造合金的选择、铸件结构工艺性、技术要求的制定等设计因素都对铸件的生产起关键作用。就一般机械设计而言，应从以下几方面来控制铸件质量。

（1）合理选定铸造合金和铸件结构 选材时，在能保证铸件使用要求的前提下，尽量选用铸造性能好的合金。同时，还应结合合金铸造性能的要求，合理设计铸件结构。

（2）合理制定铸件的技术要求 有缺陷的铸件并不都是废品，若其缺陷不影响铸件的使用要求，可视为合格铸件。在合格铸件中，其缺陷允许存在的程度，一般应在零件图或有关技术文件中做出具体规定，作为铸件质量检验的依据。

（3）模样质量检验 若模样（模板）、芯盒不合格，会造成铸件形状或尺寸不合格等缺陷。因此，必须对模样、芯盒及有关标记进行认真检验。

（4）铸件质量检验 这是控制铸件质量的重要措施。生产中检验铸件是依据铸件缺陷的存在程度，确定和分辨合格铸件、待修补铸件及废品。同时，通过缺陷分析寻找缺陷产生的原因，以便"对症下药"解决生产问题。

（5）铸件热处理 为了保证工件的质量要求，有些铸件铸后必须进行热处理。如为消除内应力而进行时效处理；为改善切削加工性能和降低硬度，对铸件进行软化处理；为保证力学性能，对铸钢件、球墨铸铁件进行退火或正火处理等。

9.2 砂型铸造

砂型铸造作为一种最常用的铸造方法，具有许多的优点。例如，成本低、设备简单、造型材料来源广、操作简便，生产规模不受铸件形状、尺寸以及合金类型的影响等。因此，掌握砂型铸造是合理选择铸造方法和正确设计铸件的基础。

9.2.1 造型方法的选择

砂型铸造最基本的工序就是造型，造型方法的选择至关重要，它会极大地影响铸件的质量和成本。造型方法主要为手工造型和机器造型。制定铸件的制造工艺，首先要选择合适的造型方法。

1. 手工造型

手工造型常用工具如图 9-19 所示，主要适用于单件及小批量生产，有时也可用于较大批量生产。根据砂箱特征可以将手工造型分为：两箱造型、三箱造型、地坑造型、脱箱造型等；而若以模样特征分，可分为整模造型、分模造型、活块造型、刮板造型、假箱造型等。手工造型的优点是操作灵活，对于大小尺寸不同的铸件生产均可适用，采用模样和型芯，通过两箱造型、三箱造型等方法可制造出外轮廓及内腔形状复杂的构件。然而，手工造型也有一些缺点，如生产率低，要求工人具有较高的技术水平，制造出的铸件表面粗糙及尺寸精度较差等。但是，手工造型依旧是一种不可或缺的造型方法。

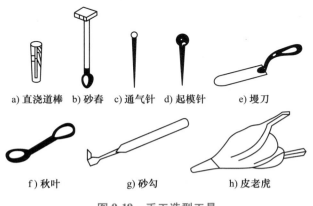

a) 直浇道棒　b) 砂春　c) 通气针　d) 起模针　　e) 墁刀

f) 秋叶　　　g) 砂勾　　　h) 皮老虎

图 9-19　手工造型工具

2. 机器造型

机器造型主要适用于大批量生产。机器造型是利用机器来完成填砂、紧实和起模等操作。相比于手工造型，它具有生产效率高、铸件质量好、劳动强度低等优势。但是它也有生产周期长、设备及模具成本高等缺点。根据紧实方式不同，机器造型可分为压实造型、震击造型、抛砂造型和射砂造型。

（1）压实造型 压实造型是利用压头的压力将砂箱内的型砂紧实，图 9-20 所示为压实造型示意图。将型砂填入砂箱和辅助框内，压头向下将型砂紧实。辅助框的作用是补偿紧实过程中砂柱被压缩的高度。压实造型生产率高，但是沿砂箱高度 H 方向的紧实度 δ 并不均匀，越接近模底板，紧实度越差。因此，压实造型只适用于高度低的砂箱。

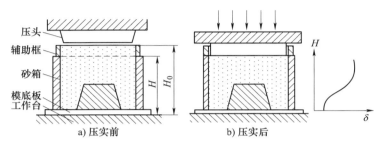

图 9-20 压实造型示意图

（2）震击造型 震击造型是利用震动和撞击力对型砂进行紧实，如图 9-21 所示。将型砂填入砂箱，震击活塞将工作台和砂箱举到一定高度，下落与缸体碰撞，通过下落的冲击力起到紧实的作用。震击造型与压实造型不同的是，越接近模底板，其紧实度越高。因此，为了型砂紧实度更均匀，通常将震击造型和压实造型两者联合使用。

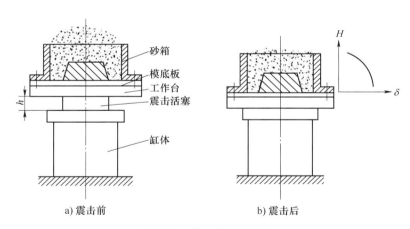

图 9-21 震击造型示意图

（3）抛砂造型 图 9-22 所示为抛砂机原理图。型砂通过带式输送机持续送入，高速旋转的叶片接住型砂，并将其分为一个个砂团，当砂团转到出口处，由于离心力作用，高速抛入砂箱，并同时完成填砂和紧实。

（4）射砂造型 图 9-23 所示为射砂机的原理图。储气筒中迅速进入射膛内的压缩气体，将芯砂从射砂孔射入芯盒的空腔中，压缩空气从射砂板上的排气孔排出，射砂造型可在较短时间内完成填砂和紧实，生产率很高。

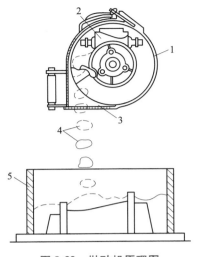

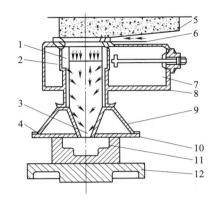

图 9-22　抛砂机原理图

1—机头外壳　2—型砂入口　3—砂团出口
4—被紧实的砂团　5—砂箱

图 9-23　射砂机原理图

1—射砂筒　2—射腔　3—射砂孔　4—排气孔
5—砂斗　6—砂闸板　7—进气阀　8—储气筒
9—射砂头　10—射砂板　11—芯盒　12—工作台

9.2.2　浇注位置和分型面的选择

1. 浇注位置选择原则

铸件的浇注位置指的是浇注时铸件在型腔内所处的位置，浇注位置的选择是否合理对铸件的质量有很大的影响。浇注位置选择的原则为：

（1）铸件的重要加工面应朝下　这是因为铸件的上表面较易产生砂眼、气孔、夹渣等缺陷，组织也不如下表面致密。若重要加工面无法朝下，则应尽量置于侧面。另外，当一个铸件有多个重要加工面时，可将最大的平面朝下，并且对上表面增加加工余量来保证铸件的质量。

车床床身铸件的浇注方案如图 9-24 所示，对于该铸件，导轨面为重要加工面，所以通常是将导轨面朝下放置浇注。

（2）铸件的大平面应朝下　这是因为在浇注过程中，金属液会对型腔上表面产生强大的热辐射，型砂会因急剧热膨胀和强度下降拱起或开裂，从而导致上表面产生夹砂或结疤缺陷。图 9-25 所示为钳工平板浇注位置的选择。

（3）铸件的薄壁部分应置于下部或使其处于垂直或倾斜位置　这样可以防止铸件薄壁发生浇不足或冷隔。图 9-26 所示为油盘浇注位置选择。

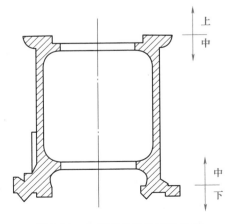

图 9-24　车床床身铸件浇注位置

（4）铸件较厚部分应置于铸型上部或侧面　这样便于在铸件厚大处安置冒口，实现顺序凝固。若铸件圆周表面质量要求高，则应采用立铸（三箱造型或平作立浇），以便补缩。图 9-27 所示为卷扬筒的浇注位置选择。

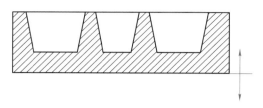

图 9-25 钳工平板浇注位置

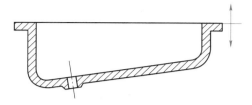

图 9-26 油盘浇注位置

2. 分型面的选择原则

铸型分型面指的是铸型组元间的接合面。分型面选择是否合理是铸造工艺合理性的关键因素之一。若选择不恰当则不仅会影响铸件质量，还会使制模、造型、造芯、合型或清理等工序复杂化，甚至会增加切削工作量。因此在保证铸件质量的前提下，分型面的确定应尽量简化工艺，节省人力物力。分型面的选择原则如下：

（1）应尽量使分型面平直、数量小，以便于起模和简化工艺 分型面越多，铸型误差就会增加，导致铸件精度下降，同时还要避免不必要的型芯。

图 9-28 所示为一起重臂铸件。图中选择的分型面为一平面，可采用简便的分开模造型。若采用俯视图所示的弯曲分型面，则需采用挖砂或假箱造型。显而易见的是，对于大批量生产，尽量选用图中所示的分型面，这样可以便于造型操作，而且模板制造费用低。而对于小批量或单件生产，可以采用弯曲分型面，这是因为整体模样坚固耐用、造价低。

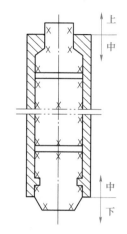

图 9-27 卷扬筒浇注位置

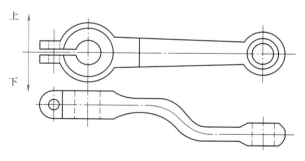

图 9-28 起重臂的分型面

（2）尽量将铸件全部或大部分置于下箱内，以确保铸件精度 图 9-29 所示为一床身铸件，方案 a 在凸台处增加一外型芯，使得加工面和基准面处于同一砂箱内，保证了铸件的精度。若采用方案 b 分型，则错箱会影响铸件精度。

（3）尽量避免不必要的型芯或活块，以简化工艺 图 9-30 所示为支架分型方案，其可有效地避免活块的使用。方案Ⅰ必须采用四个活块才能制出凸台，而下部两个活块由于太深，难以取出，而方案Ⅱ无需使用活块，在 A 处稍加挖砂就可。

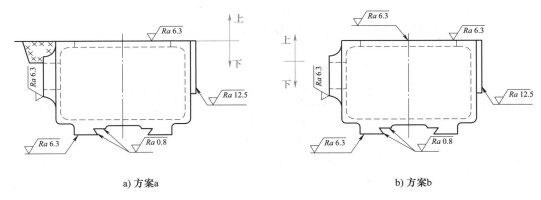

a) 方案a　　　　　　　　　　　　　　b) 方案b

图 9-29　床身铸件分型方案

对于具体铸件，满足以上所有原则是不容易的，有时浇注位置选择与分型面的选择会有冲突，这就需要判断哪个是主要矛盾，尽量满足，至于次要矛盾，则需想办法从工艺措施上设法解决。一般遵循以下原则：

1）对于重要的、受力大的、质量要求高的铸件，应优先考虑浇注位置的选择，分型面的位置要与之适应，以便尽量减少铸件缺陷。

2）对于一般铸件，则优先考虑简化工艺，提高经济效益，尽量采用最简单的分型方案。

有时采用某种措施可以兼顾二者。例如，单件生产球墨铸铁曲轴时，既要充分利用冒口补缩，确保整个曲轴组织均匀且无缺陷，确定中心线直立的浇注位置，又要便于造型，取过中心线的分型面。采用"横作竖浇"工艺，即横向造型、合型，然后将砂箱翻转 90°，冒口朝上，竖向浇注、冷却，以解决此矛盾。

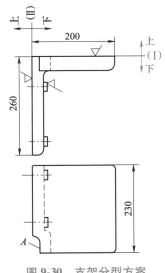

图 9-30　支架分型方案

9.2.3　工艺参数的选择

1. 机械加工余量和铸孔

机械加工余量是在设计铸造工艺时，为铸件预先增加要切去的金属层厚度。需要注意，余量过大，费工且浪费金属；余量过小，铸件将达不到加工面的表面特征与尺寸精度要求。

机械加工余量的具体数值主要取决于合金品种、铸造方法和铸件大小等。灰铸铁表面相比于铸钢表面平整，精度较高，故灰铸铁加工余量要比铸钢件加工余量小，机器造型铸件要比手工造型铸件精度高，加工余量要小些；对于那些尺寸较大或加工面与基准面距离较大的铸件，铸件尺寸误差也会增大，所以加工余量也要增加。另外，浇注时朝上的面的加工余量比底面及侧面要大些，因为它产生缺陷的概率要大，灰铸铁砂型铸件要求的加工余量见表 9-4。根据 GB/T 6414—2017，要求的加工余量有十个等级，为 A、B…H、J、K 等级。

铸件上的孔、槽是否铸出，不仅取决于工艺上的可能性，还需考虑其必要性。一般来说，较小的孔不必铸出，留待机械加工制出，可降低成本。较大的孔、槽则需铸出，以减小切削加工工时，节约材料，而且减少铸件的热节。灰铸铁的最小铸孔推荐如下：单件生产30~50mm，成批生产15~20mm，大量生产12~15mm。零件图上不要求加工的孔、槽，无论大小均要铸出。

表 9-4　灰铸铁砂型铸件要求的加工余量（RMA）（摘自 GB/T 6414—2017）

零件的最大尺寸/mm		手工造型 F~H 级	机器造型 E~G 级	零件的最大尺寸/mm		手工造型 F~H 级	机器造型 E~G 级
大于	至			大于	至		
—	40	0.5~0.7	0.4~0.5	250	400	2.5~5.0	1.4~3.5
40	63	0.5~1.0	0.4~0.7	400	630	3.0~6.0	2.2~4.0
63	100	1.0~2.0	0.7~1.4	630	1000	3.5~7.0	2.5~5.0
100	160	1.5~3.0	1.1~2.2	1000	1600	4.0~8.0	2.8~5.5
160	250	2.0~4.0	1.4~2.8	1600	2500	4.5~9.0	3.2~6.0

注：对圆柱体及双侧加工的表面，RMA 值应加倍。

2. 起模斜度

为便于模样从砂型中取出，凡平行于起模方向的模样表面所增加的斜度（图 9-31），称为起模斜度。

影响起模斜度大小的因素有模样高度、造型方法和模样材料等，一般为 15′~3°。立壁越高，斜度越小；机器造型的起模斜度相比于手工造型要小；金属模样起模斜度要比木模小；为使型砂便于从模样内腔中取出，内壁起模斜度应比外壁大。

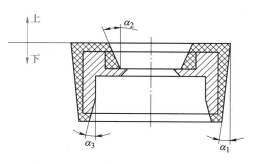

图 9-31　起模斜度

3. 铸造收缩率

由于合金的线收缩，铸件冷却后的尺寸将比型腔尺寸略有缩小。模样尺寸必须要比铸件放大一个该合金的收缩量，以保证铸件应有的尺寸。影响合金收缩率大小的因素为：合金种类、铸件尺寸、铸件形状以及结构等。通常，灰铸铁的收缩率为 0.7%~1.0%，铸造碳钢为 1.3%~2.0%，铝硅合金为 0.8%~1.2%，锡青铜为 1.2%~1.4%。

4. 芯头

芯头的形状和尺寸，对型芯装配的工艺性能和稳定性有重要影响。根据芯头在砂型中的位置，芯头可分为垂直芯头和水平芯头。垂直型芯一般有上、下芯头，如图 9-32a 所示，但是短而粗的型芯可省去上芯头。芯头需有一定斜度，且下芯头斜度要小点（5°~10°），上芯头斜度要大些（6°~15°），水平芯头（图 9-32b）的长度取决于芯头直径及芯的长度。悬臂型芯的芯头必须加长，以防止合型时型芯下垂或被金属液抬起。

另外，需要注意的是，芯头与铸型芯头座之间要有 1~4mm 的间隙 S，便于铸型装配。

9.2.4　综合分析举例

图 9-33 所示为支座零件图。支座是一种普通的支撑件，没有特殊质量要求的表面。材料为灰铸铁（HT150），大批量生产，无需考虑补缩，主要研究工艺上的简化。从图中可以

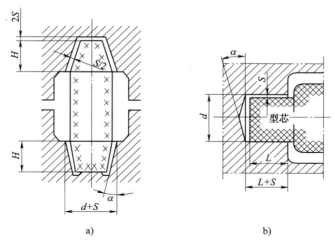

图 9-32 芯头的构造

看出，支座虽为一简单件，但是它的底板上有四个直径为 10mm 孔的凸台，且两个轴孔的内侧凸台会阻碍起模。同时，若轴孔铸出，还要考虑下芯的可能。经由以上分析，几种分型方案如下。

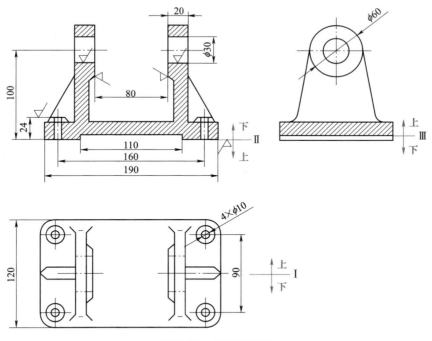

图 9-33 支座零件图

1）方案一沿底板中心线分型，采用分离模造型。这种选择优势是底面上 110mm 的凹槽较易铸出，轴孔下芯方便且轴孔内侧凸台不会阻碍起模。但是该方案中底板的四个凸台必须采用活块，而且铸件较易发生错箱缺陷，飞边清理工作量大。另外，若采用木模，加强肋处较薄，木模易损坏。

2）方案二沿底面分型，将铸件全部置于下箱，对于底面的 110mm 凹槽必须采用挖砂造型。这种方案填补了方案一的不足，但是这种情况下轴孔内侧凸台将阻碍起模，必须使用两个活块或下型芯。当采用活块造型时，直径为 30mm 的轴孔难以下芯。

3）方案三沿 110mm 凹槽底面分型，优缺点与方案二类同，不同之处是将挖砂造型改为分开模造型或假箱造型，以适应不同生产条件。

从以上可看出，方案二和三比方案一优势更大。

对于不同生产批量，又可以有以下几种方案。

1）单件、小批量生产时，由于轴孔直径较小不需要铸出，而手工造型便于挖砂和活块造型，此时选择方案二更加经济合理。

2）大批量生产时，机器造型难以使用活块，故采用型芯制成轴孔内侧凸台，应采用方案三进行分型设计，以降低模板制造费用。

图 9-34 所示为支座的铸造工艺图，从图中可看出方型芯宽度大于底板，从而使上箱压住型芯，避免浇注时发生上浮。若要铸出轴孔则可采用组合型芯来实现。

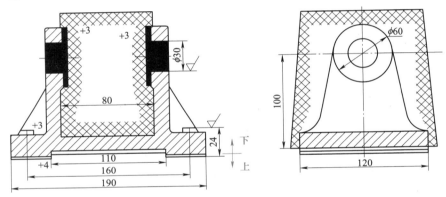

图 9-34　支座的铸造工艺图

合金收缩率：1%；非加工表面起模斜度：30′～1°

9.3　特种铸造

铸造生产中，砂型铸造使用最为普遍，因为其对于铸件形状、尺寸、质量以及合金种类等几乎没有限制，但其也存在一些难以克服的缺点，例如，生产效率低、铸件表面粗糙、废品率较高且工艺过程复杂、劳动条件差等。随着科学技术的发展，对于铸造提出了更高的要求，要求生产出精度更高、性能更好、成本更低的铸件。为了克服砂型铸造中存在的一些问题，铸造工作者在生产实践中发明了许多区别于砂型铸造的其他铸造方法，统称为特种铸造（Special Cast）。如今特种铸造已经发展到几十种之多，用于适应不同铸件生产的特殊要求，以获得更高的生产质量与经济效益。

9.3.1　熔模铸造

熔模铸造（Lost Wax Casting）通常是指将易熔材料制成模样，之后在模样表面涂挂若干层耐火涂料制成型壳，硬化造型后再将模样熔化并将其排出型壳，从而获得无分型面的铸型，最后经高温焙烧后即可进行填砂浇注的铸造方法。该种铸造方法可以获得具有较高精度和表面质量的铸件，又因其模样多使用蜡质材料来制造，故又将熔模铸造称为失蜡铸造。

1. 熔模铸造基本工艺过程

熔模铸造的工艺过程主要可分为蜡模制造、型壳制造、焙烧和浇注几个阶段，如图 9-35 所示，最后制成如图 9-35a 所示的铸件。

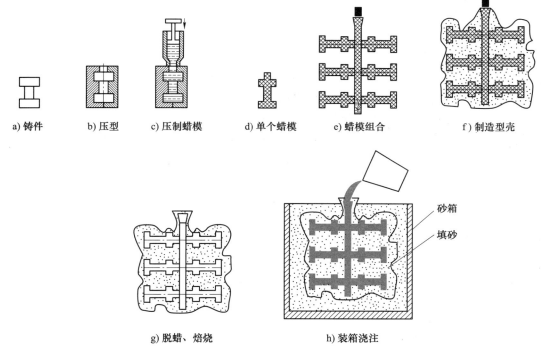

图 9-35　熔模铸造的工艺过程

（1）蜡模制造　制造蜡模过程如下：

1）压型的制造如图 9-35b 所示。压型是用于制造单个蜡模的专用模具，多使用钢、铜或铝等金属材料切削加工制成。这种压型使用寿命较长且精度较高，可保证蜡模的质量。

2）蜡模的压制。可用于蜡模制造的材料有石蜡、蜂蜡、硬脂酸、松香等，一般常用的蜡基模料是用 50%石蜡（质量分数）和 50%硬脂酸混合制成。将蜡料加热至糊状之后，在 2~3MPa 压力之下，将蜡料压入制好的压型之内（图 9-35c），等蜡料冷却凝固之后将其从压型之中取出，修去分型面上的飞边，即得到带有内浇道的单个蜡模（图 9-35d）。

3）蜡模的组装。熔模铸造的铸件一般较小，通常将若干个蜡模焊接在一个预先制好的浇口棒上组成蜡模组（图 9-35e），如此可实现一型多铸，既可提高生产率又降低了成本。

（2）型壳制造　型壳制造是指在蜡模组上涂覆耐火材料，用于制成具有一定强度的耐火型壳的过程。型壳的好坏对于铸件的精度及表面粗糙度有着决定性的影响，故其制造是熔模铸造的关键，具体步骤如下。

1）浸涂料。将蜡模组放置于涂料中浸渍，使涂料均匀包覆在蜡模组的表层。涂料是由耐火材料和黏结剂组成的糊状混合物，可使型腔获得光洁的表层。

2）撒砂。使浸渍涂料的蜡模组上均匀地黏附一层石英砂，目的是用砂粒来固定涂料层，增加型壳厚度以获得必要的强度，提高型壳的退让性和透气性，以防型壳硬化后出现裂纹。批量较小时可采用手工撒砂，大批量生产时采用专用撒砂设备。

3）硬化制壳时，每经过一次涂挂和撒一层砂后应进行化学硬化和干燥，以进一步固定石英砂，增加型壳强度（图9-35f）。

4）脱蜡。为从型壳中取出蜡模形成铸型空腔，还需进行脱蜡。一般是将型壳浸泡于85～95℃的热水中，待蜡料熔化之后上浮于水面而与型壳脱离（图9-35g）。

（3）焙烧和浇注

1）焙烧。该步骤的目的是进一步去除型壳中残留的水分、残料以及其他杂质。浇注之前需将型壳送至加热炉内，加热至800～1000℃进行焙烧，进一步排除其所含残余挥发物，使型腔更加干净。除此之外，型壳的强度也得到增加。

2）浇注。为防止浇注时型壳发生变形、破裂以及浇不足和冷隔等缺陷，常在焙烧之后将型壳用干砂在砂箱内填紧加固，并趁热（600～700℃）进行浇注（图9-35h）。

冷却后，将型壳破坏，取出铸件，然后去除浇道、冒口，清理飞边等。

2. 熔模铸造的特点及适用范围

熔模铸造具有以下特点：

1）铸件精度高，表面质量好，尺寸精度IT11～IT14，表面粗糙度$Ra25～3.2\mu m$。采用熔模铸造的涡轮发动机叶片，精度已达到无机械加工余量的要求。

2）可用于铸造难以进行砂型铸造或机械加工的形状复杂的薄壁铸件。铸件最小壁厚为0.3mm，最小孔径为2.5mm，且可大大减少机械加工工时，显著提高材料利用率。

3）适用于各种合金铸件。由于型壳采用高级耐火材料制成，尤其适用于高熔点、难加工的高合金钢铸件，如高速钢刀具等。

4）生产批量不受限，单件、小批、大批量生产均可。

5）生产工艺较为复杂且周期长，机械加工压型成本高，加之所用耐火材料、模料等，使铸件成本高。又由于铸件受熔模和型壳的强度限制，故铸件不宜过大（或过长），仅适用于从几十克到几千克的的铸件，最大不超过45kg。

目前，熔模铸造已经在汽车、拖拉机、机床、刀具、航空及兵器等制造领域得到了广泛应用，成为无切削、少切削加工工艺的重要方法之一。

9.3.2　金属型铸造

金属型铸造是指将液态金属浇入金属铸型之中，在重力作用下凝固成形以获得铸件的铸造方法。因金属铸型可以重复使用成百上千次，故又有永久型铸造之称。

1. 金属型构造

金属型结构主要取决于所需铸件的形状、尺寸、合金的种类以及生产批量等。金属型种类繁多，按照分型面的不同可大致分为整体式、垂直分型式、水平分型式和复合分型式几种。其中，垂直分型式便于开设浇道、取出铸件，也易于实现机械化生产，使用较为方便，故应用最为广泛。金属型的排气主要依靠出气口和分布在分型面上的诸多通气槽。为了便于在开型后将铸件从型腔内推出，多数金属型都设有推杆机构。金属型的材料通常为铸铁，也可以采用铸钢制造。铸件的内腔可用金属型芯或者砂芯来形成，而金属型芯多用于非铁金属铸件。金属型常设有抽芯机构，便于使金属型芯能在铸件凝固后迅速从内腔中抽出。对于有侧凹的内腔，为使型芯得以取出，金属型芯通常由多块组合而成。铸造铝活塞金属型典型结构简图如图 9-36 所示。

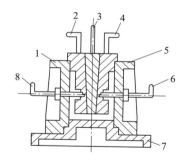

图 9-36　铸造铝活塞简图
1、5—左右半型　2、3、4—分块金属型芯
6、8—销孔金属型芯　7—底型

由图 9-36 可知，该结构为垂直分型式与水平分型式相结合的复合结构，左右两个半型使用铰链加以连接，用以开、合铸型。该结构之所以采用了组合型金属型芯是由于铝活塞内腔结构较为复杂，有销孔内凸台，整体型芯无法抽出。浇注凝固之后，可先抽出块 3（中间型芯），随后再取出块 2 和 4（两侧型芯）。

2. 金属型的铸造工艺

由于金属型导热快且没有退让性和透气性，为延长铸型的使用寿命并获得优质铸件，需严格控制其工艺。

（1）金属型预热　金属型在浇注之前需要预热，并在浇注过程中采取适当冷却等措施，使其保持一定的工作温度。不同的铸件结构和合金种类所需的预热温度有所不同，需通过实验确定。一般来说，铸铁件为 250~350℃，非铁金属件为 100~250℃，其目的是减缓金属型在浇注液态金属时产生的激冷作用，减少铸件缺陷，同时延长铸型使用寿命。

（2）喷刷涂料　金属型的型腔和金属型芯表面必须喷刷涂料，用于保护型壁表面免受金属液的直接冲蚀和热击。而涂料层的厚度不同还可影响铸件各部分的冷却速度，从而起到蓄气和排气的作用。涂料可分为衬料和表面涂料两种，前者主要以耐火材料为主，厚度为 0.2~1.0mm；后者为可燃物质（如灯烟、油之类），每浇注一次需喷涂一次，用于产生隔热气膜。

（3）浇注温度　由于金属型的导热能力较强，故浇注温度应比砂型铸造高 20~30℃。铝合金为 680~740℃，铸铁为 1300~1370℃，锡青铜为 1100~1150℃，薄壁小件取上限，厚壁大件取下限。

（4）开型时间　浇注后，铸件在金属型内停留的时间越长，越难以进行铸件的出型及抽芯，铸件产生内应力和裂纹的倾向会增大，并且使铸铁件的白口倾向增加，金属型铸造的生产率降低。因此应在铸件凝固之后尽早出型。一般小型铸铁件出型时间为 10~60s，铸件温度为 780~950℃。

3. 金属型铸造的特点及应用范围

金属型铸造可实现一型多铸，工序简单，便于实现机械化和自动化生产，从而大大提高生产率。与砂型铸造相比，金属型内腔表面光洁，刚度大，故铸件的精度和表面质量都有显著提高，尺寸精度可达 IT12~IT16，表面粗糙度值 $Ra25~12.5\mu m$。金属型导热速度快，铸件的冷却速度快，凝固后铸件的结晶组织致密，晶粒细小，铸件的力学性能也得到了显著提升。如铝合金金属型铸件，其屈服强度平均提高 20%，并且耐蚀性和硬度也有明显提高。除此之外，金属型铸造的浇冒口尺寸较小，液体金属耗量减少，并且不用砂或少用砂，减少

工程材料与先进成形技术 **基础**

砂运输和处理设备，改善劳动条件。

但金属型铸造成本较高且生产周期长，并且铸造工艺要求严格，否则易出现浇不足、冷隔、裂纹等铸造缺陷，灰铸铁件难以避免出现白口组织。此外对于铸件的形状和尺寸还有一定的限制。

通常金属型铸造用于铜、铝合金不复杂的中小铸件的大批量生产，如铝活塞、气缸体、缸盖以及铜合金轴瓦、轴套等。

9.3.3 压力铸造

压力铸造（Pressure Casting）简称压铸，是指将熔融状态的金属在高压（比压约为 5~150MPa）下快速（充填速度可达 5~50m/s）压入金属铸型中，并在压力下结晶凝固，以获得铸件的方法。压力铸造通常在压铸机上完成。

1. 压力铸造的工艺过程

压铸所用的铸型称为压型，与金属型中的垂直分型相似，压型的半个铸型是固定的，称为静型；另外半个铸型可以在水平方向移动，称之为动型。在压铸机上装有抽芯机构和顶出铸件机构。

压铸机的主要构成为压射机构和合型机构。压射机构负责将金属液压入型腔，而合型机构则用于开合压型，并在压射金属时顶住动型，防止金属液从分型面处喷出。一般用合型力的大小来表示压铸机的规格。

若按压射部分的特征分类，压铸机可以分为热压室式和冷压室式两大类。热压室式压铸机上装有坩埚用于储存液态金属，压室浸在液态金属中，因此只能用来压铸低熔点合金，应用较少。而冷压室式压铸机应用较为广泛，金属熔炼设备不在压铸机上。图 9-37 所示为卧式冷压室式压铸机的工作过程。

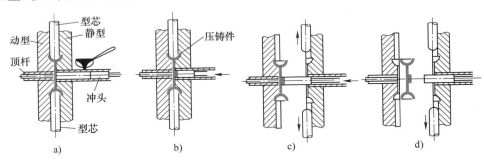

图 9-37　卧式冷压室式压铸机工作过程

1）注入液态金属。先将压型闭合，再将勺内定量的金属液通过压室上的注液孔向压室内注入，如图 9-37a 所示。

2）压铸。压射冲头向前推进，金属液被压入压型之中，如图 9-37b 所示。

3）铸件取出。待铸件凝固后，使用抽芯机构将型腔两侧型芯同时抽出，动型左移开型，铸件则借冲头的前伸动作离开压室（图 9-37c）。之后在动型继续打开的过程中，顶杆停止左移，铸件则在顶杆的作用下被顶出动型（图 9-37d）。

压型型腔的精度与铸件质量关系密切，故为了保证铸件的质量，压型的型腔精度要求很

262

高，表面粗糙值要很低。采用专门的合金工具钢制作压型，并进行严格的热处理。压铸时还要使压型保持一定的工作温度（120~280℃），并喷覆涂料，避免铸造缺陷。

2. 压力铸造的特点和适用范围

相比于其他的铸造方法，压力铸造的优点主要如下：

1）铸件的精度和表面质量比其他的铸造方法要高（尺寸公差等级 CT4~CT8，表面粗糙度值为 $Ra1.6~12.5\mu m$），通常可不经机械加工直接使用。

2）压力铸造是在高速、高压下成形，可铸出形状复杂、轮廓清晰的薄壁铸件，还可直接铸出小孔、螺纹、齿轮等。压铸件的一般规范见表 9-5。

表 9-5　压铸件的一般规范

合金种类	适宜壁厚 /mm	孔的极限尺寸			螺纹极限尺寸			铸齿的最小模数
		最小孔径 /mm	最大孔深（直径倍数）		最小螺距 /mm	最小螺纹直径 /mm		
			不通孔	通孔		外螺纹	内螺纹	
锌合金	1~4	0.7	$4d$	$8d$	0.75	6	10	0.3
铝合金	1.5~5	2.5	$>\phi5=4d$ $<\phi5=3d$	$>\phi5=7d$ $<\phi5=5d$	1.0	10	20	0.5
镁合金	1~4	2.0	$>\phi5=4d$ $<\phi5=3d$	$>\phi5=8d$ $<\phi5=6d$	1.0	6	15	0.5

3）因铸件冷却速度快，又是在高压之下结晶，故铸件组织细密，力学性能良好，强度和硬度都较高，如抗拉强度相比于砂型铸造要提高 25%~30%。

4）压铸在压铸机上进行，生产效率高，劳动条件好。一般冷压室式压铸机平均每小时可完成压铸 600~700 次。

5）便于采用镶铸（又称镶嵌法）。镶铸是指将由其他金属或者非金属材料预制成的嵌件在浇注前先放入压型中，通过压铸使两者结合在一起。这既可满足铸件某些部位的特殊性能要求，如强度、耐磨性等，又简化了装配结构和制造工艺。

尽管压铸是实现少、无屑加工的一种十分有效的途径，但也存在不足，主要为以下几点：

1）压铸所需的压铸机等设备需要大规模的投资，且制造压型费用较高，周期长，故多用于大批量生产，否则经济效益较低。

2）压铸不适用于熔点较高的合金（如铜、钢等），否则会造成压型使用寿命缩短。

3）由于压铸是在高速、高压下铸造，所以型腔内的气体很难排除，厚壁处的收缩也很难补足，导致凝固之后会在铸件内部会形成气孔和缩松。因此压铸件不适用于大余量的切削加工，避免孔洞暴露在外。

4）由于气孔是在高压下形成的，所以热处理时，会导致内部的气体膨胀，从而使铸件表面产生气泡，所以压铸件不可以使用热处理来改善其力学性能。不过伴随加氧压铸、真空压铸等新型工艺方法的出现，使得压铸的缺点存在了克服的可能性。

目前，压力铸造已经在汽车、拖拉机、航空、兵器以及计算机等制造业得到了广泛的应用，例如，气缸、喇叭外壳等铝、镁、锌合金铸件的大批量生产。

不同的铸造方法都有其特点与适用范围，实际生产中要根据铸件的形状、大小、质量要求以及合金种类等进行全面分析并确定其所适用的铸造方法，如此方可实现经济效益的最大化，几种常用铸造方法的综合比较见表9-6。

表9-6　几种常用铸造方法的比较

比较方法	铸造方法				
	砂型铸造	熔模铸造	金属型铸造	压力铸造	低压铸造
铸件尺寸精度	IT14~16	IT11~14	IT12~14	IT11~13	IT12~14
铸件表面粗糙度值 $Ra/\mu m$	粗糙	25~3.2	25~12.5	6.3~1.6	25~6.3
适用金属	任意	不限制，以铸钢为主	不限制，以非铁合金为主	铅、锌、镁低熔点合金	以非铁合金为主，也可用于钢铁材料
适用铸件大小	不限制	小于45kg，以小铸件为主	中、小铸件	一般小于10kg，也可用于中型铸件	以中、小铸件为主
生产批量	不限制	不限制，以成批、大量生产为主	成批、大量	成批、大量	成批、大量
铸件内部质量	结晶粗	结晶粗	结晶细	表层结晶细，内部多有孔洞	结晶细
铸件加工余量	大	小或者不加工	小	小或者不加工	较小
铸件最小壁厚/mm	3.0	0.7	铝合金2~3，灰铸铁4.0	0.5~0.7	2.0
生产率（一般机械化程度）	低、中	低、中	中、高	最高	中

9.4　铸件结构的工艺性

铸件结构的工艺性通常是指零件本身的结构应该符合铸造生产的需求。一方面，铸件结构应该方便铸造工艺的进行；另一方面，合理的铸件结构应该能够保证通过铸造工艺可以得到良好的质量，即拥有良好的铸造性能。铸件结构是否合理，对简化铸造工艺、保证产品质量、提高生产效率、节省金属材料等具有重要意义。

9.4.1　铸造工艺对铸件结构的要求

合理的铸件结构应该尽可能地简化铸造工艺，这样既有利于降低铸造成形的成本，又有利于保证铸件的质量，故应该尽可能地满足以下要求：

1）铸件的外形应该尽可能地简单。在保证零件实用性及强度的前提下，应该尽量简化铸件的外形，从而便于造型。

2）分型面尽量平直。平直的分型面可避免挖砂和假箱造型，并且可减少飞边，便于清理，因此要尽力避免弯曲分型面。如图9-38a所示的托架，原设计忽略了分型面尽量平直的原则，误将分型面上也加了外圆角，结果只得采用挖砂（或假箱）造型。按图 9-38b 改进后，便可采用简易的整模造型。

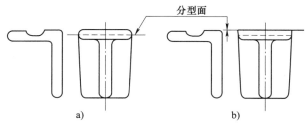

图 9-38　托架铸件的设计

3）凸台、肋条的设计应考虑便于造型。如图 9-39a、c 所示零件上面的凸台均妨碍起模，必须采用活块或增加型芯来造型。若这些凸台与分型面的距离较近，则应将凸台延长到分型面，如图 9-39b、d 所示，以简化造型。

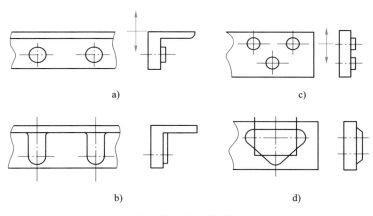

图 9-39　凸台的设计

4）铸件的内腔结构应尽量符合铸造工艺的要求。众所周知，铸件的内腔通常采用型芯来形成，但是型芯的使用会延长生产周期，进而增加成本，因此，在设计铸件的内腔结构时，应尽量不用型芯或者少用型芯。若铸件必须使用型芯，那么铸件结构应该尽量做到便于下芯、安装、固定，同时要便于排气和清理。如图 9-40 所示的悬臂支架，如果采用 9-40a 所示的结构，铸造时必须采用型芯，这会增加铸造成形的周期与成本，在保证强度和使用性能的前提下，如果改为图 9-40b 所示的结构，铸造时便不必使用型芯。

5）铸件上垂直于分型面的不加工面最好具有一定的结构斜度，以利于起模，同时便于用砂垛代替型芯（称为自带型芯），以减少型芯数量。如图 9-41a~d 所示，均不具备结构斜度，在起模时容易造成结构的损坏，应该改为如图 9-41e~h 所示的结构，便于起模。

9.4.2　铸造性能对铸件结构的要求

铸件结构如果不合理，不仅不利于铸造工艺的简化，还有可能给铸件带来许多性能上的缺陷，例如，缩孔、缩松、裂纹、变形、浇不足和冷隔等，故铸件结构应该满足以下几个方

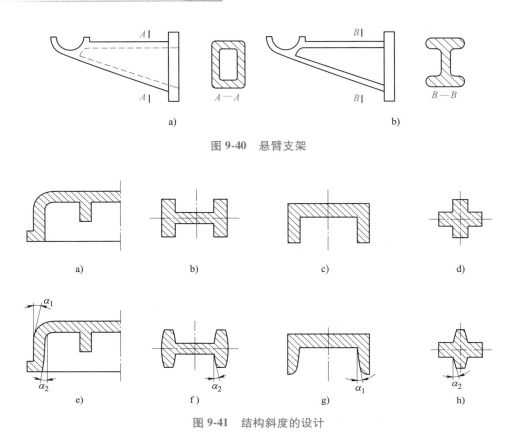

图 9-40 悬臂支架

图 9-41 结构斜度的设计

面的要求：

1）壁厚合理。如果铸件壁厚过小，则容易产生冷隔、浇不足或白口等缺陷，故铸件的最小壁厚应根据铸件的材料、大小以及铸造方法等加以限制。在不产生其他缺陷的前提下，尽可能地选择小的壁厚，以避免因壁厚过大而带来的缺陷，并起到节约材料、降低成本的作用。为了保证铸件的强度，可以在减小壁厚的同时在铸件上添加加强肋等结构，如 9-42 所示。

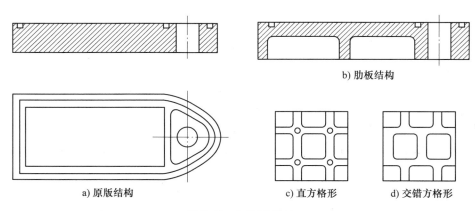

图 9-42 加强肋设计

2）铸件壁厚应尽量均匀。如果铸件的壁厚不均匀，则会产生缩孔、缩松、晶粒粗大等缺陷，同时，铸件壁厚不均匀会造成铸造热应力，并因此而产生变形和裂纹等缺陷。如图 9-43a所示，在厚壁处产生缩孔、在过渡处易产生裂纹，改为如图 9-43b 所示结构则可防止上述缺陷的产生。

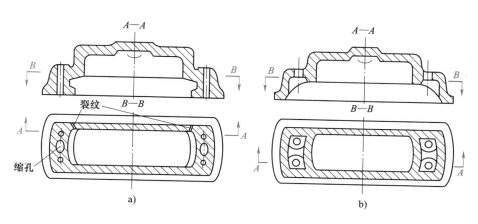

图 9-43　顶盖铸件的两种壁厚设计

3）铸件上的肋条分布应尽量减少交叉，以防形成较大的热节，需要时，可采用交错接头或环形结构代替肋条的交叉接头。如图 9-44 所示，应该尽量避免如图 9-44a 所示的结构，改用如图 9-44b、c 所示的结构。

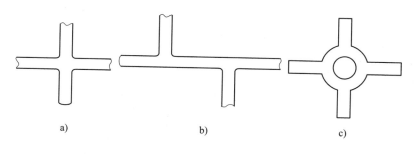

图 9-44　肋条的分布

4）连接铸件不同壁厚的地方应该采用逐渐过渡的方式，铸件不同结构相互连接时应采用较大的圆角连接，避免锐角连接，从而避免因应力集中而产生开裂。如图 9-45 所示，如果铸件过渡区域采用如图 9-45a 所示的结构，则容易因应力集中而产生开裂，应该改为如图 9-45b所示的结构，设置圆角，避免应力集中。若两壁间的夹角小于 90°，则应考虑采取如图 9-46 所示的过渡形式。

5）避免采用较大的水平平面。铸件结构中如果存在较大的水平平面，那么在浇注时，金属液面的上升速度会比较缓慢，容易使铸件产生夹砂、浇不足等缺陷。因此，应尽量用倾斜结构代替过大水平面。

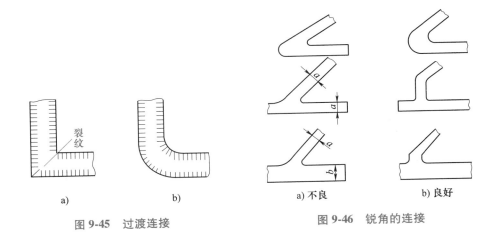

图 9-45　过渡连接

图 9-46　锐角的连接

9.5　铸造技术的新进展

随着科学技术的发展，金属成形向着绿色、高效、智能的方向发展，在传统铸造工艺的基础上，又开发出了许多新的技术来辅助铸造工艺的设计或者对铸造后铸件的结构、性能进行预测。关于这方面的技术已得到广泛应用。

9.5.1　定向凝固技术

定向凝固是指在凝固金属和未凝固熔体中建立起沿特定方向的温度梯度，从而使熔体在气壁上形核，之后沿着与热流相反的方向，按要求的结晶取向进行凝固的技术。采用、发展该技术最初是用于消除结晶过程中生成的横向晶界，从而提高材料的单向力学性能。该技术运用于燃气涡轮发动机叶片的生产，所获得的具有柱状乃至单晶组织的材料具有优良的抗热冲击性能、较长的疲劳寿命、较高的蠕变抗力和中温塑性，提高了叶片的使用寿命和使用温度，如图 9-47 所示。采用定向凝固技术制备的合金材料消除了基体相与增强相相界面之间

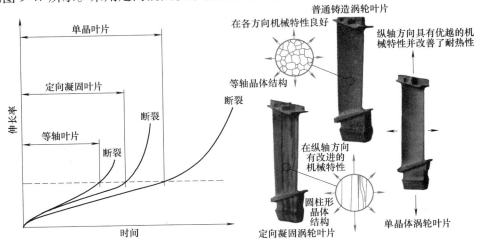

图 9-47　不同凝固方式生产的航空发动机叶片

的影响，有效地改善了合金的综合性能。

按照凝固系统的特点，定向凝固可以分为垂直定向凝固和水平定向凝固两大类。垂直定向凝固由于可以制备工业需求的晶体而被广泛应用，而水平定向凝固则主要用作材料的提纯。

1. 垂直定向凝固

垂直定向凝固系统由一个管式炉和竖直的提拉机构组成，如图 9-48 所示。管式炉熔化材料并提供单向温度场，定向凝固时将籽晶置于底端进行引晶。晶体生长可通过移动坩埚和炉子进行，或者炉子和试样均静止，或者通过炉子按顺序切断功率的三种方式进行，在此过程中，晶体通过温度梯度区域而实现定向凝固。

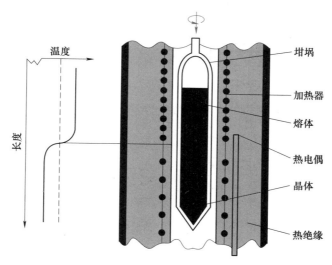

图 9-48　垂直 Bridgman 定向凝固方法

另一种方式是将晶体装在底部的抽拉杆上，向下抽拉实现定向凝固。这类晶体垂直移动法首先由 Bridgman 提出，称为 VB（Vertical Bridgman）方法，在工业和研究领域得到广泛应用。此外，可在炉内加入隔热挡板，将热区和冷却区隔开，有效地提高了炉内温度梯度，如图 9-49 所示。

2. 区域熔化定向凝固

水平定向凝固的一个显著特点是区域定向凝固，目前该技术广泛应用于材料提纯和制备单晶。该技术原理是在凝固起始端放入籽晶，利用高频感应加热线圈加热，单向移动加热器，使其通过籽晶和铸锭，然后冷却形成单晶，如图 9-50 所示。区域熔化定向凝固的优点是熔化区很窄，熔体与坩埚接触的时间短。区域熔化提纯过程中，为提高提纯效率，开发了一种多熔化区的提纯技术，其效果相当于单个熔化区的几倍。

区域熔化也可采用竖直定向凝固的方式，其中垂直悬浮区域熔化在制备单晶体和定向凝固领域有着非常广泛的应用。如图 9-51 所示，高频感应加热的熔化区自下而上地通过所制备的材料，下部斜线区域为已制备的单晶，上部网线区域为原始材料，垂直区域熔化区的悬浮依靠表面张力来支撑，因此这种凝固方法不需要坩埚，不存在坩埚污染，保证了材料的纯净度。由于依靠熔体表面的张力来约束熔体，这种方式制备晶体的直径一般在 20mm 以下。

工程材料与先进成形技术 基础

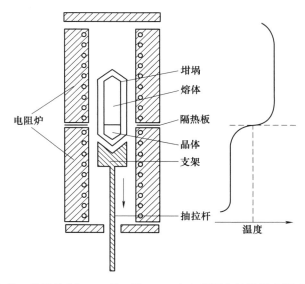

图 9-49　典型 Bridgman-Stockbarger 定向凝固方法及炉内温度分布

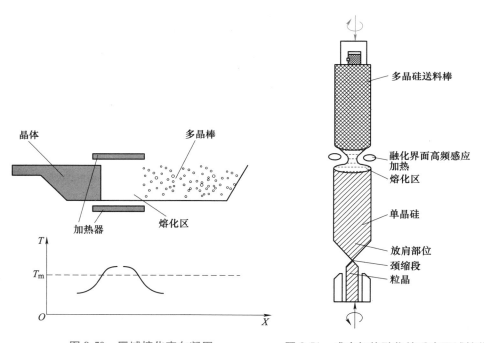

图 9-50　区域熔化定向凝固　　　　图 9-51　感应加热融化的垂直区域熔化方法

　　除感应加热的方式外，科学工作者还逐渐开发了利用电子束、激光束和等离子束等高能束的加热方法，由于这些方法功率密度高，在窄的熔化区内即可以进行悬浮熔炼并定向凝固。

9.5.2　数字化无模铸造精密成形技术

　　数字化无模铸造精密成形技术简称无模铸造技术，是计算机、自动控制、新材料、铸造等技术的集成和原始创新。该技术由三维 CAD 软件直接驱动铸型制造，不需要模具，缩短了铸造流程，实现了数字化制造和快速制造。图 9-52 所示为该技术的技术流程图。

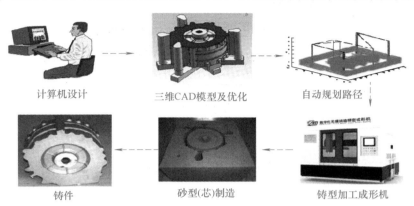

计算机设计　　　　三维CAD模型及优化　　　　自动规划路径

铸件　　　　　　砂型(芯)制造　　　　　铸型加工成形机

图 9-52　无模铸造技术流程图

同传统铸型制造技术相比，无模铸造有以下几方面优点：

（1）造型时间短　利用传统方法制造铸型必须先加工模样，无论是普通加工还是数控加工，模样的制造周期都比较长。对于大中型铸件，铸型的制造周期一般以月为单位计算。由于采用计算机自动处理，无模铸造工艺的信息过程一般只需花费几个小时至几十个小时。

（2）制造成本低　无模铸造工艺的自动化程度高，其设备一次性投资较大，其他生产条件如原砂、树脂等原材料的准备过程与传统的自硬树脂砂造型工艺相同。然而又由于它造型无需模样，而一些大型、复杂铸件模具的成本又较高，所以其收益是明显的。

（3）型、芯同时成形　无模铸造工艺制造的铸型，型和芯是同时堆积而成，无需装配，位置精度更易保证。

（4）易于制造含自由曲面的铸型　传统工艺中，采用普通加工方法制造含自由曲面的铸型，数控加工编程复杂，涉及刀具干涉等问题，所以传统工艺不适合制造含自由曲面或曲线的铸件。而基于离散/堆积成形原理的无模铸造工艺，不存在成形的几何约束，因而能够很容易地实现任意复杂形状的造型。

（5）造型材料廉价　无模铸造工艺所使用的造型材料是普通的铸造用砂，价格低廉，来源广泛。

数字化无模铸造精密成形技术不需要模具，缩短了铸造流程，实现了传统铸造行业的数字化制造，特别适合复杂零部件的快速制造，在节约铸造材料、缩短工艺流程、减少铸造废弃物、提升铸造质量、降低铸件能耗等方面具有显著特色和优势。

与传统有模铸件制造相比，数字化无模铸造加工费用仅为有模铸造的 1/10 左右，开发时间缩短 50%~80%，制造成本降低 30%~50%。图 9-53 所示为无模铸型制造工艺与传统工艺耗费时间对比图。

将无模铸型快速制造技术应用于铸造模具制造，大大简化了铸造模具的制造工艺，缩短了制造周期，提高了模具的尺寸精度，降低了模具的制造成本，对铸造业乃至整个机械制造业的技术创新和飞速发展起着极其深远的影响。

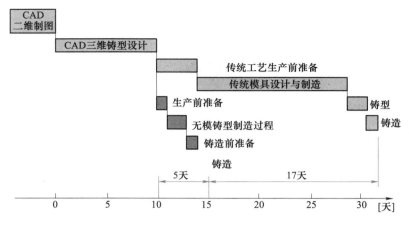

图 9-53　无模铸型制造工艺与传统工艺耗费时间对比

9.5.3　快速成形技术及其应用

快速成形是集计算机、光学、电学、精密仪器和材料科学等多种现代学科于一体的自动化技术。如图 9-54 所示，通过 CAD 系统设计出零件的三维（3D）数据模型（简称数模）后，对模型进行三角面片化（STL）处理，对于复杂结构造型往往需要对三角面片化数据进行修复工作；再根据点、线、面累加原理对应的工艺特征，在制造（设备）坐标系中定向数据模型；按照设备允许材料的累加厚度，对 CAD 模型进行切片，生成二维（2D）平面信息（截面信息分为内轮廓、外轮廓、填充三部分）；再冻结标定后的微累加体数据，形成工艺参数；结合输入数据模型的层面信息，生成加工代码，利用数控装置精确控制激光束（或其他工具）的运动，在当前工作层上扫描，分别固化出界面的内轮廓、外轮廓、填充等形状；再移动工作台，铺上新的一层成形材料，如此一层一层地累加制造，直至整个零件加工完毕。

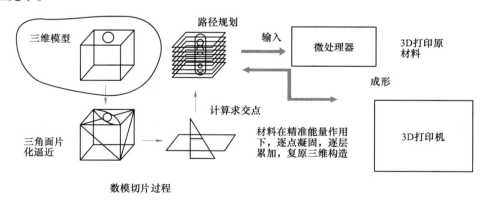

图 9-54　快速成形原理

在制造过程中，采用数字化方式进行精准能量控制，使材料逐点累加成线（内、外轮廓），精准填充完成层与层间制造。

快速成形典型工艺主要包括立体光固化成形（Stereo Lithography Appearance，SLA）、分层实体制造（Laminated Object Manufacturing，LOM）、激光选区烧结（Selective Laser Sintering，SLS）、熔融沉积成形（Fused Deposition Modeling，FDM）等。原材料形态主要有气态、液态丝状、粉末状态。从材料种类看，主要包括非金属材料和金属材料。非金属材料主要有光敏树脂、各种工程塑料，遵循光聚合、热融合或黏结机理累加；金属材料主要有合金钢、铝合金、不锈钢、钛合金、高温合金，遵循焊接或微铸造机理累加，常配合热等静压等热处理工艺改善微观组织结构，实现性能指标的提升。

快速成形技术与传统铸造技术相结合形成了快速铸造技术。基本原理是利用 3D 打印技术直接或间接地打印出铸造用消失模、聚乙烯模、蜡样、模板、铸型、型芯或型壳，然后结合传统铸造工艺，快捷铸造金属零件。3D 打印技术与铸造工艺的结合，充分发挥了 3D 打印速度快、成本低、可制造复杂零件及可铸造成形任何金属，且不受形状、大小影响，成本低廉的优势，它们的结合可扬长避短，使冗长的设计、修改、再设计到制模这一过程大大地简化和缩短。

快速成形技术在铸造领域中的应用主要在于模样的快速制备。快速成形模具制造分为直接法和间接法：直接法是将快速成形件进行后处理（如喷涂转移涂料、渗蜡等，制作木模、蜡模或消失模），获得铸件或铸型；间接法是用快速成形件作为母模或过渡模具（如硅橡胶模、石膏模等），再通过精密铸造等传统模具制造方法得到铸件或铸型。

1. 快速成形技术制造的铸造模具

（1）代替木模　在砂型铸造生产中，采用传统的手工制作或常规的机械加工制作木模，制造周期长、精度低，对于一些复杂铸件，木模制造困难。近年来，用 SLA 制作的树脂模已成功代替木模用于砂型铸造，用 LOM 制造的纸制模也可取代传统木模用于铸造生产。

利用 SLA 制作树脂模原型代替木模，可有效缩短模具制造时间，提高成形精度，强度和尺寸稳定性也优于木模，特别适用于难加工、需要拼镶的组合模具的直接成形。采用 LOM 获得的纸质模样是由背面涂有热熔性黏结剂的特殊纸叠加而成，经过适当的表面防潮处理（如喷涂清漆、环氧基涂料等）后，表面平整光滑，硬度高，具有良好的尺寸稳定性，制模速度快，成本低，相关性能达到传统木模要求，可完成复杂模样的整体制造。纸制模可以进行机械加工和涂腻子修饰加工，能重复制作 50~100 件砂型，适用于形状复杂的大中型铸件。美国福特汽车公司利用该技术制造出了 685mm 长的汽车曲轴模样，尺寸精度达到 ±0.13mm，完全满足普通砂型铸造要求，大大缩短制造周期。

（2）制作蜡模　传统的蜡模大都采用压型压制，普通蜡料（烷烃蜡、脂肪酸蜡等）制造的蜡模强度较低，成形精度低，难以满足复杂薄壁铸件要求。采用 SLS 技术可高效、精确制作几乎任意形状的蜡模，且不需要压蜡模具，其蜡型尺寸精度可达 ±（0.13~0.25）mm，表面粗糙度值达到 $Ra3.048~4.064\mu m$，在熔模铸造领域得到广泛应用。SLS 制造蜡模的材料为高分子化合物，熔化温度高，熔体黏度大，不利于脱蜡，易产生夹渣等缺陷，所以不能采用传统的水煮或蒸汽脱蜡方法，而需采用高温焙烧使材料熔化流走直至完全挥发。SLA 制成的蜡模尺寸精度和表面质量较好，但价格较贵，在航空航天和军工部门的熔模铸造中应用较广泛。

FDM 工艺所用材料为工业标准铸造用石蜡或塑料等低熔点材料，制壳后可快速脱蜡，熔模铸造后所得铸件表面质量和尺寸精度稍差，适用于中等复杂程度的中小型铸件。对于形状复杂铸件的单件或小批量生产，也可用 LOM 制作的纸制模代替蜡模，对其进行防潮处理后，涂挂涂料，构成型壳，然后除去纸制模，利用熔模铸造方法制壳后浇注铸件。

（3）代替消失模　用 SLS 工艺烧结 PS 粉末制成原型件，经后处理可用作消失模铸造母模生产金属铸件。由于烧结体的密度比传统发泡聚苯乙烯高，气化产生的过量气体将影响金属的流动性和铸件质量，降低烧结体密度是制作高质量消失模的关键。与石蜡相比聚合物具有较好的烧结性能，较低的温度敏感性，熔解气化完全，烧结体强度高、表面质量好、杂质少等优点。熔模经浸蜡处理和机械抛光后，表面粗糙度值可从 $Ra2 \sim 15\mu m$ 降低到 $Ra0.3 \sim 0.9\mu m$，表面镀层处理后可有效消除熔模表面气孔，显著提高成形件尺寸精度和表面质量。用其制成的熔模广泛应用于铝合金、不锈钢和钛合金材料零件的铸造，浸蜡处理后则可用于真空铸造高品质零件。

（4）覆膜砂型（芯）　覆膜砂是铸造中一种应用广泛的造型材料，用热固性树脂（如酚醛树脂）包覆石英砂或锆砂的方法制得。用覆膜砂制作的砂型和型芯可配合使用，也可与其他砂型（芯）配合使用，其所制的砂型（芯）多为薄壳状，故称为壳型或壳芯。

SLS 技术可以直接制作砂型（芯），以覆膜砂作为成形材料，根据零件模型的几何信息进行逐层烧结，固化处理并配以浇注系统后，即获得铸造用型壳或型芯并浇注出铸件。该方法生产工艺过程短、成形速度快，适合制造形状复杂，尤其是内腔复杂的金属铸件。

（5）陶瓷型壳（芯）　美国 Soligen 公司基于三维实体印刷技术首先推出直接制模铸造法（DSPC），它通过 RP 技术直接成形熔模铸造用陶瓷型壳。造型材料为颗粒尺寸为 $75 \sim 150\mu m$ 的陶瓷粉末，粘结材料选用硅溶胶，得到的型壳表面质量较好，但强度较低。DSPC 法省去了传统制作压型、蜡模、涂覆涂料和储存等工序，缩短了熔模铸造生产周期，避免了蜡模变形和环境污染等不利影响，成为更具吸引力的金属精密成形方法。该公司的 DSPC 设备主要用于生产喷气发动机零件和矫形植入件用型壳，受机器尺寸限制，其有效工作空间为 406mm×406mm×406mm，尚不能生产较大尺寸的熔模铸件。美国 DTM 公司研制包覆有树脂的陶瓷粉末材料，采用 SLS 工艺烧结并经后处理，制成陶瓷型壳用于浇注铸件。

（6）制作金属模　快速成形技术还可以直接制造金属模具，其原型是金属与高分子材料（黏结剂等）的混合物。初始成形后的致密度和强度很低，二次烧结，脱掉黏结剂或渗铜后，表面及内部的致密度和强度可得到提高，但模具力学性能仍难以满足实际需要。

间接法快速制造金属模具是指先制出模具原型，然后采用精密铸造工艺在快速原型的基础上复制出所要求的零件或模具。基于 LOM 原型和转移涂料工艺可制作近净形金属模具，原型件精度为 100mm±0.2mm，表面粗糙度值达到 $Ra1.6\mu m$，基本满足砂型铸造和消失模铸造发泡模具的精度要求。利用快速成形技术与精密铸造相结合的方法制造金属模具，其性能可以达到实用要求，应用更广泛，更具有竞争力。

2. 高性能金属构件快速凝固激光直接成形技术

金属材料快速凝固加工（Rapid Solidification Processing，RSP）可有效细化凝固组织，抑制或消除凝固偏析，大幅扩展固溶体合金元素固溶度，形成各种亚稳相，甚至准晶、非晶等细小、均匀、结构亚稳的非平衡特殊组织。快速凝固技术已成为提高传统金属材料性能、挖掘现存材料性能潜力和开发高性能金属新材料的重要途径之一，也是材料科学与工程国际前沿热点研究领域之一。

将材料快速凝固制备技术与快速原型制造技术（Rapid Prototype Manufacturing，RPM）有机融合在一起的高性能金属结构件激光熔化沉积近净成形（Laser Melting Deposition Near-

Net-Shaping，LMD），也常称为激光增材制造（Laser Additive Manufacturing，LAM）、激光直接制造（Laser Direct Manufacturing，LDM）等。它是利用快速原型制造的基本原理，以金属粉末或丝材为原材料，采用高能量密度激光束对金属原材料进行逐层熔化、快速凝固、逐层沉积，直接由 CAD 模型一步完成全致密、高性能、大型复杂金属零件的近终成形，是一种将高性能材料制备与复杂金属零件直接近净成形有机融为一体的先进制造技术，具有数字化、短周期、低成本、绿色、变革性等特点，在航空航天等装备研制与生产中具有广阔的应用前景。

与传统大型金属构件制造技术（锻压+机械加工、锻造+焊接等）相比，大型高性能金属结构件快速凝固激光直接成形技术具有以下突出优点：

1）高性能金属材料的快速凝固制备与大型复杂零部件的近净成形同步完成，零件制造工艺流程短。

2）零件具有晶粒细小、成分均匀、组织致密的快速凝固组织，综合力学性能优异。

3）与传统锻造成形技术相比，无需零件毛坯制备和锻压成形模具加工，无需大型或超大型锻铸工业装备及相关配套设施。

4）直接实现零件的少、无余量近净成形，后续机械加工余量小，材料利用率高，机加工时间短。

5）零件生产工序少，制造周期短，成本低，并具有高度的柔性和对构件设计变化的"超常"快速响应能力。

6）激光束能量密度高，可以方便实现对包括 W、Mo、Nb、Ta、Ti、Zr 等各种难熔、难加工、高活性、高性能金属材料的快速凝固制备和复杂零件的直接近净成形。

7）可根据零件的工作条件和服役性能要求，灵活改变局部激光熔化沉积材料的化学成分，实现多材料梯度复合高性能金属材料构件的直接近净成形。

采用快速凝固激光材料制备的致密、高性能金属零件激光熔化沉积直接成形技术的"原创性"思想，最早是由美国联合技术研究中心（United Technologies Research Center，UTRC）的 Breinan 等人在 1978 年提出的，当时他们将这种基于激光熔化逐层沉积的金属零件直接成形工艺命名为"逐层上釉"工艺（Layer Glazing Process），并以镍基高温合金为对象开展了初步工艺探索研究，制备出了直径为 132mm 的双高温合金模型涡轮盘样件，如图 9-55 所示。

高性能金属零件激光熔化沉积快速成形装备系统主要包括激光器、激光制冷机组、激光光路系统、激光加工机床、激光熔化沉积腔、送粉系统及工艺监控系统等。目前基于激光熔化沉积的激光快速成形装备已有商业化产品。

高性能金属零件快速凝固激光熔化沉积近净成形技术具有独特的优点，目前已成为国际上材料加工工程与先进制造技术交叉学科前沿领域的研究热点。特别是该技术在制造钛合金等难加工、高性能、大型金属结构件时具有突出的优势，并且在国防装备研制和生产中有广阔的应用前景，因此过去十几年来受到许多国家政府和工业部门的高度关注，研究进展迅速。

北京航空航天大学科研团队突破了飞机钛合金次承力结构件激光快速成形工艺及应用的关键技术，使构件的疲劳、断裂韧度等主要力学性能达到了钛合金模锻件水平，并成功实现了激光快速成形 TA15 钛合金飞机角盒、TC4 钛合金飞机座椅上、下支座及腹鳍接头四种钛合金次承力结构件（图 9-56）在三种飞机上的装机应用。

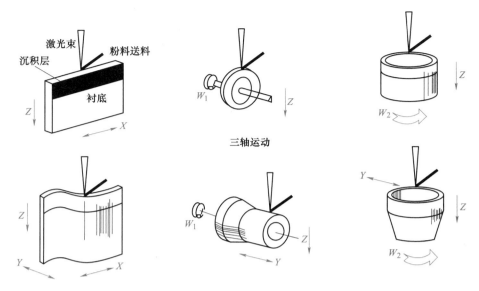

图 9-55　金属零件激光熔化沉积成形工艺原理图

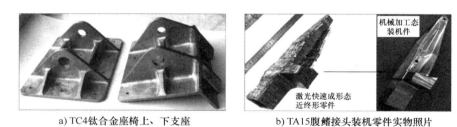

a) TC4钛合金座椅上、下支座　　　　　b) TA15腹鳍接头装机零件实物照片

图 9-56　激光快速成形

思考与练习

9-1　简要说明液态合金的充型能力与合金流动性之间的关系。不同化学成分的合金为何流动性不同？为什么铸钢的充型能力比铸铁差？

9-2　铸件的凝固方式依照什么划分？哪些合金趋向于逐层凝固？

9-3　浇注温度能不能过高或者过低？为什么？

9-4　按内应力的产生原因不同，铸造应力有哪几种？各自可通过什么途径减轻？

9-5　试分析图 9-57 所示轨道铸件热应力形成的原因，各部分应力属什么性质（拉应力、压应力）？并用虚线表示铸件的变形方向。

9-6　什么是合金的收缩？影响合金收缩的因素有哪些？铸件变形和裂纹是怎样产生的？如何防止它们的产生？

9-7　从保证质量与简化操作两方面考虑，确定分型面的主要原则有哪些？

9-8　确定图 9-58a、b 所示铸件的铸造工艺方案，要求如下：

　　1）按单件、小批生产和大量生产两种条件分析最佳方案。

　　2）按所选方案绘制铸造工艺图（包括浇注位置、分型面、型芯、芯头及浇注系统等）。

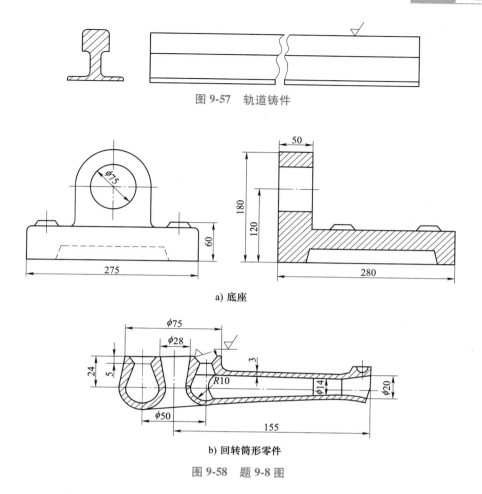

图 9-57 轨道铸件

a) 底座

b) 回转筒形零件

图 9-58 题 9-8 图

9-9 什么是特种铸造？常见的特种铸造类型有哪些？

9-10 简述铸造工艺对铸造结构的要求。

9-11 什么是铸件的结构斜度？它与起模斜度有何不同？图 9-59 所示铸件的结构是否合理？应如何改正？

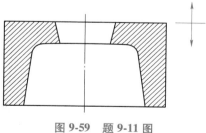

图 9-59 题 9-11 图

9-12 铸造性能对铸造结构的要求有哪些？

9-13 快速成形技术是指什么？在铸造工艺中有哪些应用？

第 ⑩ 章

塑性加工技术

塑性加工技术是指金属坯料在外力作用下产生塑性变形，以获得所需形状、尺寸及力学性能的原材料、毛坯或零件的加工方法。按成形方式不同，塑性成形可分为自由锻、模锻、板料冲压、轧制、挤压、拉拔等。与其他加工方法相比，塑性成形加工方法具有以下特点：

1）具有较好的力学性能。由于铸造毛坯内部缺陷（气孔、粗晶、缩松等）得以消除，使组织更致密，强度得到提高。

2）节约材料。锻造毛坯是通过体积的再分配（非切削加工）获得的，且力学性能又得以提高，故可减少切削废料和零件的用料。

3）生产率高。与切削加工相比，其生产率高、成本低，适用于大批量生产。

4）适应范围广。锻造的零件或毛坯的质量、体积范围大。

5）锻件的结构工艺性要求高，难以锻造复杂的毛坯和零件。

6）锻件的尺寸精度低，对于高精度要求的零件，还需切削加工以满足要求。

10.1 塑性加工基础

10.1.1 金属塑性变形的实质

工业上常用的金属材料都是由许多晶粒组成的多晶体。为了便于了解金属塑性变形的实质，首先讨论单晶体的塑性变形。

1. 单晶体的塑性变形

单晶体是指原子排列方式完全一致的晶体，单晶体塑性变形有滑移和孪生两种方式，其中滑移是主要变形方式。

滑移是指晶体的一部分相对于另一部分，沿原子排列紧密的晶面作相对滑动。图 10-1

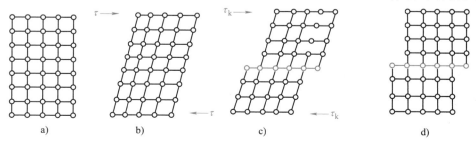

a)   b)   c)   d)

图 10-1　单晶体的塑性变形过程

所示是单晶体塑性变形过程示意图。

图 10-1a 所示为晶体未受到外界作用时，晶格内的原子处于平衡位置的状态；图 10-1b 所示为当晶体受到外力作用时，晶格内的原子离开原平衡位置，晶格发生弹性变形，此时若将外力去除，则晶格将回复到原始状态，此为弹性变形阶段；图 10-1c 所示为当外力继续增加，晶格内滑移面上的切应力达到一定值后，则晶体的一部分相对于另一部分发生滑动，此现象称为滑移。此时为弹塑性变形；图 10-1d 所示为晶体发生滑移后，除去外力，晶体也不能全部回复到原始状态，这就产生了塑性变形。

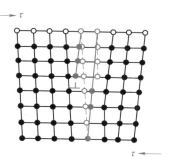

图 10-2　位错的运动

晶体在滑移面上发生滑移，实际上并不需要整个滑移面上的所有原子同时一起移动，而是由晶体内的位错运动来实现的。位错的类型很多，最简单的是刃型位错。在切应力作用下，刃型位错线上面的两列原子向右作微量移动，就可使位错向右移动一个原子间距，如图 10-2 所示。当位错不断运动滑移到晶体表面时，就实现了整个晶体的塑性变形，如图 10-3 所示。由于滑移是通过晶体内部的位错运动实现的，它所需要的切应力比刚性滑移时要小得多。

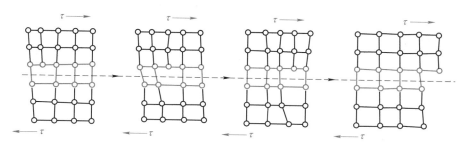

图 10-3　刃型位错移动产生滑移示意图

在切应力的作用下，晶体的一部分相对于另一部分以一定的晶面产生一定角度的切变称为孪生，如图 10-4 所示，晶体中未变形部分和变形部分的交界面称为孪生面。金属孪生变形所需要的切应力一般高于产生滑移变形所需要的切应力，故只有在滑移困难的情况下才发生孪生。如六方晶格由于滑移系少，比较容易发生孪生。

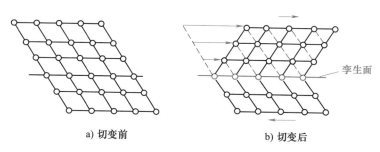

a) 切变前　　　　　　　　b) 切变后

图 10-4　晶体的孪生

2. 多晶体的塑性变形

多晶体是由很多形状、大小和位向不同的晶粒组成的，在多晶体内存在大量晶界。多晶体塑性变形是各个晶粒塑性变形的综合结果。由于每个晶粒变形时都要受到周围晶粒及晶界的影响和阻碍，故多晶体塑性滑移时的变形抗力要比单晶体高。

在多晶体内，单就某一个晶粒分析，其塑性变形方式与单晶体是一样的。此外，在多晶体晶粒之间还有少量的相互移动和转动，这部分塑性变形为晶间变形，如图 10-5 所示。

 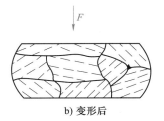

a) 变形前　　　　　　　　b) 变形后

图 10-5　多晶体的晶间变形示意图

在晶界上的原子排列不规则，晶格畸变严重，也是各种缺陷和杂质原子富集的地方。常温下，晶界对滑移起阻碍作用。晶粒越细，晶界就越多，对塑性变形的抗力也就越大，金属强度也越高。同时，由于晶粒越细，在一定体积的晶体内晶粒数目就越多，变形就可以分散到更多的晶粒内进行，使各晶粒的变形比较均匀，不致产生太大的应力集中，所以细晶粒金属的塑性和韧性均较好。

要指出的一点是，塑性变形过程中一定有弹性变形存在，当外力去除后，弹性变形部分将回复，称"弹复"现象。这种现象对锻件的变形和质量有很大影响，必须采取工艺措施避免其出现，以保证产品质量。

10.1.2　塑性变形对金属组织和性能的影响

根据变形时的温度不同，金属的塑性变形可分为冷变形和热变形。冷变形是指金属在再结晶温度以下的变形，热变形是指金属在再结晶温度以上的变形。由于变形时温度不同，塑性变形将对金属组织和性能产生不同的影响。主要表现在以下两个方面。

1. 冷变形对组织和性能的影响

（1）组织　金属在冷变形后，其内部组织将发生变化。主要表现为：①晶粒沿最大变形的方向伸长；②晶粒与晶格均发生扭曲并产生内应力；③晶粒间产生碎晶。

（2）性能　金属在塑性变形中随变形程度增大，金属的强度、硬度升高，而塑性和韧性下降（图 10-6）。其原因是滑移面上的碎晶块和附近晶格的强烈扭曲，增大了滑移阻力，使继续滑移难以进行。这种随着变形程度增加，强度、硬度升高，而塑性、韧性下降的现象称为加工硬化。

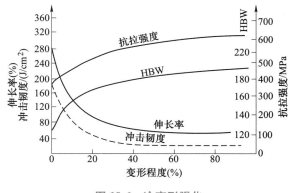

图 10-6　冷变形强化

在生产中，可以利用加工硬化来强化金属性能；但加工硬化也使进一步的变形变得困难，给生产带来一定麻烦。

冷变形中，位错密度上升，发生加工硬化，使金属的强度和硬度提高，塑性和韧性降低，但冷变形能使金属获得较高的尺寸精度和表面质量。冷变形工艺在工业生产中应用广泛，如板料冲压、冷挤压、冷锻和冷轧等。

（3）回复及再结晶　冷变形强化是一种不稳定现象，具有自发地回复到稳定状态的倾向。但在室温下不易实现。当提高温度时，原子因获得热能，热运动加剧，使原子得以回复正常排列，消除了晶格扭曲，使加工硬化得到部分消除。这一过程称为回复。如图 10-7c 所示，这时的温度称为回复温度，即：

$$T_{回} = (0.25 \sim 0.3)T_{熔}$$

式中，$T_{回}$ 为金属的回复温度（K）；$T_{熔}$ 为金属熔点温度（K）。

当温度继续升高到该金属熔点绝对温度的 0.4 倍时，金属原子获得更多的热能，开始以某些碎晶或杂质为核心，按变形前的晶格结构结晶成新的晶粒，从而消除了全部冷变形强化的现象称为再结晶，如图 10-7d 所示。再结晶温度为：

$$T_{再} = 0.4T_{熔}$$

式中，$T_{再}$ 为金属的再结晶温度（K）。

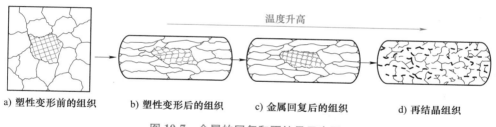

a) 塑性变形前的组织　　b) 塑性变形后的组织　　c) 金属回复后的组织　　d) 再结晶组织

图 10-7　金属的回复和再结晶示意图

在实际生产中，常采用加热的方法使金属发生再结晶，从而再次获得良好塑性。这种工艺操作称为再结晶退火。

金属在较高的温度下形变时，回复和再结晶会在形变过程中相继发生，这种回复和再结晶称为动态回复和动态再结晶。

2. 热变形对组织和性能的影响

（1）纤维组织　金属压力加工最原始的坯料是铸锭，铸锭经热变形后，其内部的气孔、缩松等被锻合，使组织致密，晶粒细化，力学性能提高。同时存在于铸锭中的非金属化合物夹杂，随着晶粒的变形被拉长，再结晶时，金属晶粒形状改变，而夹杂沿着被拉长的方向保留下来，形成了纤维组织。变形程度越大，形成纤维组织越明显，如图 10-8 所示。

金属压力加工常用锻造比来表示变形强度。锻造比通常用变形前后的截面比、长度比或高度比来表示。锻造时，在一定范围内，金属的力学性能随着锻造比的升高而增强。锻造比常用 y 来表示。拔长时的

a) 变形前原始组织　　b) 变形后的纤维组织

图 10-8　铸锭热变形前后的组织

锻造比为:

$$y_{拔} = A_0/A = L/L_0$$

镦粗时的锻造比为:

$$y_{镦} = A_0/A = H/H_0$$

式中,H_0、A_0、L_0为坯料变形前的高度、横截面积和长度;H、A、L为坯料变形后的高度、横截面积和长度。

(2)性能 热变形时,金属的脆性杂质被打碎,顺着金属的主要伸长方向呈碎粒状或链状分布;塑性杂质随着金属变形沿主要伸长方向呈带状分布,这样热锻后的金属组织就具有一定的方向性,使金属性能呈各向异性。沿着流线方向(纵向)的抗拉强度较高,而垂直于流线方向(横向)的抗拉强度较低。生产中若利用流线组织纵向强度高的特点,使锻件中的流线组织连续分布并且与其受力方向一致,则会显著提高零件的承载能力。图 10-9a 所示为锻压成形的曲轴,其流线分布是合理的;图 10-9b所示为切削成形的曲轴,其流线不连续,流线分布不合理。

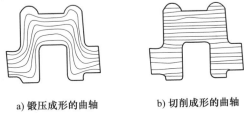

a) 锻压成形的曲轴　　　b) 切削成形的曲轴

图 10-9　曲轴的流线分布

纤维组织使金属在性能上具有方向性,对金属变形后的质量也有影响。纤维组织的稳定性很高,不能用热处理方法消除,只能在热变形过程中改变其分布方向和形状。因此,在设计和制造零件时,应使零件工作时的最大正应力与纤维方向重合,最大切应力与纤维方向垂直,并使纤维沿零件轮廓分布而不被切断,以获得最好的力学性能。

热变形中,再结晶软化占优势,完全消除了加工硬化效应,使金属塑性显著提高,变形抗力显著降低,可用较小的能量获得较大的变形。热变形工艺在工业生产中应用广泛,如热锻、热轧、热挤压等。

10.1.3　金属的可锻性

金属的可锻性是指衡量材料在经受压力加工时获得优质制品难易程度的工艺性能。金属的可锻性好,表明材料易于经受压力加工成形;可锻性差,说明该金属不适合选用压力加工方法成形。

可锻性常用金属的塑性和变形抗力来综合衡量。塑性越好,变形抗力越小,则金属的可锻性好,反之则差。金属塑性用金属的断面收缩率、伸长率等来表示。变形抗力是指在压力加工过程中变形金属作用于施压工具表面单位面积上的压力。变形抗力越小,则变形中所消耗的能量也越少。金属的可锻性取决于金属的本质和加工条件。

1. 金属的本质

(1)化学成分的影响 不同化学成分的金属其可锻性不同。一般情况下,纯金属的可锻性比合金好;碳钢的碳含量越低,可锻性越好;钢中含有形成碳化物的元素(如铬、铂、钨、钒等)时,其可锻性显著下降。合金元素会形成合金碳化物,形成硬化相,使钢的塑性变形抗力增大,塑性下降,通常合金元素含量越高,钢的塑性成形性能也越差。

(2)金属组织的影响 金属内部的组织结构不同,其可锻性有很大差别。纯金属组织及单相固溶体的合金具有良好的塑性,其锻造性能较好;钢中有碳化物和多相组织时,锻造性能变差；金属晶粒越小，则其塑性越高，但变形抗力也相应增大；金属组织越均匀，其塑性也越好。具有均匀细小等轴晶粒的金属，其锻造性能比晶粒粗大的铸态柱状晶组织好；钢中有网状二次渗碳体时，钢的塑性将大大下降。

2. 加工条件

（1）变形温度的影响 提高金属变形时的温度，使原子的动能增加，削弱了原子之间的引力，从而塑性增大，变形抗力减小。提高金属变形时的温度，是改善金属可锻性的有效措施。但加热温度过高，会使晶粒急剧长大，导致金属塑性减小，锻造性能下降，这种现象称为过热。如果加热温度接近熔点，会使晶界氧化甚至熔化，导致金属的塑性变形能力完全消失，这种现象称为过烧，坯料如果过烧将报废。因此加热要控制在一定范围内。各种材料在锻造时，所允许的最高加热温度称为该材料的始锻温度。坯料在锻造过程中，温度不断下降，因此塑性越来越差，变形抗力越来越大，下降到一定温度以后，不仅难于变形且易于锻裂，必须及时停止锻造，重新加热，各种材料停止锻造的温度称为该材料的终锻温度。锻造温度范围系指始锻温度和终锻温度间的温度区间。一般碳钢的始锻温度比 AE 线（图 10-10）低 200℃左右，终锻温度约为 800℃。碳钢的锻造温度范围可直接根据铁碳合金相图确定，如图 10-10 所示。常用金属材料的锻造温度范围见表 10-1。

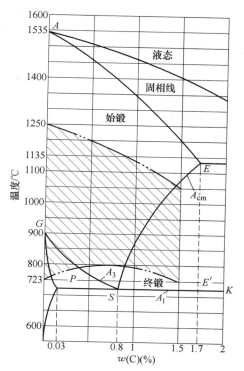

图 10-10 碳钢锻造温度

表 10-1 常用金属材料的锻造温度范围

金属种类		始锻温度/℃	终锻温度/℃
碳钢	$w(C) \leq 0.3\%$	1200~1250	800~850
	$w(C) = 0.3\%~0.5\%$	1150~1200	800~850
	$w(C) = 0.5\%~0.9\%$	1100~1150	800~850
	$w(C) = 0.9\%~1.4\%$	1050~1100	800~850
合金钢	合金结构钢	1150~1200	800~850
	合金工具钢	1050~1150	800~850
	耐热钢	1100~1150	850~900
铜合金		700~800	650~750
铝合金		450~490	350~400
镁合金		370~430	300~350
钛合金		1050~1150	750~900

（2）变形速度的影响　变形速度即单位时间的变形程度，它对可锻性的影响是矛盾的。一方面随着变形速度的增大，回复和再结晶不能及时克服冷变形强化，金属表现出塑性下降、变形抗力增加（图 10-11 中 a 点以左），可锻性变差。另一方面，金属在变形过程中，消耗于塑性变形的能量有一部分转化为热能，使金属的温度升高，这种使金属温度升高的现象称为热效应。变形速度越大，热效应现象越明显，金属的塑性上升，变形抗力下降，（图 10-11 中 a 点以右），可锻性变好。

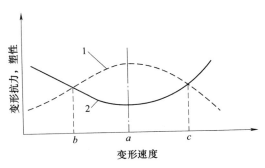

图 10-11　变形速度对塑性及变形抗力的影响
1—变形抗力曲线　2—塑性变化曲线

（3）应力状态的影响　金属在经受不同方法的变形时，所产生的应力性质（压应力或拉应力）和大小是不同的。挤压变形时为三向受压状态，如图 10-12 所示。而拉拔时，则为两向受压、一向受拉的状态，如图 10-13 所示。镦粗变形时，变形材料中心部分受到三向压应力，周边部分上下和径向受到压应力，而切向为拉应力，周边受拉部分塑性较差，易镦裂，如图 10-14 所示。

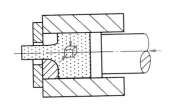

图 10-12　挤压时金属应力状态

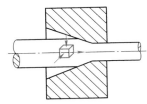

图 10-13　拔长时金属应力状态

三个方向的应力中，压应力的数目越多，则金属的塑性越好；拉应力的数目越多，则金属的塑性越差。同号应力状态下引起的变形抗力大于异号应力状态下的变形抗力。

拉应力使金属原子间距增大，尤其当金属内部存在气孔、微裂纹等缺陷时，在拉应力作用下，缺陷处易产生应力集中，使裂纹扩展，甚至达到破坏报废的程度。压应力使金属内部原子间距离减小，不易使缺陷扩展，故金属的塑性会增大。但压应力使金属内部摩擦阻力增大，变形抗力也随之增大。

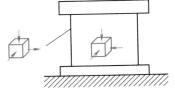

图 10-14　镦粗时金属应力状态

综上所述，金属的锻造性能既取决于金属的本质，又取决于变形条件。在塑性加工过程中，要力求创造最有利的变形条件，充分发挥金属的塑性，降低变形抗力，使功耗最少，变形进行得充分，以达到加工目的。

10.2　锻造

锻造是指在加压设备及工（模）具的作用下，使金属坯料或铸锭产生局部或全部的塑性变形，以获得一定几何形状、尺寸和质量的锻件的加工方法。锻件是指金属材料经过锻造变形而得到的工件或毛坯。常见的基本锻造成形方法主要包括自由锻和模锻。

通过锻造能消除金属在冶炼过程中产生的铸态疏松等缺陷，优化微观组织结构，同时由于保存了完整的金属流线，锻件的力学性能一般优于同种材料的铸件。相关机械中负载高、工作条件严峻的重要零件，除形状较简单的可用轧制的板材、型材或焊接件外，多采用锻件。

10.2.1　自由锻

1. 自由锻的特点和分类

自由锻是指利用冲击力或压力使金属在上、下两个砧座之间产生变形，从而获得所需形状及尺寸锻件的锻造方法。自由锻造时，金属受力变形在砧座之间向各个方向自由流动，不受任何限制，锻件形状和尺寸是由锻工的操作技术来保证的。自由锻分手工锻造和机器锻造两种，手工锻造只能生产小型锻件，机器锻造是自由锻造的主要生产方式。对于大型锻件，自由锻是唯一可行的方法。

常用的自由锻设备主要有锻锤和液压机（水压机）。其中锻锤有空气锤和蒸汽-空气锤两大类。锻锤的吨位用落下部分的质量来表示，一般为 5t 以下，可锻造 1500kg 以下的锻件；液压机以水压机为主，吨位用最大实际压力来表示，为 5000~120000kN，可锻造 1~300t 的锻件。锻锤打击工作，振动大、噪声高，安全性差，机械自动化程度差，因此吨位不宜过大，适于锻造中、小锻件；水压机以静压力成形方式工作，无振动、噪声小，工作安全可靠，易于机械化，故以生产大、巨型锻件为主。

2. 自由锻的工序

自由锻工序可分成基本工序、辅助工序及精整工序三大类。

自由锻的基本工序是指金属产生一定的塑性变形以达到所需形状及尺寸的工艺过程，如镦粗、拔长、弯曲、冲孔、切割、扭转、错移、锻接等。实际生产中最常用的是镦粗、拔长、冲孔三种工序。

（1）镦粗　镦粗是指外力作用方向垂直于变形方向，使坯料高度减小而截面积增大的工序，如图 10-15a 所示。若使坯料的部分截面积增大，称为局部镦粗，如图 10-15b、d 所示。镦粗主要用于制造高度小、截面大的工件（如齿轮、圆盘、法兰等盘形锻件）的毛坯或作为冲孔前的准备工序，以及增加金属变形量、提高内部质量的预备工序，也是提高锻造比作为下一步拔长的预备工序。完全镦粗时，坯料应尽量用圆柱形，且长径比不能太大，端面应平整并垂直于轴线，镦粗时的打击力要足，否则容易产生弯曲、凹腰、歪斜等缺陷。

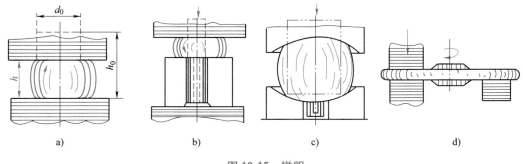

a)　　　　　　　　b)　　　　　　　　c)　　　　　　　　d)

图 10-15　镦粗

（2）拔长 拔长是指缩小坯料截面积增加其长度的工序。拔长是通过反复转动和送进坯料进行压缩来实现的，是自由锻生产中最常用的工序，包括平砧上拔长（图 10-16）、带芯轴拔长及芯轴上扩孔。平砧拔长主要用于制造各类方、圆截面的轴、杆等锻件。带芯轴拔长及芯轴上扩孔用于制造空心件，如炮筒、圆环、套筒等。拔长时要不断送进和翻转坯料，以使变形均匀，每次送进的长度不能太大，避免坯料横向流动增大，影响拔长效率。

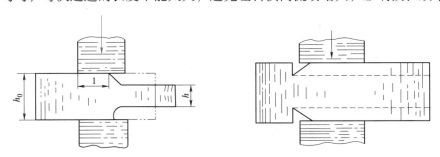

图 10-16 平砧拔长

（3）冲孔 冲孔是指在坯料上冲出通孔或不通孔的锻造工序，分为双面冲孔和单面冲孔两大类。一般锻件通孔采用实心冲头双面冲孔，先将孔冲到坯料厚度的 $2/3 \sim 3/4$ 深，取出冲子，然后翻转坯料，从反面将孔冲透。主要用于制造空心工件，如齿轮坯、圆环和套筒等。冲孔前坯料须镦粗至扁平，并使端面平整，冲孔时坯料应经常转动，冲头要注意冷却。冲孔偏心时，可局部冷却薄壁处，再冲孔校正。双面冲孔如图 10-17 所示。对于厚度较小的坯料或板料，可采用单面冲孔，如图 10-18 所示。

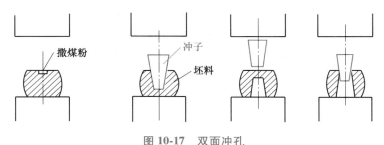

图 10-17 双面冲孔

（4）弯曲 弯曲是指将坯料弯成一定角度和形状的锻造工序，主要用于锻造吊钩、弯板等弯曲零件，弯曲过程如图 10-19 所示。

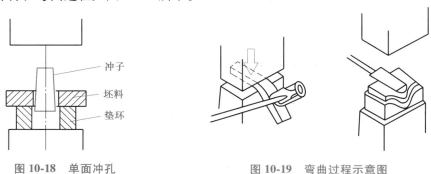

图 10-18 单面冲孔   图 10-19 弯曲过程示意图

（5）扭转　扭转是指使坯料的一部分相对另一部分旋转一定角度的锻造工序，主要用于生产多拐曲轴和连杆等，扭转过程如图 10-20 所示。

（6）错移　错移是指将锻件的一部分与另一部分错开，但两部分的轴线仍然平行的锻造工序，主要用于生产曲轴等零件，错移过程如图 10-21 所示。

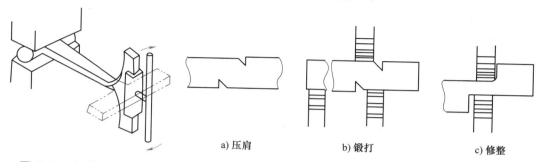

图 10-20　扭转过程示意图

a）压肩　　　　b）锻打　　　　c）修整

图 10-21　错移过程示意图

辅助工序是为基本工序操作方便而进行的预先变形。如压钳口、压钢锭棱边、切肩等。

精整工序是指减少锻件表面缺陷的工序。如清除锻件表面凸凹不平及整形等，一般在终锻温度下进行。

3. 自由锻工艺规程的定制

自由锻工艺规程的定制包括绘制锻件图、计算坯料的质量和尺寸、确定锻造工序、选择锻造设备和确定锻造热处理过程。

（1）绘制锻件图　锻件图是以零件图为基础绘制而成的，绘制锻件图时需要考虑余块、锻件加工余量和锻件公差，典型锻件图如图 10-22 所示。

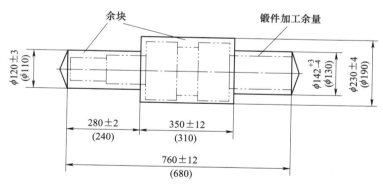

图 10-22　典型锻件图

1）余块（敷料）。零件上有些部分难以锻造，为了便于锻造而暂时增加的那一部分金属称为余块。

2）锻件加工余量。由于自由锻锻件的尺寸精度低、表面质量较差，需经切削加工制成成品零件，所以应在零件加工表面增加供切削加工用的金属，称为锻件加工余量。其大小与零件的形状、尺寸等因素有关。零件越大，形状越复杂，则加工余量越大。具体数值结合生产的实际条件确定。

3）锻件公差。锻件的基本尺寸是零件的基本尺寸加上锻件加工余量。锻件的上极限偏差是锻件的最大尺寸与基本尺寸之差，锻件的下极限偏差是锻件的基本尺寸与锻件的最小尺寸之差，锻件公差是锻件的上极限偏差与下极限偏差之差。

（2）计算坯料的质量和尺寸　坯料质量的计算公式为：

$$m_{坯料} = m_{锻件} + m_{烧损} + m_{料头}$$

式中，$m_{坯料}$为坯料质量；$m_{锻件}$为锻件质量；$m_{烧损}$为加热时坯料表面氧化而烧损的质量，第一次加热取被加热金属质量的2%~3%，以后各次加热取1.5%~2.0%；$m_{料头}$为在锻造过程中冲掉或被切掉的金属的质量，如冲孔时坯料中部的料芯、修切端部产生的料头等。

确定坯料尺寸时，应考虑坯料在锻造过程中必需的变形程度，即锻造比的问题。对于以碳素钢锭作为坯料并采用拔长方法锻造的锻件，锻造比一般不小于3；如果采用轧材作坯料，则锻造比可取1.3~1.5。

（3）确定锻造工序　自由锻工序主要是根据锻件的形状确定的，自由锻件可根据形状不同进行分类。自由锻锻件分类及锻造工序见表10-2。

表10-2　自由锻锻件分类及锻造工序

锻件类型	图　例	锻造工序	实例
盘类、圆环类		镦粗、冲孔、扩孔、定径	齿轮、法兰、套筒、圆环等
筒类		镦粗、冲孔、拔长、滚圆	圆筒、套筒等
轴类		拔长、压肩、滚圆	主轴、传动轴等
杆类		拔长、压肩、修整、冲孔	连杆等
曲轴类		拔长、错移、压肩、扭转、滚圆	曲轴、偏心轴等
弯曲类		拔长、弯曲	吊钩、弯杆等

（4）选择锻造设备　根据锻造设备对坯料的作用力不同，自由锻可分为锻锤自由锻和液压机自由锻。锻锤自由锻是利用冲击力使坯料产生变形，常用的锻锤有空气锤和蒸汽-空

气锤，主要用于锻造中、小型锻件；液压机自由锻利用静压力使坯料产生变形，常用的液压机为水压机，主要用于锻造大型锻件。

（5）确定锻造热处理过程　首先需要确定坯料的锻造温度，其次需要根据锻件的形状、材料和尺寸等，选择相应的冷却方式，最后需要选择合理的消除内应力的方法，通常选用正火和退火。

10.2.2　模锻

模锻是在高强度金属锻模上预先制出与锻件形状一致的模膛，使坯料在模膛内受压变形。变形过程中由于模膛对金属坯料流动的限制，因此锻造终了时能得到和模膛形状相符的零件。模型锻造时坯料是整体塑性成形，坯料三向受压。

1. 模锻的特点与分类

模锻与自由锻相比有如下优点：

1）生产效率高。自由锻时，金属变形在上、下两个砧座之间进行，而模锻时金属的变形是在模膛内进行的，故能较快获得所需形状。

2）节省金属材料，加工余量和公差较小，减少切削加工工作量，尺寸精度更高，表面质量好，在批量足够的条件下能降低零件成本。

3）可以锻出形状比较复杂的锻件，如用自由锻来生产，则必须加大量余块来简化形状。

但是，模锻生产由于受模锻设备吨位的限制，零件质量不能太大，一般在 150kg 以下。又由于制造锻模成本很高，所以它不适合于小批量和单件生产。因此模锻生产适合于小型锻件的大批量生产。

根据模锻设备的不同，模锻可以分为锤上模锻、压力机模锻、摩擦旋压机模锻、平锻机模锻以及其他专用设备模锻。其中锤上模锻、压力机模锻应用较广。

2. 锤上模锻

锤上模锻是在模锻锤上进行的，因设备成本较低，使用较为广泛。其主要设备是蒸汽-空气锤、无砧座锤、高速锤等，一般工厂中主要使用蒸汽-空气锤，模锻锤的吨位为 10~160kN，模锻件的质量为 0.5~150kg。

锻模是模锻生产时材料成形的模具，结构如图 10-23 所示。上、下模带有燕尾，通过楔铁分别固定在锤头和模座上。上、下模合模后形成中空的模膛，坯料在此成形。上模随锤向下运动，上、下模膛合拢，坯料变形完成，充满模膛形成所需的锻件。

按功能不同模锻的模膛可以分为制坯模膛和模锻模膛两种。

（1）制坯模膛　对于形状复杂的模锻件为了使坯料形状基本接近模锻件形状，使金属能合理分布和很好地充满模膛，需预先在制坯模膛内制坯，然后再进行预锻和终锻。制坯模膛包括拔长模膛、滚挤模膛、弯形模膛和切断模膛。

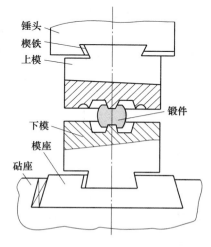

图 10-23　锻模结构

1）拔长模膛。用来减少坯料某部分的横截面积，以增加该部分的长度。

2）滚挤模膛。用来减小坯料某部分的横截面积，以增大另一部分的横截面积。它主要是使金属按模锻件形状分布。

3）弯形模膛。对于弯曲的杆类模锻件，需要进行弯曲制坯。坯料可直接或先经其他制坯工序后再放入弯曲模膛内进行弯曲变形。

4）切断模膛。用来从坯料上切下锻件或从锻件上切下钳口部分金属。

（2）模锻模膛　模锻模膛分为终锻模膛和预锻模膛两种。

1）终锻模膛。使坯料最后变形到锻件所要求的形状和尺寸。它的形状与锻件的形状相同；因锻件冷却时要收缩，终锻模膛的尺寸应比锻件尺寸放大一个收缩量，一般钢件收缩量取 1.2%～1.5%。

2）预锻模膛。使坯料变形到接近锻件的形状和尺寸，终锻时金属容易充满终锻模膛，同时也减小了终锻模膛的磨损，延长了使用寿命。

预锻模膛和终锻模膛的主要区别是：前者的圆角和斜度较大，没有飞边槽。飞边槽是促使金属充满模膛，增加金属从模膛中流出的阻力，同时容纳多余的金属。

3. 压力机模锻

锤上模锻具有工艺适应性广的特点，目前在锻压生产中得到广泛应用。但是，模锻锤在工作中存在振动和噪声大、劳动条件差、蒸汽效率低、能源消耗多等难以克服的缺点，因此近些年来大吨位模锻锤有逐步被压力机取代的趋势。用于模锻生产的压力机有摩擦压力机、曲柄压力机、平锻机和模锻水压机等。

（1）摩擦压力机上模锻　摩擦压力机也称螺旋压力机，工作原理如图 10-24 所示。锻模分别安装在滑块 7 和机座 9 上。滑块 7 与螺杆 1 相连，只能沿导轨 8 上下滑动。螺杆 1 穿过固定在机架上的螺母 2，上端装有飞轮 3。两个齿轮 4 装在同一根轴上，由电动机 6 经过传动带 5 使齿轮轴在机架上的轴承中旋转。改变操作杆位置可使齿轮轴沿轴向移动，这样就会使某一个齿轮靠紧飞轮边缘，借摩擦力带动飞轮转动。飞轮分别与两个齿轮接触就可获得不同方向的旋转，螺杆也就随飞轮作不同方向的转动。在螺母的约束下，螺杆的转动变为滑块的上下滑动，实现模锻生产。

在摩擦压力机上进行模锻主要靠飞轮、螺杆以及滑块向下运动时所积蓄的能量来实现。最大吨位可达 80000kN，常用的一般都在 10000kN 以下。

摩擦压力机工作过程中滑块速度为 0.5～

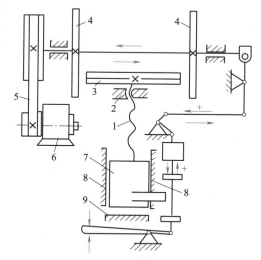

图 10-24　摩擦压力机传动简图

1—螺杆　2—螺母　3—飞轮
4—齿轮　5—传动带　6—电动机
7—滑块　8—导轨　9—机座

1.0m/s，对坯料变形具有一定的冲击作用，且滑块行程可控，这与锻锤相似。坯料变形中的抗力由机架承受，形成封闭力系，这又是压力机的特点。所以摩擦压力机具有锻锤和压力机的双重工作特性。摩擦压力机带顶料装置，取件容易，但滑块打击速度不高，每分钟行程次数少，传动效率低（10%~15%），能力有限。故摩擦压力机多用于锻造中小型锻件。

摩擦压力机上模锻的特点：

1）摩擦压力机的滑块行程不固定，并具有一定的冲击作用，因而可实现轻打、重打，可在一个模膛内进行多次锻打。它不仅能满足模锻各种主要成形工序的要求，还可以进行弯曲、压印、热压、精压、切飞边、冲连皮及校正等工序。

2）由于滑块运行速度低，金属变形过程中的再结晶可以充分进行，因而特别适合于锻造低塑性合金钢和非铁金属等。

3）由于滑块打击速度不高，设备本身具有顶料装置，生产中不仅可以使用整体式锻模，还可采用特殊结构的组合模具。模具设计和制造得以简化，可节约材料和降低生产成本。同时可以锻制出形状更为复杂、余块和模锻斜度都很小的锻件，并可将轴类锻件直立起来进行局部镦锻。

4）摩擦压力机承受偏心载荷能力差，通常只适用于单膛锻模进行模锻，对形状复杂的锻件，需要在自由锻设备或其他设备上制坯。

摩擦压力机上模锻适合中小型锻件的小批和中批生产，如铆钉、螺钉、螺母、配气阀、齿轮、三通阀体等。

综上所述，摩擦压力机具有结构简单、造价低、投资少、使用维修方便、基建要求不高、工艺用途广泛等特点，所以我国中小型工厂都拥有这类设备，用它来代替模锻锤、平锻机、曲柄压力机进行模锻生产。

（2）曲柄压力机上模锻　曲柄压力机的传动系统如图 10-25 所示。用 V 带 2 将电动机 3 的运动传到飞轮 1 上，通过飞轮轴 4 及传动齿轮 5、6 带动曲柄连杆机构的曲柄 8、连杆 9 和滑块 10，使曲柄连杆机构实现上下往复运动，停止靠制动器 15。锻模的上模固定在滑块 10 上，而下模则固定在下部的楔形工作台 11 上，工作台 11 由楔铁 13 定位。下顶料由凸轮 16、拉杆 14 和顶杆 12 来实现。

曲柄压力机的吨位一般是 2000~120000kN。

曲柄压力机上模锻的特点：

1）滑块行程固定，并具有良好的导向装置和顶料机构，因此锻件的公差、余量和模锻斜度都比锤上模锻小。

2）曲柄压力机作用力的性质是静压力，因此锻

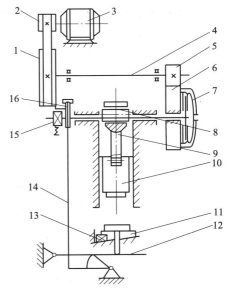

图 10-25　曲柄压力机传动图
1—飞轮　2—V 带　3—电动机　4—飞轮轴
5、6—传动齿轮　7—离合器　8—曲柄
9—连杆　10—滑块　11—工作台　12—顶杆
13—楔铁　14—拉杆　15—制动器　16—凸轮

模（图 10-26）的主要模膛 1、5 都设计成镶块式，镶块用螺栓 6 和压板 9 固定在模板 3、7 上，导柱 2 用来保证上、下模之间移动的最大精确度；顶杆 4 和 8 的端面形成模膛的一部分。这种组合模制造简单、更换容易，可节省贵重模具材料。

3）由于热模锻曲柄压力机有顶料装置，所以能够对杆件的头部进行局部镦粗。

4）因为滑块行程一定，无论在什么模膛中都是一次成形，所以坯料表面上的氧化皮不

易被清除掉，影响锻件质量。氧化问题应在加热时解决，并且曲柄压力机上也不宜进行拔长和滚压工序。如果是横截面变化较大的长轴类锻件，可以采用周期轧制坯料或用辊锻机制坯料来代替这两个工序。

曲柄压力机上模锻由于是一次成形，金属变形量过大，不易使金属填满终锻模腔，因此变形应逐渐进行，终锻前常采用预成形及预锻工序。

综上所述，与锤上模锻相比，曲柄压力机上模锻具有锻件精度高、生产率高、劳动条件好和节省金属等优点，适合大批生产。曲柄压力机上模锻虽有上述优点，但由于设备复杂，其造价相对较高。

常用锻造方法的综合比较见表10-3。

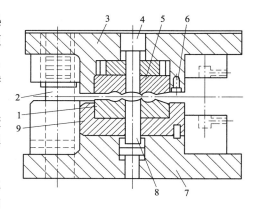

图 10-26　曲柄压力机用的锻模
1、5—镶块　2—导柱　3—上模板
4—上顶杆　6—螺栓　7—下模板
8—下顶杆　9—压板

表 10-3　常用锻造方法的综合比较

锻造方法		使用设备	适用范围	生产率	锻件精度及表面质量	模具特点	模具寿命	劳动条件	对环境影响
自由锻		空气锤 蒸汽-空气锤 水压机	小型锻件，单件小批生产 中型锻件，单件小批生产 大型锻件，单件小批生产	低	低	采用通用工具，无需专用模具	—	差	振动和噪声大
模锻	锤上模锻	蒸汽-空气模锻锤 无砧座锤	中小型锻件大批量生产。适合锻造各种类型模锻件	高	中	锻模固定在锤头和砧座上，模腔复杂，造价高	中	差	振动和噪声大
	曲柄压力机上模锻	热模锻曲柄压力机	中小型锻件，大批量生产。不宜进行拔长和滚压工序	高	高	组合模，有导柱、导套和顶出装置	较高	好	较小
	摩擦螺旋压力机上模锻	摩擦螺旋压力机	小型锻件，中批生产。可进行精密模锻	较高	较高	一般为单腔锻模	中	好	较小
	胎模锻	空气锤 蒸汽-空气锤	中小型锻件、中小批生产	较高	中	模具简单，且不固定在设备上，更换方便	较低	差	振动和噪声大

10.3　板料冲压

板料冲压是利用装在压力机上的冲模对金属板料加压，使之产生变形或分离，从而获得零件或毛坯的加工方法，板料冲压又称薄板冲压或冷冲压。冲压工艺广泛应用于汽车、飞机、农业机械、仪表电器、轻工和日用品等工业部门。

板料冲压具有以下几个特点：

1）在常温下加工，金属板料必须具有足够的塑性和较低的变形抗力。

2）金属板料经冷变形强化，获得一定的几何形状后，结构轻巧，强度和刚度较高。

3）冲压件尺寸精度高，质量稳定，互换性好，一般无需机械加工即可作为零件使用。

4）冲压生产操作简单，生产率高，便于实现机械化和自动化。

5）可以冲压形状复杂的零件，废料少。

6）冲压模具结构复杂，精度要求高，制造费用高，只适用于大批量生产。

冲压件的原材料主要为塑性较好的材料，有低碳钢、铜合金、镁合金、铝合金及其他塑性好的合金等。材料形状有板料、条料、带料、块料四种形状。其加工设备是剪床和压力机。

板料冲压基本工序按其性质可分为分离工序和变形工序两大类。

10.3.1　分离工序

分离工序是指板料的一部分和另一部分分开的工序，包括冲裁和切断。冲裁是将板料沿封闭的轮廓曲线分离的冲压方法，包括冲孔和落料。切断是将板料沿不封闭的曲线分离的一种冲压方法。

1. 冲裁

落料是指利用冲裁取得一定外形的制件或坯料的冲压方法。冲孔是将冲压坯料内的材料以封闭的轮廓分离开来，得到带孔制件的一种冲压方法，落料和冲孔示意图如图 10-27 所示。

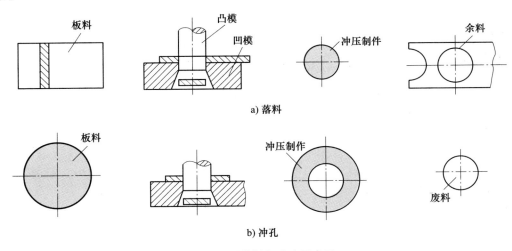

图 10-27　落料和冲孔示意图

（1）冲裁变形过程　冲裁变形过程可以分为三个阶段：弹性变形阶段、塑性变形阶段和断裂分离阶段。

1）弹性变形阶段。冲裁凸模压缩板材的开始阶段，使坯料产生局部弹性拉伸、压缩及弯曲变形，其变形结果是在冲件上形成圆角带，如图 10-28a 所示。

2）塑性变形阶段。当凸模继续下行，材料内应力值超过材料的屈服极限时，就会产生塑性变形，材料开始出现裂纹，被挤入凹模，并且模具刃口处的材料硬化加剧，最后将在冲件上形成光亮带，如图 10-28b 所示，此时冲裁力达到最大值。

3）断裂分离阶段。凸模再继续下行，上、下裂纹迅速扩大、伸展并重合，材料开始分离，直到最后完全被剪断。分离时形成比较粗糙的断裂表面，即为断裂带，如图 10-28c 所示。

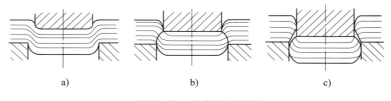

a)   b)   c)

图 10-28 冲裁变形过程

（2）冲裁件断面质量及其影响因素 冲裁件正常的断面特征如图 10-29 所示，它由圆角带、光亮带、断裂带和飞边四个特征区组成。

1）圆角带。其是冲裁过程中刃口附近的材料被牵连拉入变形（弯曲和拉伸）的结果。

2）光亮带。当刃口切入金属板料后，板料与模具侧面挤压而形成光亮垂直的断面为光亮带。

3）断裂带。由刃口处产生的微裂纹在拉应力的作用下，不断扩展而形成断裂带。

4）飞边。飞边是刃口附近的侧面上材料出现微裂纹时形成的。

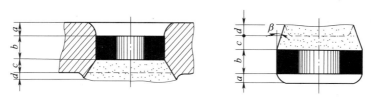

图 10-29 冲裁件正常的断面特征

影响断面质量的因素主要有以下几个方面：

1）材料性能的影响。对于塑性较好的材料，冲裁时裂纹出现得较迟，因而材料被剪切挤压的深度较大，所得到的断面光亮带所占比例大，断裂带较小，但圆角和飞边也较大。而塑性差的材料，当剪切开始不久，材料便被拉裂，使断面光亮带所占比例小，断裂带较大，但圆角和飞边都较小。

2）模具间隙的影响。间隙过小会出现双光亮带，圆角较小，飞边高而薄。间隙过大，光亮带减小，圆角增大，飞边大而厚。间隙大小合适时，冲裁断面光滑，圆角和飞边均较小，制件质量较好。

3）模具刃口状态的影响。凸模或凹模磨钝后，其刃口处形成圆角，冲裁时，制件的边缘就会出现飞边。凹模刃口变钝时，冲孔件边缘产生飞边；凸模刃口变钝时，在落料件边缘产生飞边；凸凹模刃口都变钝时，落料件边缘和冲孔件边缘均产生飞边。

（3）冲裁间隙 冲裁间隙是指冲裁凸、凹模刃口直径的差值，它是冲裁工艺中极为重要的参数。冲裁间隙过大，会导致光亮带小，断裂带和飞边大而厚，从而影响冲件尺寸和断面质量；冲裁间隙过小，则会出现挤长的飞边，冲裁力增大，并大大降低模具使用寿命。另外，冲裁间隙的大小对卸料、推件也有影响。因此，选择合理的冲裁间隙极为重要。当冲裁件要求较高的断面质量时，应选择较小的间隙值；反之，当断面质量无严格要求时，应选较大的间隙值，以延长模具的使用寿命。具体的冲裁间隙值见表 10-4 或查阅相关手册。

表 10-4　冲裁模合理间隙值（双边）　　　　　　　　　　　　（单位：mm）

材料种类	材料厚度 t				
	0.1~0.4	0.4~1.2	1.2~2.5	2.5~4	4~6
软钢、黄铜	0.01~0.02	（7%~10%）t	（9%~12%）t	（12%~14%）t	（15%~18%）t
硬钢	0.01~0.05	（10%~17%）t	（18%~25%）t	（25%~27%）t	（27%~29%）t
磷青铜	0.01~0.04	（8%~12%）t	（11%~14%）t	（14%~17%）t	（18%~20%）t
铝及铝合金（软）	0.01~0.03	（8%~12%）t	（11%~12%）t	（11%~12%）t	（11%~12%）t
铝及铝合金（硬）	0.01~0.03	（10%~14%）t	（13%~14%）t	（13%~14%）t	（13%~14%）

（4）凸、凹模刃口尺寸的计算　冲裁件尺寸及冲裁间隙均取决于凸、凹模刃口尺寸，因此须正确确定凸、凹模刃口尺寸。

落料时，先由落料件尺寸确定凹模刃口尺寸，凸模刃口尺寸则为凹模刃口尺寸减去间隙值；冲孔时，由所冲孔的尺寸先确定凸模刃口尺寸，然后由凸模刃口尺寸加上间隙值即得凹模刃口尺寸。

由于工作过程中有磨损，故设计落料模时，先确定的凹模刃口尺寸一般接近落料件的公差范围内最小尺寸；设计冲孔模时，先确定的凸模刃口尺寸一般接近冲孔公差范围内的最大尺寸。

（5）冲裁力的计算　为了充分发挥设备潜力和保护模具及设备，应选用合理的设备，冲裁力是选用设备的重要数据，其具体计算公式可查阅有关手册。

（6）冲裁件的排样　排样是指落料件在条料、带料或板料上的合理安排。合理排样可提高材料利用率。图 10-30 所示为同一个冲裁件采用四种不同的排样方式时材料消耗的对比情况。

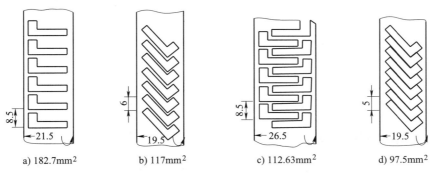

a) 182.7mm²　　b) 117mm²　　c) 112.63mm²　　d) 97.5mm²

图 10-30　不同排样方式材料消耗对比

2. 修整

修整是利用修整模将落料件的外缘或冲孔件内缘刮去一层薄的金属层，以提高冲件的尺寸精度，降低表面粗糙度值。冲件一般公差等级为 IT10～IT12，经修整后可达 IT6～IT7，表面粗糙度值 $Ra0.8～1.6\mu m$，修整示意图如图 10-31 所示。修整工序属于切削加工性质的加工工序，其修整量可查阅有关手册。

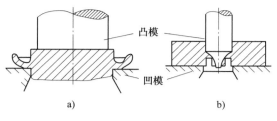

图 10-31　修整示意图

3. 切断

切断是利用剪刃或冲模将材料沿不封闭的曲线分离的一种冲压方法。

剪刃安装在剪床上，把大板料剪成一定宽度的条料，供下一步冲压工序用。冲模安装在压力机上，用以制取形状简单、精度要求不同的平板件。

10.3.2　变形工序

变形工序是指使板料发生塑性变形，以获得规定形状工件的工序，使坯料的一部分相对另一部分产生位移而不破裂。它主要包括弯曲、拉深、翻边、胀形、缩口成形等工序。

1. 弯曲

弯曲是指将板料在弯矩作用下弯成具有一定曲率和角度制件的一种成形方法。板料放在凹模上，随着凸模的下行材料发生弯曲，而且弯曲半径越来越小，直到凸模、凹模、板料三者重合，弯曲过程结束。弯曲示意图如图 10-32 所示。

弯曲变形只发生在弯曲圆角部位，且其内侧受压应力，外侧受拉应力。内、外侧大部分为塑性变形（含少量的弹性变形），而中心部分为弹性变形区域。弯曲件弯曲变形程度是由弯曲半径 R 和板料厚度 t 的比值 R/t（相对弯曲半径）决定的。当外侧拉应力超过坯料的抗拉强度极限时，即会造成金属破裂。坯料越厚、内弯曲半径 r 越小，则压缩及拉伸应力越大，越容易弯裂。为了防止破裂，弯曲半径不应小于相应板厚的最小弯曲半径，若小于最小弯曲半径，则弯曲件的外侧就会弯裂，内侧则易起皱。弯曲的最小半径为 $(0.25～1)t$，t 为板料的厚度。若材料塑性好，则弯曲半径可小些。

弯曲时，还应尽可能使弯曲线与板料纤维方向垂直，如图 10-33 所示。若弯曲线与纤维方向一致，则容易产生破裂，此时可增大最小弯曲半径。

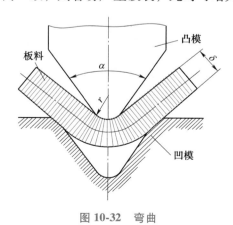

图 10-32　弯曲

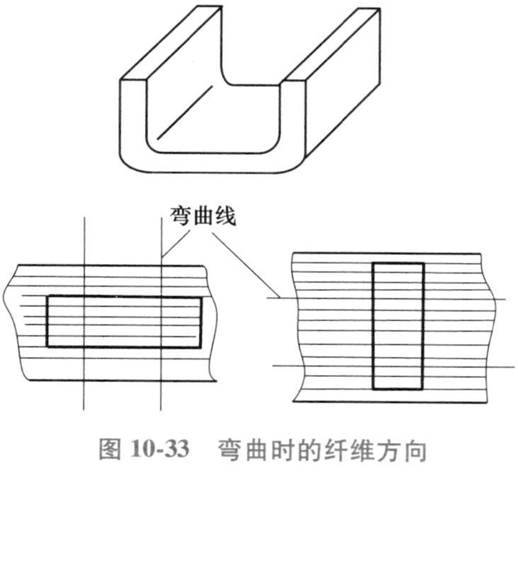

图 10-33　弯曲时的纤维方向

　　由于弯曲件在弯曲过程结束后,其中还有部分弹性变形存在,弹性变形的回复会使弯曲件的实际弯角变大,这就是弯曲件的回弹。一般回弹角为 $0° \sim 10°$,材料的屈服极限越高,回弹角就越大;其弯曲角越大,回弹值也越大。因此,设计弯曲模时,应预先考虑模具弯曲角比工件弯曲角小一个回弹角度或采用校正弯曲模。

2. 拉深

　　拉深又称拉延,是变形区在一拉一压的应力状态作用下,使板料(或浅的空心坯)成形为空心件(深的空心件)而厚度基本不变的加工方法。

　　(1)拉深变形过程　拉深变形过程如图 10-34 所示,将直径为 D 的坯料拉深成直径为 d、高度为 h 的筒形件。拉深过程中,将拉深件分为如图 10-35 所示的五个变形区。在凸缘区大部分区域的最大应力为周向压应力,此应力使凸缘区略有增厚,当应力过大而坯料相对厚度较小时,材料会发生失稳起皱;在凸模圆角区,主要应力为径向拉应力,此应力使此处的材料厚度最小,严重时会使此处材料拉裂。

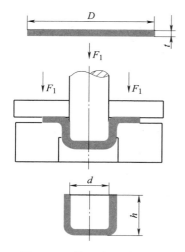

图 10-34　拉深变形过程简图

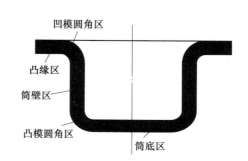

图 10-35　拉深变形区

　　(2)主要拉深参数

　　1)拉深系数。拉深系数是衡量变形程度大小的参数,用 m 表示,$m_1 = d_1/D$,$m_n = d_n/d_{n-1}$。式中,m_1、m_n 为首次拉深系数和 n 次拉深系数,d_n 为 n 次拉深后的筒形件直径,D 为坯料直径。可见,m 越小,变形程度就越大。在拉深件的一次或多次拉深成形过程中,其 $m_{总} > m_{极限}$(其中 $m_{总} = m_1 m_2 \cdots m_n = d_n/D$)。在材料塑性好、相对厚度大、凸凹模圆角半径大、润滑条件好等情况下,拉深系数可适当选小一些。有时为了采用小的拉深系数但又不能令其起皱,则可加上压边装置。但压边力过大会引起凸、凹模圆角处的材料拉裂。

　　在多次拉深过程中,必然产生加工硬化。为保证坯料具有足够的塑性,生产中坯料经过 $1 \sim 2$ 次拉深后,应安排工序间的退火处理。另外,在多次拉深中,拉深系数应一次比一次略大些,以确保拉深件质量和使生产顺利进行。总拉深系数等于每次拉深系数的乘积。图 10-36 所示为多次拉深时圆筒直径的变化示意图。

　　2)凸、凹模圆角半径。凸、凹模圆角半径对拉深变形也起着非常重要的作用。凹模圆角半径过小,坯料会在此处产生严重的弯曲和变薄,导致拉裂;凹模圆角半径大,利于拉

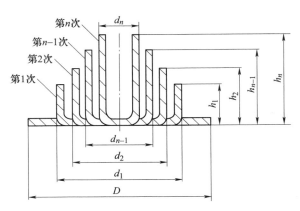

图 10-36　多次拉深时圆筒直径的变化

深，且降低拉深力，拉深系数也可小一些，但凹模圆角半径过大会使此处材料悬空，导致起皱，因此应适当加大凹模圆角半径。凸模圆角半径过小，会导致此处材料严重变薄或产生破裂；凸模圆角半径过大，在拉深开始阶段，此处材料因悬空而起皱。

　　3）拉深间隙。拉深间隙过小，材料内应力增加，使制件严重变薄，影响尺寸精度甚至制作破裂，且磨损严重，降低模具使用寿命；拉深间隙过大，工件易弯曲起皱，制件会出现口大底小的锥度。

　　（3）拉深件毛坯尺寸及拉深力　在不变薄拉深的情况下，可采用拉深前后面积不变原则计算拉深件毛坯尺寸，毛坯的总面积就是拉深中各部分面积之和；变薄拉深时，可根据体积相等原则计算。拉深力是确定设备的重要数据，可根据有关经验公式得出。

　　（4）拉深件的成形质量问题　拉深件成形过程中最常见的质量问题是破裂和起皱，如图 10-37 所示。

　　3. 翻边

　　翻边工序是在成形坯料的平面或曲面部分上使板料沿一定的曲线翻成凸缘的一种成形工序，如图 10-38 所示。翻边的种类很多，常用的是圆孔翻边。

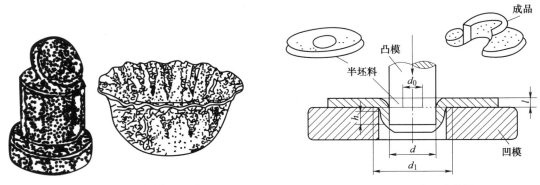

图 10-37　破裂和起皱拉深件　　　　　　图 10-38　翻边工序简图

　　圆孔翻边前坯料孔的直径是 d_0，变形区是内径为 d、外径为 d_1 的环形部分。翻边过程中变形区在凸模作用下内径不断扩大，翻边结束时达到凸模直径，最终形成竖直的边缘如图

10-39 所示。

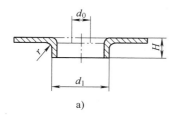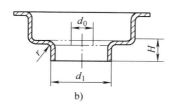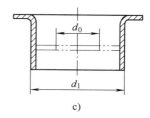

a)　　　　　　　　　b)　　　　　　　　　c)

图 10-39　翻边加工

翻边成形在冲压生产中应用广泛,尤其在汽车、拖拉机等工业生产中应用更为普遍。

4. 胀形

胀形是利用坯料局部厚度变薄形成零件的成形工序。是冲压成形的一种基本形式,也常和其他成形方式结合出现于复杂形状零件的冲压过程中。

胀形主要有平板坯料胀形、管坯胀形、球体胀形和拉形等几种方式。

(1) 平板坯料胀形　平板坯料胀形过程如图 10-40 所示。将直径为 D_0 的平板坯料放在凹模上,加压边圈并在压边圈上施加足够大的压边力,当凸模向凹模内压入时,坯料被压边圈压住不能向凹模内收缩,只能靠凸模底部坯料的不断变薄来实现成形过程。

平板坯料胀形常用于在平板冲压件上压制凸起、凹坑、加强筋、花纹图案及印记等,有时也和拉深成形结合,用于汽车覆盖件的成形,以增大其刚度。

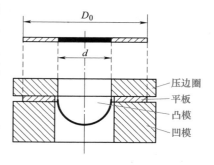

图 10-40　平板坯料胀形

(2) 管坯胀形　管坯胀形如图 10-41 所示。在凸模压力的作用下,管坯内的橡胶变形,直径增大,将管坯直径胀大,靠向凹模。胀形结束后,凸模抽回,橡胶恢复原状,将胀形件从中取出。凹模采用分瓣式,从外套中取出后即可分开,将胀形件从中取出。

有时也可用液体或气体代替橡胶来加工形状复杂的空心零件,如波纹管、高压气瓶等。

(3) 球体胀形　球体胀形是 20 世纪 80 年代后出现的无模胀形新工艺。主要过程是先用焊接方法将板料焊成球形多面体,然后向其内部用液体或者气体打压。在强大的压力作用下,板料发生塑性变形,多面体逐渐变成球体。如图 10-42 所示。

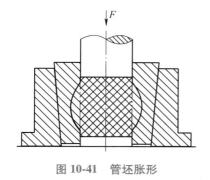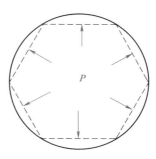

图 10-41　管坯胀形　　　　　图 10-42　球体胀形

球体胀形多用于大型容器的制造，在石油化工、冶金、造纸等部门广泛应用。

（4）拉形 拉形工艺是胀形的另一种形式。在强大的拉力作用下，坯料紧靠在模型上并产生塑性变形，如图 10-43 所示。拉形工艺主要用于板料厚度小而成形曲率半径很大的曲面形零件，如飞机的蒙皮等。

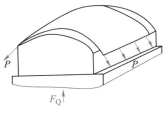

图 10-43 拉形

10.3.3 冲压模具

冲模是冲压生产中必不可少的模具。冲模结构是否合理对冲压生产的效率和模具使用寿命都有很大影响。冲模按基本构造不同可分为简单模、连续模和复合模三类。

1. 简单模

简单模是指在曲柄压力机的一次行程中只能完成一个工序的冲模。图 10-44 所示为落料用的简单冲模。凹模 9 用压板 8 固定在下模板 1 上，下模板用螺栓固定在压力机的工作台上，凸模 6 用压板 7 固定在上模板 4 上，上模板则通过模柄 5 与压力机的滑块连接。因此，凸模可随滑块作上下运动。为使凸模向下运动能对准凹模孔，并在凸、凹模之间保持均匀间隙，通常采用导柱 2 和套筒 3 的结构。条料在凹模上沿两个导板 11 之间送进，直到碰到定位销 10。凸模向下冲压时，冲下的零件进入凹模孔，而条料则夹住凸模并随凸模一起回程向上运动。条料碰到卸料板 12 时被推下，这样条料继续在导板间送进。重复上述动作，即可冲下第二个零件。

2. 连续模

连续模是指冲压设备一次行程内在模具不同的工位可以完成两个或两个以上工序的冲模（图 10-45）。工作时定位销 3 对准预先冲出的定位孔，上模向下运动，落料凸模 4 进行落料，冲孔凸模 5 进行冲孔。当上模回程时，卸料板 6 从凸模上推下残料。这时再将坯料 7 向前送进，并进行第二次冲裁。如此循环进行，每次送进距离由挡料销控制。

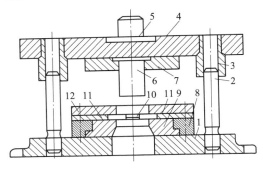

图 10-44 简单冲模

1—下模板 2—导柱 3—套筒 4—上模板
5—模柄 6—凸模 7、8—压板 9—凹模
10—定位销 11—导板 12—卸料板

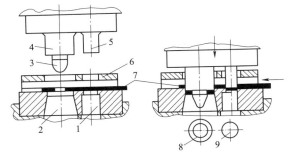

图 10-45 连续模

1—冲孔凹模 2—落料凹模 3—定位销
4—落料凸模 5—冲孔凸模 6—卸料板
7—坯料 8—成品 9—废料

连续模的特点：生产效率高，便于实现机械化和自动化，适用于大批量生产，操作方便安全。但其结构复杂，制造精度要求高，周期长，成本高。由于定位积累误差，所以内外形同心度要求高的零件不适合这种模具。

3. 复合模

复合模是指在冲压设备的一次行程中，在模具的同一工位同时完成数道冲压工序的冲模，图 10-46 所示为落料及拉深复合模。复合模的最大特点是模具中有一个凸凹模 2。凸凹模的外圆是落料凸模刃口，内孔则成为拉深凹模。当滑块带着凸凹模向下运动时，条料 4 首先在凸凹模 2 和落料凹模 6 中落料。落料件被下模当中的拉深凸模 7 顶住，滑块继续向下运动时，落料凹模随之向下运动进行拉深。顶出器 3 和卸料板 5 在滑块的回程中将拉深件 9 推出模具。复合模适用于产量大、精度要求高的冲压件。

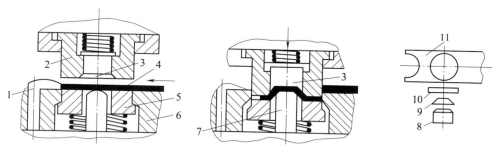

图 10-46　落料及拉深复合模
1—挡料销　2—凸凹模　3—顶出器　4—条料　5—卸料板
6—落料凹模　7—拉深凸模　8—零件　9—拉深件　10—坯料　11—切余材料

复合模的特点：结构紧凑，冲出的制件精度高，生产率也高，适合大批量生产，尤其是孔与制件外形的同心度容易保证。但模具结构复杂，制造较困难。适用于产量大、精度要求高的冲压件。

10.4　塑性加工件结构工艺性

10.4.1　锻件结构工艺性

锻件的结构工艺性，是指什么样的零件结构容易优质高产地锻造出来的问题。锻造方法不同，对零件的结构工艺性的要求也不同。本节分别讨论自由锻、锤上模锻零件和冲压件的结构工艺性。

1. 自由锻锻件的结构工艺性

（1）自由锻零件的特点　自由锻主要生产形状简单、精度较低和表面粗糙度值较高的毛坯，这是设计锻件结构时要首先考虑的因素。同时，还要在保证零件使用性能的前提下，考虑如何便于锻打，如何才能提高生产效率。

（2）自由锻锻件的结构工艺性要求　自由锻锻件的设计原则是：在满足使用性能的前提下，锻件形状应尽量简单，易于锻造。

锻件上应避免有锥形、斜面和楔形表面。如图 10-47a 所示，锻造具有锥体或斜面结构的锻件时，需制造专用工具，锻件成形也比较困难，从而使工艺过程复杂，不便于操作，影响设备使用效率，应改进设计，如图 10-47b 所示。

锻件由数个简单几何体构成时，几何体间的交接处不应形成空间曲线。如图 10-48a 所

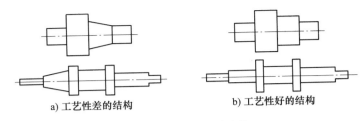

a) 工艺性差的结构 b) 工艺性好的结构

图 10-47　轴类锻件结构

示结构，采用自由锻方法极难成形，应改成平面与圆柱、平面与平面相接的结构，如图 10-48b 所示。

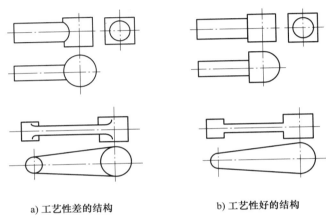

a) 工艺性差的结构 b) 工艺性好的结构

图 10-48　杆类锻件结构

　　自由锻锻件上不应设计出加强筋、凸台、工字形截面或空间曲线形表面。如图 10-49a 所示的锻件结构，应改成如图 10-49b 所示结构。

　　自由锻锻件的横截面若有急剧变化或形状较复杂时，如图 10-50a 所示，应设计成由几个简单件构成的几何体。每个简单件锻制成形后，再用焊接或机械连接方式构成整体件，如图 10-50b 所示。

2. 锤上模锻零件的结构工艺性

　　设计模锻零件时，应根据模锻特点和工艺要求，使其结构符合下列原则：

　　1）模锻零件应具有合理的分模面，以使金属易于充满模腔，模锻零件易于从锻模中取出，且余块最少，锻模容易制造。

　　2）模锻零件上，除与其他零件配合的表面外，均应设计为非加工表面。模锻零件

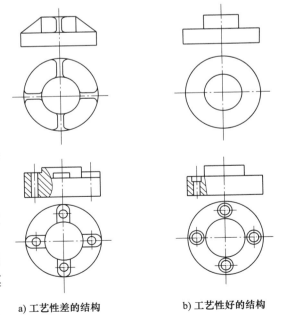

a) 工艺性差的结构 b) 工艺性好的结构

图 10-49　盘类锻件结构

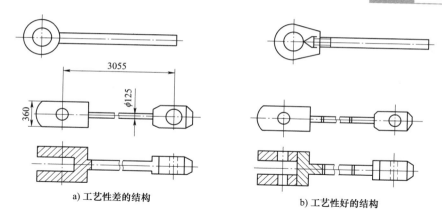

a) 工艺性差的结构 　　　　　　　b) 工艺性好的结构

图 10-50　复杂件结构

的非加工表面之间形成的角应设计模锻圆角，与分模面垂直的非加工表面，应设计出模锻斜度。

3）零件的外形应力求简单、平直、对称，避免零件截面间差别过大，或具有薄壁、高筋等不良结构。一般来说，零件的最小截面与最大截面之比不要小于 0.5。如图 10-51a 所示零件的凸缘太薄、太高，中间下凹太深，金属不易充型。如图 10-51b 所示零件过于扁薄，薄壁部分金属模锻时容易冷却，不易锻出，对保护设备和锻模也不利。如图 10-51c 所示零件有一个高而薄的凸缘，使锻模的制造和锻件的取出都很困难，改成如图 10-51d 所示形状则较易锻造成形。

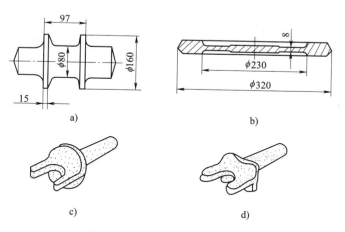

图 10-51　模锻零件结构工艺性

4）在零件结构允许的条件下，应尽量避免有深孔或多孔结构。孔径小于 30mm 或孔深大于直径两倍时，锻造困难。如图 10-52 所示齿轮零件，为保证纤维组织的连贯性以及更好的力学性能，常采用模锻方法生产，但齿轮上的四个 ϕ20mm 的孔不方便锻造，只能采用机

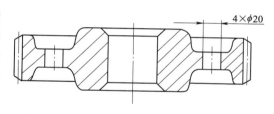

图 10-52　模锻齿轮零件

303

加工成形。

5）对复杂锻件，为减少余块，简化模锻工艺，在可能条件下，应采用锻造-焊接或锻造-机械连接组合工艺，如图 10-53 所示。

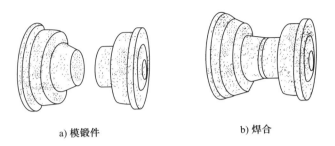

a) 模锻件　　　　　　　　　　　　b) 焊合

图 10-53　锻焊结构模锻零件

10.4.2　冲压件结构工艺性

冲压件的工艺性是指冲压件对冲压工艺的适应性。在一般情况下，对冲压件工艺性影响最大的是几何形状和精度要求。良好的冲压工艺性应能满足材料较省、工序较少，模具加工较易、使用寿命较高，操作方便及产品质量稳定等要求。

1）冲裁件的形状应能符合材料合理排样，减少废料，如图 10-54 所示。

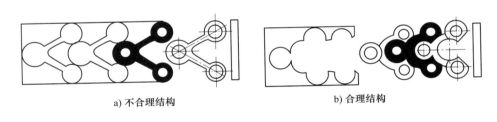

a) 不合理结构　　　　　　　　　　　　b) 合理结构

图 10-54　冲裁件的合理排样

2）冲裁件各直线或曲线的连接处，应有适当的圆角，数值见表 10-5。如果冲裁件有尖角，不仅给冲裁模的制造带来困难，而且模具也容易损坏。在采用少废料、无废料排样或镶拼模具结构时不需要圆角。

表 10-5　冲裁件最小圆角半径

工序	线段夹角	黄铜、纯铜、铝	软钢	合金钢
落料	≥90°	$0.18t$	$0.25t$	$0.35t$
	<90°	$0.35t$	$0.50t$	$0.70t$
冲孔	≥90°	$0.20t$	$0.30t$	$0.45t$
	<90°	$0.40t$	$0.60t$	$0.90t$

注：t 为材料厚度，当 $t<1$mm 时，均以 $t=1$mm 计算。

3) 冲裁件凸出或凹入部分的宽度不宜太小，并应避免过长的悬臂与狭槽（图 10-55）。冲裁件材料为高碳钢时，$b \geq 2t$；冲裁件材料为黄铜、纯铜、铝、软钢时，$b \geq 1.5t$。材料厚度 $t<1$mm 时，按 $t=1$mm 计算。

4) 腰圆形冲裁件，如允许有圆弧，则如图 10-56 所示 R 应大于料宽的一半，即能采用少废料排样。如限定圆弧半径 R 等于工件宽度之半，就不能采用少废料排样，否则会有台肩产生。

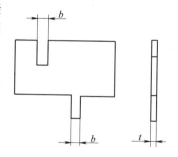

图 10-55 冲裁件最小宽度

5) 冲孔时，由于受到凸模强度的限制，孔的尺寸不宜过小，其数值与孔的形状、材料的力学性能、材料的厚度等有关。冲孔的最小尺寸见表 10-6。

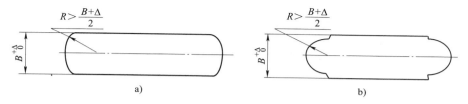

a) b)

图 10-56 少废料排样与腰圆形冲裁件设计

表 10-6 冲孔的最小尺寸

材料	自由凸模冲孔		精密导向凸模冲孔	
	圆形	矩形	圆形	矩形
硬钢	$1.3t$	$1.0t$	$0.5t$	$0.4t$
软钢，黄铜	$1.0t$	$0.7t$	$0.35t$	$0.3t$
铝	$0.8t$	$0.5t$	$0.3t$	$0.28t$
酚醛层压布板	$0.4t$	$0.35t$	$0.3t$	$0.25t$

注：t 为材料厚度。

6) 冲裁件的孔与孔之间，孔与边缘之间的距离为 a（图 10-57），受模具强度和冲裁件质量的限制，其值不能过小，宜取 $a \geq 2t$，并不得小于 $3 \sim 4$mm。必要时可取 $a=(1 \sim 1.5)t$（$t<1$mm 时，按 $t=1$mm 计算），但模具使用寿命会因此降低或结构复杂程度增加。

7) 拉深件的圆角半径在不增加工艺工序的情况下不宜取得过小，如图 10-58 所示。半径过小将增加拉深次数，并容易产生废料和提高成本。

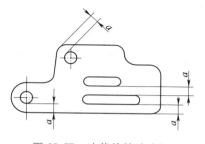

图 10-57 冲裁件的孔边距

8) 在拉深件或弯曲件上冲孔时，其孔壁与工件直壁之间的距离不能小于如图 10-59 所示的尺寸。如果距离过小，孔边进入工件底部的圆角部分，冲孔时凸模将受到水平推力。

9) 为了防止弯曲破裂，弯曲时应考虑纤维组织的方向，并且弯曲半径不能小于材料弯曲半径的最小许可值。常用材料的弯曲半径最小许可值见表 10-7，表中 δ 为材料厚度。

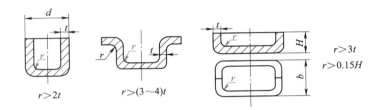

图 10-58 拉深件的圆角半径

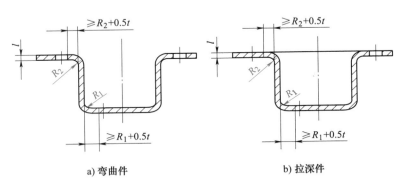

a) 弯曲件   b) 拉深件

图 10-59 孔边距的最小值

表 10-7 常用材料的弯曲半径最小许可值

材料	弯曲半径最小许可值			
	材料经退火或正火后		材料经加工硬化后	
	垂直于纤维方向	平行于纤维方向	垂直于纤维方向	平行于纤维方向
08 钢，10 钢	0.5δ	1.0δ	1.0δ	1.5δ
20 钢，30 钢，45 钢	0.8δ	1.5δ	1.5δ	2.5δ
黄铜、铝	0.3δ	0.45δ	0.5δ	1.0δ
硬铝	2.5δ	3.5δ	3.5δ	5.0δ

10）带孔弯曲件的孔边缘与弯曲线的距离不能太小，如图 10-60 所示。

11）弯曲边过短不易成形，故应使弯曲边的平直部分 $H \geqslant 2t$，如图 10-61 所示。如果要求 H 很小，则需先留出适当的余量以增大 H，弯好后再切去所增加的金属。

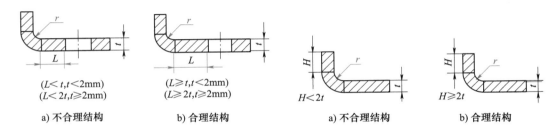

a) 不合理结构 $(L<t,t<2mm)$ $(L<2t,t\geqslant 2mm)$ b) 合理结构 $(L\geqslant t,t<2mm)$ $(L\geqslant 2t,t\geqslant 2mm)$

a) 不合理结构 $H<2t$ b) 合理结构 $H\geqslant 2t$

图 10-60 带孔弯曲件的孔边缘与弯曲线的距离   图 10-61 弯曲边长度

10.5　塑性加工技术的新进展

10.5.1　特种塑性加工

随着科技的进步，创新能力及人们需求的日益增加，材料加工技术越来越向着高效低耗、短流程、近净成形等方向发展，塑性成形新技术及装备随之不断涌现并得到应用，如液压成形、多点成形、局部加载和拼焊成形等。尽管这些塑性加工技术仅在特定领域得到应用，但发展前途广阔。它们既是常规工艺的延续发展，又是常规工艺的有效补充，通常将这类塑性加工技术称为特种塑性成形技术。常见的特种塑性成形技术主要包括超塑性成形、粉末锻造、液态模锻、电液成形、爆炸成形等技术。

1. 超塑性成形

（1）超塑性成形的概念及特点　在变形过程中，若综合考虑变形时的内外部因素，使其处于特定的条件下，如一定的化学成分、特定的显微组织（包括晶粒大小、形状及分布等）、固态相变（包括同素异构转变、有序-无序转变及固溶-脱溶变化等）能力、特定的变形温度和应变速率等，则材料会表现出异乎寻常高的塑性状态，即所谓的超塑性变形状态，关于超塑性的定义，目前还没有一个严格确切的描述。通常认为超塑性是指材料在拉伸条件下，表现出异常高的伸长率而不产生缩颈与断裂现象，当伸长率 $\delta \geq 100\%$ 时，即可视为超塑性。实际上，有些超塑性材料，其伸长率可达到百分之几百，甚至达到百分之几千。例如，在超塑拉伸条件下，Sn-Bi 共晶合金可获得 1950% 的伸长率，Zn-Al 共晶合金的伸长率可达 3200%。所谓超塑性，还可理解为材料具有超常的均匀变形的能力，因此，也有人用应变速率敏感性指数 m 值（m 值反映了材料抗局部收缩或产生均匀拉伸变形的能力）的大小来定义超塑性，即当材料的 m 值大于 0.3 时，可视为其具有超塑性。

超塑性成形的主要优越性在于它能极大地发挥材料塑性潜力和大大降低变形抗力，从而利于复杂零件的精确成形，这对于像钛合金、铝合金、镁合金、合金钢和高温合金等较难成形金属材料的成形具有重要意义。

材料在超塑性状态下的宏观变形特征，可用大变形、无缩颈、小应力、易成形等来描述。

1）大变形。超塑性材料在单向拉伸时 δ 值极高（有的 δ 值高达 5000%），表明超塑性材料在变形稳定性、均匀性方面要比普通材料好得多。这就使材料成形性能大大改善，可以使许多形状复杂、难以成形的材料（如某些钛合金）变形成为可能。例如，对人造卫星上使用的钛合金球形燃料箱，壁厚为 0.71～1.5mm，如采用普通方法几乎无法成形，只有超塑性成形才有可能。

2）无缩颈。一般金属材料在拉伸变形过程中，出现早期缩颈后，由于应力集中效应使缩颈继续发展，导致提前断裂。拉断后的试样具有明显的宏观缩颈。而超塑性材料的变形却类似于黏性物质的流动，没有（或很小）应变硬化效应，但对变形速度十分敏感，即"应变速率硬化效应"，即当变形速度增加时，材料会强化。因此，超塑性材料变形时虽有初期缩颈形成，但由于缩颈部位变形速度增加而发生局部强化，从而使变形在其余未强化部分继续进行，这样使得缩颈传播出去，结果获得超常的宏观均匀的变形。由此可知，超塑性的无缩颈是指宏观的变形结果,并非真的没有缩颈。产生超塑性变形的试样,断口部位的截面尺寸与均匀部位的截面尺寸相差很小,整个试样的变形梯度缓慢而均匀,对于典型超塑性合金 Zn-22%Al,断口部位可达到头发丝那样细的程度,此时断面收缩率接近于 100%。因此,超塑性材料的变形具有宏观"无缩颈"的特点。而通常情况下,脆性材料拉伸变形时的断面收缩率近似于 0,一般塑性材料的断面收缩率小于 60%。

3) 小应力。超塑性材料在变形过程中的变形抗力很小,往往具有黏性或半黏性流动的特点。在最佳超塑性变形条件下,其流动应力 σ 通常只是常规变形的几分之一乃至几十分之一。例如,Zn-22%Al 在超塑性变形时的流动应力不超过 2MPa;TC4 合金在 950℃ 下的流动应力为 10MPa 左右;GCr15 钢在 700℃ 时流动应力为 30 MPa。由于超塑性成形时载荷低、速度慢、不受冲击,故模具使用寿命长,可以采用低强度、廉价的材料来制作模具。但对于高温成形的合金,应采用相应的耐高温材料制作模具。

4) 易成形,工艺简单。超塑性成形时金属变形抗力小,流动性和充型性也较好,可一次成形形状极为复杂的工件。在恒温保压状态下,有蠕变机理作用,可以充满模具型腔各个部位,精细的尖角、沟槽和凸台也可充满,还可以将多道次的塑性成形改为整体结构一次成形,且不需要焊接和铆接。超塑性成形时,材料成形性能大为改善,使形状复杂的构件一次成形变为可能。

5) 成形质量好。超塑性成形不存在由于硬化引起的回弹导致零件成形后的变形问题,故零件尺寸稳定。超塑状态下的成形过程是较低速度和应力下的稳态塑性流变过程,故成形后残余应力很小,不会产生裂纹、弹性回复和加工硬化。成形后的材料仍能保持等轴细晶组织、无各向异性。

相对常规塑性成形时易出现的各种缺陷,超塑性成形的上述优点十分突出,因而超塑性成形得到了越来越广泛的应用,尤其适用于曲线复杂、弯曲深度大、用冷加工成形困难的钣金零件成形。由于超塑性成形可使多个部件一次整体成形,结构强度明显提高,质量减轻,因此是当今航空航天工业中最吸引人的加工新技术之一,已经成为一种推动现代化航空航天结构设计概念发展和突破传统钣金成形方法的先进制造技术。该技术的发展应用水平已经成为衡量一个国家航空航天生产能力和发展潜力的标志。

(2) 超塑性成形工艺的应用

1) 板料冲压。如图 10-62 所示,零件直径很小,但高度很高。选用超塑性材料可以一次冲压成形,质量很好,零件性能无方向性。图 10-62a 所示为板料冲压成形示意图。

2) 板料气压成形。如图 10-63 所示,超塑性金属板料放于模具中,把板料与模具一起加热到规定温度,向模具内充入压缩空气或抽出模具内的空气形成负压,板料将贴紧在凹模或凸模上,以获得所需形状的工件,该方法可加工的板料厚度为 0.4~4mm。

2. 粉末锻造

粉末锻造通常是指将粉末烧结的预成形坯加

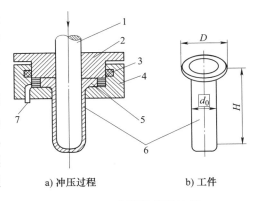

图 10-62 超塑性板料冲压

1—冲头(凸模) 2—压板 3—电热元件
4—凹模 5—坯料 6—工件 7—高压油孔

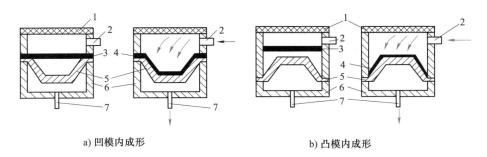

a) 凹模内成形　　　　　　　　　　b) 凸模内成形

图 10-63　板料气压成形

1—电热元件　2—进气孔　3—板料　4—工件　5—凹（凸）模　6—模框　7—抽气孔

热后，在闭式锻模中锻造成零件的成形工艺方法。它是将传统的粉末冶金和精密锻造结合在一起的一种新工艺，并兼有两者的优点。粉末锻造可以制取密度接近材料理论密度的粉末锻件，克服了普通粉末冶金零件密度低的缺点，使粉末锻件的某些物理和力学性能达到甚至超过普通锻件的水平。同时，又保持了普通粉末冶金少切削、无切削加工工艺的优点。通过合理设计预成形坯和实行少、无飞边锻造，具有成形精确、材料利用率高、锻造能量消耗少等特点。

粉末锻造的目的是把粉末预成形坯锻造成致密的零件。目前，常用的粉末锻造方法有粉末锻造、烧结锻造、锻造烧结和粉末冷锻几种，其基本工艺过程如图 10-64 所示。

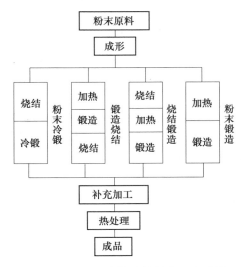

图 10-64　粉末锻造的基本工艺过程

粉末锻造在许多领域得到了应用，特别是在汽车制造业中的应用更为突出。适用于粉末锻造工艺生产的汽车零件见表 10-8。

表 10-8　适用于粉末锻造工艺生产的汽车零件

发动机	连杆、齿轮、气门挺杆、交流电动机转子、阀门、气缸衬套、环形齿轮
变速器（手动）	毂套、回动空转齿轮、离合器轴承座圈同步器、各种齿轮
变速器（自动）	内座圈、压板、外座圈、制动装置、离合器凸轮、各种齿轮
底盘	后轴壳体端盖、扇形齿轮、万向轴、轮筛、人字齿轮、环齿轮

3. 液态模锻

液态模锻是指将一定量的液态金属直接注入金属模腔，随后在压力的作用下，使处于熔融状态或半熔融状态的金属液发生流动并凝固成形，同时伴有少量塑性成形，从而获得毛坯或零件的加工方法。

典型的液态模锻工艺流程如图 10-65 所示，一般分为金属液和模具准备、浇注、合模施压以及开模取件四个步骤。

液态模锻工艺的主要特点为：

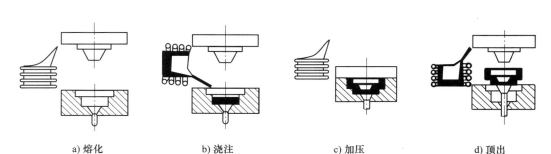

a) 熔化   b) 浇注   c) 加压   d) 顶出

图 10-65 液态模锻工艺流程

① 成形过程中，液态金属自始至终承受等静压，在压力下完成结晶凝固。

② 已凝固金属在压力作用下塑性变形，使制件外表面紧贴模膛，可保证尺寸精度。

③ 液态金属在压力作用下，凝固过程中得到强制补缩，比压铸件组织致密。

④ 成形能力高于固态金属热模锻，可成形形状复杂的锻件。

适用于液态模锻的材料非常多，除铸造合金外，变形合金、非铁金属及钢铁材料的液态模锻也已大量应用。

液态模锻适用于各种形状复杂、尺寸精确的零件制造，在工业生产中应用广泛。例如，活塞、炮弹引信体、压力表壳体、波导弯头、汽车油泵壳体、摩托车零件等铝合金零件；齿轮、蜗轮、高压阀体等铜合金零件；钢法兰、钢弹头、凿岩机缸体等碳素钢、合金钢零件。

4. 电液成形

电液成形是指通过电路中的电极在液体中放电而产生的强大电流冲击波，形成液体压力使材料在模内成形的方法，如图 10-66 所示。

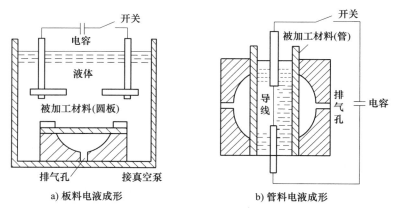

a) 板料电液成形   b) 管料电液成形

图 10-66 电液成形

5. 爆炸成形

爆炸成形是指利用炸药爆炸后产生的强大压力使坯料成形的方法。图 10-67a 所示为封闭式爆炸成形，用于生产小型零件；图 10-67b 所示为非封闭式爆炸成形，适合生产大型零件。

金属塑性成形工艺的发展有着悠久的历史，近年来在先进技术、设备的开发及应用等方面均已取得显著进展，并正在向着精密成形工艺的方向发展。当前正努力发展省力成

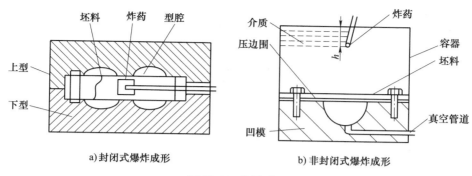

a)封闭式爆炸成形　　　　　　　b)非封闭式爆炸成形

图 10-67　爆炸成形

形工艺，"少、无余量成形"工艺，复合工艺和组合工艺等。采用热锻-温整形、温锻-冷整形、热锻-冷整形等组合工艺，推广精密模锻、高能成形、粉末锻造（粉末冶金+锻造）、液态模锻（铸造+模锻）等先进成形工艺以利于简化模具结构、提高坯料的塑性成形性能，目前得到越来越广泛的应用。其中有些成形工艺利于大批量生产高强度、形状复杂的锻件。

10.5.2　计算机在塑性加工中的应用

1. 塑性成形过程的数值模拟

目前，计算机技术已应用于模拟和计算工件塑性变形区的应力场、应变场和温度场，可预测金属充填模腔情况，锻造流线的分布和缺陷产生情况，分析变形过程的热效应及其对组织结构和晶粒度的影响。

有限单元法作为现代设计中一种有效的数值分析方法，在工程领域得到极为广泛的应用。有限元分析一般包括单元类型的选取，材料模型的定义，几何模型的建立，网格划分，定义接触类型和接触算法，施加约束条件和载荷及求解等步骤。

采用 ANSYS 有限元软件进行铜铝复合轧制的数值仿真研究，按照上述步骤进行建模和求解，最后进行分析。图 10-68a 所示为在复合轧制过程中变形区的轧制应力的分布情况，图 10-68b 所示为在复合轧制过程中变形区的摩擦应力的分布情况。

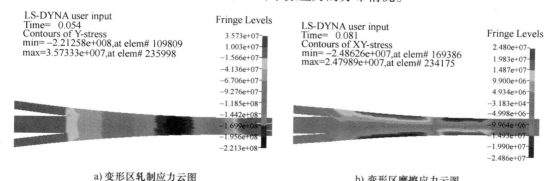

a) 变形区轧制应力云图　　　　　　　b) 变形区摩擦应力云图

图 10-68　复合板变形区变形情况

压力加工数值仿真可以减少工艺流程的设计、优化或控制环节中原型测试的数量和测试次数。对于企业和研究机构，压力加工数值仿真分析带来的不仅是成本的降低，更重要的是在激烈的市场竞争中赢得优势，并为研发投入带来更大的回报。

2. CAD/CAE/CAM 的应用

CAD/CAE/CAM 在压力成形加工中的研究和应用，各种 CAD/CAE/CAM 系统的研制和应用越来越广泛。在压力加工中，国内外研制成功并使用的 CAD/CAM 系统有很多，利用 CAD/CAM 技术可进行锻件、锻模设计，材料选择，坯料计算，制坯工序、模锻工序及辅助工序设计，确定锻造设备及锻模加工等一系列工作。具有代表性的 CAD/CAM 系统主要有美国的叶片类锻模和铝制件锻模 CAD/CAM 系统、精锻模 CAD 系统、成形模和模拟成形工序的 CAE 系统，英国的几何构型系统，日本、德国也开发了热模锻 CAD/CAM 系统。我国的锻模 CAD/CAM 研究工作主要在理论、方法和系统研制方面取得了一些成果。锻模 CAD/CAM 技术的研究发展方向为进一步完善了复杂锻件几何形状的处理及设计分析提供了方法。

冲压加工中，冲模 CAD/CAE/CAM 发展也非常迅速。其中主要有美国的 PDDC 连续模 CAD 系统和冲模 CAD-NC 系统，日本、英国、俄罗斯、德国等也进行了一系列的冲模 CAD 的研究工作。冲模 CAD 主要用于完成复杂模具的几何设计，建立标准零件和典型模具结构的图库，完成数值分析计算工作，数据库数据用于数控编程等几个方面。

CAD/CAE/CAM 系统的研制和使用，充分发挥了人类的创造性思维和计算机的处理能力，可节省设计时间、优化设计方案、提高产品质量、延长模具使用寿命，同时把设计人员从繁冗的绘图劳动中解放出来。

3. 实现产品-工艺-材料的一体化

在锻造生产和板料冲压成形中，随着数控冲压设备的出现，CAD/CAE/CAM 技术得到了充分的应用。适合于产品多变场合的柔性加工方法显示出较强的竞争力，计算机控制和检测技术已广泛应用于自动化生产线，塑性成形柔性加工系统（FMS）在发达国家已应用于生产。塑性成形往往是"来料加工"，近年来由于机械合金化的出现，可以不通过熔炼得到各种性能的粉末，塑性加工时可以自配材料经热等静压（HIP），再经等温锻造得到产品，从而为实现产品-工艺-材料一体化创造了条件。

人们对客观世界的认识在不断地加深，人们发现世界的能力也在不断增强。例如，汽车车轮制造方法先后出现的有冲压法、旋压法，新近在国外又出现了整体铸造-模锻法。可以毫不夸张地说，新的成形工艺层出不穷，它的实用化程度将反映出一个国家的制造业水平。

思考与练习

10-1 常见的塑性成形方法有哪些？各有什么特点？

10-2 碳钢在锻造温度范围内变形时，是否会有冷变形强化现象？

10-3 什么是热变形？什么是冷变形？各有何特点？生产中如何选用？

10-4 铅在 20℃、钨在 1000℃时变形，各属哪种变形？为什么（铅的熔点为 327℃，钨的熔点为 3380℃）？

10-5 纤维组织是怎样形成的？它的存在有何利弊？

10-6 试从生产率、锻件精度、锻件复杂程度等方面比较自由锻和模锻两种锻造方法。

10-7 自由锻零件在结构设计时应注意哪些问题？

10-8 为什么在锻造过程中重要的轴类锻件安排有镦粗工序？

10-9 模锻模膛按功能分类哪几类？各有什么功能？

10-10　改正图 10-69 中模锻件结构的不合理处。

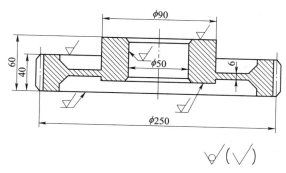

图 10-69　题 10-10 图

10-11　下列制品应选用哪种锻造方法制作?

活扳手（大批量），铣床主轴（成批），大六角头螺钉（成批），起重机吊钩（小批），万吨轮主传动轴（单件）。

10-12　什么是冲裁工序、弯曲工序、拉深工序? 它们各有何变形特点?

10-13　设计冲压件结构时应考虑哪些原则?

10-14　用 $\phi 50mm$ 冲孔模具来生产 $\phi 50mm$ 落料件能否保证落料件的精度? 为什么?

10-15　落料模与拉深模的凸、凹模间隙有什么不同? 为什么?

10-16　用 $\phi 60mm$ 落料模具来生产 $\phi 60mm$ 冲孔件能否保证冲压件的精度? 为什么? 用 $\phi 300mm \times 1.0mm$ 的板料能否一次拉深成 $\phi 60mm$ 的拉深件? 应采取什么措施?

10-17　材料的回弹对冲压生产有何影响?

10-18　常见的特种塑性加工有哪几种，分别应用在什么场合?

第 ⑪ 章

焊接技术

生产过程中，将两个或多个分离的工件连接成所需的结构或成品，通常是更为经济的成形方法。常用的连接成形工艺有机械连接（如螺栓连接、铆钉连接等）、胶接和焊接等形式，如图 11-1 所示。

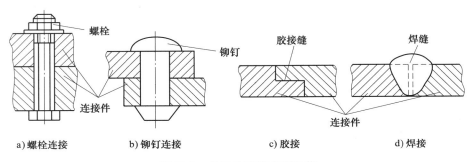

a）螺栓连接　　　　b）铆钉连接　　　　c）胶接　　　　d）焊接

图 11-1　常用的连接成形工艺

焊接是指通过加热、加压或两者并用，用或不用填充材料，使两种或两种以上同种或异种材料牢固地连接在一起的加工方法。它是现代工业生产中用来制造各种机械结构和零件的主要工艺方法之一，在许多领域得到了广泛的应用，如航空航天、造船、桥梁、汽车车身、建筑构架、家用电器等。

1. 焊接成形特点

（1）节省材料，减轻质量　与铆接相比，焊接具有节省金属、生产率高、致密性好、操作条件好、易于实现机械化和自动化等优点。

（2）化大为小、拼小为大　基于简单的坯料，利用铸-焊、锻-焊相结合的工艺，在小型铸、锻设备上生产大型或复杂的机械零部件，简化铸造、锻造及切削加工工艺。

（3）实现异种金属的连接　不同材料焊接在一起，可使零件的不同部分或不同位置具有不同的性能，从而满足使用要求。

（4）适应性好　各种各样的焊接方法几乎可以焊接所有的金属材料及部分非金属材料，可焊范围广。

焊接也存在一些不足之处：焊接结构不可拆卸，不便更换、修理部分零部件；焊接接头的组织性能不均匀；存在一定的焊接残余应力和焊接变形，影响焊接结构件的形状、尺寸；存在诸如裂纹、夹渣、气孔、未焊透等焊接缺陷，从而引起应力集中，降低承载能力，缩短工件使用寿命。

2. 焊接方法的分类

焊接方法的种类很多，一般根据焊接热源的性质、形成接头的状态及是否采用压力来划分，可分为三大类：熔焊、压焊和钎焊，如图 11-2 所示。

（1）熔焊（熔化焊） 是指将焊件待焊处连同填充金属局部加热到熔化状态形成熔池，待其冷却结晶后形成焊缝，将两部分材料焊接成一个整体。按加热的热源不同，包括电弧焊、电渣焊、等离子焊、电子束焊和激光焊等方法。

（2）压焊（压力焊） 是指通过施加压力（加热或不加热），使焊件结合面达到塑性变形或熔化状态，进而完成焊接的方法。包括电阻焊、摩擦焊、超声波焊、扩散焊、爆炸焊等方法。

（3）钎焊 是指利用比母材熔点低的填充金属作为钎料，将母材和钎料加热到高于钎料熔点而低于母材熔点的温度，利用液态钎料润湿母材，填充接头间隙，并与母材相互扩散实现连接焊件的方法。包括软钎焊、硬钎焊等方法。

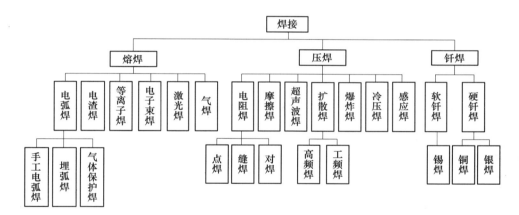

图 11-2 常见的焊接方法

11.1 焊接工艺基础

电弧焊是实际生产中应用最早、最广泛的熔焊方法，也是焊接技术最为成熟、最基本的焊接方法。本节以电弧焊为例来分析焊接工艺基础。

11.1.1 焊接电弧

电弧焊的热源是焊接电弧。焊接电弧是在具有一定电压的两电极间或电极与焊件之间的气体介质中，产生的强烈而持久的放电现象。产生电弧的电极可以是焊条、金属丝、钨丝或碳棒。焊接电弧由阴极区、弧柱区和阳极区构成，如图 11-3 所示。

（1）阳极区 电弧紧靠正电极区域，主要由电子撞击阳极时的动能和逸出功转化而

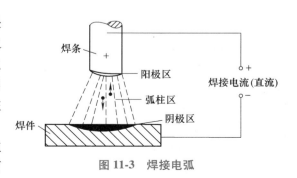

图 11-3 焊接电弧

来，产生的热量最大，约占电弧总热量的 43%，平均温度约 2600K（钢焊条焊接钢材情况下）。

（2）弧柱区 阴极区与阳极区之间的部分，占电弧长度的绝大部分，主要由带电粒子复合时释放出相当于电离能的能量转化而来，产生的热量约占电弧总热量的 21%，但因散热差，平均温度约 6100K。

（3）阴极区 电弧紧靠负电极的区域，主要由正离子碰撞阴极时的动能及其与电子复合时释放的电离能转化而来，产生的热量约占电弧总热量的 36%，平均温度约 2400K。

由于电弧产生的热量在阳极和阴极上有一定差异及其他一些原因，使用直流电弧焊焊接时，有正接和反接两种接线方法，如图 11-4 所示。

1）正接。焊件接到电源正极，焊条（或电极）接负极。

2）反接。焊件接到电源负极，焊条（或电极）接正极。

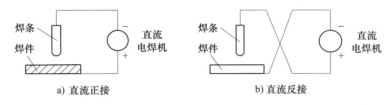

图 11-4 直流电弧焊的正接与反接

由于直流电弧两极的导电机理和产热特性均不相同，因而两极不同的接法对于焊接电弧的稳定性以及焊丝（条）和母材的熔化特性都有重要的影响。直流电弧极性的选择，通常可遵循以下原则。

1）对于非熔化极焊接，希望电极获得较少的热量，以减少电极的烧损。

2）对于熔化极电弧焊接，希望焊件获得较大的热量以增加熔深。

3）在堆焊和薄板焊接时，希望母材获得较少的热量，减少熔深以降低堆焊的稀释率和防止薄板烧穿。

如果焊接时使用的是交流电焊机（弧焊变压器），因为电极每秒正负变化可达到 100 次，所以两极加热温度相近，都为 2500K 左右，因而不存在正接和反接。

11.1.2 焊接冶金过程

焊接冶金过程是指熔焊过程中，焊接区内熔化金属（焊件、焊条或焊丝）、液态熔渣和气体三者之间在高温下相互作用的过程。焊接熔池可以看成是一座微型的冶金炉，在其中进行着一系列复杂的冶金反应。

焊接冶金过程与一般金属冶炼有相似之处，但又具有焊接过程自身的特点。

（1）冶金温度高，合金元素烧损严重 熔池温度高于一般冶炼温度，使合金元素强烈蒸发，同时电弧区的气体分解成原子状态，活性增大，造成熔池中的合金元素氧化、烧损，最终影响焊缝的化学成分和力学性能。

（2）冶金反应不充分，易产生焊接缺陷 因为熔池体积很小，其周围被体积很大的焊件金属包围，冷却速度很快，熔池存在的时间很短。各种冶金反应不能充分进行，造成焊缝化学成分不均匀。并且由于冷却速度快，使气体和杂质来不及上浮，在焊缝中形成气孔、夹杂等缺陷。

因此，焊前必须清理坡口及两侧的铁锈、水、油污，烘干焊接材料等；在焊接过程中必须对熔池金属进行机械保护和冶金处理。

（1）机械保护　指利用某种介质将焊接区与周围的空气隔离开。从保护介质方面看，保护可以分为熔渣保护、真空保护、气保护、渣-气联合保护等，使电弧熔滴和熔池与空气隔离，防止空气进入焊接区。

（2）冶金处理　指向熔池中添加合金元素进行脱氧、脱硫、脱磷、去氢和渗合金，从而改善焊缝金属的化学成分和组织。

11.1.3　焊接接头的组织与性能

焊接时，电弧沿着焊件逐渐移动并对焊件进行局部加热，因此在焊接过程中，焊缝及其附近的金属都是从室温开始加热到较高的温度，然后再逐渐冷却到室温。但随着金属所在位置的不同，其最高加热温度是不同的。图 11-5 所示为焊接时焊件横截面上不同点的温度变化情况。焊接过程中，焊缝的形成是一次冶金过程，焊缝附近区域金属相当于受到一次不同规范的热处理，必然会产生相应的组织与性能的变化。

以低碳钢为例，焊接接头中的化学成分、组织和力学性能一般不均匀，其横截面由以下三部分组成，如图 11-6 所示。

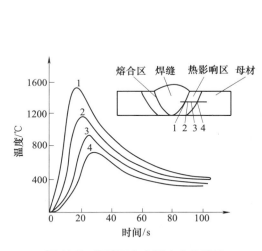

图 11-5　焊缝区各点温度变化情况

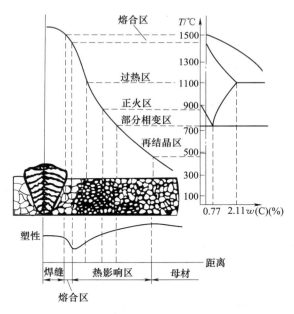

图 11-6　低碳钢焊接热影响区的组织变化

（1）焊缝　熔池凝固后在焊件之间形成的结合部分为焊缝。

（2）熔合区　介于焊缝与热影响区之间的过渡区域为熔合区。

（3）热影响区　焊接过程中，焊件受热的影响（但未熔化）而发生组织和力学性能变化的区域为热影响区。

1. 焊缝

焊缝金属的温度在液相线以上，冷却结晶是从熔池底壁开始向中心成长的。因结晶时各个方向的冷却速度不同，从而形成柱状的铸态组织，晶粒粗大。结晶是从熔合区中处于半熔化状态的晶粒表面开始逐次进行的，低熔点的硫、磷杂质和氧化铁等易偏析物集中在焊缝中心区，将影响焊缝的力学性能。

焊接时，熔池金属受电弧吹力和保护气体的吹动，熔池底壁柱状晶体的成长会受到干扰，柱状晶体呈倾斜状，晶粒有所细化。同时由于焊接材料的渗合金作用，焊缝金属中锰、硅等合金元素含量可能比焊件金属高，焊缝金属的性能一般不低于焊件金属的性能。

2. 熔合区

熔合区温度处于固相线和液相线之间，由于焊接过程中焊件部分熔化，又称为半熔化区。熔化金属凝固成铸态组织，未熔化金属因加热温度过高而成为过热粗晶。在低碳钢焊接接头中，熔合区虽然很窄（0.1～1mm），但因其成分、组织不均匀，强度、塑性和韧性下降，而且此处接头断面变化，易引起应力集中，所以很大程度上熔合区决定焊接接头的性能。

3. 热影响区

由于焊缝附近各点受热情况不同，因而组织和性能的分布也不均匀。热影响区包括过热区、正火区和部分相变区等。

（1）过热区 焊件被加热到1100℃至固相线之间为过热区。由于奥氏体晶粒粗大，形成过热组织，使材料的塑性和韧性降低。对于易淬火硬化钢材，此区脆性更大。

（2）正火区 焊件被加热到Ac_3至1100℃之间，属于正火加热温度范围。加热时金属转变为细小的奥氏体晶粒，冷却后得到均匀而细小的铁素体和珠光体组织。因此在一般情况下，正火区的力学性能高于焊件金属。

（3）部分相变区 焊件被加热到Ac_1至Ac_3之间，珠光体和部分铁素体发生重结晶，转变成细小的奥氏体晶粒。部分铁素体不发生相变，但其晶粒有长大趋势。冷却后晶粒大小不均，因而力学性能比正火区稍差。

熔合区和过热区力学性能较差，易产生裂纹和局部脆性破坏，对整个焊接接头有不利的影响，应采取一定措施使这两个区的尺寸尽可能减小。一般来说，接头热影响区的大小和组织性能变化主要取决于焊接方法、焊接参数、接头形式和焊后冷却速度等因素。实际生产中，在保证接头质量的条件下，应尽量提高焊接速度或减小焊接电流，减小热影响区。

焊接热影响区在焊接过程中是不可避免的。焊接低碳钢时因其热影响区较窄，危害性较小，焊后不进行热处理就能保证使用。但对重要的碳钢结构件、低合金钢结构件，则必须注意热影响区带来的不利影响。为消除其影响，一般采用焊后正火处理，使焊缝和焊接热影响区的组织转变成为均匀的细晶结构，以改善焊接接头的性能。对焊后不能进行热处理的金属材料或构件，则通过正确选择焊接材料与焊接工艺来达到提高焊接接头性能的目的。

11.1.4　焊接应力与变形

1. 焊接应力与变形产生的原因

焊接过程是一个极不平衡的热循环过程，即焊缝及相邻区金属都要由室温被加热到很高温度，然后再快速冷却下来。焊件及接头受到不均匀的加热和冷却，同时又受到焊件自身结构和外部约束的限制，使焊接接头产生不均匀的塑性变形，这是焊接应力和变形产生的根本原因。

当焊件塑性较好和结构刚度较小时，焊件能较自由地收缩，则焊接变形较大，而焊接应力较小，应主要采取预防和矫正变形的措施，使焊件获得所需的形状和尺寸。当焊接塑性较差和结构刚度较大时，则焊接变形较小，而焊接应力较大，应主要采取减小或消除应力的措施，以避免裂纹产生。焊接完成后，焊缝区总会产生收缩并存在拉应力，对于不同的结构形式，其应力与变形的大小可相互转化，变形的本质是应力释放。

2. 焊接变形的基本形式

在实际生产中，由于焊接工艺、焊接结构特点和焊缝布置方式不同，焊接变形的形式有多种。常见焊接变形的基本形式见表 11-1。实际焊接结构中，这些变形往往不是单独存在的，而是多种变形同时存在并互相影响的。

表 11-1　焊接变形的基本形式

变形种类	图示	产生原因
收缩变形		由于焊缝的纵向（沿焊缝方向）和横向（垂直于焊缝方向）收缩，引起焊缝的纵向收缩变形和横向收缩变形
角变形		V 形坡口对焊，由于焊缝截面形状上下不对称，造成焊缝上下横向收缩量不均匀而引起角变形
弯曲变形		T 形梁焊接后，由于焊缝布置不对称，焊缝多的一侧收缩量大，引起弯曲变形
扭曲变形		工字梁焊接时，由于焊接顺序和焊接方向不合理引起扭曲变形，又称螺旋形变形
波浪变形		薄板焊接时，由于焊缝收缩使薄板局部引起较大的压应力而失去稳定，焊后呈波浪形

3. 焊接应力与变形的减小和预防措施

（1）合理的焊件结构设计　保证结构具有足够承载能力的前提下，尽量减少焊缝数量、长度及横截面积；使结构中所有焊缝尽量处于对称位置；焊接厚大焊件时，应开两面坡口；避免焊缝交叉或密集，如图 11-7 所示。

（2）焊前预热　焊前将焊件预热到 300℃以上再进行焊接，减小焊件各部分的温差，焊后要缓冷，使焊件较均匀地冷却，减小焊接应力与变形。

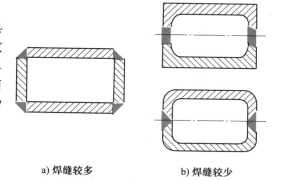

a）焊缝较多　　　　b）焊缝较少

图 11-7　减少焊缝数量的设计

（3）合理的焊接顺序　一般来说，应尽量使焊缝的纵向和横向都能自由收缩，减少应力和变形。交叉焊缝、对称焊缝和长焊缝的合理焊接顺序如图 11-8 和图 11-9 所示。

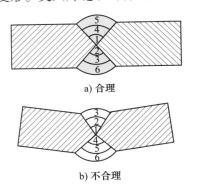

a) 合理

b) 不合理

图 11-8　X 形坡口焊接次序

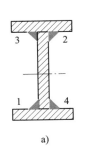

a)

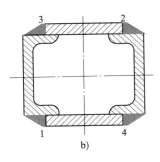

b)

图 11-9　对称断面梁的焊接次序

（4）反变形法　根据计算、实验或经验，确定焊件焊后产生变形的方向和大小，组装时使焊件反向变形，以抵消焊接变形，如图 11-10 所示。同样，也可采用预留收缩余量来抵消尺寸收缩。

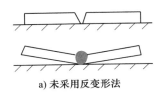

a) 未采用反变形法

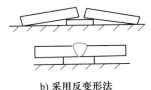

b) 采用反变形法

图 11-10　反变形

（5）刚性固定法　用工装夹具或定位焊固定，限制焊接变形，如图 11-11 所示。

（6）采用能量集中的热源　焊接时热量集中、热输入小，可有效减小焊接变形。

（7）锤击焊缝法　当焊缝仍处于高温时，对焊缝进行均匀适度锤击，使缝焊金属在高温塑性较好时得以延伸，以补偿其收缩，同时使应力释放，减小应力和变形。

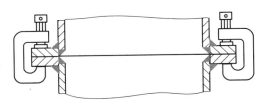

图 11-11　刚性固定法焊接法兰盘

4. 焊接应力的消除和焊接变形的矫正

实际生产中，虽然采取一定的预防措施，但有时焊件还会存在一定的应力，甚至产生过大的变形，而重要的焊件不允许有应力存在。为此，就应该消除残余焊接应力和矫正焊接变形。

（1）焊接应力的消除方法　最常用、最有效的消除焊接残余应力的方法是低温退火，即将焊后的焊件加热到 $600 \sim 650℃$，保温一段时间，然后缓慢冷却。整体退火可消除 80%～90% 的残余应力，不能进行整体退火的焊件可采用局部退火法。

（2）焊接变形的矫正方法　矫正变形的本质是通过使焊件产生新的变形来抵消焊接过程中的变形。常用的变形矫正方法有机械矫正法和火焰矫正法。

1）机械矫正法。在压力机、矫直机或手工等机械力的作用下，产生塑性变形来矫正焊接变形，使变形焊件恢复到原来的形状和尺寸。机械矫正法适用于塑性较好、厚度不大的焊件，如图 11-12 所示。

2）火焰矫正法。利用火焰加热的热变形方法，通过金属局部受热后的冷却收缩来抵消已发生的焊接变形。火焰矫正法主要用于塑性较好、没有淬硬倾向的低碳钢和低淬硬倾向的低合金钢，如图 11-13 所示。

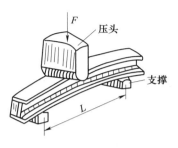

图 11-12 机械矫正法

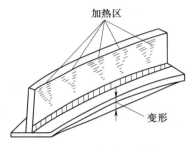

图 11-13 火焰矫正法

11.1.5 常用工程材料的焊接

1. 金属材料的焊接性

（1）焊接性的概念 焊接性是指金属材料在一定焊接工艺条件下，表现出来的焊接难易程度。金属焊接性受到焊接方法、焊接材料、焊接工艺和焊件结构形式等因素的影响。

焊接性包括两个方面：一是工艺性能，主要指焊接接头产生工艺缺陷的倾向，尤其是出现裂纹的可能性；二是使用性能，主要指焊接接头在使用中的可靠性，包括焊接接头的力学性能以及耐热、耐蚀等其他特殊性能。

（2）焊接性的评定 金属焊接性一般是焊前采用间接评定法或直接焊接实验法评定。其中，比较常用的间接评定焊接性的方法有碳当量法和冷裂纹敏感指数法。

1）碳当量法。实际焊接结构所用的金属材料绝大多数是钢材，影响钢材焊接性的主要因素是化学成分。各种化学元素中，碳的影响最为明显，其他元素的影响可折合成碳的影响。因此可用碳当量法来估算被焊钢材的焊接性。碳钢及低合金结构钢的碳当量经验公式为：

$$w(C)_{当量} = \left(w(C) + \frac{w(Mn)}{6} + \frac{w(Cr) + w(Mo) + w(V)}{5} + \frac{w(Ni) + w(Cu)}{15} \right) \times 100\%$$

硫、磷对钢材焊接性能影响也很大，在各种合格钢材中，硫、磷含量都受到严格限制。

当 $w(C)_{当量}$ <0.4% 时，钢材塑性良好，淬硬倾向不明显，焊接性良好。在一般的焊接工艺条件下，焊件不会产生裂纹。但厚大件或在低温下焊接时，应考虑预热。

当 $w(C)_{当量}$ = 0.4%~0.6% 时，钢材塑性下降，淬硬倾向明显，焊接性能相对较差。焊前焊件需要适当预热，焊后应注意缓冷。要采取一定的焊接工艺措施才能防止裂纹。

当 $w(C)_{当量}$ >0.6% 时，钢材塑性较低，淬硬倾向很强，焊接性不好。焊前焊件必须预热到较高温度，焊接时要采取减少焊接应力和防止开裂的工艺措施，焊后要进行适当的热处理，才能保证焊接接头质量。

2）冷裂纹敏感指数法。冷裂纹敏感指数法是根据钢材的化学成分、焊缝金属中扩散氢的质量分数和焊件板厚计算出钢材焊接时冷裂纹敏感系数 P_C，冷裂纹敏感系数越大，则产生冷裂纹的可能性越大，焊接性越差。冷裂纹敏感系数的计算公式为：

$$P_C = \left(w(C) + \frac{w(Ni)}{60} + \frac{w(Si)}{30} + \frac{w(Mn) + w(Cu) + w(Cr)}{20} + \right.$$

$$\left. \frac{w(Mo)}{15} + \frac{w(V)}{10} + 5w(B) + \frac{h}{600} + \frac{H}{60} \right) \times 100\%$$

式中，h 为板厚（mm）；H 为焊缝金属中扩散氢的质量分数（$cm^3/100g$）。

2. 碳钢的焊接

碳钢焊接性的好坏，主要表现在产生裂纹和气孔的难易程度上。钢的化学成分，特别是碳含量，决定了钢材的焊接性。随着钢中碳含量的增大，碳钢的焊接性逐渐变差。

（1）低碳钢的焊接　低碳钢的碳含量小于0.25%，$w(C)_{当量} < 0.4\%$，其塑性好，一般没有淬硬倾向，冷裂纹倾向小，对焊接过程不敏感，焊接性好。焊接时不需要采用特殊的工艺措施就能获得优质的焊接接头，适合于各种焊接方法，应用最广泛的是焊条电弧焊、埋弧焊、气体保护焊和电阻焊等。

厚度大于50mm的低碳钢结构，常用大电流多层焊，焊后应进行消除内应力退火。低温环境下焊接刚度较大的结构时，由于焊件各部分温差较大，变形又受到限制，焊接过程容易产生较大的应力，有可能导致结构件开裂，因此应进行焊前预热。

（2）中碳钢的焊接　中碳钢的碳含量在0.25%～0.6%，$w(C)_{当量} > 0.4\%$，随着碳含量的增加，中碳钢淬硬倾向越明显，焊接接头易产生淬硬组织和冷裂纹，焊缝易产生气孔，焊接性变差。为了保证中碳钢焊件的焊接质量，可采取以下工艺措施。

1）焊前应对焊件预热，焊后缓慢冷却，减小焊接前后焊件的温差，降低冷却速度，减小焊接应力，从而防止焊接裂纹的产生。

2）焊接时尽量选用具有高抗裂性能的碱性低氢焊条，以防止焊接裂纹的产生。

3）焊接时坡口开成U形，并采用小电流、细焊条、多层焊的方式，以减少碳含量高的焊件金属过多地溶入焊缝中，从而使焊缝的碳含量低于焊件，改善焊接性。

4）焊后可采用600～650℃的回火处理，以消除应力，改善接头的组织和性能。

（3）高碳钢的焊接　高碳钢的碳含量大于0.6%，$w(C)_{当量} > 0.6\%$，导热性差，塑性差，热影响区淬硬倾向及焊缝产生裂纹、气孔的倾向严重，焊接性很差。

高碳钢一般不用于焊接结构，主要是用来焊补一些损坏的构件，而且焊接时应采用更高的预热温度及更严格的工艺措施。对于高碳钢常采用焊条电弧焊的方法，焊后要立即进行去应力退火。

3. 合金钢的焊接

（1）低合金结构钢的焊接　低合金结构钢在焊接结构生产中应用较广，主要用于建筑结构和工程结构，如压力容器、锅炉、桥梁、船舶、车辆和起重机械。低合金结构钢的碳含量都很低，加入少量的合金元素后，强度显著提高，塑性、韧性也很好，其焊接性随强度等级的提高而变差。

屈服强度<392MPa的低合金结构钢［$w(C)_{当量} < 0.4\%$］焊接性良好，其焊接工艺和焊接材料的选择与低碳钢基本相同，一般不需采取特殊的工艺措施。只有焊件较厚、结构刚度

较大和环境温度较低时，才进行焊前预热，以免产生裂纹。

屈服强度≥392MPa 的低合金结构钢［$w(C)_{当量}$>0.4%］存在淬硬和冷裂问题，其碳及合金元素的含量越高，焊后热影响区的淬硬倾向越大，致使热影响区的脆性增加，塑性、韧性下降。焊接时需要采取一些工艺措施，如焊前预热，降低冷却速度，从而避免出现淬硬组织；适当调节焊接参数，以控制热影响区的冷却速度不宜过快，保证焊接接头获得优良性能；焊后进行退火热处理能消除残余应力，避免冷裂。

（2）不锈钢的焊接　工业应用的不锈钢按其组织可分为奥氏体不锈钢、马氏体不锈钢和铁素体不锈钢。

奥氏体不锈钢的碳含量低，焊接性良好，焊接时一般无需要采取特殊的工艺措施，通常采用焊条电弧焊和钨极氩弧焊，也可采用埋弧焊。选用焊条、焊丝和焊剂时应保证焊缝金属与焊件成分类型相同。焊接时应采用小电流，焊后加大冷速，接触腐蚀介质的表面应最后施焊。

马氏体不锈钢的焊接性较差，这是因为空冷条件下焊缝可转变为马氏体组织，所以焊后淬硬倾向大，易出现冷裂纹。若碳的质量分数较高，则淬硬倾向和冷裂纹现象更严重。所以，焊接时要采取防止冷裂纹的一系列措施，焊前要进行预热，焊后也要进行热处理，以提高接头性能，消除残余应力。如果不能实施预热或热处理，也可选用奥氏体不锈钢焊条，使焊缝为奥氏体组织。

铁素体不锈钢焊接时热影响区中的铁素体晶粒易过热粗化，使焊接接头的塑性和韧性急剧下降甚至开裂。因此焊接时一般采用焊条电弧焊和氩弧焊，采用与焊件化学成分相同或相近的焊接材料。为了防止过热脆化，焊前预热温度应控制在150℃以下，并采用小电流、快速焊等工艺措施，以减少熔池金属在高温的停留时间，降低晶粒长大倾向。

4. 铸铁件的补焊

铸铁具有成本低、铸造性能好、切削性能优良等性能特点，在机械制造业中应用广泛。但铸铁的碳含量大于 2.11%，塑性很低，而且组织不均匀，焊接时易产生白口及淬硬组织，易产生裂纹，一般都不考虑直接用于制造焊接结构。如果铸铁件在生产中出现铸造缺陷或在使用过程中发生了局部损坏或断裂，可采用焊接来修补铸铁件缺陷和修理局部损坏的零件。因此，铸铁的焊接主要是补焊。

根据铸铁的焊接特点，采用气焊、焊条电弧焊来焊补较为适宜。按焊前是否预热，铸铁的补焊可分为热焊法和冷焊法两大类。

（1）热焊法　焊前将铸件整体或局部预热到 600～700℃，再缓慢冷却。热焊法能防止铸件产生白口组织和裂纹，焊补质量较好，焊后可进行机械加工。但热焊法成本较高、生产率低、焊工劳动条件差，一般用于焊补形状复杂、焊后需进行加工的重要铸件。如床头箱、气缸体等。用气焊进行铸铁热焊比较方便。气焊火焰还可以用于预热焊件和焊后缓冷。填充金属应使用专制的铸铁棒，并配以气焊焊剂，以保证焊接质量。也可用铸铁焊条进行焊条电弧焊焊补，药皮成分主要是石墨、硅铁、碳酸钙等，以补充焊补处碳和硅的烧损，并造渣清除杂质。

（2）冷焊法　焊补前铸件不预热或只进行 400℃以下的低温预热。焊补时主要依靠焊条来调整焊缝的化学成分，以防止或减少白口组织并避免裂纹。冷焊法方便、灵活、生产率高、成本低、劳动条件好，但焊接处切削加工性能较差。生产中多用于焊补要求不高的铸件以及不允许高温预热引起变形的铸件。焊接时，应尽量采用小电流、短弧、窄焊缝、短焊道（每段不大于 50mm），并在焊后及时锤击焊缝，以松弛应力，防止焊后开裂。

冷焊法一般采用焊条电弧焊进行焊补。根据铸铁性能，焊后对机械加工的要求及铸件的重要性等来选定焊条，常用的有：钢芯或铸铁芯铸铁焊条，适用于一般非加工面的焊补；镍基铸铁焊条，适用于重要铸件加工面的焊补；铜基铸铁焊条，用于焊后需要加工的灰铸铁件的焊补。

5. 非铁金属及其合金的焊接

常用的非铁金属有铝、铜及其合金等。由于非铁金属具有许多特殊性能，在工业中的应用越来越广，其焊接技术也越来越受到重视。

（1）铝及铝合金的焊接　工业中主要对纯铝、铝锰合金、铝镁合金和铸铝件进行焊接，其焊接特点如下。

1）极易氧化。铝与氧的亲和力很大，能形成致密的氧化铝薄膜（熔点高达 2050℃）覆盖在金属表面，难以破坏，能阻碍焊件金属熔合。此外，氧化铝薄膜的密度较大，易引起焊缝熔合不良及夹渣缺陷。

2）易变形、开裂。铝的热导率较大，焊接中要使用大功率或能量集中的热源，焊件厚度较大时应考虑预热；铝的线膨胀系数大，焊接应力与变形大，加之在高温下铝的强度和塑性很低，因此易开裂。

3）易生成气孔。液态铝及其合金能吸收大量氢气，但固态铝几乎不能溶解氢，因此在熔池凝固过程中易产生气孔。

4）熔融状态难控制。铝及其合金固态向液态转变时无明显的色泽变化及塑性流动迹象，故不易控制加热温度，容易焊穿。此外，在高温时铝的强度和塑性很低，焊接中经常由于不能支撑熔池金属而形成焊缝塌陷，因此常需采用垫板进行焊接。

目前，焊接铝及铝合金的常用方法有氩弧焊、气焊、点焊、缝焊和钎焊。其中氩弧焊是焊接铝及铝合金较好的方法，气焊主要用于焊接不重要的薄壁构件。

（2）铜及铜合金的焊接　铜及铜合金的焊接性较差，其主要原因为。

1）焊缝难熔合，易变形。铜的导热性很好（纯铜为低碳钢的 6~8 倍），焊接时热量非常容易散失而达不到焊接温度，容易造成焊不透等缺陷。

2）线膨胀系数和收缩率都较大，焊接热影响区宽，易产生较大的焊接应力，变形和产生裂纹的倾向大。

3）热裂倾向大。液态铜易氧化，生成的 Cu_2O 与硫反应生成 Cu_2S，形成脆性低熔点共晶体，分布在晶界上形成薄弱环节，焊接过程中易产生热裂纹。

4）易产生气孔。液态铜吸气性强，特别容易吸收氢气，凝固时来不及逸出，在焊件中易形成气孔。

5）不适用于电阻焊。铜的电阻极小，不能采用电阻焊。

某些铜合金比纯铜更容易氧化，使焊接的困难增大。例如，黄铜（铜锌合金）中的锌沸点很低，极易蒸发并生成氧化锌（ZnO），锌的烧损不但改变了接头的化学成分、降低接头性能，而且所形成的氧化锌烟雾易引起焊工中毒。铝青铜中的铝在焊接时易生成难熔的氧化铝，增大熔渣黏度，易生成气孔和夹渣。

铜及铜合金可用氩弧焊、气焊、埋弧焊、钎焊等方法进行焊接。采用氩弧焊能有效地保护铜液不被氧化和不溶于气体，主要用于焊接纯铜和青铜件；气焊主要用于焊接黄铜件，能获得较好的焊接质量。

6. 陶瓷的焊接

随着科学技术的发展，陶瓷的组成、性能、制造工艺和应用领域已发生了根本性的变化，从传统的生活用陶瓷发展成为具有特殊性能的功能陶瓷和高性能的工程陶瓷，在现代社会中发挥了重要的作用。由于陶瓷的脆性很大，不宜做成复杂的和承受冲击载荷的零件，因此，必须采取连接技术来制造复杂的陶瓷件以及陶瓷和金属的复合件。这就涉及陶瓷与陶瓷以及陶瓷与金属的焊接问题。

无论陶瓷与金属焊接，还是用金属填充材料焊接陶瓷与陶瓷时都存在陶瓷-金属界面的结合问题。由于陶瓷与金属在电子结对、晶体结构、力学性能、热物理性能以及化学性能等方面存在明显的差别，因此要实现陶瓷-金属界面的冶金结合是非常困难的，用常规的焊接材料和工艺几乎无法获得可靠的连接，现有的较成功的焊接方法都是在陶瓷不熔化的条件下进行的，如固相扩散焊和钎焊较适合于陶瓷的焊接，并且得到了应用。

目前陶瓷焊接研究的主要问题为：

1）为充分发挥陶瓷耐高温的特性，必须解决接头的高温性能。

2）焊接大面积和复杂零件时，陶瓷开裂和低应力破坏是一个严重问题，必须进一步研究降低内应力的办法。

3）目前的陶瓷焊接主要都在真空中进行，效率低、成本高，必须研究非真空的高效低成本焊接。

7. 塑料的焊接

根据向焊缝导入热的方法不同，可以将塑料焊接技术分为机械运动生热法、外加热源生热法、电磁生热法三类。

（1）机械运动生热法

1）直线性振动。待连接的两部分在压力作用下互相接触，由往复运动而产生的摩擦热使界面的塑料熔化，然后将熔化的两部分对中并固定直到焊缝凝固。大部分热塑性材料可以使用这种技术焊接，这种技术广泛地应用于汽车部件的连接。

2）旋转运动。类似摩擦焊，焊缝区的形状总是圆形的，并使焊缝区作旋转运动。

3）超声波。利用高频机械能软化或熔化接缝处的热塑性塑料，被连接部分在压力作用下固定在一起，然后再经过频率通常为 20kHz 或 40kHz 的超声波振动将待连接的两部分连在一起。超声波焊接速度很快，焊接时间不到 1s，并且很容易实现自动化，在汽车、医疗器械、电子产品和包装行业中很受欢迎。

（2）外加热源生热法

1）电热板。将待连接的两部分的端部紧贴在电热台面上加热，直到端面塑料充分熔化，然后移出电热板，将待连接的两部分压在一起。焊后需保持足够的冷却时间以增强焊缝强度。

2）热棒和脉冲。将两层薄膜紧压在热金属棒上，软化后连接在一起。主要用于连接厚度<0.5mm 的塑料薄膜，焊接速度非常快。

3）热气焊。热气流直接吹向接缝区，接缝区中与母材同材质的填充焊丝熔化，通过填充材料与被焊塑料熔化在一起而形成焊缝。所焊板厚通常在 30mm 以内并开 V 形或 T 形坡口。

（3）电磁生热法

1）电阻性插销。在通高电流产生电阻热之前，在两个被焊件之间放置一个导电的插销，当插销被加热时，其周围的热塑性塑料软化，继而熔化，再施加压力，使熔化的焊件表面熔合在一起形成焊缝。

2）高频。利用被焊塑料在快速交变电场中产生热量来实现连接。

11.2 常用焊接工艺方法

11.2.1 熔焊

熔焊是最重要的焊接工艺方法，其中以电弧为加热热源的电弧焊是熔焊中最基本、应用最广泛的金属焊接方法。

1. 电弧焊

电弧焊利用焊条与焊件之间产生的电弧热熔化焊件和焊条。常用的焊接方法有焊条电弧焊、埋弧焊、气体保护电弧焊等。

（1）焊条电弧焊　焊条电弧焊是利用电弧产生的热量来局部熔化被焊焊件及填充金属，冷却凝固后形成牢固接头。这种方法是熔焊中最基本的焊接方法。由于设备简单、操作方便，这种方法特别适用尺寸小、形状复杂、短缝或弯曲焊缝的焊件。焊条电弧焊的焊接过程如图 11-14 所示。

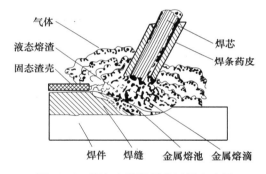

图 11-14　焊条电弧焊焊接过程示意图

焊接时，在焊条末端和焊件之间燃烧的电弧所产生的高温使焊条药皮、焊芯及焊件同时熔化。焊芯端部迅速形成细小的金属熔滴，通过弧柱到局部熔化的焊件表面，融合一起形成熔池。药皮熔化过程中所产生的气体和熔渣不仅使熔池与电弧周围的空气隔绝，而且和熔化的焊芯、焊件发生一系列的冶金反应，保证所形成焊缝的性能。随着电弧以适当的速度在焊件上不断地前移，熔池液态金属逐步冷却结晶形成焊缝。

焊条是焊条电弧焊中涂有药皮的熔化电极，由焊芯和药皮两部分组成，如图 11-14 所示。

1）焊芯。焊芯一般是一根具有一定长度及直径的金属丝，其化学成分和非金属夹杂物的含量将直接影响焊缝质量。焊芯是根据国家标准经过特殊工艺冶炼而成的。

焊芯有两个作用：①作为电极传导焊接电流，产生电弧；②作为填充金属，与熔化的焊件金属形成焊缝。

2）焊条药皮。药皮是压涂在焊芯表面的涂料层，是决定焊缝质量的主要因素之一。药皮的主要作用如下。

①机械保护作用。利用药皮熔化放出的气体和形成的熔渣机械隔离空气，防止有害气

气体、电弧周围的 air

体侵入熔化金属。

②　冶金处理作用。通过冶金反应，去除有害杂质，补充有益的合金元素，使焊缝获得满足要求的力学性能。

③　改善焊接工艺性能。药皮使电弧燃烧稳定，焊缝成形美观，减少飞溅，易脱渣并提高熔敷效率等。

药皮的组成复杂，根据在焊接过程中所起的作用，可将其分为七类，详见表 11-2。

表 11-2　焊条药皮原料及其作用

原料名称		作用
稳定剂	碳酸钾、碳酸钠、长石、大理石、钛白粉、钠水玻璃、钾水玻璃	改善引弧性能，提高电弧燃烧的稳定性
造气剂	淀粉、木屑、纤维素、大理石	造成一定量的气体，隔绝空气，保护焊接熔滴与熔池
造渣剂	大理石、氟石、菱苦土、长石、锰矿、钛铁矿、黏土、钛白粉、金红石	产生具有一定物理-化学性能的熔渣，保护焊缝。碱性渣中的 CaO 还可起脱硫、脱磷作用
脱氧剂	锰铁、硅铁、钛铁、铝铁、石墨	降低电弧气氛和熔渣的氧化性，脱除金属中的氧。锰还起脱硫作用
合金剂	锰铁、硅铁、铬铁、钼铁、钒铁、钨铁	使焊缝金属获得必要的合金成分
稀渣剂	氟石、长石、钛白粉、钛铁矿	降低熔渣黏度，增加熔渣流动性
黏结剂	钾水玻璃、钠水玻璃	将药皮牢固地粘在钢芯上

3）焊条分类。根据不同情况，焊条有以下几种分类方法。

①　按焊条用途和化学成分分类。按焊条用途和化学成分分类没有原则区别，前者用商业牌号表示，后者用型号表示，见表 11-3。

表 11-3　焊条的分类

样本				国家标准		
焊条大类（按用途分类）				焊条大类（按化学成分分类）		
类别	名称	代号		编号	名称	代号
		字母	汉字			
1	结构钢焊条	J	结	GB/T 5117—2012	非合金钢及细晶粒钢焊条	E
	结构钢焊条	J	结		热强钢焊条	E
2	钼和铬钼耐热钢焊条	R	热	GB/T 5118—2012		
3	低温钢焊条	W	温			
4	不锈钢焊条	G A	铬 奥	GB/T 983—2012	不锈钢焊条	E
5	堆焊焊条	D	堆	GB/T 984—2001	堆焊焊条	ED
6	铸铁焊条	Z	铸	GB/T 10044—2006	铸铁焊条及焊丝	EZ

（续）

样本				国家标准			
焊条大类（按用途分类）				焊条大类（按化学成分分类）			
类别	名称	代号		编号	名称	代号
		字母	汉字			
7	镍及镍合金焊条	Ni	镍	—		—
8	铜及铜合金焊条	T	铜	GB/T 3670—1995	铜及铜合金焊条	ECu
9	铝及铝合金焊条	L	铝	GB/T 3669—2001	铝及铝合金焊条	E
10	特殊用途焊条	TS	特	—		—

② 按熔渣化学性质分类。根据焊接熔渣的酸碱度，即熔渣中碱性氧化物与酸性氧化物的比例，可将焊条分为酸性焊条和碱性焊条。

酸性焊条的熔渣中含有多量酸性氧化物（如 SiO_2、TiO_2、Fe_2O_3 等），氧化性较强，焊接过程中合金元素烧损较多，焊缝金属中氧和氢的含量较多，焊缝的力学性能特别是冲击韧度较差。但电弧稳定性好，焊接工艺性能较好，交、直流电源均可使用。一般适用于低碳钢和强度较低的低合金结构钢的焊接，应用最为广泛。

碱性焊条的熔渣中含有多量碱性氧化物（如 CaO、MnO、Na_2O、MgO 等）。由于碱性焊条的药皮中含有较多的大理石和氟石，具有脱氧、脱硫、脱磷及除氢作用，因此焊缝金属中氧、氢及杂质的含量较少，焊缝具有良好的抗裂性和力学性能。但工艺性较差，一般用直流电源。主要用于重要结构件的焊接（如锅炉、压力容器和合金结构钢等）。

③ 按药皮类型分类。按药皮的种类不同，焊条可分为九种：氧化钙型、氧化钛钙型、钛铁矿型、氧化钛型、纤维素型、低氢钾型、低氢钠型、石墨型、盐基型等。其中石墨型药皮主要用于铸铁焊条，盐基型药皮主要用于铝及其合金等非铁金属焊条，其余均属于碳钢焊条。

4）焊条型号。焊条型号是国家标准中规定的焊条代号。以结构钢焊条为例，其型号是由字母 "E" 和四位数字组成的，表示方法如图 11-15 所示。

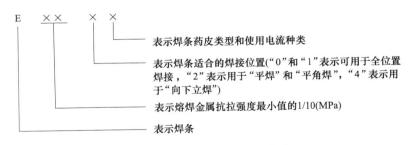

图 11-15　结构钢焊条表示方法

5）焊条选用原则。通常根据焊件化学成分、力学性能、抗裂性、耐蚀性以及高温性能等要求，选用相应的焊条种类。再根据焊接结构、受力情况、焊接设备条件和焊条价格来选定具体型号。

① 低碳钢和低合金钢构件，一般都要求焊缝金属与焊件等强度。因此可根据钢材的强

度等级来选用相应的焊条。但应注意，钢材是按屈服强度确定等级的，而碳钢、低合金钢焊条的等级是指抗拉强度的最低保证值。

② 同一强度等级的酸性焊条或碱性焊条的选定，应依据焊接件的结构形状（简单或复杂）、钢板厚度、载荷性质（静载或动载）和钢材的抗裂性能而定。通常对要求塑性好、冲击韧度高、抗裂能力强或低温性能好的结构，要选用碱性焊条。如果构件受力不复杂、焊件质量较好，应尽量选用较经济的酸性焊条。

③ 低碳钢与低合金钢焊接，可按异种钢接头中强度较低的钢材来选用相应的焊条。

④ 铸钢件的碳含量一般都比较高，而且厚度较大、形状复杂，很容易产生焊接裂纹。一般应选用碱性焊条，并采取适当的工艺措施（如预热）进行焊接。

⑤ 焊接不锈钢或耐热钢等有特殊性能要求的钢材时，应选用相应的专用焊条，以保证焊缝的主要化学成分和性能与焊件相同。

（2）埋弧焊　埋弧焊是电弧在焊剂下燃烧以进行焊接的熔焊方法。由于焊接时引弧、焊条送进、电弧移动等几个动作的由机械自动完成的，电弧掩埋在焊剂层下燃烧，电弧光不外露，因此也称为埋弧自动焊，如图 11-16 所示。

1）埋弧焊的焊接过程。埋弧焊焊接过程如图 11-17 所示。焊接时，焊剂从漏斗中流出，均匀堆敷在焊件表面（一般厚为 30～50mm），焊丝由送丝机构自动送进，经导电嘴进入电弧区，焊接电源分别接在导电嘴和焊件上以产生电弧。电弧在颗粒状的焊剂层下燃烧，电弧周围的焊剂熔化形成熔渣，焊件金属与焊丝熔化形成较大体积的熔池，熔池被熔渣覆盖，熔渣既能起隔绝空气保护熔池的作用，又能阻挡弧光对外辐射和金属飞溅，焊机带着焊丝匀速向前移动（或焊机不动，焊件匀速运动），熔池金属被电弧气体排挤向后堆积形成焊缝。

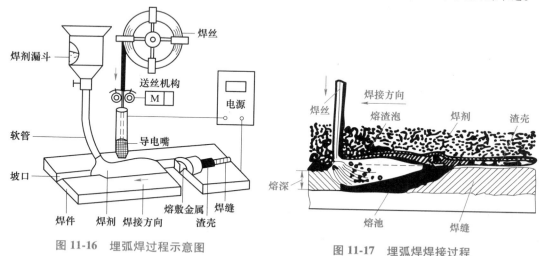

图 11-16　埋弧焊过程示意图　　　　　图 11-17　埋弧焊焊接过程

2）埋弧焊的主要特点及应用。

① 生产效率高。埋弧焊的电弧掩埋在焊剂层下燃烧，基本没有电弧辐射能量损失，电弧热的有效利用率高达 90%，在电弧焊方法中热效率最高。

② 焊接金属的品质良好、稳定。埋弧焊对电弧区保护严密，空气污染少，熔池保持液态时间长，冶金反应比较充分，气体和杂质容易浮出，焊缝金属化学成分均匀。

③ 节约金属材料，劳动条件好。埋弧焊热量集中，熔深大，厚度在 20mm 以下的焊件

可以不开坡口进行焊接，而且没有焊条头的浪费，飞溅少，可节省大量金属材料。

埋弧焊在焊接生产中已得到广泛应用。常用来焊接长的直线焊缝和较大直径的环形焊缝。当焊件厚度增加和批量生产时，其优点尤为显著。但应用埋弧焊时，设备费用较高，工艺装备复杂，对接头的加工与装配要求严格，只适用于批量生产长的直线焊缝和圆筒形焊件的纵、环焊缝。对狭窄位置焊缝以及薄板焊接，埋弧焊则受到一定的限制。

3）埋弧焊的工艺。埋弧焊要求更仔细地下料、准备坡口和装配。焊接前，应将焊缝两侧 50~60mm 内的一切污垢和铁锈除掉，以免产生气孔。

埋弧焊一般在平焊位置焊接，用以焊接对接和 T 形接头的长直线焊缝。当焊接厚度小于 20mm 的焊件时，可以单面焊接。如果设计上有要求（如锅炉与容器），也可双面焊接。焊件厚度超过 20mm 时，可进行双面焊接，或采用开坡

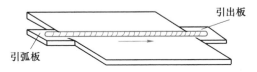

图 11-18 埋弧焊的引弧板与引出板

口单面焊接。由于引弧处和断弧处质量不易保证，焊前应在接缝两端焊上引弧板与引出板（图 11-18），焊后再将其去掉。为了保持焊缝成形和防止烧穿，生产中常采用各种类型的焊剂垫和垫板（图 11-19），或者先用焊条电弧焊封底。

焊接筒体对接焊缝时（图 11-20），焊件以一定的焊接速度旋转，焊丝位置不动。为防止熔池金属流失，焊丝位置应逆旋转方向偏离焊件中心线一定距离 α，其大小视筒体直径与焊接速度等而定。

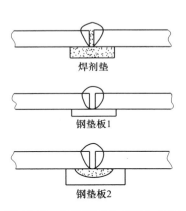

图 11-19 埋弧焊的焊剂垫和垫板

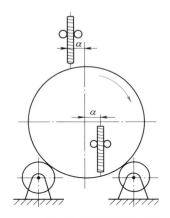

图 11-20 环缝埋弧焊示意图

（3）气体保护电弧焊　气体保护电弧焊是指用外加气体作为电弧介质并保护电弧和焊接区的电弧焊。按保护气体不同，常用的气体保护焊有 CO_2 气体保护焊和氩弧焊。

1）CO_2 气体保护电弧焊。CO_2 气体保护焊利用 CO_2 作为保护气体，以焊丝作为电极，靠焊丝和焊件之间产生的电弧熔化金属与焊丝，以自动或半自动方式进行焊接。

如图 11-21 所示，焊丝由送丝机构通过软管经导电嘴自动送进，纯度超过 99.8%（体积分数）的 CO_2 气体以一定流量从喷嘴中喷出。电弧引燃后，焊丝末端、电弧及熔池被 CO_2 气体包围，从而使高温金属受到保护，避免了空气的有害影响，熔池冷凝后形成焊缝。

CO_2 气体保护焊的主要特点有以下几个方面。

① 因 CO_2 气体比较便宜，CO_2 气体保护焊的成本明显低于焊条电弧焊和埋弧焊。

② CO_2 气体保护焊的电流密度大，熔深大，焊接速度快，还可以节省敲渣时间，所以焊接生产率高。

③ 由于 CO_2 气体保护焊的焊缝氢含量低，且采用合金钢焊丝，容易保证焊缝质量，所以焊缝出现裂纹的可能性小，而且焊件变形小，焊接质量比较好。

④ 采用明弧焊接操作，能全位置焊接，易于自动化。

⑤ CO_2 气体的氧化性强，焊缝处金属和合金元素易氧化、烧损，而且飞溅大。

目前 CO_2 气体保护焊广泛应用于造船、车辆、农业机械等部门，主要用于焊接 1~30mm 厚的低碳钢和部分合金结构钢，一般采用直流反接法。

2）氩弧焊。使用氩气作为保护气体的一种气体保护焊称为氩弧焊。氩气是惰性气体，在高

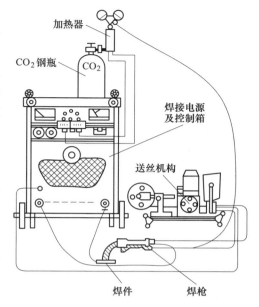

图 11-21 CO_2 气体保护焊示意图

温下不与金属发生化学反应，也不溶解于金属中，焊接过程基本上是简单的金属熔化和结晶过程，因此是一种比较理想的保护气体。氩气电离势高，引弧较困难，但一经引燃就很稳定。按照电极材料的不同，可分为非熔化极氩弧焊（钨极氩弧焊）和熔化极氩弧焊两种。

图 11-22 所示为熔化极氩弧焊示意图。焊丝既作为电极又起填充金属作用，焊接时焊丝与焊件之间产生电弧，电弧在氩气保护下燃烧，焊丝经送丝机构从喷嘴中心位置连续送出并不断熔化，形成熔滴后以喷射方式进入熔池，待熔池冷凝后便形成焊缝。图 11-23 所示为非熔化极氩弧焊。焊接时非熔化极不熔化，只起发射电子产生电弧的作用，常用钨或钨合金作为电极，焊丝只起填充金属作用。焊接时在非熔化极和焊件之间产生电弧，电弧在氩气保护下将焊丝和焊件局部熔化，冷凝后形成焊缝。

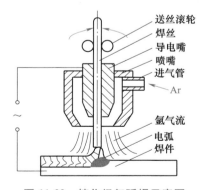

图 11-22   熔化极氩弧焊示意图

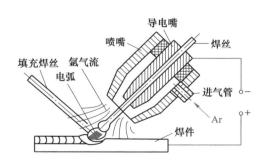

图 11-23   非熔化极氩弧焊示意图

氩弧焊主要特点有以下几个方面：

① 适用于焊接各类合金钢、易氧化的非铁金属及锆、钽、钼等稀有金属材料。

② 氩弧焊电弧稳定，飞溅小，焊缝致密，表面没有熔渣，成形美观。

③ 受气流保护，电弧和熔池区的明弧可见，便于操作，容易实现全位置自动焊接。现已开始应用于焊接生产的弧焊机器人，其是实现氩弧焊或 CO_2 保护焊的先进设备。

④ 电弧在气流压缩下燃烧，热量集中，熔池较小，焊接速度较快，焊接热影响区较窄，因而焊件焊后变形小。

由于氩气价格较高，目前氩弧焊主要用于焊接铝、镁、钛及其合金，也用于焊接不锈钢、耐热钢和一部分重要的低合金钢焊件。

2. 电渣焊

电渣焊是利用电流通过液态熔渣时所产生的电阻热将电极和焊件熔化形成焊缝的一种熔焊方法。根据电极形式不同可分为丝极电渣焊、板极电渣焊、熔嘴电渣焊和管极电渣焊等。

如图 11-24 所示，电渣焊焊接接头处于垂直位置，两侧装有冷却成形装置，在焊接的起始端和结束端装有引弧板和引出板。焊接时，先将颗粒状焊剂装入接头空间至一定高度，然后焊丝在引弧板上引燃电弧，将焊剂熔化形成渣池。当渣池达到一定深度时，电弧被淹没而熄灭，电流通过渣池产生电阻热，进入电渣焊过程，渣池温度可达 1700~2000℃，可将焊丝和焊件边缘迅速熔化，形成熔池。随着熔池液面的升高，冷却滑块也向上移动，渣池则始终浮在熔池上面作为加热的前导，熔池底部结晶，形成焊缝。

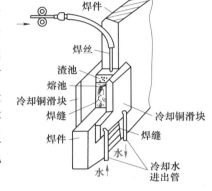

图 11-24　丝极电渣焊示意图

电渣焊的主要特点有以下几个方面：

1）焊接厚件时可一次完成，生产率高；可节省开坡口工时，节省焊接材料和焊接工时，焊接成本低。

2）由于渣池保护性能好，空气不易进入；熔池存在时间长，焊缝不易产生气孔、夹渣等缺陷，焊缝质量好，金属比较纯净。

3）焊缝金属在高温停留时间长，过热区大，焊缝金属组织粗大，焊后要进行正火处理。

电渣焊主要用于重型机械制造业中，制造锻-焊结构件和铸-焊结构件，如重型机床的机座、高压锅炉等，焊件厚度一般为 40~450mm，材料为碳钢、低合金钢或不锈钢等。

3. 等离子弧焊

等离子弧是一种被压缩的钨极氩弧，具有很高的能量密度（$10^5 \sim 10^6 W/cm^2$）、温度（24000~50000K）及电弧力。如图 11-25 所示，在钨极与水冷喷嘴之间或钨极与焊件之间加高电压，高频振荡使气体电离成为自由电弧，该电弧受到机械压缩、热压缩及电磁压缩等作用后形成等离子弧。

（1）机械压缩效应　电弧通过具有细小孔道的水冷喷嘴时，弧柱被强迫缩小，产生

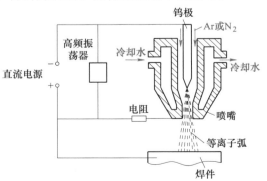

图 11-25　等离子弧焊示意图

机械压缩效应。

（2）热压缩效应　由于喷嘴内壁的冷却作用，弧柱边缘气体电离度急剧降低，使弧柱外围强烈冷却，迫使带电粒子流向弧柱中心集中，电离度更大，导致弧柱被进一步压缩，产生热压缩效应。

（3）电磁压缩效应　定向运动的带电粒子流产生的磁场间的电磁力使弧柱进一步压缩，产生电磁压缩效应。

等离子弧焊的主要特点有以下几个方面。

1）等离子弧能量密度大，弧柱温度高，穿透能力强，厚度 12mm 以下的焊件可不开坡口。

2）焊接速度快，生产率高，焊缝质量好，热影响区小，焊接变形小。

3）焊接电流调节范围大，当电流小到 0.1A 时，电弧仍能稳定燃烧，可焊接超薄件。

4）设备比较复杂，造价较高，气体消耗量很大。

等离子弧焊适合焊接难熔金属、易氧化金属、热敏感性强材料以及不锈耐蚀钢等，也可以焊接一般钢材或非铁合金材料。

4. 电子束焊

电子束焊是指利用加速和聚焦的电子束轰击置于真空或非真空的焊件所产生的热能进行焊接的方法。根据焊接时焊件所处环境、真空度的不同，电子束焊可分为真空电子束焊、低真空电子束焊和非真空电子束焊。目前，应用最广泛的是真空电子束焊。

图 11-26 所示为真空电子束焊的原理图。主要由灯丝、阴极、阳极、聚焦线圈等组成的电子枪完成电子的产生、电子束的形成和会聚，灯丝通电升温并加热阴极，当阴极达到 2400K 左右时即发射电子，在阴极和阳极之间的高压电场作用下，电子被加速（约为 1/2 光速），穿过阳极孔射出，然后经聚焦线圈，会聚成直径为 0.8～3.2mm 的电子束射向焊件，并在焊件表面将动能转化为热能，使焊件连接处迅速熔化，冷却结晶后形成焊缝。

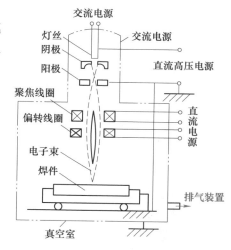

图 11-26　真空电子束焊示意图

真空电子束焊的主要特点有以下几个方面：

1）焊接是在真空中进行的，保护效果极佳，金属不会被氧化、氮化，所以焊接质量好。

2）能量密度大，熔深大，焊接速度快，焊缝窄而深。

3）由于热量高度集中，焊接热影响区小，所以基本上不会产生焊接变形。

4）焊接参数可在较大范围内进行调节，控制灵活，适应性强。

5）焊接设备复杂，造价高，对焊件清理、装配质量要求较高，焊件尺寸受真空室容量限制。

真空电子束焊可以焊接普通低合金钢、不锈钢，也可以焊接非铁合金材料、难熔金属、异种金属以及复合材料等，还能焊接一般焊接方法难以施焊的复杂形状焊件，所以它被称为多能的焊接方法。

5. 激光焊

激光焊是以聚集的激光束作为能源轰击焊件，利用所产生的热量将焊件熔化，进行焊接的方法。

激光焊如图 11-27 所示，利用激光器受激产生的激光束，通过聚焦系统可将其聚焦到十分微小的焦点（光斑）上，其能量密度大于 $10^5\ W/cm^2$。当调焦到焊件接缝时，光能转换为热能，使金属熔化形成焊接接头。按激光器的工作方式不同，激光焊接可分为脉冲激光点焊和连续激光焊接两种。目前脉冲激光点焊已得到广泛应用。

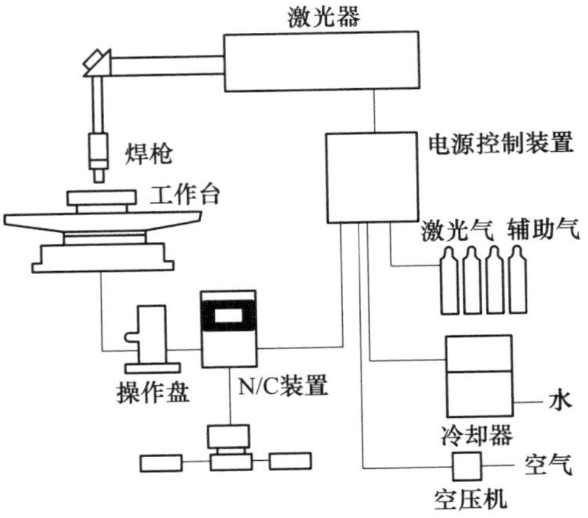

激光焊的主要特点有以下几个方面：

1）能量密度大，热量集中，焊接时间短，热影响区小，焊件变形极小，所以可进行精密零件、热敏感性材料的焊接。

图 11-27　激光焊示意图

2）焊接装置无需与被焊焊件接触，借助于棱镜和光导纤维等可完成远距离焊接和难接近处的焊接。

3）激光辐射放出的能量极其迅速，焊件不易被氧化，所以无需真空环境或气体保护，可在大气中进行焊接。

4）设备比较复杂，功率较小，可焊接厚度受到限制。

激光焊特别适合微型、精密、排列非常密集和热敏感材料的焊件及微电子元件的焊接，如集成电路内外引线焊接，微型继电器、电容器、石英晶体的管壳封焊，以及仪表游丝的焊接等，但激光焊设备的功率较小，可焊接的厚度受到一定限制，而且操作与维护的技术要求较高。

11.2.2　压焊

压焊的焊接区金属一般处于固相状态，依靠压力的作用（或伴随加热）产生塑性变形、再结晶和原子扩散而结合，压焊中的压力对形成焊接接头起主要作用。加热可以提高金属的塑性，显著降低焊接所需压力，并能增加原子的活动能力和扩散速度，促进焊接过程的进行。只有少数的压焊方法在焊接过程会出现局部熔化。

1. 电阻焊

电阻焊是指焊件组合后通过电极施加压力，利用电流通过接头的接触面及邻近区域产生的电阻热，把焊件加热到塑性或局部熔化状态，在压力作用下形成接头的焊接方法。电阻焊中焊件的总电阻很小，为使焊件在极短时间内（0.01s 到几秒）迅速加热，必须采用很大的焊接电流（几千到几万安培）。

与其他焊接方法相比，电阻焊的主要优点是接头可靠、机械化和自动化水平高、生产率高、变形小、生产成本低等。但电阻焊存在设备复杂、维修难、电容量大，对电网冲击严重等缺点。

根据接头形式特点电阻焊分为点焊、缝焊和对焊三种。

（1）点焊　点焊的原理及过程如图 11-28 所示。点焊时将两个被焊焊件装配成搭接接头，夹持在上、下两柱状电极之间并施加压紧力；然后通以焊接电流使被焊处金属呈高塑性或熔化状态，形成一个透镜形状的液态熔池；熔化金属在电极压力下冷却结晶形成熔核；断电后，应继续保持或加大压力，使熔核在压力下凝固结晶，形成组织致密的焊点。电极与焊件接触处产生的热量会被导热性好的铜电极（或铜合金）及冷却水带走，所以温升有限，不会焊合。

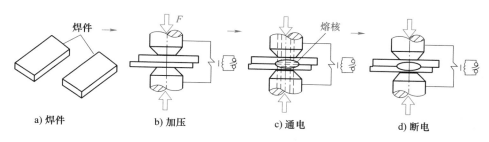

a) 焊件　　　　b) 加压　　　　c) 通电　　　　d) 断电

图 11-28　点焊示意图

焊接第二点时，有一部分电流会流经已焊好的焊点，称为点焊分流现象。分流使焊接区电流减小，影响焊点质量。焊件厚度越大，导电性越好，相邻焊点间距越小，分流现象越严重。因此在实际生产中对各种材料在不同厚度下的焊点最小间距有一定的规定。

点焊主要适用于厚度为 4mm 以下的薄板、冲压结构及线材的焊接，每次焊一个点或一次焊多个点。目前，点焊已广泛用于制造汽车、车厢、飞机等薄壁结构以及罩壳和轻工、生活用品等。

（2）缝焊　将焊件装配成搭接接头，并置于两滚轮电极之间，滚轮对焊件加压并转动，连续或断续送电，形成一条连续焊缝的电阻焊工艺称为缝焊，如图 11-29 所示。缝焊过程与电阻点焊相似，只是用圆盘电极代替了点焊时使用的柱状电极。焊接时，在滚轮电极中通电，依靠滚轮电极压紧焊件并滚动，带动焊件向前移动，在焊件上形成一条由许多焊点相互重叠而成的连续焊缝。缝焊焊件不仅表面光滑平整，而且焊缝还具有较高的强度和气密性。

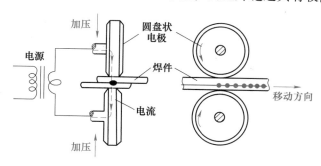

图 11-29　缝焊示意图

缝焊分流现象严重，只适合于焊接 3mm 以下的薄板结构。缝焊主要用于制造要求密封性的薄壁结构，如油箱、小型容器和管道等。

（3）对焊　对焊即对接电阻焊，是利用电阻热使两个焊件在整个接触面上焊接起来的一种方法。根据操作方法的不同，对焊又可分为电阻对焊和闪光对焊。

1) 电阻对焊。电阻对焊是利用电阻热使焊件以对接的形式在整个接触面上被焊接起来的一种电阻焊，如图 11-30 所示。焊接时将两个焊件装夹在对焊机的电极夹具中，施加预压力使焊件两端面压紧并通电。当电流通过焊件时会产生电阻热，使接触面及附近区域加热至塑性状态，然后向焊件施加较大的顶锻压力并同时断电，这时处于高温状态的焊件端面便产生一定的塑性变形而焊接在一起。在顶锻力的作用下冷却时，可促进焊件端面金属原子间的溶解和扩散，并可获得致密的组织结构。

电阻对焊焊接操作简便，生产率高，接头较光滑、毛刺少，但焊前对被焊焊件的端面加工和清理要求较高，否则易造成加热不均，接合面易受空气侵袭，有氧化、夹杂缺陷，焊接质量不易保证。因此，电阻对焊一般用于焊接接头强度和质量要求不太高，断面简单，直径小于 20mm 的棒料、管材，如钢筋、门窗等。可焊接碳钢、不锈钢、铜和铝等。

2) 闪光对焊。闪光对焊时将两个焊件装配成对接接头，然后接通电流并使两焊件端面逐渐移近达到局部接触，局部接触点会产生电阻热（发出闪光）使金属迅速熔化，当端部在一定深度范围达到预定温度时，迅速施加顶锻力使整个端面熔合在一起完成焊接，如图 11-31所示。

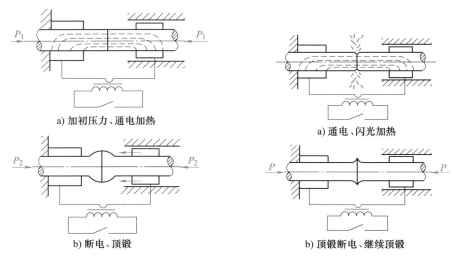

a) 加初压力、通电加热

a) 通电、闪光加热

b) 断电、顶锻

b) 顶锻断电、继续顶锻

图 11-30　电阻对焊示意图　　　　图 11-31　闪光对焊示意图

闪光对焊接头质量高，焊接适应性强，焊前对焊件端面的清理要求不严，但金属损耗多，焊后有毛刺，设备也较复杂。闪光对焊适于焊接重要零件和结构，可焊接碳素钢、合金钢、不锈钢、非铁金属等，也可用于异种金属，如铜-钢、铝-钢、铝-铜等的焊接。

2. 摩擦焊

摩擦焊是利用焊件接触端面相互摩擦所产生的热，使端面达到热塑性状态，然后迅速施加顶锻力，实现焊接的一种固相压焊方法。

图 11-32 所示为摩擦焊示意图。将焊件分别夹紧在旋转夹具和移动夹具上并施加一定的预压力，使焊件端面紧密接触。其中一焊件随旋转夹具作高速旋转使两个焊件端面之间剧烈摩擦，并产生大量的热。待两焊件端面被加热至塑性状态并开始局部熔化时，旋转夹具停止转动并增加轴向压力，两焊件端面在压力作用下熔为一体，得到致密的接头组织。

摩擦焊的主要特点有以下几个方面：

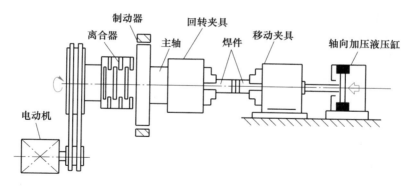

图 11-32　摩擦焊示意图

1）摩擦焊过程中，焊件接触表面的氧化膜与杂质被清除，接头组织致密，不易产生气孔、夹渣等缺陷，接头质量好而且稳定。

2）可焊接的金属范围较广，不仅可焊同种金属也可以焊接异种金属。

3）焊接操作简单，无需焊接材料，容易实现自动控制，生产率高。

4）设备简单、电能消耗少（只有闪光对焊的 1/10～1/15）。但要求制动及加压装置的控制灵敏。

目前摩擦焊已广泛应用于各工业部门，可焊接一些异种金属产品，如电力工业中的铜-铝过渡接头，金属切削用的高速钢-结构钢刀具等，也可焊接一些结构钢产品，如电站锅炉蛇形管、阀门、拖拉机轴瓦等。摩擦系数小的铸铁、黄铜不宜采用摩擦焊。

11.2.3　钎焊

钎焊是采用熔点比母材低的金属作为钎料，将焊件加热到高于钎料熔点、低于母材熔点的温度，使钎料填充接头间隙，与母材产生相互扩散，冷却后实现连接的方法。

如图 11-33 所示，钎焊过程可分为钎料的浸润、铺展和连接三个阶段。将表面清洗好的焊件以搭接的形式装配在一起，把钎料放在接头间隙附近或接头间隙中。当母材与钎料被加热到稍高于钎料的熔点温度后，钎料熔化（焊件未熔化）并借助毛细作用被吸入和充满固态焊件间隙中，液态钎料与焊件金属相互扩散溶解，冷凝后即形成钎焊接头。

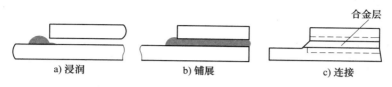

a) 浸润　　　b) 铺展　　　c) 连接

图 11-33　钎焊示意图

钎焊的主要特点有以下几个方面。

1）加热温度低，母材组织性能变化小，焊件变形小，焊件尺寸精确。

2）钎焊材料不受限制，生产率高，可以焊接同种或异种金属，可以同时焊接多道焊缝。

3）钎焊设备大多简单，易于实现生产过程自动化。

4）接头强度较低，尤其动载强度低。

通常按照钎料的熔点不同，将钎焊分为软钎焊和硬钎焊两种。

（1）软钎焊　钎料的熔点低于450℃的钎焊为软钎焊。软钎焊的接头强度低，只适用于受力很小且工作温度低的焊件，如电器产品、电子导线、导电接头、低温热交换器等。软钎焊常用钎料为锡铅钎料，最常用的加热方法为烙铁加热。

（2）硬钎焊　钎料熔点在450℃以上的钎焊为硬钎焊。硬钎焊的接头强度较高，工作温度也较高，可用于受力部件的连接，如天线、雷达、自行车架等的连接。硬钎焊常用钎料为银基钎料、铜基钎料、铝基钎料和镍基钎料，常用的加热方法为火焰加热、炉内加热、盐浴加热、高频加热和电阻加热。

11.3　焊接件结构工艺性

设计焊接结构时，设计者既要很好地了解产品使用性能的要求，如载荷大小、载荷性质、使用温度、使用环境以及有关产品结构的国家标准与规程，又要考虑焊接结构的工艺性，如焊接材料的选择、焊接方法的选择、焊接接头的工艺设计。此外，还要考虑制造单位的质量管理水平、产品检验技术等有关问题，这样才能设计出比较容易生产、质量优良、成本低廉的焊接结构。

11.3.1　焊接结构材料和工艺的选择

选择焊接结构材料的总原则是：在满足使用要求的前提下，尽量选择焊接性能较好的材料。具体应遵循下列原则：

1）优先选用焊接性好、价格便宜的材料。一般来说，$w(C)<0.25\%$的低碳钢和碳当量小于0.4%的低合金钢，都具有良好的焊接性，在设计焊接结构时应尽量选用。

2）采用异种材料焊接时，要特别注意材料的焊接性。通常应以焊接性差的材料确定焊接工艺。

3）尽可能选用轧制的标准型材和异型材。因轧制的型材表面光整、质量均匀可靠，易控制焊接质量。

4）尽量采用等厚度的材料，因厚度差异大易造成接头处应力集中和易产生焊不透等缺陷。若必须焊接厚度差异大的材料，需考虑过渡结构。

焊接工艺应根据材料的焊接性、焊件厚度、生产批量、产品质量要求，各种焊接工艺的适用范围和现场设备条件等综合考虑来选择确定。各种常用金属材料不同工艺下的焊接性见表11-4。

表11-4　常用金属材料不同工艺下的焊接性

金属材料	焊接工艺									
	气焊	焊条电弧焊	埋弧焊	CO_2气体保护焊	氩弧焊	电子束焊	点焊缝焊	对焊	摩擦焊	钎焊
低碳钢	A	A	A	A	A	A	A	A	A	A
中碳钢	A	A	B	B	A	A	B	A	A	A
低合金结构钢	B	A	A	A	A	A	B	A	A	A

（续）

金属材料	焊接工艺									
	气焊	焊条电弧焊	埋弧焊	CO_2气体保护焊	氩弧焊	电子束焊	点焊缝焊	对焊	摩擦焊	钎焊
不锈钢	A	A	B	B	A	A	A	A	A	A
耐热钢	B	A	B	C	A	A	B	C	D	A
铸铜	A	A	A	A	A	A	E	B	B	A
铸铁	B	B	C	C	B	E	E	D	D	A
铜及其合金	B	B	C	C	A	B	D	D	A	A
铝及其合金	B	C	C	D	A	A	A	A	B	C
钛及其合金	D	D	D	D	A	A	B-C	C	D	B

注：A 表示焊接性良好；B 表示焊接性较好；C 表示焊接性较差；D 表示焊接性不好；E 表示很少采用。

11.3.2　焊接接头的选择和设计

接头形式应根据结构形状、强度要求、焊件厚度、焊后变形大小、焊条消耗量、坡口加工难易程度、焊接方法等因素综合考虑确定。

1. 接头形式选择

焊接碳钢和低合金钢的基本接头形式有对接、搭接、角接和 T 形接头四种，如图 11-34 所示。接头形式的选择是根据结构的形状、强度要求、焊件厚度、焊接材料消耗量及其他焊接工艺而决定的。

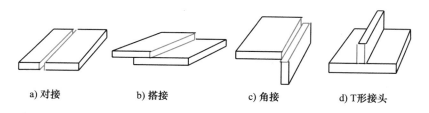

a) 对接　　　b) 搭接　　　c) 角接　　　d) T形接头

图 11-34　常见焊接接头形式

对接接头受力均匀，应力集中较小，易保证焊接质量，静载荷和疲劳强度都比较高，且节约材料，但对下料尺寸精度要求较高。一般应尽量选用对接接头，例如，锅炉、压力容器等结构受力焊缝常用对接接头。

搭接接头受力复杂，接头处产生附加弯矩，材料损耗大，需要坡口，下料尺寸精度要求低，可用于受力不大的平面连接。例如，厂房屋架、桥梁、起重机吊臂等桁架结构，多用搭接接头。

T 形接头和角接接头受力复杂，但接头成一定角度或直角连接时，必须采用这类接头形式。

2. 坡口形式选择

焊条电弧焊对板厚为 1~6mm 对接接头施焊时，一般可不开坡口（即I形坡口）直接焊成。当板厚增大时，为保证厚度较大的焊件能够焊透，常将焊件接头边缘加工成一定形状的坡口。

坡口除保证焊透外，还能起调节焊件金属和填充金属比例的作用，由此可以调整焊缝的性能。坡口形式的选择主要根据板厚和采用的焊接方法确定，同时兼顾焊接工作量大小、焊接材料消耗、坡口加工成本和焊接施工条件等，以提高生产率和降低成本。焊条电弧焊常采用的坡口形式有不开坡口（I形坡口）、V形坡口、X形坡口、U形坡口等，如图 11-35 所示。

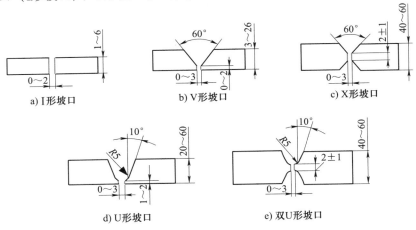

图 11-35　对接接头常见的坡口形状

  V形坡口和U形坡口用于单面焊，其焊接性较好，但焊后角度变形较大，焊条消耗量也多些。X形坡口和双U形坡口可双面施焊，受热均匀，变形较小，焊条消耗量较少，但有时受结构形状限制。U形坡口和双U形坡口根部较宽，允许焊条深入，容易焊透，而且坡口角度小，焊条消耗量较小。但因坡口形状复杂，一般只在重要的受动载荷的厚板结构中采用。

3. 接头过渡形式

  设计焊接构件最好采用相等厚度的金属材料，以便获得优质的焊接接头。当两块厚度相差较大的金属材料进行焊接时，接头处会产生应力集中，而且接头两边受热不匀，易产生焊不透等缺陷。不同厚度金属材料对接时，允许的厚度差见表 11-5。如果 $(\delta_1-\delta)$ 超过表中规定值或者双面超过 2 $(\delta_1-\delta)$ 时，应在较厚板料上加工出单面或双面斜边的过渡形式，如图 11-36所示。

表 11-5　不同厚度钢板对接时允许的厚度差　　　　　　　　　（单位：mm）

较薄板的厚度	2~5	6~8	9~11	≥12
允许厚度差 $(\delta_1-\delta)$	1	2	3	4

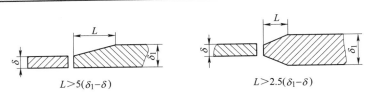

图 11-36　不同厚度板材对接的过渡形式

  钢板厚度不同的角接与T形接头的受力焊缝，可考虑采取如图 11-37 所示的过渡形式。

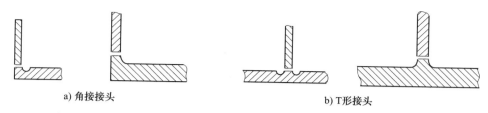

a) 角接接头　　　　　　　　　　b) T形接头

图 11-37　不同厚度钢板接头的过渡形式

11.3.3　焊缝的设计

合理的焊缝位置是焊接结构设计的关键，与产品质量、生产率、成本及劳动条件密切相关，其一般工艺设计原则如下。

（1）焊缝位置应便于施焊，以利于保证焊缝质量　按施焊时焊缝所处的位置不同，焊缝可分为平焊缝、立焊缝、横焊缝和仰焊缝四种形式，如图 11-38 所示。其中平焊缝施焊操作最方便，焊接质量最容易保证，因此在布置焊缝时应尽量使焊缝能在水平位置进行焊接。

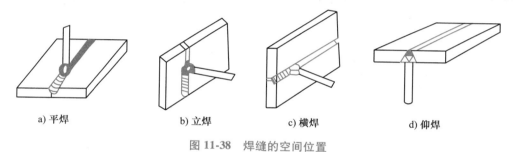

a) 平焊　　　　　b) 立焊　　　　　c) 横焊　　　　　d) 仰焊

图 11-38　焊缝的空间位置

布置焊缝时，要考虑有足够的操作空间施焊。如图 11-39a 所示的内侧焊缝，焊接时焊条无法伸入。若必须焊接，只能将焊条弯曲，但操作者的视线被遮挡，极易造成缺陷。因此应改为图 11-39b 所示的设计。埋弧焊要考虑接头处在施焊中存放焊剂和熔池的保持问题（图 11-40），点焊与缝焊应考虑电极伸入的方便性（图 11-41）。

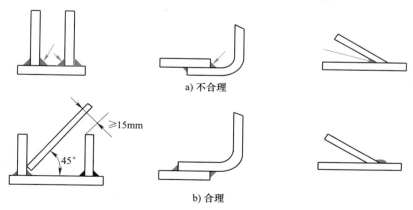

a) 不合理

b) 合理

图 11-39　焊缝位置便于手工电弧焊

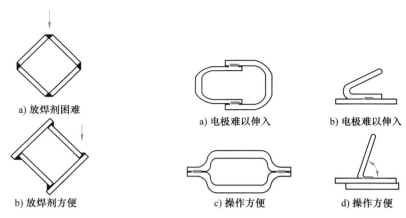

a) 放焊剂困难

b) 放焊剂方便

图 11-40　焊缝位置便于埋弧焊

a) 电极难以伸入　　b) 电极难以伸入

c) 操作方便　　d) 操作方便

图 11-41　焊缝位置便于点焊及缝焊

（2）尽量减少焊缝数量　减少焊缝数量可减小焊接加热，减小焊接应力和变形，同时减少焊接材料的消耗，降低成本，提高生产率。尽量选用轧制型材，以减少备料工作量和焊缝数量，形状复杂部位可采用冲压件、铸钢件等，以减少焊缝数量。图 11-42 所示为采用型材和冲压件以减少焊缝数量的实例。

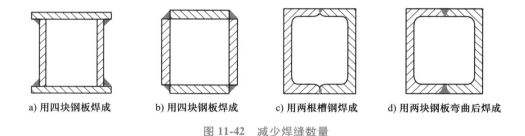

a) 用四块钢板焊成　　b) 用四块钢板焊成　　c) 用两根槽钢焊成　　d) 用两块钢板弯曲后焊成

图 11-42　减少焊缝数量

（3）焊缝布置应尽可能分散，避免过分集中和交叉　焊缝密集或交叉会加大热影响区，使组织恶化，性能下降。两条焊缝间距一般要求大于 3 倍板厚且不小于 100mm，如图 11-43 所示。

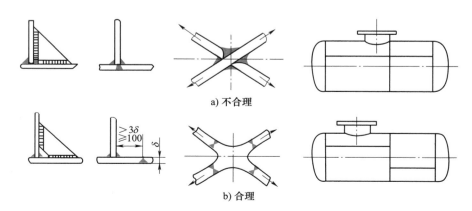

a) 不合理

b) 合理

图 11-43　焊缝分散布置

（4）焊缝的位置应尽可能对称布置　如图 11-44a 所示的构件，焊缝位置偏离截面中心，并在同一侧，由于焊缝的收缩，会造成较大的弯曲变形。如图 11-44b 所示的焊缝位置对称，焊后不会发生明显的变形。

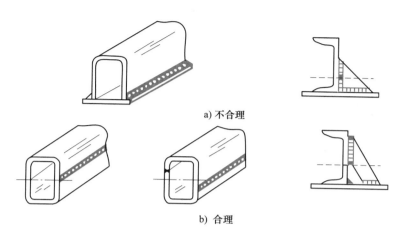

图 11-44　焊缝对称布置

（5）焊缝布置应尽量避开最大应力位置或应力集中位置　焊接接头往往是焊接结构的薄弱环节，存在残余应力和焊接缺陷，因此，焊缝应避开应力较大位置和集中位置。如图 11-45 所示，焊接钢梁焊缝不应在梁的中间，应增加一条焊缝；压力容器一般不用无折边封头，应使用碟形封头；构件截面有急剧变化的位置或尖锐棱角部位应避免布置焊缝。

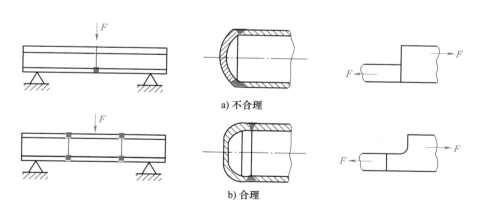

图 11-45　焊缝避开较大应力位置与应力集中位置

（6）焊缝应尽量避开机械加工面　一般情况下，焊接工序应在机械加工工序之前完成，以防止焊接损坏机械加工表面。此时焊缝的布置也应尽量避开需要加工的表面，因为焊缝的机械加工性能不好，且焊接残余应力会影响加工精度。如果焊接结构上某一部位的加工精度要求较高，又必须在机械加工完成之后进行焊接工序时，应将焊缝布置在远离加工面处，以避免焊接应力和变形对已加工表面精度产生影响，如图 11-46 所示。

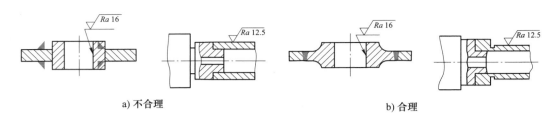

a) 不合理		b) 合理

图 11-46　焊缝远离机械加工表面的设计

11.4　焊接件质量检验

焊接件质量检验是检查和评价焊接产品质量优劣的重要手段，是焊接生产中必不可少的重要环节。

11.4.1　焊接件缺陷

焊接接头的不完整性称为焊接缺陷。在焊接生产过程中，从原材料选择、焊前准备到焊接加工等因素都会使焊接结构中出现不同的焊接缺陷。焊接缺陷不仅会影响焊缝的美观，还可能影响焊接结构使用的可靠性。常见焊接缺陷及其产生原因见表 11-6。

表 11-6　焊缝中常见的缺陷及其产生原因

缺陷名称		示意图	产生原因
外观缺陷	咬边		电流过大、运条不当、电弧过长、焊条角度不对
	焊瘤		焊条熔化速度太快、电弧过长、电流过大、焊速太慢、运条不当
	未焊透		电流过小、焊速太快、焊件不清洁、焊条未对准焊缝、坡口开得太小
内部缺陷	气孔		焊件不清洁、焊条潮湿、电弧过长、焊速太快、电流过大
	裂纹		焊接结构不合理、焊接过程不当、焊缝冷却太快、焊件中含碳、硫、磷高
	夹渣		施焊中未搅拌熔池、焊件不清洁、电流过小、分层焊时未清除焊渣

11.4.2　焊接件质量检验方法

　　焊接件质量检验的方法可分为无损检验和破坏检验两大类。无损检验是不损坏被检查材料或成品的性能及完整性情况下检验焊接缺陷的方法。破坏检验是从焊件或试件上切取试样，或以产品（或模拟体）的整体进行破坏实验，以检查其各种力学性能的实验方法。常用焊缝无损检验方法有以下几种。

　　（1）外观检查　在工业生产常用的外观检查方法中，除用眼睛或低倍放大镜观察焊缝表面缺陷外，较多的采用下列方法。

　　1）着色探伤。利用渗透性很强的有色油液喷到焊缝位置，去除油液后，用显微剂可显示出带有色彩的缺陷形状图像，从而判断缺陷的位置和严重程度。

　　2）荧光探伤。将焊缝位置涂上荧光油液，停留 5 ~ 10min，去除油液后，再涂氧化镁粉。将多余的氧化镁粉去除后，用紫外线照射，可看到缺陷处的荧光物质发光，由此确定缺陷种类和大小。

　　3）磁粉探伤。利用在强磁场中，铁磁性材料表层缺陷产生的漏磁场吸附磁粉的现象进行无损检验。通过强磁场使焊件磁化，在焊件表面均匀撒上磁粉，有缺陷的位置会出现磁粉聚集，从而可找到缺陷位置。

　　（2）密封性检验　密封性检验是指用液体或气体来检查焊缝区有无漏水、漏气和渗油、漏油等现象的检验方法。

　　1）煤油试验。煤油的渗透性很强，可透过极小的贯穿性缺陷。将煤油涂在焊缝一侧，在另一侧涂白粉水溶液并使其干燥。当煤油透过后，在白粉处显示明显的油斑，可确定贯穿性缺陷的位置和大小。

　　2）水压试验。将焊接容器灌满水，排尽空气，用水压泵加入静水压力并维持一定的时间，观察焊缝位置是否有泄漏，并确定缺陷位置。

　　3）气密性检验。将压缩空气（或氨、氦、氟利昂、卤素气体等）压入焊接容器，利用容器内外气体的压力差检查有无泄漏。可充气并加压到规定的试验压力，保压一定时间，观察压力表数值是否下降，并用肥皂水在焊缝处寻找和确定漏气部位。

　　（3）无损探伤　常用的无损探伤方法主要有声发射探伤、超声波探伤、激光全息探伤和射线探伤几种。

　　1）声发射探伤。固体材料在外力作用下的变形和破坏会发出声波，通过声换能器可以检验出发声位置，确定缺陷部位。声发射探伤利用声发射现象，对载荷作用下的焊件进行动态检测，可了解缺陷的形成过程和使用条件下的发展趋势。

　　2）超声波探伤。超声波探伤是利用超声波探测材料内部缺陷的无损检验法。超声波在固体介质中传播时，介质变换的界面处会使超声波产生部分反射波束，根据反射波脉冲可判断内部缺陷位置。

　　3）激光全息探伤。激光全息探伤可得到被摄物体的空间图像，固体物质受外力作用时，物质内部缺陷会在所对应的表面处产生微小的相对位移，与无缺陷处形成差异。将受力和不受力时的全息图像在同一激光照射下建立成像，可以看到缺陷位置的波纹图样变化，从而判断出缺陷大小和位置。

　　4）射线探伤。射线探伤是利用 X 射线或 γ 射线在不同介质中穿透能力的差异，检查内部缺陷的无损检验方法。X 射线和 γ 射线都是电磁波，当经过不同物质时，其强度会有不同程度的衰减，从而使置于金属另一面的照相底片得到不同程度的感光。

当焊缝中存在未焊透、裂纹、气孔和夹渣时，射线通过时衰减程度变小，置于金属另一面的照相底片相应部位的感光较强，底片冲洗后，缺陷部位则会显示出明显的黑色条纹和斑点，由底片可形象地判断出缺陷的位置、大小和种类。X 射线探伤适宜用于厚度 50mm 以下的焊件，γ 射线探伤宜用于厚度 50~150mm 的焊件。

11.5 焊接技术的新进展

11.5.1 熔焊工艺新技术

现代工业对焊接效率与焊接质量提出了更高的要求，出现了一些新的焊接技术，本节将对这些新的焊接技术的特点与应用进行简要的介绍。

1. 真空电弧焊接

真空电弧焊接是可以对不锈钢、钛合金和高温合金等金属进行熔化焊及对小试件进行快速高效的局部加热钎焊的最新技术。该技术由俄罗斯发明，并迅速应用在航空发动机的焊接中。使用真空电弧进行涡轮叶片的修复、钛合金气瓶的焊接，可以有效解决材料氧化、软化、热裂、抗氧化性能降低等问题。

2. 窄间隙熔化极气体保护电弧焊技术

该技术具有比其他窄间隙焊接工艺更多的优势，在任意位置都能得到高质量的焊缝，且具有节能、焊接成本低、生产效率高、适用范围广等特点。利用表面张力过渡技术进行熔化极气体保护电弧焊表明该技术必将促进熔化极气体保护电弧焊在窄间隙焊接中的应用。

3. 激光填料焊接

激光填料焊接是指在焊缝中预先填入特定焊接材料后，用激光照射熔化或在激光照射的同时填入焊接材料以形成焊接接头的方法。广义的激光填料焊接应包括两类：激光对焊与激光熔覆。其中激光熔覆是利用激光在工件表面熔覆一层金属、陶瓷或其他材料，以改善材料表面性能的一种工艺。激光填料焊接主要应用于异种材料焊接、有色及特种材料焊接和大型结构钢件焊接等激光直接对焊不能胜任的领域。

4. 高速焊接技术

高速焊接技术包括快速电弧技术和快速熔化技术。由于采用的焊接电流大，所以熔深大，一般不会产生未焊透和熔合不良等缺陷，焊缝成形良好，焊缝金属与母材过渡平滑，利于提高疲劳强度。

5. 激光-电弧复合热源焊接技术

结合激光和电弧两个独立热源各自的优点（如激光热源具有高的能量密度、极优的指向性及透明介质传导的特性，电弧等离子体具有高的热-电转化效率、低廉的设备成本和运行成本、技术发展成熟等优势），极大程度地避免了二者的缺点（如金属材料对激光的高反射率造成的激光能量损失，激光设备的高成本，低的电-光转化效率等，电弧热源较低的能量密度，高速移动时放电稳定性差等），同时二者的有机结合衍生出了很多新的特点（高能量密度、高能量利用率、高的电弧稳定性，较低的工装准备精度以及待焊接焊件表面质量等），使之成为具有极大应用前景的新型焊接热源。与传统电弧焊相比，激光-电弧复合焊接，具有更快的焊接速度，可获得更优质的焊接接头，实现了高效率、高质量的焊接过程，是当前最有发展前景的焊接技术。

6. 冷金属过渡焊接技术

冷金属过渡焊接技术是一种新型的熔化极气体保护电弧焊。该方法通过采用数字化电源和过程的精密控制技术，从而在焊接时可大幅度降低焊接热输入量，从而减小焊接残余应力和焊接变形。冷金属过渡焊接技术将送丝与焊接过程控制直接联系起来。当数字化过程控制监测到一个短路信号，就会反馈给送丝机，焊丝即停止前进并自动回抽，从而使得焊丝与熔滴分离。在这种方式下，电弧自身输入热量的过程很短，短路发生，电弧即熄灭，热输入量迅速减少，整个焊接过程即在冷热交替中循环往复。

11.5.2　计算机数值模拟技术

随着计算机技术和计算数学的发展，数值分析特别是有限元，已较普遍地用于模拟焊缝凝固和变形过程。焊接过程是非常复杂的，涉及高温、瞬时的物理、冶金和力学过程，很多重要参数极其复杂的动态过程，这些在以前的技术水平下是无法直接测定的。随着计算机应用技术的发展，采用数值模拟来研究一些复杂过程已成为可能。科学的模拟技术和少量的实验验证代替过去一切都要通过大量重复性实验的方法，已成为焊接技术发展的一个重要方法。这不仅可以节省大量的人力、物力，还可以通过数值模拟来研究一些目前尚无法采用实验进行直接研究的复杂问题。

1. 焊接热过程的数值模拟

焊接热过程是焊接时最根本的过程，它决定了焊接化学冶金过程、应力应变发展过程及焊缝成形等。研究实际焊接接头中的三维温度场分布是数值模拟要解决的一个重要问题。

2. 焊缝金属凝固和焊接接头相变过程的数值模拟

根据焊接热过程和材料的冶金特点，用数值模拟技术研究焊缝金属的凝固过程和焊接接头的相变过程。通过数值模拟来模拟不同焊接工艺条件下过热区高温停留时间和 $800 \sim 500 ℃$ 下的冷却速度，控制晶粒度和相变过程，预测焊接接头组织和性能。以代替或减少工艺和性能实验，优化出最佳的焊接工艺方案。

3. 焊接应力和应变发展过程的数值模拟

研究不同约束条件、接头形式和焊接工艺下的焊接应力、应变产生和发展的动态过程。将焊缝凝固时的应力、应变动态过程的数值模拟与焊缝凝固过程的数值模拟相结合，预测裂纹产生的倾向，优化避免热裂纹产生的最佳工艺方案。通过焊接接头中氢扩散过程的数值模拟以及对焊接接头中内应力大小及氢分布的数值模拟，预测氢致裂纹产生的倾向，优化避免氢致裂纹的最佳工艺。通过对实际焊接接头中焊接应力、应变动态过程进行数值模拟，确定焊后残余应力和残余应变的大小分布，优化最有效的消除残余应力和残余变形的方案。

4. 焊接过程的物理模拟

利用热模拟试验机可以精确控制热循环，并可以通过模拟研究金属在焊接过程中的力学性能及其变化。此项技术已广泛用于模拟焊接热影响区内各区的组织和性能变化。此外，模拟材料在焊接时凝固过程中的冶金和力学行为，可以得到焊缝凝固过程中材料的结晶特点、力学性能和缺陷的形成机理。

11.5.3 焊接机器人和智能化

焊接机器人是焊接自动化的革命性进步，它突破了焊接刚性自动化传统方式，开拓了一种柔性自动化新方式。焊接机器人的主要优点是：稳定和提高焊接质量，保证质量均一性；提高生产率，可24h连续生产；可在有害环境下长期工作，改善了工人劳动条件；降低了对工人操作技术的要求；可实现小批量产品焊接自动化；为焊接柔性生产线提供技术基础。

图11-47所示为点焊机器人系统。汽车车身、家用电器框架等薄壁结构多采用点焊方法制造，用机器人进行点焊，能获得较高质量和生产率。

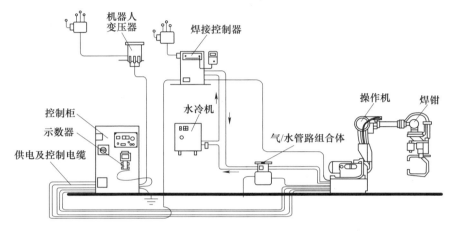

图 11-47 点焊机器人系统

为提高焊接过程的自动化程度，除控制电弧对焊缝的自动跟踪外，还应适时控制焊接质量，为此需要在焊接过程中检测焊接坡口的状况，如熔宽、熔深和背面焊道成形等，以便能适时地调整焊接参数，保证良好的焊接质量，这就是智能化焊接。智能化焊接的第一个发展重点在视觉系统，它的关键技术是传感器技术。虽然目前智能化还处在初级阶段，但有着广阔前景，是一个重要的发展方向。

焊接工程专家系统已经开始研究，并已推出或准备推出某些商品化焊接专家系统。焊接专家系统是指具有相当于专家的知识和经验水平，以及具有解决焊接专门问题能力的计算机软件系统。在此基础上发展起来的焊接质量计算机综合管理系统在焊接中也得到了应用，其内容包括对产品的初始试验资料和数据的分析、产品质量检验、销售监督等，其软件包括数据库、专家系统等技术的具体应用。

思考与练习

11-1 焊接的本质是什么？熔焊、压焊、钎焊有什么区别？

11-2 焊接冶金过程的特点是什么？焊条药皮在冶金过程中起何作用？

11-3 熔焊接头包括哪几部分？什么是焊接热影响区？低碳钢热影响区中各区域的组织和性能如何？从焊接方法和工艺考虑，能否减少或消除焊接热影响区？

11-4 产生焊接裂纹、焊接应力和变形的原因是什么？如何防止和矫正焊接变形？

11-5　焊条药皮有什么功用？按药皮性质的不同，焊条可分为哪几种类型？

11-6　什么是酸性焊条？什么是碱性焊条？二者差异有哪些？焊接时应怎样选用？

11-7　焊条电弧焊、埋弧焊、气体保护焊各有哪些特点？

11-8　试比较常用压焊方法的特点及应用范围。

11-9　试说明点焊、缝焊、对焊、摩擦焊的焊接过程特点和应用范围。

11-10　钎焊与熔焊有什么差别？钎焊的主要适用范围有哪些？

11-11　为什么铸铁焊接比低碳钢焊接要困难得多？

11-12　什么是焊接结构的结构工艺性？在焊接结构设计时如何考虑其结构工艺性？试举例说明焊缝布置的一般原则有哪些？

11-13　常见的焊接缺陷有哪些？焊接件质量检验方法有哪些？

11-14　给下列材料或结构的焊件选择合理的焊接方法。

　　1）Q235 钢支架；

　　2）硬质合金刀头与 45 钢刀杆；

　　3）不锈钢；

　　4）厚度为 3mm 的薄板冲压件；

　　5）锅炉筒身环缝；

　　6）壁厚 60mm 的大型构件。

11-15　分析图 11-48 所示焊件的结构工艺性。如不合理，应如何改正？

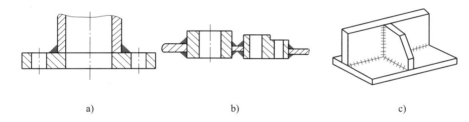

a)　　　　　　　　　　　　　b)　　　　　　　　　　　　　c)

图 11-48　题 11-15 图

第 ⑫ 章

特种加工技术

众所周知，编制零件传统加工工艺时，通常将切削加工安排在淬火工艺之前、退火处理之后，以降低工件的硬度，利用材质比工件硬的刀具，依靠机械能去除材料实现加工，其实质为"以硬碰硬"。然而，工件热处理后势必带来较大的残余应力而引起变形。如果获得一种"以柔克刚"的加工方法将为机械加工工业带来质的飞跃。

随着生产力的进一步发展和机械制造业升级，人们开始借助于电能、热能、光能等能场作用，避免加工过程中产生的强大切削力，"以柔克刚"，以去除零件坯料上多余的材料。科学技术的发展带来了先进加工技术的不断进步，多种新型加工方法如雨后春笋般产生并得到应用。这些新型加工方法广义上可定义为特种加工（Non-Traditional Machining，NTM），也称作非传统加工技术。其共同的特点在于将电、热、光、声、化学等能量单一或组合施加于被加工零件上，进而实现减料或增料加工。

1. 特种加工的特点

对于传统机械加工，被加工工件材料的硬度应低于刀具材料，且需具有一定塑性、韧性等。特种加工则与其有着显著区别，主要体现在：

1）切除材料的加工能量主要来自电、化学、声、光、热等，而不是机械能。

2）特种加工一般是无接触加工，被加工零件与"刀具"之间不接触，加工工艺不受工件强度及硬度等性能指标的制约，故可加工超硬材料和精密微细零件，甚至工具材料的硬度可低于工件材料的硬度。

3）加工机理不同于一般金属切削加工，不产生宏观切屑，不产生强烈的弹、塑性变形，故可获得很低的表面粗糙度值，加工的残余应力、冷作硬化、热影响度等也远比一般金属切削加工小。

4）两种或两种以上不同类型的能量可相互组合形成新的复合加工形式，加工能量易于控制和转换，加工范围广，适应性强。

特种加工的缺点有如下几个方面：

1）加工效率较低。与传统金属加工相比，特种加工技术的加工效率会低一些。如电火花加工技术的加工效率远低于铣床的加工效率，因此，近年来，电火花加工领域很多都被新兴的高速铣取代。

2）加工工艺的研究不够深入。很多特种加工因为影响因素较多，加工过程机理复杂，现在的研究还不能完全解释其细微的物理、化学变化过程，从而影响了对特种加工相应方法、工艺的准确研判。实践中，往往表现为过分依赖操作者的技术水平、经验和责任心，不能做到和普通数控机械加工手段一样，可以根据刀具、工件材料、加工要求，自行选择工艺参数。

3）使用成本较高。一些特种加工技术，如单向走丝线切割机床（俗称"慢走丝"），因为加工机理所限，加工过程中要大量消耗铜丝、电极、工作液等耗材。特种加工技术中的高能束流加工，如激光加工、电子束加工等，加工过程需要大功率的电源作为能量发生源。这些加工过程需要消耗大量的能量、材料等，使得特种加工技术单位工时成本较高，如果没有高端加工业务支撑，很难得到推广应用。

2. 常用的特种加工分类

特种加工一般按能量来源、作用形式和加工原理分类，见表 12-1。

表 12-1　常用的特种加工方法分类

特种加工方法		英文缩写	能量来源及形式	作用原理
电火花加工	电火花成形加工	EDM	电能、热能	熔化、汽化
	电火花线切割加工	WEDM		
电化学加工	电解加工	ECM	电化学能	金属离子阳极溶解
	电火花磨削加工	EGM	电化学能、机械能	阳极溶解、磨削
	电化学珩磨	ECH		
	电铸	EFM	电化学能	金属离子阴极沉积
	涂镀	EPM		
高能束加工	激光加工	LBM	光能、热能	熔化、汽化
	电子束加工	EBM	电能、热能	
	等离子体加工	PAM		
	离子束加工	IBM	电能、机械能	切蚀
化学加工	化学铣削	CHM	化学能	腐蚀
	化学抛光	CHP		
	光刻	PCM	光能、化学能	光化学腐蚀
物料切蚀加工	超声加工	USM	声能、机械能	切蚀
	磨料流加工	AFM	机械能	
	液体射流加工	HDM		
快速成形	液相固化法	SL	光能、化学能	增材法加工
	粉末烧结法	SLS		
	纸片叠层法	LOM	光能、热能、机械能	
	熔丝堆积法	FDM	电能、热能、机械能	

3. 特种加工的应用

由于特种加工的不断发展和完善，使得这种新型加工方法在机械制造业中得到了广泛应用。同时，也对传统的机械制造工艺方法产生了很多影响，特别是使零件的结构设计和制造工艺路线的排序发生了很大的改变。

不同形式的特种加工方法适用的对象不同，需要结合原理和工艺具体分析。但一般来说，可以对其应用做如下的归纳总结：

1）利用电化学原理对工件进行成形的特种加工可适用于磨削、成形、去毛刺、车削、抛光、复杂型腔、型面及型孔等加工。

2）利用机械能或间接用声能、热能、电化学能进行加工的方法适用于切割、穿孔、研磨、去毛刺、蚀刻磨削、拉削和套料等加工。

3）利用化学溶液酸、碱、盐等对金属产生化学反应的特种加工可以用于化学切、照相制版、光刻、蚀刻等加工。

4）利用电子束、激光束、等离子束、电火花放电产生热量的特种加工适用于打孔、成形、磨削、车削、切割、开割、划线等加工。

12.1 电解加工

电解加工（ECM）是继电火花加工之后发展较快、应用较广泛的一项新工艺。目前在国内外已成功地应用于枪炮、航空发动机、火箭等制造业，在汽车、拖拉机、采矿机械的模具制造中也得到了应用。可见，在机械制造业中，电解加工已成为一种不可缺少的加工方法。

12.1.1 电解加工的基本原理

电解加工是利用金属中含有的其他元素或杂质，接触电解液后会形成许多"微电池"而放电，从而形成电化学腐蚀来去除工件材料的一种特殊加工方法。图 12-1 所示为电解加工过程示意图。加工时，工具接直流电源（10～20 V）的阴极，工件接电源的阳极。工具向工件缓慢进给，使两极之间保持较小的间隙（0.1～1mm），具有一定压力（0.5～2MPa）的氯化钠电解液从间隙中流过。与此同时，两极之间施加直流电压，由于电化学反应的作用，靠近电极导电端的工件毛刺及棱角处电流密度最高，从而毛刺很快被除掉，棱边也形成圆角，这时阳极工件的金属被逐渐电解腐蚀，电解产物被高速（5～50m/s）的电解液带走。

电解加工成形原理如图 12-2 所示，图中的细竖线表示通过阴极（工具）与阳极（工件）间的电流，竖线的疏密程度表示电流密度的大小。加工开始时，阴极与阳极距离较近的地方通过的电流密度较大，电解液的流速也较高，阳极溶解速度也就较快，如图 12-2a 所示。由于工具相对工件不断进给，工件表面就不断被电解，电解产物不断被电解液冲走，直至工件表面形成与阴极工具面基本相似的形状，如图 12-2b 所示。

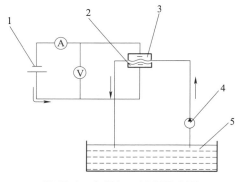

图 12-1 电解加工过程示意图

1—直流电源　2—工件阳极　3—工具阴极

4—电解液泵　5—氯化钠电解液

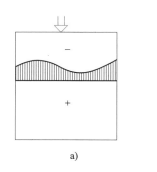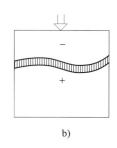

a) b)

图 12-2 电解加工成形原理

12.1.2　电解加工的设备及工艺特点

1. 电解加工的设备

电解加工的基本设备包括直流电源、机床及电解液系统三大部分。

（1）直流电源　电解加工常用的直流电源为硅整流电源和晶闸管整流电源，其主要特点及应用见表 12-2。

表 12-2　直流电源的特点及运用

分类	特点	应用场合
硅整流电源	可靠性、稳定性好，调节灵敏度较低，稳压精度不高	国内生产现场占一定比例
晶闸管电源	灵敏度高，稳压精度高，效率高，节省金属材料，稳定性、可靠性较差	国外生产中普遍采用，也占相当比例

（2）机床　电解加工机床的任务是安装夹具、工件和阴极工具，并实现其相对运动，以传送电和电解液。电解加工过程中虽没有机械切削力，但电解液对机床主轴和工作台的作用力很大，因此要求机床要有足够的刚度；要保证进给系统的稳定性，如果进给速度不稳定，阴极相对工件各个截面的电解时间就不同，影响加工精度；电解加工机床经常与具有腐蚀性的工作液接触，因此机床要有好的防腐措施和安全措施。

（3）电解液系统　电解液系统是电解加工系统中重要的组成部分，它的作用是连续平稳地向加工区供给足够压力、流量、合适的温度和清洁的电解液，并将电解产物顺利带走，形成良好的循环通路。因此，电解液系统直接影响加工质量的稳定性、生产率、劳动条件及环境保护。电解液系统主要由泵、电解液槽、过滤装置、热交换器以及阀、管路等元件组成。

泵的作用是使电解液保持所需压力和流速。目前，电解加工中应用较多的是定量齿轮泵和定量离心泵。前者压力高、特性硬、易腐蚀，因此生产上后者应用较多。

泵一般采用不锈钢、青铜等制造，防止泵的锈蚀是比较困难的问题。目前多将泵安装在低于电解液面的位置，可使泵内经常充满电解液，使齿轮、轴与空气及其他腐蚀性气体隔绝。液压泵工作一定时间后，用亚硝酸钠溶液清洗，利于防锈。

电解液槽的容量可根据工件的大小和连续工作时间的长短来决定。电解液槽的材料主要有：不锈钢，耐腐蚀性好，但价格偏高；普通钢板，涂防锈漆，价廉，但使用寿命低；瓷砖，适用于大容量的电解液槽，但设备固定、占地面积过大；塑料板，成本低，质量轻，但质地脆，寿命较低。实际应用中，可根据具体条件和需要来设计不同形式的电解液槽。

过滤装置对电解液净化具有重要作用，并且直接影响电解加工的质量，乃至影响电解加工的正常进行。电解液中，若金属氢氧化物增加，将直接增加电解液的黏度，降低加工间隙内的电解液流速，改变加工间隙间的热交换能力，甚至可能堵塞加工间隙，或产生火花和短路。

（4）自动控制系统　电解加工设备的自动控制系统，由参数控制、循环控制、保护和联锁三个部分构成。

近 10 年来，国外在 CNC 控制电解加工设备方面有较大进展，凡投入市场的商品化的机床均采用 CNC 自动控制系统。例如，德国 AEG 公司、英国 Amchem 公司等。国内还没有定型的商品化 CNC 电解加工机床，这也是电解加工设备中差距较大的环节。

循环控制的要求是按照给定的程序，控制机床、电源、电解液系统的运作，使之相互协调，一般均按工具阴极进给的位置（深度）转换供电、供液点及变化进给速度等。国内大都采用继电系统来实现，CNC 控制系统中则由可编程序控制器完成。

2. 电解加工的工艺特点

电解加工与其他加工方法相比，具有下述优点：

1）加工范围广，不受金属材料本身力学性能的限制，可以加工硬质合金、淬火钢、不锈钢、耐热合金等高硬度、高强度及高韧性金属材料，并可加工叶片、锻模等复杂型面。

2）电解加工的生产率较高，为电火花加工的 5~10 倍，在某些情况下，比切削加工的生产率还高，且加工生产率不直接受加工精度和表面粗糙度的限制。

3）可以达到较低的表面粗糙度值（$Ra1.25~0.2\mu m$）和 ±0.1mm 左右的平均加工精度。

4）加工过程中不存在机械切削力，所以不会产生由切削力所引起的残余应力和变形，没有飞边。

5）加工过程中阴极工具在理论上不会损耗，可长期使用。

电解加工的主要缺点和局限性如下：

1）不易达到较高的加工精度和加工稳定性。这是由于影响电解加工间隙电场和流场稳定性的参数很多，控制比较困难；加工时杂散腐蚀也比较严重。目前，加工小孔和窄缝还比较困难。

2）电极工具的设计和修正比较麻烦，因而很难适用于单件生产。

3）电解加工的附属设备较多，占地面积较大，机床要有足够的刚度和耐蚀性能，造价较高。对于电解加工，一次性投资较大。

4）电解产物需妥善处理，否则将污染环境。例如，由于重金属 Cr^{6+} 离子及各种金属盐类对环境的污染，因此须投资进行废弃工作液的无害化处理。此外，工作液及蒸气还会对机床、电源甚至厂房造成腐蚀，也需要注意防护。

由于电解加工的优点及缺点都很突出，因此，如何正确选择和使用电解加工工艺，成为摆在人们面前的一个重要问题。我国的一些专家提出选用电解加工工艺的三原则：电解加工适用于难加工材料的加工；电解加工适用于相对复杂形状零件的加工；电解加工适用于批量大的零件加工。一般认为，三原则均满足时，选择电解加工比较合理。

12.1.3 电解加工的应用

目前，电解加工主要应用在型孔加工、型面加工、型腔加工、管件内孔抛光、各种型孔的倒圆和去毛刺、整体叶轮的加工等方面。本小节介绍以下四种加工工艺。

（1）型孔加工 一般采用端面进给方式。为了避免孔壁产生锥度，可将电极侧面绝缘。常用的绝缘方法是利用环氧树脂黏结。绝缘层的厚度：工作部分取 0.15~0.2mm，非工作部分取 0.3~0.5mm。

（2）型腔加工 由于电解加工的精度较低，但生产率高，故可加工一些精度要求不是很高的型腔类零件。

（3）型面加工 型面的电解加工主要适合叶片类的外表成形件。

（4）去毛刺和倒圆 当两极间有电流通过时，电极尖角处电流密度最大，只要将工具阴极靠近毛刺或毛刺的根部，就很容易去除毛刺获得一定半径的光滑圆角。去毛刺时，工具电极和工件的关系一般是相对静止的。

另外，随着电解技术的进步，其在机加工领域的应用也在进步。例如，以发动机燃烧室机匣壳体为代表的一类具有回转轴的环形薄壁构件，其外环表面上分布有众多复杂非规则岛屿状凸台，每个凸台又是不同的复杂凹凸形状，表面的凸台、凹腔或环形加强肋等高度一般在 2mm 以内。加工的去除比为 80% 以上，由于机械加工难以控制变形，因此一直未能找到理想的解决途径。而使用回转表面复杂凹凸形状高效电解加工技术则可以解决该难题。

图 12-3 所示为采用旋转扫描式掩膜电解方法在环形薄壁构件上加工的表面凸台和环形加强肋零件。加工后的最小壁厚为 1mm，凸台最大高度为 1.5mm。此工艺电极结构形式简单，加工效率高，一次安装即可完成环形构件上所有凸台形状的加工，效率比机械加工提高 5 倍以上。凸台形状及位置精度在掩膜制备中已得到可靠的保证，无需再进行后续的精加工，且批量生产中的重复一致性好。该工艺已成为这类薄壁低刚度回转构件上，复杂表面高效、无变形加工的最适用方法。

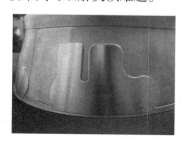

图 12-3　回转表面复杂凸台形状和环形加强肋

12.2　电子束加工

电子束加工（Electron Beam Machining，EBM）是指在真空条件下，利用电子枪中产生的电子经加速、聚焦后产生的极细束流，高速冲击工件表面上极小的部位，使其产生热效应或辐射化学和物理效应，以达到预定工艺的加工技术。电子束加工主要用于打孔、切割、焊接及大规模集成电路的光刻加工等，在精密微细加工，尤其在微电子学领域应用广泛。

12.2.1　电子束加工的分类和基本原理

1. 电子束加工的分类

根据电子束产生的效应，可分为电子束热加工和电子束非热加工两种。通过控制电子束能量密度的大小和能量注入时间，就可达到不同的加工目的。例如，只使材料局部加热就可进行电子束热处理；使材料局部熔化就可进行电子束焊接；提高电子束能量密度，使材料熔化和汽化，就可进行打孔和切割等加工；利用较低能量密度的电子束轰击高分子材料时产生化学变化的原理，即可进行电子束光刻加工。

2. 电子束加工的基本原理

（1）电子束热加工原理　电子束热加工原理示意图如图 12-4 所示。通过加热发射阴极材料产生电子，在热发射效应下，电子飞离材料表面。在强电场（30~200kV）作用下，电子加速和聚焦，沿电

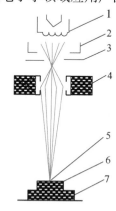

图 12-4　电子束热加工原理图
1—发射阴极　2—控制栅极
3—加速阳极　4—聚焦系统
5—电子束斑点　6—工件
7—工作台

场相反方向运动，形成高速电子束流。电子束通过一级或多级汇聚，形成高能束流，当它冲击工件表面时，电子动能瞬间大部分转变为热能。由于光斑直径极小（其直径可达微米级或亚微米级），电子束具有极高的功率密度，可使材料被冲击部位温度在几分之一微秒内升高到几千度，其局部材料快速汽化、蒸发，从而实现加工的目的。

（2）电子束非热加工原理　电子束非热加工是基于电子束的非热效应，即利用功率密度比较低的电子束和电子胶（电子抗蚀剂，由高分子材料构成）相互作用，产生辐射化学或物理效应。当用电子束流照射这类高分子材料时，由于入射电子和高分子相互碰撞，使电子胶的分子链被切断或重新聚合而引起分子量的变化以实现电子束曝光。将这种方法与其他处理工艺联合使用，就能在材料表面刻蚀细微槽和其他几何形状。

电子束非热加工工作原理如图12-5所示。该类工艺方法广泛应用于集成电路、微电子器件、集成光学器件、表面声波器件的制作，也适用于某些精密机械零件的制造。通常是在材料上涂覆一层电子胶（称为掩膜），用电子束曝光后，经过显影处理，形成满足一定要求的掩膜图形，而后进行不同后置工艺处理，达到加工要求，其槽线尺寸可达微米级。

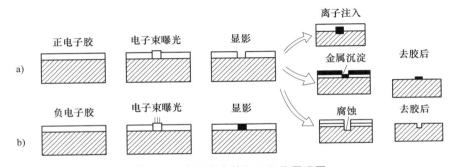

图12-5　电子束非热加工工作原理图

12.2.2　电子束加工的设备及工艺特点

1. 电子束加工的主要设备

电子束加工装置主要由电子枪、真空系统、控制系统及电源等部分组成。其基本结构如图12-6所示。

（1）电子枪　电子枪是获得电子束的装置，主要包括电子发射阴极、控制栅极和加速阳极等，如图12-7所示。阴极经电流加热发射电子，带负电荷的电子高速飞向阳极，在飞向阳极的过程中，经过加速阳极加速，又通过电磁透镜聚焦而在工件表面形成很小的电子束束斑，完成加工任务。发射阴极一般用钨或钽制成。小功率时，用钨或钽做成丝状阴极，如图12-7a所示。

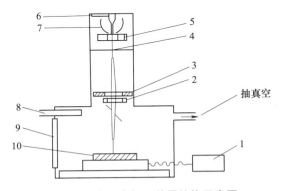

图12-6　电子束加工装置结构示意图

1—工作台系统　2—偏转线圈　3—电磁透镜　4—光阑
5—加速阳极　6—发射电子的阴极　7—控制栅极
8—光学观察系统　9—带窗真空室门　10—工件

大功率时，用钽做成块状阴极，如图 12-7b 所示。控制栅极为中间有孔的圆筒形，其上加以较阴极为负的偏压，既能控制电子束的强弱，又有初步的聚焦作用。加速阳极通常接地，而阴极接很高的负电压。通过上述装置，完成电子的发射、加速、聚焦，形成可满足工业应用的电子束流。

（2）真空系统　真空系统的作用是保证在电子束加工时维持高真空度，一般为 $1.33 \times 10^{-4} \sim 1.33 \times 10^{-2}$Pa。因为只有在高真空下，电子才能高速运动。此外，加工时产生的金属蒸气也会影响电子发射，造成不稳定现象，因此，也需要不断地把加工中生产的金属蒸气抽出去。

真空系统一般由机械旋转泵和油扩散泵或涡轮分子泵两级组成。首先用机械旋转泵把真空室抽至 $0.14 \sim 1.4$Pa，然后由油扩散泵或涡轮分子泵抽至 $0.00014 \sim 0.014$Pa 的高真空度。

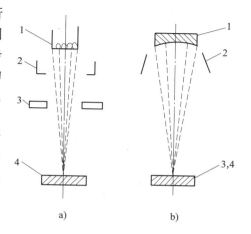

图 12-7　电子枪
1—发射电子的阴极　2—控制栅极
3—加速阳极　4—工件

（3）控制系统和电源　电子束加工装置的控制系统包括束流聚焦控制、束流位置控制、束流强度控制及工作台位移控制等。

束流聚焦控制是为了提高电子束的能量密度，使电子束聚焦成很小的束斑，进而决定加工点的孔径或缝宽。聚焦方法主要有利用高压静电场使电子流聚焦成细束和利用电磁透镜的磁场聚焦两种。电磁透镜实际上为一电磁线圈，通电后它产生的轴向磁场与电子束中心线平行，端面的径向磁场则与中心线垂直。根据左手定则，电子束在前进运动中切割径向磁场时将产生圆周运动，而圆周运动时在轴向磁场中又将产生径向运动，故实际上每个电子的合成运动为一半径越来越小的空间螺旋线而聚焦于一点。为了消除像差和获得更细的焦点，常进行二次聚焦。

束流位置控制是为了改变电子束的方向，常用电磁偏转来控制电子束焦点的位置。如果使偏转电压或电流按一定程序变化，电子束焦点便按预定的轨迹运动。工作台位移控制是为了在加工过程中控制工作台的位置。因为电子束的偏转距离只能在数毫米之内，过大将增加像差和影响线性，因此在大面积加工时需要控制工作台移动，并与电子束的偏转相配合。

由于电子束聚焦以及阴极的发射强度与电压波动有密切关系，电子束加工装置对电源电压的稳定性要求较高，因此常采用稳压设备。

2. 电子束加工的工艺特点

电子束加工具有以下特点：

（1）束径微小　电子束能够极其微细地聚焦，甚至能聚焦到 $0.1\mu m$，是超小型元件或分子器件等微细加工的有效加工方法。此外，最小直径的电子束长度可达该电子束当时断面直径的几十倍以上，故适用于深孔加工。用于切割加工时，切缝非常小，可节省材料。

（2）功率密度高　其能量高度集中，功率密度可达 $10^9 W/cm^2$ 量级。能加工高熔点和难加工材料，如钨、钼、不锈钢、金刚石、蓝宝石、水晶、玻璃、陶瓷及半导体材料等。

（3）可加工材料的范围广　电子束加工为非接触式加工，工件不受机械力作用，很少产生宏观应力变形，而且由于电子束可进行骤热骤冷（脉冲状加工）操作，因此对非加工部分的热影响极小，提高了加工精度，对脆性、韧性、导体、非导体及半导体材料都可加工。

（4）加工效率高　电子束的能量密度高，因而加工生产率很高。如在 0.1mm 厚的不锈钢板上穿微小孔可达 3000 个/min，切割 1mm 厚的钢板速度可达 240mm/min。

（5）控制性能好　可通过磁场或电场对电子束的强度、位置、聚焦等进行直接控制，其控制性能十分优越，而且控制时其变化速度之快也是其他方法无法比拟的。特别是在电子束曝光中，从加工位置找准到加工图形的扫描，都可实现自动化。

（6）电子束加工温度容易控制　通过控制电子束的电压和电流值可改变其功率密度，进而控制加工温度，因此，通过电路控制可实现电子束瞬时通断，进行骤热骤冷操作。

（7）污染小　由于电子束加工是在真空中进行的，因而污染少，加工表面不会氧化。特别适用于加工易氧化的金属、合金材料以及纯度要求极高的半导体材料等。

电子束加工使用的高电压会产生较强的 X 射线，必须采取相应的安全措施。此外，加工必须在真空进行，需要一整套专用设备和真空系统，设备造价高，生产应用有一定局限性。

12.2.3　电子束加工的应用

根据功率密度和能量注入时间的不同，电子束加工可用于打孔、切割、蚀刻、焊接、热处理及光刻加工等。电子束在微细加工领域中的应用分类归纳如图 12-8 所示。

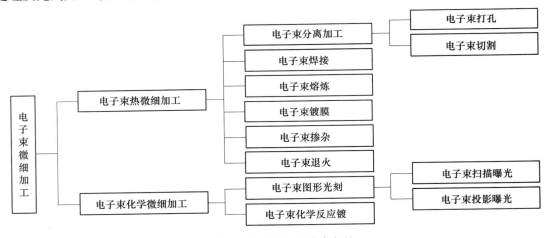

图 12-8　电子束加工分类归纳

（1）电子束打孔　利用电子束可在不锈钢、耐热钢、宝石、陶瓷、玻璃等材料上加工小孔，电子束打孔的最小直径已可达 $\phi0.001$mm 左右，而且还能进行深小孔加工，如孔径为 $0.5\sim0.9$mm 时，其最大孔深已超过 10mm，即孔的深径比大于 $15:1$。

与其他微孔加工方法相比，电子束打孔效率极高，通常每秒可加工几十至几万个孔。电子束打孔的速度主要取决于板厚和孔径。当孔的形状复杂时还取决于电子束扫描速度（或偏转速度）以及工件的移动速度。利用电子束打孔速度快的特点，可实现在薄板零件上快速加工高密度孔，这是电子束微细加工的一个非常重要的特点。电子束打孔已在航空航天、电子、化纤以及制革等工业生产中得到实际应用。

电子束在加工异形孔方面具有独特的优越性。为了使人造纤维具有光泽、松软有弹性、透气性好，喷丝头的孔形一般都是特殊形状。图 12-9a 所示为电子束加工的喷丝头异形孔截面；图 12-9b 所示为工件不移动，通过控制电子束在磁场中偏转，加工出的入口为一个而出口有两个的弯孔。

（2）电子束切割　利用电子束切割可以加工各种材料。通过控制电子速度和磁场强度，同时改变电子束和工件的相对位置，就可进行复杂曲面的切割和开槽，如图 12-10 所示。图 12-10a 所示为对长方形

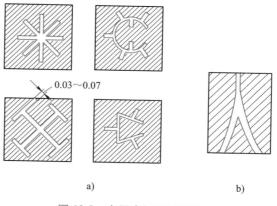

图 12-9　电子束加工的异形孔

工件施加磁场后，一面用电子束轰击，一面依箭头方向移动工件所加工出的曲面。在上述基础上，如果改变磁场极性再进行加工，就可加工出如图 12-10b 所示的工件。同理，可加工出如图 12-10c 所示的弯缝。

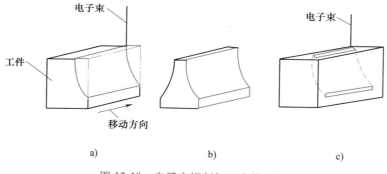

图 12-10　电子束切割加工出的曲面

（3）电子束焊接　电子束焊接是利用电子束作为热源的一种焊接工艺。电子束微细焊接是电子束加工技术中发展最快、应用最广的一种加工工艺，在焊接不同金属和高熔点金属方面显示了很大的优越性，已成为工业生产中的重要特种工艺之一。

当高能量密度的电子束连续轰击焊件表面时，焊件接头处的金属迅速熔融，形成一个被熔融金属环绕着的毛细管状的熔池。如果焊件按一定速度沿焊件接缝与电子束做相对移动，则接缝上的熔池由于电子束的离开而重新凝固，形成致密的完整焊缝。

由于电子束焊接对焊件的热影响小、变形小，可在工件精加工后进行焊接，而且能够实现异种金属焊接。实际应用中可将复杂工件分成几个零件，这些零件可单独使用最合适的材料，采用合适的方法来加工制造，最后利用电子束将其焊接成一个完整的零部件，从而获得理想的技术性能和显著的经济效益。电子束焊接在航空航天工业取得了广泛的应用。例如，航空发动机某些构件（高压涡轮机匣、高压承力轴承等）可通过异种材料组合，使发动机在高速运转时，利用材料线胀系数不同，完成主动间隙配合，从而提高发动机性能、增加发动机推重比，节省材料，延长使用寿命等。电子束焊接还常用于传感器以及电器元器件的连接和封装，尤其

一些耐压、耐蚀的小型器件在特殊环境工作时，电子束焊接具有更大的优越性。

（4）电子束曝光　电子束曝光技术是 20 世纪 60 年代初发展起来的利用电子束对微细图形进行直接描画或投影复印的图形加工技术，是最成熟的亚微米级曝光技术，广泛用于微电子、光电子和微机械领域新器件的研制和应用物理实验研究，以及三维微结构的制作、全息图形的制作、诱导材料沉积和无机材料改性等领域。

电子束曝光主要分为扫描电子束曝光和投影电子束曝光两类。

扫描电子束曝光又称电子束线曝光。电子束扫描是将聚焦到小于 1μm 的电子束斑在 0.5~5mm 按程序扫描，可曝光出任意图形。早期的扫描电子束曝光采用圆形束斑，为提高生产率，又研制出方形束斑，其曝光面积是圆形束斑的 25 倍，后来发展的可变成形束斑，其曝光速度比方形束斑又提高两倍以上。扫描电子束曝光除了可直接描画亚微米图形，还可为光学曝光、电子束投影曝光制作掩膜，这是其得以迅速发展的原因之一。

投影电子束曝光又称电子束面曝光。首先制成比加工目标图形大几倍的模板，再以 1/10~1/5 的比例缩小投影到电致抗蚀剂上进行大规模集成电路图形的曝光。利用该方法可在几毫米见方的硅片上安排十万个以上晶体管或类似的元件。投影电子束曝光技术既有扫描电子束曝光技术所具有的高分辨率的特点，又有一般投影曝光技术所具有的生产效率高、成本低的优点，是人们目前积极从事研究、开发的一种微细图形光刻技术。

当前，对电子束曝光技术的研究主要集中在以下三个方面：

1）追求高分辨率以制作特征尺寸更小的器件，主要用于电子束直接光刻。

2）提高电子束曝光系统的生产率，以满足器件和电路大规模生产的需要。

3）研究纳米级规模生产用的下一代电子束曝光技术（NGL），以满足 0.1μm 以下器件生产的需要。

目前，电子束加工的最新应用举例为：

在国内船舶领域针对电子束加工技术的应用也开展了大量研究工作。针对船舶领域应用广泛的大厚度材料，电子束焊接效率优势明显。深海装备关键部件采用电子束焊接在保证基本使用性能的同时可以大幅提高焊接效率，提高装备研发周期。中船重工某单位采用电子束焊接的大厚度深海装备部件，如图 12-11 所示。针对未来全海深海洋装备需求，该单位对 120mm 厚钛合金开展电子束焊接研究，焊接接头的截面形貌如图 12-12 所示。焊接效率大大提高，所用时间仅为传统焊接方法的 1/10，焊缝宽度仅为 5mm，焊后变形极小，远小于传统的熔化焊方法，获得焊缝成形良好、内部无缺陷的焊接接头。

图 12-11　深海装备部件电子束焊接

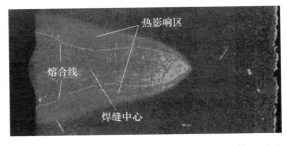

图 12-12　120mm 厚钛合金电子束焊接接头截面形貌

12.3　3D 打印

3D 打印（3D Printing）是快速成形技术的一种，又称为增材制造技术（Additive Manu-facturing，AM），是一种以数字模型文件为基础，以材料逐层累加方式制造实体零件的技术。3D 打印技术起源于 19 世纪，20 世纪 80 年末正式应用，到现在已经有 30 多年历史。3D 打印通常是采用 3D 打印机来实现，常在模具制造、工业设计等领域被用于制造模型，后逐渐用于一些产品的直接制造。

12.3.1　3D 打印的基本原理

3D 打印技术虽然有不同的实现形式，但从整体上可以划分为四个步骤：三维扫描建模，分层和路径规划，数控打印，实物成形，3D 打印流程图如图 12-13 所示。

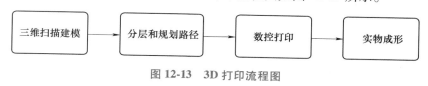

图 12-13　3D 打印流程图

（1）三维扫描建模　在打印之前必须首先获取物体的三维形貌，将需要打印的物体用三维轮廓仪进行扫描，记录下被打印物体的三维形貌信息，也可以在计算机上直接构建出想要打印的物体的三维轮廓。

（2）分层和规划路径　3D 打印核心原理是分层打印，根据打印物体的材料、打印精度等的需要，首先确定打印物体三维轮廓需要分为多少层二维平面图像，分割的层数越多，打印精度相对越高，整体性越好，但是时间花费和加工成本也会相应增加。计算机根据扫描切割而成的多个二维图像进行精密的分析与修改，规划出打印成品控制每层所需要走过的路径信息，通常路径规划对于加工样品、质量和加工速度都会产生很大影响。

（3）数控打印　将规划好的路径信息输入到计算机，控制相应的硬件进行工作。具体的 3D 打印技术可以分为很多不同的种类，根据所选材料及外界环境等因素的影响，实际打印中会选择不同的打印机与不同的打印方式。

（4）实物成形　最后当每层都打印完成后，实物成形，打印结束。

12.3.2　3D 打印技术分类及成形特点

金属 3D 打印工艺可大致分为两个主要大类：粉末床熔合技术（PBF）和定向能量沉积技术（DED）。这两种技术都可以根据所使用的能源类型进一步分类。在 PBF 技术中，热能选择性地熔化粉末层区域。PBF 技术的主要代表性工艺有：选择性激光烧结（SLS）、选择性激光熔化成形（SLM）、直接金属激光烧结（DMLS）和电子束熔化成形（EBM）。在 DED 技术中，使用聚焦的热能来熔化材料（粉末或丝状）而沉积。一些常用的 DED 技术包括激光工程（LENS）、直接金属沉积（DMD）、电子束自由成形制造（EBFFF）和电弧增材制造。本节主要介绍 SLS、SLM、DMLS、EBM 和 LENS 3D 打印技术的基本原理、特点及其应用。

1. 选择性激光烧结（SLS）

选择性激光烧结作为一种增材制造技术，采用冶金机制为液相烧结机制，成形过程中激光将粉末材料部分熔化，粉末颗粒保留固相形态，并通过后续液相凝固、固相颗粒重排黏接实现粉末致密化。SLS 系统由激光器、扫描系统、铺粉滚筒、粉末床和粉末输送系统等组成，原理如图 12-14 所示。在计算机上绘制好 CAD 三维实体零件模型，将其转换成 STL 文件格式，再利用切片软件将文件切分成一定厚度的一系列有序片层，将切片数据传送到 SLS 系统中。烧结开始前，

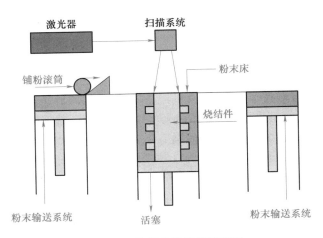

图 12-14　选择性激光烧结原理

将金属粉末预热到低于烧结点某一温度后，一侧的供粉缸上升至给定量，铺粉滚筒将粉末均匀地铺在粉末床上表面，激光束在计算机系统的控制下，按照设定的功率及速度对第一层截面轮廓进行扫描。激光束扫过之后，粉末烧结成给定厚度的实体轮廓片层，未被烧结的粉末作为支撑，这样零件的第一层烧结完成。这时，粉末床下移一个分层厚度，供粉缸上移，铺粉滚筒重新铺粉，激光束进行下一个分层的烧结，前后烧结的实体片层自然黏结为一体，如此循环往复，逐层堆叠，直至三维实体零件烧结完成。

SLS 技术可直接制造复杂结构金属制品，并且具有制作时间短，使用材料广泛，价格低廉，材料利用率极高，制造工艺比较简单，可实现设计制造一体化，应用面广等优点。此外，该工艺无需设计支撑结构，未烧结的粉末直接支撑成形过程中的悬空部分，成形精度平均可达 0.05~2.5mm，可以实现一定批量的个性化定制。但 SLS 工艺也存在很多不足：原材料和设备成本都很高；零件内部疏松多孔，表面粗糙度值较大，力学性能不足；零件质量容易受粉末的影响；成形时消耗大量的能量，需要比较复杂的辅助工艺；零件的最大尺寸受到限制。

2. 选择性激光熔化成形（SLM）

选择性激光熔化成形（SLM）是在 SLS 基础之上发展起来的一种快速成形技术。SLM 的基本原理是利用计算机三维建模软件（UG、Pro/E 等）设计出零件实体模型，然后用切片软件将三维模型切片分层，得到一系列截面的轮廓数据，输入合适的工艺参数，由轮廓数据设计出激光扫描路径，计算机控制系统将按照设计好的路径控制激光束逐层熔化金属粉末，层层堆积形成实体金属零件。成形原理如图 12-15 所示，激光束扫描开

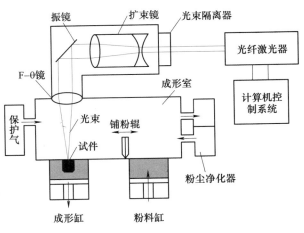

图 12-15　选择性激光熔化成形原理图

始前，利用铺粉辊均匀地在成形缸的基板上铺上一层很薄的金属粉末，计算机控制激光束对当前层进行选择性激光熔化，熔化的金属粉末冷却固化后，成形缸降低一个单位高度，粉料缸上升一个单位高度，铺粉辊在加工好的片层之上重新铺好金属粉末，激光束开始扫描新一层，如此层层叠加，直至整个零件成形。SLM 的整个加工过程在惰性气体保护的成形室中进行，以避免在高温下金属发生氧化。

SLM 与 SLS 主要区别在于 SLS 未完全熔化金属粉末，而 SLM 将金属粉末完全熔化后成形。SLM 优点是：金属零件的致密度超过 99%，优良的力学性能与锻造相当；粉末完全熔化，所以尺寸精度很高（可达 ±0.1mm），表面质量较好（$Ra20 \sim 50 \mu m$）；选材广泛，利用率极高，并且省去了后续处理工艺。然而 SLM 也存在一些缺陷，如 SLM 设备昂贵，制造速度偏低，工艺参数很复杂，需要加支撑结构。

3. 直接金属激光烧结（DMLS）

直接金属激光烧结（DMLS）是一种利用高能量的激光束（200 W），根据三维模型数据直接烧结金属粉末薄层（$20 \sim 60 \mu m$）形成致密的实体零件的快速成形技术。DMLS 与 SLS 的原理基本相同，主要区别在于粉末的性质。DMLS 工艺中的重要部件如图 12-16 所示，DMLS 技术构建原型零件和模具的步骤如下：①原型零件和模具三维 CAD 模型的建立。②将 CAD 模型转换为 STL 格式。③定义支撑结构和需要平滑角和边。④将 STL 模型切成薄层。⑤将文件层 STL 文件发送到 DMLS-AM 和快速成形机器。

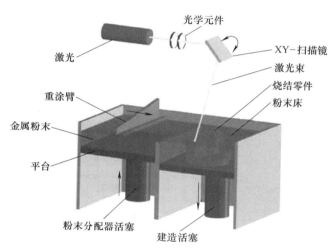

图 12-16　直接金属激光烧结原理

通过 DMLS 打印的零部件具有不同的材料结构和力学性能，然而常规技术要获得这样的结果取决于材料。

DMLS 工艺最大的优势在于不需要昂贵且费时的预处理和后续处理工艺，且制作精度高（±0.05mm），零件整体致密度达到理论密度的 90% 以上，可用于小批量生产。然而由于金属粉末在 DMLS 中的"球化"效应和烧结变形，使形状复杂的金属零件很难精确成形。成形过程中需要支撑结构，成形后需要用电火花线切割机从基板上切下金属零件。

4. 电子束熔化成形（EBM）

电子束熔化成形（EBM）是另一种以 PBF 为基础的增材制造工艺。真空环境中，采用高能、高速的电子束选择性地熔化金属粉末层或金属丝，层层堆积直至形成整个实体金属零件。基本原理如图 12-17a 所示，在 EBM 中加热的钨丝发射高速电子，然后由两个磁场控制，即聚焦线圈和偏转线圈。聚焦线圈作为磁性透镜，将光束聚焦到所需直径，而偏转线圈使聚焦光束在所需点偏转以扫描金属粉末。当电子高速撞击金属粉末时，它的动能转化为热能，熔化金属粉末。EBM 的工艺步骤如图 12-17b 所示，先将平台加热到一定温度，按预设厚度均匀地将金属粉末铺在平台上，每个粉末层扫描分为预热和熔化两个阶段。在预热阶段，通过使用高扫描速度的高能电子束多次预热粉末层（预热温度高达 $0.4 \sim 0.6T_m$）；熔化阶段，使用低扫描速度的低能电子束熔化金属粉末。当一层扫描完成后，工作台下降，重新铺放金属粉末层，重复该过程直到形成所需的金属部件。EBM 整个工艺在 $10^{-3} \sim 10^{-2}$ Pa 的高真空度下进行。

电子束熔化成形（EBM）工艺类似于 SLM，唯一不同之处是熔化粉末层的能量源，此处使用电子束代替激光。EBM 技术具有成形速度快、无反射、能量利用率高、在真空中加工无污染、可加工传统工艺不能加工的难熔、难加工材料等优点。EBM 技术的缺点是：需要专用设备和真空系统，成本昂贵；打印零件尺寸有限；成形过程中会产生很强的 X 射线，需要采取有效的保护措施，防止其泄露对实验人员和环境造成伤害。

5. 激光工程化净成形（LENS）

激光工程化净成形（LENS）是在激光熔覆技术的基础上结合选择性激光烧结技术发展起来的一种 3D 打印技术。LENS 工作原理与选择性激光烧结技术相似，采用大功率激光束，按照预设的路径在金属基体上形成熔池，金属粉末从喷嘴喷射到熔池中，快速凝固沉积，逐层堆叠，直到零件形成。如图 12-18 所示，LENS 系统主要由激光系统、粉末输送系统和惰性气体保护系统组成。首先通过三维造型软件设计出零件的三维 CAD 实体模型，然后将三维实体模型转化成 STL 格式的文件，再利用切片软件将实体模型的 STL 文件切分成一定厚度的薄层，并得到每一层扫描轨迹，最后把生成的数据传送到 LENS 系统中，系统将根据给定的数据，层层沉积形成致密的金属零件。

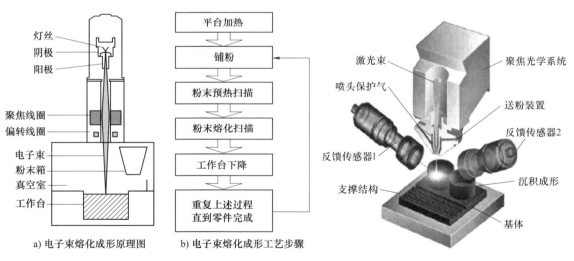

图 12-17　电子束熔化成形原理及工艺步骤　　　图 12-18　激光工程化净成形原理

激光工程化净成形技术与常规的零件制造方法相比，极大地降低了对零件可制造性的限制，提高了设计自由度，可制造出内腔复杂、结构悬臂的金属零件，能制造出化学成分连续变化的功能梯度材料，并且还能对复杂零件和模具进行修复。由于使用的是高功率激光器进行熔覆烧结，经常出现零件体积收缩过大，并且烧结过程中温度很高，粉末受热急剧膨胀，容易粉末飞溅，浪费金属粉末。

12.3.3 3D 打印的应用

1. 选择性激光烧结（SLS）的应用

SLS 技术在金属零件制造中占有重要地位，它的应用范围十分广泛，包括汽车制造、航空航天、建筑桥梁、海洋、医学和模具等领域。据德国 EOS 公司透露，新一代战机 F-35Lighte-ning II 中有 1600 个零部件使用 SLS 技术快速成形制造出来的；欧洲宇航防务集团（EADS）公司已经在研究使用 SLS 技术制造飞机；美国采用 SLS 技术制备 AIM-9 响尾蛇导弹制导部分的基座。此外 EOS 公司使用 SLS 技术制造不锈钢内腔镜，镍合金高温涡轮部件，钛合金（Ti64）医疗植入器官和铝合金赛车零件等。

2. 选择性激光熔化成形（SLM）的应用

近年来，各国加大了对 SLM 工艺的研究及设备投入，使得 SLM 技术制造金属零部件快速商业化，开始应用于航空、汽车、医疗器械和武器装备等领域。2012 年美国通用电气公司收购了 Morris Technologies 公司，利用该公司的 SLM 设备与工艺技术成功制造出 LEAP 喷气式发动机燃油喷嘴；欧洲空中客车集团创新中心用 Ti-6Al-4V 合金，采用 SLM 技术制备空客 320 和 380 飞机的舱门托架和发动机舱门铰链。在医疗领域，SLM 技术也有广泛的应用，西班牙萨拉曼卡大学利用澳大利亚科学协会研制的 Arcam 型 SLM 仪器制造出了钛合金胸骨与肋骨，并成功植入罹患胸廓癌的患者体内。

3. 直接金属激光烧结（DMLS）的应用

目前，DMLS 技术在航空、船舶、机械和模具制造及修复行业应用广泛。美国奥斯汀大学用 INCONEL625 超级合金和 Ti-6Al-4 合金，成功制造出 F1 战斗机和 AIM-9 导弹的金属零部件。DMLS 技术可对大型转动设备重要零部件，如齿轮、轴、叶片、阀门及模具等，进行磨损、腐蚀和冲蚀后的修复。德国 EOS 公司研发出 DMLS 的高阶模具技术，可直接烧结各种金属粉末，如铜基合金、铝硅镁、钴基超级合金、镍基超级合金、模具钢、不锈钢及钛合金（TiCP/Ti64）等，来制造高阶模具。此外，在高度复杂的模具工业中，DMLS 非常适用于对局部的模具制造，尤其在大型模具制造中，异型冷却水路与 DMLS 结合可以将模具制作的效益发挥到最大，例如，EOS 公司研发 DMLS 技术用于异型冷却水路，达到了最佳的冷却效果，提升了射出效率。

4. 3D 打印在民生领域的应用

Timberland（天木蓝）公司利用 3D 模型直接制备鞋模，取代了传统制备方法并取得了极高的效益。鞋底模型传统加工方法是：由模型造型技术人员根据 CAD 绘图制造出木头和泡沫的 3D 模型，每一个模型不但要花费 1200 多美元，而且要花费几天时间。如果制造时稍有不慎和设计有偏差，还需返工，拉长了研发周期。使用 Z510（图 12-19）三维打印机制造鞋底模型，不仅使成本降低至每个约 30 美元，而且使时间缩短至 2h 以内。通过不同色彩的喷涂打印，不但可以使产品模型栩栩如生，而且可以显示内底的压力点和干涉情况。更为重要的是，快速成形模型与 CAD 模型完全吻合。图 12-20 所示为 Z510 快速成形设备制造的鞋底模型。

图 12-19 Z510 快速成形设备

图 12-20 快速成形设备制造的鞋底模型

思考与练习

12-1 从特种加工的发生和发展来举例分析科学技术中有哪些事例是"物极必反"的（提示：如高空、高速飞行时，螺旋桨推进器被喷气推进器所取代）？

12-2 试举出几种因采用特种加工工艺之后，对材料的可加工性和结构工艺性产生重大影响的实例。

12-3 常规加工工艺和特种加工工艺之间有何关系？应该如何正确处理常规加工和特种加之间的关系？

12-4 简述电解加工技术的基本原理和工艺特点。

12-5 简述电解加工工艺的不足之处和改善方法。

12-6 电解加工工艺在哪些领域应用较广，举例说明。

12-7 电子束加工和电解加工技术基本原理有何异同？

12-8 举例说明电子束加工和电解加工技术的应用范围和优缺点。

12-9 3D 打印技术有何优缺点？

12-10 简述 3D 打印技术的工作原理。

12-11 3D 打印技术与快速成形技术的关系是什么？

第4篇

工程材料失效分析与材料选用

零件的失效与强韧化

13.1 零件的失效

通常，零件在服役过程中承受的负荷主要有三种类型：力学负荷、热负荷和环境介质的作用。在力学负荷作用下，零件将产生变形，甚至出现断裂；在热负荷作用下，零件会产生尺寸和体积的改变，并产生热应力，同时随着温度的升高，零件的承载能力下降；环境介质的作用主要表现为零件表面的磨损和零件表面的化学腐蚀及电化学腐蚀，对于高分子材料制成的零件，环境介质还会导致材料的老化。

对于承受力学载荷为主要功能的零件，服役过程主要是承受各种力学负荷的作用。根据外力作用性质的不同，分为静载荷、冲击载荷及疲劳载荷三种；根据外力作用方式的不同，分为拉伸载荷、压缩载荷、弯曲载荷、剪切载荷和扭转载荷；根据外力大小和分布的特点，分为均匀载荷和集中载荷。

零件是机械设备和工程结构件完成预定功能的基本单元，每个零件都具有自己确定的功能，即完成规定的运动，以传递力、力矩和能量。在一定的服役条件下，由于尺寸、形状或力学性能的改变而使零件不能正常发挥预定的功能，称之为零件失效。在使用过程中，其表现形式主要有：零件部分或完全丧失了设计功能；零件完全被破坏不能继续工作；零件已严重损坏，若继续工作将失去安全，或虽能安全工作，但已失去设计精度等现象都属于失效。

在工作过程中无论质量多高，每个零件都不可能无限期使用，总有一天会因各种原因而失效报废。到达或超过正常设计寿命的失效是不可避免的，属于正常失效；但也有许多零件，其运行寿命远低于设计寿命而发生早期失效，属于非正常失效，给生产造成很大影响，甚至酿成重大安全事故，因此必须给予足够的重视。另外，还有突发失效，如图 13-1 所示化肥厂爆炸，图 13-2 所示邮轮断裂等，会对人身安全造成更大的危险。

图 13-1　化肥厂爆炸图

为了预防零件失效，需对零件进行失效分析，即通过判断零件失效形式，确定零件失效机理和原因，针对性地进行选材，确定合理的加工路线，提出预防失效的措施，为选材及后续加工的控制提供参照依据。

13.1.1　零件失效形式

根据零件失效时外在宏观表现和规律的不同，可以将失效形式分为过量变形失效、断裂失效和表面损伤失效。每一类失效又可细分为若干种具体的失效形式，如图 13-3 所示。

1. 过量变形失效

零件在工作过程中产生的变形量超过允许值而使整个机械设备无法正常工作，或者还能正常工作

图 13-2　邮轮断裂

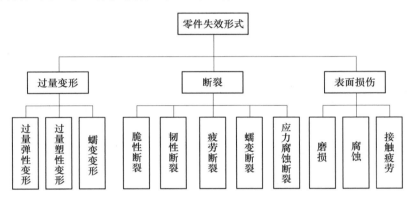

图 13-3　零件失效类型

但零件质量严重下降的现象称为过量变形失效。变形可以是塑性或弹性的，也可以是弹塑性的和高温下发生的蠕变等失效形式，如高温下工作时，螺栓发生松脱就是过量弹性变形转化为塑性变形而造成的失效。变形会导致零件尺寸、体积、形状发生变化。例如，车间用大型起重机，行车横梁通过两边的各两个车轮跨支于两边轨道上，当起吊重物时，横梁必产生一定的挠度，如果超过规定的许用挠度，两边车轮由于梁的弯曲变形以及相应的梁两端过大的转角变形导致车轮挤住轨道而造成过量变形失效，导致运行受到干扰。

2. 断裂失效

因零件承载过大或疲劳损伤等原因而导致分离为互不相连的两个或两个以上部分的现象称为断裂失效。断裂是最严重的失效形式，它包括韧性断裂失效、低温脆性断裂失效、疲劳断裂失效、蠕变断裂失效和低应力断裂等脆性断裂失效。韧性断裂失效是指零件在断裂前产生明显宏观塑性变形的断裂，韧性断裂往往是因为材料受到较大的载荷或过载所引起。当材料所受的应力超过材料的屈服强度后，材料便开始产生塑性变形，在材料内部的夹杂物、析出相、晶界、亚晶界或其他塑性流变不连续的地方发生位错塞积，产生了应力集中，进而开始形成纤维孔洞，起初孔洞较小而且相互隔离，随着应变的增加，纤维孔洞不断增加、长大，孔洞间的壁厚不断减小，孔洞聚集，相互连通，最终造成断裂。

零件的脆性断裂失效是指材料断裂之前不发生或发生很小宏观可见的塑性变形，断裂之前没有明显的预兆，裂纹长度一旦达到临界长度，即以声速扩展并发生瞬间断裂。由于突然

发生，危害性很大。例如，大家熟悉的巨型豪华客轮泰坦尼克号，这艘被认为是当时世界上设计最安全、最大型的轮船，在航行中遇到冰山撞击，船体发生突然断裂而酿成了旷世悲剧。

3. 表面损伤失效

零件工作时由于表面的相对摩擦或受到环境介质腐蚀在零件表面造成损伤或尺寸变化而引起的失效。它主要包括表面磨损失效、腐蚀失效、表面疲劳失效等形式。磨损失效和腐蚀失效是最常见的表面损伤失效形式，与疲劳失效一起，被称为零件最常见的三种失效形式。尤其是腐蚀失效，据统计，全国每年因腐蚀造成的损失约占国民经济总产值的 2% 以上。

齿轮类零件常见的失效有轮齿折断、齿面磨损、齿面剥落、疲劳断裂等，类型如图 13-4 所示。需要指出的是：实际零件在工作中往往不只是一种失效方式在起作用，例如轴类零件，其轴颈处因摩擦而发生磨损，又因应力集中处则发生疲劳断裂，两种失效形式同时起作用。一般来说，造成一个零件的失效总是一种方式起主导作用，失效分析的核心问题就是要找出主要的失效方式。另外，各类基本失效方式可以互相组合成更复杂的复合失效方式，如腐蚀疲劳、蠕变疲劳、腐蚀磨损等，各类失效特点都有主导方式，另一种方式为辅助方式。因此在分析时往往把失效方式归入主导一类中，例如腐蚀疲劳，疲劳特征是主导因素，腐蚀是起辅助作用的，因此被归入疲劳一类进行分析。

a) 轮齿折断   b) 齿面磨损

c) 齿面剥落   d) 疲劳断裂

图 13-4　齿轮类零件常见的失效类型

13.1.2　零件失效原因

引起零件失效的因素很多且较为复杂，涉及零件的结构设计、材料选择、材料的加工制造、产品装配及使用保养等方面，如图 13-5 所示。

1. 设计不合理

设计不合理主要指零件结构和形状不正确或不合理，如零件存在缺口、小圆弧转角、不同形状过渡区等。另一方面是指对零件的工作条件、过载情况估计不足，造成零件实际工作能力不足，使零件早期失效。为了保证产品质量，必须精心设计，精心施工。施工技术文件的根据是零件图样和设计计算说明书。设计计算的核心是选择正确的设计计算准则，设计计算准则是分析零件在服役条件下可能出现的失效形式的基础上建立的保证其正常工作的准则，依此定出零件的结构、尺寸、材质与相关技术要求，提出必要的技术文件，如图样、说明书等。由于设计不当造成工程零件在使用过程中失效的现象时有发生，好的设计是保证机械零件和工程构件安全工作，免于失效的核心的措施。

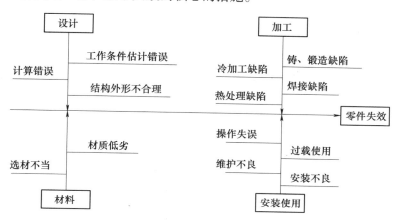

图 13-5　零件失效原因

2. 选材不合理

设计中对零件失效形式判断错误，所选的材料性能不能满足工作条件需要；选材所依据的性能指标不能反映材料对实际失效形式的抗力，选择了错误的材料；所选用的材料质量太差，成分或性能不合格使其不能满足设计要求等都属于选材不合理。

3. 加工工艺不合理

机械零件往往要经过冷热成形、机械加工、装配等制造工艺过程。若工艺规范制定不合理，则零件在加工成形过程中往往会留下各种各样的缺陷，使零件在使用过程中较早地失效。如热加工过程中出现过热、过烧和带状组织；热处理过程中出现脱碳、变形、开裂；各种铸造、锻造、焊接缺陷；机械加工中出现的圆角过小、较深的刀痕、磨削裂纹；组装的错位、不同心度等，所有的这些缺陷本质上都是其内部存在应力集中。在外界载荷作用下材质缺陷处会呈现高应力状态，导致零件以及装备早期失效。

4. 安装使用不当

装配和安装过程不符合技术要求，如安装时配合过紧、过松，对中不准，固定不稳等都可能导致零件不能正常工作或过早失效。此外，使用过程中，违章操作、超载、超速、不按时维修和保养，如对装备的检查、维修和更换不及时或没有采取适当的修理、防护措施等，也会造成零件过早失效。

5. 操作不当

在失效原因的分析中，特别要强调人为的原因，注意人的因素。工作中马马虎虎，责任心不强，违反操作规范，缺乏安全常识，使用和操作基本知识不够，都可导致零件过早失效。

13.1.3 零件失效分析方法

零件失效造成的危害是巨大的，因此失效分析越来越受到重视，通过失效分析找出失效原因和预防措施，可改进产品结构，提高产品质量，发现管理漏洞，提高管理水平，从而提高经济效益和社会效益，失效分析的基本思路如图13-6所示。

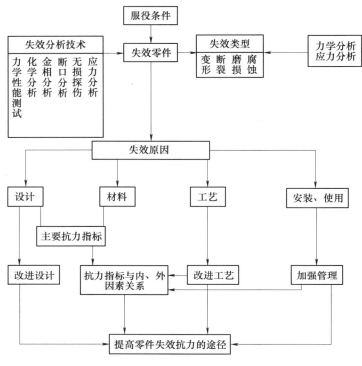

图 13-6　失效分析基本思路

1. 失效分析的一般方法

一般来说，零件的工作条件不同，发生失效的形式也不一样，防止零件失效的相应措施也就有所差别。失效分析是一项综合性的技术工作，失效分析方法如下：

（1）收集历史资料　收集失效零件的残体，整理失效零件的设计资料、加工工艺文件及使用、维修记录。根据这些资料全面地从设计、加工、使用各方面进行具体的分析。确定重点分析的对象，样品应取自失效的发源部位，或能反映失效的性质或特点的地方。

（2）检测　对所选试样进行宏观及微观断口分析和金相剖面分析，找出失效起源部位并确定失效形式。对失效样品进行性能测试、组织分析、化学分析和无损探伤，检验材料的性能指标是否合格、组织是否正常、成分是否符合要求、有无内部或表面缺陷等，全面收集各种数据。

（3）验证实验　对一些重大失效事故，在可能和必要的情况下，应进行模拟实验，以验证经分析得出的结论。

（4）综合分析写出失效分析报告　对检测所得的数据进行综合分析，在某些情况下还需要进行断裂力学计算，以确定失效的原因。如零件发生断裂失效，则可能是零件强度、韧性不够，或疲劳破坏等。综合各方面分析资料作出判断，确定失效的具体原因，提出改进措施，写出分析报告。通过报告可以了解材料的破坏方式，以此可以作为选材的重要依据。

2. 失效判据和材料的失效抗力要求

失效分析就是分析零件的失效特征，揭示零件失效的根本原因，从而确定相应的失效抗力指标。如果以 R 表示广义工作应力，如各种应力、各种应变、磨损量等，而以 $[R]$ 表示广义的许用应力，根据失效的基本意义，失效可能发生的一般判据为：

$$R > [R] \qquad\qquad (13\text{-}1)$$

相应可得到正常工作的判据为：

$$R \leqslant [R] \qquad\qquad (13\text{-}2)$$

对于某一零件是否失效，可由上面两个公式来判定。失效判据对零件的正确设计和选材有着重要的意义。

为防止失效而制定的判定条件，通常也称为工作能力计算准则。零件设计的首要任务就是针对不同的失效形式确定失效判据或设计计算准则，在此基础上经过力学分析和应力计算确定出零件的形状、尺寸、材料以及其他有关技术要求。

如果选择一种材料使其使用性能 R_{lim} 不小于许用应力 $[R]$，式（13-2）可以表示为：

$$R \leqslant [R] \leqslant R_{lim} \qquad\qquad (13\text{-}3)$$

显然，只要正确选择材料使其使用性能大于零件的工作应力，就可以避免零件失效。因此可以将式（13-3）称为材料选择的判据。R_{lim} 称为失效抗力，即材料必须满足使用性能要求。

3. 失效分析案例

失效分析也常是新产品开发的前提，并能推动材料科学理论的发展，失效分析是一个涉及面很广的交叉学科。掌握了正确的失效分析方法，才能找到真正合乎实际的失效原因，提出补救和预防措施。

（1）传动凸轮断裂失效分析　某机械制造厂采购了一批传动凸轮，装配使用过程中出现多个凸轮发生断裂现象，严重影响了工厂的正常运行。此批传动凸轮材质为 35CrMo，其生产工序为：下料→锻造→正火→机加工→淬火→清洗→高温回火等。图 13-7 所示为凸轮断裂前后的实物照片。

a) 成品凸轮　　　　　　　b) 断裂凸轮

图 13-7　凸轮实物照片

通过硬度检验发现凸轮表面存在脱碳层。对凸轮断口进行清洗，在发射扫描电子显微镜下观察，断口处微观形貌如图 13-8 所示。如图 13-8a 所示，可以清晰地看到，根部有贝壳状条纹，相对于疲劳扩展区，其裂纹分布更为密集光亮，可以断定这些裂纹属于裂纹源；由

图 13-8b 所示，断口比较光滑并存在明显的贝纹线，是疲劳裂纹的显著特征；图 13-8c 所示为典型的撕裂韧窝形貌，凸轮在此断裂形成瞬断区。

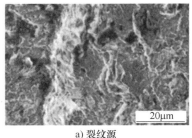

a) 裂纹源　　　　　　　　　　b) 裂纹扩展区　　　　　　　　　　c) 瞬断区

图 13-8　断口处微观形貌

结论：失效传动凸轮表面全脱碳层深度极不均匀，且在全脱碳层极深处应力集中，调质前产生了微裂纹，凸轮表面部分区域的力学性能下降，无法承受设计载荷，从而造成凸轮在此处出现裂纹扩展并最终断裂失效。建议厂家严格控制锻造加热温度和时间，加强对工件脱碳层的检验，防止锻造加热时发生严重脱碳现象。

（2）螺栓断裂失效分析　为提高螺栓在高温环境下承受冲击、振动负荷的性能，选用 42CrMo 钢生产某型号发动机的缸盖螺栓，每台使用 12 颗，基本加工工艺流程为：下料→车细光杆→感应加热后热镦成形→退火→机加工→校直→磨削滚丝径→滚花→滚螺纹→调质→磷化、涂油，硬度要求 39~44HRC。缸盖螺栓装配的 6 台发动机摆放在现场等待调试，次日上班时发现有一颗缸盖螺栓发生"掉头"现象，出现了早期断裂失效，如图 13-9 所示。

a)　　　　　　　　　　　　　　b)

图 13-9　失效螺栓的宏观断口形貌

采用4%的硝酸酒精溶液对试样进行侵蚀，在显微镜下观察其显微组织，如图 13-10 所示。可以发现螺栓裂纹源附近外表面及热镦后未经机加工的螺栓头部端面均有约 0.05mm 的脱碳层，且裂纹源附近脱碳层中存在粗大的块状铁素体组织，如图 13-10a、b 所示。**螺栓瞬断区和扩展区显微组织一致，均为回火索氏体，如图 13-10c、d 所示。热镦后的机械加工工序未能有效去除过烧层和退火过程中产生的脱碳层**，使脱碳层性能弱化，使用过程中应力在法兰盘与光杆连接的圆角处集中，导致螺栓从遗留过烧、脱碳层处裂开，并向另一侧扩展最终断裂失效，这是断裂的主要原因。

结论：可以严格控制热镦成形过程的加热温度，改进退火设备和增加毛坯的切削余量来改进。

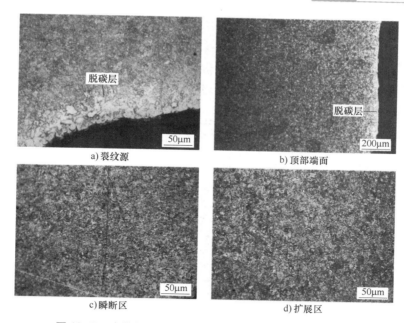

a) 裂纹源　　　　　　　　　　　　　　　　b) 顶部端面

c) 瞬断区　　　　　　　　　　　　　　　　d) 扩展区

图 13-10　失效螺栓的显微组织（4%硝酸酒精溶液腐蚀）

1）增加温度感应控制装置，将热镦加热温度控制在 42CrMo 钢锻造温度范围内。

2）改进或更换退火设备，确保在退火过程中螺栓毛坯少脱碳或不脱碳。

3）根据过烧层深度增加热镦成形后的机械加工切削余量，确保热镦后的机械加工工序可有效去除过烧层、脱碳层。

整改后重新生产和供货使用的螺栓再未出现过此类质量事故。

13.2　工程材料的强韧化

金属材料强度是选择和应用材料的重要依据之一。任何一种强化机制，都在一定程度上与位错之间的交互作用有关。在实际金属材料中，只要能阻碍位错的运动，就能提高金属材料的强度。因此，对于金属材料，强化的本质就是阻碍晶体中位错的运动。通常金属材料的强化途径有形变强化、固溶强化、弥散强化和细晶强化等。但随着科技进步对材料的要求越来越高，在提高材料强度的同时还希望材料具有很好的韧性。材料韧性是指在外力作用下，材料从变形到断裂过程吸收能量的能力。材料在外加载荷作用下由变形到断裂全过程所消耗的总能量由弹性变形、塑性变形、裂纹扩展各阶段所消耗的能量所组成。由此可见，裂纹形成功和扩展功的大小即裂纹形成的难易和裂纹扩展的难易决定着韧性的高低。

13.2.1　金属材料的强韧化

1. 化学成分

化学成分对金属材料强韧性的影响主要表现在碳元素的含量上。如碳在钢中可以提高钢的强度和硬度，但会降低其塑性和韧性；而 Al、V、Ti 和 Ni 等，在钢中能形成氮化物、碳化物，阻止钢加热时晶粒的长大，起细化晶粒的作用，从而提高钢的强度、塑性和韧性，并能降低钢的冷脆性。合金钢中常见合金元素对钢的强韧性的影响如图 13-11 所示。由图 13-11a 可见，合金元素固溶于铁素体中都会提高钢的硬度，但当其含量超过一定值后，铁素体的韧性将急剧下降，如图 13-11b 所示。因此，大部分合金元素在一定的含量范围内既能提高钢的强度、硬度，同时也会使钢具有较高的塑性、韧性。

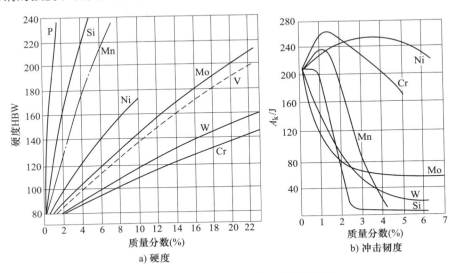

图 13-11　合金元素对钢的强韧性的影响

2. 细化晶粒

一方面改变结晶过程中的凝固条件，尽量增加冷却速度，另一方面调节合金成分以提高液体金属过冷能力，使形核率增加，进而获得细化的初生晶粒；或塑性变形时严格控制随后的回复和再结晶，以获得细小的晶粒组织；或利用固溶体的过饱和分解或粉末烧结等方法，在合金中产生弥散分布的第二相以控制基体组织的晶粒长大；或通过多次反复快速加热冷却的热循环相变过程来细化晶粒。细晶强化主要是通过晶粒粒度的细化来提高金属的强度，这种强化方法也称为晶界强化。晶界的作用有两个方面，一方面它是位错运动的障碍；另一方面它又是位错聚集的地点。所以，晶粒越细小，则晶界面积增加越多，位错密度也增大，从而强度升高；其次晶粒细化在提高强度的同时，其塑性和韧性也随之提高。晶粒越细，单位体积内晶粒越多，形变时，同样的形变量可以分散到更多的晶粒中，产生较均匀的形变，而不会造成局部应力过度集中引起裂纹过早产生与发展，这是其他强化方法所不能比拟的。因此，细化晶粒是提高材料强韧性的有效方法。

实际生产中细化晶粒主要应用于：

1）对铸态使用的合金，合理控制冶铸工艺，如增大过冷度、加入变质剂、搅拌和振动等来细化晶粒。如灰铸铁孕育处理、铝硅基铸造铝合金都是通过增加非自发生核数目或促使液体过冷来细化晶粒。

2）对热轧或冷变形后退火态使用的合金，通过控制变形度、再结晶退火温度和时间来细化晶粒。

3）对热处理强化态使用的合金，控制加热和冷却工艺参数，利用相变重结晶来细化晶粒，或通过加入强碳化物形成元素形成碳化物钉扎入晶界细化晶粒。如在合金渗碳钢

（20CrMnTi）和合金工具钢（$Cr_{12}MoV$、$W_{18}Cr_4V$）中，通过加入强烈碳化物形成元素（V、Ti 等），形成碳化物（VC、TiC）可以阻止加热时奥氏体晶粒的长大来细化晶粒。

3. 形变热处理

形变热处理是在对金属材料施行形变强化的时候再施加相变强化，即把压力加工和热处理相结合，使材料性能在二者共同作用下得到综合提高的工艺方法。这种方法不但能获得一般加工方法达不到的高强度和高韧性的良好结合，而且还可以大大简化零件的生产工艺过程，因而受到冶金、机械、航天部门的高度重视。已有的形变热处理方法简述如下：

（1）低温形变热处理　低温形变淬火是指钢在奥氏体化后急冷至等温转变区域（500~600℃），施行 60%~90% 的形变后淬火。用于高强度零件，如飞机起落架、火箭蒙皮、高速钢刀具、模具、炮弹壳、穿甲弹壳、板簧等。可以保持材料韧性，提高强度和耐磨性。可使高强度钢的强度从 1800MPa 提高到 2500MPa 以上。

（2）高温形变热处理　高温形变淬火是精确控制终锻和终轧温度，利用锻轧余热直接淬火，回火。用于加工量不大的碳钢和合金钢零件，如连杆、曲轴、叶片、弹簧、履带链轨节、农机具及枪炮零件。可提高强度 10%~30%，改善韧性、疲劳强度、回火脆性、低温脆性和缺口敏感性。

（3）形变化学热处理　利用锻造余热进行渗碳淬火或碳氮共渗，使零件在奥氏体化温度以上模锻成形，随即在炉中进行渗碳或碳氮共渗，淬火、回火。用于中等以下模数精锻齿轮，精锻小件。可得到节能、提高渗速、硬度及耐磨性的效果。

（4）复相组织强韧化　通过淬火热处理，在下贝氏体转变区等温停留一定时间，在获得所需数量的下贝氏体后立即淬火，使剩余的奥氏体转变为马氏体，从而获得马氏体、贝氏体双相组织。在高强度马氏体相中引入韧性相下贝氏体，提高了材料对裂纹形成与扩展的抗力。由于有分散韧性相的存在，从而造成了力学上的不连续性，当裂纹扩展遇到韧性相时，由于韧性相易于塑性变形而能有效地减弱裂纹尖端的局部应力集中，松弛三向拉伸应力状态，从而能阻止裂纹的形成与扩展，相应地提高了钢的韧性。

马氏体、贝氏体复相组织形成过程中，当领先相为下贝氏体产物时，它将分割原始奥氏体晶粒，使其成为细小的等效晶粒，进一步的转变是在比原始奥体晶粒更细小的这些等效晶粒内进行的，因此，所形成的马氏体板条和板条束被显著细化。同时也使回火时，碳化物颗粒呈细小、均匀的分布状态，明显提高了钢的强度，而碳化物的细小和均匀分布又提高了弥散强化效应。这就是马氏体、贝氏体复相组织强韧化的重要因素之一。

13.2.2　高分子材料的强韧化

通过加聚反应和缩聚反应可以得到很多的高分子化合物品种，它们提供了许多特异性能，如质轻、强韧而有弹性、耐化学腐蚀、易于加工成型等，这是其他材料所不能代替的。但对应用于工程领域的高分子化合物来说，其性能还不能完全满足人们对它的要求，因此需要利用物理或化学的方法来进一步提高现有高分子化合物的强韧性，这称为聚合物的改性。

1. 物理改性

物理改性主要是利用加入填料来改变高分子化合物的物理-力学性能。例如，以石墨和二硫化钼作填料，可提高高分子化合物的自润滑性；加入导电性填料铜粉、银粉，可增加导热、导电性；加入铁、镍等可制成导磁材料；在合成树脂中加入布、石棉、玻璃纤维可制得增强塑料等。石棉经处理后用作聚丙烯的填料，其拉伸强度可增加 60%，抗弯强度增加 100%。在聚丙烯中加入碳酸硅制成塑料，其冲击强度可比聚丙烯提高 30%。二氧化硅或金属粉末用作环氧树脂的填料，可大大提高环氧树脂的强度。

2. 化学改性

化学改性是指通过共聚、嵌段、接枝、共混、复合等方法，使高分子材料获得新性能的方法。用两种以上不同类型的单体，通过加聚或缩聚反应，使它们交替同时进入聚合物的链段中制得共聚物，这是高分子化合物改性的重要方法。如同金属之间可形成性质不同的合金一样，共聚物可称为高分子化合物的"合金"。如 ABS 塑料是苯乙烯（A）、丁二烯（B）、丙烯腈（S）的三元共聚物，它兼有三种组元的共同性能，为"坚韧、质硬、刚性"的材料。

13.2.3 陶瓷材料的强韧化

陶瓷材料虽然具有耐高温、耐磨损、耐蚀等一系列优点，但其致命的弱点是其具有高的脆性，这限制了陶瓷材料在工程上的应用。为此，陶瓷材料的改性主要集中在增韧上。

陶瓷的脆性是由于内部微裂纹的扩展所致，一般来说，微裂纹是不可避免的，因此，提高陶瓷材料韧性的有效途径是增加裂纹扩展的阻力。所以，凡是能有效增强陶瓷材料裂纹扩展阻力的因素都能提高其韧性，常用的陶瓷增韧方法主要有以下几种。

（1）细化晶粒、降低陶瓷的裂纹尺寸　由断裂力学可知，断裂韧度与材料中裂纹尺寸的平方根成反比，裂纹尺寸越大，断裂韧度越低。细化晶粒，可以降低裂纹尺寸，从而提高材料的韧性。此外，细化晶粒还可以提高材料的强度。例如：刚玉陶瓷的晶粒平均尺寸由 $50.3\mu m$ 减小到 $2.1\mu m$ 时，抗弯强度由 204.8MPa 可提高到 567.8MPa。

（2）第二相颗粒增韧　在陶瓷基体中引入第二相颗粒可有效阻止裂纹扩展或增长裂纹扩展路径，从而起到增韧的效果。例如，在陶瓷基体 Al_2O_3 中加入 TiC 颗粒，在 Si_3N_4 基体中加入 TiC 或其他碳化物等，都能起到增韧作用，断裂韧度可提高 20%左右。

（3）纤维补强　利用强度及弹性模量均较高的纤维，使之均匀分布于陶瓷基体中，当这种复合材料受到外加负荷时，可将一部分负荷传递到纤维上去，减轻了陶瓷本身的负担。其次，陶瓷中的纤维可阻止裂纹的扩展，从而改善了陶瓷的脆性。在定向纤维增强的陶瓷中，裂纹扩展时使纤维在界面上脱粘和纤维拔出都要消耗能量，延缓材料的断裂，达到增韧的目的。短纤维或晶须增强的陶瓷中，裂纹扩展路径转折和增长，也可以达到增韧的效果。

（4）相变增韧　在金属材料中利用奥氏体在应力作用下转变为马氏体而提高强度和塑韧性，即应力诱导相变，相变诱导塑性，从而发展了高强度大塑性的 TRIP 钢。陶瓷也有这种相变增韧现象。利用 ZrO_2 的多晶型转变，即亚稳定四方相 ZrO_2 转变为低温的单斜 ZrO_2 马氏体相变来增韧。陶瓷基体可以是氧化铝，也可以是其他陶瓷材料，如 Al_2O_3、Si_3N_4 等。在有 ZrO_2 的陶瓷（如 Al_2O_3）中，ZrO_2 以亚稳定四方相在基体中处于被抑制状态，陶瓷部件受力时在裂纹尖端一定范围的应力场内，被抑制的亚稳定四方相 t-ZrO_2 会转变为稳定的单斜 m-ZrO_2 相。这种由于外力作用引起的内应力诱发 ZrO_2 马氏体相变，将消耗断裂功，使裂纹尖端的扩展延缓或受阻。同时由于 ZrO_2 马氏体相变引起的体积膨胀，在基体中形成无数微裂纹，造成裂纹分叉，使裂纹扩展路径更曲折，消耗更多的断裂功，从而提高了陶瓷材料的韧性。

思考与练习

13-1　什么是零件的失效？零件的失效形式主要有哪些？失效分析对零件选材有什么意义？

13-2　如何区别韧性断裂失效和脆性断裂失效？

13-3　已知一轴尺寸为 $\phi30mm×200mm$，要求摩擦部分表面硬度为 50~55HRC。现用 30 钢制作，经高频表面淬火和低温回火，使用过程中发现摩擦部分严重磨损，试分析失效原因，如何解决？

13-4　工程材料的强化与强韧化方法分别有哪些？

13-5　常用的细晶强韧化方法有哪些？

第 ⑭ 章

工程材料及其成形工艺的选用

14.1 工程材料及其成形工艺的选用原则

机械设计不仅包括零件结构的设计，同时也包括所用材料和工艺的设计及其经济指标等方面。这些方面的要素既相互关联，又相互影响，甚至相互依赖，而且这些要素还并不是都协调统一，有时甚至是矛盾的。结构设计和经济指标在很大程度上取决于零件的材料选用及工艺设计，因此，对零件用材及工艺路线进行合理的选择是十分重要的。

14.1.1 使用性能原则

使用性能是指零件在使用状态下，材料应具有的力学性能、物理性能和化学性能等。使用性能是零件完成设计功能和预计行为的保证，是零件可靠工作的必要条件，多数情况下，是选材首先要考虑的问题。对于以承载为主要目的的工程零件，使用性能以力学性能为主。根据具体工作环境的不同，如承受腐蚀或工作在高温下的零件，还需考虑物理、化学等方面的性能要求。

零件选材必须满足使用性能的要求，按使用性能选材的步骤为：

（1）分析零件的服役条件以确定其使用性能　根据零件服役条件下承受载荷的性质和大小，计算载荷引起的应力分布，结合预期寿命设计提出零件的使用性能要求。例如，强度是绝大多数零件首先要满足的性能要求，屈服强度作为常用的选材判据；为了满足零件的刚度要求，弹性模量是选材的重要指标；对于静载荷下由脆性材料制成的零件，抗拉强度是选材的重要判据；承受动载荷的零构件，设计和选材时要考虑疲劳强度和冲击韧度；对高强度材料制造的零件或中、低强度材料制造的大型构件，为防止低应力脆断，应考虑断裂韧度来进行选材。此外，对于绝大多数重要机器零件，还需要满足一定的塑性和韧性要求。

（2）进行失效分析以确定主要使用性能　失效分析有助于暴露零件承载能力的最薄弱环节，找出导致失效的主导因素，直接确定零件必备的主要力学性能。常见典型机械零件的服役条件、失效形式和主要使用性能要求见表14-1。

（3）材料标准性能与使用性能　通过分析计算提出材料的使用性能之后，下一步的任务是对比筛选出满足性能要求的材料。需要注意的是，选材要求满足的材料使用性能与相关手册等提供的材料性能两者之间的含义不完全相同。手册中提供的力学性能是一种标准化的实验室力学性能，是材料在一定大小和形状以及测试条件下测得的性能。而使用性能又被称为服役性能，是材料做成零件或产品后在实际使用状态下的行为表现。使用性能与标准性能

表 14-1　常见典型机械零件服役条件、失效形式和主要使用性能要求

零件	服役条件			常见失效形式	性能要求
	应力种类	载荷性质	受载状态		
螺栓	拉、剪	静载荷		过量变形，断裂	强度、塑性
传动轴	弯、扭	循环，冲击	轴颈摩擦	疲劳断裂，过量变形，轴颈磨损、咬蚀	屈服强度、疲劳强度、韧性
传动齿轮	压、弯	循环，冲击	摩擦，振动	接触疲劳（麻点），磨损，断齿	弯曲及接触疲劳强度，表面硬度与耐磨性，心部屈服强度与韧性
弹簧	扭、弯	交变，冲击	振动	疲劳破坏，弹性失稳	弹性极限，屈强比，疲劳强度
冷作模具	复杂应力	交变，冲击	强烈摩擦	磨损，脆断	硬度、高强度、韧性

在材料形状与表面状态、尺寸以及服役条件等方面并不完全相同，因此两者不能简单对等。准确获取材料使用性能的方法是零件的性能测试或台架实验，鉴于成本关系，除非要求极可靠的零件，如航空航天用零件的材料选择，一般以经过经验修正的标准性能作为材料的使用性能。

将使用性能具体转化为标准性能，需要注意的几个问题：

1）材料的性能决定因素是材料的组织结构，所以材料的性能不仅与化学成分有关，也与加工、处理的工艺有关，所以选材时必须同时明确材料的成分和加工处理工艺。

2）材料性能是一个离散量，在一定范围内波动，相关手册中提供的性能数据一般是偏安全的。

3）材料的尺寸效应。零件的尺寸越大，其内部可能存在的缺陷数量就越多，最大缺陷的尺寸也越大；另外，大尺寸零件在工作时的应力状态比较复杂，危险截面处容易处于两向或三向拉应力状态。因此，随着零件截面尺寸增大，零件的力学性能有所下降。

4）零件形状对性能的影响。实验所用试样形状简单，且多为光滑试样，但实际使用的零件中，台阶、键槽、螺纹、刀痕等不可避免，这些都可以看作"缺口"。缺口的存在，导致较大的应力集中，且使应力状态变得复杂，这也使得零件的使用性能低于试样的性能。如正火 45 钢的光滑实验弯曲疲劳极限为 280MPa，用其制造带直角键槽的轴，弯曲疲劳极限降为 140MPa；若改为圆角键槽的轴，弯曲疲劳极限为 220MPa。

5）对于在复杂条件下工作的零件，必须采用特殊实验室性能指标作为选材依据，如高温强度、耐蚀性等。这些性能的数据往往要通过专门资料获得。

工程上常用安全系数来修正使用性能与标准性能之间的差异。安全系数的合理选择很重要，如果安全系数定得过大将使结构笨重；如定得过小，又可能不够安全。目前，在各个不同的机械制造部门，通过长期生产实践，都制订有适合本部门许用安全系数的专用规范。

14.1.2　工艺性能原则

任何零件都是由工程材料通过一定加工工艺制造出来的，因此材料的工艺性能是选材时

必须考虑的。材料的工艺性能直接影响零件的加工质量和费用。一种材料即使使用性能优良，但若加工极其困难，或者加工费用太高，也是不可取的。所以，熟悉材料的加工工艺过程及材料的工艺性能，对于正确选材是相当重要的。

1. 金属材料的工艺性能

（1）铸造性能　铸造性能是指材料在铸造生产工艺过程中表现出来的性能，它包含流动性、收缩性，疏松及偏析倾向，吸气性、熔点高低等。不同材料的铸造性能不同，在常用的几种铸造合金中，铸造铝合金、铸造铜合金的铸造性能优于铸铁和铸钢，而铸铁优于铸钢。在铸铁中以灰铸铁的铸造性能最好。

（2）塑性加工性能　塑性加工性能主要以金属塑性和变形抗力来综合衡量。塑性好，则易成形，加工面质量优良，不易产生裂纹；变形抗力小，则变形比较容易，变形功小，金属易于充满模腔，不易产生缺陷。一般低碳钢的压力加工性能比高碳钢好，碳素钢的压力加工性能比合金钢好。

（3）焊接性能　焊接性能是指在一定焊接工艺条件下材料获得优质焊接接头的难易程度，它包括焊接应力、变形与裂纹、气孔及其他缺陷倾向等。通常低碳钢和低合金钢具有良好的焊接性能，碳与合金元素含量越高，焊接性能越差。

（4）切削加工性能　切削加工性能指材料接受切削加工而成为合格工件的难易程度，通常用切削抗力大小、零件表面粗糙度、排除切屑难易程度及刀具磨损量等来综合衡量其切削加工性能好坏。一般，材料硬度值为 $140 \sim 248HBW$，切削加工性能好。铝合金、镁合金和易切削钢的切削加工性能良好，碳素钢和铸铁的切削加工性能一般，奥氏体不锈钢、钛合金等材料较难切削。采用适当的热处理工艺，可调整某些材料的硬度，以改善其切削加工性能。

（5）热处理工艺性能　热处理工艺性能指材料对热处理工艺的适应性能。常用材料的热敏感性、氧化、脱碳倾向、淬透性、回火脆性、淬火变形和开裂倾向等来评定。一般，碳钢的淬透性差，加热时易过热，淬火时易变形开裂，合金钢的淬透性优于碳钢。

金属材料制造零件的加工工艺路线如图 14-1 所示。有的零件加工工序简单，只要求一种工艺性能良好就行。例如，农用犁铧只要求铸造性能良好就行，有些零件如汽车传动轴，毛坯成形后还要进行切削加工、热处理等多种工序，选材时应考虑多种工艺性能。

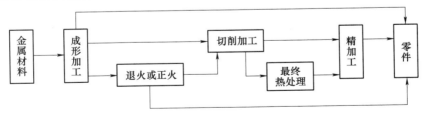

图 14-1　金属材料制造零件的加工工艺路线

2. 高分子材料的工艺性能

高分子材料制造零件的加工工艺路线如图 14-2 所示。

与金属材料相比，高分子材料的加工工艺路线较简单，主要工艺为成型加工，高分子材料主要成型工艺的比较见表 14-2。

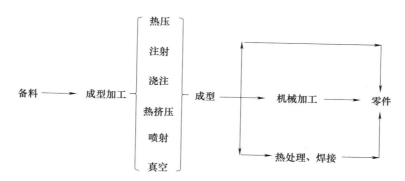

图 14-2　高分子材料制造零件的加工工艺路线

表 14-2　高分子材料主要成型工艺的比较

工艺	适用材料	形状	表面粗糙度值	尺寸精度	模具费用	生产率
热压成型	范围较广	复杂形状	很低	好	高	中等
喷射成型	热塑性塑料	复杂形状	很低	非常好	很高	高
热挤成型	热塑性塑料	棒类	低	一般	低	高
真空成型	热塑性塑料	棒类	一般	一般	低	低

3. 陶瓷材料的工艺性能

陶瓷制品的工艺路线比较简单，主要工艺就是成型和烧结，见表 14-3。陶瓷材料成型烧结后，除了可以用碳化硅或金刚石砂轮磨削加工外，几乎不能进行其他加工。

表 14-3　陶瓷材料成型工艺的比较

工艺	优点	缺点
注浆成型	可做形状复杂件、薄塑件，成本低	收缩大，尺寸精度低，生产率低
压制成型	可做形状复杂件，有高密度和高强度，精度较高	设备较复杂，成本高
挤压成型	成本低，生产率高	不能做薄壁件，零件形状需对称
可塑成型	尺寸精度高，可做形状复杂件	成本高

与使用性能的要求相比，工艺性能处于次要地位；但在某些情况下，工艺性能也可成为主要考虑的因素。当工艺性能和力学性能相矛盾时，从工艺性能的角度考虑，某些力学性能显然合格的材料有时也不得不舍弃，尤其对于大批量生产的零件更是如此。因为大量生产时，工艺周期的长短和加工费用的高低，常常是生产的关键。例如，为了提高生产效率，而采用自动机床大量生产时，零件的切削性能可成为选材时考虑的主要问题，此时，应选用易切削钢之类的材料。

14.1.3　经济性原则

材料的经济性是选材的根本原则。材料是产品制造的基础，所选材料经加工制造成产品后是否能充分满足用户的需求，产品是否具有成本优势，这些在相当程度上都依赖于材料的合理选择。

工程材料与先进成形技术 **基础**

1. 合理降低材料的成本

选材对产品寿命、周期成本的各个组成部分有着显著的影响。一般机械成品，材料价格占产品价格的 30%~70%，所以在工程实践中，在保证产品使用功能的前提下，一般选用价格便宜且供应充足的材料。常用的金属材料中，碳素结构钢价格最低，低合金结构钢、优质碳素结构钢、碳素工具钢价格也比较便宜；铸钢件、合金结构钢、低合金工具钢的价格较高，为碳素结构钢价格的 2~4 倍；高合金钢和工程非铁合金的价格最为昂贵，可为碳素结构钢的 5 倍乃至数十倍。非金属材料的价格因品种不同也有较大的差异，但高聚物材料的单位体积价格往往相对较低，在某些场合用其代替金属材料不仅可以降低成本，而且有较好的使用效果。但同时应注意到，有时若选用成本虽高但性能更优异的材料，可以延长产品的使用寿命，降低产品的使用成本，从产品寿命周期成本的角度考虑，反而是更经济的。因为，从使用者的角度分析，降低使用成本和购置成本同等重要。因此，按经济性原则选材时，不能仅考虑原材料的成本，而应将材料的功能实现和材料的全寿命周期成本统筹考虑，即价值工程。

价值工程是研究如何以最低的寿命周期成本，可靠实现产品的必要功能，以提高产品的价值，从而取得最佳的经济效益。按照价值工程基本原理，一个零件的价值（V）是它的必要功能（F）和它所需付出的成本（C）之比，即价值（V）= 功能（F）/成本（C）。其功能是对象能够满足某种需求的一种属性，在材料选择过程中，功能可以视为材料的使用性能，成本指的是零件的全寿命周期成本。

例如，某汽车排气管，如果用一般的碳钢（Q235）制造，预计可以使用 5 年，新管的制造费用为 100 元，安装费用为 50 元；若选用某不锈钢（06Cr18Ni11Ti）制造，管子制造费用 200 元，安装费用也是 50 元，使用寿命可以延长到 15 年；对其价值进行比较，其关系见表 14-4。

表 14-4　汽车排气管价值分析选材

材料名称	成本/元	功能/（使用寿命/年）	价值比值
Q235	100+50	5	1
06Cr18Ni11Ti	200+50	15	1.8

从表 14-4 计算可知，不锈钢制造的排气管价值更高，应该用不锈钢替代碳素钢。

产品寿命周期是指产品从研究设计、制造、用户使用到报废为止的整个过程，它包括研究设计、制造和使用三个阶段。寿命周期成本是指产品从研制、生产、销售、使用直至停止使用的整个期间所发生的各项成本费用之和，也称总成本。产品的寿命周期成本主要包括生产成本和使用成本两部分。生产成本是发生在生产企业内部的成本，包括研究设计和制造所需的费用。对于用户，生产成本可以理解为购买产品所需要的购置费用，这两者之间差一个利税部分。使用成本是用户在使用产品过程中所支付的费用总和，包括产品的运输、安装、调试、管理、维修和能耗等方面的费用。

2. 节约成形与制造的成本

选择工艺性能好的材料，可方便加工过程的操作，通常能降低制造成本。这对于形状复杂、加工费用高的零件来说意义更大。选择与加工成本低的工艺方法相适应的材料，往往也可使零件的总成本降低。例如，汽车发动机的曲轴、凸轮轴等可以铸造，也可以用模锻生产，但采用球墨铸铁进行铸造更能降低成本。又如，制造某些变速器箱体，虽然灰铸铁材料比钢板低廉，但在单件和小批量生产时，选用钢板焊接可能反而更经济，因为生产设备简单，省去了制作模样、造型和造芯等工序的费用，并且缩短了制造周期。

14.1.4　可持续发展原则

随着全球工业化发展造成的环境恶化以及人们环保意识的加强，保证发展的可持续性已经成为人类的共识和责任。可持续发展，要求工程师在进行材料选择时不再仅仅考察其是否能够满足产品的使用要求，而更应该注重材料在生产及产品在使用与废弃过程中与环境的相容性与协调性。可持续发展原则上要求在材料的生产、使用、废弃全过程中，对资源和能源的消耗要尽可能少，对生态环境影响小，材料在废弃时可以再生利用或不造成环境恶化或可以降解。具体考虑以下几个方面：

1）选择绿色材料。绿色材料是指具有良好的使用性能，对资源和能源消耗少，对生态环境污染小，可再生利用率高或可降解，在制造、使用、报废及再生循环利用的整个过程中，都与环境协调共存的工程材料。选择绿色材料，这是从材料角度保证可持续发展的根本途径，是材料发展史重要的转折点。目前，应尽可能选用对环境破坏小的材料。

2）选用易回收再生材料。零件加工或报废后所废弃的材料，要易于回收和再生，既可减轻环境污染，又可使资源循环再使用，节约资源。

3）少用短缺和稀有的原材料，多用废料、余料或回收材料作为原材料，尽量寻找短缺或稀有原材料的代用材料。

4）减少所用材料的种类或采用易分离的结构设计，以使产品方便维修和报废后的回收、分类和再利用。

5）尽可能采用不加任何涂镀的原材料。虽然使用涂镀可使产品美观、耐用等，但大部分涂料本身有毒，会给环境带来极大的污染，也给产品报废后材料的回收、再利用带来困难。

6）采用易加工且加工中无污染或污染最小的材料。

7）选用产品报废后能自然分解并为自然界吸收的材料。

值得注意的是：材料及成形工艺的选用在遵循使用性、工艺性、经济性及可持续发展原则的同时，材料与成形工艺之间还有相互适应性的问题。材料的性能不是一成不变的，除了与材料化学成分有关外，还与其热处理工艺、成形工艺、使用环境有关。当材料选定以后，由于采用不同的工艺方法加工，最后材料的性能可能不再是原来的指标了，因而材料及工艺的选用有时是不分先后的，而是要同时考虑的。材料及成形工艺的选用，还与零件的结构特点有关，要根据零件设计来确定。而完成同一功能的零件，可以设计出不同的结构，零件结构设计必须符合零件结构工艺性的要求，某些结构难以加工时，还应考虑结构优化问题。

实际工程中，对于与成熟产品同类的产品或通用、简单零件，由于前人积累了丰富的经验，大多采用经验类比法来处理材料工艺选用问题。但在设计制造新产品和重要零件时，要严格进行设计计算、实验分析、小量试制等步骤，根据实验结果不断修改设计，并优化选择材料和成形工艺。

14.2 典型零件选材及成形工艺路线

14.2.1 齿轮类零件

1. 齿轮的服役条件、失效形式及性能要求

齿轮是各类机械、仪表中应用最多的零件之一，其作用是传递动力、调节速度和运动方向。也有少数齿轮受力不大，仅起分度作用。

（1）服役条件 轮齿类似一根受力的悬臂梁，齿部承受很大的交变弯曲应力；换挡、起动或啮合不均匀时承受冲击力；齿面相互滚动、滑动，承受强烈的摩擦和高的接触载荷。

（2）失效形式 根据服役条件不同，齿轮的主要失效形式有以下几种：

1）断齿。最常见的断齿失效是齿轮根部因承受交变弯曲应力引起的疲劳断裂，此外，短时过载和冲击载荷过大也常引起齿轮的过载断裂。

2）齿面接触疲劳损坏。在交变接触应力作用下，齿面产生微裂纹，微裂纹的扩展引起齿面点状剥落。

3）齿面磨损。齿面相互滚动和滑动导致齿面接触区产生磨损，使齿厚变小，轮齿失去正确的形状。

（3）性能要求 通过分析齿轮的服役条件和失效形式，齿轮材料应满足的主要性能有：①高的弯曲疲劳强度和接触疲劳强度。②齿面有高的硬度和耐磨性。③齿轮心部有足够高的韧性和一定的强度。

此外，还要求有较好的热处理工艺性，如变形小，或要求变形有一定的规律等。

2. 齿轮类零件选材分析

齿轮材料的性能要求主要是疲劳强度。承受较大载荷的抗疲劳结构件通常使用金属材料制造。实践证明，承受载荷较大、冲击较强的齿轮零件一般选用中碳调质钢（见表14-5）和表面硬化钢（见表14-6）。调质钢经淬火高温回火后得到回火索氏体组织，既具有较高的强度，又具有较高的塑性、韧性，即具有良好的综合力学性能。渗碳钢淬火低温回火后获得低碳马氏体结构，在保持高的强度的同时，渗碳钢拥有比调质钢更好的韧性。调质钢通过表面淬火等工艺硬化零件表面，保证零件的耐磨性和抗接触疲劳能力；渗碳钢则通过渗碳处理并经淬火低温回火后在齿轮表面获得高硬度的表层组织。

表 14-5 调质及表面淬火齿轮用钢

齿轮种类	类别	钢　　号
一般载荷不大、截面尺寸也不大、要求不太高的齿轮	Ⅰ	35　45　55
	Ⅱ	40Mn　40Cr　35SiMn　42SiMn　50Mn2
截面尺寸较大、承受较大载荷、要求比较高的齿轮	Ⅲ	35CrMo　42CrMo　40CrMnMo　35CrMnSi　40CrNi　40CrNiMo　45CrNiMoV
截面尺寸很大、承受载荷大、并要求有足够韧性的齿轮	Ⅳ	35CrNi2Mo　40CrNi2Mo
	Ⅴ	34CrNi3Mo　37SiMn2MoV　30CrNi3

表 14-6　渗碳齿轮用钢

齿轮种类	类别	钢　　　号
耐磨、一般承载能力	I	20CrMo、20CrMnTi、20CrMnMo、20MnVB
高速、连续运行，可靠性要求高	II	12CrNi3、20CrNi3、12Cr2Ni4、20CrNi2Mo
重载、有冲击载荷、齿轮尺寸大	III	17CrNiMo6、20Cr2Ni4、18Cr2Ni4W

作为结构钢的典型应用，齿轮的用材选择和材料的淬透性有着密切的关系。淬透性包含两个方面内容：①钢材的淬透能力，它主要是保证齿轮满足接触疲劳强度和弯曲疲劳强度的要求；②淬透性带宽度，尽可能小的淬透性带宽度可保证钢材的淬透性波动小，利于齿轮热处理变形的控制，尤其对批量生产的齿轮更为重要，为此，重要齿轮多选用保证淬透性的钢（H 钢）。

3. 典型齿轮类选材及工艺路线举例

（1）机床齿轮　机床齿轮的工作条件与矿山机械、动力机械中的齿轮相比属于运转平稳、负荷不大、条件较好的一类。实践证明，一般机床齿轮选用中碳钢，如 40、45、40Cr、45Mn2、40MnB 等制造，并经高频感应热处理，所得到的硬度、耐磨性、强度及韧性均能满足要求，而且高频淬火具有变形小、生产率高等优点。工艺路线为：下料→锻造→ 正火→粗机加工→调质→精机加工→轮齿高频感应淬火及低温回火→拉花键孔→精磨。

正火处理对锻造齿轮毛坯是必需的热处理工序，它可以使同批坯料具有相同的硬度，一般为 180~207 HBW，以便于切削加工，并使组织均匀，消除锻造应力。调质处理可以使齿轮具有较高的综合力学性能，提高齿轮心部的强度和韧性，使齿轮能承受较大的弯曲应力和冲击力。调质后的齿轮组织为回火索氏体，硬度为 33~48 HRC。通过高频淬火，轮齿表面硬度可达 52 HRC 以上，提高了轮齿表面硬度和耐磨性，并使轮齿表面存在残余压应力，从而增强齿轮的抗疲劳破坏能力。为了消除淬火应力，高频淬火后应进行低温回火（或自行回火），消除淬火应力，防止研磨裂纹的产生和提高抗冲击能力，表面淬硬层为中碳回火马氏体，而心部则为调质处理后的回火索氏体组织。

（2）汽车、拖拉机齿轮　汽车、拖拉机齿轮主要分装在变速器和差速器中。在变速器中，通过齿轮来改变发动机、曲轴和主轴齿轮的速比；在差速器中，通过齿轮来增加扭转力矩并调节左右两车轮的转速，通过齿轮将发动机的动力传递到主动轮，以驱动汽车、拖拉机运行。汽车、拖拉机齿轮的工作条件比机床齿轮要繁重得多，因此，在耐磨性、疲劳强度、心部强度和冲击韧度等方面的要求均比机床齿轮高。实践证明，汽车、拖拉机齿轮可选用渗碳钢，如 20MnVB、20CrMnTi 等制造，并经渗碳热处理后使用。其工艺路线为：下料→锻造→正火→切削加工→渗碳、淬火及低温回火→喷丸→矫正花键孔→精磨齿。

齿轮锻造后一般以正火来改善其切削加工性能。切削加工之后，进行渗碳、淬火及低温回火处理，心部获得低碳马氏体，保证良好的综合力学性能，轮齿表面经渗碳后碳含量大大提高，以保证淬火后得到高硬度、高耐磨性和好的接触疲劳抗力，轮齿表面硬度为 58~62 HRC，心部硬度为 30~45 HRC。喷丸处理可以增大表层的残余压应力，提高齿轮接触疲劳抗力，同时也可以清除氧化皮。

14.2.2 轴类零件

1. 轴的服役条件、失效形式及性能要求

轴类零件是机械行业中另一类用量很大，且占有相当重要地位的结构件。其主要作用是支撑传动零件并传递动力。机床的主轴与丝杠、发动机曲轴、汽车后桥半轴、汽轮机转子轴及仪器仪表的轴等均属于轴类零件。

（1）服役条件　正常工作时轴类零件主要承受交变弯曲载荷和（或）扭转载荷，有时也会承受一些拉压载荷；轴上相对运动表面（如轴颈、花键部位等）会发生摩擦；因机器开—停、过载等，承受一定的冲击载荷。

（2）失效形式

1）断裂。其是轴类零件最主要的失效形式，其中以疲劳断裂居多。

2）磨损。磨损是相对运动表面因摩擦而过度磨损。

3）过量变形。极少数情况下会发生因强度不足引起过量塑性变形失效外，主要是刚度不足引起的过量弹性变形失效。

（3）性能要求

1）高的疲劳强度，以防止疲劳断裂。

2）优良的综合力学性能，即强度、塑性和韧性的合理配合，既要防止轴的过量变形，又要减少应力集中效应和缺口敏感性，防止轴在工作中的突然断裂。

3）局部承受摩擦部位应具有高的硬度和耐磨性，防止过度磨损。

2. 轴类零件的选材分析

1）主要承受弯曲、扭转的轴，如机床主轴、曲轴、汽轮机主轴、变速器传动轴等。这类轴在载荷作用下，应力在轴截面上的分布是不均匀的，表面部位的应力值最大，越往中心应力越小，至心部达到最小。所以这类轴不需要选用淬透性很高的材料，一般只需淬透轴半径的 1/3~1/2 即可。故常选 45 钢、40Cr 钢、40MnB 钢和 45Mn2 钢等，调质处理后使用。

2）同时承受弯曲、扭转及拉、压应力的轴，如锤杆、船用推进器等，其整个截面上的应力分布基本均匀，应选用淬透性较高的材料，故常选用 30CrMnSi 钢、40MnB 钢、40CrNiMo 钢等，一般也是调质处理后使用。

3）主要要求刚度好的轴，可选用优质碳素钢等材料，如 20 钢、35 钢、45 钢经正火后使用。若还有一定耐磨性要求，则选用 45 钢，正火后使用。对于受载荷较小或不太重要的轴，也可选用 Q235 等碳素结构钢。

4）要求轴颈处耐磨的轴，需在轴颈处进行高频感应加热淬火及低温回火。

5）即承受较大冲击载荷，又要求较高耐磨性的形状复杂的轴，如汽车、拖拉机的变速轴等，可选低碳合金钢，如 18Cr2NiWA、20Cr、20CrMnTi 等，渗碳、淬火及低温回火处理后使用。

6）要求有较好的综合力学性能和很高的耐磨性，而且在热处理时变形量要小，长期使用过程中要保证尺寸稳定，如高精度磨床主轴，可选渗氮钢 38CrMoAlA，进行氮化处理。

此外，用球墨铸铁代替锻钢作为内燃机曲轴的越来越多，虽然球墨铸铁的塑性、韧性远低于锻钢，但在一般发动机中对塑性、韧性要求并不太高；球墨铸铁的缺口敏感性小，疲劳强度接近于锻钢，而且可通过表面强化（如滚压、喷丸等）处理提高其疲劳强度，因而在性能上可代替碳素调质钢。

3. 典型轴类选材及工艺路线举例

（1）机床主轴　C616-416 车床主轴如图 14-3 所示，该轴工作时受弯曲和扭转应力作用，但承受的应力和冲击力不大，运转较平稳，工作条件较好。主轴大端内锥孔、外圆锥面在工作时需经常与顶尖、卡盘有相对摩擦；花键部位与齿轮有相对滑动或碰撞；该主轴在滚动轴承中运转。根据对上述工作条件的分析，主轴应具有良好的综合力学性能，并且花键（经常摩擦和碰撞）和大端内锥孔、外圆锥面（经常装拆，也有摩擦和碰撞）部位均要求有较高的硬度和耐磨性。一般选择 45 钢制作主轴，其工艺路线为：下料→锻造→正火→粗加工→调质→半精加工（除花键外）→局部表面淬火及低温回火（内锥孔及外锥面）→粗磨（外圆、外锥面及内锥孔）→铣花键→花键高频感应淬火及低温回火→精磨（外圆、外锥面及内锥孔）。

正火处理是为了得到合适的硬度（170~230HBW），以便于机械加工，同时改善锻造组织，为调质处理做准备；调质处理是为了使主轴得到高的综合力学性能和疲劳强度。调质后硬度为 200~230HBW，组织为回火索氏体；局部表面淬火及低温回火是为了保证内锥孔、外圆锥面和花键部分的硬度和耐磨性。

45 钢价格低，锻造性能和切削加工性能比较好，虽然淬透性不如合金调质钢，但主轴工作时，其应力主要分布在表面层，结构形状简单，调质淬火时一般不会开裂，所以能满足性能要求。

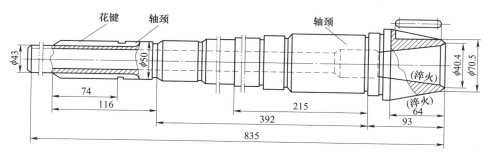

图 14-3　C616-416 车床主轴示意图

（2）汽车半轴　汽车半轴是驱动车轮转动的直接驱动件。汽车运行时，发动机输出的转矩，经半轴传给车轮。上坡或起动时，转矩很大，特别在紧急制动或行驶在不平坦的道路上时，工作条件更为繁重。因为半轴在工作时承受冲击、反复弯曲疲劳和扭转应力的作用，要求材料有足够的抗弯强度和较好的韧性。半轴材料可选用 40Cr、40CrMo、40CrMnMo 等钢，一般中、小型汽车半轴用 40Cr 制造，重型车半轴用 40CrMnMo 等淬透性高的钢制造。其工艺路线为：下料→锻造→正火→粗加工→调质→盘部钻孔→磨削花键。

锻造后正火是为了改善锻造组织，细化晶粒，以利于切削加工。调质处理使半轴具有良好的综合力学性能，并获得回火索氏体与回火托氏体。

14.2.3　刃具类零件

刃具是用来切削各种金属和非金属的工具（又称切削刃具）。刃具的种类很多，常用的有车刀、铣刀、刨刀、钻头、铰刀、丝锥、板牙、镗刀、拉刀和滚刀等。

1. 刃具的服役条件、失效分析和性能要求

（1）服役条件　在切削过程中，刃具受到工件的压力，刃部与切屑之间发生相对摩擦产生热量，使温度升高，随着切削速度的增大，刃部温度可升至 500~600℃。此外，刀具还承受一定的冲击和振动。

（2）失效形式

1）磨损。磨损是刃具失效的最主要形式，由于磨损，加大了切削抗力，降低了被切削零件的表面质量和尺寸精度。

2）刃部软化。由于刃部温度升高，刃部在高温时的硬度显著下降，丧失切削加工能力。

3）断裂。韧性不足导致刃具在冲击和振动作用下折断或崩刃。

（3）性能要求

1）高硬度。刃具材料的硬度只有大大高于被加工材料的硬度时，才能顺利地进行切削。一般刃具的室温硬度应在 63HRC 以上。

2）高耐磨性。通常硬度越高，耐磨性越好。但耐磨性与硬度的含义不尽相同。两种刃具材料可以具有相同的硬度，而耐磨性能却可能相差很大。除硬度外，耐磨性还与材料基体组织的硬度，碳化物的种类、数量、大小和分布情况有关。同时，刃具材料与被加工材料的化学亲和力越小，耐磨性也越好。

3）高的热硬性。刃具材料的热硬性越好，刃具允许采用的切削速度越快。热硬性是评定刃具材料切削性能优劣的一项重要指标。

4）足够的强度和韧性。强度和韧性是指刃具材料承受切削抗力和抵抗冲击、振动而不损坏的能力。刃具具有足够的强度和韧性，可以提高切削能力，防止在切削过程中出现脆性断裂和崩刃现象。

2. 刃具类零件选材分析

（1）碳素工具钢　用于制造刃具的碳素工具钢牌号有 T10、T12 和 T13 等。碳素工具钢的加工性能良好，热处理后具有较高的硬度和较好的耐磨性。但是它的热硬性差，维持切削性能的最高温度只有 200℃。碳素工具钢的淬透性较差，热处理时工件容易变形和开裂。

碳素工具钢一般只用于制造少数简单、低速的手动工具，如手工锯条、锉刀，木工用刨刀等，它所允许的切削速度很低（小于 8m/min）。

（2）低合金工具钢　用于制造刃具的合金工具钢有 CrWMn、9SiCr、Cr12 等。由于加入了合金元素，合金工具钢的热硬性比碳素工具钢有所提高，维持切削性能的最高温度达 300℃左右，所允许的切削速度比碳素工具钢可提高 10%~40%，耐磨性和韧性也有所改善，热处理变形较小，淬透性较好。合金工具钢可用于制造一些手动或刃形较复杂的低速切削工具，如拉刀、板牙、长柄丝锥等刃具。

（3）高速工具钢　常用高速工具钢有 W18Cr4V 和 W6Mo5Cr4V2 钢等。大量合金元素的加入，使高速钢的热硬性大大提高。维持切削性能的最高温度可达 600℃。允许的切削速度可达 25~30m/min。高速工具钢可以用来制造车刀、铣刀、钻头、铰刀等各种刀具，尤其是各种复杂精密刀具。

（4）硬质合金　常用的硬质合金牌号有 YG6、YG8、YT6 和 YT15 等。硬质合金的硬度很高，可达 89~94HRA（74~82HRC），耐磨性也较好，特别是热硬性好，它所允许的工作温度可达到 800~1000℃，甚至更高，所允许的切削速度比高速钢要高几倍至十几倍。因此硬质合金可用于高速强力切削和难加工材料的切削。但硬质合金抗弯强度较低，冲击韧度较差。硬质合金多用于制造形状简单的高速切削刀具。硬质合金和高速工具钢已成为两种最常用的刃具材料。

（5）陶瓷　目前陶瓷刀具材料主要有 Al_2O_3 陶瓷、、热压氮化硅（Si_3N_4）陶瓷、金刚石以及立方氮化硼陶瓷等。陶瓷刀具具有很高的硬度、耐磨性、热硬性和化学稳定性。Al_2O_3 陶瓷刀具能在 1200℃下切削加工，热压氮化硅（Si_3N_4）的耐热温度可达 1400℃，立方氮化硼陶瓷的最高服役温度高可达 1500℃。热压氮化硅（Si_3N_4）的显微硬度为 5000HV，立方氮化硼的显微硬度高达 8000~9000HV。陶瓷刀具的最佳切削速度可以比硬质合金刀具高 20倍，而且刀具寿命长。但陶瓷刀具的抗冲击能力很低，易崩刀。陶瓷刀具材料目前一般多制成四边形、三角形等多边形不重磨刀片。陶瓷刀具可以用来加工各种超高强度钢、淬火钢、冷硬铸铁等难加工材料，也可用于超高速切削和高速干切削。

（6）金刚石　金刚石有天然金刚石（JT）和人造金刚石（JR）两种。天然金刚石价格昂贵，使用较少。人造金刚石是以石墨为原料在高温、高压下制成的。人造金刚石分为单晶体和聚晶体两种。人造聚晶金刚石是制造刀具的一种超硬材料，可用于非铁金属和非金属材料的车削或镗削，使用寿命可比硬质合金高几十倍，加工表面质量很高。人造金刚石的缺点是强度和韧性较低，热稳定性较差，当工作温度超过 700~800℃时会因石墨化而失去切削能力。金刚石与铁的化学亲合力很强，不适用于钢铁材料的加工。

3. 典型刃具类选材及工艺路线举例

（1）丝锥和板牙　丝锥加工内螺纹，板牙加工外螺纹。要求刃部硬度达到 59~64HRC，为防止使用中扭断或崩齿，心部和柄部应有足够的强度、韧性及较高硬度（40~45HRC），丝锥和板牙的失效形式主要是磨损和扭断。丝锥和板牙分为手用和机用两种，手用丝锥和板牙的切削速度低，热硬性要求不高，可选用 T10A 钢、T12A 钢；机用丝锥和板牙的切削速度高，所以热硬性要求高，常选用 9SiCr 钢、CrWMn 钢。其工艺路线为：下料→锻造→球化退火→粗机加工→淬火及低温回火→精加工。

球化退火主要是为了获得类似粒状珠光体的球化组织，从而降低硬度，改善切削加工性能，并为淬火做组织准备；淬火及低温回火可得到回火马氏体，保持淬火工件高的硬度和耐磨性，降低淬火残余应力和脆性。

（2）麻花钻头　在高速钻削过程中，麻花钻头的周边和刃口受到较大的摩擦，温度升高，故要求具有较高的硬度、耐磨性极高的热硬性。由于钻头在钻孔时还将受到一定的转矩和进给力，故应具有一定的韧性。麻花钻头常用的材料是 W6Mo5Cr4V2 高速钢，其工艺路线为：下料→锻造→球化退火→粗机加工→淬火及三次 560℃回火→磨削→刃磨。

淬火工艺要经过两次盐浴预热，加热到 1200℃后分级淬火，然后进行三次 560℃回火，获得回火马氏体+碳化物+少量的残留奥氏体，硬度为 62~64HRC。

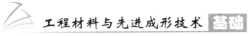
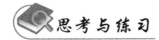思考与练习

14-1　材料选用时应考虑哪些原则？选材时为什么特别重视对工艺性能的考虑？

14-2　按照使用性能选材的基本步骤有哪些？材料的标准性能与使用性能有何关系？

14-3　有一轴类零件，工作中主要承受交变弯曲应力和交变扭转应力，同时还受振动和冲击，轴颈部分还受到摩擦磨损。该轴直径30mm，选用45钢制造，试拟定该零件的加工工艺路线，试说明每项热处理工艺的作用，分析轴颈部分从表面到心部的组织变化。

14-4　下列零件选用何种材料，采用什么加工工艺方法制造比较合适，为什么？

1）形状复杂要求减振的大型机座。

2）大批量生产的重载中小型齿轮。

3）高速旋转的机床铣刀。

14-5　以金工实习中见过或用过的几种零件或工具为例，来说明它们的选材方法并制定加工工艺路线。

14-6　选择下列零件的热处理方法并编写简明的工艺路线（各零件均选用锻造毛坯，并且钢材具有足够的淬透性）。

1）某机床变速器齿轮（模数 $m=4$），要求齿面耐磨、心部强度和韧性要求不高，材料选用45钢。

2）某机床主轴，要求有良好的综合力学性能，轴径部分要求耐磨（50~55HRC），材料选用45钢。

3）镗床镗杆，在重载荷下工作，精度要求极高，并在滑动轴承中运转，要求镗杆表面有极高的硬度，心部有较高的综合力学性能，材料选用38CrMoAlA。

第 15 章

工程材料及成形工艺在高端装备上的应用

15.1 汽车工业领域的应用

15.1.1 新能源汽车用材特点

目前，汽车产业迎来了一个全面变革的历史节点，新能源汽车和智能汽车被看作是下一个"风口"。新能源汽车是汽车工业发展的一个新兴分支市场，其采用电池作为主动力来驱动汽车运行，新能源汽车包括纯电动汽车、增程式电动汽车、混合动力汽车、燃料电池汽车等，如图 15-1、图 15-2 所示。与传统汽车相比，新能源汽车的动力系统完全不一样。此外，在新能源车辆设计和材料应用上，车体轻量化是新能源车企首先要考虑的问题。整车车身越轻，才能够确保续航里程数更多。

图 15-1　纯电动汽车

图 15-2　燃料电池汽车

1. 新能源汽车动力系统用材

传统汽车中，内燃机是动力系统，新能源汽车的心脏则是电池系统。电池系统的优劣直接关系到车辆的行驶里程、使用便利性等情况，而目前新能源汽车最大的技术瓶颈也恰恰是电池系统，例如，充电时间、充电效率、能量密度以及体积、材质、安全或者质量等。新能源汽车所使用的电池主要分为三大类，即化学电池、物理电池以及生物电池。目前最常见的汽车用电池有铅酸蓄电池、氢镍电池、锂离子电池和燃料电池等。

（1）新能源动力电池用材

1）动力电池箱体用材。动力电池箱体作为动力电池的防护零件，首要功能是模组承载，在箱体内尽可能多地布置电池模组以实现更大的续航里程，整个电池包通过箱体与车身连接固定。动力电池箱体承担对电池模组、电路设备和电子电气附件的承载和保护，因此高安全性和高可靠性是其首要功能要求。它必须通过一定的机械强度和结构设计来保证抗冲击、抗碰撞和抗挤压性能，并保证抗振动的耐久可靠性能；必须满足密封性，包括气密性和防尘、防水性能；必须满足防火性能和耐蚀性能。还需进行轻量化设计，箱体轻量化有利于提高电池包能量密度，也有利于增加续航里程。电池箱体如图 15-3 所示，电池箱体盖如图 15-4 所示。

图 15-3　电池箱体

图 15-4　电池箱体盖

目前，大部分锂电池防护壳采用高强度钢、轻金属，只有很少在尝试用 SMC 复合材料取代金属。改性 PPO 材料（聚苯醚）具有结构稳定、耐低温、抗冲击、阻燃性能好、耐化学性好等优点，而且对钴酸锂、锰酸锂等材料具有良好的耐蚀性，是锂电池防护壳非常理想的材料之一。

2）动力电池封装塑料用材。动力电池是电动汽车的核心部件，用于提供电动汽车驱动能量，各方面表现都与整车性能息息相关。电动汽车很大一部分质量来源于电池，在电池能量密度一定的情况下，电芯的数量是一定的，所以电池减重一般从两方面进行：一是结构，二是箱体。电池封装图如图 15-5 所示。

新能源动力电池结构包括支架、框架、端板，可选择材料有阻燃 PPE、PC/ABS 合金及阻燃增强 PA。PPE 密度为 $1.10g/cm^3$，PC/ABS 密度为 $1.2g/cm^3$，增强阻燃 PA 密度为 $1.58g/cm^3$，从减重角度选择阻燃 PPE。锂电池内有电解液，由于 PC 的耐化学性相对较差，容易出现开裂，因此同样选用 PPE。

（2）新能源汽车燃料电池用材

1）离子交换膜用材。碱性燃料电池（AFC）是最早使用的燃料电池技术。在实际应用中，传统的碱性燃料电池通常会使用氢氧化钾溶液作为电解质。与在酸性条件下工作的质子交换膜燃料电池（PEMFC）相比（氢燃料电池的工作原理如图 15-6 所示），在碱性条件下工作的 AEMFCs 具有以下优点：

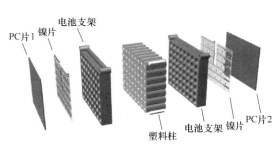

图 15-5　电池封装

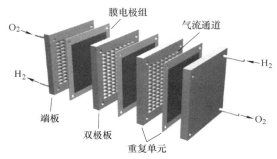

图 15-6　氢燃料电池的工作原理

① 高的离子传导率，正常室温下，电导率不低于 10^{-2}S/cm，控制电池欧姆损耗，使 AEMFC 具备更高的放电特性；②具备良好的化学稳定性和热稳定性，满足电池在高温、强碱性等环境下运行需要；③尺寸稳定性优异，避免了在电池制备以及运行过程中因为温度等因素变化导致电池结构遭到破坏；④具备足够机械强度和韧性，能够满足大规模生产需要，生产成本处于可控范围。

目前已知的含氟离子膜中 Nafion 膜的性能最为优异，大多采用全氟或者偏氟的材料，确保薄膜在机械性和稳定性方面有良好的表现。

2）双极板用材。双极板是质子交换膜燃料电池（PEMFC）中的关键组件，占据燃料电池电堆质量的 80% 和成本的 45%，主要作用是分配反应物气体、输运反应产物、收集并传导电流、支撑膜电极、传递多余热量等。

目前燃料电池双极板主要使用材料有四种：传统人造石墨双极板、金属表面改性双极板、复合材料双极板和柔性膨胀石墨双极板。人造石墨双极板是最常用的极板材料，生产技术难度低，采用无孔石墨进行机械加工雕刻，导电性、导热性、耐蚀性和气密性都较优异，但加工成本高，大批量生产效率低。金属双极板具有易成型、极板轻薄、体积功率和质量功率密度高等优点，但在含氧且酸性环境中面临严峻的腐蚀问题和接触问题。复合材料双极板加工简单，成本较低，但在导电性能和气密性方面难平衡，至今应用不广泛。柔性膨胀石墨双极板由天然鳞片石墨经氧化插层、高温膨胀后压制而成，加工简单，可大规模批量生产，具有耐腐蚀、良好导电导热、阻气隔气等优点。近年来，由于成本低、耐蚀性好、质量轻、制备工艺简单等特点，聚合物/碳材料复合材料已成为很有前景的燃料电池双极板材料之一。

2. 新能源汽车底盘系统用材

汽车底盘是汽车的重要组成部分，由传动系、行驶系、转向系和制动系四部分组成。汽车底盘上的许多零部件都是使用金属材料，如钢管构架、滚动轴承、链传动等。随着汽车工业的发展，许多先进复合材料因其优异的综合性能，在汽车上得到越来越广泛的应用，例如，碳纤维增强复合材料已经成功应用于一些高端车型的覆盖件、结构件。在一些大众车型中，虽然已经有部分非结构件采用了纤维增强复合材料，然而在承载件如底盘零部件上，复合材料的应用还非常有限。为解决新能源汽车电池质量大的问题，需要进行底盘的轻量化设计，延长续航里程。

（1）后纵臂 悬架包括后纵臂总成、后悬挂系统以及后副车架总成。后纵臂总成是悬架的重要组成部分之一，后纵臂总成一端与汽车后纵梁转动连接，另一端与汽车后轮连接。汽车在行驶过程中，路面颠簸通过后轮传递到后纵臂总成上，使后纵臂总成上下摆动。如此反复运动，严重影响后纵臂总成的使用寿命。因此，采用现有技术的后纵臂总成

图 15-7 碳纤维后纵臂

存在强度、刚度较差以及耐久性能较差的问题。相对于高强度钢、铝镁合金等轻量化材料，碳纤维复合材料以其高比强度、比刚度、耐疲劳及耐蚀性而具有更高的轻量化性能。碳纤维后纵臂如图 15-7 所示。

原金属后纵臂由高强度钢冲压出几字形薄壁梁，再焊接三个套圈组成，主要承受拉伸、弯曲与扭转载荷，整个纵臂质量为 1.86kg。在碳纤维后纵臂设计中，为了保证后纵臂的使

工程材料与先进成形技术基础

用功能，三个套圈仍采用原金属套圈，且保持位置不变。综合考虑纤维复合材料力学性能与成形特点，给出碳纤维后纵臂外形与初步铺层设计，通过材料性能实验获取碳纤维复合材料的性能参数，经过有限元分析校核与铺层优化，最终得到满足力学性能要求的碳纤维复合材料后纵臂。

后纵臂零件属于典型的轴套类零件，针对碳纤维复合材料的成形特点，其成形难点在于纵臂臂身与三个金属套圈的连接。在改形设计中，充分利用碳纤维增强树脂基复合材料的整体成形性能和沿纤维方向优异的拉伸性能，利用碳纤维包覆三个套圈，并且采用圆弧与斜面过渡，中间填充碳纤维增强体，再进行共固化成形。

（2）制动片　在机动车制动系统中，制动片最重要的组成部分，汽车制动性能依赖于制动片的质量。性能优异的制动片可以提供高摩擦系数和低磨损率，选择合适的制动片材料对于安全性至关重要。制动片又称制动皮、制动衬片，由于制动卡钳的结构不同，导致制动片的附件安装形式不同，一般有内、外片之分。制动片安装位置如图15-8所示。

制动片的钢板也称钢背，一般采用涂装技术用于防锈。钢背材质通常采用Q235B碳素结构钢，由冲压设备冲压一次成形。隔热层由不传热的材料组成，汽车制动时，制动片的摩擦块与制动盘摩擦产生较大的热量，其作用为阻隔热量传递到钢背上，防止制动片损伤。摩擦块由摩擦材料、黏合剂组成，在制动时被挤压在制动盘或制动鼓上产生摩擦，从而达到车辆减速制动的目的。由于摩擦作用，摩擦块会逐渐被磨损，一般来说，成本越低的制动片磨损越快。因此装有较强抗磨损性能、良好隔热性能的汽车制动片才是合格的汽车制动系统。制动片如图15-9所示。

图15-8　制动片安装位置

图15-9　制动片

在制动片中，摩擦材料是影响其性能的关键材料，对于制动片的制动效果有着决定性影响。摩擦材料是一种非均质材料，由少数元素组成，用于提高材料在低温和高温下的摩擦性能，增加强度和刚度，延长使用寿命，降低孔隙率，降低噪声。摩擦材料的基本组成可分为添加剂、填料、黏合剂和增强纤维。由磨料和润滑剂混合而成的摩擦添加剂会影响制动片的摩擦特性。主要的增强材料包括金属、玻璃纤维、碳纤维和陶瓷材料，增强材料可以有效提高摩擦材料的力学性能和摩擦性能。

由于制动系统主要使用半金属摩擦材料和无石棉有机摩擦材料，制动片存在噪声、振动、磨损率高、使用寿命短等问题，而可替代的碳/碳复合摩擦材料虽然性能优异，但其成本较高，通常只是在飞机上使用。陶瓷材料具有密度小、熔点高、硬度大、化学稳定性好和耐蚀等优点，已被广泛地应用在摩擦材料上。因此，开发摩擦性能稳定、磨损率低、使用寿命长、无噪声和振动的新型陶瓷摩擦材料已经成为现代摩擦材料研究的一个热门领域。

3. 新能源汽车车身用材

车身材料的选择一般要考虑材料成本、成形难易及制造成本、生产效率、焊装难易、回收与环保等问题。现代汽车制造中，车身材料使用最广泛的是金属材料，其具有较好的实用性、工艺性和经济性。其中，铁碳合金约占汽车车身材料的 90% 以上，而其他材料不足 10%。根据常见金属材料在车身上的应用场合不同，铁碳合金可分为普通低碳钢板和特殊钢板。

目前，汽车车身冲压生产中，使用最多的是普通低碳钢板。低碳钢板具有很好的塑性加工性能，其强度和刚度不仅能满足汽车车身的强度和刚度要求，也能满足车身拼焊的焊接要求。冷轧钢板的表面质量好，多用于车身冲压件，冷轧钢板的厚度为 0.15~3.2mm，汽车车身多采用 0.6~2.0mm 的薄钢板。这种薄板的尺寸精度非常高，表面光滑且具有良好的力学性能、加工性能、成形性能和焊接性能。该钢板主要用于车身侧围板、顶盖、发动机罩、翼子板、行李箱盖和车门板等覆盖件。高强度钢具有高安全、低成本、易维修、环保等优点，使用高强度钢车身骨架结构，在保证车身强度和刚度的同时，可实现减轻质量的目的。

（1）新能源汽车车架用材 随着科技发展，节约能源和提高燃料经济性是汽车的发展趋势，而减轻汽车自重是其最根本途径之一。塑料、铝及合金、镁合金、金属泡沫材料等轻量化材料在汽车车身上的应用具有重要意义。其中，铝具有良好的力学性能、耐蚀性、导热性、加工性及回收性，其密度只有钢铁的 1/3，因此在汽车车身轻量化中的作用非常明显。2000 系铝合金具有优良锻造性、焊接性能和高强度。5000 系铝合金中的 Mg 固溶于铝中，形成固溶强化效应，使得该系合金具有接近普通低碳钢板的强度，并且成形性较好，可用于内板等复杂形状的部位。6000 系铝合金塑性好、强度高，具有优良的耐蚀性，综合性能好，可以作为汽车车身内板和外板。除了高强度钢和

图 15-10　汽车车身

铝合金，镁合金在车身上也得到了一定程度的应用。镁合金具有良好的加工性、抗凹性、减振性等优点，其密度大约为 1.89g/cm³，是铝合金的 2/3，具有极大的轻量化应用潜力。用于车身组件的变形镁合金主要有 Mg-Al-Zn 系合金和 Mg-Zn-Zr 系合金两大类。汽车车身如图 15-10 所示。

（2）新能源汽车内外饰 在汽车内外饰中应用非金属材料可以最大限度地降低汽车的自身质量，提高汽车内部的舒适性和行驶速度，并且符合当前流行的生态、环保、节能的理念，还可以在一定程度上降低汽车制造成本。车身用的非金属材料主要有合成高分子材料，如塑料、橡胶、玻璃等，具有高硬度、耐高温、耐蚀、绝缘等特点。主要应用于保险杠、挡泥板、倒车镜、门窗和车内饰等元件。汽车内饰用塑料品种主要有：聚氨酯（PU）、聚氯乙烯（PVC）、聚丙烯（PP）和 ABS 等。它们用于制作坐垫、仪表板、扶手、头枕、门内衬板、顶棚衬里、地毯、控制箱、转向盘等内饰塑料制品。

1）新能源汽车顶棚。汽车顶棚是汽车整车内饰的重要组成部分，主要作用是提高车内的装饰性，同时顶棚内饰还可以提高与车外的隔热、绝热效果，降低车内噪声，提高吸声效果，提高乘坐的舒适性和安全性，如图 15-11 所示。

常用的汽车顶棚有两种：软顶和硬顶。软顶一般由面料和泡沫层用层压法或火焰法复合

在一起。泡沫层用聚氨酯或交联聚乙烯泡沫（XPE）制造，起隔热、隔声、吸声、减振作用。面料多数采用微无纺布机织布或 PVC 膜等材料制造，起装饰作用，其颜色与质地与车身内饰颜色和质地相协调。

硬顶是具有一定刚度和立体形状的内饰件。多层材料复合成形的整体硬顶采用基材+缓冲隔热层+表皮层一体成形。基材作为整个结构的骨架，起到重要的固型作用，一般选材为热塑性的材质，如 PU 发泡片材、PP 发泡片材、瓦楞纸、玻璃纤维等。可以通过相应的安装方式以及总成工艺提升整体的耐用性，其中应根据不同的车型来安排安装工艺，以达到相应的结构要求。中间部分为缓冲隔热层，主要起隔热、绝热作用。因此，在实际生产过程中，一般采用硬质聚氨酯泡沫塑料板或废纺毡，以免造成变形。最外层还有一层表皮层，一般采用织物或 PVC 膜，能够及时根据相应的生产工艺进行调整，并起到长久的保护作用。

2）新能源汽车门内饰板。门饰板作为重要的汽车内饰零件，刚度是首先需要满足的性能要求，任何轻量技术的研究也应以满足刚度要求为前提。随着科学技术的发展，新材料、新工艺不断产生，汽车内饰件的成形技术也取得了显著进步，如图 15-12 所示。

图 15-11 新能源汽车顶棚

图 15-12 内饰

成形轿车顶的基础材料经历了从无纺毡、玻璃纤维毡、发泡聚苯乙烯（EPS）到热塑料性硬质聚氨酯泡沫的发展过程。硬质聚氨酯泡沫塑料为热固性材料，通过改变聚氨酯分子结构，可赋予聚氨酯泡沫（PUR）一定的热塑特性，即在一定温度和压力条件下，在模内发泡成形。

15.1.2 新能源汽车用材典型成形工艺

随着科学的发展，汽车的排放要求越来越严格，用户对汽车的要求不再仅仅局限于速度、加速度、油耗等指标，同时也要考虑安全性、舒适性等。这些因素决定了未来汽车的发展趋势：一方面将追求豪华和舒适；另一方面又有轻便性要求。为此必须通过采用新型材料和新工艺来实现汽车结构新型化。新型材料的采用离不开工艺创新，而制造工艺和技术的发展也推动了新型材料的应用。汽车制造业中工艺和材料的发展特点可概括为：传统加工工艺和传统的低碳钢、铸铁材料仍然占有主导地位，钢制件在汽车中所占平均比重为 50%～60%；新材料在汽车中所占比重越来越大，例如，铝材、镁材、塑料等已经成了不可缺少的材料。据统计，铝制件平均占汽车比重的 3%～7%，塑料件占 11%～15%。随着科技的发展，一些新的制造工艺逐渐应用于汽车零部件生产，例如，液压成形技术、发泡铝材技术、型材滚压技术等先进工艺已用于生产车架、车身立体构架、承载构架、保险杠、发动机支承和排气管等，而且成本也大为降低。

1. 新能源汽车动力系统成形工艺

新能源汽车动力系统技术是新能源汽车核心技术发展方向。动力系统的主要功能是提供电能，并传输给电动机转化为动能来驱动车辆行驶，是新能源汽车的能量和动力来源。在生产成本方面，动力系统的造价一般会占到整车造价的 1/3 甚至一半，是新能源汽车成本最高的核心组成部分。动力系统的技术水平和产品质量往往决定了新能源汽车整车的技术水平和产品质量，其中，动力电池的能量密度、使用寿命、安全保障等方面很大程度上决定了消费者对新能源汽车的购买意愿。因此，提高新能源汽车的动力系统制造成形工艺水平具有十分重要的意义。

（1）动力电池箱体成形工艺　电池箱体材料为热塑性材料，对于 3mm 厚的热塑性材料，零件表面设置了很多加强肋。成形工艺采用应用最广、精度和生产效率较高的注塑成形方式，其特点是成形速度快，成形周期短，尺寸精度高，对各种塑料的适应性强，生产效率高，产品质量稳定，易于自动化生产。成形方式是通过加压将物料由加热桶经过主流道、分流道、浇口注入闭合模具型腔的模塑方法。

注塑成形是指利用注射机将熔化的塑料快速注入闭合的模具内，使之冷却固化，开模后得到塑料制品的方法，其过程包括原料干燥、加料、塑化、注射、冷却、保压和脱模等工序，具体流程如图 15-13 所示。

（2）动力电池封装塑料成形工艺　汽车采用的干荷起动型和免维护、少维护起动型蓄电池槽和蓄电池盖的材料是共聚级聚丙烯（PP），熔体流动速率为 3~8g/10min。蓄电池装配中槽与盖的热封配合要求较严，热封后进行气密检查，各单格之间和周围不准漏气，否则做报废处理。蓄电池外壳采用 PP 制作，由于任何溶剂均不能溶解 PP，PP 连接一般采用加热焊。蓄电池热封属于塑料热封焊接，又称为塑料热板焊接，是一种简便易行的塑料焊接技术。在焊接过程中，将两个塑料件加热封接成为一个整体。一般使用热封机进行操作，热封机利用外界的各种条件（如加热方式等）使被焊接两个塑料件的连接面分别加热，封口部位受热变为黏流状态，连接面上形成一层熔化层，加压使之黏结，并借助一定压力和时间，以促进大分子的相互扩散及混合，消除焊接区域的气体及空隙，使两塑料层熔合为一体，冷却后具有一定强度和密封性能，保证热封后在使用中能承受一定外力，不开裂，不泄漏，达到热封的目的。常用电热板（电热管）配合热封模具分别对电池槽、盖进行加热，而后在一定压力下将槽、盖热封。热封工序是一个复杂的工艺过程，要求温度控制精确且变化范围小，运动系统压力（液压或气压）稳定，各部分运动先后次序准确。

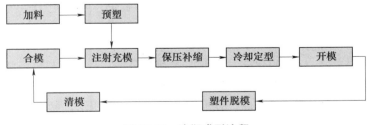

图 15-13　注塑成形流程

2. 新能源汽车底盘系统用材成形工艺

随着汽车工业的发展，许多先进复合材料因其优异的综合性能在汽车上得到了越来越广泛的应用，例如，碳纤维增强复合材料已经成功应用于一些高端车型覆盖件、结构件。在一些车型中，虽然已经有部分非结构件采用了纤维增强复合材料，然而在承载件如底盘零部件上，复合材料的应用还非常有限。本章对新能源汽车底盘系统中部分经典零件的用材成形工艺简要介绍如下。

（1）后纵臂 碳纤维后纵臂可以采用以下较为成熟的低成本成形工艺：热模压工艺、树脂传递模塑工艺和真空导入工艺。由于碳纤维后纵臂为承载结构件，对力学性能要求较高，对各类成形缺陷都较敏感，要求成形工艺尽可能减少气泡、干斑等缺陷。此外，考虑后期汽车量产阶段对成形效率要求较高，要选择三种工艺中成形周期最短的工艺。通过综合分析上述三类成形工艺，最终确定采用热模压工艺。虽然热模压的模具成本相对昂贵，但在大批量生产中可均分模具成本，同时成形过程对操作人员依赖性小，可实现机械自动化，降低人力成本，使综合成本大大降低，且符合纵臂成形特点和力学性能要求，工艺整体性较好，尺寸精度较高，成形周期较短，具有良好的发展前景。

（2）制动片 汽车的制动片是汽车制动系统中重要的组成部分，是和制动盘连接在一起的摩擦材料，包括钢背、摩擦块、粘结隔热层等。制动片成形工艺具体包括：原材料制备→预成形→热压成形→热处理→机械加工等。

3. 新能源汽车车身成形工艺

作为汽车重要的组成部分之一，汽车车身的作用主要是保护驾驶员以及构成良好的空气力学环境。好的车身不仅能带来更佳的性能，也能体现车主的个性。在新能源汽车井喷态势发展的大环境下，越来越多的汽车制造商开始关注汽车车身的设计和生产。

（1）汽车顶棚 制造工艺一般分成干法工艺和湿法工艺。干法工艺相对较为简单，主要应用于工作量相对较小的顶棚生产。对于湿法工艺，在成本的投入上要低于干法工艺，但是该工艺在使用过程中容易对周边环境造成较为严重的污染，同时也会对工作人员的身体健康带来较大的影响，主要适用于工程量相对较大而且结构较为复杂的顶棚的生产。

干法工艺中，首先是模压，第一步要做的就是对加热炉温度的控制，将其控制在200℃左右，加热时间不超过2min。此外还要对合模压力以及保压时间进行控制，前者控制在15MPa左右，后者控制在1min左右。其次是顶棚的切割，一般选择高压水作为切割工具。具体操作是先将顶棚调整到需要切割的位置，由机器人执行切割的过程，最后保证产品尺寸达到要求。

（2）汽车门内饰板 化学微发泡成形技术被广泛应用于汽车的车门内衬板、仪表板、后门内衬板、底护板等关键部位上。对于汽车，车门板的厚度大约在2mm，尺寸为500～1000mm，且汽车表面质量要求较高，传统的发泡成形技术已经不能满足汽车门板成形工艺的生产，必须采用新型的微发泡成形技术才能满足。

发泡工艺是指将一定比例的化学发泡剂加入到塑料中，利用注塑机将塑料融化，之后将其注入模具，受到模具的约束作用，发泡剂在模具内产生作用，从而获得，内部有气孔结构而表面则呈现出韧结皮状的塑料制件。发泡工艺如图15-14所示。微孔塑料设计思想主要体现在泡沫塑料内部裂纹尺寸大于塑料泡孔时，泡孔不会使材料的力学性能降低，并且泡孔会使材料存在的裂纹尖端出现钝化情况，使裂纹在应力作用下进一步发展的趋势得到抑制，相应的材料性能得到提升。

微发泡成形过程可分成三个阶段：首先将超临界流体（二氧化碳或氮气）溶解到热融

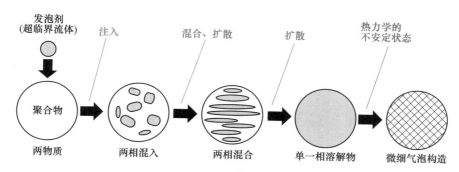

图 15-14　发泡工艺

胶中形成单相溶体；然后通过开关式射嘴射入温度和压力较低的模具型腔，由于温度和压力降低引发的不稳定，制品中形成大量的气泡核；这些气泡核逐渐长大生成微小的孔洞。

15.2　航空航天领域的应用

15.2.1　航空航天器用材特点

现代科学技术飞速发展的重要标志之一是人类在航空航天领域所取得的一系列辉煌成就。航空是指飞行器在大气层的航行活动，航天是指飞行器在大气层外宇宙空间的航行活动。航空航天器包括飞机、火箭与导弹、人造卫星、飞船、航天飞机和空间站等，如图 15-15 和图 15-16 所示。

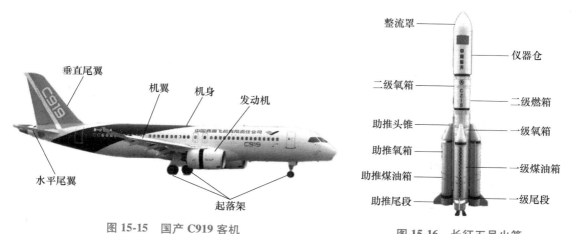

图 15-15　国产 C919 客机

图 15-16　长征五号火箭

航空航天器用材具体特点为：

（1）用材轻量化　航空航天器要求在满足力学性能的前提下，材料的质量要轻，结构设计趋向合理空壳化，以便用较小的能源消耗获得尽可能多的满意度。

（2）特殊的力学性能　航空航天器的用材除常规力学性能明显高于一般陆地设备外，对疲劳强度、断裂韧度、耐高温等一般陆地设备不常用的力学性能指标也提出了更高且特殊的要求。

（3）耐高温、低温能力　航空航天器对材料的耐高温、低温要求高，一般要求极端条件下，材料具备耐高温、低温能力。

（4）耐蚀性、抗氧化性　航空航天材料接触的介质对金属和非金属材料具有强烈的腐蚀作用或溶胀作用，因此，耐蚀性能、抗老化性能、抗霉菌性能是航空航天材料应该具备的良好特性。

在航空航天领域，除了上述共性特点，还大量使用品种繁多的光、声、电、磁、热、隐身等方面的功能材料，并提出了其他的物理、化学性能要求等。

除了少数特殊形式的飞机，大多数飞机都由机翼、机身、尾翼、起落装置和动力装置五个主要部分组成。机体是指除动力装置外对飞机其余部分的总称，包括机翼、机身、尾翼起落架和其他部件等。

1. 飞机机翼用材

机翼是飞机的主要升力面，承受最复杂和最高水平的应力。根据机翼受载特点，上下壁板承受的载荷大不相同。飞行过程中，机翼向上弯曲，因此上壁板被压缩，下壁板被拉伸。为了承受相关载荷和减重，上下壁板需要选用高的比刚度和比屈服强度的材料，并且该材料还应有良好的抗应力腐蚀性能。下壁板由于承受拉力，所用材料需有好的疲劳性能和较低的疲劳裂纹扩展速率。飞机在飞行过程中主要由机翼来为飞机提供升力，机翼表面质量和外形等因素会大大影响飞机的气动性能，这对飞机的机翼结构材料选择提出了新的要求。

（1）上翼面蒙皮和桁条　最初的上翼面是由薄板和桁条铆接而成的，采用7000系铝合金作为上机翼结构材料。尽管其抗剥落腐蚀性能低，短横向的抗应力腐蚀性差，但通过防腐处理和使用厚度小于50mm的板材解决了上述问题。20世纪70年代后，开始采用厚板整体机加件代替以前的铆接结构。常用的材料有2024-T851、2124-T851、7050-T74、T76等合金。20世纪80年代末，飞机设计开始采用损伤容限设计和可靠性设计，要求材料具有高强度和断裂韧度的同时，也具有优异的抗疲劳性能和抗应力腐蚀性能。C-17运输机首次应用了7150-T77厚板和挤压件，该合金满足了机翼上壁板的设计要求，获得了很好的减重效果。后来B777飞机开始应用7055-T77厚板和挤压件，也获得了良好的应用效果。

（2）下翼面蒙皮和桁条　下翼面蒙皮和桁条与上翼面结构类似，但承受载荷不同。最初选用2024-T3合金作为下翼面蒙皮、桁条的通用材料。波音公司自B757、B767以后，就开始使用2324-T39合金厚板和2224-T3合金挤压件作为下翼面材料，其强度比2024合金高，可获得较好的减重效果。例如，在高性能的军用运输机上，7475-T73合金以其优异的强度和断裂韧度获得了广泛应用。8090合金密度小，具有很大的减重效果，可以将其板材和挤压件应用于大型运输机翼面结构上。为降低机翼制造成本，目前正在开展机翼时效成形技术的研究。

（3）翼梁和翼肋　翼梁是重要的承力构件，最初多选用7075和2024合金制造。目前空客公司主要使用7050-T76和7010-T76合金厚板加工翼梁；波音公司的B777选择7150-T77合金制作翼梁；空客公司选用新型铝合金7085制造A380客机的翼梁和翼肋。

波音公司开发了增韧环氧树脂基体和改进结构损伤容限特性的结构设计方案。该方案提出改进碳纤维性能，要求碳纤维的拉伸弹性模量提高30%、拉伸强度提高50%，最后得到的这种碳纤维复合材料在提高性能的同时也降低了制造成本。这一类碳纤维复合材料的性能远超铝合金金属材料，其拉伸强度超过铝合金部件的3倍，接近超高强度合金钢制作部件的水平。这种密度低，强度、刚度高的优势，使飞机的复合材料结构部件在获得与先进铝合金部件在强度、刚度等综合性能水平同等时，质量大幅减少 20% ~ 30%。例如，B787 和 A350飞机，将碳纤维复合材料作为机翼结构最主要的材料，可制造出质量更轻、气动外形更佳、空气阻力更小、燃油经济性更好的飞机机翼。

2. 机身用材

机身主要用于装载连接各部件，承受载荷分为装载力、其他部件的力、增压载荷和气动载荷，例如，拉伸、压缩、弯曲、扭转以及座舱压力等主要载荷。所有这些载荷都是在拉伸状态下施加在机身上。因此，为了降低结构质量，需要选用高的比刚度、比强度的材料。同时，所选材料还需具有良好的耐蚀能力。由于机身承受拉力，机身材料需具有较高的疲劳强度和较低的疲劳裂纹扩展速率。

在机身设计的材料选择中，强度、模量、疲劳裂纹扩展速率、断裂韧度和耐蚀性等都是需要考虑的重要因素。但根据机身中各部件的结构和位置不同，在进行材料选择时，对关键性能的要求有所不同。

（1）机身蒙皮材料　用于制造飞机的铝通常与其他金属混合，使其轻质高强。铝合金机身不像钢铁那么容易受腐蚀，但其并不能用于超声速飞机的表面，因为由高速飞行引起的摩擦而产生的热会使铝合金的强度下降。例如，作为机身蒙皮重要备选材料的 Al-Mg-Sc（铝-镁-钪）合金，传统的 Al-Mg 系合金通过形变强化可以使合金强度提高，但同时合金的塑性、韧性降低。采用热处理可使合金的塑性、韧性得到一定程度的恢复，但强度又会降低。向合金中加入 Sc 后有两个作用：一是 Sc 元素的固溶强化作用，Al_3Sc 析出强化会使合金强度得到提高；二是析出的 Al_3Sc 粒子钉扎位错，使经过形变强化的合金在随后热处理过程中塑韧性提高，而强度下降很少。Al-Mg-Sc 合金薄板的断裂韧度和抗裂纹扩展能力与2524 合金相当，耐蚀性、焊接性能与 Al-Mg 系合金相当。综上所述，机身蒙皮材料追求的是更高的断裂韧度、抗裂纹扩展能力和良好的耐蚀性能等。目前可选用材料有：2024-T3、2524-T3 和 Al-Mg-Sc 合金薄板等。

石墨环氧树脂或碳纤维增强复合材料已成为当今最先进商用飞机机身蒙皮材料的首选。弹性碳纤维嵌入环氧树脂中制成碳纤维复合材料，可以满足飞机在高速飞行过程中的力学性能要求。这些碳纤维材料的强度与铝接近，但质量只有其一半。目前，碳纤维复合材料在航空业中还未获得广泛使用，波音 787 客机是第一架超过一半机身采用这种材料的大飞机。

（2）机身普通框架和桁条　普通框架承受蒙皮传入机身周边的空气动力及机身弯曲变形引起的分布压力。7075-T62 合金薄板通常被用作机身框架材料，2024-T3 和 7075-T6 合金薄板或挤压件可用于桁条。机身框架采用的这些材料容易出现加工裂纹，并且对应力腐蚀断裂敏感。

采用 7150-T77 合金薄板和挤压件制造机身框架和桁条逐渐成为先进飞机的主要选择方案。采用 7150-T77 合金的挤压件作为机身桁条，其强度高于 7075-T6 合金，而耐久性和损伤容限超过或至少与 7075-T76 合金相当。若采用 7150-T77 合金薄板作为框架和桁条材料，同时与 2524-T3 新蒙皮合金结合使用，则框架、桁条强度的提高可以增加构件的承载强度。2524-T3 合金蒙皮和 7150-T77 合金框架、桁条的结合使用可以获得 17% 的减重效果，与石墨复合材料 25% 的减重效果相当，但成本低、风险小。

（3）机身加强隔框　机身加强隔框是机身上最主要的承力构件，它将装载质量、力和其他部件载荷经接头传到机身结构上的集中力加以扩散,以剪流形式传给蒙皮。高水平的循环载荷要求机身隔框材料具有高的强度、刚度、良好的耐久性和损伤容限。加强隔框通常由厚板或锻件加工而成,主要使用 2124、7475 和 7050 合金。7150 和 7055 合金出现以后,欧美国家开始逐渐采用它们来制造机身隔框。铝-锂合金比传统铝合金的密度低、弹性模量高,目前正在积极开展铝-锂合金在机身隔框上的应用研究。用于机身隔框的铝合金材有 2124、7475、7050、7150、7055、2097 和 2197 等合金。

3. 飞机发动机用材

航空发动机的特点是体积小、功率大,各部件的工作条件严酷,需要承受高温、高载荷、高氧化腐蚀,还要保持高性能质量比、高可靠性与长寿命,特别是转动件要在不同的温度、载荷、环境介质(空气,燃气)下工作。因此选择材料的出发点为:可承受的最高温度,高温比强度、比寿命,高温抗氧化能力,韧性,导热性和加工性。航空发动机的使用期限不尽相同,军用飞机发动机一般为 100~1000h;民用飞机发动机则要求 1 万 h 以上,因此所用材料的组织和性能须保持长时间稳定。航空发动机早期采用铝合金、镁合金、高强度钢和不锈钢等制造,后为适应增加发动机推力、提高飞机飞行速度的需要,钛合金、高温合金和复合材料相继得到应用。

高温钛合金是航空发动机风扇、压气机叶片、盘和机匣等零件的重要材料。这些零件要求材料在 300~600℃ 的工作条件下具有较高的比强度、高温蠕变抗力、疲劳强度、持久强度和组织稳定性。随着航空发动机推重比的提高,高压压气机出口温度升高,导致高温钛合金叶片和盘的工作温度不断升高。经过几十年的发展,固溶强化型的高温钛合金最高工作温度由 350℃ 提高到了 600℃。

航空发动机应用复合材料可以大幅度提高其推重比,因此先进复合材料已成为未来发动机关键材料之一。发动机除用树脂基复合材料外,因温度要求的关系,还会用到金属基、陶瓷基和碳/碳基等复合材料。

4. 飞机起落架用材

飞机起落架的寿命是飞机定寿的一个主要指标,起落架既要承受飞机着陆和滑行阶段极大的载荷,又需要具有处于湿热等特殊作业环境下的耐蚀能力,对其所用材料的抗冲击疲劳性能、耐蚀性能具有更高的要求。

第二代飞机采用的起落架材料是 30CrMnSiNi2A 钢,抗拉强度为 1.7GPa,涉及的主要制造技术有锻件锻造工艺,零件在空气炉或保护气氛炉中的热处理工艺,焊接工艺和以镀铬为主的防护工艺等。这种起落架的寿命较短,约 2000 飞行小时,如国内歼 7 飞机的起落架等。

300M 钢的抗拉强度高达 1860MPa 以上,且生产成本低廉,生产工艺较简单,这些特点使其已成为目前使用最为广泛的飞机起落架用钢。民用飞机起落架(包括波音飞机、空客飞机等)的外筒、活塞杆、轮轴等构件大多采用 300M 钢。300M 钢对制造工艺有较高要求,需优化 300M 钢大型锻件的锻造工艺、热处理工艺和表面处理等技术来满足大型民用飞机高性能、高可靠性和长寿命锻件的要求。

超高强度钢 Aermet100 比强度高,用于 F22 飞机起落架。强度更高的 Aermet310 钢断裂韧度较低,还处于研发阶段。Aermet100 钢与 300M 钢的强度级别相当,但耐一般腐蚀性能和耐应力腐蚀性能明显优于 300M 钢,与之配套的起落架制造技术已应用于 F/A18E/F,

F22、F35 等先进飞机上。

新材料和新工艺的发展造就了高强度、高模量、低密度的碳纤维材料，采用复合材料制作起落架部件也成为可能。Messier-Bugatti-Dowty 公司对波音 787 的主起落架复合材料撑杆组件进行了研究，其主起落架侧撑杆和主起落架阻力杆所用材料均为有机机体树脂基碳纤维复合材料。复合材料在抗疲劳性能、抗振性能、耐蚀性以及更为简单的成形技术对起落架制造具有更大的商业吸引力。

15.2.2　航空航天器用材典型成形工艺

1. 飞机机翼成形

（1）机翼壁板成形工艺　目前，常见大尺寸加筋壁板成形工艺有以下四种：

1）二次胶接（长桁和蒙皮分别固化，然后组装二次胶接）。

2）共固化（蒙皮与长桁分别铺叠预成形，再组装胶接共固化）。

3）胶接共固化（长桁先固化，再与预成形蒙皮胶接共固化）。

4）胶接共固化（蒙皮先固化，再与预成形长桁胶接共固化）。

以上四种成形工艺各有优缺点，在选择成形方式时必须结合产品的结构形式、外形尺寸和设计使用要求等来确定适合的成形方式。

大尺寸机翼复合材料壁板结构的成形目前普遍选择胶接共固化工艺，相对于二次胶接，胶接共固化有较好的胶接质量，节省了一次热压罐的使用，成形效率较高。相对于共固化，胶接共固化具有模具结构相对简单、工装设计加工成本低特点。波音 787 复合材料机翼长30m，其复合材料机翼壁板成形选用胶接共固化成形方式，筋条先固化，再和蒙皮定位组装后进行胶接固化。

空客在机翼壁板结构上同样采用胶接共固化成形方式，A400M 和 A350XWB 复合材料机翼采用长桁先固化、再和蒙皮胶接共固化的成形方式。采用胶接共固化成形方式的还有：A350 机翼蒙皮和中央翼盒、A400M 机翼蒙皮和机翼大梁等。

（2）机翼自动铺带成形技术　随着复合材料在飞机上应用比例的逐步增大，复合材料构件的尺寸也随着增加，传统的手工铺叠等方法已不能满足大尺寸结构件规模化生产的需要。当复合材料零件的尺寸较大时，人工铺叠难度相应增大，成形效率低、产品质量也难以保证。因此，相应的自动铺带技术（ATL）和纤维自动铺放技术（AFP）等自动化制造技术应运而生。

自动铺带效率可达 20kg/h，而传统手工铺叠效率一般只有 1.5kg/h，自动铺带技术目前在美国和欧洲已大规模应用于航空复合材料结构件的制造。20 世纪 80 年代至今，美国采用自动铺带技术已生产 B1、B2 轰炸机的机翼蒙皮，F22 战斗机机翼蒙皮，波音 777 飞机机翼，水平和垂直安定面蒙皮，C17 运输机的水平安定面蒙皮，波音 787 机翼蒙皮等。欧洲采用自动铺带技术已生产 A330 和 A340 水平安定面蒙皮，A340 尾翼蒙皮，A380 机翼蒙皮和安定面蒙皮，A350 机翼蒙皮和中央翼盒，A400M 机翼蒙皮和机翼大梁等。目前较为先进的铺带机是法国 Forest-Line 公司的大力神双头自动铺带机。该机的特点是有两个机头进行铺带，一个用绕在线轴上的无纬带铺带，另一个用于预先切割材料，可快速进行复杂形状的铺叠。

2. 发动机叶片挤压冲头成形

叶片挤压冲头（图 15-17）与叶片挤压凹模是制造叶片毛坯的模具。叶片挤压冲头与叶片挤压凹模的制造材料都是 4Cr5W2VSi 钢，但硬度要求不一样。叶片挤压凹模硬度要求为 48~52 HRC，叶片挤压冲头硬度要求为 57~60 HRC。由于与高温的叶片金属坯料直接接触，而且是较快的冷热交替，所以需要叶片挤压冲头与叶片挤压凹模具有较好的冷热疲劳性能，同时也需要较好的耐磨性和韧性。

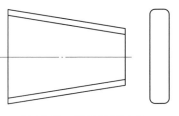
图 15-17　叶片挤压冲头

4Cr5W2VSi 钢是一种空冷硬化的热作模具钢，中温下具有较高的耐磨性和韧性，在工作温度下有较好的耐冷热疲劳性能。该钢常用于制造热挤压用的模具和芯棒，铝、锌等轻金属的压铸模，以及热顶锻结构钢和耐热钢用的模具。

可采用普通箱式电阻炉或箱式台车炉对叶片挤压冲头和叶片挤压凹模进行淬火加热。为了防止叶片挤压冲头和叶片挤压凹模表面脱碳，采取木炭装箱的方法对叶片挤压冲头和叶片挤压凹模进行保护，将叶片挤压冲头或叶片挤压凹模放到不锈钢保护箱中，以不同的方式放入木炭，然后用石棉板封口，盖上箱盖。

叶片挤压冲头淬火加热分三段加热：①600~650℃，保温 1~2h；②800~850℃，保温 1~2h；③1040℃±10℃，保温 4~5h。出炉后，将叶片挤压冲头倒出保护箱，在空地上散开空冷或风冷，待基本冷却到室温后进炉回火。回火采用普通箱式电阻炉或箱式台车炉，回火温度为 530~540℃，保温 1~2h，空冷到室温。人工在砂轮机上打磨，检查硬度，根据冲头的检测硬度值确定第二次回火温度，进行第二次回火。

图 15-18 所示是 4Cr5W2VSi 钢 1080℃空淬回火硬度与回火温度的关系。为提高叶片挤压冲头韧性，将淬火加热温度定为 1040℃±10℃。4Cr5W2VSi 钢 500℃回火后将出现一个硬度峰值，硬度达到 57 HRC。而采用 1040℃±10℃的淬火加热温度，回火硬度曲线会比 1080℃更低，即采用中高温回火，4Cr5W2VSi 钢硬度难以达到 57~60 HRC。但在实际热处理生产中，采用木炭装箱的方法，高温加热时，木炭分解出的活性碳原子会渗入叶片挤压冲头的表层，提高了叶片挤压冲头表层的碳含量，淬火后叶片挤压冲头表层硬度得

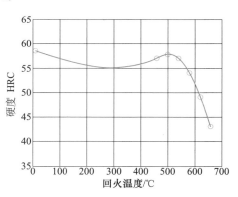
图 15-18　回火硬度与回火温度的关系

到了提高。因此，中高温回火后，叶片挤压冲头表面硬度能够达到 57 HRC 以上。

叶片挤压冲头装炉时，先将木炭打碎，然后在不锈钢保护箱底铺一层碎木炭，在碎木炭上整齐摆放一层叶片挤压冲头，再在叶片挤压冲头上铺一层碎木炭，一层接一层地摆放，最后用石棉板封口，盖上箱盖，装箱完成，如图 15-19 所示。

3. 复合材料航天器天线成形工艺

航天器天线是指安装在航天器上用于发射和接收无线电波的射频装置。航天器天线在信息无线传输过程中承担着将电磁导波能量转换成空间电磁波，或将空间电磁波转换成电磁导波能量的作用。为保证其发射和接收无线电波的能力不受影响，航天器天线均布置在航天器本体的外表面，并直接暴露于空间环境，是航天器上使用环境最恶劣的产品之一。材料的合理选用及对后续工艺实施过程的有效掌控，对提高航天器天线产品质量、提高生产效率以及

降低生产成本等方面起着决定性作用。

复合材料的性能在很大程度上依赖于加工工艺过程的保证,根据航天器天线实际加工中遇到的常见问题,制定复合材料天线铺设工艺方案如下。

复合材料蜂窝板的铺设:纤维增强复合材料是各向异性十分突出的材料,其优异的物理、力学性能都集中体现在纤维的轴向。面板和蜂窝芯子各向异性容易造成蜂窝板在外载荷下翘曲变形,因此蜂窝板的截面要尽可能设计成中心对称结构,这样可以将天线的加工变形和空间热变形降低到最小。同时,上下面板纤维铺层要遵从零膨胀系数设计原理和各向同性的设计原则。典型的蜂窝夹层结构面板按 [0°/+45°/-45°/90°] 铺贴 4 层,0° 为贴模层,0° 方向的定义各不相同。典型蜂窝板的铺设如图 15-20 所示。

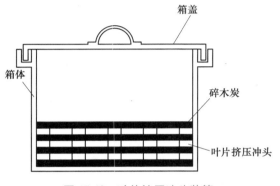

图 15-19 叶片挤压冲头装箱

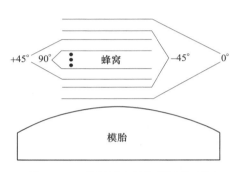

图 15-20 典型蜂窝板的铺设示意图

15.3 海洋工程领域的应用

15.3.1 海洋工程装备用材特点

从 20 世纪开始,人类为了更好地运用海洋宝库,开始在海上及海底安装设置一系列工程,这些工程极大地方便了人类对于海洋资源的开发,同时也为人类更深入地研究海洋提供了大量数据与信息,通常这一系列的活动称为海洋开发事业。运用海洋基础科学,以开发和利用海洋中所包含的各种资源为目的所建造的一系列工程结构物,以及为完成这一系列任务的技术和仪器设备统称为海洋工程。海洋工程可分为海岸工程、近海工程和深海工程三类。海岸工程主要包括海岸防护工程、围海工程、海港工程、河口治理工程、海上疏浚工程、沿海渔业设施工程和环境保护设施工程等。近海工程主要是指在大陆架较浅水域的海上平台、人工岛等工程,以及在大陆架较深水域的工程,如浮船式平台、半潜式平台、自升式平台、石油和天然气勘探开采平台、浮式储油库、浮式炼油厂和浮式飞机厂等建筑工程。深海工程包括无人深潜的潜水器和遥控的海底采矿设施等建筑工程。海洋工程装备如图 15-21 所示。

目前主要有四大类材料应用于海洋工程装备:①结构钢材,主要用于海洋工程装备主体结构和管道制作的碳钢和低合金钢。②生产设施用钢,包括结构管、工艺管线和与工艺流程相关的生产设备用的碳钢、低合金钢和合金钢。③耐蚀用合金材料,主要应用于暴露在含 CO_2 和 H_2S 等腐蚀性气体条件下的各种生产设备,包括不锈钢、镍合金钢、铜镍合金和钛合

图 15-21　海洋工程装备

金等。④非金属材料，包括陶瓷、涂料、合成塑料、绝缘材料和复合材料。在上述四类材料中，用量最大且占总量 90% 以上的是海洋结构钢。

海洋或江河湖泊中漂浮的水上工程建筑物，时刻承受着风浪、海水所带来的腐蚀、侵袭和各种载荷应力，因而海洋工程结构物和一般工程结构物相比，选材和制造均有很大的不同。它技术密集、配套复杂，涉及船用材料、焊接材料以及船舶动力装置、电气设备等所用材料。近年来，海洋工程材料应用种类也越来越多，但其用材共性、基本特征变化不大，除常规用材要求外，最主要特点如下：

（1）优良的焊接性　作为海洋工程中的一个重要部分，船舶船壳由数以万计的船体构件焊接组成，在海洋或江河湖泊中航行，须保证航行的安全性和可靠性，不能使用焊接性差的材料。即便是固定在海上的石油平台，也是由零部件焊接组成。因此，优良的焊接性是船舶和海洋工程必须具备的性能。

（2）耐蚀性　航行于江河湖泊中的船舶受周围介质作用而产生腐蚀损害是非常严重的，特别是海船和海洋平台，由于长期处在盐雾、潮气、强烈的紫外线和带微碱性的海水等海洋环境中，金属不但受到比陆地更为剧烈的电化学腐蚀作用，而且其涂层漆膜也受到剧烈的皂化、老化等破坏作用。据统计，碳素钢在全浸区的平均腐蚀速度为 $0.13\sim0.15$ mm/年，在飞溅区，则高达 $0.45\sim1.00$ mm/年。腐蚀不仅降低了材料的力学性能，缩短了使用寿命，而且由于海洋中多种多样海洋生物的附着及生长于船底，增加了船底的粗糙程度，从而降低了航速，增加了燃料的消耗。因此，对舰船用材的耐蚀能力要求十分苛刻。

（3）特殊的力学性能　船舶与海洋工程几乎时刻在江河湖泊中以及大海这类特殊而复杂的环境下工作，不可避免地要承受各种交变负荷的作用。如波浪拍击、浪涌沉浮、机器振动、水下船只的下潜和上浮等，从而使结构材料产生疲劳。有资料表明，当材料带有缺口或刻痕时，如在温度低于"脆性破坏临界温度"的条件下（即材料由韧性破坏转变到脆性破坏时的温度），即使应力低于屈服强度，也会发生脆性破坏。对海洋工程材料类似的性能要求还有冷弯性能、矫正性能等。

（4）经济性能　据统计，船舶与海洋平台建造费用中，材料费用约占 75%，其用量之大、品种之多，都是十分可观的。因此，要降低船舶与海洋平台的建造成本，必须在满足材料力学性能等要求的前提下，尽可能选择成本低、质量高、供应量充足的材料，以使设计与建造的船舶获得良好的经济收益。

随着制造业的发展，无论是船舶还是海上平台等海洋工程结构物，建造的吨位或规模也越来越大。因此，对海洋装备钢材和非铁金属材料，在力学性能、物理性能、化学性能和工艺性能等方面提出了更高的要求。海洋工程非金属材料，如涂料、溶剂、甲板敷料、胶黏剂、贴面材料、木材、塑料、橡胶和复合材料等，除提高各种材料的应用性能外，还在向无毒、阻燃、隔热、防火、防爆、耐蚀及装饰美观等方向发展。

1. 船体材料

人类为了探索江河湖海，从制造木筏子和独木舟开始，发展到使用木板和梁材组合的结构。18 世纪随着冶金工业、机械制造业的发展，开始出现铁质和铁木混合结构的船舶。19 世纪后半叶，进一步开始采用低碳钢来造船，钢材成为造船的主要材料，20 世纪后半叶随着科技的进一步发展，越来越多的金属材料被使用在船体制造上。随着科技的不断进步，未来可以用来制作船体的材料将会越来越多，性能也将会不断提升。目前常用的船体材料包括金属材料和非金属材料。

（1）铝合金　近年来，由于能源短缺的加剧以及全球环保运动的日益高涨，舰船的轻量化及合金材料再生利用的要求，使铝合金在实际应用中得到进一步发展。铝合金由于具有密度小、比强度大以及无磁性、高导电性和导热性等特点，被大量用于中小型客船、游艇、快艇、高速导弹艇、巡逻艇、驱护舰等舰船上。

1958 年，我国建造了第一艘全铝铆接水翼艇；20 世纪 60 年代以后，我国形成舰船及装甲板用铝合金系列；20 世纪 60 年代初，我国用 LY12CZ 铝合金制作船体，成批建造了水翼快艇；20 世纪 80 年代，我国采用焊接 180 合金建成了一艘全铝结构的海港工作艇"龙门"号。目前，我国船体结构上主要使用 180 合金。

（2）钛合金　钛的化学活泼性很高，易与氧、氢、氮、碳等元素形成稳定化合物。钛具有耐热性，可与氧或氮形成化学稳定性很高的氧化物或氮化物保护膜，因此钛在低温或高温气体中具有极高的耐蚀性能。钛在淡水或海水中也具有极高的耐蚀性能，在海水中的耐蚀性比铝合金、不锈钢、镍基合金的耐蚀性更好。工业纯钛具有极高的冷加工硬化效应。

金属钛作为工程材料仅有 50 多年的历史，但因为其具有舰船材料所要求的耐蚀性、耐久性、牢固性、可靠性、稳定性及各种特殊性能，被称为"海洋金属"。

（3）复合材料　复合材料作为新型功能结构材料，具有质量轻、比强度和比刚度高、阻尼性能好、耐疲劳、耐蠕变性能、耐化学腐蚀、耐磨性能好，热胀系数低及 X 射线透过性好等特点，尤其在制造高质量船体结构方面有着巨大的优势。随着社会发展，无论是用于军事，还是救援、执法方面的船只，都对船速提出了新的要求，特别是在武装攻击中，必须降低船艇的质量，以便在相同动力下获得更高的有效载荷，在提高航速的同时，也提高了船只的机动灵活性。先进复合材料和轻量化结构技术已发展成为减轻船体质量的关键技术。

用于船体的复合材料主要有碳纤维、芳纶纤维和玻璃纤维。复合材料船体的典型结构形式主要有五种：单板加肋结构、夹层结构、硬壳式结构、波形结构及其混杂结构。船体材料正向着轻量化、功能化、低成本化的方向发展。

2. 螺旋桨材料

海洋是船舶最为常见的服役环境。海水是一种成分复杂的强电解质，不仅具有很强的化学腐蚀性，还适宜多种海洋生物的生长，由此为船舶表面带来严重的污损问题。螺旋桨是船舶动力系统的核心部件，其作用是将船舶主机发出的功率转变为推动船舶运动的推力。螺旋桨的制造、修理和装配质量将直接影响船舶航行性能和安全。100 多年来，制造螺旋桨的材料经历了木材、铸铁、铸钢、巴森青铜到铝青铜的发展，材料性能也经历了从低到高的转变。螺旋桨材料随着造船工业、合金化技术及熔炼和铸造技术的进步，有了突飞猛进的发展。本节将螺旋桨常用的铜合金、不锈钢、复合材料和其他合金材料介绍如下。

（1）铜合金　铜合金是以纯铜为基体加入一种或多种其他元素所构成的合金。目前世界上专用于船用螺旋桨的铜合金材料主要有以下四种：锰青铜、镍锰青铜、镍铝青铜和锰铝青铜。镍锰青铜虽然为通用的制造船用螺旋桨的铜合金材料之一，但是因其在长期服役过程中常出现各种问题而逐渐被淘汰。

（2）不锈钢　随着船舶大型化和高速化的发展，螺旋桨往往会承受过重的载荷；此外，海水侵蚀及船舶尾轴不均匀流场，使得螺旋桨容易发生严重的空蚀和桨叶变形。为了使船用螺旋桨具有更高的力学性能、耐海水腐蚀性能和更高的腐蚀疲劳强度，不锈钢材料逐渐用于制造大型船用螺旋桨。

相对于铜合金螺旋桨，不锈钢螺旋桨具有更高的强度，还可采用减薄叶片厚度的方法来减轻旋转阻力，提高推进效率和降低噪声。在同等设计条件下，不锈钢螺旋桨比铜合金螺旋桨的质量更轻，可以减小螺旋桨转动惯量，防止船尾轴承磨损。不锈钢螺旋桨还具有高腐蚀疲劳强度和耐氯化物应力腐蚀的能力。不锈钢的腐蚀速率通常为 $0.1 \sim 1.0$ mm/年，仅次于铜合金 $0.02 \sim 0.10$ mm/年的腐蚀速率。双相不锈钢还具有优良的焊接性能，叶片可单独浇注，焊接组合可制造超大型螺旋桨，热裂倾向较小，不需要进行焊后热处理，此外还可节约成本。但不锈钢材料熔点及浇注温度高，造型必须采用高耐火度材料，而且需要进行热处理来保证材料的力学性能，热处理过程中螺旋桨易发生无规律的变形，增加了铸造难度。其中，马氏体不锈钢材料机械加工困难，主要以磨削为主，增加了劳动强度，降低了加工效率。双相不锈钢热处理过程在铁素体和奥氏体的晶界处易析出有害的 σ 相，会导致材料韧性及耐蚀性能急剧下降。

MMS 为日本三菱公司研发的专用于制造大型船舶螺旋桨的高强度特殊钢材料。该钢种化学成分中含有铬、镍、钼、铜元素，可提高耐蚀性。此外由于合金元素的加入，极大地提高了其淬透性，使该钢种无论在何种冷却速度下均能获得马氏体组织。在 $500 \sim 600$℃加热时会发生沉淀硬化现象，极大地提高了基体的强度和韧性。因此，采用 MMS 钢制造螺旋桨可减薄桨叶叶片厚度，减轻振动及降低噪声，但过高的强度和硬度为机械加工带来很大困难，一般采用该材料制造的螺旋桨均为焊接组合而成。芬兰 LokoMo 公司研发出了高强度超韧性马氏体不锈钢 Aeclok1000。该公司特有的降低气体含量及良好的洁净度处理方法，加之钢中 $w(C) < 0.04\%$，保证了钢本身的高韧性和焊接性。使用该材料制造的螺旋桨通过减少材料使用量减轻了船舶质量。瑞典成功研制了可用于制造螺旋桨的超级双相（奥氏体-铁素体）不锈钢 SAF2507，在保证材料具有高强度、高硬度及高耐蚀性的同时，超低碳和超高铬的含量保证了其在氯化物中具有耐点蚀、应力腐蚀开裂、缝隙腐蚀和耐局部腐蚀的优点，兼具优良的铸造性能和机械加工性，可用于制造航速相对高的船舶螺旋桨。

（3）复合材料　随着纤维增强复合材料在船舶工业中的大量使用，其具有的各种优良性能也日渐凸显，为螺旋桨设计提供了新的选材方案。复合材料的特点主要有低振动、低噪声、轻质高效、耐海水腐蚀等。复合材料的比强度和比刚度都比较高，可以大大降低螺旋桨的质量。更轻的复合材料可以使桨叶更厚，降低螺旋桨的空蚀起始速率。与金属材料相比，复合材料最重要的优点是具有可设计性，即根据螺旋桨桨叶的形状构造以及受力条件，利用复合材料所具有的独特弯扭耦合效应，合理安排桨叶的铺层顺序和纤维方向，建立复合材料铺层和螺旋桨水动力性能之间的相互关系，并以此机理使复合材料螺旋桨自动调节桨叶变形。

（4）其他合金材料　钛合金强度高、质量轻、抗空蚀和耐疲劳性能优异，使用寿命是其他材料的 2~3 倍，是制造螺旋桨的理想材料。美国在 50t 研究型潜艇上试用了钛合金螺旋桨，使用后并未检测到空蚀及缝隙腐蚀。我国从 20 世纪 60 年代开始钛合金的研究，逐步将其应用于水翼艇螺旋桨，已成功研制出焊接性能更好、韧性更高、抗空蚀性能更优的高强铸钛合金。钛合金材料今后的研究方向主要是实现轻量化并降低成本。美国 Mercury Marine 公司开发出一种具有高冲击强度的船螺旋桨用新型铸造铝合金（Mercalloy），比 AA514、AA365 铝合金具有更优的铸造性能，还具有较好的吸收特性和负载下抗挠曲性能。

15.3.2　海洋工程装备用材典型成形工艺

1. 海洋工程焊接技术

（1）船舶焊接技术　船舶焊接技术是现代造船模式中的关键技术。先进的船舶高效焊接技术，在提高船舶建造效率、降低船舶建造成本、提高船舶建造质量等方面具有重要的作用，也是企业提高经济效益的有效途径。先进的船舶高效焊接技术涉及船舶制造中的工艺设计、计算机数控下料、小合拢、中合拢、大合拢、平面分段、曲面分段、平直立体分段、管线法兰焊接、型材部件装焊等工序和工位的焊接工程。

对于船舶制造，焊接技术已经成为最重要的工艺技术之一。船体结构是由外板、甲板、舱壁板等一系列板件与纵横交叉的构件组成的，形成了船体的水密外壳。船舶焊接技术是一项要求极为严格的工艺技术，有许多焊接标准、规范必须执行和遵守。船舶焊接技术几乎涵盖了所有的焊接领域，发展至今已形成了船舶焊接技术体系，如图 15-22 所示。随着船舶高效焊接新工艺、新材料、新技术、新装备的应用与推广，船厂的造船产量逐步增加，建造周期缩短，焊接质量提高，工人劳动条件改善，取得了显著的经济效益和社会效益。随着先进制造技术的蓬勃发展，对船舶焊接技术的发展提出了高效、节能、环保、绿色的新要求。

（2）船舶焊接方法及设备　根据我国船舶企业造船模式的现状，可分为三类：

第一类主要是众多的小型造船企业和沙滩船厂，造船技术属于整体造船模式。其焊接方法及设备的使用现状为：平板拼接、管道焊接及船体焊接均采用硅整流式变压器焊条电弧焊，应用晶闸管式 CO_2 气体保护焊机。

第二类主要是地方造船厂和规模较大的民营造船厂，造船模式属于分段造船模式。其焊接方法及设备的使用现状为：平板拼接采用 CO_2 气体保护焊机和晶闸管式埋弧焊机；平角焊、立角焊工艺采用 CO_2 气体保护焊和焊条电弧焊；分段焊接以 CO_2 气体保护焊和焊条电弧焊为主；管道焊接则以采用 TIG 焊、CO_2 气体保护焊和手工焊条电弧保护焊和焊条电弧焊为主，其趋势是向以 CO_2 气体保护焊和焊接过程自动化为主的方向发展。

第三类则是中国船舶工业集团公司和中国船舶重工集团公司下属的大型企业，其造船模式已属于船体分道模式建造，并向更先进的集成造船模式发展。上述企业焊接方法及设备的使用现状为：平板拼接采用 CO_2 气体保护焊和晶闸管式埋弧焊机；平角焊、立角焊工艺基本为 CO_2 气体保护焊；区域连接应用气电立焊；管道焊接为 TIG 焊和 CO_2 气体保护焊，其船舶焊接基本以 CO_2 气体保护焊和焊接过程自动化为主，并开始采用机器人焊接。

2. 海洋平台焊接技术

（1）海上桩管环缝焊接　在海洋固定平台的建造中，一般需要导管桩；在海底管道系

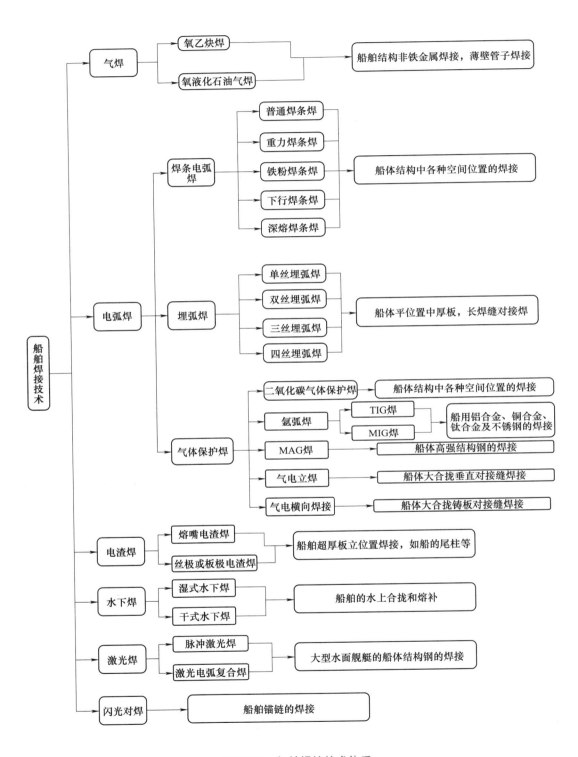

图 15-22　船舶焊接技术体系

统的施工中，一般需要平台立管独立桩和登陆立管独立桩；在其他海洋工程建设项目的施工中，也经常需要独立桩。为了确保工程质量、加快施工速度，必须研究和采用比较先进的海上桩管安装技术。该技术主要包括桩管定位、打桩和焊接技术。

目前，为了保证焊接质量、提高焊接效率，我国已研制成功了桩管横环缝 CO_2 自动焊接装置，并应用于工程实践，取得了很好的效果。桩管环缝自动焊接装置由焊接电源、焊接小车及轨道、送丝系统、供气系统、控制装置及操作室组成。图 15-23 所示为 CO_2 自动焊接装置操作室示意图。使用该装置解决了长期以来困扰海上施工的桩管焊接难题，提高了海上施工能力，为海上油田开发建设发挥了积极作用。海上桩管横环缝自动焊接装置的研制成功使桩管焊接由手工变为自动，焊接速度快、效率高、

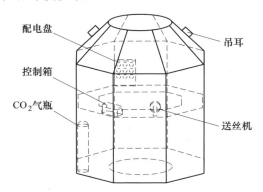

图 15-23　CO_2 自动焊接装置操作室

质量好、使用安全方便，降低了工人的劳动强度，具有显著的经济效益和社会效益。

（2）水下焊接技术　海洋工程平台常年处于水中，受海水、风浪的侵蚀作用，一旦出现问题，将会造成财力、物力的巨大损失。因此，加强对水下焊接技术的研究和应用，对于海洋事业开发、海底油气开采具有重要的现实意义。目前，水下焊接技术已广泛用于海洋工程结构、海底管线、船坞港口设施、江河工程及核电厂维修，成为组装维修大型海洋工程的关键技术之一。

1）水下焊接技术分类。从工作环境上说，水下焊接技术可以分为湿式水下焊接、干式水下焊接和局部干式水下焊接三类。湿式水下焊接的全过程是在一定压力的水介质中进行的；干式水下焊接是在水下建立一种干燥环境气氛下进行，分为高压焊接与常压焊接两种。各种已采用的焊接技术都可用于干式水下焊接，一般 MIG 和 TIG 用法较多，而且取得了良好的效果。局部干式水下焊接是指在熔焊区内营造的一种局部干燥环境下进行水下焊接的方法，具有比较理想的发展前途。

2）海洋工程深水焊接。目前海上石油资源开发已基本形成高速、高效的发展势态，并成为新的经济增长点。我国南海的深水区域拥有丰富的油气资源，为了实现深水战略目标，国家成立了深水工程重点实验室，为走向深水提供技术支持。

干式高压 TIG 焊接接头质量能够符合美国焊接学会 AWSD3.6M：1999 等标准要求，是目前海底管道等重要结构水下修复普遍采用的焊接方法。挪威 STATOIL 公司的 PRS 系统于 1994 年进行了 334m 水深的管道焊接，并获得成功，焊缝显微硬度低于 245HV。研究表明，随着环境压力增加，TIG 焊电弧稳定性降低，高压 TIG 焊的工作深度极限大约是 500m。

对于 500m 甚至 1000m 深海洋结构物的水下修复，高压 MIG 焊接与摩擦叠焊是最具应用前景的两种方法。高压 MIG 焊接存在的主要问题是在压力环境之下熔滴过渡受阻问题。20 世纪 90 年代末期以来，摩擦叠焊在欧洲得到了很大发展，该技术应用于海洋平台、海底管道修复，要求大刚度并联机器人的支持。实施深水焊接的另一个困难是人类饱和潜水极限深度（650m）的限制，需要开发无潜水员辅助的全自动作业系统。

思考与练习

15-1　新能源汽车进行轻量化设计的原因是什么？

15-2　新能源汽车轻量化材料的三大方向是什么？

15-3　简述新能源汽车系统部件的用材特点。

15-4　动力电池封装塑料材料需满足的性能要求是什么？

15-5　航空航天器用材应该具备的特点有哪些？

15-6　概括常用飞机各组成部分的用材特点。

15-7　简述复合材料航天器天线的成形工艺流程。

15-8　海洋工程材料的最主要特点包括哪些？

15-9　简述船体、螺旋桨用材及其特点。

15-10　与其他钢结构相比，船体结构焊接技术的特点有哪些？

参 考 文 献

[1] 胡赓祥，蔡珣，戎咏华．材料科学基础［M］.3 版．上海：上海交通大学出版社，2010.

[2] 吴玉程．工程材料基础［M］.合肥：合肥工业大学出版社，2014.

[3] 马鹏飞，张松生．机械工程材料与加工工艺［M］.北京：化学工业出版社，2007.

[4] 安小龙，安继儒．新编中外金属材料手册［M］.北京：化学工业出版社，2007.

[5] 崔忠圻，刘北兴．金属学与热处理［M］.哈尔滨：哈尔滨工业大学出版社，2007.

[6] 王武杰，洪雨，刘家琴，等．SiC 颗粒级配对 SiCp/Al 复合材料微观结构和性能的影响［J］.中国有色金属学报，2018，12（28）：2523-2530.

[7] 徐自立．高温金属材料的性能、强度设计及工程应用［M］.北京：化学工业出版社，2006.

[8] 吴玉程，林锦山，罗来马，等．面向等离子体钨基材料的辐照损伤行为研究现状［J］.机械工程学报，2017，8（53）：25-34.

[9] 刘宗昌．马氏体相变［M］.北京：科学出版社，2012.

[10] 陈登明．材料物理性能及表征［M］.北京：化学工业出版社，2013.

[11] 吴雪梅，诸葛兰剑，吴兆丰，等．材料物理性能与检测［M］.北京：科学出版社，2012.

[12] 刘颖，李树奎．工程材料及成形技术基础［M］.北京：北京理工大学出版社，2009.

[13] 陈慧芬．金属学与热处理［M］.北京：冶金工业出版社，2009.

[14] 方勇．工程材料与金属热处理［M］.北京：机械工业出版社，2019.

[15] 胡风翔，于艳丽．工程材料及热处理［M］.北京：北京理工大学出版社，2010.

[16] 艾云龙．工程材料及成形技术［M］.北京：科学出版社，2007.

[17] 高朝祥．金属材料及热处理［M］.北京：化学工业出版社，2007.

[18] 蔡元兴，刘科高，郭晓斐．常用金属材料的耐腐蚀性能［M］.北京：冶金工业出版社，2012.

[19] 梁成浩．现代腐蚀科学与防护技术［M］.上海：华东理工大学出版社，2007.

[20] 桂立丰，吴民达，赵媛．机械工程材料测试手册［M］.沈阳：辽宁科学技术出版社，2002.

[21] 梁成浩．海洋工程金属材料腐蚀学［M］.大连：大连海事大学出版社，2007.

[22] 李久青，杜翠薇．腐蚀实验方法及监测技术［M］.北京：中国石化出版社，2007.

[23] 赵文轸．金属材料表面新技术［M］.西安：西安交通大学出版社，1992.

[24] 申荣华，丁旭．工程材料及其成形技术基础［M］.北京：北京大学出版社，2008.

[25] 刘家琴，吴玉程，薛茹君．空心微珠表面化学镀 Ni-Co-P 合金［J］.2006，2（22）：239-243.

[26] 吴元徽．锻造余热淬火工艺的应用前景［J］.热加工工艺，2010，39（18）：195-196.

[27] 王顺兴．金属热处理原理与工艺［M］.哈尔滨：哈尔滨工业大学出版社，2009.

[28] 王建民，徐平国，高术振，等．机械工程材料［M］.北京：清华大学出版社，2016.

[29] 杨渊．铸钢件力学性能实验研究及铸钢塔结构分析［D］.天津：天津大学，2016.

[30] 高亮亮．铸钢件热处理技术研究［J］.当代化工研究，2020，1：48-49.

[31] 袁志钟，戴起勋，等．金属材料学［M］.北京：化学工业出版社，2019.

[32] 文九巴．金属材料学［M］.北京：机械工业出版社，2019.

[33] 郭建民．高分子材料化学基础［M］.北京：化学工业出版社，2015.

[34] 高长有．高分子材料概论［M］.北京：化学工业出版社，2019.

[35] 魏刚，彭必友，廖永衡．塑料成形理论和技术基础［M］.成都：西南交通大学出版社，2013.

[36] 李爱元．改性石油树脂对塑料改性研究进展［J］.工程塑料应用，2019，47（12）：154-157.

［37］傅政．橡胶材料及工艺学［M］．北京：化学工业出版社，2013.

［38］曲敬贤，陈海峰．丁腈橡胶的并用改性及应用进展［J］．合成树脂及塑料，2015，32（6）：88-90.

［39］崔小明．氟橡胶的改性及应用研究进展［J］．中国橡胶，2015，31（8）：42-45.

［40］杨帆．注塑成形中聚乙烯诱导结晶机理的研究［D］．山西：太原理工大学，2017.

［41］闫承花，王利娜．化学纤维生产工艺学［M］．上海：东华大学出版社，2018.

［42］肖长发．化学纤维概论［M］．北京：中国纺织出版社，2015.

［43］明杜，舒武炳，秦卫．防腐环氧树脂黏结涂层的研究进展［J］．中国胶粘剂，2011，7：58-62.

［44］邓付国，龚兴厚，罗锋，等．有机硅改性环氧树脂防腐蚀涂层的研究进展［J］．高分子通报，2017（4）：19-32.

［45］卢安贤．无机非金属材料导论［M］.4 版．长沙：中南大学出版社，2015.

［46］张玉龙，马建平．实用陶瓷材料手册（精）［M］．北京：化学工业出版社，2006.

［47］苗鸿雁，罗宏杰．新型陶瓷材料制备技术［M］．西安：陕西科学技术出版社，2004.

［48］曲远方．功能陶瓷材料［M］．北京：化学工业出版社，2004.

［49］于思远．工程陶瓷材料的加工技术及其应用［M］．北京：机械工业出版社，2008.

［50］长金升，王美婷，许凤秀．先进陶瓷导论［M］．北京：化学工业出版社，2007.

［51］M V 斯温．陶瓷的结构与性能［M］．郭景坤，等译．北京：科学出版社，1998.

［52］张骥华，施海瑜．功能材料及其应用［M］.2 版．北京：机械工业出版社，2017.

［53］张以河，等．复合材料学［M］．北京：化学工业出版社，2011.

［54］王荣国，等．复合材料概论［M］．哈尔滨：哈尔滨工业大学出版社，2011.

［55］魏化震，等．复合材料技术［M］．北京：化学工业出版社，2018.

［56］MOHAMMED, S M A K, CHEN, D L. Carbon Nanotub-Reinforced Aluminum Matrix Composites［J］. Advanced Engineering Materials，2020，22：1901176.

［57］SUNDARAM, R M, SEKIGUCHI, A, SEKIYA, M, et al. Copper/carbon nanotube composites：research trends and outlook［J］. Royal Society Open Science，2018，5（11）：180-814.

［58］许玮，胡锐，高媛，等．碳纳米管增强铜基复合材料的载流摩擦磨损性能研究［J］．摩擦学学报，2010，3（30）：303-307.

［59］黄丽，陈晓红，宋怀河．聚合物复合材料［M］．北京：中国轻工业出版社，2012.

［60］王善元，张汝光．纤维增强复合材料［M］．北京：中国纺织大学出版社，1998.

［61］刘伟庆，方海，方圆．纤维增强复合材料及其结构研究进展［J］．建筑结构学报，2019，4（40）：1-16.

［62］徐家悦．发光材料及其新进展［J］．无机材料学报，2016，31（10）：1009-1012.

［63］张中太，张俊英，等．无机光致发光材料及应用［M］．北京：化学工业出版社，2011.

［64］董丽敏．白光 LED 用几种典型发光材料的制备［M］．北京：化学工业出版社，2014.

［65］黄维超．长余辉发光材料的合成及性能研究［D］．贵阳：贵州大学，2018.

［66］彭骞，陈凯，沈亚非，等．有机电致发光（OLED）材料的研究进展［J］．材料导报，2015，29（3）：41-56.

［67］郑升辉．应力发光材料的制备及其应用研究［D］．厦门：厦门理工学院，2017.

［68］LIU Q, JIANG Y, JIN K, et al. 18% efficiency organic solar cells［J］. Science Bulletin，2020，65（4）：272-275.

［69］李星国．氢与氢能［M］．北京：机械工业出版社，2012.

［70］MA Z, MING Y, WU Q, et al. Designing shape anisotropic $SmCo_5$ particles by chemical synthesis to reveal the morphological evolution mechanism［J］. Nanoscale，2018，10377-10382.

［71］TYLIANAKIS E, DIMITRAKAKIS G K, MARTIN-MARTINEZ F J, et al. Designing novel nanoporous architectures of carbon nanotubes for hydrogen storage [J]. International Journal of Hydrogen Energy, 2014, 39 (18): 9825-9829.

[72] 吕杰, 程静, 侯晓蓓. 生物医用材料导论 [M]. 上海: 同济大学出版社, 2019.

[73] 张文毓. 生物医用金属材料研究现状与应用进展 [J]. 金属世界, 2020, 1: 21-27.

[74] 李世普. 生物医用材料导论 [M]. 武汉: 武汉理工大学出版社, 2015.

[75] 李廷希, 张文丽. 功能材料导论 [M]. 长沙: 中南大学出版社, 2019.

[76] 白子龙. 智能材料研究进展及应用综述 [J]. 军民两用技术与产品, 2020, 437: 15-20.

[77] 赵心莹. 纳米材料的分类及其物理性能研究 [J]. 信息记录材料, 2018, 19 (2): 20-21.

[78] 高利芳, 宋忠乾, 孙中辉, 等. 新型二维纳米材料在电化学领域的应用与发展 [J]. 应用化学, 2018, 35 (23): 247-258.

[79] 张立德, 牟季美. 纳米材料和纳米结构 [M]. 北京: 科学出版社, 2001.

[80] 刘春廷. 工程材料及加工工艺 [M]. 北京: 化学工业出版社, 2009.

[81] 吕立华. 金属塑性变形与轧制原理 [M]. 北京: 化学工业出版社, 2007.

[82] 俞汉清, 陈金德. 金属塑性成形原理 [M]. 北京: 机械工业出版社, 1999.

[83] 余欢. 铸造工艺学 [M]. 北京: 机械工业出版社, 2019.

[84] 宗学文, 曲银虎, 王小丽. 光固化 3D 打印复杂零件快速铸造技术 [M]. 武汉: 华中科技大学出版社, 2019.

[85] 介万奇, 坚增运, 刘林, 等. 铸造技术 [M]. 北京: 高等教育出版社, 2012.

[86] 周志明, 王春欢, 黄伟九. 特种铸造 [M]. 北京: 化学工业出版社, 2014.

[87] 李长河, 杨建军. 金属工艺学 [M]. 2 版. 北京: 科学出版社, 2018.

[88] 常万顺, 李继高. 金属工艺学 [M]. 北京: 清华大学出版社, 2015.

[89] 丁德全. 金属工艺学 [M]. 北京: 机械工业出版社, 2000.

[90] 柳谋渊. 金属压力加工工艺学 [M]. 北京: 冶金工业出版社, 2008.

[91] 任家隆, 丁建宁. 工程材料及成形技术基础 [M]. 北京: 高等教育出版社, 2014.

[92] 宋金虎. 金属工艺学基础 [M]. 北京: 北京理工大学出版社, 2017.

[93] 张方, 王林岐, 赵松. 航空钛合金锻造技术的研究进展 [J]. 锻压技术, 2017, 42 (6): 1-7.

[94] 王波伟, 唐军, 曾卫东, 等. TC17 合金整体叶盘等温锻造过程数值模拟及工艺参数影响 [J]. 锻压技术, 2017, 42 (6): 7-11.

[95] 徐涛涛, 孔垂品, 李俊杰, 等. 汽车覆盖件冲压工艺分析系统 [J]. 塑性工程学报, 2020, 27 (5): 74-82.

[96] 何磊. 翼子板冲压工艺设计及成形分析 [J]. 锻压技术, 2020, 45 (5): 115-121.

[97] 邓文英, 郭晓鹏, 宋力宏. 金属工艺学 [M]. 5 版. 北京: 高等教育出版社, 2008.

[98] 彭云, 宋亮, 赵琳, 等. 先进钢铁材料焊接性研究进展 [J]. 金属学报, 2020, 56 (4).

[99] 潘龙威, 董红刚. 焊接增材制造研究新进展 [J]. 焊接, 2016, 4: 27-32.

[100] 白基成. 特种加工 [M]. 北京: 机械工业出版社, 2016.

[101] 周旭光. 模具特种加工技术 [M]. 2 版. 北京: 人民邮电出版社, 2014.

[102] 刘志东. 特种加工 [M]. 北京: 北京大学出版社, 2014.

[103] 玉青. 特种加工技术 [M]. 北京: 机械工业出版社, 2016.

[104] 白基成, 郭永丰, 杨晓冬. 特种加工技术 [M]. 哈尔滨: 哈尔滨工业大学出版社, 2015.

[105] 申如意. 特种加工技术 [M]. 北京: 中国劳动社会保障出版社, 2014.

[106] 杨武成. 特种加工 [M]. 西安: 西安电子科技大学出版社, 2009.

[107] 曹伟. 特种加工技术 [M]. 北京: 北京理工大学出版社, 2017.

[108] 李红英, 张明岐, 程小元. 薄壁机匣高效整体一次成形电解加工技术研究 [J]. 电加工与模具,

2014, 1: 60-62.

[109] 刘燕萍. 工程材料 [M]. 北京: 国防工业出版社, 2012.

[110] 庞国星. 工程材料与成形技术基础 [M]. 北京: 机械工业出版社, 2015.

[111] 文九巴. 机械工程材料 [M]. 北京: 机械工业出版社, 2012.

[112] 沈莲. 机械工程材料 [M]. 北京: 机械工业出版社, 2012.

[113] 周恩明. 42CrMo 钢制螺栓断裂失效分析 [J]. 金属热处理, 2019, 44 (11): 241-244.

[114] 章争荣, 韩克甲, 江春芹, 等. 传动凸轮断裂失效分析 [J]. 热加工工艺, 2020, 49 (2): 157-162.

[115] 关玉明, 赵越, 崔佳, 等. 软包锂电池电芯封装铝塑膜外壳拉深工艺 [J]. 中国机械工程, 2019, 30 (8): 988-993.

[116] 刘舒龙, 夏顺礼, 赵久志, 等. 一种电动汽车电池组箱体轻量化设计 [J]. 汽车实用技术, 2016, 1: 10-12.

[117] 陶永亮, 万向毅. 汽车蓄电池热封模具设计 [J]. 工程塑料应用, 2012, 4: 55-58.

[118] 叶淑英. 新能源汽车电池包上盖专用阻燃聚丙烯的研制 [J]. 工程塑料应用, 2019, 47 (5): 21-23.

[119] 龚友坤, 王韬, 姚远, 等. 汽车底盘碳纤维后纵臂成形实验与分析 [J]. 汽车工程, 2016, 2: 248-251.

[120] 李超. 汽车内饰顶棚总成的生产工艺 [J]. 内燃机与配件, 2017, 4: 19-20.

[121] 刘臻青. 化学微发泡注塑在汽车门内饰板的应用 [J]. 汽车工程师, 2017, 4: 47-50.

[122] SHUI J, WANG M, DU F, et al. N-doped carbon nanomaterials are durable catalysts for oxygen reduction reaction in acidic fuel cells [J]. Science Advances, 2015, 1 (1): e1400129-e1400129.

[123] 王槐德, 杨永慧. 某型空空导弹发动机壳体工艺改进及技术措施 [J]. 机械工程师, 2013, 1: 57-60.

[124] 赵爱莹. 浅谈飞机机体结构的选材 [J]. 科技视界, 2015, 28: 62-63.

[125] 陆鹏鹏, 金迪, 凡玉. T300 级复合材料在飞机尾翼结构上的应用与研究 [J]. 军民两用技术与产品, 2019, 425 (3): 54-57.

[126] 吴晓春. 复合材料在民用航空飞机中的应用 [J]. 科技资讯, 2014, 17: 89-91.

[127] 潘明. 航空发动机叶片挤压冲头开裂分析及热处理工艺改进 [J]. 金属加工: 热加工, 2018, 10: 20-22.

[128] 王亭山. 船舶柴油机制造工艺学 [M]. 北京: 人民交通出版社, 1984.

[129] 姜锡瑞. 船舶与海洋工程材料 [M]. 哈尔滨: 哈尔滨工程大学出版社, 2000.

[130] 《船用螺旋铸造》编写组. 船用螺旋桨铸造 [M]. 北京: 国防工业出版社, 1980.

[131] 刘立君, 杨祥林, 崔元彪. 海洋工程装备焊接技术应用 [M]. 青岛: 中国海洋大学出版社, 2016.